全息对偶中的凝聚态物理

Holographic Duality in Condensed Matter Physics

〔荷〕杨·扎宁 (Jan Zaanen)

〔中〕孙雅文 (Ya-Wen Sun)

〔中〕刘　焱 (Yan Liu)　　　　　　　　著

〔荷〕科恩拉德·沙尔姆 (Koenraad Schalm)

孙雅文　赖腾洲　潘文彬　吴昕蒙　译

科学出版社

北　京

图字：01-2019-5619 号

内 容 简 介

　　强关联量子物质与量子引力是现代基础物理中仍然未能完整描述的两个重要基本领域，而引力的全息性质与量子纠缠将这两个领域紧密地关联在一起。经典引力计算能够揭示强耦合量子多体体系的物理特性。本书在系统回顾凝聚态物理已取得的成就与面临的挑战后，深入介绍了全息框架下强耦合量子多体体系的丰富性质，包括全息热态、流体力学、全息超导、奇异金属等现象的理论描述。最终，我们到达一个关键问题：全息量子物质究竟是什么？书中指出，高度纠缠的全息量子物质与凝聚态物理中的奇异金属等体系呈现出惊人的相似性，这一发现为凝聚态物理带来了怎样的新视角与启示？Jan Zaanen 及其合作者凭借深刻的物理直觉和鲜明的物理图像，为这一问题提供了引人注目的见解。

　　本书面向从事引力、量子引力及凝聚态物理前沿研究的科研人员，同时也适合刚踏入这一领域的高年级本科生与研究生，为他们提供系统而深入的理论指引。

图书在版编目（CIP）数据

全息对偶中的凝聚态物理 ／（荷）杨·扎宁(Jan Zaanen) 等著；孙雅文等译. -- 北京：科学出版社，2025.3. -- ISBN 978-7-03-081672-6

Ⅰ.O469

中国国家版本馆 CIP 数据核字第 2025UU2002 号

责任编辑：陈艳峰　崔慧娴／责任校对：杨聪敏
责任印制：张　伟／封面设计：无极书装

科学出版社 出版
北京东黄城根北街 16 号
邮政编码：100717
http://www.sciencep.com
北京中石油彩色印刷有限责任公司印刷
科学出版社发行　各地新华书店经销
*
2025 年 3 月第 一 版　　开本：720×1000　1/16
2025 年 3 月第一次印刷　　印张：31 3/4
字数：635 000
定价：248.00 元
（如有印装质量问题，我社负责调换）

译 者 序

  2012 年，正值引力的全息应用尤其是在凝聚态物理中的应用研究蓬勃发展的黄金时期，作为全息凝聚态物理领域的领军人物之一，Jan Zaanen 接受了剑桥大学出版社的邀请开始撰写这部著作。彼时，他与 Koenraad Schalm 共同担任我们的博士后合作导师。在 Jan Zaanen 宏大的物理构想与 Koenraad Schalm 精准而清晰的框架诠释下，经过三年的努力，这部凝聚了 Jan Zaanen 和所有合作者的智慧的著作终于于 2015 年在剑桥大学出版社问世。2018 年，我回国开始在中国科学院大学工作后，在科学出版社的热情邀约下，我与三位学生，即赖腾洲、潘文彬和吴昕蒙，共同开启了这部著作的中文翻译工作，希望能让更多的中国科研人员和学生受益于 Jan Zaanen 的深刻洞见，这也得到了 Jan Zaanen 极力的赞成和支持。翻译工作是一项艰巨而复杂的任务，需要精准地传达原文的思想，同时又要使其适应不同文化背景下的读者，经过数年的精心打磨与反复校对，这部著作的中文版终于在 2025 年与读者见面。

  本书的核心内容围绕着由引力的全息性质所得到的全息量子物质的物理展开。引力的全息原理将经典引力与低一维的强耦合量子场论联系起来，为强耦合量子物质的描述开辟了全新的视角。尽管近年来全息凝聚态领域的发展步伐有所放缓，新的理论突破不再如往昔般频繁涌现，但量子引力与强耦合量子多体体系依然是基础物理学中最具挑战性的前沿领域，是我们远未能完全描述的领域。而书中所描绘的全息量子物质与凝聚态中强关联电子体系的惊人相似性，仍然对量子引力和强耦合量子多体体系两个领域有着极其重要的物理启示。

  Jan Zaanen 对我的影响是深远而多方面的，尤其是他对我的研究风格产生了极为重要的塑造作用。他对物理图像的宏大格局有着深邃的洞察力，能够从纷繁复杂的物理现象中提炼出最本质的规律。他的物理直觉敏锐而精准，总能在第一时间捕捉到问题的关键所在。他具有公认的对物理问题的品味和激情，始终关注那些最具挑战性、最能触及物理本质的物理问题。而他那种乐观向上的精神，更是激励着我们。Jan Zaanen 不仅是一位极具影响力的物理学家，更是一位期望通过自己的研究深刻影响世界的学者。遗憾的是，2024 年 1 月，Jan Zaanen 离开了我们。他的离世是物理学界的巨大损失，但他的学术遗产却永远留在了我们心中。这部著作，作为他众多成就中的一部分，成为了他留给世界的重要物理遗产之一。在 2015 年这本书出版之后，全息量子物质领域又经历了许多新的发展，如输运极限、SYK 模型等物理。这些新的研究成果为领域注入了新的活力，也为我们的研究提供了新的方向。然而，这些新的内容已经无法再加入到这本书的第二版中，这成了 Jan Zaanen 生前的一大遗憾。但无论如何，这本书中所蕴含的物理指导性思想，那些关于全息量子物质的深刻洞见，其价值依然无可替代。

作为这本书的作者之一，在翻译的过程中，我仍然无数次被 Jan Zaanen 的物理直觉、宏大图像与格局所震撼。他的文字虽艰深晦涩，却蕴含着深邃的物理思想。整个翻译工作在 ChatGPT 问世之前便已完成，我们未借助任何人工智能翻译工具，所有文字皆由我们逐字逐句人工翻译而成。这是一项极为艰巨的任务，要求我们对原书内容有着深刻的理解与精准的把握。在此，我要特别感谢这三位曾经的学生——如今已成长为讲师、博士后及即将博士毕业的同学们——他们的倾情奉献为翻译工作提供了坚实的支持。在翻译过程中，我们进行了多轮的校正，力求让中文版能够精准地传达原书的思想。同时，我们也要感谢在翻译过程中帮忙阅读校对的华文翰、吉轩廷、刘博豪、鞠欣祥、王元泰、熊浦岑、张龙、赵杨等老师和同学，尤其感谢刘焱与 Koenraad Schalm 教授在整个翻译过程中给予的支持和帮助。他们的细心与耐心，为这本书的翻译质量提供了有力的保障。

这部著作的翻译出版，既是对 Jan Zaanen 的深切缅怀，也是对他学术贡献的崇高致敬。我们希望通过这部中文版翻译，能够让更多的中国科研人员和学生关注了解到全息量子物质这一重要领域的物理和引力的全息性质对强耦合量子体系的启发，并感受到 Jan Zaanen 的物理思想的独特魅力。相信这部著作将会在未来的科研道路上，继续为我们的研究提供重要的指导和启示，让我们在探索未知的物理奥秘的旅程中，能够走得更远更坚定。

孙雅文

中国科学院大学

2025 年 3 月

原书前言

不算太久之前，两个极为庞大且古老的物理学领域——弦理论和凝聚态物理，还在一定程度上处于物理学大厦的两极。回顾弦理论自诞生以来的 40 多年[①] 发展历史，在某种程度上弦理论逐渐演变为"数学工具大厦"中的一件极其高雅的艺术品，经由受物理启发而创建的数学这一内在动力驱动不断向前发展。然而，弦理论的一个"致命缺点"就是它的预测结果总是超出实验室仪器的探测能力范围。现代凝聚态物理的情况恰巧与之相反：持续改进的实验不断推动凝聚态物理前进发展，在过去的数十年里，这个领域已经接连涌现出令人意想不到的发现。但是，它的解释框架总体还建立在大约 40 年前发展起来的方程之上。而到了现在，人们越来越意识到，或者说有一点已经成为公认的事实，即这些理论框架在试图解释高温超导和由其他非常规材料中的电子形成的强耦合量子多体系统时变得无能为力。

在 2007 年前后，这些问题开始出现转机。物理学家们开始将弦理论这一最强有力的数学工具应用到凝聚态物理问题的处理中：本书标题中的全息对偶，具体来说也即 AdS/CFT (anti-de-Sitter/conformal field theory) 对偶。本书介绍了自那时起人们在这一领域已经发现的众多成果。

本书的作者 Jan 和 Koenraad 就恰好来自这两个截然相反的领域。2007 年，Herzog、Kovtun、Sachdev 和 Son 四人发表了一篇开创性的研究成果：他们认为弦理论和凝聚态物理这两个主题之间存在关联。不久，Jan 和 Koenraad 就意识到了这个领域存在巨大的发展潜力，然后他们聚在一起并且准备着手共同进入这个领域。正如全息对偶这个领域的整体发展特点一样，尽管我们有着从表面上看截然不同的学术背景，但几乎没有花费什么力气就熟悉了对方领域的语言并且能够进行流畅的沟通。尽管存在语言上的差异，但弦理论和凝聚态物理发生"碰撞"已经有一段时间了，即二者交汇在量子临界理论和共形场论的共同背景基础上。在随后几年，这种弦理论和凝聚态的对话"愈演愈烈"，而本书的乐观基调是我们一起度过的愉快时光的证据。那时的绝大部分时间是和本书的另外两位作者，即孙雅文及刘焱，共同度过的：他们刚从位于北京的中国科学院毕业，于 2010 年以博

[①] 译者注：这里及以后所提及的时间是按照本书英文版的出版时间 2015 年来计算的。

士后的身份来到莱顿大学。当 2012 年 Jan 受邀担任布鲁塞尔的索尔维 (Solvay) 讲席教授以及被要求组织一个关于 AdS/CFT 对偶在凝聚态中的应用 (即反德西特时空/凝聚态理论 (AdS/CMT)) 的讲座时，本书的种子就埋下了。本书的部分内容就来自这个讲座的讲义以及 Koenraad 2012 年在 Cargése 和 2013 年在 Crete 学校授课的讲义。

在过去的十余年里，将全息对偶理论应用于处理凝聚态问题的这一研究领域蓬勃发展，其发展速度快到令人难以置信。尽管本书已经增添了许多内容，比如加入 2012 年夏天后的研究发展成果，但截至 2014 年 1 月份，考虑到此时该领域的学生或者专家学者对这样一本书的迫切需求，本书作者经审慎考量最终决定停止加入后续更多新成果，而是选择尽快将本书出版。2014 年的前九个月成了本书的所有作者疯狂撰写书稿的时期，如今结果就摆在你眼前。作者很清楚，本书在某些方面必定存在局限性，并且当它一经出版就已经成为过去时：这个领域一直都在涌现大量的崭新成果。其中一个典型并且比较重要的例子就是非相干金属[1]和在高温超导体中观测到的霍尔 (Hall) 角的反常温度标度的全息解答[2]。同时，作者也声称本书是对凝聚态和全息对偶这一领域内所有已发表论文的全面综述。我们的工作就是为非专家但又渴望了解该领域主要发展内容的读者提供一个入门性质的介绍。所以本书的目标是抓住主体枝干，即覆盖那些在专家群体中已经达成共识，被公认为该领域最重要且显著的成就的发展内容。作为作者，我们发现如何做出这个选择其实是相当显然的。此外，作者真诚地期待我们做出的选择能够得到 AdS/CMT 领域专家的认可。我们由衷地认为自己只是扮演了一个谦卑的叙述者的角色，在不朽的物理奥德赛史诗中做着记录工作。我们希望引领读者一同探索，也期待读者能与我们一样享受其中！

我们首先要感谢那些为我们理解全息对偶做出贡献的全息领域的众多物理工作者，尤其要感谢 Andrea Amoretti、Steffen Klug、Richard Davison、Andrey Bagrov、Petter Sæterskog 和 Balázs Meszéna，他们对本书的手稿进行了仔细的校对并提出了许多有益的建议；特别感谢 Mihael Petač，他对本书中的图提供了许多帮助。莱顿大学物理系和马德里大学物理系都给予了足够的空间，让我们专注于本书的写作。我们感谢各类资助机构给予的经济支持，尤其是索尔维基金会和荷兰物质基础研究基金会 (FOM) 在本项目初期阶段提供的支持，还有西班牙 MINECO

---

[1] S. Hartnoll, *Nature Phys.* 11, 54 (2015), arXiv:1405.3651.

[2] M. Blake, A. Donos, *Phys. Rev. Lett.* 114, 021601 (2015), arXiv:1406.1659.

的 SEV-2012-0249 基金的"Centros de Excelencia Severo Ochoa"项目, 荷兰科学研究组织和科学教育部 (NWO/OCW) 的拨款, 以及一笔来自 Templeton 基金会的经费: 本书中表达的观点仅为作者的见解, 并不代表 John Templeton 基金会的观点。Jan Zaanen 和 Koenraad Schalm 感谢在本书撰写过程中各个组织所给予的热情接待: 美国国家科学基金会 (No.PHYS-1066293 和 No.NSF PHY11-25915) 支持的阿斯彭物理中心与卡弗里理论物理科学研究所, 以及哈佛大学物理系。

Jan Zaanen, 孙雅文, 刘焱和 Koenraad Schalm

莱顿和马德里

2014 年 12 月

目　　录

第 1 章 引 言

1.1 全息物质导览

物理学的核心正在经历一场地震。人们突然间发现，原本看上去毫无关联的领域竟然有着共同的基础，并且以一种奇怪的方式互相促进彼此的发展。在物理学中，这种情况通常伴随着新数学工具的推动，当然这次也不例外。这一次，新颖的数学工具源自 20 世纪 90 年代在弦理论中发现的 "全息对偶" (或者 "反德西特 (anti-de Sitter) 时空/共形场论对应"，即 AdS/CFT 对应[①])。但由于弦理论自身的历史背景，全息对偶的应用和发展一直局限在粒子物理和量子引力领域，而这种趋势直到近期才得到转变。但就是这样的转变为物理学带来了意想不到的发展。如今，全息对偶已经以令人惊叹的速度在现代基础物理学的许多领域产生影响，甚至为一些古老的学科引入了新颖的观点，例如可追溯到 19 世纪的流体力学理论。

实际上，物理学工作者可以写很多书来彰显 AdS/CFT 是如何影响着物理学中的诸多领域，而这类书有的已出版，有的正在编写中。本书的特点在于，我们主要关注这样一个引人注目的领域，即全息对偶在平衡态凝聚态物理中的应用，因为这个领域所取得的进展是极其惊人的。全息对偶在平衡态凝聚态物理中的应用起始于 2007 年，但在短短几年内，凝聚态物理已经被另一种数学语言重新描述。这种语言或许对于任何人来说都是难以置信的：居然是广义相对论的语言！对于凝聚态物理本身而言，如果只是重新表述，不管用多么不同寻常的语言都算不上是很大的进步。但需要强调的是，全息对偶的出现点亮了在量子多体物理中一些采用传统方法所不能处理的领域的曙光，把 "不可能" 变得可能。其中，我们特别强调了非费米液体物态，这种物态是由有限密度下的强耦合费米子系统构成的。在该物态的描述中，全息对偶的数学语言变得极富表达力，这意味着全息对偶这套数学语言背后蕴含着新的、普适的原理。其背后的原理看上去似乎与可压缩量子物质的物理有关，即这种物态的本性由它所有的微观组元的宏观量子纠缠主导。这一发现的重要性远不止于此。人们通过实验上在一些特殊材料如高温超导体 (high temperature superconductor) 中实现的强耦合电子体系中观测到的尚未理解的神秘现象存在着兼具吸引力启发性的相似之处。高温超导现象最早发现于三十多年前，尽管有过无数基于现有数学技巧的尝试，但至今人们仍然不能给

---

① 译者注：在本书中我们将以缩写 AdS/CFT 对应代表反德西特时空/共形场论对应。

出一个合理并且完备的解释。全息对偶提供的数学方程能不能帮助解决凝聚态物理中这个最神秘的问题呢？

诚然，AdS/CFT 对应也有它自身的局限性。尽管已有很多支持全息的证据，但仍有两个问题尚未解决，一个和量子信息方面相关，另一个是全息和实验物理的相关性。如今，全息是一个有可能会改变物理学理论基础的激动人心的研究课题，这应当是广大物理学界都感兴趣的领域，但实际上全息理论本身的性质决定了它的受众面有一定的狭窄性。众所周知，弦理论作为物理的统一理论而闻名，但随着 AdS/CFT 的发现，弦理论变成了“物理理论的统一”。这意味着，如果一名物理学工作者想要掌握全息理论，那么他/她需要付出的相应代价是必须同时精通所有奇特的现代物理学领域！通常，应用全息原理来处理问题，首先需要考虑的就是如何通过现代凝聚态理论将弦理论、高能物理的量子场论、包含了黑洞物理学最新进展的精密而复杂的广义相对论无缝切换为实验中所测得的描述真实世界的繁冗的数据。

本书的目的正好就是降低进入这个领域的门槛，从而帮助刚开始接触这个领域的科研人员能够从事相关工作。现状是，进入该领域所需要掌握的必备知识散落在难以尽阅的文献海洋的各个角落。我们尽了最大努力来写一个关于“反德西特时空/凝聚态理论”(AdS/CMT) 主要发展的全面性的综述。当然，本书不可能面面俱到，相反，具有一定的选择性，我们希望同行专家们认可我们所选择的内容确实是该领域最具有实质性的贡献。同时，我们也期望本书能够作为教科书，帮助那些想要掌握计算方法从而真正做研究和计算的学生们。

最重要的是，我们也希望能够为那些没有足够精力去学习掌握全息物理学所需的全部技巧，以及那些仍想对整个物理图像有一个清晰认识的读者提供一个本领域的读者友好的最优入手点。

为了调和这两种需求的矛盾，我们对行文的结构采取一种分层的方式，使用了经验证明十分有效的方框模块结构[1]。正文部分通常是偏叙述性质的，从图像和概念上来解释逻辑脉络以及计算是如何奏效的，只有在对理解物理图像非常必要的情况下我们才会使用公式。作为对正文的补充，我们将计算过程的具体细节放入各小节末尾的方框里面。对于那些连正文都觉得过于复杂的读者，我们还另外列出了关于对偶的“规则方框”模块[2]，来总结邻近上下文中最核心的内容。

本书的结构安排是这样的：在第 6~13 章，我们主要关注全息在凝聚态物理中的应用。为了介绍这部分内容，我们在前几章中给出了一定的背景知识。在第 2、3 章中，我们一一罗列、收集了凝聚态物理中和全息有着紧密而特殊联系的物理内容。尽管这部分内容起初是写给弦理论以及其他领域的物理学工作

---

① 即 Boxes，主要包含计算方框，是对某一部分内容的进一步解释和计算细节补充，统一译为方框。

② 即 Rule Boxes，是对某一部分重要内容的精细总结，统一译为规则。

者，但我们还是强烈建议具有凝聚态背景的专家们也读一下，因为我们的表述方式和教材中的标准表述方式截然不同。第 4、5 章是一个关于 AdS/CFT 对应的教程，可以视作通往全息凝聚态物理的桥梁。我们尽量避开弦理论中的烦琐技术，相反的是，我们更关注如何更贴近实际地应用 AdS/CFT 对应。一个学习过广义相对论、量子场论和凝聚态物理这些入门级的研究生课程的读者应该可以在一定深度上理解本书的内容。一个需要考虑的问题是全息中具体的计算通常要借助于数值方法求解，不过幸运的是，这部分内容涉及的程度还不是那么具有挑战性。为了帮助读者掌握必要的数值方法，我们会在本书的辅助网页 (http://www.cambridge.org/9781107080089) 给出一些基本计算的 Mathematica 代码。

为了让读者能够迅速抓住本书的故事主线，本章的其余篇幅将用来呈现一个关于 AdS/CMT 物理图像的全景图。

1.2 AdS/CFT 对应：将物理学理论统一起来

我们要讲的故事始于 20 世纪 90 年代中期，对于弦理论学界来说，这几年间的发展是激动人心的，因为他们开始清晰地认识到，弦理论中蕴含的内容比此前实现的更为丰富。第二次弦理论革命的高潮发生在 1997 年，当时年轻的理论物理学家 Juan Maldacena 提出了后来被称为"AdS/CFT 对应"的猜想 [1]。一直以来，推动着弦理论发展的动机都是希望能够在某种方式下将广义相对论纳入到相对论性的弦的量子理论中，因此弦理论承载着最终揭示并得到一个量子引力理论的使命。就这一点而言，AdS/CFT 对应的提出的确是一个巨大的飞跃。

量子场论 (QFT) 和广义相对论 (GR) 是物理学中的两大宏伟理论，但它们之间的联系却是很复杂的，甚至在某些情况下站在对立面。然而，Maldacena 的发现却把这两大支柱以一种从未有人预料到的方式联系了起来。他指出，在一个特殊的极限下这两种理论就好像是一枚硬币的正反面！而这个将量子物理和广义相对论统一了的硬币的两面在数学描述上却是能有多相反就有多相反，这也正是本书书名中"对偶"的含义。GR 和 QFT 之间是一种对偶关系，这一点类似于在量子力学中存在的波粒二象性给出的波动描述和粒子描述之间的对偶。粒子和波二者在傅里叶变换互相转换的意义上可以看成是两个对立的描述。但与此同时，粒子和波的描述结合为一个整体才揭示了究竟什么是量子力学。什么时候用粒子，什么时候用波来描述，取决于我们研究的是什么问题。同样的道理，GR 和 QFT "在对立中融合"，但这种对偶得到的"整体"所揭示的物理内容要比量子力学多得多：当 GR 和 QFT 以对偶形式结合起来时，它们几乎包含了所有的物理理论。在 Maldacena 发现对偶关系后不久，Gubser、Klebanov、Polyakov [2] 三人以

及 Witten[3] 分别独立地提出了一系列紧凑且广泛适用的数学规则，也即后来的
"Gubser-Klebanov-Polyakov-Witten(GKPW)" 规则。这套规则向人们明确地展
示了如何定量地把对偶的一边得到的结果和另一边联系起来。这套规则也被称为
对偶字典，它揭示了后续一系列巨大的研究成果：运用对偶这种新观点来处理遗
留下来的哪怕最难的开放性问题并把它拓展到各种各样的物理领域，人们发表了
数以千计的文章，来验证并反复验证对偶的正确性。本书把目光聚焦在这种看似
漫无目的探索中最意想不到的成功：在凝聚态物理中的应用。

　　尽管已经取得了很大程度的发展和进步，但对偶仍然笼罩着一层神秘的光环。
给一个简单的比喻，这就好像古希腊神话里的神谕：只要把问题扔给对偶，它就
会告诉你答案，但我们远远不清楚它为什么能给出不仅近似一致还具有物理意义
的答案并且总是完成得这么好。在这种背景下，很自然，人们普遍很想去验证这
些结果。尤其是在凝聚态领域中，的确有可能试着去做相关的物理学实验，来验
证这些像神谕一样令人费解的结果究竟是不是对的，我们会在本书中讨论相关的
进展。AdS/CFT 对应的神秘其实根植于量子引力。概括而言，AdS/CFT 对应把
一个从弦论出发得到的量子引力理论和某些量子场论联系起来。我们对弦量子引
力的理解仍然很少很少。但在一种特殊极限下，弦量子引力可以退化为经典的广
义相对论，而这极限在对偶的量子场论中也有明确的体现，即场论包含秩为 N
的矩阵值场，而上述的特殊极限即为同时要满足"大 $N \to \infty$"极限以及"强耦
合"极限。一个典型的例子是色荷自由度的数目 N 取大数极限 (即大 N 极限) 产
生的极强耦合的 $SU(N)$ 杨–米尔斯 (Yang-Mills) 理论。这看上去和凝聚态物理中
的真实世界相去甚远。更糟糕的是，为了从数学上严格地构造相应的弦理论，我
们还必须要往弦论中加入超对称。所幸，当我们推广 AdS/CFT 对应的应用范围
时，超对称并不是必需的。而取大 N 极限是需要认真考虑的数学障碍。本书的主
要目的就是要研究场论中现有理论工具无法处理的那些场论理论问题。当取大 N
极限时，我们就可以运用 AdS/CFT 对应给出的"字典"，对于一个场论问题，我
们可以借助于爱因斯坦 (Einstein) 广义相对论中强大的数学技巧，得到引力理论
中的解，然后通过对偶字典翻译回场论中的解。但是取大 N 极限是一个很强的条
件，它意味着，只有当我们考虑的系统在高能时有着很大的对称性时，这种方法
才适用。而这一点与通常的例如在固体中的"纳米"量级下的和电子相关的普通
电化学非常不一样。因此，人们就希望能把 N 重对称性一直降低到控制耦合电子
的微弱对称性。在原则上，这种思路在 AdS/CFT 对应中也是可能实现的。但在
实际操作中，一旦这么做就会降低对偶关系的严格性。尽管在这方面已经有过许
多尝试，但我们仍然处于迷雾中。

　　那为何 AdS/CFT 对应还能够给出答案呢？出乎意料的是，尽管有着大 N 障
碍，这个神谕似乎仍然可以对问题给出不太敏感的依赖于这些物理方面的答案。弦

理论家把相关的物理归结为"紫外 (UV) 无关性"。这和凝聚态物理学家提出的"强演生"的概念是一致的。这两种类似观点的核心在于所有物理学工作者都熟知的"整体不仅仅是部分之和"，即我们关心这样一种情形，一个系统有如此强大的自身整体物理规则，构成系统的每个部分的具体性质不再相关，也就是说，宏观层面的物理现象与微观层面的物理细节无关。这种观点最早可以追溯到 19 世纪玻尔兹曼 (Boltzmann) 对经典物质的统计物理描述，它在理解简单热物质的固、液、气三态的物理性质时取得了很大的成功，包括帮助理解弹性现象和纳维–斯托克斯 (Navier-Stokes) 理论的微观起源。它还被推广到凝聚态物理中的零温"量子"领域，用朗道类型的序参量理论来描述超流和超导，以及费米液体理论。下一个巨大的进步是 20 世纪 70 年代在威尔逊 (Wilson) 重整化群方面革命性的进展，即将描述连续相变中临界态的方法理论和高能物理的基本量子场论融合在一起。

全息对偶在此基础之上进一步拓展。它的"魔力"在于它能把物质的"强演生"理论的数学结构用广义相对论的非常不同的几何结构表达出来。在本书的第 6~13 章中，我们将紧密地沿着这个领域发展的时间顺序，一步步来展现这个领域的发展过程，一直延续到这套方法的最前沿的、正在发生的故事，包括预言一些由宏观上量子纠缠所主导的系统的性质。

1.3 AdS/CFT 对应，重整化群的几何化，以及量子临界态

那么 AdS 和 CFT 这两个缩写以及本书标题中的形容词"全息的"究竟是什么意思呢？实际上，这三个概念可以用一个数学关系联系起来，并且在许多人看来，这个关系是所有关于"演生物理–广义相对论"关系的描述中最美的也是最令人震撼的。这可以表示成一个"方程"

$$RG = GR \tag{1.1}$$

这里的 RG 是重整化群的简写，而 GR 表示的是广义相对论。重整化群指的是在量子场论中，通过不断积掉短距离自由度，而诱导出一个能描述随着能标不断降低、波长越来越长时理论变化情况的流的性质。这个过程用描述耦合常数的跑动的微分方程来描述。令人不可思议的是，AdS/CFT 对应告诉我们，在对偶的引力理论中能标"方向"变成了额外的几何维度。因此，场论对能标的流动现在就完全体现在高一维的引力时空的纯粹几何性质中，也就由爱因斯坦场方程给出的解来决定。当场论定义在 $d+1$ 维时空中时，对应的引力理论有 $d+2$ 维，多出的一个维度一般被称为"径向"维度。这可以形象地比喻为一个全息图：我们有一个二维的带有干涉条纹的感光板 (类比场论)，然后用一束激光 (类比 AdS/CFT 对应字典) 对它进行照射，我们就会看到一幅三维的图像 (类比引力体空间)。使得这一现象发生的奇迹，源于黑洞物理学 (参见 4.1 节) 的量子引力的"全息原理"。

该原理主张一个引力理论中自由度的计数和一个低一维的量子场论中自由度的计数行为相似。这就是人们把一大类 AdS/CFT 类型的对偶叫作"全息对偶"的原因。从目前来看，这个类比还有另一重说服力，因为引力空间中的物理是很直观的 (类比于全息图中的三维图像)，而场论方面则是很抽象且违背直觉的 (类比于二维的干涉条纹)。

那么我们究竟能够在多大程度上准确地把这些不同的物理世界缝合在一起呢？现在是时候来解释 AdS/CFT 这个缩写了。它表示的是最初建立对偶关系时广义相对论和量子场论中所选取的特殊的构型。首先，AdS 代表 anti de-Sitter 时空，它是对偶关系中引力一侧的时空，是爱因斯坦引力理论的具有负宇宙学常数的解。在几何上它是双曲面在更高维中的洛伦兹形式的推广。众所周知，双曲空间的性质可以被 Escher 的一系列在空间中摆满鱼、恶魔和蜥蜴的画作表现出来。从形式上来看，双曲空间好像是无穷大的，但是这里相对论的一个奇异的性质可以发挥作用：对于类光的传播，它并非无穷大的，光线可以在有限的时间内到达这种时空的边界。这表明我们必须为引力理论给出特殊的边界条件和边界的信息。既然边界很自然地比"体 (bulk) 时空"少一维，那么我们就可以想象该边界就是场论所定义的时空，并且重整化群流沿着额外的径向，从边界处开始，直到 AdS 时空的中心："内部深处"。这种直觉上的理解是正确的，并且可以作为理解两边理论对应的定量字典的强力支持。其次，CFT 代表的是"共形场论"。在最开始被明确实现的对偶关系中，所涉及的量子场论都是一种特殊的场论，它们都是共形不变的。共形不变意味着在任意的满足保角条件的标度变换下体系没有变化。这也是当代的凝聚态物理学界非常感兴趣的那类理论。虽然共形不变的理论解释了二阶相变中的普适行为，但是这里的 CFT 是很自然地作为零温的相对论性场论出现的，它们是描述由另一个外部参数调控的零温量子相变区域附近具有普适性的物理的"量子临界理论"。现在看来，量子临界性的观念在目前实验所揭示的强关联物质的所有大的谜题中都扮演着非常核心的角色，其中最值得注意的是在高温超导体和其他一些特殊材料中发现的奇异金属。在整个过程中，量子临界是将全息对偶和实验观测联系在一起的核心驱动力。

尽管这些只是对量子场论和广义相对论之间美妙联系的一瞥，但是，只运用我们提到的这些概念，包括 AdS 时空、CFT、量子临界态，以及某种程度上可以反映重整化群流的额外维度，就可以给出一个关于联系两边理论的对偶字典的非常直觉的描述了。

现在我们从对偶的场论一端开始讲起，并且以一个相对论性的 CFT 作为出发点。CFT 可以很自然地定义在一个平直的不动力演变的 $d+1$ 维闵氏时空上，也就是说，符合狭义相对论要求的物理量需要是四维中的矢量、张量，而用来定义这些矢量或者张量的内积的是如下的度规：

$$ds^2 = \eta_{\mu\nu}dx^{\mu}dx^{\nu} = -dt^2 + d\boldsymbol{x}^2 \tag{1.2}$$

这里 $\mu, \nu = 0$ 表示时间方向，而 $\mu, \nu = 1, \cdots, d$ 表示空间方向。闵可夫斯基时空 (简称闵氏时空) 除了具有明显的整体洛伦兹变换不变性，在时间平移和空间平移下也是保持不变的，因此，能量和动量是守恒的。

一个一般性的场论是可以进行重整化的。根据 Wilson 的观点，我们可以自洽地把短程自由度积掉，条件是在标度变换的过程中要改变理论中的耦合系数 g_i，而这些系数在标度变换时遵循局域依赖于 RG 能标 u 的微分方程：

$$u\frac{\partial g_i(u)}{\partial u} = \beta(g_j(u)) \tag{1.3}$$

在临界点时上式中的 β 函数是等于 0 的，即 $\beta = 0$，这种情况下的物理是标度不变的。此时，时间与空间的共同标度变换 $x^{\mu} \to \lambda x^{\mu}$ 也是一个对称性。对于一个相对论性洛伦兹不变的理论，标度不变和幺正性结合起来被推测意味着完整的共形不变性的存在 (综述可见文献 [4])，即所有保证角度不变而不保证长度不变的变换。这些变换包括所谓的特殊共形变换、标度变换和洛伦兹变换，它们合起来构成 $SO(d+1,2)$ 群。

现在我们把定义在不同重整化群能标 r 下的场论按照能标的顺序排列起来 (图 1.1)。如果我们把代表每个理论的变量 r 取为连续的，就会得到一个新的 $d+2$ 维的"时空"，其中多出的一个维度是刻画重整化群流 (RG flow) 的参数。从场论的角度讲，即对于每个 r 位置处的理论，能标 r 显然是一个告诉我们当变换能标时场论如何变化的非几何量。AdS/CFT 的本质在于，所有定义在某个能标下的一系列的 $d+1$ 维场论有一个可替代的对偶的 $d+2$ 维时空的几何描述。为了体现出场论随能标变化的行为，这个 $d+2$ 维时空不可能是平直的，而必须是弯曲的，正如我们所熟知的爱因斯坦广义相对论中讨论的时空。在这样的弯曲时空中，测量点与点之间的距离需要用到局域的度规 $ds^2 = g_{\mu\nu}(x)dx^{\mu}dx^{\nu}$。值得一提的是，如果作为出发点的场论确实是一种满足共形和标度不变性的非常特殊的场论，那么我们仅仅从 CFT 所满足的对称性就可以完全地定下对偶的度规的形式。一般地，任何一个确定的度规张量 $g_{\mu\nu}(x)$ 都对应着一种特殊的坐标系选取带来的"规范选取"。然而，如果该时空有着真实的物理上的对称性，那么不管选哪个坐标系，相应的度规都应该遵循这样的对称性。我们把这种对称性称为等距对称性 (isometry) 来和广义相对论中坐标系选取所定义的对称性 (广义协变性或微分同胚 (diffeomorphism) 不变性) 区分开。既然我们想要描述的场论是共形和标度不变的，那么，如果我们要让硬币的两边是匹配的，就必须要求对偶的引力理论也有相应的性质，也就是说，我们需要找到一个在整个 $d+2$ 维时空中具有标度变换 $x^{\mu} \to \lambda x^{\mu}$ 下的等距对称性的度规。实际上，全息中将具有洛伦兹不变性和平移不变性的场论按尺度堆放的图像已经告诉我们这种度规必须具有如下形式：

$$\mathrm{d}^2 s = f(r)\eta_{\mu\nu}\mathrm{d}x^\mu\mathrm{d}x^\nu + g(r)\mathrm{d}r^2 \tag{1.4}$$

更进一步，r 方向的坐标选取具有一定的任意性，因此我们可以把它选取为场论的能标，也即在标度变换下，r 需要变换为 $r \to r/\lambda$，这样一来唯一的保持标度不变的 $d+2$ 维线元可写为

$$\mathrm{d}s^2 = \frac{r^2}{L^2}\eta_{\mu\nu}\mathrm{d}x^\mu\mathrm{d}x^\nu + \frac{L^2}{r^2}\mathrm{d}r^2 \tag{1.5}$$

而这恰好是 $d+2$ 维的 AdS 时空的度规。现在，我们就看到了 AdS 时空和 CFT 之间明确的联系。更仔细地研究 AdS 时空的度规，我们会发现实际上这种时空具有完整的 $SO(d+1,2)$ 群的对称性而不只是洛伦兹对称性结合标度对称性，这与一个 $d+1$ 维的 CFT 的共形保角对称性是完全一致的，包括特殊共形变换。

我们来更仔细地审查这种几何，如 AdS_{d+2} 几何就好像是沿着径向 r 排列起来的一系列的闵氏时空，其中这些闵氏时空的大小是依赖于 r 的，随着 r 从 $r \to \infty$ 处对应的场论的紫外高能标不断地减小到 $r \to 0$ 处对应的红外低能标，闵氏时空的大小是不断减小的。$r \to \infty$ 处的"紫外"区域就是前面提及的类光信号可以在有限时间内到达的 AdS 时空的边界，因此，除了动力学方程之外，我们还要为这个边界提供边界条件，并且边界条件的选取是一个贯穿始终的重要角色。场论的红外区域就是 AdS 时空内部的深处。L 是"AdS 半径"，它是一个具有长度量纲的自由参数，它在场论中的意义在后文会体现出来。我们还可以进一步作坐标变换 $z = L^2/r$ 来将 RG 的能标坐标变为对应的 RG 的长度坐标，在新的坐标 z 下度规可写成

$$\mathrm{d}s^2 = \frac{L^2}{z^2}\left(\eta_{\mu\nu}\mathrm{d}x^\mu\mathrm{d}x^\nu + \mathrm{d}z^2\right) \tag{1.6}$$

全书中会一直使用这里介绍的标记、符号等。为了方便查询，我们把它们总结在表 1.1 中。

表 1.1 本书采取的符号习惯

标记	物理含义
d	场论中的空间维数
$d+1$	场论中的时空维数
$d+2$	引力理论中的时空维数
L	AdS 半径
r	AdS 的"能量"径向坐标，$r = 0(r_\mathrm{h})$ 是 内部/视界而 $r = \infty$ 表示边界
z	AdS 的"长度"径向坐标，$z = \infty(z_\mathrm{h})$ 是 内部/视界而 $z = 0$ 表示边界
$x_i,\ i = 0, \cdots, d.$	场论的时间/空间坐标，同时也是 AdS 时空中与径向垂直的横向坐标

由简单的几何图像 (图 1.1)，我们发现场论与一种非平庸的爱因斯坦弯曲时空之间的确有着深刻的联系。在前文中我们的出发点是一个临界的、共形不变的理论，这对对偶引力中 $d+2$ 维的时空有着很强的限制。然而，临界理论是很特殊的。假如我们对 CFT 作一些小的变形，可通过非平庸的重整化群流得到一个新的红外理论，那么几何结构也必须发生改变，也就是说时空几何必须反映相关的物理。最简单的满足朗道标准——即符合对称性的要求 (在这里是广义协变性)——并具有最低阶导数且其中有 AdS 时空解的动力学引力理论，就是如下具有负宇宙学常数的爱因斯坦–希尔伯特 (Einstein-Hilbert) 作用量：

$$S = \frac{1}{16\pi G} \int \mathrm{d}^{d+2}x \sqrt{-g}\,(R - 2\Lambda + \cdots) \tag{1.7}$$

其中，$g = \det g_{\mu\nu}$，R 是从度规构造出来的里奇 (Ricci) 标量，G 是引力的耦合常数，而 $-2\Lambda = d(d+1)/L^2$ 是由 AdS 半径 L 表示的负宇宙学常数；省略号表示，如果我们需要的话，就可以添加一些物质场 (如标量场、矢量场、费米场) 以及/或高阶导数引力给出的项。宇宙学常数在形式上与为了解释 1998 年发现的宇宙加速膨胀而引入的宇宙学常数是相同的，只不过它们的符号相反。如果取宇宙学常数为正的而不是负的，那么爱因斯坦场方程的解就会是一个 de-Sitter 时空解，用来描述以指数形式膨胀的宇宙。我们在这里强调，尽管将在本书的第 4 章和第 5 章具体解释的全息对偶的严格概念被认为适用于所有的引力时空，但目前我们只知道如何将全息对偶应用于 (渐近)AdS 时空。在用来描述引力对偶对 CFT 的小变形的响应的 Einstein-Hilbert 作用量 (1.7) 中，我们引入了一个新的参数：牛顿

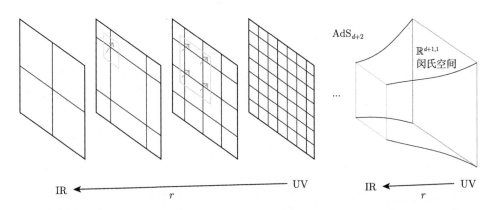

图 1.1 通过连续的粗粒化步骤得到的一系列场论的副本，在几何上，它们自然地结合起来构成一个整体的多一个空间维度的时空。AdS/CFT 的精髓在于这种结合对于一个 CFT 而言在数学上可以是严格的，所构成的时空是一个 AdS 时空，其中额外的 r 方向被自然地解释成边界场论的重整化标度。图片来自文献 [5]

常数 G。在前面已经使用了的自然单位制 ($\hbar = c = 1$) 下，G 的量纲遵循 $G = \ell_{\mathrm{pl}}^d$，其中 ℓ_{pl} 称为普朗克 (Planck) 长度。严格的关系应是 $\ell_{\mathrm{pl}}^d = G\hbar/c^3$。由于牛顿常数是广义相对论中主导时空涨落的耦合常数，我们立刻能发现，为了避免过大的量子引力效应，AdS 曲率半径需要保证相应的曲率足够小，也即 $L \gg \ell_{\mathrm{pl}}$。如果曲率变得更大，那么我们只考虑最低阶导数的贡献就不再合理了。实际上，严格地从弦理论构造出的 AdS/CFT 对应确实告诉我们，当曲率增大时，除了爱因斯坦–希尔伯特作用量外，我们还要考虑来自高阶导数的修正 (第 4 章)。

在场论中，引力中时空曲率必须很小 (相比于普朗克能标) 的内秉极限相应的体现就是之前提过的大 N 矩阵极限，这是从弦理论来"自上而下"地构造 AdS/CFT 对应理论时直接给出的。一般地，定义在 AdS 时空背景上的引力理论所对应的是包含所有高阶导数修正的整个弦理论。只有当 CFT 中的自由度足够多时，我们才能把引力理论化简到经典的、弱耦合的如式 (1.7) 所示的爱因斯坦引力理论。例如，考虑 $3+1$ 维 CFT 和 $4+1$ 维 AdS 时空的对偶时，我们发现，AdS 时空的曲率半径 L 以普朗克长度 ℓ_{pl} 为单位表示时，和 CFT 中的有效自由度的数量 N 是有关的，

$$\frac{L^4}{\ell_{\mathrm{pl}}^4} \sim N \tag{1.8}$$

因此，我们需要取极限 $N \gg 1$ 才能得到一个可信的对偶经典引力描述。

为了让公式 (1.7) 是可信的，还有一个要求也是必不可少的。为了让作为出发点的微扰弦理论在可信范围内，弦的耦合系数必须足够小。弦之间的耦合系数 g_{s} 正比于普朗克长度 ℓ_{pl} 与弦长 ℓ_{s} 的比值，这个值也控制着 CFT 中的耦合常数。同样在 $3+1$ 维 CFT 和 $4+1$ 维 AdS 时空的对偶的例子中，这些量之间的关系可表示为

$$\frac{\ell_{\mathrm{pl}}^4}{\ell_{\mathrm{s}}^4} \sim g_{\mathrm{s}} \simeq g_{\mathrm{CFT}}^2 \ll 1 \tag{1.9}$$

于是一个更弱的弦耦合常数会降低量子引力效应开始重要的真实能标。在微观上，是用弦的长度 ℓ_{s}，而不是普朗克长度来给出理论对爱因斯坦引力 (1.7) 开始偏离的小尺度。式 (1.8) 可以更精确地写为

$$\frac{L^4}{\ell_{\mathrm{s}}^4} \sim g_{\mathrm{CFT}}^2 N \gg 1 \tag{1.10}$$

于是我们发现，如果对偶的引力一边在经典引力的可信区域，那就要让场论中的自由度数目 (N) 很大，而且要大到尽管 $g_{\mathrm{CFT}}^2 \ll 1$，$g_{\mathrm{CFT}}^2 N$ 依然是个很大的数。场论中一个熟知的事实就是，这样的大 N 极限一般来说会让微扰展开重新组合，并非巧合，在从弦论中自上而下得到的模型中，自然的变量是重新组合后的大 N 变量。一个例子是 $3+1$ 维时空中具有最大超对称的 $SU(N)$ Yang-Mills 理论，在

大 N 极限下，这个理论中新的有效 't Hooft 耦合常数就是式(1.10)中给出的组合 $g^2_{\text{CFT}}N$，因为大 N 极限重新组合了微扰展开的项。这就意味着，尽管描述微观相互作用强度的耦合常数 g^2_{CFT} 是个小量，它不再是一个精确的在理论上控制体系的标准参数，现在控制理论的是这个新的有效耦合常数，并且为了使对偶成立，这个有效耦合常数需要很大。这个强耦合场论物理与弱耦合广义相对论相对应的对偶使得 AdS/CFT 对应非常有威力，它可以在我们用一些传统场论方法无法接近的场论区域给出启示和见解。因此，全息对偶的第一条对偶规则如下。

规则一：AdS/CFT 对应可以把一个强耦合的没有引力的物理问题转化为一个弱耦合的微扰的引力问题。

该规则反过来也是成立的：一个强耦合的引力问题可以转化为弱耦合的场论问题，但是本书的侧重点不在于此。

现在，尽管给出了强/弱对偶法则作为支撑，但我们仍然会怀疑"用几何图像来描述重整化群流"这一观点是不是仅仅是一种有趣的比喻。为了让 AdS/CFT 对应真正成为一套切实可行的计算工具，我们需要的是严格的方程。Gubser、Klebanov 和 Polyakov[2] 合作及 Witten[3] 各自独立地完成了这关键的一步，并告诉我们如何把对偶一端物理准确地翻译到另一端去。这里我们试图用自下而上的方式来介绍其中的精髓要点；而在第 5 章，我们会讨论 GKPW 法则完整的数学框架。

让我们来思考这样一个问题：假如我们已经接受了重整化群流可以被几何化这样一个事实，从而使得一个标度不变的量子临界态可以被 AdS 几何上的经典引力体现出来，那么以此为起点，我们如何在引力中得到场论中的量 (如两点关联函数) 呢？CFT 中的两点关联函数遵循一个非常简单的规则。对于一个具有洛伦兹不变性的零温 CFT，两点关联函数的形式可以由共形不变性和洛伦兹不变性完全确定下来，只依赖于所讨论的算符的共形维度这一个自由参数。考虑欧几里得 (以下可简称欧氏) 时空中距离为 x 的两个点，给定一个共形维度为 Δ 的"裸的"(定义在紫外的) 标量算符 $O(x)$，也就是说，在作标度变换时，它按照 $\mathcal{O}(\lambda x) = \lambda^{-\Delta}\mathcal{O}(x)$ 变换，这个算符的两点关联函数为

$$\langle \mathcal{O}(x)\mathcal{O}(0)\rangle = \frac{1}{|x|^{2\Delta}} \tag{1.11}$$

这里，我们已经取任意的归一化因子为 1。读者可能是熟悉这一点的。关联函数只能是不变距离 $|x| = \sqrt{c^2\tau^2 + x^2 + y^2 + \cdots}$ 的函数，其中 τ 是欧氏时间。更重要的是，为了满足标度不变性，任何响应函数都只能是距离的代数函数。

为了诠释实验，人们通常把目光聚焦在响应函数对能量和动量的依赖关系上面。对上述表达式进行傅里叶变换，并且做威克 (Wick) 转动把虚时间转化为实时间，在合适的形式下我们就得到了推迟格林函数 (第 5 章)：

$$\langle \mathcal{O}(\boldsymbol{k}, \omega)\mathcal{O}(0)\rangle_{\mathrm{R}} \sim k^{2\Delta-d-1}$$
$$\sim (-\omega^2/c^2 + \boldsymbol{k}^2)^{\Delta-d/2-1/2} \tag{1.12}$$

这些就是将在凝聚态物理部分 (2.1 节) 介绍的量子临界态的 "分支切割" [①] 传播子。我们来看式 (1.12) 的虚部也即谱函数 $A(\boldsymbol{k}, \omega)$，在动量为 0 时它是幂函数行为的 $A \sim \omega^{2\Delta-d-1}$，而在有限动量时，谱函数在频率小于 $\omega = ck$ 时是 0，在非常大的频率上渐近趋于纯粹的幂函数行为。

　　我们现在的目标是从 AdS 时空中的物理量建构出场论中这样的两点关联函数。CFT 中的算符和 "裸的" 高能自由度有关，从重整化群流的几何化视角来看，场论中这样的高能自由度对应 AdS 时空径向坐标趋于无穷的区域。于是，很明显具有下面的这条陈述。

　　规则二：(定义在 "裸的" UV 能标下的) 场论所在的 $d+1$ 维时空，对应于引力理论所在的 $d+2$ 维 AdS 时空的边界。

　　在最深刻的意义上，AdS 时空中的引力理论和 CFT 之间的对偶关系实际上更加抽象。从原则上，我们根本不应该在 AdS 时空指定一个位置来对应 CFT。虽然从原则上来讲是这样，但是我们取上面的简单对应关系会更加方便，而且这样做通常不会引起任何问题。

　　那么在 AdS 时空上的引力理论中，什么量对应着 CFT 中的标量算符 $O(x)$ 呢？最简单直接的猜测是在 AdS 时空中考虑一个标量场 ϕ，然后看看我们能对它做何处理。最简单的描述这个标量场在 AdS 时空中动力学的作用量是如下与度规最小耦合的二次项形式：

$$\mathcal{S} = \int \mathrm{d}^{d+2}x\sqrt{-g}\left(-\frac{1}{2}g^{\mu\nu}\partial_\mu\phi\partial_\nu\phi - \frac{1}{2}m^2\phi^2 + \cdots\right) \tag{1.13}$$

其中，g 和 $g^{\mu\nu}$ 分别是度规 $g_{\mu\nu}$ 的行列式和逆。首先可以采取的近似是将 AdS 时空的度规 (1.6) 视为固定的背景时空而考虑这个作用量作为弯曲的 AdS 时空背景上的经典场论。这样 ϕ 的运动方程可写成

$$\frac{1}{\sqrt{-g}}\partial_\mu\left(\sqrt{-g}g^{\mu\nu}\partial_\nu\phi\right) - m^2\phi = 0 \tag{1.14}$$

接下来我们对标量场作傅里叶变换，变换到频率-动量空间，但我们只对 AdS 时空与边界共享的四维平直时空作傅里叶变换，并且作 Wick 转动到欧氏号差下 $(t \to -\mathrm{i}\tau, \ \omega \to \mathrm{i}\omega_{\mathrm{E}})$。对于类空动量下的两点函数，我们可以直接这样操作，因为我们可以在计算的最后安全地做 Wick 转动回到实数的时间，

$$\phi(x^\mu, r) = \int \frac{\mathrm{d}\omega\mathrm{d}^d\boldsymbol{k}}{(2\pi)^{d+1}} f_k(r)\mathrm{e}^{\mathrm{i}k_\mu x^\mu}$$

---

① 原文是 "branch-cut"，即传播子在解析延拓下存在多个分支，统一译为分支切割。

$$= \int \frac{\mathrm{d}\omega \mathrm{d}^d \boldsymbol{k}}{(2\pi)^{d+1}} f_k(r) \mathrm{e}^{-\mathrm{i}\omega t + \mathrm{i}\boldsymbol{k}\cdot\boldsymbol{x}}$$

$$= \mathrm{i} \int \frac{\mathrm{d}\omega_\mathrm{E} \mathrm{d}^d \boldsymbol{k}}{(2\pi)^{d+1}} f_k(r) \mathrm{e}^{-\mathrm{i}\omega_\mathrm{E}\tau_\mathrm{E} + \mathrm{i}\boldsymbol{k}\cdot\boldsymbol{x}} \tag{1.15}$$

当选取 AdS 的径向坐标为 "RG-能标" 时，

$$\mathrm{d}s^2 = \frac{L^2}{r^2}\mathrm{d}r^2 + \frac{r^2}{L^2}\eta_{\mu\nu}\mathrm{d}x^\mu \mathrm{d}x^\nu \tag{1.16}$$

我们会得到傅里叶变换系数 f_k 对径向坐标依赖的运动方程：

$$\left[\frac{\partial^2}{\partial r^2} + \frac{d+2}{r}\frac{\partial}{\partial r} - \left(\frac{k^2 L^4}{r^4} + \frac{m^2 L^2}{r^2}\right)\right] f_k(r) = 0 \tag{1.17}$$

其中 $k^2 = \omega_\mathrm{E}^2/c^2 + \boldsymbol{k}^2$ (欧氏号差)。这个方程是一个常微分方程，但为了和表示空间维数的 d 区分开，对 r 的导数仍然用偏导来表示，而不是用 "d" 表示。一个重要的特征是，当我们重新定义 $r/k = \zeta$ 时，方程的解就只是 ζ 的函数。我们可以很快地从解对径向坐标 r 的依赖性，推断出该解对动量的依赖关系，这也是径向坐标 r 表示场论中的能标这一性质的体现。

现在我们运用规则二：可以认为场论是定义在 AdS 边界上的。通过拟设解在边界附近 $(r \to \infty)$ 处的渐近行为是 $f_k(r/k) = f_k^{(0)}(r/k)^\alpha + \cdots$ 的幂指数的形式，我们得到二阶运动方程在边界处的两支独立的解

$$f_k(r/k) = (r)^{-d-1+\Delta}\left[A(k) + \mathcal{O}\left(\frac{k}{r}\right)\right] + (r)^{-\Delta}\left[B(k) + \mathcal{O}\left(\frac{k}{r}\right)\right], \quad r \to \infty \tag{1.18}$$

其中 $\Delta = \frac{d+1}{2} + \sqrt{\frac{(d+1)^2}{4} + m^2 L^2}$，并且系数 $A(k) = ak^{d+1-\Delta}$，$B = bk^\Delta$ 关于 k 有确定的幂指数依赖形式，这是方程右边只能是 $\zeta = r/k$ 的函数这一事实的直接后果。由于这里的标量场是实数场，这里的指数也应该是实的，从而引出了所谓的 Breitenlohner-Freedman (BF) 界限[①][6]，

$$m^2 L^2 \geqslant -\frac{(d+1)^2}{4} \tag{1.19}$$

注意，质量的平方可以是负的，这是 AdS 时空的一个特殊性质。只要满足 BF 界限的约束，即使存在一些质量平方为负的标量场 ϕ，AdS 时空仍是稳定的。当质量平方 "太负"，即 $m^2 L^2 < -(d+1)^2/4$ 时，复的指数确实意味着时空有着通常

---

① 这里的界限就是下界，但我们统一译为界限，如无特别说明，之后的 BF 界限代表 Breitenlohner-Freedman 下界。

所说的线性不稳定性（"超光速快子"）；标量场会得到一个有限大的振幅，然后反作用于时空几何。在此先给一个第 10 章的预览，我们可以通过违反 BF 界限的约束，来从引力方面实现边界场论中的自发对称性破缺。

回到之前关于如何从对偶于 CFT 的 AdS 时空得到两点关联函数的问题，我们注意到，能从 AdS 边界读取的信息就蕴藏在运动方程 (1.18) 的解在边界处的普适渐近展开中。边界场论不应当包含"非物理"的维度 r 的信息，而我们注意到渐近展开的两支独立解的领头阶系数 $A(k)$、$B(k)$ 对于场论中频率和动量的依赖都有着简单的代数形式 (单项式 k^n)。利用 AdS 时空中标量场的解 $\phi(r)$，我们可以尝试用它来构造 CFT 中形如式 (1.12) 的已知的关联函数。考虑到积分常数 a 和 b 没有定下来，以及整体的归一化因子不应起作用，于是得到

$$\frac{B(k)}{A(k)} = \frac{b}{a} k^{2\Delta - d - 1} \tag{1.20}$$

注意，我们手动放入的标量场的质量会决定边界场论中算符的共形维度。质量–标度关系是对偶的核心关系之一。我们构造出的这个结果，和共形维度为 $\Delta = \frac{d+1}{2} + \sqrt{\frac{(d+1)^2}{4} + m^2 L^2}$ 的欧氏共形标量算符 $\mathcal{O}$ 的动量空间的两点关联函数 (1.12) 是一致的。实际上，这就是正确的字典规则。对于有自旋的算符，类似的"质量–标度"关系也是存在的，比如，对于有质量的矢量算符，$\Delta_{\text{vector}} = \frac{d+1}{2} \pm \sqrt{\frac{(d-1)^2}{4} + m^2 L^2}$[7]。

规则三：**CFT 中标度维数为 Δ 的标量场的两点关联函数可以表示为系数 $A(k)$、$B(k)$ 的比值 $\langle \mathcal{O}(-k)\mathcal{O}(k) \rangle = B(k)/A(k)$，其中 $A(k)$、$B(k)$ 分别是 AdS 时空中带质量的标量场在 AdS 边界附近作渐近展开 $\phi(r, k) = A(k)r^{-d-1+\Delta} + B(k)r^{-\Delta} + \cdots$ 得到的领头阶和次领头阶对应的系数。标量算符的共形维数由 AdS 时空中标量场的质量决定，即 $\Delta = \frac{d+1}{2} + \sqrt{\frac{(d+1)^2}{4} + m^2 L^2}$。**

现在继续我们的工程。边界场论中最基本的物理量是相对论性的能量–动量张量 $T_{\mu\nu}$，该算符始终作为时间和空间平移的生成元存在。不同于标量算符，我们要标记这个算符的张量指标[8]。幸运的是，由于 $T_{\mu\nu}$ 作为对称变换的生成元，它是守恒的，$\partial_\mu T^{\mu\nu} = 0$，所以它的两点关联函数的形式受到了很强的约束。我们发现

$$\langle T_{\mu\nu}(x) T_{\rho\sigma}(y) \rangle = \frac{c_{\text{T}}}{s^{2d+2}} J_{\mu\alpha}(s) J_{\nu\beta}(s) P_{\alpha\beta,\rho\sigma} \tag{1.21}$$

其中

$$s = x - y, \quad J_{\mu\nu}(x) = \delta_{\mu\nu} - 2\frac{x_\mu x_\nu}{|x|^2}, \quad P_{\mu\nu,\rho\sigma} = \frac{1}{2}(\delta_{\mu\rho}\delta_{\nu\sigma} + \delta_{\mu\sigma}\delta_{\nu\rho}) - \frac{1}{d+1}\delta_{\mu\nu}\delta_{\rho\sigma},$$

并且 c_T 是个常数。需要注意的是，能量–动量张量的共形维数固定为 $\Delta_{T_{\mu\nu}} = d+1$。这是因为能量要遵循设计好的标度行为，由体积决定。那么这个始终存在的算符的动力学在引力里是由什么物理量给出的？考虑到 $T_{\mu\nu}$ 是一个自旋为 2 的张量，所以只有一个候选者——这个场只能是反映 AdS 时空动力学性质的引力场。它是我们可以写出来的唯一具有自洽的相互作用的自旋为 2 的场。能量–动量张量 $T_{\mu\nu}$ 的对称性和张量性质保证在对引力场重复此前的步骤后，就可以得到引力场的两点关联函数的确就是式 (1.21)。但引力场和标量场有一个本质的区别，我们先验地知道引力场的质量为 0：对称性要求它必须无质量。

到这里，我们已经发现了全息对偶的又一个基础性质。能量–动量张量 $T_{\mu\nu}$ 是和整体时间、空间平移不变有关的"诺特流"。在边界的 CFT 中，它也生成额外的整体标度变换以及特殊共形变换。但在 1.2 节中我们看到，这些整体的共形变换，对应到 $d+2$ 维体时空中的等距对称：它们是爱因斯坦引力的核心结构局域坐标变换（"微分同胚映射"，"广义协变性"）的一部分，于是我们发现，在引力中的确是用局域对称性相关的规范场——引力子——来描述边界场论中由整体对称性导致的守恒流的动力学。这是全息对偶的一个非常深刻的特征。

规则四：AdS/CFT 是一个局域–整体对偶。边界场论中的整体对称性对偶于引力体时空中的局域规范对称性。规范玻色子是引力中用来描述边界相应守恒流动力学的对应物。

我们可以很自然地对这个结论作一个推广，认为该结论也适用于边界场论中由整体内部对称性导致的守恒流，这些守恒流的动力学体现在引力体时空中麦克斯韦 (Maxwell) 场或 Yang-Mills 规范场的动力学中。

1.4　全息对偶和物质的本性

原则上，1.3 节中的四条规则已经可以使读者理解许多全息中的结果了。在前文中我们用了一种偏直觉的构建途径得到这些规则，但实际上，这些规则是建立在更坚实的基础之上的。尤其是在第 4 章和第 5 章，我们会为全息对偶给出更详细、全面的背景知识，包括如何从 AdS 背景下的引力理论来严格计算边界场论中的物理量的 GKPW 量化关系，这个 GKPW 规则——一个对偶两端配分函数相等的等式——是全息对偶的跳动"心脏"：是它赋予了全息对偶强大的计算能力。如果读者想要了解如何运用全息，那么最重要的是对详细描述对偶字典的章节有着很全面的理解。为了帮助读者更方便地查阅对偶关系，我们在第 5 章的末尾把对偶字典整理成了一个表格。

然而现在一个很显然的问题是，如何运用对偶字典来解决凝聚态物理中的难题。乍一看上去，AdS/CFT 对应似乎离这个学科很遥远，因为 CFT 与实际世界的关系非常不明显。那么我们应该如何把这套工具和真实观测到的材料性质联系起来呢？在现有的全息对偶的构造中，共形不变性控制着紫外能标，也就是短距离上的物理是自然蕴含其中的，引力体时空靠近边界的区域的几何必须是渐近 AdS 的，从而可以建立起 GKPW 规则。但是，对体时空内部更深的区域是没有这样的限制的。因此，全息对偶给了我们去改变内部几何的自由，只要满足爱因斯坦场方程就行。等价地，从边界场论的角度来看，我们完全有自由用物理上有意义的方式来破缺边界体系的长波长红外，也就是低能的共形不变性。这样我们可以处理那类由微观强耦合相互作用的 CFT 自由度组成的集体的演生的有效低能物理问题。描述低能区域的集体物理行为的唯象理论会在什么程度上依赖具体的高能标的紫外自由度的性质呢？又在什么程度上，这些其实反映的是主导低能有效物理的普遍性原则呢？人们不曾预料到的是，AdS/CFT 对偶可以给出关于这类问题的很多相关的令人惊讶的物理进展，这正是我们要讲的故事。

在深入到具体的专题之前，我们先说明一下在本书的写作过程中我们给自己的一些限制规则。近年来，全息领域中有如此之多的进展，如果想写的话，可以写很多互补的书来介绍相关的进展。实际上，在本书还在写作的时候，市面上就已经出版了一些。其中，文献 [9,10] 是第一批侧重于规范–引力对偶本身的教材；而文献 [11,12] 侧重于全息对偶在 QCD 重离子对撞中研究的夸克胶子等离子体中的应用。此外，还有许多优秀的综述，比如关于 AdS/CFT 对应或更一般的规范/引力对偶理论 (比如文献 [7,9,13,14,15,16])，甚至和本书主题相关的方向：AdS/CMT (例如文献 [17,18,19,20,21,22])。

而本书的目标在于，为全息提供一种非常适用于教学的具有引导性的方法，使得很大范围内的读者能够不那么费力就可以理解全息，同时又能把 AdS/CMT 领域中最新的进展纳入到现代凝聚态物理学自洽的框架之中。首先我们将在本书中专注于平衡态物理。实际上，全息也有非常独特的能力可以用来处理强耦合量子体系中非平衡的含时问题。在技术上，边界场论的实时演化问题对应于对偶体时空引力描述中的非稳态引力物理。目前，随着数值相对论技术上令人激动的不断突破，非稳态问题的研究也在迅速发展。这些进展使得我们可以用可靠的方法去计算 AdS 时空中的非稳态时空演化，包括黑洞形成的动态过程。关于非稳态的物理以及相关的方法技术都不在本书所涵盖的范围之内，应当对它们进行专门的论述 [23]。我们所关心的边界上的平衡态物理则对偶于引力中的静态问题，在本质上对它们的处理更简单。

其次，本书采用了"自下而上"的方式。这和"自上而下"的方式不同，自上而下的方式通常会动用弦理论的强大威力来得到"高度精确"的全息对偶关系。历史上第一个从弦理论出发自上而下得到的全息对偶的例子来自 Maldacena 的工作 [1]：从一个特定的弦理论出发，可以明确地得到具体的边界场论 (具有最大超对称的大 N

Yang-Mills 理论) 和对偶的 AdS 引力理论 (紧致化到 $AdS_5 \times S^5$ 上的 10 维超引力理论)。原则上我们甚至知道模型中所有的参数。这也被扩展为一系列的在下文将要讨论的进展背景中起到了重要作用的自上而下构造对偶的例子。它们一方面是一种可靠性检测,另一方面也可作为启发我们思考的灵感来源。

相比之下,"自下而上"的方式是一种技术上简单得多的"唯象"的方法。我们会在第 5 章给出 AdS/CFT 对应的字典。通过 AdS/CFT 对应字典,并结合对称性原理以及广义相对论的内部自洽性,我们可以构造出特定而简单的全息对偶模型的数学结构。这类似于物理学中唯象理论的构造,例如,相变的金兹堡–朗道 (Ginzburg-Landau) 理论:在 Ginzburg-Landau 理论中,方程的形式是普适的,但是其中一些参数是自由可调的。但是要注意,我们并不能认为自下而上的构建与自上而下的构建是独立的,后者其实为物理学的唯象描述提供了宝贵的验证机会,在必要的时候,本书中也会涉及自上而下的构造。然而,如果要详细地介绍自上而下构造的方法,需要涉及弦论中很多复杂的结构体系,这显然超出了本书的范围。但为了让对自上而下的构建感兴趣的读者能有一个初步的认识,我们在本书非常靠后的部分 (第 13 章) 专门用一章来进行介绍。

最后,关于全息对偶在实验物理中的潜在应用,我们专注于固体中强耦合相互作用电子体系框架内以及一些相关的领域,比如冷原子系统的一些典型问题。一直以来,驱动这些特别进展的梦想来自希望全息对偶可以为凝聚态实验学家在过去的 30 年里在高温超导、重费米子体系等系统中得到的强关联电子体系的奇特性质提供一些数学上的启示。我们将会在第 2、3 两章详细介绍这部分内容。这意味着本书会花费很多的笔墨重点介绍全息对偶能告诉我们的关于有限密度体系的物理。这一点与另一个全息对偶被证实是非常有效的领域,也就是量子色动力学 (QCD) 物理是非常不同的,在 QCD 中,人们关心的是零密度的 Yang-Mills 场论。实际上,这两个不同的领域之间存在着一些有用的共同之处,我们将在 6.3 节给出一个关于 AdS/QCD 的简要概述。关于全息在 QCD 中应用的一个全面的阐述可以在文献 [12] 中找到。

在平衡态物理、自下而上的模型构建以及有限密度体系的限定范围内,AdS/CFT 全息对偶已经给我们带来了关于凝聚态物理的全新的观点。为了让读者对这些关于全息方面的令人激动的进展有个粗略的认知,并且帮助读者更好地使用本书,接下来我们将概述本书的核心内容,通过这种方式,初入全息宇宙的旅客将会初步领会我们的终点是什么样子的。

1.4.1 有限温度的零密度共形物质

一个凝聚态物理学家首先会问的一个问题就是:如何描述有限温度的系统。AdS/CFT 给出的答案就是在引力描述中引入一个黑洞。这听上去可能很奇怪,但其实很好理解。正如 Hawking 发现的那样，量子的黑洞不是黑的而是会辐射出纯的热辐射谱。在欧氏时间规则下，可以很直接地证明一个 AdS 黑洞对应着边界上一个放在与黑洞辐射的温度一致的恒温热库中的场论。人们很早就认识到，黑洞不只是有温度，它其实有一套完整的热力学物理量，每一个热力学物理量都可以翻译到边界场论上。尤其是，黑洞具有一个正比于视界的面积，而不是视界内体积的贝肯斯坦–霍金 (Bekenstein-Hawking) 熵 (6.1 节)。因为场论是定义在低一维的边界上的，黑洞的熵的标度行为恰好可以自然地解释为场论的熵的标度行为。事实上，黑洞熵的面积定律正是量子引力的全息原理的起源。

场论热物理的黑洞–引力描述很形象地为我们阐述了一个概念，就是人们可以自然地通过改变 AdS 时空中的深度内部几何来给出场论中低能红外物理的信息。温度本身带有一个通常小于高能紫外截断的能标，该能标破坏了边界场论的共形不变性，这就意味着 AdS 时空深度内部的几何要发生改变：通过将径向坐标理解为重整化群的能标，红外的物理必须蕴含在深度内部几何中，这也是黑洞所在的地方。

热物理被全息地蕴含在一个黑洞背景上这个事实的一个很重要的后果就是，从"边界物理学家"(比如凝聚态专家) 的角度，人们可以不用去做计算有限温度问题的玻尔兹曼配分求和的复杂工作，而是直接计算体时空中的一个简单的黑洞问题。并且，利用 AdS/CFT 的定量的字典，人们可以计算出边界场论完整的自由能，在此基础上可以进一步计算得出热力学相图。在 AdS 背景下，很多黑洞唯一性定理不再成立。在本书后面，我们会给出很多例子来演示黑洞如何"逆坍缩"到另一个自由能更低的相 (6.2 节和第 10 章以及第 11 章)，这就是热力学相变的引力对偶描述。这里需特别强调的就是，经典的统计物理有一个完美的引力对偶。但是需要提醒的是，当对偶引力取经典近似时，所有边界上的热力学相变几乎都是在平均场意义下的，这与此时对偶场论大 N 极限的大量级的自由度 (N^2) 有关。原则上，$1/N$ 修正可以还原序参量的涨落行为，这也可以在一些特殊情形下计算出来。

理解了热力学之后，一个很自然的问题就是如何计算流体力学行为，这是全息所取得的非常显著的成功之一。对于任何有温度的体系，只要不破坏它的平移对称性，在足够长的时间尺度上，它的行为必然可以用描述经典流体的普适理论来刻画，即所谓的流体力学中的 Navier-Stokes 理论。难点在于这是一个满足热力学第二定律的耗散问题，用常规的方法很难得到流体力学的有效行为，但是全息却毫不费力地做到了这一点。在第 7 章中，我们将展示 Bhattacharyya、Hubeny 和 Minwalla 以及 Rangamani 的让人惊艳的关于 AdS 非稳态引力在按阶展开下恰好精确对偶于边界 Navier-Stokes 方程的结果 (7.2 节)。特别地，这有效地演示了全息对偶能够给出强演生有效物理的普适理论。

引力/流体对应包含了全部的耗散物理，给定一个流体体系，相关的输运系数可以通过构造特定的全息模型完全确定。这些全息模型的参数通常没有标准的取法，但是其中却蕴含着普适性，这也是一个重要的成功之处。早在 2002 年，Policastro、Son 和 Starinets三人已经用全息方法计算了强耦合共形流体的黏滞系数。他们得到了黏滞系数与熵密度之间一个特殊的比值 $\eta/s = \dfrac{1}{4\pi}\dfrac{\hbar}{k_{\mathrm{B}}}$ (7.1 节)，这个著名的比值相比于任何实验上测得的黏滞系数要小很多。很吸引人的性质是这个描述耗散物理的量的量纲是由普朗克常数给出的，这一点现在被人们很好地理解为"普朗克耗散 (Planckian dissipation)"这个概念的体现。"普朗克耗散"是指有限温度的量子临界态中物理量耗散得非常快这一物理现象 (参考 2.1 节)。在由重离子对撞机上产生的夸克–胶子等离子体物态中以及在幺正费米子冷原子气体中，人们观测到了满足这个最小剪切黏度性质的近乎理想流体的行为，这也是探索理解电子体系中奇异金属的输运性质的一个重要动机。

1.4.2　有限密度的全息奇异金属 (第 8 章和第 9 章)

有限温度物质的性质可以用广义相对论的语言来描述是一件令人惊异的事实，尽管原则上描述有限温度边界场论的物理定律——基于玻尔兹曼原理的统计物理——已经为人们所熟知。大概从 2008 年开始，人们开始将全息对偶的强大威力用到边界场论中用传统场论方法不能处理的未知领域，这里的未知领域指的是有限电荷密度下强耦合相互作用物质中的物理。这是凝聚态物理中最基本的问题之一：由于备受困扰的"费米符号"问题，传统方法在处理有限密度量子场论问题上是失效的。

在第 8 章中我们将会用可靠的证据来表明，至少在大 N 的紫外理论的限制下，全息对偶可以用完全可控的、普适的方式来轻松处理费米子符号的问题。全息是我们已知的第一个，也是唯一一个可以用来处理这个问题的数学工具。这可以看成是对偶在凝聚态物理中取得的最重要的成功。

应用全息，我们可以得到代表着一大家族零温金属物态的有限密度下强耦合的对偶场论。这类金属和传统的由费米液体理论描述的金属有着本质区别，而展现出类似于实验上在强关联凝聚态体系 (如高温超导体系) 中所观测到的"非费米液体"金属态具备的特征。受实验物理学术语的启发，这类体系被称为"全息奇异金属"。最简单的全息奇异金属的引力描述也可以从广义相对论的唯一性得到，在爱因斯坦–麦克斯韦 (Einstein-Maxwell) 引力理论中只有一种解：带电的雷斯纳–诺德斯特罗姆 (Reissner-Nordström) (RN) 黑洞解 (第 8.1 节)。通常这种黑洞解描述边界上的一个有限温度态，但是可以将参数调节到一定极限使得黑洞所有的能量都来自电磁场，这个极端的 Reissner-Nordström 黑洞解对应着边界的零温态。按照 RG=GR 的准则，我们可以贴近这个黑洞视界来了解边界场论的低能红外行为。令人惊讶的结果是，深度内部的几何变成了一个具有标度不变行为的几何。按照对偶字典, 这表明该场论展示出有限密度体系中的一个演生的有效量子临界相。此外, 在极端 RN 解中, 标度变换只在时间方向, 而在空间方向保持不变, 这表明 RN 金属是在一个更适合被称为 "局域量子临界" 的态, 由一个将空间和时间的标度行为联系起来的动力学临界指数 $z \to \infty$ 来刻画 (8.2 节)。值得注意的是, 这个特点和实验上发现的奇异金属很像: "局域量子临界性" 的表述是在 20 世纪 90 年代引入的, 用来刻画存在于很多奇异金属物理体系的这种同样的标度行为。但最简单的 RN 金属确实存在一个让人困扰的性质: 极端 RN 黑洞仍然有一个有限的视界面积, 这意味着对应的场论有一个有限的基态熵。然而, 这种体系可以通过引入最红外相关的标量算符来推广到一系列不同的体系 (8.4 节)。在这种情况下, RN 金属只是一大类奇异金属的一种极限情形。所有的这类奇异金属都可以由一个动力学临界指数为 $1 \leqslant z \leqslant \infty$ 的有效量子临界相标志刻画, 并且许多体系自然地展现出超标度破缺。超标度破缺是指自由能在临近临界点时标度行为的幂次关系并不能够按照相关长度的时空维数次方来刻画, 也即标度关系中的幂指数不是时空维数。在边界场论中, 对这种超标度破缺行为的理解还不清楚, 但它非常吸引人, 唯一已知的带有有限超标度破缺的幂指数的理论的例子是费米液体, 其中这个幂指数等于费米面的维数 $d - 1$。这又一次暗示了强耦合的费米物理起了关键的作用。

利用第 7 章中已知的结果, 我们现在可以研究这类金属的响应物理 (8.3 节)。其中最重要的是对任何金属来说最基本的一个性质: 光电导 (optical conductivity)。按照对偶字典, 这被直接翻译为在引力体时空背景上计算光子的传播。计算结果并没有那么特别, 甚至容易被误认为只是简单的自由电子能带体系中的光电导。这是因为体系电导的宏观特征遵循一般的 "流体力学" 原理。全息中的例子有效地反映了这样一条信息, 那就是集体行为中被守恒律主导的那些量对于体系内部的相互作用并不敏感。奇异金属中光电导计算的问题会在第 12 章中再次讨论, 到那时, 我们会专门讨论体系平移对称破缺导致的效应, 在更近期的发展中, 全息对偶与实际固体的关系变得更加真实。

然而, 奇异金属光电效应的研究的确揭示了体系重要的性质。第 9 章将探讨这些带着费米符号的探测子看到了什么。一般地, 深入奇异金属相中的费米子谱与人们所知的费米液体中得到的结论毫无相似之处, 而后者的物理被色散的准粒子激发所主导。在奇异金属中不存在费米面, 并且在局域量子临界态的极端情形下, 费米子谱函数变成了能量的幂指数依赖函数, 并且这个幂指数依赖于动量。通过调节体系中的参数, 可以将该体系调节到一个存在演生费米面的区域 (9.2 节)。更进一步, 还可以调节准粒子的衰减。依赖于体系参数的选取, 一个很符合 "边缘费米液体 (marginal Fermi liquid)" 的情形也可以实现, 其中准粒子在变为过阻尼衰减的边界上, 非常像 20 世纪 80 年代末人们为了描述高温超导的正常态而提出来的边缘费米液体现象。通过继续调节参数，人们可以实现仍然可以被费米面刻画的态，但是在此状态下准粒子会发生完全过阻尼衰减。

在 2009 年，当 (非) 费米液体首次被发现可以从全息层面调制演生得到，这的确激起了一些波澜，并且加速了全息凝聚态这个领域的发展。然而，后来的一些进展表明，最初的一些结果或多或少是有些误导。在探针极限下，人们忽略了体时空中费米子对背景几何的反作用。后来发现在全息模型中存在费米面的那部分参数空间下，费米子对背景几何的反作用恰巧变得很大 (9.4 节)。实际上，在这部分参数空间下，奇异金属态是一个假真空，即不是一个真实的基态，而大的反作用会严重地改变对应的场论的态。按照我们接下来的讨论，体时空中的重新调整引发了体时空中费米物质的产生，从而得到真正的描述费米液体的对偶场论。

1.4.3 内聚 ① 的全息物质：超导和费米液体 (第 10 章和第 11 章)

当我们用一个标量序参量去探测的时候，全息奇异金属的不稳定性最容易体现出来。我们将在第 10 章中描述这种不稳定性如何在全息中意味着对称性自发破缺。我们在规则四中看到过，边界场论中的整体对称性在体时空中的对应是规范对称性。引力一端这个规范对称性的"破缺"是按照教科书上的方式，即希格斯 (Higgs) 机制来完成的。这个需要的 Higgs 场对偶到边界上是边界场论中的序参量，这个序参量描述的是一个经典意义下的二阶热力学相变。当我们把 RN 金属的温度降低到一定程度时，标量场的质量大小违反了深红外几何的 BF 界限，即式 (1.19)，也就是平直时空中标量场质量平方不可以为负的要求在 AdS 时空中相对应的限制。在物理上，近视界几何处具有强的曲率，会导致真空自发放电。带来的物理效应是，在足够低的温度下，RN 黑洞获得了一个由有限大振幅的 Higgs 场构成的"大气层"："黑洞获得了标量毛"。字典现在给出的信息就像无可挑剔的发条装置那样精确：如在 1.2 节中所讨论的，标量场在渐近无穷远边界处只有一个次领头阶的部分。这意味着人们发现存在一个无源的非零真空期望值 (vacuum expectation value, VEV②)，并且这正是边界场论中对称性自发破缺的定义 (10.1 节)。

在 2008 年 Gubser、Hartnoll、Herzog 和 Horowitz 发现全息超导之后，全息超导成为一个主要的研究领域，目前人们对它的理解已经相当透彻。根据经验，非传统的高温超导体在低温和低能情形下的特性与传统超导体非常相似。全息超导在重现这种相同的"BCS③ 不动点的物理"方面也同样取得了惊人的

---

① 内聚 (cohesive) 物质此处指带电物质处于禁闭状态的物质，与之相反的是带电物质处于解禁闭状态的分数化相 (fractionalized phase) 物质。在本书中，我们将"cohesive"翻译为"内聚"，以与"condensed"对应的"凝聚"区分，内聚在本书中强调紧密结合、难以被破坏的紧密性和稳定性。

② 如不加说明，之后我们都将用 VEV 代表真空期望值。

③ BCS 是 Bardeen、Cooper 和 Schrieffer 的缩写，中文名称为巴丁–库珀–施里弗。

成功。它的特征是有能隙，并在很大的参数范围内都允许长寿命的博戈留波夫 (Bogoliubov) 费米子存在，还重现了 Ginzburg-Landau 唯象理论等 (10.2 节)。二者之间的差异表现在更高的能量和温度范围。与 Eliashbergh/BCS 的情形不同，全息超导体是从非费米液体金属中产生的。在绝大多数实验中，二者的差异没有明显到能够把奇异金属超导和 BCS 类型的超导区分开来。因此，基于一些对超导机制的基本考虑，我们将会论证这些物态原则上可以通过一种新型的实验来进行判定 (10.3 节)。

在 RN 金属的背景中，我们可以通过全息费米子来探测类似标量场情形的自发放电不稳定性。然而，尽管这种机制在定性上和全息超导很类似，我们将会在第 11 章中讨论为什么全息关于玻色型和费米型不稳定性的描述中存在巨大的差异。技术上的挑战来自体时空中费米子的内在量子力学性质，它们不能被经典地处理成类似于全息超导中的标量场。为了能够计算引力背景如何受到费米子的反作用，我们要让这些费米子在体时空中贡献能量动量张量，前提条件是这些费米子必须形成有限密度的带电的费米物质。大家所熟知的自引力费米物质的问题，在 20 世纪 30 年代由 Tolman 及 Oppenheimer 和 Volkoff 在研究中子星时得到解决。这里涉及体系在高密度流体极限的关键简化，其中费米物质是通过简单的托马斯–费米 (Thomas-Fermi) 物态方程来描述。通过这种费米流体的方法，人们发现，对于在探针极限下呈现出费米面的全息奇异金属相，体系更倾向的基态其实是 RN 黑洞必须 "逆坍缩" 到的一个带电的费米子的 ("电子") 星 (11.2 节)。取流体极限是要付出代价的。在额外的径向方向上，每个模式对应于边界场论中的一个费米面 (第 9 章)。在 Thomas-Fermi 极限下，能级间距必须取为无穷小，因此模式的数量也必须是无穷多的。从凝聚态的角度，人们其实对只存在有限个孤立的费米面的那些体系更感兴趣。为了实现这一点，人们必须解决一个在技术上具有挑战性的难题，即在弯曲几何的体时空中处理一个完全量子化的费米气体问题，而且时空几何背景是存在这种物质时的自洽的解。但我们并不这么做，而是讨论两种更容易实现的改进的方案：一种方案是 "硬墙" 模型，其中能隙是通过手动施加得到的 (11.1 节)，另一种方案是将随能标流动的最红外相关的中性算符也纳入考虑 (11.3 节)。两种方案都以自己的方式被论证确实可以在全息层面刻画具有孤立费米面的费米液体的物理。

1.4.4 现实凝聚态物质：平移对称破缺 (第 12 章)

体系中是否存在平移对称性是研究现实材料输运性质的一个关键问题。如果体系的动量是严格守恒的，所有的金属就会变为理想金属。在伽利略连续介质体系中，格点或者小尺度上的无序可能看上去无关，但它们带来的平移对称破缺会对输运现象产生质的影响。在第 12 章中，我们会讨论平移对称破缺的全息构造以及它对相应输运性质的影响。

对于弱的平移对称破缺，不管是格点还是杂质诱导出的破缺，它们的直流以及低频下的输运现象在能够被简单普适的原理描述的意义上是特殊的。这里的关键之处在于，对于强耦合体系，达到局域平衡所用的时间尺度要远小于动量弛豫所用的时间尺度 (12.1 节)，这和在微观过程的时间尺度上动量守恒就已经被破坏了的准粒子传统体系是截然不同的。现在，为了描述存在动量弛豫的强耦合体系的直流输运行为，我们可以运用流体力学的记忆矩阵方法来刻画这类体系。计算结果表明，在低频区间，可以看到德鲁德 (Drude) 行为，而 Drude 峰的性质原则上可以由体系的动量弛豫速率来定量地进行刻画。

边界场论的动量弛豫在对偶的引力一侧的体时空中有一个非常特定的解释。对应的规范场——引力子——应该被 "Higgs 化"：体时空存在有质量的引力子，也即有一个有质量引力 (massive gravity) 理论。反之，体时空中任何 (自洽的) 有质量引力理论都蕴含有平移对称破缺 (12.5 节)。这一点已经被用来证实，在一个处于局域量子临界态且除了动量弛豫没有其他特征尺度的体系中，直流电阻必须正比于熵密度。这个特性为实验上在高温超导正常态中观测到的著名的电阻线性依赖于温度这一现象提供了简单而吸引人的解释：在这类被认为是处于局域量子临界态的材料中，电子体系的熵密度正比于温度。

对于势场很大或者高频情形时的输运，全息可以提供独特的观点，因为没有其他可替代的方法来描述这类体系的物理。这是目前还处于活跃阶段的领域，并且目前为止得到的基本上还只是 "黑盒" 意义上的数值结果。我们会简单地概述这部分的发展。一个强势场的尤为显著的方面就是它们可以驱动奇异金属态到新的物态。人们发现了非常规的金属–绝缘体相变，而这种相变只发生在被周期势场破坏掉平移对称的方向上。

以上的讨论都建立在平移对称的明确破缺之上。然而，固态物质也存在最常见的自发对称破缺。在第 12 章中我们将会讨论在自上而下的构建中如何在全息体时空中引入平移对称性自发破缺。尽管已经明确证实，在某个相变点全息液体会经历相变到一个晶态体，但目前人们还没有办法完全得到在考虑所有反作用的情况下的全息晶体的描述。这看上去有点讽刺意味，因为在固体物理课程中第一个讨论的内容却是在这本关于全息凝聚态的书中最后被讨论的体系。

1.5　全息，凝聚态物理和量子信息

本书的核心是致力于展示凝聚态的物理相关内容，其中所有的展示内容都是由全息对偶推导或构建的。但是这些展示是否与物理环境下实现的凝聚态物质，以及在凝聚态实验室中观察到的凝聚态物质有关？在过去的 30 多年中，实验家

们不断地取得了一个又一个的偶然发现，这得益于用于研究高温超导、重费米子系统以及其他系统中电子体系的测量技术上的巨大进步。而理论家们一次又一次地对新的事实感到惊讶。要了解这些量子多体世界中发生的事情，我们需要数学的力量，而到目前为止，可用的方程似乎还行不通。全息是否最终能够给出可以破解如实验中的奇异金属行为、高温超导起源问题、导致重费米子体系中准粒子很重的原理及其他类似谜题的方程组？

能否回答这个问题，是 AdS/CMT 面临的巨大挑战。这方面令人兴奋的进展来自于全息物质新奇的物理性质和令人费解的实验结果之间的一些启发性的相似。有趣的是，在大多数情况下，人们是在完成全息计算之后才意识到这些相似之处，但这个相似性远没有人们希望看到的那么精确，不能完全排除这只是巧合。

1.5.1　全息和实验上的凝聚态体系有关系吗

为了帮助读者对这些问题形成自己的想法，我们在第 3 章中介绍了一些与奇异电子系统的物理现实有关的背景材料。它们与本书主题之间的联系是微乎其微的，如果有的话。然而，如果人们想把全息运用到真实世界相关的描述中，这些内容代表了最基本的必备的事实和想法。人们必须熟悉这类电子体系中特殊的"高能标紫外物理"，大家普遍相信这会给出反常的红外低能标物理的条件。这种所谓的"Mottness"与决定了全息中紫外的强耦合 CFT 完全不同，并且目前我们完全不知道这是否重要。

一个重要的主题是"高温"超导的起源。人们必须意识到，已经出现了一种共识，即这已经不再是一个原理性的问题。现在的理解是，高能尺度上裸的电子间排斥作用可能是配对的原因。在很大程度上，这种共识根植于长期的使得人们最终能得到巧妙数值方法的努力，这些数值工具看上去可以在某种程度上克服费米符号问题，至少人们越来越相信它们给出的令人惊讶的结果。它们提供了与实验互补的信息，这对全息物理学家来说非常有趣：一个典型的例子是动力学平均场论方法所揭示的量子动力学的局域性，而这一点和 1.4.2 节所介绍的全息奇异金属中的局域性惊人地相似。

我们在第 3 章最后总结了在这个框架下最重要的内容。这是实验所告诉我们的有关强相互作用量子系统的内容。这项研究最终产生了大量似乎违背常规理解的"反常"。全息的研究者主要专注于对最好的高温超导体中实现的奇异金属相的解释。奇异金属可能是"所有反常之母"，但还有许多其他奇怪的行为需要解释。我们将提供一份随着时间的推移在具有非传统超导性和奇异金属行为的最佳记录系统，也即重费米子金属间化合物和铜氧化物高温超导体中，收集到的最明显的反常列表，但这样的清单在一定程度上是暂时的，而且可能不完整，因为人们在整理事实时缺乏真正的理解而带有偏见。但它可能足以作为一个基准列表：当全息能够为所有这些项目提供深刻的解释时，我们可以合法地宣称，从弦理论出发得到的全息理论的确可以描述真实的物理现象。

1.5.2 量子物质：宏观尺度上的纠缠

还有一个理由让我们对 AdS/CFT 在物质本质方面所揭示的内容感兴趣。在某种程度上，它可以取代"全息给出的结果是否可以直接应用于解释凝聚态实验"这一问题。然而，物理学的根本原则仍悬而未决。物质在自然界中占据核心地位，这是自然的，但近年来人们越来越意识到，在理解物质究竟是什么时我们只看到了冰山一角，这在很大程度上受到了量子信息领域中数学理论出现的启发。很明显，在这种语言中，教材中讨论的物质形式几乎无一例外是一种特殊类型：这些是"短程纠缠张量直积态"，这只是关于这些物质的行为完全依照经典物理学原理的一种精确的说法。但这不是必须的：应该有一大类更广泛的物质形式，其中纠缠的影响在宏观尺度上表现出来，并且具有完全不同的物理性质。这被称为"量子物质"。

量子物质这一主题越来越多地出现在现代凝聚态物理的各个领域。即使在传统的凝聚态物理背景下，量子信息的语言也能提供一种普适的观点，这种语言在处理全息物质时非常强大。第 2 章的目的就是为和凝聚态物理相关的这类观点提供参考框架，它包含了各种主题，以便于和本书后面章节通过全息原理计算得到的结果进行比较。该章还强调了量子物质主题，因此这些讨论与经典凝聚态教材中的讨论明显不同。我们首先讨论在玻色系统中实现的相对来说理解得比较好的量子临界态，它们与零粒子数密度下的全息结果密切相关。然后，我们转向一般性的量子物质，尤其强调目前在凝聚态物理学中引起极大兴趣的不可压缩"拓扑"态。

特别重要的是对于费米液体是一种真正的长程纠缠的、可压缩的物质状态的认识，尽管这是其中非常简单的一种。我们建议读者详细了解这些材料，因为它对理解全息奇异金属非常有帮助。费米液体在许多方面对于使人们更有针对性地关注奇异金属起到了有用的隐喻作用，尽管这些全息是非费米液体。对于最近取得了很大进展的 $2+1$ 维费米气体耦合到量子临界玻色子的经典问题更是如此，我们将在第 2 章末尾讨论。

同样，从量子信息的角度来看，BCS 超导体也有一些令人惊讶的特性。BCS 理论的关键要素是认为配对的电子会形成库珀 (Cooper) 对的机制，这完全是费米子的属性。库珀机制的一种广义形式似乎在全息超导中起作用，我们将在第 2 章为这方面的内容奠定基础，作为第 10 章的前置知识。然而，BCS 超导体还有在标准教材中不能找到的另一面。在玻色系统中形成的长程纠缠物质状态背景下，BCS 超导应该被视为开创性地给出大图像框架的事件。我们将在第 3 章概述这些论点，因为我们的讨论偏离了安德森 (Anderson) 的共振价键思想，而后逐渐发展，最终形成了这样一种认知，即 BCS 状态可以被视为通过伊辛规范理论计算得到的具有拓扑序的自旋液体。这告诉我们，BCS 态并不一定要与费米液体正常态捆绑在一起。

　　从量子信息的角度来看，所有这些都表明存在一类真正的长程纠缠态。真正的难题是在没有拓扑能隙的简化条件，或超出绝热自由费米液体之外的这种有限密度量子物质的本性。全息所预言的奇异金属可能就是这种。我们将猜想，在红外存在标度行为的全息物态代表了量子物质的可压缩密集纠缠态。这种观点——全息预测的这些有效的量子临界状态代表一类一般性的长程纠缠量子物质——是一种猜测，还远未得到普遍的认可。然而，有颇具希望的迹象表明全息能够做到这一点。全息中最引人注目的启示是全息奇异金属构成了量子临界相。在玻色系统中，这种量子临界相的形成是不可能的，因为统计物理学原理坚持认为标度不变性只能通过微调到更高维系统中耦合系数空间里的孤立点才能出现。这些全息量子临界相的确要求处于有限粒子数密度的状态，并且在有限密度下，费米子符号切断了与统计物理学的联系，而简单的费米液体已经证明，费米子符号是长程纠缠的强大守护者。这一猜想对对偶双方都有深远的影响。最突出的是，它展示了量子物质问题如何成为物理学的四个不同基础领域而非单一领域的核心 (图 1.2)。因此，它值得在本书中占有一席之地，在最后的展望部分 (第 14 章) 我们将更详细地讨论这些想法。

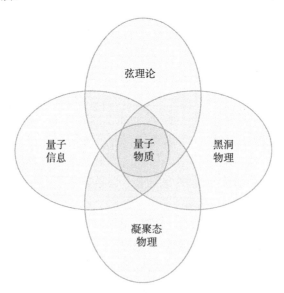

图 1.2　物理学中最基本的四个领域全部交叉在长程纠缠量子物质的问题上

第 2 章　凝聚态：已开拓的领土

　　本书并不打算成为一本凝聚态物理领域的综合论著。本章 (和第 3 章) 仅仅旨在为那些与全息凝聚态领域有关而背景各异的物理学家们奠定共同的基础。所以本章的风格将偏向于描述性的，即使算不上粗略，也不会出现带有详细计算的方框等，相反，我们打算引导读者迈入凝聚态领域的大门。本章建立在已有的坚实理论基础之上，处理的均是目前已被深入理解的物理领域，同时又与后面章节中的全息构造密切相关。而在第 3 章中，我们将深入到一些未知的领域，是全息面临挑战的那些领域。我们强烈鼓励凝聚态物理领域的专家能简单浏览一下，因为在探讨第 6 章至第 13 章的 AdS/CMT 结果时涉及对凝聚态领域的一个非常现代和前沿的理解，而这已经超出了标准教科书所涵盖的范畴。

　　我们从一个在凝聚态物理中被视作高级主题的内容开始，但这个主题与全息的联系最明显并且没有任何疑问：描述量子化的序参量场物理的零密度"玻色"量子场论 (2.1 节)。在这个很长的小节中，我们将首先介绍这些理论的主要内容，着重讲述它们出现的物理背景。出于同步性考虑，我们将在2+1维时空中简要讨论 (在凝聚态) 流行的阿贝尔–希格斯 (Abelian-Higgs) 或 "(粒子-) 涡流" 对偶。我们认为这对于凝聚态物理学家理解全息对偶的强弱对偶性质是一个很有启发意义的类比。高能物理学家也应该会很有兴趣去了解这样的对偶在凝聚态领域的瞩目地位和背景。然后，我们将转到在 AdS/CMT 的核心的一个主题：强耦合的共形量子场论，它作为连续零温量子相变物理的一种有效描述出现。恰好在量子相变位置实现的量子临界态将是 "非粒子物理" 登场的舞台，这种 "非粒子物理" 遵循量子动力学的标度 (或者甚至共形) 不变性原理，而这种原理也是大部分物质的全息描述背后的宏大动机。标度不变性原理在有限温度量子临界态上实现的经典流体中得到了印证，这种流体的标志性特征是其极端的普朗克耗散能力。除了其他的影响，这种原理还是 "最小黏滞性" 的基础，正如首先由 AdS/CFT 预言的那样，并且被对重离子碰撞产生的夸克-胶子等离子体 (QGP) 的测量成功证实。凝聚态和弦论的第一次接触建立在这样的背景下 [24]，而且它也将是贯穿全书的一个突出的主题 (尤其是在第 6 章和第 12 章中)。

　　然后我们将目光转向另一个相当现代的主题："量子物质"，这个概念指那些受高度集体化的量子纠缠控制而在宏观尺度上对该物质的性质产生了

印记的物质形式 (2.2 节)。尽管在正文中没有显式地表现出来，但我们坚信由全息预测的奇异金属就是这种"高度纠缠化"的量子物质。最近这些年，关于量子物质如何在不可压缩体系 (那些具有能隙的体系) 中发挥作用的一个相当深入的理解，已经通过分数量子霍尔态等的"拓扑序"的形式实现。尽管"拓扑绝缘体"这个主题和全息之间没太多直接的联系，我们发现，当处理根据全息预测的关于有限密度的可压缩物质的一些谜题时，这些概念极具启发性。在本书最后的展望部分 (第 14 章)，我们将会回到这个主题，并且对这个"物质幽灵般的超距作用"可能扮演的角色进行一些推测。

本章的其余部分涉及的是对"有限费米子密度物质"在传统上的理解，核心部分就是费米液体。在第 2.3 节中，和一般教材普遍存在的视角完全不同，我们将从一个全新的观点出发讨论费米液体。由于一个简单的原因 (反对称化)，费米气体可以被视为一种真正长程纠缠的可压缩的量子物质形式。尽管一般教科书中关于费米液体理论的内容没有什么错误，但如果从本书的视角出发，费米液体和真正的经典物质态为何存在如此大的差异，这一点就变得非常显然。尽管后续章节的关注点将会放在由全息预测的"非费米液体"奇异金属，但在许多情况下，费米液体仍然被证明是能够为解释这种奇异金属的特殊性质提供启发的信息来源 (例如第 8 章中的零声和超标度违背)。

凝聚态领域的另一个核心就是 BCS 超导理论，这个理论依赖于关于费米子的哈特里–福克 (Hartree-Fock) 平均场理论。在"抵达"全息超导这个站点 (第 10 章) 之后，我们将会发现，从费米液体出发的 BCS 超导机制和作为奇异金属的不稳定性出现的全息机制，这两者之间存在非常有用的共性。在不含时场论 ("RPA") 的语言下，这种相似性就变得很显然，我们将在 2.4 节以"RPA"场论的语言讨论这种相似性。

我们将以 2.1 节的玻色临界态和 2.3 节及 2.4 节的费米子物理这两者的"融合"，即关于量子临界金属的著名"Hertz-Millis"理论 (2.5 节)，作为本章的结尾。这个理论在凝聚态物理中十分流行，而它也和真实世界的一些量子临界金属直接相关。它是从这样的一个论断出发：电子优先形成一个稳定的费米液体。然而，这个理论还和一个演变到量子临界的玻色型序参量耦合。就其自身而言，这就是一个相当丰富的问题，这么多年来一直是科研人员深入研究的对象。直到最近，对它的理解才有了飞跃性的进步：现在看来，当特定条件被满足 (2+1 维，特定的序参量对称性) 时，金属态就恰好在临界点的位置实现，而在临界点的位置依然具有特征的费米面，然而费米液体准粒子已经转化成真正临界的费米涨落。或许唯一需要警告的一点是，现在有充分的证据表明配对和超导主导了临界点附近的行为。

2.1 凝聚态中的量子场论：玻色序涨落

凝聚态物理和在传统高能中发展起来的量子场论这两者传统上的接触点来源于序参量的量子动力学,而这种动力学常被称为"金兹堡–朗道–威尔逊 (Ginzburg-Landau-Wilson) 范式"。上述范式最早来自于朗道的深刻的洞察力：他认为一个拥有无穷多相互作用微观自由度的系统的集体行为可以用序参量来表征，即一个相当简单的物理对象在微观领域发挥着绝对力量。在有限温度下，这种范式遵循玻尔兹曼统计物理的概率规律，并且它描述了经典物质相，包括物质的高温无序和低温有序相。"Ginzburg-Landau"指的是可以通过平均场很好地描述的物质的稳定相；加上"Wilson"这一形容词，指的就是在威尔逊重整化群理论的美妙之处发挥作用、在连续相变位置所实现的临界态中的特殊本性。使用欧几里得路径积分映射，这种范式可以进一步推广到零温量子区域的描述：量子问题在欧氏号差的时空中转变成了等价的统计物理问题。经典问题中的温度转变成了量子问题中控制着序参量量子涨落的剧烈程度的耦合常数。量子问题中的温度由虚时间 (欧氏时间)"圆"的半径决定，而后者与物理温度成反比减小。这个热场理论被平衡条件限制，但是通过 Wick 转动把欧氏的关联函数转变成量子理论的实时间传播子，人们依然可以计算线性响应的可观测量。

这种宏大的机制是众多量子场论理解的基础，无论是在高能物理还是凝聚态物理中，统计物理是理论物理学家手中一个强有力的工具，而这一物理分支已经从根本上得到了理解。虽然依然存在一些尚未解决的问题，但主要都是定量性质的。与本书内容相关的一个例子就是，描述频率相对温度较小的流体力学领域。在这个区域，Wick 转动这一操作变得很微妙甚至很危险，即使在简单系统上采用最先进的量子蒙特卡罗计算方法也无法给出满意的结果。然而，基于简单的标度讨论，我们就能直接推断出这个领域的定性的物理性质。在这里我们将给一个粗略的描述，对于任何想更深入地研究标度性质如何在凝聚态物理的量子相变中发挥积极作用的人而言，由 Sachdev[25] 撰写的颇具权威性的著作都是必读书目 (参考文献 [26])。

2.1.1 玻色场论篇章

朗道范式的核心是对称性自发破缺的概念，作为一个仅在热力学极限下成立的技巧，即相较于各部分的对称性，系统作为一个整体获得的对称性更低。对称性自发破缺的深刻之处在于它的后果，即系统作为一个整体自动获得了一种刚性，即"回复的能力"，而这种刚性在微观尺度上是不存在的。一个形象的日常生活实例就是伽利略空间的平移和旋转对称性的破缺，而这样的对称性破缺和"晶体物质"对外部施加的剪切应力表现出的反应密切相关。

　　掌握了一般性原理之后，人们就能很容易地推断出一些远远超出人类直接观察范围的事实。一个典型的例子就是 Higgs 机制，其中 Higgs 凝聚能够解释为何基本粒子具有质量。这是众所周知的：考虑 Ginzburg-Landau 方程，这个方程描述了由和超导体中的电子数守恒相关的整体 $U(1)$ 对称性破缺引起的自由能变化，正如复标量序参量 Φ 所刻画的：

$$\Delta F = \int \mathrm{d}^d x \left[|(\boldsymbol{\nabla} - \mathrm{i}e\boldsymbol{A})\Phi|^2 + r\left(\frac{T - T_\mathrm{c}}{T_\mathrm{c}}\right)|\Phi|^2 + u|\Phi|^4 + (\boldsymbol{\nabla} \times \boldsymbol{A})^2 \right] \quad (2.1)$$

复标量序参量 Φ 耦合上了描述电磁的 (空间方向的)$U(1)$ 规范场 $\boldsymbol{A}$。

　　通过将其嵌入 $d+1$ 维欧几里得时空下的热场理论，可以很容易地将其提升为相对论性的量子场论。额外的维度对应于虚时间，形成一个圆，圆的半径 $R_\tau = \hbar/(k_\mathrm{B}T)$。在明显的相对论性标记下，量子配分函数是

$$\mathcal{Z} = \mathrm{Tr}\left(\mathrm{e}^{-\beta H}\right) = \int \mathcal{D}\Phi\mathcal{D}\Phi^*\mathcal{D}A_\mu \mathrm{e}^{-S/\hbar}$$
$$S = \int_0^{R_\tau} \mathrm{d}\tau \int \mathrm{d}^d x \left[|(\partial_\mu - \mathrm{i}eA_\mu)\Phi|^2 + m^2|\Phi|^2 + u|\Phi|^4 + F_{\mu\nu}F^{\mu\nu} \right] \quad (2.2)$$

展示了欧几里得时空下的动力学是各向同性的。这就是 Peter Higgs 在 1964 年提出的 Abelian-Higgs 场论。

　　一方面，Higgs 机制形象地阐述了弦理论家和凝聚态物理学家的共同展望：粒子物理学的标准模型是一种与强演生有关的有效场论。另一方面，这也意味着演生遵循的原理是相对独立的，而不依赖于微观组成的具体性质。Higgs 理论和 Ginzburg-Landau 理论基本上是相同的理论，尽管固体中的电子与普朗克标度下的物理截然不同。弦理论家将这种性质称为"UV 无关性"，而这个概念位于 AdS/CMT 研究的核心。AdS/CFT 处理的微观理论和氧化物等中的电子的一般的"化学"非常不同，但是 AdS/CFT 对应作为现象学理论的"生成泛函"(人们期望) 受到更一般的演生定律支配。

　　在什么情形下才能在凝聚态系统中实现量子 Abelian-Higgs 系统？一个经典的例子就是玻色–哈伯德 (Bose-Hubbard) 系统。想象一个由玻色子组成的系统，这些玻色子生活在由势阱形成的周期性晶格 ($b_i^\dagger$ 代表在第 i 个格点的位置产生一个玻色子)，这些玻色子能通过在最邻近的位点之间以"跃迁"概率 t 进行"隧穿"而实现离域化。此外，这些玻色子还受到可调节的局域排斥相互作用 U(其中 $U > 0$) 和化学势 μ 的作用，则有

$$H = -t\sum_{\langle ij\rangle}\left(b_i^\dagger b_j + b_j^\dagger b_i\right) + U\sum_i n_i(n_i - 1) + \mu\sum_i n_i \quad (2.3)$$

其中 $n_i = b_i^\dagger b_i$。

上述玻色–哈伯德 (Bose-Hubbard) 系统完全可以由冷原子实验学家设计实现，即通过在光学晶格中载入玻色原子并且采用费希巴赫 (Feshbach) 共振来调节排斥势 U[27]。施加一个化学势使得平均每一个位点上都有整数个玻色子，因而人们能立即推断出零温量子相变必须出现在 U/t 的临界值。当 U 很小时，系统将在零温 $T = 0$ 处形成一个超流；但是当 U 变得特别大时，系统将会形成一个玻色–莫特 (Bose-Mott) 绝缘体，就是一个发生"交通堵塞"的玻色子体系，因为从每个位点都带有整数个玻色子这一背景的任意跃迁都需要消耗大小约为 U 的额外的能量。在这个连续 (二阶) 相变附近，相较于 UV 标度，关联时间和长度标度变得很长，而在这里相对论性的连续场论描述在红外区变得合适。从技术上讲，人们以相位–数表象 (利用相干态路径积分技术) 重写晶格系统方程 (2.3)，并在直接地粗粒化之后人们得到了 Abelian-Higgs 理论 (2.2) 的中性形式 ($e = 0$，没有规范场)，其中 Φ 蕴含了存在量子涨落的超流序参量，而原来由光速扮演的角色现在被超流的零声速取代[25]。

这个简单的 Bose-Hubbard 系统在 2+1 维下尤其令人感兴趣，这时它具有"量子临界性中的果蝇"的地位。首先，在场论描述变得有效的量子临界相变附近，当处在 2+1 维这一特殊维度时，量子临界的场论具有著名的弱–强 (Kramers-Wannier) "Abelian-Higgs 对偶"。同时，这是一种整体–局域对偶：Mott 绝缘体被证明可以由规范的 Higgs 理论相当好地描述，尽管这一"对偶超导体"是由超流体的拓扑激发 (涡流) 形成的 (见 2.1.2 节)。场论在量子相变点这一位置变得真正活跃起来，而这将有助于描述量子临界态。再一次，维数是至关重要的：为了和对应的共形场论 (见 7.3 节) 拥有相同的一般性质，它必须是"强耦合的"，维数必须低于临界时空维度的上界[25]，而对于简单的 $U(1)$ 对称性，这个上界就是 $3 + 1$ 维。

现在人们可以进一步推广这类场论。第一步就是将复标量序参量扩充成具有 N 个分量的矢量，分量为 Φ^a。假如考虑不带电的情形，

$$S = \int \mathrm{d}^d x \mathrm{d}\tau \left\{ \mathrm{Tr}[(\partial_\mu \Phi^a)^2] + m^2 \mathrm{Tr}[(\Phi^a)^2] + u \mathrm{Tr}[(\Phi^a)^2]\mathrm{Tr}[(\Phi^a)^2] \right\} \tag{2.4}$$

当 $N = 3$ 时，这就是 $O(3)$ 非线性 sigma 模型下的"软自旋"版本，这个模型描述了 (非阻挫的) 海森伯反铁磁体的量子相变。人们可以通过考虑 $N \to \infty$ 这一极限来掌控临界理论，而这个极限正是与大 d 极限互补的，再接着研究 $1/N$ 修正。在凝聚态中这些"大 N 矢量"理论有着相当丰富的历史[25]，但不足之处在于，在大 N 极限下这个理论回到了自由 (高斯型) 理论，而这一点难以从强耦合临界态的性质直接推导得到。

在全息背景下，"大 N 极限"扮演着至关重要的角色，但这指的是一类全然

不同的场论，这类场论在凝聚态背景下是不常见的：它是一个矩阵大 N 理论。"序参量"现在是一个 $N \times N$ 矩阵，矩阵元是 Φ^{ab}，(中性，不带电的) 理论的作用量一般写成如下形式：

$$S = \int \mathrm{d}^d x \mathrm{d}\tau \left[\mathrm{Tr}[(\partial_\mu \Phi^{ab})^2] + m^2 \mathrm{Tr}[(\Phi^{ab})^2] + u \mathrm{Tr}[(\Phi^{ab})^2] \mathrm{Tr}[(\Phi^{ab})^2] \right] \tag{2.5}$$

AdS/CFT 对应就来源于这样的矩阵大 N 量子场论的物理，并且是当这些场论处在非常强耦合且 N 非常大时，正如在第 4 章详细讨论的那样。一个物理上相关的典型例子就是 Yang-Mills 理论，在 Yang-Mills 理论中矩阵元素表征的是描述夸克之间交换色荷的胶子。不同于矢量模型，在矩阵大 N 极限下这些场论能够继续处在强耦合，而由于"不可重整定理"，这些场论的一些最大超对称形式有自发形成量子临界相的趋势，而无须在耦合常数空间将耦合常数精细调节至固定点。这是在场论物理的短程截断位置发现的不熟悉的微观物理 (对于凝聚态物理学家而言)，而这种场论物理能够通过全息对偶实现有效贴切的描述。

为了完成这一与凝聚态相关的"简单"场论的回顾，人们也可以确定包含费米子的场论的形式。一些行为良好的例子是从零密度的狄拉克 (Dirac) 费米子出发，因为在这些情形下费米子符号的问题能够被避免。一个合适的凝聚态类比就是考虑理论家对石墨烯的视角，其中电子–电子相互作用可以比真实系统中的更大。在一些临界耦合下，因为对称破缺相变将使得 Dirac 谱产生能隙，这个电子系统将变得不稳定。在靠近连续量子相变的地方，有效场论将具有如下形式：

$$S = \int \mathrm{d}^d x \mathrm{d}\tau \left[\bar{\psi}(\gamma^\mu \partial_\mu)\psi + \frac{1}{2}\partial^\mu \phi \partial_\mu \phi + V(\phi) - g\phi\bar{\psi}\psi \right] \tag{2.6}$$

其中 ψ 是无质量的 Dirac 费米子，而 ϕ 是趋于临界态的玻色场，这两类场之间的耦合常数为汤川 (Yukawa) 耦合常数 g。可以证明，费米子和临界玻色子之间的 Yukawa 耦合常数 g 在量子相变位置依然是有限的[28]。这带来的后果就是费米子也被"拉上了临界面"，使得这些费米子转变成在零密度 AdS/CFT 结构中发现的"非粒子"费米临界激发，正如在第 9 章所讨论的。注意到反常维数仅仅在 ϵ 展开下计算到一圈修正 (即对于 $d = 3 - \epsilon$ 的空间维数，因为 $d + 1 = 4$ 是时空维度的上界)[28]。

这就是和凝聚态物理相关的基础量子场论的主体内容，并且是"无符号的"(译者注：不考虑费米子符号问题)，最终映射到一个欧氏时空的玻尔兹曼统计物理问题。离开量子临界点，这些理论都得到了相当好的理解。恰在量子相变点这个位置并且当维度低于维度上界时，人们处理的是遵循演生共形理论的强耦合临界态。尽管关于"临界态"的许多物理人们都已经理解了，但它离完全在数学上计算还有很长的路要走。一个例外是著名的可积的那些 $1+1$ 维的共形场论，但即使在这种简单的情形下依然存在很大的问题"鸿沟"需要跨越 [29-31]。举个例子，中心荷 $c > 1$ 的理论还不在可控范围内，而且这个问题在全息框架中是一个相当大的瓶颈，因为当 N 很大的时候，相关的 $1+1$ 维共形场论的中心荷满足 $c \propto N^2$。由于缺乏真正的数学上的计算，所以在高维共形场论中仍然存在许多深层的原理性问题。一个典型的例子就是对 Zamolodchikov 的 c-定理从 $1+1$ 维理论向高维的推广 [32]，该定理证明了从 UV 到 IR 的"单向重整化流"，目前这一推广是研究者投入大量精力深入钻研的课题 [33-35]。但是，仍然存在一些和在有限温度的量子临界区域形成的流体性质相关的更系统化的问题，我们将在 2.1.3 节对其进行讨论。

2.1.2 2+1 维的 Abelian-Higgs 对偶

全息对偶也是一种强–弱对偶，它将引力体时空中的规范理论和遵循整体对称性的边界理论联系起来。尽管各种现象层出不穷，全息对偶和出于各种目的而在现代凝聚态领域得到广泛应用的这样一类对偶：2+1 维的"粒子–涡流"(或"涡流")对偶，具有共同的特征，在高能物理的文献里它也被称为 Abelian-Higgs 对偶 (相关简要介绍参考文献 [36])。我们发现，Abelian-Higgs 对偶是全息对偶的一种有效类比，提供了一些共通的语言，进而在弦论和凝聚态领域之间架构起跨越文化鸿沟的桥梁。熟悉这个主题的读者可以放心地跳过这一内容。

对偶普遍存在于量子场论和统计物理中。在这些领域，对偶是一个非常强大的工具，处于非微扰场论物理的核心位置。其中最简单的也是所有物理学家都熟知的一类对偶，就是量子力学的粒子–波对偶，也称为波粒二象性。这已经抓住了"对偶"这个词的精髓：粒子 (位置) 和波 (动量) 描述在某种程度上是截然对立的 (差一个傅里叶变换)，但是它们形成了一个"和谐的整体"。要想对量子力学有一个全面的认识，就需要在粒子和波两侧都进行理解，并了解它们"对立"的本性。这种量子力学的智慧在概念上出现之前被 Kramers 和 Wannier 在 20 世纪 40 年代推广到了场论，他们证明了二维伊辛 (Ising) 模型的自对偶性质 (用量子力学的语言就是 $1+1$ 维的横场 Ising 模型)[25]。从低温和 (几乎) 所有 Ising 自旋都指向相同的方向这一背景出发，形成一个有序的铁磁体。在这种态下唯一的无序因素就是铁磁体的拓扑激发：畴壁。随着温度提升，这些畴壁将出现在闭环中，闭环的尺寸将逐渐增大，直到到达相变位置，这些闭环"解开"形成自由的畴壁。因为一个自由畴壁就足以破坏各个位置的长程序，这就预示着相变后将转变为高温无序态。但是这种无序态实际上是畴壁的凝聚！因此，这可以通过具有将耦合常数 $J/k_{\mathrm{B}}T$ 取逆的对偶 Ising 变量的 Ising 模型实现精确描述：二维 Ising 模型具有罕见的自对偶性质。

如果将复杂性提升一个台阶，强–弱对偶就变得不那么强大，但是增添了许多有趣的性质。考虑一个 2+1 维的"化学势为零"的 Bose-Hubbard 系统 (2.3)，这个

系统等价于经典的三维 XY 自旋系统。尽管目前依然缺乏严格的数学证明，但有充分的证据表明我们现在将要描绘的概念上的物理图像是正确的。让我们首先从超流相开始，在小耦合常数下这一超流实现。在振幅/相位表示下写出序参量场 $\Phi = |\Phi| \exp(-\mathrm{i}\phi)$，这里振幅是固定的并且有效作用量获得了约瑟夫森 (Josephson) 形式；简言之，即

$$S \sim g \int \mathrm{d}^d x \mathrm{d}\tau \, (\partial_\mu \phi)^2, \ \bmod(2\pi) \tag{2.7}$$

在这里超流体声速 $c_{\mathrm{s}} = 1$ 扮演着光速的角色。重要的是，相位场 ϕ 是紧致的，并且具有 2π 的周期 ("$\bmod(2\pi)$")。这一简单问题的有趣性质是，相位场 ϕ 的对偶恰好是 2+1 维的非紧致的量子电动力学的库仑 (Coulomb) 相，但仅在 2+1 维这一特定维度下才成立 (参见文献 [37])。这一点很容易证明。任意的场构型可以分成光滑的 (goldstone) 和多值的 (vorticity) 贡献，就像 $\phi(\boldsymbol{r}) = \phi_{\mathrm{sm}}(\boldsymbol{r}) + \phi_{\mathrm{MV}}(\boldsymbol{r})(\boldsymbol{r}$ 指的是欧氏时空的位矢)。现在对式 (2.7) 做勒让德变换，可以通过利用哈伯德–斯特拉托诺维奇 (Hubbard-Stratonovich) 辅助场 $J_\mu(\boldsymbol{r})$ 很方便地完成这一变换。结果就是

$$S_{\mathrm{dual}} \sim \int \mathrm{d}^d x \mathrm{d}\tau \left[\frac{1}{g} J_\mu^2 + \mathrm{i} J^\mu \partial_\mu (\phi_{\mathrm{sm}} + \phi_{\mathrm{MV}}) \right] \tag{2.8}$$

因而人们马上就能知道在对 J 完成积分之后，上式应该回到 (2.7)。注意到在这个步骤中耦合常数 g 已经取了倒数，也即交换了强弱耦合的意义。

ϕ 场的光滑部分是可积的，并且人们可以通过导数将其"拉出来"得到 $J^\mu \partial_\mu \phi_{\mathrm{sm}} \to \phi_{\mathrm{sm}} \partial_\mu J^\mu$。现在 ϕ 场的光滑构型 ϕ_{sm} 就可以被积掉，发挥拉格朗日乘子的作用：施加守恒律 $\partial_\mu J^\mu = 0$。相位变量已经转换成"类动量的"超流 J_μ：这正是描述守恒超流的连续性方程，其作用量为 J_μ^2。在 2+1 维情形下，人们可以通过以非紧致 $U(1)$ 规范场的形式参数化流而施加守恒律

$$J_\mu = \varepsilon_{\mu\nu\lambda} \partial^\nu A^\lambda \tag{2.9}$$

考虑到 $J_\mu^2 = F_{\mu\nu} F^{\mu\nu}$，麦克斯韦作用量：在 2+1 维情形下，超流体真空的传播力的能力和 (非紧致) 量子电动力学 (QED) 真空传播力的能力是相等的！但源是什么呢？我们还有相位场的多值部分，一旦把这部分插入式 (2.9) 中就得到了 $\mathrm{i} J^\mu \partial_\mu \phi_{\mathrm{MV}} \to \mathrm{i} A_\mu J_\mu^V$，这里 $J_\lambda^V = \varepsilon_{\mu\nu\lambda} \partial_\mu \partial_\nu \phi_{\mathrm{MV}}$。利用斯托克斯 (Stokes) 定理，人们马上能够发现 J_μ^V 代表涡流对应的守恒流。把这些都收集起来，人们就得到了对偶的作用量：

$$S_{\mathrm{dual}} \sim \int \mathrm{d}^2 x \mathrm{d}\tau \left(\frac{1}{g} F_{\mu\nu} F^{\mu\nu} + \mathrm{i} A^\mu J_\mu^V \right) \tag{2.10}$$

超流体之间的涡流在 2+1 维下具有长程相互作用，这种相互作用等同于带电粒子之间的相互作用。

这一切在超流深处是十分精确的。但当耦合常数 (晶格模型的 U/t) 增大，使得系统趋向于 3D XY 普适类 (译者注：指的是一类数学模型的集合，它们在重整化群流的过程中拥有相同的标度不变的极限，比如同一类的所有模型的临界指数都是相同的) 到 Bose-Mott 绝缘体的量子相变，将会出现什么情况？这无法被精确求解，但以下定性的考虑一定是确切的。起初，时空中形成涡流–反涡流对的闭环将"在真空播种"，但因为这些闭环束缚成对，它们将不会破坏超流序。这些环将会增大尺度，离相变越来越近，最后恰好在量子相变的位置发生"炸裂"而使得 (反) 涡流从涡流–反涡流对中解开，此时这些环的尺度将变得和系统自身一样大。进入 Mott 绝缘体区域，由于涡流–反涡流对解开产生的 (反) 涡流数目迅速增加，这些 (反) 涡流形成了一个离域化、相对论性的受长程规范相互作用的玻色系统。这个过程可以通过 Abelian-Higgs 作用量 (2.2) 实现有效而精准的描述，需要指出的一点是现在序参量 $\Phi \to \Phi_V$ 描述了相对论性的涡流凝聚。因此，量子无序的超流 (Mott 绝缘体) 同时是一个有序的相对论性的超导体：真正的 Abelian-Higgs 相。Mott 能隙对应于对偶的 Higgs 质量，并且很容易证明 [37] 对偶超导体的"有质量光子"和格点 Bose-Hubbard 模型 (2.3) 的"空穴子"以及"双占据态"恰好是一样的。

这个 Mott 绝缘体具有一个定义性的性质，即电荷是局域量子化的。一旦逼近大 U 极限，则有 $b_i^\dagger b_i |\Psi_0\rangle = n_i |\Psi_0\rangle$，这里 $|\Psi_0\rangle$ 是强耦合的 Bose-Mott 绝缘体的 (平凡) 真空态，而 n_i 精确对应于每个位点上量子化后的玻色子数目。这个演生的局域电荷量子化可以通过著名的"局域化的"紧致 $U(1)$ 规范场 ϕ_i 施加，而后者正是我们将在 3.2 节简略讨论的从属理论 (slave theories) 的核心：变换 $b_i^\dagger \to e^{i\phi_i} b_i^\dagger$ 保持 $b_i^\dagger b_i$ 不变。正如在参考文献 [37] 中所解释的，这个变换就对应着在超流中被破坏 $(b_i^\dagger \to \langle|b_i^\dagger|\rangle e^{i\phi})$ 的整体 $U(1)$ 相位的"剩余"，因为受涡流凝聚的"搅动"，它获得了一种演生的规范对称性，在位置空间形成了"无序"事件的相干量子叠加。传递出来的信息就是 Mottness 在普适层面上不需要晶格。真正重要的是数目 (荷) 变得局域量子化，而这一点恰好在连续场论中被精确包含，在连续场论的背景下，当距离大于对偶超导体固定点的关联长度时，上述量子化变得精确起来。这是一个值得留心记住的观察，尤其是当处理和 AdS/CFT 对应相关的复杂得多的连续场论包含某种形式的 Mottness 的潜在能力时，就像 Phillips 和合作者所论证的那样 [38]。

结论是，强耦合的 (大 U/t，Mott 绝缘体)、与弱耦合超流相关的发生剧烈涨落的态和规范超导体的平稳的、有序的 Higgs 相，这两者完全一致。当然，这反过来也成立：和超导体相关的强耦合的态是 Higgs 模型的退禁闭库仑相。正如我们将在第 4 章和第 5 章仔细讨论的那样，同样的模式，尽管是以一种完全推广的形式，也是 AdS/CFT 的基础。引力体时空就像有序的对偶超导体的稳态物理，然而，现在不再由经典的规范场和相位场描述，而是通过广义相对论结合经典的"物质"场 (Maxwell，Higgs，···) 进行描述，并且这些物质场都由规范对称性主导。引力体时空的对偶存在于边界上，并且边界上的场论呈现出尽可能强的耦合状态，而能够计算得到的物理量都是在最终的分析中由整体对称性主导的。

2.1.3 玻色量子临界态

在凝聚态物理中使用 AdS/CFT 对应的主要动力之一来自于对量子临界性的兴趣，这是当前非常热门且前沿的研究方向。大约 25 年前，这一研究方向受实验发现的启发而兴起。在此我们将把注意力完全放在玻色系统中的量子相变这个相对来说已经被理解得相当彻底和深入的领域。这个主题的正式提出可追溯到 Chakravarty、Halperin 和 Nelson 完成开创性工作 [39] 的高温超导发展的早期。受到绝缘铜氧化物中实现的反铁磁体的相对论性量子物理的启发，他们研究了 $O(3)$ 量子非线性 sigma 模型的物理，以及式 (2.4) 所示的 $O(3)$ 形式。在 Sachdev 的手中，这已经变成了一个非常庞大的主题，完全值得写一本书来进行详细的介绍 [25,26]。而在本节，我们将仅仅列出和 AdS/CMT 物理特别相关的一些主要概念。

我们假设读者已经非常熟悉热 (或"欧几里得") 场论。为了研究平衡态下的零温和有限温度的量子场论问题，人们将实时间 (闵氏号差) 解析延拓到虚时间 (欧氏号差)。虚时间方向形成了一个圆，并且圆的紧化半径等于温度的倒数：

$$R_\tau = \frac{\hbar}{k_{\mathrm{B}} T} \tag{2.11}$$

我们之所以强调这个公式，是因为它将在强耦合量子临界态的"魔力"中扮演关键的角色。

"玻色的"量子临界态的操作上的定义通过如下描述实现，即在欧几里得时空下场论和玻尔兹曼概率统计物理问题是一致的。这意味着人们可以采用 20 世纪 70 年代围绕威尔逊重整化群发展起来的强大工具来描述热临界态。将这样的热力学问题转化成量子问题的"字典"足够简单而优美。量子问题的零温耦合常数等价于经典问题中的温度，而温度通过式 (2.11) 进入量子领域。欧几里得的量子传播子就类似于经典问题的关联函数，但是想让这些传播子像线性响应函数一样变得有意义，人们还必须做 Wick 转动回到实时间。我们将会看到，相较于经典物理问题，Wick 转动回到实时间这个操作在很大程度上解释了物理诠释上的巨大变化，同时它也是产生技术难题的根源。

在欧氏时空中，对于如何确定蕴含了量子场论的有效的统计物理问题，人们必须给予特别的关注。最简单的涨落序问题转变成了简单的相对论性的场论，比如矢量场理论 (2.4)。这些相对论性的场论被一个演生的洛伦兹不变性 (欧几里得时空的各向同性) 标志，而在处理非守恒的序参量问题时，这一点是相当自然的。

然而，因为洛伦兹不变性是演生的，所以这种不变性需要受到保护，但当存在其他"热浴"自由度时，这种保护一般就失效了。上述情形通常在量子临界点上由动力学临界指数 z 体现，而动力学临界指数通过 $\omega \sim k^z$ 将空间和时间或者动量和频率关联起来。洛伦兹不变性意味着 $z = 1$；对于一个非守恒序参量，人们会期待出现简单的扩散行为，$z = 2$ (也适用于低密度下的非相对论性粒子)；而当 $z = 3$ 时，则对应于一个守恒的序参量，就像在铁磁体中一样。这里量子理论的一个重要后果是和临界区域性质相关的欧氏时空的有效维数现在变成了 $d + z$ (d 是空间方向的维数)。我们将会发现，对于由全息预测的量子临界金属相，它的临界指数 z 是决定其性质的核心量，然而一个令人困惑的特征是这个临界指数 z 能够变得任意大 (第 8 章)。将复杂性上升一个层面，人们必须注意到在利用相干态路径积分粗粒化到半经典理论后仍可能保留下来的贝里 (Berry) 相位项 [40]。一个基本的例子就是负责描述铁磁体序参量的守恒状态的 Berry 相位，这导致了"铁磁子"具有平方色散关系。一个引人注目的方面就是 Berry 相位是从 2+1 维 "$J_1 - J_2$" 阻挫海森伯自旋问题中发现的，从反铁磁体到价键固相的量子相变中发挥的效应。这些 Berry 相位描述了平移对称性在价键固相中的破缺，但是因为它们是危险的红外不相关的，这些 Berry 相位在临界点处消失。事实证明，这是分数化临界涨落产生的效应：这些临界涨落携带 $S = 1/2$ 的自旋量子数，而不是 UV 的 $S = 1$ 的量子数 [41] (可参考 2.4 节)。

在结束这些预备知识后，现在让我们把目光转向这一具有"统计物理风格"的量子临界性的整体特征。我们假定读者已经熟悉了著名的经典临界态理论 [26]。考虑到在本书的后半部分将会遇到经典临界态理论的一些推广，现在让我们先考虑一些非常基础的东西。临界态的本质在于系统变得具有标度不变性，并且通常也是共形不变的，其中额外的对称性来自这样的一个性质，即标度变换下角度也是不变的。标度不变性原理是一种非常强大的对称性原理，在某种程度上临界态物理的整体特征直接来自于这种对称性本身。标度不变性根本不是凝聚态系统的 UV 对称性，它是以一种非常了不起的方式在 IR 中"动态产生的"。但是当维度高于 1+1 维 (或二维) 时，在玻尔兹曼统计物理的规则限制内，这只可能发生在和连续相变相关的孤立的不稳定不动点。本书的一个主要动机就是全息在某种程度上认定在非玻尔兹曼有限密度系统中标度不变性出现在深红外区域而无须精细调节，来描述量子临界相 (尤其参见第 8 章)。

重整化流的想法被认为是一个普适的基本原理，而威尔逊重整化群处理的是重整化群流怎样在孤立的临界点附近工作。这是一个再熟悉不过的故事：从临界耦合位置的晶格常数的标度出发，首先遇到的是一个十分复杂的流，其中蕴含了有标度的晶格物理的一大族算符将随能量降低而逐渐消失——这些算符是红外不相关算符。在某个标度人们会遇到 IR 不稳定不动点的吸引域，而所有保留下来

的算符都是边缘 (marginal) 流动的：现在人们进入一个标度不变的临界区域。现在一个关键的问题是，相互作用在临界区域是否依然有限。在统计物理系统中这由维数决定：高于上临界维数，序参量的自相互作用 (例如 $u|\Phi|^4$) 是红外不相关的，最终刚好在固定点的位置得到一个无质量自由场 (高斯型) 理论。一旦从这个固定点向上走，来自不相关算符的微扰修正就决定了固定点临界区域的物理，因而后者不是普适的物理。

在上临界维度以下，相互作用依然是有限的，而这就定义了"强耦合临界态"。这和由全息对偶处理的共形场论的"强耦合"性质是一致的，并且我们不应该把它和"强耦合的粒子"这一传统概念混淆。这是因为"粒子"这个基本的概念在强耦合的临界态下是没有意义的。"粒子"的意义是，一些量子数可以被局域在一些小的时空体积元，而随后需要对与这个"量子数块"相关的世界线求和。在强耦合的临界态下，标度/共形不变性在绝对的意义上成为主导的角色，破坏了这种局域性：通过标度变换，粒子物理的局域量子数可以分布在一个宏观大小的体积内，而标度不变性要求这跟之前是一样的。这就是真正的"非粒子物理"：形成了一个"量子汤"，其中任何谈及"个体"有关的意义都不复存在，而现在柏拉图式完美的量子集体性质主导物理。

对于上述的这样一类强耦合临界态，我们通常无法得到其精确解。然而，通过利用标度不变性的力量也即标度分析的艺术，我们依然可以学到很多东西。作为一个现象学的框架，标度分析在处理实验信息方面是一个非常强大的工具，尤其当我们对真实的物理缺乏理论上的了解的时候。这个领域的第一个亮点来自于耦合常数–温度图中发现的"量子临界楔"(图 2.1)。这基于这样的假设，即人们正在处理的是受孤立的零温临界点控制的强耦合量子临界态，而临界态表现出类似于欧氏时空下经典临界态的行为。当对临界耦合常数 g_c 偏离一个小量 $\delta g = |(g - g_c)/g_c|$ 时，将会产生一个红外相关的重整化群流，流向量子临界点两侧的稳定的不动点。经典理论的一个强大支撑点就是存在受关联长度指数 ν 掌控的关联长度 ξ 满足 $\tau_\xi \sim 1/(\delta g)^{z\nu}$。关联长度的意义是，在较短的距离内人们处理的依然是临界态，但是在较长的尺度下，流向稳定点的红外相关的重整化群流将占据主导。在 Wick 转动后，这就翻译成了 (虚) 时间标度 $\tau_\xi \sim 1/(\delta g)^{z\nu}$，转化成能量标度就是 $\Delta_\xi = \hbar/\tau_\xi$。

在温度为零的状态下，当能量大于 Δ_ξ 时系统被测量，它将像依然处在临界耦合一样做出响应。但是当能量低于 Δ_ξ 时，系统将被描述稳态的物理主导。耦合常数扮演着等价的统计物理问题中的温度这一角色，但是物理温度要怎么进入量子问题呢？问题的答案来自热场理论的基本猜测：温度的倒数决定了欧几里得虚时演化的圆的半径，因此温度作为一个有限尺度的标度进入等价的经典问题中。进而直接可以知道，在有限大小的 δg，在温度 $k_B T_\xi \simeq \Delta_\xi$ 时，将会出现一个从遵循稳定态的有限温度物理的低温区域到一个与恰好在量子临界点处实现的有限温度量子临界液体不可区分的高温区域的过渡。这就解释了耦合常数–温度图中的"量子临界楔"，正如图 2.1 所阐释的。这种现象经常在实验中看到 (3.6 节)，并且实际上它还是揭示是否存在量子相变的一种重要诊断方法。

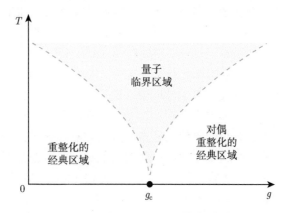

图 2.1　与在 $g = g_c$ 位置的连续零温量子相变相关的耦合常数 (g)-温度 (T) 平面的"量子临界楔"。在此量子临界区域，其物理是有限温度液体的物理，但即使在偏离临界耦合 g_c 很远时仍受到量子临界"紫外"物理的掌控。当温度 $k_B T \simeq |(g - g_c)/g_c|^{z\nu}$ 时，这里 z 和 ν 分别代表动力学临界指数和关联长度指数，出现了到传统区域的过渡 (虚线)，在传统区域中，长时间有限温度的物理被量子相变任一侧稳定的经典物态控制

这个温度扮演有限尺度的标度角色的奇怪的规则有许多其他深刻的后果。热力学这一基本的工具将在后续章节中反复讨论。作为一个参考，首先让我们描绘一下热力学标度怎么处理传统的量子临界点。假设系统具有有效维数 $d + z < d_{uc}(d_{uc}$ 代表上临界维数)，那么超标度将发挥作用，并且自由能密度的奇异部分 ($F_s = F - F_{reg}$) 在空间方向的标度变换 $x \longrightarrow bx$ 下具有如下变换行为：

$$F_s(\delta g, T) = b^{-(d+z)} F_s(b^{y_{\delta g}} \delta g, b^z T) \tag{2.12}$$

这里 $y_{\delta g} = 1/\nu$ 是耦合常数的标度维数。这等价于如下自由能密度的标度形式：

$$F_s(\delta g, T) = -\rho_0 (\delta g)^{(d+z)/y_{\delta g}} \bar{f}\left(\frac{T}{T_0(\delta g)^{z/y_{\delta g}}}\right) \tag{2.13}$$

$$= -\rho_0 \left(\frac{T}{T_0}\right)^{(d+z)/z} f\left(\frac{\delta g}{(T/T_0)^{y_{\delta g}/z}}\right) \tag{2.14}$$

其中 ρ_0, T_0 不是普适常数，而 $f(x)$ 和 $\bar{f}(x)$ 是普适的标度函数。第一种形式在远离临界点的低温区域是有用的：$\bar{f}(x) = \bar{f}(0) + g(x)$，这里 $g(x)$ 描述了量子临界点左右两侧的稳定相的低温热力学。第二个形式则当恰好处在临界点时是非常有

用的：因为在 $\delta g = 0, T > 0$ 时没有奇异点，函数 f 可以被展开成 $f(x \to 0) = f(0) + xf'(0) + (1/2)x^2 f''(0) + \cdots$。

在欧氏时空下等价的经典问题由四个热力学指数 $\alpha, \beta, \gamma, \delta$ 标志。在相同普适类的量子临界体现形式中，人们应该从哪寻找这些维度指数呢？举个例子，让我们首先把目光集中在比热指数 α 上。我们感兴趣的量是和耦合常数相关的极化率 $\chi_{\delta g}(\delta g, T) = \partial^2 F / \partial (\delta g)^2$。利用式 (2.14)，很容易证明一旦取 δg 通过零点，它将包含一部分奇异的贡献，即 $\chi_{\delta g}(\delta g, T \to 0) \sim 1/|\delta g|^{\alpha_{\delta g}}$，这里 $\alpha_{\delta g}$ 代表在 $d + z$ 维下等价的经典问题的比热指数。或者，人们也可以将 δg 调节至零并在有限温度量子临界态测量极化率的温度依赖关系，根据式 (2.14)，立刻可以得到 $\chi_{\delta g}(\delta g, T \to 0) \sim T^{[(d+z)\alpha_{\delta g}]/[z(2-\alpha_{\delta g})]}$。这个指数在预料之外的地方出现了！

另外，熵和/或者比热是受等价的经典问题对与虚时圆半径有关的有限大小标度的响应控制的。最具有启发性的信息就是人们通过恰好在临界耦合的位置测量比热 $C = -T(\partial^2 F / \partial T^2)$ 所获得的是什么。由式 (2.14)，直接就能得到 $C \sim T^{d/z}$。例如，对于相对论性的 $(z = 1)$ 系统，这就回到了熟悉的德拜 (Debye) 行为 $C \sim T^d$，而后者对于任意相对论性的标度不变的理论都成立。这一简单的标度行为仅来源于这样一个事实：自由能应该满足通过数量纲得到的标度随体积发生标度变换。这个要求实际上并不是固定不变的。尽管在经典系统中违反这一要求的例子很少，但费米气体实际上已经"违背了超标度"：它被索末菲比热 $C \sim T$ 标志，而和空间维度无关。原因在于无质量激发态出现在费米面附近，而费米面本身的维度为 $\theta_{FL} = d - 1$，产生的效应就是在所有维数下自由能都具有类似于 T^2 的标度变换行为 (2.3)。因此，一个量子临界态原则上可以包含一个额外的"超标度违背指数"，例如 $S \sim T^{(d-\theta)/z}$。我们将在第 8 章中看到，这种额外的"超标度违背"实际上在由全息对偶描述的共形奇异金属中是普遍存在的。

为了结束热力学方面的讨论，现象学上的标度分析的一大亮点就是已经在一些重费米子型的量子临界系统 [44] 实现了对如下预测的验证，即当压强扮演调节耦合常数的角色时，热膨胀系数和比热的比值 (格林艾森参量) 在临界点的位置应该获得一个普适的值 [42]。这是上述类型分析的一个直接推论，同时它在其他方面，如处理相当神秘的费米子临界系统时，也是一个非常强大的诊断工具，可以用来证明量子临界性和超标度的存在性 (3.6.1 节)。

这种出于热力学目的的标度分析，其强大之处是和孤立的不稳定不动点的存在性紧密结合的，因而和全息对偶预测的共形无关。而对于处在量子临界区的动力学性质，其中的物理是截然不同的，因为这个区域内的零温和有限温度动力学都受到标度不变性约束。我们感兴趣的首先是线性响应以及各种物理可观测量相关的动态极化率。热场理论描述了怎样得到我们感兴趣的这些量：在欧几里得时空下等价的统计物理问题中计算两点关联函数，并通过 Wick 转动回到实时间。而 Wick 转动就是导致物理解释上的巨大转变的"罪魁祸首"；同时因为备受困扰的"信息丢失"问题，它也成了引发技术难题的根本性原因：光滑变化的欧几里得关联函数转变成了"带有尖峰的"实时间传播子，而想要从前者重构后者，人们实际上需要解析的解。即使是在质量最高的、最精确的数值量子蒙特卡罗 (QMC) 模拟中，一些不可避免的微小噪声也使得实时间线性响应变得模糊甚至将其掩盖，尤其是在长时间且有限温度的时候。但是仅基于标度上的考虑，人们就能从中分离出最重要的整体性特征 [25]。

为了阐明这一点，让我们在这里首先考虑一个简单的具有演生洛伦兹不变性的 $(z = 1)$ 强耦合量子临界态。恰好在临界耦合和零温的位置，结合洛伦兹不变性和共形不变性就完全固定了动态极化率的形式。根据热场理论，这些量要首先通过确定欧几里得时空的两点关联函数 $C_\phi(|r|) = \langle \phi(\boldsymbol{r})\phi(\boldsymbol{0}) \rangle$ 来计算，这里 ϕ 是我们感兴趣的场。欧几里得化的洛伦兹不变性指明了关联函数可以仅依赖于不变距离 $|r| = \sqrt{c^2\tau^2 + x^2 + y^2 + \cdots}$。然后，标度不变性要求关联函数遵循幂次律，被算符 ϕ 的共形 (或反常) 维数 Δ_ϕ 标志，

$$C_\phi(|r|) \sim \frac{1}{|r|^{2\Delta_\phi}} \tag{2.15}$$

利用傅里叶变换完成到欧几里得动量空间的转变，也即 $|p| = \sqrt{\omega_n^2 + p_x^2 \cdots}$，其中 ω_n 是 Matsubara 频率。所以变换后的关联函数就转变成如下形式：$C_\phi(|p|) \sim |p|^{2\nu_\phi}$，这里 $\nu_\phi = \Delta_\phi - (d+1)/2$。接下来需要做的就是对欧几里得传播子做 Wick 转动到实频率，$\omega_n \to \mathrm{i}\omega$，获得实频率的推迟传播子。对于动态极化率，结果就变成了

$$\chi_\phi(\boldsymbol{k}, \omega) \equiv \langle \phi(\boldsymbol{k}, \omega)\phi(0, 0) \rangle \propto \left(\sqrt{c^2 k^2 - \omega^2} \right)^{2\nu_\phi} \tag{2.16}$$

这些都是"分支切割"的响应函数，属于量子临界态的独特特征。动态极化率 χ 的虚部告诉我们激发态的位置 (谱函数)，而人们立刻就能发现，当频率 $\omega < ck$ 时有 $\chi''_\phi = 0$；而对于类时动量 $\omega > ck$，动态极化率呈有限大小，并且在 $\omega \gg k$ 时，动态极化率渐近于一个纯粹的幂次律 $\chi'' \propto \omega^{2\nu_\phi}$。对于共形费米子，这些分析和结论看起来都是一样的，除了现在我们的态是被约束在 Dirac 锥内部的正能态和负能态。上述结果 (2.16) 还将在后面的章节中多次遇到。

共形维数 ν_ϕ 具有下界 -1(幺正性的限制)，当刚好取此临界值 -1 时极化率就回到了自由粒子谱 $\chi \propto 1/(c^2 k^2 - \omega^2)$，被在 $\omega = \pm ck$ 位置的极点标志。受标准"微扰粒子物理"的启发，人们自然能够把式 (2.16) 重写为包含自由能 Π_ϕ 的形式：$\chi \propto 1/[c^2 k^2 - \omega^2 + \Pi_\phi(\omega, k)]$。然而，当 $\nu > -1$ 时，这是一项相当没有意义的操作，因为由分支切割传播子揭示的"非粒子物理"用"UV"自由场 ϕ 表示时是完全非微扰的：正如我们已经论证过的，发生"散射"(微扰修正) 的"粒

子"(自由场) 这一基本概念在强耦合量子临界态下已经变得毫无意义。

通过 δg 或者调节温度使得系统远离临界态，人们引入了标度，并且欧几里得关联函数将具有如下形式：$C(\tau) = \Phi_\phi\left(\dfrac{\tau}{R_\tau}, \dfrac{R_\tau}{\xi}, \cdots\right)$，其中 Φ_ϕ 是普适的标度函数，并且其依赖的变量包括有限温度时间圆圈的半径 $R_\tau = \hbar/(k_B T)$ 和关联长度 ξ。为了获得这些标度函数的表达式，人们需要精确解，而精确解往往是难以得到的。然而，通过简单的分析人们可以从中抽取出在量子临界态附近的定性物理。在调节系统离开处在零温的临界点之后，激发态长什么样？与有限大小的微扰 δg 处的关联长度相关的重要物理能标是 Δ_ξ。在 $\omega > \Delta_\xi$ 的区域，探针场无法区分系统是否远离临界点以及谱是否依然是式 (2.16) 的分支切割形式。在 $\omega \simeq \Delta_\xi$ 时，这将以一个平滑的过渡结束，而在更低的能量时，人们发现了和稳定相相关的无质量 (例如超流的相位模式) 或者有质量的 (例如 Mott 绝缘体中的空穴子/双占据态) 粒子激发态。这些粒子激发态看起来像是从临界连续体中"被拖拽出来"的束缚态，在接近量子临界点时具有很小的极点强度，而当 $\delta g \to 0$ 时极点强度也逐渐减小。但在其他方面，它们将表现得类似于深藏在稳定相内部的粒子激发态，因为在充分长的时间和距离下它们的性质将被绝热连续性所主导。

当温度被打开时，将会发生什么？肯定的是，当 $k_B T \ll \Delta_\xi$ 时，系统在低频下展现出和稳定态热物理相关的响应。然而，当我们着手考虑量子临界态本身的有限温度物理 ($k_B T > \Delta_\xi$) 时，故事迎来了一个有趣的转折。在量子临界态才会出现的一点是，问题中的唯一标度是通过虚时间轴的有限长度给出的温度本身。当超标度适用时，这就直接意味着所有的动力学量应该是能量和温度比值的普适函数，这被称为"E/T 标度"。这一标度以动力学响应所展示的标度折叠的形式已经在处理实验数据的若干个实例中得到了很好的应用 (见 3.6 节)。

但是，一个具体数字的绝对值大小也很重要。在欧氏号差下，人们有一个虚时间标度 $R_\tau \simeq \hbar/(k_B T)$，但这个虚时间标度在实时间中意味着什么？通过应用一般性原理可以知道如下"事实"，即在测量能量相较于温度更小的"流体力学"区域实现的液体应该是经典的、耗散的小并且满足热力学第二定律的流体。热场理论使得这一点是正确的，而神奇之处就在于 Wick 转动：正如可以在场论的一些特殊情形 [25] 明确证明的那样，在流体力学区域，和非守恒量相关的实时间响应函数获得了一个受如下弛豫时间控制的经典弛豫行为

$$\tau_\hbar = A\frac{\hbar}{k_B T} \tag{2.17}$$

这里 A 是由量子临界态的普适类决定的无量纲 $\mathcal{O}(1)$ 量级的振幅。这种经典弛豫行为包含了能量弛豫，其中 $\tau_\hbar$ 的含义是在线性响应条件下将功转化成熵所需要

的时间。这具有非常重要的意义，因为这个"普朗克耗散"[45]意味着在强耦合量子临界态下普朗克常数和温度共同决定了热产生的速率。这个普朗克耗散时间实际上非常短，即远远短于人们在物质的稳定相中发现的耗散速率被稳定性标度 Δ_ξ 强烈降低的耗散时间。举个例子，在费米液体中人们发现上述弛豫时间具有 $(E_F/(k_B T))\tau_\hbar$ 的量级，其中 E_F 是费米能。

在全息当中，Wick 转动是一项非常简单的操作——人们在洛伦兹号差和在欧氏号差下做计算的难易程度是相同的。正如将在第 7 章中介绍的，在 2001 年，普朗克耗散原理被弦理论家以"最小黏滞性"的形式重新发掘出来[46]。正如我们刚刚所讨论的，这一结果可以通过和有限温度量子临界液体的长时间极限有关的一般性知识来理解。这个液体必须表现得类似于经典流体，遵循 Navier-Stokes 流体力学原理，而量子临界的"紫外"效应则完全通过流体力学参量的值体现出来。黏度就体现了这种流体的耗散性质。当存在单个动量弛豫速率 τ 的时候，相对论性流体的黏度由 $\eta = (\varepsilon + p)\tau$ 给出，其中 ε 和 p 分别代表能量密度和压强。而熵密度满足 $s = (\varepsilon + p)/T$，因此黏度和熵的比值是 $\eta/s = T\tau$。在普朗克耗散中这个比值应该表达为 $\eta/s = T\tau_\hbar = A(\hbar/k_B)$，也即意味着这个比值的整体大小由普朗克常数决定！在第 7 章中我们将会看到，根据全息理论 $A = 1/(4\pi)$，这个结果和边界上的超强耦合理论相关。

最后，注意到黏度是一个在量子临界态和费米液体之间引起非常尖锐对比的量。这个量可以直接在 ^{3}He 中研究，并且众所周知在费米液体区域黏度大约处于 $\eta \simeq nE_F\tau_{FL}$ 量级，这里 n 代表费米液体的密度，而 E_F 代表费米能，并且 $\tau_{FL} \simeq E_F\hbar/(k_B T)^2$ 是碰撞时间。熵密度是索末菲场，$s \simeq nk_B(k_B T/E_F)$，因而很自然地就有费米液体的黏度–熵比值满足 $\eta/s \simeq [E_F/(k_B T)]^3(\hbar/k_B)$。这个比值以 $E_F/(k_B T)$ 的立方发散，原因就在于在低温费米气体中与粒子碰撞相关的微观时间变得非常长。

2.2 量子物质：当纠缠变得宏观

正如我们刚刚讨论的，所有的物质形式都能由 Ginzburg-Landau-Wilson 范式描述吗？人们逐渐意识到，情况并非总是如此。我们已经强调了描述有限密度费米子系统或者存在破缺时间反演对称性的磁场的玻色子系统的路径积分具有一个非概率的结构。这些系统先验地不同于处在"洛伦兹的"包装下的玻尔兹曼类型的统计物理问题。这是否意味着人们在宏观尺度上发现的重整化物理量会具有与关于凝聚态的教材中描写的已被深入理解的对称性破缺态完全不同的物理本性？

至少还存在另一种方法来将这类物质概念化，即采用量子信息理论的现代语言。这就涉及且围绕着纠缠这一概念。这一概念之所以脱颖而出是由于人们证明了它可以通过某种比任何经典系统更加优越的方式对信息进行处理加工，这就是设计量子计算机的想法。然而，人们逐渐意识到这其实也包含着和物质本性相关的问题的本质。我们习惯的经典物质形式被存在于微观尺度的"短程纠缠"标志，然而，也存在一些形式的物质，其中纠缠在宏观尺度上仍然保留下来，产生了一种新形式的真正的"量子集体"行为。"量子物质"指的是那些具有不可约长程纠缠特征的宏观物质。

　　量子物质的研究是物理学的一个真正的前沿。目前我们对这个领域知之甚少，而且目前已经确定的量子物质形式很有可能仅是冰山一角。在本节中我们将对当前蓬勃发展的拓扑绝缘体领域做一简短的总结。这些拓扑绝缘体都是物质的不可压缩态，其特点是基态和所有激发态之间被一个绝对能隙所隔开，而这一点现在被理解为携带了这样一种宏观纠缠 (或"拓扑序"，"量子序")，产生了由拓扑场论描述的物理性质。

2.2.1　物质的本性 VS "鬼魅般的超距作用"

　　似乎在当下时代，受迅速发展的量子信息论这一学科的启发，人们正在对量子物理进行重大的再思考。一旦我们开始问量子系统怎么处理信息的问题，和经典现实的一个尖锐对比就出现了。这开始于很久之前，即量子力学测量理论的假设。薛定谔构造了一只著名的猫，着重突显了单个量子力学自由度进行相干叠加的"诡异"，用量子比特的标记，有

$$|\phi\rangle = \alpha|0\rangle + \beta|1\rangle \tag{2.18}$$

随后，爱因斯坦又向前迈进了一步，用著名的 EPR[①]悖论阐述了"鬼魅般的超距作用"。读者应该很熟悉这个故事：从一个贝尔 (Bell) 对出发

$$|\text{Bell}\rangle = \frac{1}{2}\left(|0\rangle|1\rangle + |1\rangle|0\rangle\right) \tag{2.19}$$

这两个比特之间共享了一些非局域的信息，这些信息无法用于传递信号，也即这样的 Bell 对是纠缠的。在 20 世纪 90 年代人们意识到，通过对一个量子比特系统施加连续的 1-和 2-比特幺正操作可以设计一台量子计算机，并且在某些情况下它的运算效率要明显优于任何经典的计算机 [47]。一个著名的例子就是肖尔 (Shor) 算法，其中任何整数的素因子都可以在多项式时间内计算得到，而在经典层面这个问题是 NP 困难的。

　　这与宏观物质的性质有什么关系呢？凝聚态物理和量子场论在量子信息方面具有一些相同之处。和量子计算工程领域的单比特以及 Bell 对相反，现在人们处理的是由无穷多比特组成的大型热力学系统，并且这个系统的希尔伯特空间由巨

---

　　① 译者注：EPR 悖论是由 Einstein、Podolsky 和 Rosen 提出的，故以其名命名。

大数目的场构型张成。人们问的第一个问题是如何对这样一个体系中的物理真空
(基态) 对应的希尔伯特空间中的纠缠进行分类，以及这对于这样一个态的物理性
质意味着什么？因为温度不利于形成大尺度的 (宏观) 纠缠，似乎这个问题仅在精
确零温下才真正有意义。一个更困难的问题是这样的：人们怎么以这种方式理解
激发态，尤其是当处理量子非平衡物理问题时？人们已经在这个前沿领域取得了
进展，但是在此我们将会忽略这些进展。其中一类已经被深入理解的量子物质是
那些被恰当地称为经典物质的事物。在零温下原始系统或者其对偶的对称性被破
坏，而这些激发态的物理通过 Ginzburg-Landau 有效作用量的形式被描述，从
量子信息的角度来看它们被分类为短程纠缠直积态。简单的晶体就是一种非常具
有代表性的短程纠缠直积态。如果一直放大体系直到亚原子尺度，人们就会发现
一个重度纠缠的包含了禁闭在重子中的夸克和胶子的量子汤，继而形成原子核及
最终形成原子。在达到原子的尺度后，出于简单性考虑，假定晶体是普通绝缘体，
在所有更大的尺度上真空就是

$$|\text{Crystal}\rangle = \prod_i X_i^\dagger(R_i)|\text{vac.}\rangle \tag{2.20}$$

这里 $X_i^\dagger$ 代表在周期性晶格的位点 R_i^0 处产生的具有一个实空间波包 $\Psi \sim$
$e^{[-(R_i-R_i^0)^2/\sigma^2]}$ 的原子，然而和晶格常数相比波包宽度 σ 显得很小。类似地，从处
于晶格上的玻色子出发，超流或者超导体可以被写成类似于 $\prod_i(u_i + v_i b_i^\dagger)|\text{vac.}\rangle$
的直积态。

然而，根据直积态的定义，所有的物质态必须是经典的，这是否是一个自然
定律？这个问题能以如下更加尖锐的方式提出。热力学大型体系的带有所有可能
的场构型 $|\text{config}, i\rangle$ 张开的希尔伯特空间的真空，最具一般性地可以写为

$$|\Psi_0\rangle = \sum_i A_i^0|\text{config}, i\rangle \tag{2.21}$$

是否存在一个以 $|\Psi_0\rangle$ 为基态而同时 $|\Psi_0\rangle$ 在任何表示下都不能约化为一个直积态
形式的物理的哈密顿量？如果有，那么显然人们正在处理的是一种新形式的物质，
其中量子物理的"鬼魅之处"刻蚀在物质本身的本性："量子物质"。

长程纠缠的"表示不依赖性"是一个非常微妙的话题，因而人们必须睁大双
眼，以避免被诱使相信一些看起来处于长程纠缠但实际上就是加了伪装的经典态
的态。在量子信息领域有一句格言"真空应该不能被局域的幺正变换约化到一个
直积态"。这一智慧可以追溯到 Bell 对的量子力学。一个类似于 $(|0\rangle|0\rangle + |0\rangle|1\rangle +$
$|1\rangle|0\rangle + |1\rangle|1\rangle)/2$ 的态也许看起来有着相当程度的纠缠，然而，很容易就能知道这
对应于直积态 $|+\rangle|+\rangle$，其中单比特态 $|+\rangle = (|0\rangle + |1\rangle)/\sqrt{2}$。

这个概念在处理量子场论的问题上有多大的用处？考虑一个由相互作用的玻
色子形成的直接的玻色凝聚态，比如 ^4He。在实空间数表示下来看，人们可以把

超流称为"量子液体"，这是因为在玻色凝聚下这些玻色子会发生在无穷长程范围内的玻色交换，所以全部的玻色子确实都发生了离域化。然而，纠缠必须是不依赖于表示的，而且在对偶相表示下，它就变成了短程的纠缠直积态，而宏观物理由经典的 Ginzburg-Landau 理论描述。但当处理一个复杂的态时，人们怎么确定他知道了所有的"对偶"？这反映出"场理论的量子信息"理论的不成熟之处。对于双比特系统，冯·诺依曼纠缠熵是一个精确衡量纠缠的量。然而，对于场论系统，没有已知的这样一个数学工具——正如我们在第 14 章中将要讨论的，在两体系统中冯·诺依曼熵在场论方面所进行的扩展彻底失败了。

2.2.2　长程纠缠和不可压缩量子液体

真正的量子物质的第一个例子在 20 世纪 80 年代早期就已经被发现，尽管直到很久以后人们才意识到这是它的秘密 [48]。在这里我们指的就是分数量子霍尔效应 [49]，这个效应最早由劳夫林 (Laughlin) 根据他对真空波函数的非凡猜测解释

$$|\Psi_L, m\rangle \propto \prod_{i<j}(z_i - z_j)^m \prod_k \mathrm{e}^{-|z_k|^2} \tag{2.22}$$

这里 $z_i = (x_i + iy_i)/2l_B$，是参数化了处在强磁场的两维电子气体中的自旋极化的电子在复平面内的位置，其中 $l_B = \sqrt{\hbar c/(eB)}$。整数量子霍尔态可以通过填充对应于 $m=1$ 的量子力学朗道轨道构造。作为在费米气体之外明确使用费米符号结构的首个例子 (见第 14 章)，Laughlin 意识到在朗道量子化的费米气体中波函数的节点和粒子的位置紧密相关 (当 $z_i \to z_j$ 时有 $|\Psi\rangle \to 0$)。通过增加 m 的幂次，强排斥相互作用的效应可以进入，随之产生的效果就是关联空洞变得更深。

Laughlin 态是一个真正的长程纠缠态 [48]，并且作为一个极大简化的情形，我们只考虑在分数量子霍尔平台上，这个态是不可压缩的：它和所有激发态之间都存在一个能隙，而这保护了纠缠的存在。尽管这里不存在任何类型的序参量，每一个 Laughlin 态都有一个确定的热力学身份，承载着态自身的性质。不同的 Laughlin 态之间由真正的量子相变 ("平台相变") 分隔开，但这些相变至今还没有被理解。经验的标度分析揭示了一个演生的横不变性被实现 (见文献 [50] 和其中的参考文献)。

2+1 维的陈-西蒙斯 (Chern-Simons) 拓扑场论在详尽描述这些 Laughlin 态的物理性质上代替了 Ginzburg-Landau 理论的角色。这种拓扑场论作为一个计数工具计算了融合进入到真空中的不可约长程纠缠的后果 [48,49]。(a) 当靶空间是一个亏格为 g 的紧致二维流形，基态将会是 m^g 重简并。(b) 这个"体"携带着孤立的粒子，就像"准空穴"激发态。这个激发态具有分数化的电荷 $e^* = e/m$，展现出分数化交换统计的行为。对于阿贝尔的 Laughlin 态，这些就是带有统计角 $\theta = \pi/m$ 的任意子。(c) 体里面的长程纠缠结构带来的一个最令人惊叹的结果就

是体–边界对偶。当拓扑的体有开边界时，Chern-Simons 场的规范不变性要求由手征的 Wess-Zumino-Witten 1+1 维场论描述的传播模式存在于这个边界上 [48,49]。在如下意义上，体和边界物理存在精确的一一对应关系：只要边界理论的所有数据都是可获得的，体物理就能被重构，反之亦如此。例如，物理的电流在边界上跑动，它们的霍尔电导的严格的量子化在体和边界一一对应的意义上可以从体物理中继承得到，而边界上电流的噪声谱可被用于测量电荷的分数化。因为这是一本围绕全息对偶主题的书，读者应该能注意到这里的体–边界对偶和 AdS/CFT 对应有着奇异的相似之处：这里关注的 2+1 维的体与 1+1 维"全息屏"上的物理一一对应，体中也施加了规范不变性，在某种程度上与将在第 4 章和第 5 章所讨论的类似。实际上这种相似性在处理 2+1 维引力问题时变得相当贴切。在这个维度爱因斯坦引力是没有动力学的 (或者"不可压缩的")，而在 20 世纪 80 年代人们发现 2+1 维 AdS 背景下的纯引力能通过庞加莱 (Poincaré)$SO(2,2)$Chern-Simons 场论的形式来描述 [51,52]。当下这一问题正在高自旋引力的框架下被积极研究 [53-55]。运用 Chern-Simons 理论需要面临的一个困难就是，当处理的是无限、非阿贝尔 (non-Abelian) 规范群时这一理论依然未被很好地理解。

分数量子霍尔效应已经建立了一套新范式，目前这套范式正被推广到其他系统。首先激起人们兴趣的源于如下的认识，即非阿贝尔量子霍尔态 (被认为会在 5/2 平台区实现) 的准空穴的编织性质可以应用到量子计算，这得益于对拓扑真空的保护抵制了退相干的产生 [56]。随后，人们发现在没有磁场的情况下拓扑态也能在能带绝缘体中实现：这些拓扑态是"拓扑能带绝缘体"和"拓扑超导体" [57,58]。这些拓扑态要求受到时间反演对称性的保护，而电子的拓扑也和晶体的空间群有联系 [59]。这些拓扑态也能在三维空间实现，展现出体–边界对偶，而绝缘体被认为可实现轴子电动力学 [60]，且超导体可以被精巧设计以形成可用于拓扑量子计算的马约拉纳 (Majorana) 零模 [61]。相较于分数量子霍尔态，这些体系在实验室中处理起来要容易得多，并且人们正在对其进行大量密集的实验研究。在理论层面，人们加大努力尝试对所有可能的拓扑绝缘体形式进行分类的工作正逐渐展开。这包括了那些无法以无相互作用费米子的能带结构的形式描述的拓扑绝缘体，见文献 [62]，它们依赖于在 2.1.2 节中讨论过的涡流对偶以及将在 3.2 节中介绍的自旋液体类型纠缠。

尽管人们对于找出分数霍尔量子态等是否能够被蕴含到一个引力对偶中很感兴趣，更不明显的一点是全息在阐明不可压缩系统中的拓扑序方面是否能有很大的帮助。问题在于现在已经有了以拓扑场论及其推广的形式出现的强大数学工具：很可能任何全息构造将遵循相同的基本原理。然而，这种情况和量子物质的可压缩形式截然不同。目前我们对此还知之甚少，但和不可压缩量子物质相关的启示已经表明仍然还存在巨大的惊喜有待发掘。

2.3　非凡的费米液体

继续对量子物质这个主题的讨论，对处理物质的可压缩态这个问题我们目前还几乎一无所知。实际上存在一种真正长程纠缠的并且在很久之前就得到深入理解的可压缩量子物质形式：费米气体！费米统计是相当非经典的规则。因为基态波函数在任意一对粒子的交换下都是反对称的，所以费米气体是真正长程纠缠的。玻色子的福克 (Fock) 空间与对称性要求相关的纠缠可以通过选择对偶相表示避免，在这种表示下纠缠的物理态变成了直积态，而这对于费米子是不可能实现的。

我们确实怀疑全息物质种类所具有的神秘性质恰好反映了一个事实，即这些全息物质是新形式的可压缩量子物质。正如我们将要看到的，尽管这些不是费米液体，但至少在某些方面这些物质看起来和费米液体的关系比和任何其他物质都更加紧密。考虑到这一点，我们将回顾标准的费米液体理论，尽管是从一个或许有些不同寻常的视角出发，目的在于突出其量子物质这一面。

在本科课程中，我们学习了如何处理费米气体的物理知识。然而，为了回想起这些态有多么的"非直积"，让我们首先通过一次量子化的欧几里得路径积分来看费米气体

$$
\begin{aligned}
\mathcal{Z} &= \mathrm{Tr}\left(\mathrm{e}^{-\beta H}\right) \\
&= \int \mathrm{d}\boldsymbol{R}\, \frac{1}{N!} \sum_{\mathcal{P}} (-1)^{\mathcal{P}} \int_{\boldsymbol{R}\to\mathcal{P}\boldsymbol{R}} \mathcal{D}\boldsymbol{R}(\tau) \exp\Bigg\{ -\frac{1}{\hbar} \int_0^{\hbar\beta} \mathbf{d}\tau \\
&\quad \times \left[\frac{m}{2} \frac{\partial^2 \boldsymbol{R}(\tau)}{\partial \tau^2} + V(\boldsymbol{R}(\tau)) \right] \Bigg\}
\end{aligned}
\tag{2.23}
$$

这里 $\boldsymbol{R}$ 表示构型空间 (所有粒子的位置)，而 $\boldsymbol{R}(\tau)$ 代表世界线作为虚时间 τ 的函数组成的世界线系统的世界史。这些费米子质量为 m，并且相互作用势为 V。复杂之处在于，要求必须对所有置换 $\mathcal{P}$ 求和，并且当置换的字称是奇时，表达式给出一个负"概率"(有一个额外的因子 $(-1)^{\mathcal{P}}$)：负号使得欧几里得量子配分求和与玻尔兹曼配分求和无关。

对于无相互作用的费米气体，当然可以计算路径积分 [63]。就像玻色子一样，人们把路径积分重写成对围绕虚时间圆的缠绕数求和，结果发现在费米温度的位置缠绕数变得宏观大。与玻色凝聚的符号标记相反，当 n 非常大时，缠绕数为 n 和 $n+1$ 对应的构型贡献以相反的符号出现，几近互相抵消。人们可以把这一点看成是出现在实空间的相消干涉 [64]，产生的效应就是将系统的零点能推升平移到费米能。对于自由费米子，由这一正负号交替的交错求和可以得到由函数组成的闭式解或解析解，给出通常的费米-狄拉克 (Fermi-Dirac) 故事。然而，当相互作用势变得非常大以至于人们无法再使用微扰论绕开对势的讨论，并且同时

BCS/Hartree-Fock 类型的不稳定性不会发生，人们该如何处理这种交错求和？答案是这个求和在数学上有着病态的行为：这个问题甚至被认为是 NP 困难的 [65]。事实上不存在系统的且一般的数学机制能够处理这类交错求和。这就是臭名昭著的符号问题。有些时候这被误解为数值量子蒙特卡罗模拟在发展过程中出现的一个技术问题。但事实并非如此：如果缺乏任何行之有效的数学工具，人们对有限密度下的强耦合物理就一无所知。然而根据现代量子物质的观点来看这反而是个机会。符号"问题"意味着直积态是错误的，并且我们也不能依赖于费米气体的物理。即使在电子平均场理论 (BCS 等) 形式下出现的两者的"交叉路"也存在不足之处：费米子符号可能是导致产生新形式长程纠缠的关键因素。当学习有限密度全息相关章节时，人们需要深深刻在脑海里的是这类全息物质的不常见性质，其实就是在告诉我们一个在费米子符号高墙后面的物理故事。

让我们继续着重介绍费米气体的"量子物质诡异性质"。从前面的介绍我们知道了由有效场论计算不可压缩纠缠物质的集体性质采用的是有效经典理论，尽管是以拓扑场论的形式。那对于费米气体这个理论是什么？答案当然是已知的，但如果采用热场理论就能获得更多的信息 [64]。将一个没有自旋的自由费米子系统放在有限体积的空间中，并且在傅里叶变换后人们得到了一个离散单粒子动量 k_i 的格点。现在很容易证明在动量构型空间 $K = (k_1, \cdots, k_N)$ 中，整个密度矩阵作为虚时间 τ 的函数可以写成符号被完全消除的形式，给出了一个概率性的玻尔兹曼形式：

$$\rho_{\mathrm{F}}(K, K'; \tau) = \prod_{k_1 \neq k_2 \neq \cdots \ k_N}^{N} 2\pi\delta(k_i - k_i')\mathrm{e}^{-\frac{|k_i|^2 \tau^2}{2\hbar m}} \tag{2.24}$$

这是什么类型的经典系统？实际上在经典（"无穷大 U"）极限下它是一个玻色 Mott 绝缘体，生活在一个动量空间的简谐势阱！动量空间点的格点对应于无穷深势阱的周期性晶格，继而受到简谐势 (色散关系 $\omega \sim k^2$) 的调节。每一个位点每次最多只能被一个粒子占据，这就是在对动量空间的所有排列求和中出现的 Mott 限制，这"吃掉了"费米子符号。人们现在必须要填充这个在简谐势阱中的 Mott 绝缘体，并且在零温下发现了一个严格而清晰的边界，将占据态与非占据态分开，即费米面 (图 2.2)。因为人们可以在上述边界上激发点粒子，所以一旦打开温度，这个锐利的边界就变得模糊起来，这就是由点粒子–空穴激发态形成的 Lindhard 连续体。人们马上认出主导自由费米子的 Fermi-Dirac 统计，但在这个热场理论中，这一点显得有些令人迷惘。费米气体以及费米液体的深红外实际上遵守经典理论的规则，但这种理论在某种意义上是支配经典或玻色气体的理论的反面。费米子符号实际上已经将它变成了一个交通堵塞，尽管是在动量空间。费米气体的一个更令人困惑的性质是它是一种非常稳定、"内聚"的物质形式。

费米气体受到一个非常坚固的能量标度保护：费米能。费米气体的简单性在这个方面具有一定的欺骗性，当相互作用被打开时这个问题才开始出现，将费米气体转变成费米液体。表述朗道绝热连续性原理的现代途径是利用泛函重整化群的语言 [66,67]。这等价于如下观察，即因为在趋近深红外时几乎所有的相互作用算符都必定是红外不相关的，所以带有重整化后的动能的自由费米子系统是一个稳定的固定点，而对通道是唯一潜在的例外。但如果从真正的"非纠缠的"参考系来看，实际上会有相当奇特的事情发生。在不同寻常的意义上，费米液体被一个"破缺对称性"的"序参量"标志。这里的引号标注出于如下的目的：这里的"序"和经典物质的序是非常不同的。

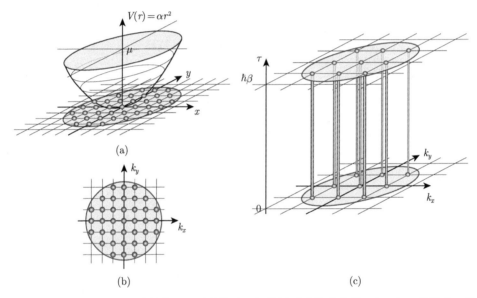

图 2.2　(a) 当存在无限强度的协同光学晶格时，经典原子系统形成了一个 Mott 绝缘态，生活在有限强的简谐势阱 $V(r) = \alpha r^2$ 中。(b) 动量空间 k_x, k_y，而非实空间中的陷阱；费米面就是已被占据的光学晶格位点和空着的位点之间的边界。(c) 允许的动量态 $k = (2\pi/L)(k_x,$ $k_y, k_z, \cdots)$ 组成的网格，这里 k_i 代表通常的整数，并且任何世界线沿着虚时间 τ 的方向 $0 \to \beta$ 行走闭合回自己；单粒子动量守恒要求只能是周期循环的而不能是其他。图源自文献 [64]

　　论证是非常基本的。费米液体的定义性性质是它的深红外区域由费米面控制。费米面是一个在 d 维单粒子动量空间中有着精确位置的 $d-1$ 维流形，但一旦相互作用被打开，单粒子动量就不再是守恒量！这是显然的。一个典型的相互作用项具有如下形式：$H_1 = \sum_{k,k',q} V(k, k', q) c_{k+q}^\dagger c_k c_{k'-q}^\dagger c_{k'}$，而这一项和粒子数算符 $n_k = c_k^\dagger c_k$ 是不对易的。当存在相互作用时单粒子动量不再是严格清晰量子化的，这是一个严格的论述。但是系统作为一个整体为何仍然可以在这个空间中拥有一个本不应该存在的尖锐的边界面？这个只在相互作用系统的热力学极限下开始出现的严格尖锐的量子数在经典背景下当然是很常见的。举个例子，在伽利略连续介质中的单个原子无法拥有一个严格清晰量子化的位置。然而，它们可以集体地破缺平移对称性，随之带来的效应就是单个原子在晶体中的平均位置变得非常尖锐清晰。

一个当前的观点是把费米液体的费米面看成是态的推广的"序参量"。现在我们就可以从这个视角来诠释图计算的结果 (包含朗道现象学)。当处理经典的对称性破缺问题时，戈德斯通 (Goldstone) 玻色子作为激发态将自动出现，意味着存在着一种对称性待恢复。在费米液体深红外区发生的任何事情都可以通过相似的方式来理解，即所有事情都和费米面"序参量"的涨落有关。

裸费米子传播子在揭示深红外的集体性费米液体物态的信息方面有着异常强大的功能。正如每一位学生已经注意到的，它是微扰图计算的核心车轮，

$$G_f(k, \omega) = \frac{1}{\omega - \varepsilon_k - \Sigma(k, \omega)} \tag{2.25}$$

这里相互作用的所有效应都集中体现在自能项 $\Sigma(k, \omega)$ 中。和往常一样，传播子 G_f 的虚部是电子谱函数，该谱函数或多或少可通过直接对 (逆) 光电发射做测量得到。在趋近费米面时，这个传播子获得了一种普适的形式。从费米动量处从零开始算动量以及从化学势的位置从零开始算能量，则

$$G_f(k, \omega) = \frac{Z_k}{\omega - \bar{v}_F \bar{k} - \mathrm{i} C_k \omega^2 / \bar{E}_F} + G_{\mathrm{incoh}}(k, \omega) \tag{2.26}$$

当 $\omega \to 0$ 时，和 G_{incoh} 相关的谱权重都为零，并且所有的谱权重都位于准粒子部分。这有着很多有趣的结果：

(i) 通过利用裸费米子探究系统 (就像在光电发射过程中) 人们可以直接读出准粒子的性质，因此获得了人们需要的关于费米液体态的几乎所有信息，例如重整化的费米能 ($\bar{E}_F$，或费米速度 $\bar{v}_F$) 和准粒子极点强度 Z_k。考虑到费米液体的耦合强度能够变得非常强，有一点是非常特殊的：在任何相互作用非常强的液体中，低能激发态通过强演生与 UV 自由度脱离，并且人们无法直接从 UV 传播子了解到与集体性物理有关的任何物理。

(ii) 当电子态开始偏离费米面后，准粒子将获得寿命 ω^2。这产生的影响就是单粒子动量变得模糊，正如它所遵循的物理规律，只有当 $k \to k_F$ 时它才变得尖锐清晰。单粒子动量空间仅恰在费米面的位置才得到恢复。带着这一点，我们会发现 Luttinger 定理尤其了不起。在无相互作用极限下被费米面包裹的动量空间的体积由费米子的密度决定，而 Luttinger 定理证明，即使对于存在相互作用的体系，只要该体系形成了一个费米液体，这个定理依然成立。

(iii) 准粒子极点强度 Z_k 扮演着序参量的角色。它决定了动量分布在 k_F 位置处的不连续性跳变的大小。在无相互作用极限下准粒子极强度大小变为 1。相互作用使得费米面在动量空间的位置发生涨落，但它仍然保有一个平均位置以及一个将逐渐减小的跳变幅度，类似于在晶体中"吃掉了"序参量的德拜-沃勒 (Debye-Waller) 因子。自能 $\Sigma(k,\omega)$ 实部的解析结构将极点强度和准粒子质量的重整化联系起来，继而决定了重整化的费米能和费米速度。假定存在一个合理的光滑动量依赖，

$$Z_k = (1 - \partial_\omega \Sigma')^{-1} \text{ 且 } m_*/m = 1/Z_k$$

这是费米液体"序"的一种相当深刻而一般的性质：当费米面由于强量子涨落 ($Z_k \to 0$) 而处在消失的边缘时，保护稳定态的标度也正在消失 (重整化的能量 $\bar{E}_F \to 0$)。不同于玻色序动力学，存在一种由费米子激发态组成的额外流形，受到一个在接近临界点时会消失的速度标度的控制。当这些恰好在临界点上幸存下来时，准粒子将会获得一个无穷大的质量，意味着态将被一个有限的零温熵标志。实际上，具有极端量子涨落特征的费米液体种类相当丰富：^{3}He 就是一个很早的例子 ($m_*/m \simeq 10$)，而且一大类质量增加了将近 1000 倍的重费米子系统已经被发现了 (见 3.6.1 节)。

当人们在处理玻色的和零密度的物质时，无质量激发态通常在动量空间的孤立点出现。因此，比热在有限温度将会随着温度以 $C \sim T^{d/z}$ 的方式变化。在 d 维系统中费米液体的无质量激发态出现在动量空间中的 $d-1$ 维流形上，即费米面，因而费米液体是非常特殊的存在。随之带来的效应就是费米液体有效地表现为一个 1+1 维系统：费米面上的每一点都支撑一个类似点粒子的激发态，并且索末菲 (Sommerfeld) 比热因此类似于在任意空间维度下的一个 $z=1$ 的 1+1 维系统的比热。此外，在任意有限温度下这些点粒子-空穴激发态的逸度都是有限的，产生的后果就是"费米液体序"被严格限制到零温，就像在一维空间里。这就是"超标度违背"在全息意义上的一个例子，当处理全息奇异金属和冯·诺依曼熵问题时我们将依次在第 8 章和第 14 章遇到"超标度违背"。在统计物理中这是一种相当反常的现象，而且这是一个只有费米液体似乎能表现出和全息物质具有相似性的例子。

对于处理全息奇异金属的"量子流体力学"，费米液体可以被用作一个恰当的比喻。这里的引号标记表明存在一个潜在的语义混淆：流体力学本身指的是有限温度流体的普适行为。这些流体力学原理一般无法完全决定零温量子流体的行为。然而，人们依然可以问，当这个量子流体被放在一个冷却至严格零开尔文的管道系统中，然后轻轻推动活塞，将会发生什么。与之相关的物理被称为凝聚态领域的"量子流体力学"。

除受 "Goldstone 保护的" 超流和超导体之外，传统上的唯一零温流体就是费米液体。20 世纪 50 年代，朗道和他的合作者共同破译了费米液体的量子流体力学，并随后经过了相当彻底的检验，尤其是在 ^{3}He 中实现的费米液体区域。这是教科书的内容 [68]。实际上费米气体是一个奇异、非物理的极限。只要加入任意有限大的排斥势，费米液体将会形成一个无质量的、纵向传播的 "零" (温度) 声模占据长波区域的激发态。因此，就像在经典流体中那样将会存在一个守恒的流体力学流。朗道费米液体理论 (隐含地) 指出上述现象能被含时的 Hartree-Fock 平均场理论正确地描述，这就是对粒子–空穴圈图重新求和，在凝聚态领域也被称为随机相近似 (RPA)。平行于 BCS 理论 (2.4 节) 的对通道构造，人们通过采用费米气体密度感应率 (粒子–空穴圈图)$\chi_\rho^0(q,\omega)$ 和依赖于 q 的相互作用势 V_q 的形式写出密度感应率的 RPA 表达式:

$$\chi_\rho(q,\omega) = \frac{\chi_\rho^0}{1 - V_q\chi_\rho^0} \tag{2.27}$$

吸收性的部分 (也即虚部) χ_ρ'' 在动量很大的情况下将揭示由不相干粒子–空穴激发态组成的 "Lindhardt 连续区" 的存在。很容易证明，对于任意有限大小的相互作用强度，和极点的 $1 - V_q\chi_\rho^0(q,\omega) = 0$ 条件相关的一个束缚态将会在一个能量高于 Lindhardt 连续区且动量很小的区间内形成。这代表零纵向声模，它在短程相互作用的情形作为一个相对论性的模出现在 $q = 0$ 的位置。在带电系统中，因为库仑相互作用的长程性质，这个零纵向声模将会转变成有质量的等离子体激元的激发态。当进入连续区，由于朗道阻尼，这个声最终将会 "消亡"。在物理上，这对应着费米面的相干 "呼吸" 振动，并且根据 Luttinger 定理，这意味着上述费米面的相干振动也是一种纵向密度 (声) 波。

这种 "零" 纵向声和热流体携带的声是截然不同的。若考虑在有限动量和温度下声的衰减 (或阻尼)，这种定性的差异就变得非常明显。在有限温度费米液体中人们发现了一个从和热准粒子流体相关的低频 "充满碰撞" 的区域到和费米面相干振动相关的高频 "无碰撞" 区的过渡。在后一个区域人们发现了零声，而这个零声也受到由于存在热激发粒子而产生的阻尼作用，但是它的阻尼正比于准粒子碰撞率，$1/\tau_{\rm col} \simeq (k_{\rm B}T)^2/(\hbar E_{\rm F})$。热声的阻尼为 Dq^2，其中 q 是动量，而扩散系数 $D \simeq \eta/(nm)$，这里 nm 是质量密度，而 η 是黏度。黏度继而由准粒子碰撞时间决定 $\eta \simeq nE_{\rm f}\tau_{\rm col}$，结果就是衰减正比于 $D \simeq (\hbar/m)(E_{\rm F}/k_{\rm B}T)^2$。最终得到的结果是，在从量子区域到热区域的过渡位置发现的 "衰减最大值" 在 ^{3}He 中得到了验证 [69]。尽管它们在细节上相当不同，由全息探针膜描述的全息奇异金属 (第 13 章) 被类似的 "量子" 和 "经典" 纵向声标志，也被一个类似的衰减最大值分隔开，然而将在第 8 章遇到的 Reissner-Nordström 全息奇异金属在这个方面是不同的。当从经典角度去看，强相互作用的费米液体还存在另一种非常奇特的量子流体力学性质。尽管这种性质是由朗道发现的，这一点似乎在后来却没有被广泛意识到。横向声在弹性介质中以横向声子的形式传播。在热流体中这种剪切运动具有黏滞行为，而把产生的效应转化成了纯弛豫响应。然而，朗道发现这在准粒子质量显著增加的强耦合费米液体中不再正确。这一质量增加受朗道参数 F_1 控制，并且当朗道参量超过临界值 6 时，横向声开始传播! 这在 ^{3}He 中得到了实验证实 [70]，最重要的是，这突出了伴随 "费米面序" 出现的奇异刚性，迫使没有破缺平移对称性的费米液体表现出类似弹性介质的行为!

2.4　费米体系的平均场不稳定性: BCS 及超出 BCS

假如这是一本凝聚态物理教材，那么现在将继续讨论费米液体的弱耦合不稳定性。当相互作用被打开，在某一点上费米液体将会变得不稳定，倾向于一个破缺对称性的序。这可以在粒子–空穴通道中发生，导致产生一个破缺了平移对称性 (形成电子晶体) 的电荷–密度波或破缺了内部自旋对称性 (反铁磁体) 的自旋–密度波。除了 1+1 维，为了让此发生，考虑到缺乏精确的 "嵌套" 性质，系统必须超过一个临界相互作用强度。然而，对于吸引相互作用，情况又有所不同，其中对于任意有限大小强度的耦合，在对通道中将会出现不稳定性，导致形成一个 BCS 超导基态。

在这套范式背后的数学机制就是电子的 Hartree-Fock 平均场理论。这个理论认为除去序的量子涨落，序参量就翻译成费米子感受到的一个势。当这个势在费米子能谱上的费米能位置产生一个能隙，由此得到的能量增益将继而稳定了有序态。即使对于任意小的相互作用，对通道的特殊性就在于这个能隙将横跨整个费米面，其中可能的例外是和处理非传统 (非 s 波) 超导体相关的点或线节点。这就推导出了能隙的著名的 BCS 表达式:

$$\Delta = \hbar\omega_B e^{-1/\lambda} \tag{2.28}$$

这里 ω_B 是吸引相互作用的介质的特征频率 (传统超导体中的声子)。揭示了当耦合常数很小 ($\lambda \simeq N_0\nu$) 时，能隙是指数小的，这里 $N_0 \simeq 1/E_F$ 和 ν 分别是在费米能 E_F 位置的电子态密度和吸引相互作用的强度。这个 "BCS 对数" 又一次深深根植于费米物理中: 只有非常接近费米面的费米子能感受到能隙，而大多数费米子被固定在非扰动的费米海。一个大的相干长度 $\xi = v_F\hbar/\Delta$ 与这个小的能量标度 ("库珀对的大小") 密切相关，产生的效应就是由于系统已经回到了 "纠缠的" 费米气体，使得玻色的序参量涨落在距离小于相干长度 ξ 的位置被冻结。这导致序参量涨落受到显著抑制，到了在例如铝中的热相变表现出类似于完美平均场相变行为的程度，因为实验室中的温度分辨率不足以达到某个三维中的复标量决定的真正临界区域。

BCS 超导理论的另一深刻之处在于对通道是独特唯一的。给经典或者玻色物质施加吸引相互作用并不会产生一个双粒子束缚态系统，但相反会发生凝结：形成 N 粒子束缚态，就像一个内聚性的流体或固体。历史上作为基础的"库珀机制"是 BCS 理论的核心：由于费米面的尖锐性，电子将会完全形成束缚对。但是当处理的正常态是一个缺少真正费米面等的非费米液体的费米系统时，人们该如何处理呢？这个问题和实验上的高温超导体以及它们的非费米液体正常态有着巨大的相关性 (3.6 节)，但同时它也作为一个理论问题在全息超导的框架下出现。

在处理全息物质时，我们将会了解到，高温下的奇异金属在低温下转变成有序态相关的类似相变会发生，就像全息超导体 (第 10 章)、全息晶体 (第 12 章)，甚至全息费米液体，尽管在一个奇怪的意义上 (第 11 章)。实际上，全息超导似乎意味着一个一般性的在奇异金属中发挥作用的推广形式的库珀机制的存在。正如我们将在第 10 章中着重强调的，全息超导体在众多方面都表现出和标准 BCS 类理论具有惊人的相似性，但作为底层基础的物理是非常不同的，尤其体现在配对机制。一个价值 6.4 万美元的问题是人们怎么才能将奇异金属和费米液体的配对严格且清晰地区分开来？

大约在全息超导被发现的同时，一个非常简单却能相当精确地解决上述问题的唯象理论被构建出来："量子临界 BCS"唯象理论 [71]。这一理论从如下假设出发：(a) 无论出于什么原因，主要的不稳定性来自对通道；(b) 正常态是严格的共形金属相，使得所有的传播子 (包含费米子对的传播子) 都具有"非粒子"分支切割的形式，就像在 2.1.3 节描述的；(c) 这一标度不变性完全被对通道的红外相关性破坏；(d) 最后但并非不重要的一点，超导序参量由平均场动力学控制。

这捕捉到了全息超导的本质 [72]。序参量的平均场行为是十分关键的，因为它使得同类型物理量之间的比较成为可能。然而，人们应该记住，这种全息序参量的平均场行为起源于其他地方：矩阵大 N 极限，这一极限在凝聚态物理系统中没有明显的意义。现在人们应该聚焦在，当趋近超导相变时在正常态中的动力学对极化率如何演化。主张认为这个物理量包含了如何将奇异金属配对机制和其他任何最终需要依赖于传统库珀机制的配对机制区分开来的关键信息。在原则上，利用在 20 世纪 70 年代就已经在传统超导体上测试过的隧穿装置能够实现对动力学对极化率的测量 [72]。然而，出于实际的 (材料相关的) 原因，对于感兴趣的超导体想要建立一类这样的装置被证明是相当困难的。

动力学对极化率作为位于 BCS 理论中心的物理量是人们非常熟悉的，

$$\chi_p(\boldsymbol{q}, \omega) = -\mathrm{i} \int_0^\infty \mathrm{d}t e^{\mathrm{i}\omega t - 0^+ t} \left\langle \left[b^\dagger(\boldsymbol{q}, 0), b(\boldsymbol{q}, t) \right] \right\rangle \tag{2.29}$$

这里 $b^\dagger(\boldsymbol{q}, t) = \sum_{\boldsymbol{k}} c^\dagger_{\boldsymbol{k}+\boldsymbol{q}/2,\uparrow}(t) c^\dagger_{-\boldsymbol{k}+\boldsymbol{q}/2,\downarrow}(t)$, 并且 $c^{(\dagger)}_{\boldsymbol{k},\sigma}$ 是通常的带动量 $\boldsymbol{k}$ 和自旋 σ 的电子的湮灭 (产生) 算符, 而这可以被分解成各种 s, p, d, $\cdots$ 对通道。动力学对极化率的虚部作为频率的函数是最具有启发的, 同时这也是原则上可以通过实验获得的物理量 [72]。

让我们看一下对传统的 BCS 超导体, 这如何得到。首先计算费米液体的 "裸"对极化率, 就是粒子–粒子圈子。在米格达尔–厄立希伯格 (Migdal-Eliashberg) 理论中, 利用米格达尔 (Migdal) 参量很小的性质, 人们给单费米子传播子加上自能修正而忽略所有的顶点修正 [73]。然而, 由弱耦合 "最小 BCS" 理论描述的无相互作用的费米气体抓住了问题的本质。让我们把注意力集中在 $\boldsymbol{q} = 0$ 的情况, 即不稳定性会出现的值:

$$\mathrm{Im}\chi^0_{\mathrm{pair}}(\omega, T) = \frac{1}{2E_\mathrm{F}} \tanh\left(\frac{\hbar\omega}{4k_\mathrm{B}T}\right) \tag{2.30}$$

现在人们在费米子之间引入一个吸引的相互作用 V——在整个 Migdal-Eliashberg 理论中这可以从电子–声子相互作用计算得到, 再次忽略顶点修正。根据传统的求和规则, 人们 "对所有的泡泡图重新求和", 获得一个正常态的完整动力学极化率的 RPA 表达式:

$$\chi_{\mathrm{pair}}(\omega, T) = \frac{\chi^0_{\mathrm{pair}}(\omega, T)}{1 - V\chi^0_{\mathrm{pair}}(\omega, T)} \tag{2.31}$$

从高温状态开始, 超导不稳定性由如下条件标志, 即在完全极化率的零频率位置发展形成一个极点。这要求

$$1 - V\mathrm{Re}\chi^0_{\mathrm{pair}}(\omega = 0, T) = 0 \tag{2.32}$$

根据克拉默斯–克勒尼希 (Kramers-Kronig) 变换, 有

$$\begin{aligned}
\chi'(\omega = 0) &= \int \mathrm{d}\tilde\omega \frac{\chi''(\tilde\omega, T)}{\tilde\omega} \\
&\simeq \int_{k_\mathrm{B}T}^{\hbar\omega_\mathrm{B}} 1/(2E_\mathrm{F}) = N_0 \ln(\hbar\omega_\mathrm{B})/(k_\mathrm{B}T),
\end{aligned} \tag{2.33}$$

其中 N_0 代表态密度, 而这里我们偷偷引入了一个推迟标度/声子频率 ω_B。将这个结果代入式 (2.32), 人们马上就得到了著名的 BCS 表达式:

$$k_\mathrm{B}T_\mathrm{c} \simeq \hbar\omega_\mathrm{B} \exp\left[-1/(N_0 V)\right] \tag{2.34}$$

现在有趣的是在趋近相变时在正常态下看 χ_{pair} 的吸收部分 (虚部) 在 ω, T 平面上的演化 (图 10.9 (a))。因此, 人们推断, 在高温下裸费米气体响应遵循方

程 (2.30)，但是一旦温度靠近 T_c，分母就会被打开，结果中就会出现一个随着能量下降的峰，并且当温度降低时形状变尖，在温度为 T_c 时转变成 $\omega = 0$ 位置的极点。这就是"弛豫峰"，也可以等价地通过有效序参量理论的形式被深入理解，

$$\mathcal{L} = \frac{1}{\tau_r}\Psi\partial_t\Psi + |\nabla\Psi|^2 + \mathrm{i}\frac{1}{\tau_\mu}\Psi\partial_t\Psi + \alpha_0(T - T_c)|\Psi|^2 + u|\Psi|^4 + \cdots \tag{2.35}$$

这个作用量描述了奥恩斯坦–策尼克 (Ornstein-Zernike) 平均场弛豫的序参量动力学，带来的后果就是，在接近于 T_c 的低频情形下满足

$$\chi_{\mathrm{pair}}(\omega, T) = \frac{\chi'_{\mathrm{pair}}(\omega = 0, T)}{1 - \mathrm{i}\omega\tau_r - \omega\tau_\mu} \tag{2.36}$$

这就描述了序参量过阻尼的、弛豫的响应，在完全弛豫掉之前保持处在正常态一段时间 τ_r。时间 τ_μ 衡量的是在相变位置电荷共轭对称性的破缺。也许人们对此不太熟悉，因为这个对称性破缺仅在强耦合超导体中发挥作用，但人们不能通过利用在能隙标度上的常数态密度避开这个问题。最重要的是，动力学对极化率的 RPA 形式即式 (2.31) 受序参量的平均场性质控制：RPA 代表了含时平均场理论这一事实得到了深入理解。

和正常金属的性质相关的信息体现在哪里？实际上这些信息被隐藏在裸极化率 (2.30) 的形式中。在零温下裸极化率的虚部与频率无关，而这一点和实部式 (2.33) 的"BCS 对数"密切相关。现在让我们比较一下这个量和共形系统中的两点关联函数的一般形式，也即式 (2.16)：费米气体的裸极化率就是一个"边缘的"标度维数 $2\nu_b = 0$ 的共形传播子。费米气体对极化率所呈现出的特征，会让人觉得该系统似乎具有共形对称性，但这其实是个偶然。毕竟，费米气体具有特征能量标度 (费米能)，而一旦加上微扰修正，由于微扰修正包含了费米能的信息，共形性 (包含能量–温度标度) 就被破坏了。

现在我们考虑金属不是费米液体而是受在 2.1.3 节着重阐述的共形不变性控制的真正的量子临界金属这一情形。当温度相对相变温度较高时，包括对传播子在内的所有两点关联函数都应该是共形的。在零温和高频时，对传播子应该是 $1/(\mathrm{i}\omega)^{\nu_b}$ 的行为，在有限温度转变成 ω/T 的标度函数，一般而言我们并不知道该标度函数的具体形式。然而，精确的形式并不重要，文献 [71] 和文献 [72] 在计算中能通过 1+1 维共形场论的具体结果直接对这个标度函数建立模型。在相同的临界的"包装"下，人们可以添加一个"红外相关算符"扮演 BCS 相互作用势 V 的角色。如果断定相变是一个平均场相变，那么利用 RPA 表达式就能绕开这个问题，除了现在人们必须要用一个标度维数为 $\nu_b \neq 0$ 的裸的对传播子。这就定义了非常简单的"量子临界的 BCS"唯象理论。

一个重要的后果是能隙和/或 $T_{\rm c}$ 的表达式和标准的 BCS 方程截然不同 [71]。一旦纳入 UV 截断 $\omega_{\rm c}$ 以及推迟标度 $\omega_{\rm B}$, 人们就发现了一个不同的能隙表达式:

$$\Delta = 2\omega_{\rm B}\left[1 - \frac{1}{\lambda}\left(\frac{2\omega_{\rm B}}{\omega_{\rm c}}\right)^{-\nu_{\rm b}}\right]^{1/\nu_{\rm b}} \tag{2.37}$$

这里 $\lambda = 2(V/\omega_{\rm c})(1 + \nu_{\rm b})/(\nu_{\rm b})$。不出所料, 人们没有发现 BCS 对数, 而是一个代数形式。当共形金属的对算符是红外相关算符也即 $\nu_{\rm b} < 0$ 时, 这就变得有趣起来。无论标度维数的精确值是多少, 人们都能观察到, 即使是相当温和的 (如电子–声子) 吸引相互作用, 也能轻松地解释数百开尔文的 $T_{\rm c}$。

这无疑是一个非常特别的构造。但是, 正如我们将在第 10 章中所看到的, 这个构造相当贴切地描述了全息超导是如何发挥作用的, 代表了这个现象学的 "微观" 实现。现在人们可能想要快速看一下展示在正常态下作为能量和温度的函数的对极化率虚部的图像 (图 10.9 和图 10.10)。对于那些兴趣在提高 $T_{\rm c}$ 的人而言, 这就是包含关于配对机制的性质的最直接信息的那个物理量。因此, 在这一实验物理分支, 一个 "对极化率谱仪" 应该被放在将要建造的仪器的愿望清单首位。

2.5　Hertz-Millis 模型和临界费米面

直到全息出现之前, 所有能想到的用于处理有限密度费米子问题的方法就是这些费米子必须以这样或那样的方式被 "存放" 在费米气体中。因此, 当费米子出现时自动假定同时也存在一个费米面, 这似乎已经成了一个处理这类问题的常识。或许 AdS/CMT 的核心结果就是证明了存在完全不同、和费米气体没有任何相似性的有限密度的费米子态。人们应该注意这个条件, 尤其当和凝聚态物理的主流打交道时。

这也塑造或者修饰了人们对 "量子临界金属" 物理含义的理解: 自动假定这是赫兹–米尔斯 (Hertz-Millis) 模型或者它的变种。实际上这个模型本身是相当有趣的。比起更为激进的全息奇异金属, 这个模型很可能与实验室中的现象更加相关。此外, 这个模型已经成了一个受到理论学家关注、得到大量研究的理论课题。尤其是在过去几年, 新的深层次的结果被陆续发现, 使得这个问题在理论上非常具有吸引力。

什么是 "Hertz-Millis" 模型? 这个模型或者理论断定人们可以从被费米气体标志的 UV 出发, 将金属方面隐藏起来。此外, 人们假设一个经历在 2.1.3 节讨论过的那类量子相变的玻色序参量场。继而这个临界玻色子和费米激发态以 Yukawa 类型的方式耦合在一起。Hertz-Millis 模型具有如下形式:

$$S = \int \mathrm{d}^d x \mathrm{d}\tau \Big\{ (\partial_\mu \phi)^2 + r|\phi|^2 + u|\phi|^4 + g\phi \cdot \bar{\psi}\boldsymbol{\sigma}\psi$$
$$+ \bar{\psi}[\gamma^0(\partial_\tau - \mathrm{i}\mu) + \gamma^i \partial_i + m]\psi \Big\} \tag{2.38}$$

这类似于"石墨烯"模型 (2.6)，但现在被应用到一个化学势为 μ 的有限密度费米子系统，使得系统形成了一个没有耦合到临界玻色矢量场 ϕ 的费米气体。

实际上作用量 (2.38) 带来的问题是凝聚态系统中量子临界性这一概念的发源地。完全领先当时的时代，John Hertz 在 1976 年提出了量子临界性的基本概念 [74] (是对早期一些想法的重新解释 [75])，在某种程度上已经回答了一些在 2.1.3 节讨论过的核心概念，只不过现在聚焦在金属的情况。很久之后 Millis 修正了一些在 Hertz 的原始计算中的技术性错误 [76]。Hertz 从弱耦合的、流动的情形出发，其中在费米液体中出现了不稳定性，但现在聚焦在磁相变 (自旋–密度波，"斯托纳"铁磁性) 上。就相变的机制而言，在有限温度下相变受和我们刚刚讨论过的超导体相同的含时平均场/RPA 情况控制，得到了"圈求和"表达式为 $\chi \simeq \chi^0/(1 - V\chi^0)$。对于磁体，这个模型也描述了金属态中弛豫的（"顺磁子"）极点的形成过程，指示着到当极点撞上实轴时所产生的不稳定性的趋近。正如我们强调的，对热相变而言，这个过程在处理平均场临界区域的物理时是渐近正确的。

对于热相变，人们发现了一个具有式 (2.35) 形式的有效作用量。从"UV"作用量 (2.38) 出发，人们得到了一个控制零温相变的类似有效作用量，就只需"直接地"积掉费米子。在金属方面，有质量的序参量模式在长波长下受到电子–空穴对衰变产生的朗道阻尼作用，在非守恒序参量 (如反铁磁体) 的情况下产生一个 "$z = 2$" 的有效作用量，这个作用量在动量–频率空间中变成了如下形式：

$$\mathcal{L} = \big(|\omega| + q^2 + r\big)|\phi(q,\omega)|^2 + w|\phi|^2 + \cdots \tag{2.39}$$

这里忽略了红外无关项。传递出来的信息就是，由于朗道阻尼作用，序参量的动力学变为以动力学临界指数 $z = 2$ 弛豫的。对于比如铁磁体体系的守恒序参量，人们发现在 $\mathcal{L} = \big(|\omega|/q + q^2 + r\big)|\phi(q,\omega)|^2 + \cdots$ 这种情况下有 $z = 3$。

因此，和 2.1.3 节讨论的玻色相变的区别就在于动力学临界指数从相对论性的 $z = 1$ 增加到 $z = 2$ 或 3。这在量子体系的情形下具有一个有趣的结果：量子临界动力学受有效维数 $d_{\mathrm{eff}} = d + z$ 控制。当 $d_{\mathrm{eff}} \geqslant 4$ 时，人们现在处在或者高于上临界维数，这时平均场论是正确的。考虑到 $z \geqslant 2$，在空间维度 $d = 2$ 以及更大时，人们总是在处理简单的高斯型量子临界态，被平均场指数标志，并且容易受到微扰修正。

如果没有涉及一个隐含的绝热假设，这将是故事的结尾，而这一假设在早期的工作中被忽略了。只有当费米子可以被视作高能自由度时，费米子才能够被安全地积掉。然而，对于任意有限质量的序参量，总是存在生活在低能量的费米激发态。因此，玻色场对费米子系统的"反作用"应该被仔细审视和研究，以确定不会产生改变固定点性质的微扰奇点。在过去的二十年里，这个问题本身已经转变成了一个独立的理论课题，涉及大量的处理微扰图的参考文献 (如文献 [77])。

结论就是，在三维或者更高的空间维度 (和重费米子系统相关的)，因为临界点的无质量玻色子和费米激发之间的耦合被证明是红外无关的，人们可以利用微扰理论避开麻烦。人们发现固定点的对数修正，它们显式地表现为减少临界点温度的比热的对数发散，就像在"优秀演员"重费米子金属中经常观测到的 (见 3.6.1 节)。然而，电子和临界玻色子以一种类似于电子耦合到声子的方式发生相互作用，临界玻色子可以传递电子之间的有效吸引相互作用。考虑到临界玻色子缺乏能标，而携带大费米能的费米液体被假定依然是有效完整的，人们可以确定一个"小的"Migdal 参量。现在人们可以应用 Migdal-Eliashberg 理论 (见文献 [78] 及其包含的文献以及文献 [79])，完全"装扮"了费米子和玻色子传播子，但忽略了顶点修正。这可翻译成一个代数的"黏接函数"$\lambda(\omega) \sim 1/\omega^\gamma$，这个函数在 Eliashberg 设定中没法更奇异了。通过这种处理人们可以发现一个围绕着量子相变的超导"圆顶"，在量子临界点处有最大值的 T_c。微扰修饰在正常态中非常强，但是它们不是这样一类使得正常态自身转变成共形金属的修饰。在第 10 章中我们将会展示实频率动力学对极化率的一个绝妙计算结果，证明了对共形性的强违背 (比较图 10.9 和图 10.10)。尤其是在重费米子系统 [77] 中，但也在铜氧化物中，配对是受量子临界涨落驱动的想法在关于"围绕"着量子临界点的超导圆顶 (3.6 节) 的起源方面是一个流行的观点。这依然不是故事的结尾，因为最近有工作证明在 2+1 维体系中，在反铁磁体和向列型量子相变以及无质量横向规范玻色子的情形下，存在一个微妙但致命的微扰奇点 [80,81]。结论就是理论流向强耦合，同时实现了一类新的费米子固定点。这种理论起始于一个较小的 Yukawa 耦合，且其构建方式仍然以费米面为中心。然而，可以证明，沿着费米面运动的电子–空穴激发会以一种类似于大 N 强耦 Yang-Mills 理论中图的方式大量产生 (见第 5 章)。固定点物理能通过被称为"分支"模型的更适合于强耦合处理的方式计算。用 $d = 3 - \epsilon$ 的项进行维数正规化 [82,83]，似乎人们能够证明存在一个稳定的非费米液体固定点，其中费米子传播子依然位于费米面"附近"，但是现在获得了一个具有反常维数的分支切割临界形式，其反常维数可以通过 ϵ 展开计算得到。如果将费米面看作一个序参量，就可以认为整个费米面已转变为一个真正的临界量子涨落实体 [84]。

也许和这类模型相关的一个最具结论性的结果就是由 Berg 等得到的 [85]。他们的结果从偶然的巧合对称性能产生符号抵消这样的观念出发。一个经典的例子就是处在零密度的临界狄拉克–汤川 (Dirac-Yukawa) 系统 (2.6)，其中电荷共轭对称性保证了费米子的行列式总是按照完美匹配的对来发生。Berg 等证明了利用双轨道晶格费米子模型，可以正规化普适的"分支"哈密顿量。这被"轨道空间"具有偶然对称性来标志，产生的效果就是符号再一次被抵消。有效的"玻色"问题能够被量子蒙特卡罗模拟解决，并且人们发现这样的系统具有费米面重构和非传统自旋单态超导基态这两个特征。

第 3 章　凝聚态：挑战

如果本书会出第二版，本章最有可能是需要完全重写的。凝聚态物理是否需要一个超出我们在前 1 章概略综述的范式体系的理论？如果确实需要，在后续章节中描述的 AdS/CMT 的内容和这个目的是否有相关性？

当前战争的迷雾依然笼罩着战场。这场战争始于大约 30 年前高温超导的发现。在此之前，似乎在某种意义上只要涉及金属和超导体，理解其基本物理的办法就是上文介绍的"50 年代"范式。在发现高温超导之后的狂热浪潮中，实验表明奇异的现象正在发生。物理学界的主流反应是试图修改已经建立的规则，从而容纳反常的实验现象。然而，在当时颇具影响力的凝聚态物理学家安德森第一个提出：在铜氧化物电子系统中存在新物理 [86]。继而这个观点对研究的进程产生了巨大的影响。在随后的三十年间，这个领域逐渐扩展到其他材料。同时，用于研究固体中电子的实验方法被极大地丰富了。关于这个主题上的数百万篇论文陆续出现。但在 20 世纪 80 年代后期提出的一些最基本的问题依然在等待一个确定的答案。在当前的上下文中，对海量的让人困惑的文献给出公正的描述是不可能的 (见文献 [87])。因而，在本章中我们只挑选小部分内容，用于为全息学家提供极简的凝聚态物理知识背景，以与凝聚态领域的专家交流。

回溯到 20 世纪 80 年代后期，当时萦绕在物理学家心头的一个巨大困惑是：声子机制在 40K 左右就停止了，为何超导相变温度居然可以高达 150K？人们很早就意识到铜氧化物中的电子系统具有强电子间排斥力，这些体系的一个被深入理解的方面就是其微观物理。异常深的离子势产生的效应就是会使得电子系统在一定程度上表现得类似于一个孤立的原子体系。在过渡金属盐和 f-壳被部分填充的金属中通常会遇到这种典型情况。原子物理中的库仑排斥在这些固体中依然在一定程度上扮演着主导角色，产生的最终后果就是：由于强的类原子排斥的存在，电子系统可以转化成绝缘体，结果是得到 Mott 绝缘体。掺杂这种在铜氧化物中形成的 Mott 绝缘体可以实现高温超导。不出意外的是，人们在具有这种"化学"特性的系统中发现了反常行为，在 3.1 节我们将会介绍经典的哈伯德 (Hubbard)、t-J 和 Anderson 晶格模型，这些模型是"关联电子系统"剧场的出发点。

当前，超导的 T_c 温度的纯粹量级大小不再被认为是原理层面的问题。为了回答强局域排斥相互作用能否产生超导这一问题，巨大体量的相关工作出现了。尽管其中没有一个真正给出了确定的结论，但即使从非常不同的极限和近似出发，人们总是能找到超导的倾向。关键在于这种排斥驱动的超导以一个非传统的配对对称性为特征，例如在铜氧化物中发现的 $d_{x^2-y^2}$ 序参量。尽管现有的方法都不足以定量地解决问题，但配对和高能电子库仑相互作用有关这一事实就意味着 T_c 可以"很高"。全息学家应该留心那些被认为在这方面提供了可靠信息的凝聚态物理方法。在 3.3 节中，我们将会讨论在弱耦合区域的最新进展，其中关于为何尽管存在排斥相互作用，电子仍然能结合形成非传统的库珀对这一问题就变得非常透明。当相互作用变得很强时，只有大型的数值计算才能在某种程度上作为可靠的信息源。在 3.4 节中我们将会讨论"密度矩阵重整化群"(DMRG) 方法和相关的"张量直积态"方法，这些对应着建立在现代量子信息观点基础上的变分拟设。其中尤其令全息学家感兴趣的是将在 3.5 节中讨论的"动力学平均场论"(dynamical mean-field theory, DMFT) 方法，这种方法运用维数的大数极限以实现控制。DMFT 方法和全息所共有的一个有趣的性质是有限密度费米子系统的量子动力学在空间上变成了局域的动力学。

经过多年之后，由 Anderson 提出的最重要的问题依然在等待一个确定的答案：在高于 T_c 的温度下实现的正常态是否是一种"非费米液体"，即一种与费米液体在定性上不同的有限密度费米子的新金属态？如果答案是肯定的，这意味着相应的配对机制和基于费米液体正常态的 BCS 机制这两者有所区别。在当前的全息框架下这无疑是最紧迫的问题。如果我们从第 8 章开始将目光转向有限密度的全息物质，将会发现这种奇异金属无处不在。这些结论对铜氧化物中的实验观测具有相当大的启发性 [88]。这些铜氧化物可能会形成量子临界的 (或者共形的) 金属相，而无须精细调节至之前章节讨论过的量子临界点。继而这些金属相是非常不稳定的物质形式，一旦降低温度，它们就具有产生各种有序相的趋势，其中尤其超导基态是一个非常自然的可能性。

直到今天，非超导态是否是非费米液体系统这一问题仍然存在争议。在理论层面上，现在还不存在有效的传统方法用来描述缺乏费米面的金属态——人们所能做到最好的就是利用出现在 Hertz-Millis 模型的"临界费米面"态 (2.5 节)。在计算层面，DMFT 再一次成了全息学家最好的朋友：DMFT 适用于有限温度，而计算表明，当温度升高时，典型的谱函数迅速变成不相干的形式。

考虑到缺乏真正有威力的数学方法，最终人们必须回到实验信息中来解决非费米液体疑难。对任何实验结果的解释都是基于旁观者的视角：在多年之后，关于实验的争论仍在持续——实验是否预示着金属态需要一个新的物理原理，还是说任何现象最终都能通过在费米液体附近充分复杂的微扰物理解释？在本章的结尾，我们将会呈现本书中已知的最具风险的一个方面，即对铜氧化物、重费米子系统中的实验最新发展现状的讨论。考虑到这个主题日新月异的发展速度，我们将以清单列表的形式仅仅讨论由实验揭示的最神秘的性质。这也是我们给全息领域的学生布置的家庭作业清单：当和这些术语相关的深刻解释都被找到，人们就能宣告胜利。

假设存在非费米液体，那么摆在全息学家面前的下一个难题就是，在 AdS/CFT 中负责非费米液体产生的紫外条件和在实验系统中产生非费米液体的原因看起来非常不同。在全息的视野下，人们从极强耦合的大 N Yang-Mills 共形场论定义的 UV 出发。这是怎么和铜氧化物等系统中的电子在原子尺度上的普通的"化学"相联系的呢？在简单电子系统中避开费米液体物理实际上是一件相当困难的事情。标准答案是，人们需要考虑能够在强关联金属 (即"Mottness") 中存留下来的强局域排斥势的影响，以获得破坏费米液体的机会。

毫无疑问，现在还没有任何数学定理能够证明 Mottness 能彻底消除费米液体。在 3.2 节中我们将简要讨论最早由 Anderson 提出的与之相关的一系列争论 [86]，认为当 Mottness 完全发展形成后，出于量子统计的原因，具有大费米面的费米液体是不可能产生的。然后，我们将会转向 Anderson 提出的共振价键 (RVB) 构造。这个构造指的是一个超导态的拟设波函数。尽管仍然缺乏充足的证据表明这种方法的真实应用性，但作为有效的类比，它已经在告诉我们如何从不同角度思考在超导方面产生了巨大的影响。我们学到的主要的一点就是，尽管高能 UV 的 Motteness 可能会形成一个不可逾越的屏障，以至于无法形成费米液体正常态，但是一个类 BCS 的超导态仍然可以存在。我们将会讨论这如何演化成人们当下对 BCS 态作为一个由 BF 和 Ising 规范理论描述的纠缠的拓扑有序态的理解。RVB 理论已经成了相关进展的诞生地，这些进展最终把人们引向了对各种 $(Z_2, U(1))$ 自旋液体的发现，这些自旋液体在某种意义上类似于 BCS 超导体的绝缘版本，生动地阐明了简单的 $(Z_2$，紧致 $U(1))$ 规范理论结构如何在深红外演生出来，详尽体现了真空的纠缠性质。

3.1   强关联电子模型的主要内容

从凝聚态物理的费米子出发，当这些系统处在 (有效) 伽利略连续介质中时，费米液体具有惊人的适应性。这种情况可以通过在半导体中实现的低密度二维电子气体近距离趋近。在微观尺度上系统具有长程库仑相互作用能和动能，相关的能量标度分别是 $E_c \sim 1/r_s$ 和裸费米能 $E_F \sim 1/r_s^2$，这里 r_s 代表电子之间的距离。根据实验，看上去费米液体在 $E_c \simeq 40E_F$ 的极低密度 [89] 下仍然可以存在。回溯到更久远的历史，相同的主题隐藏在朗道的费米液体这一想法的巨大影响之后。这首先在 ^{3}He 物理的背景下提出。在 3K 的温度附近，^{3}He 从气体转变成液体，并且这种液体在初始时是经典的致密范德瓦耳斯流体。这个经典流体是高度关联的物体，其可以被视作是在几乎无法穿透的球之间发生的交通堵塞。在降低温度到 mK 的范围后，这奇迹般地转变成了近乎完美的费米气体，其中经典球已经转变成了无相互作用而仅能通过泡利不相容原理实现"交流"的费米子，付出的代价就是这些有效氢原子拥有高达真实氢原子的 10 倍质量。朗道凭借其非凡的天赋，从既有的实验信息意识到这个奇迹的存在。自那之后的这些年里，人们在试图理解这种奇迹般转变的工作机制上进展甚微。结论就是费米液体作为 IR 固定点的稳定性已被彻底理解，但是这种稳定性怎么从一个相互作用占主导的 UV 中演生出来，至今仍是一个我们一无所知的问题。

似乎 Mottness 总是在被观测到奇异金属行为的实验室系统中发挥重要作用，即重费米子系统和铜氧化物高温超导体 (见 3.6.1 节和 3.6.2 节)。Mottness 指的是 Nevil Mott，他是发现 Mott 绝缘体的理论物理学家。不同于标准的能带绝缘体，Mott 绝缘体之所以绝缘是因为存在强晶格势而使得电子间排斥相互作用占主导。这里面的物理是非常简单的。当处理强离子势问题时，强离子势的存在往往会使空间中的电子密度变得非常不均匀，一个更好的想法是从孤立原子的极限出发，将两个中性原子分别转化成一个带正电、一个带负电的离子需要相当大的能量 (10~20eV，依赖于原子的性质)，因为在带负电的离子中将电子推到一起需要克服库仑排斥相互作用。

当人们处理仍然"类原子"的固体中的价电子态时，有效的强离子势使得原子极限的排斥相互作用存留在固体中。这种排斥相互作用在一定程度上被屏蔽了，但不像在固体物理教科书中讨论的流动性强的金属和绝缘体那样完全被屏蔽。当人们处理 3d 过渡金属盐与任何包含 4f(镧系元素) 和 5f(锕系元素) 部分填充壳层的系统时，原子间库仑相互作用在经屏蔽后的"剩余"也特别强，而对有机材料 (2p 电子)、4d 和 5d 盐以及 3d 金属，这也是需要关注的因素。受到屏蔽的原子间库仑相互作用被称为"Hubbard U"，它是一个扮演显著角色的影响因素是从实验直接看出的：直到今天对这个微观物理进行理论层面上的解释工作远未完成。在 20 世纪 80 年代初期，使用当时技术还相当粗糙的光电发射谱，人们通过观察"Hubbard 能带"确定了 Hubbard U 对微观电子结构的影响[90-93]。这就为在凝聚态物理领域中那些历史悠久的理论玩具模型增加了合理性[87]，最小 Hubbard 模型就是其中一个很好的例子。最小 Hubbard 模型描述了一个单一种类的带自旋的 ($\sigma =\uparrow,\downarrow$)、紧束缚的费米子系统，并且晶格上费米子的跃迁概率为 t，此外这个系统还受到一个局域的排斥势 U，则有

$$H = -\sum_{\langle ij\rangle\sigma} t c_{i\sigma}^{\dagger} c_{j\sigma} + \mu\sum_{i\sigma} n_{i\sigma} + U\sum_i n_{i\uparrow} n_{i\downarrow} \tag{3.1}$$

这就是玻色 Hubbard 模型 (2.3) 的最小费米子版本。当处理的是半填充系统 (每个位点占据一个费米子)，同玻色版本情况一样，人们发现当 U 超过带宽 W 时，整个系统就变成了一个"发生交通堵塞"的绝缘体。不同之处就体现在现在是一

个自旋系统，并且通过虚拟的跃迁涨落，这些自旋通过超交换相互作用发生相互作用 $J = 2|t|^2/U$，形成了一个反铁磁海森伯自旋系统 (关于 "实际的" 系统见文献 [94])。随后人们对系统进行掺杂使得系统远离半填充状态，例如通过移除电子的方式。如果 Hubbard 势 U 很大，那么现在我们就能用一个看起来甚至比 Hubbard 模型还简单的模型来描述低能物理。除形成海森伯自旋系统的自旋之外，人们还有 "空穴" (丢失的自旋)，只要不造成双重占据构型，这些空穴就能够离开它们原始的位置即发生离域化。这个更简单的模型就是著名的 t-J 模型，

$$H_{\text{t-J}} = J \sum_{\langle ij \rangle} \boldsymbol{S}_i \cdot \boldsymbol{S}_j - t \sum_{\langle ij \rangle \sigma} (1 - n_{i-\sigma}) c_{i\sigma}^{\dagger} c_{j\sigma} (1 - n_{j-\sigma}) \tag{3.2}$$

在发现高温超导之后，有一点立马就变得很明显，即 "母体" 材料是携带相当大的 U 的反铁磁 Mott 绝缘体，而当通过对材料进行化学掺杂引入空穴时超导出现。这激励人们在解决被掺杂的 Mott 绝缘体问题上付出巨大的理论努力：根据谷歌学术，已经有近 60 万篇关于 Hubbard 模型的论文和超过 300 万篇关于 t-J 模型的论文被发表[1](从历史视角可参考文献 [87])。和玻色版本非常不同，尽管做出了如此巨大的努力，但在严格和一般性理论方面却几乎没有得到任何重要的进展。正如我们马上要讨论的，其中的困难深深根植于统计层面，即费米子符号问题。

为了结束关联电子物理的 "标准模型" 的展示，还要介绍更重要的一类模型：Anderson 和近藤 (Kondo) 晶格模型。这些和在包含 4f 或 5f 元素的金属系统中发现的重费米子体系具有相关性。在 Hubbard 模型中已经假定了在化学势附近只有一种电子受到 Hubbard 排斥作用，但在实际情况下真实的能带结构中存在相当多的电子 "种类"。从原则上讲这也是一个主题，例如在和过渡金属 3d 壳层相邻的氧化物中，存在氧 2p 态和过渡金属 4s 态。然而，尽管其中的原因可能很微妙，但现在这些可以先暂时被忽略，因为它们表现得像一个单能带系统 [87]。然而，当人们在处理真实的金属材料时，这种忽略其他电子种类的行为就严重地失败了。在重费米子金属间化合物中也存在一些和 f 能带相邻的其他穿过费米能的能带，如果不是 f 态在附近，它们将表现得像良好的费米液体。最简单的情况就是，当人们正在处理这种正常的电子的其中一种 "c" 时，其色散关系为 ε_k，将这种电子通过跃迁矩阵元 V_{ik} 和局域在 i 位点的 f 态杂交，这些 f 态受到一个 Hubbard 相互作用 U 的影响，

$$H_{\text{AL}} = \sum_{i\sigma} \varepsilon_f f_{i\sigma}^{\dagger} f_{i\sigma} + \sum_{k\sigma} \varepsilon_k c_{k\sigma}^{\dagger} c_{k\sigma} + \sum_{ik\sigma} V_{ik} \left(c_{k\sigma}^{\dagger} f_{i\sigma} + h.c. \right) + U \sum_i n_{i\uparrow}^f n_{i\downarrow}^f \tag{3.3}$$

---

[1] 译者注：论文的数量统计于 2014 年 2 月。

当 U 很大时，若人们将 f 电子体系朝着半填充的方向调节，则这个系统会再次转变成一个自旋系统。现在和 Hubbard 哈密顿量的差异在于这些自旋 (S_i) 彼此之间不会直接发生相互作用，但相反会经历一个与传导电子之间的 Kondo 交换相互作用，其形式为 $\sum_{k,k',i}(V_{ki}V_{ik'}/U)\,S_i \cdot \sum_{\alpha\beta}(c_{k\alpha}^{\dagger}\boldsymbol{\sigma}_{\alpha\beta}c_{k'\beta})$。在这个极限下，Anderson 晶格问题退化到 "Kondo 晶格" 问题。

这个问题显然要比 Hubbard 模型和 t-J 模型问题更加复杂，而且肯定的是我们对这个问题知道的也更少，甚至单个关联的杂质问题也是高度非平庸的，这就是经过 20 世纪 70 年代和 80 年代两代人的集中努力才彻底解决的 Kondo 杂质问题。简单总结起来就是，局域的自旋形成了一个复杂的多体单束缚态以及一个由传导电子形成的有效自旋，所在的能标用裸耦合 $T_{\mathrm{K}} \sim \exp[-1/(JN_0)]$ 来表示是指数级小的，这里 T_{K} 代表 Kondo 温度，而 J 代表 Kondo 交换系数且 N_0 代表位于费米能 E_{F} 的态密度。解决问题的核心在于这个 0+1 维的问题可以被玻色化，并且解能够从 1+1 维边界的共形场论得到 [95]。

3.2 Mottness，非费米液体和 RVB 超导

从 Hubbard 或者 Anderson 晶格模型出发，显然当势 U 相较于带宽更小时，传统的微扰理论就能派上用场。我们将在 3.2 节中简单讨论这个极限，并且令人惊喜的是：人们发现在弱耦合下对于排斥势 U 也存在超导，尽管整个系统带有非传统的配对对称性。然而，当排斥势 U 超过带宽时，物理就变得真正有趣起来。这里出现了一个问题，即系统是否有可能完全重整化回到携带具有大 Luttinger 体积的费米面的传统费米液体。在自由系统中，费米面将填充满布里渊区的一半，而一旦存在空穴掺杂，Luttinger 体积将按照类似 $1-x$ 的方式减小，这里 x 代表空穴/掺杂的数目。一个原理性问题伴随这个费米面出现了，尽管可以很容易辩证一个小 Luttinger 体积的 x 费米面的形成不存在根本性的障碍。

启示一个费米液体基态的 "不存在" 定理的最佳论证来源于量子统计。第一个强调这种观点的是 Anderson[86]。这就是谱权重转移的主题，表达的是：在掺杂的 Mott 绝缘体中粒子数和希尔伯特空间维数之间的关系，和在对应自由费米子中的关系截然不同。这里我们先简单勾勒一下这个论证的实质，给感兴趣的读者推荐一个最近的综述 [96]。我们从一个密度为 $1-x$ 的单能带自由费米子系统出发，在这样的一个系统中添加或者移除一个电子的方法总数分别是 x 和 $1-x$。接下来考虑处在半填充状态的强耦合 Mott 绝缘体。其中每个位点上都有一个电子，一旦增加和移除一个电子就会各自产生一个由两个电子占据同一个位点的双占据态和一个没有电子占据位点的空穴态，消耗净能量 U。因此，人们发现未被占据的上 Hubbard 能带和被占据的下 Hubbard 能带之间由 Mott 能隙 U 分隔

开。现在移除一个电子：人们还能在剩下的 $N-1$ 个位点移除一个电子，在被占据的下 Hubbard 能带中激发一个态。然而，因为一个电子已经被移除，在高能上 Hubbard 能带中只剩下 $N-1$ 个态！与之相反，现在有两种方法可填充空穴位点，并且这些态最终将作为在化学势处未占据的态，因为添加这些电子不需要消耗能量 U。总而言之，现在的态数目是，占据态是 $1-x$，低能未占据态是 $2x$，而高能上 Hubbard 能带按照 $1-x$ 丢失权重。关键之处在于，和掺杂的能带绝缘体中的情况非常不同，上 Hubbard 能带的高能态在空穴掺杂的影响下"如雨点般掉落"到部分填充的下 Hubbard 能带。这种谱权重转移在铜氧化物的各类光谱测量中非常明显 [96]。考虑到受掺杂的大 U Mott 绝缘体中，低能 Hilbert 空间的维数作为密度函数的变化与自由体系中非常不同，Anderson 猜测将费米液体基态绝热延拓到具有微观 Mottness 的金属应该是不可能的。

看待这些量子统计内容的一种互补的方法是采用一次量子化路径积分表示的形式，以审视交换统计如何在受掺杂的 Mott 绝缘体中发挥作用 (最近的综述见文献 [97,98])。在低能，UV 费米子完全局域在 Mott 绝缘体中：这些变成了自旋，而自旋存在于不受反对称化作用的 Fock 空间中！这一点当然会变：当一个电子被移除，和移动空穴相关的费米子交换将会发生。令人惊讶的是，这些"费米符号"能够以所谓的"相位弦"的形式被真正完全列举出来。考虑一个由空穴和自旋形成的构型随时间演化得到的世界史，任意取向下的自旋作为背景，发现每当一个空穴和一个向上的自旋通过一个跃迁 ("碰撞") 过程发生交换，就会增添一个额外的负号。在一次量子化路径积分中，任意世界史 c 的整体符号由 $(-1)^{N_h^\uparrow(c)+N_{ex}^h(c)}$ 决定，这里 $N_h^\uparrow(c)$ 代表携带向上自旋的空穴碰撞数，而 $N_{ex}^h(c)$ 是以类似传统费米子那样计数得到的空穴交换数目。相较于自由费米子情形，人们立即就能推断得知，这意味着一个大的"费米符号亏损"，此外符号不再像在费米气体中那样是"固有的"，而是开始依赖于世界史的动力学细节。因为空穴要受到传统的费米子交换作用，人们也推测出它们在原则上能够形成一个小的费米面 x。举个例子，通过施加一个大的外部交错场将自旋冻结住，这就很容易实现 [98]。最近出现了一些有趣的结果，将重点放在相位弦统计的高度非平庸性质上面。使用数值的 DMRG 方法 (见 3.4 节)，人们可以按照意愿任意开关相位弦符号。事实证明，这些自旋–空穴"碰撞符号"造成单个空穴"自发地"Anderson 局域化在一个本来完美平移不变的晶格内，缺乏任何淬火无序 [99]。似乎相位弦对于由 DMRG 计算揭示的库珀配对的趋势也十分关键 [100]。

现在让我们回到 1987 年，即 Anderson 提出把 RVB 构造作为高温超导的一种解释时。Anderson 的设想基于一个经时间检验的步骤——拟设波函数。他受到一个由量子化学家泡利提出的古老想法的启发，这个想法就是泡利在 1938 年提出的金属态的理论。泡利受到描述 H_2 中共价键的海特勒–伦敦 (Heitler-London)

理论的启发，因此他认为苯分子特殊稳定性的根源在于所有可能形成六个碳原子环的两个双 (π 电子自旋单态对)–单 (没有对) 构型的相干叠加 ("共振")。泡利随后指出，金属态将具有相似的性质：构造金属内原子间的所有单键和双键的所有可能的构型，而基态就是所有这些构型的相干叠加。从现代观点看来，这是一个相当有远见的极富前瞻性的想法，因为现在这被理解为一种长程纠缠的量子物质形式。

早在 1974 年，Fazekas 和 Anderson 就断言，当人们在处理阻挫海森伯反铁磁自旋系统时，由所有构型的相干叠加形成的基态可以是一个合理的基态。现在双键的角色被由自旋形成的对单重态取代。具体来说，在裸电子算符的形式下，这种对单重态由算符 $b_{ij}^{\dagger} = \left(c_{i\uparrow}^{\dagger}c_{j\downarrow}^{\dagger} - c_{i\downarrow}^{\dagger}c_{j\uparrow}^{\dagger} \right)$ 产生，使得某一个特定的"价键"构型可以写成如下形式：

$$|\text{VB}, k\rangle = \prod_{(i,j;k)} b_{ij}^{\dagger}|\text{vac.}\rangle \tag{3.4}$$

其中 k 代表通过位点 (i, j) 的对实现的整个晶格的一个特定覆盖，使得在乘积中没有位点是重复的。完全一般性地，RVB 态可以写成

$$|\text{RVB}, l\rangle = \sum_k \Psi_k^l|\text{VB}, k\rangle \tag{3.5}$$

这里 $|\text{VB}, k\rangle$ 代表晶格的覆盖以及能够包含相距任意远的位点的自旋单态对。这种尤其令人感兴趣的"长程" RVB 态就是

$$\begin{aligned} |\text{RVB}\rangle &= P_{\text{d}}\left[\sum a(r_i - r_j)b_{ij}^{\dagger}\right]^{N/2}|\text{vac.}\rangle \\ P_{\text{d}} &= \prod_i [1 - n_{i\uparrow}n_{i\downarrow}] \end{aligned} \tag{3.6}$$

函数 $a(r)$ 表示的是单重态对的范围与配对对称性，而因 3.3 节末尾所解释的原因，d 波配对对称性使得能量最低。在这里一个重要的量是 Gutzwiller 投影算符 P_{d}，带来的效应就是投影之后在任意价键构型中的每个位点最终至多只能有一个 VB 态，也即没有 VB 态或者只有一个 VB 态。在半填充的情形中，这样的一个态就是总自旋单重态，而它并不破坏平移对称性。这就是量子自旋液体的第一个例子，对它的研究已经成了凝聚态领域的一个蓬勃发展的分支，正如我们将在下面讨论的那样。

而这和超导又有什么关系呢？剩下的所有工作就是意识到波函数可以在动量空间写成如下形式：

$$|\text{RVB}\rangle = P_{\text{d}}\Pi_k \left(a_k c_{k\uparrow}^{\dagger} c_{-k\downarrow}^{\dagger} \right)^{N/2}|\text{vac.}\rangle$$

$$\propto P_{\mathrm{d}} P_{N/2} \exp \left(\sum_k a_k c_{k\uparrow}^\dagger c_{-k\downarrow}^\dagger \right) |\mathrm{vac.}\rangle \tag{3.7}$$

这就是一个 Gutzwiller 投影的 BCS 超导体！对于 Hubbard 模型而言，这种 Gutzwiller 投影的态作为变分拟设有着悠久的历史，而且至少 Gutzwiller 投影忠实地代表了 Mottness，并且在这个态和双占据态必须被投影出去的要求，二者并不矛盾。远离半填充状态，Gutzwiller 投影的 BCS 态代表了真正的超导体，尽管 Gutzwiller 投影保证了电荷凝聚态在半填充状态完全消失，从而使得超流密度被大大地降低。这在定性上很容易理解：当存在空穴时，电子持续束缚在一起形成自旋单态，这就是"配对力"。但现在由于存在空穴，这些有效玻色子发生离域化，因此形成一个携带 $2e$ 电荷的凝聚态。更大的惊喜在于这个真空也携带了 Bogoliubov 激发，传播携带量子数 $S = 1/2$ 的费米激发态。容易看出，仅破坏 BCS 波函数中的一个对，这个传播的 Bogoliubov 费米子将会在 Gutzwiller 投影中保留下来，甚至在半填充状态也是如此。BCS 基态的灵活性，即允许它能够在对基于简单费米液体的超导非常不利的条件下生存下来的性质，在随后几年间得到了进一步研究。现在 BCS 态被理解为一个具有拓扑序的量子态，被 BF 拓扑场论 [102] 主导，同时出于众多目的，它也关联到和 Ising 规范理论的退禁闭态相关的拓扑序 [84]。

让我们先在此描述一下论证的实质。在深红外的 BCS 超导体就像一个由携带电荷 $2e$ 的玻色子形成的玻色凝聚态。然而，不同于真实的玻色凝聚，这里它也支持 Bogoliubov 激发，即生活在超导真空的携带电荷 e 和 $1/2$ 自旋的电子。显然，在距离大于屏蔽长度时，这些电子的电荷被完全屏蔽，此时它实际上变成了携带自旋的电中性粒子（"自旋子"）。但是当人们用一个自旋子环绕携带电荷 $2e$ 的超导体的涡流/类磁通，发现自旋子积累了一个拓扑相位 π：涡旋被束缚到一个与 Z_2 规范场相关的通量（或 "vison"）。因为这些 visons 是有质量的，超导体对应的是规范理论的退禁闭态 [103]。

如果我们把它和 2.1.2 节中介绍的 2+1 维涡旋对偶结合起来理解，这一切就变得有意义了。一旦超导体的涡旋发生增殖和凝聚，就形成了一个携带电荷 $2e$ 的绝缘体。然而，和涡旋同时增殖的还有 visons，因此，这个态也是一个 Ising 规范理论中的禁闭态。这意味着自旋子在携带整数自旋的规范单重态激发中是禁闭的。这个绝缘体是携带电荷 $2e$ 的能带绝缘体，其特征是以携带整数自旋的激子作为带自旋的激发态。然而，无论是什么原因，现在施加条件要求：当（反）涡旋增殖时，它们结合成对。现在对偶的玻色 Mott 绝缘体携带电荷 e。然而，visons 也合成对增殖，并且因为它们彼此相互中和，Z_2 规范真空一直保持在退禁闭态。结果就是人们得到了一个 "类电子的"（携带电荷 e）Mott 绝缘体，其依然携带传播的 Bogoliubov 费米子/自旋子，即自旋为 1/2 的激发态。从 d 波超导体的角度出发，这些特征被无质量的狄拉克谱标志，这就是由 Senthil 和 Fisher 提出的"节点液体"构造[84]。

这在某种意义上是最简单且最透明的"自旋液体"构造。"自旋固体"是有序的反铁磁体，其特点是激发态 (磁振子) 为三重态。在自旋液体中没有发生对称性破缺，但三重态分数化成了自旋二重态。这继而又与能够通过 Ising 规范理论中的退禁闭来详细描述的基态中的长程纠缠相关。令人惊讶的是，这种形式的自旋液体纠缠是区分 BCS 超导体和简单玻色凝聚的本质属性。在这个构造中的任意一点，都不需要把 BCS 超导体能够从费米液体正常态形成这一点作为初始输入条件：相较于经典 BCS 理论所揭示的，BCS 固定点更具一般性。

读者也许会感到惊讶：通过引用这些看似间接的论证，转眼间我们已经开始使用非微扰规范理论的语言。不同于高能物理的 Yang-Mills 理论的情形，这些规范场论并不存在于高能的 UV 区域。相反，这些非微扰规范场论出现在深红外，并且它们和所实现的特殊物质形式的集体行为有关。这些和 2.2 节讨论的拓扑绝缘体都属于同一种类：这个规范理论结构就是详尽描述了真空的特殊量子纠缠。在一个与高能物理的情形相反的情形下，禁闭态和平凡真空相关，而退禁闭态被长程纠缠标志，表现出来的结果就是它携带了一个被演生量子数标志的激发态。如同在分数量子霍尔效应情形中，存在着与微观量子数的数化的典型对应，差别在于，我们是从微观的自旋自由度出发，因此拓扑序系列的这一部分被称为"量子自旋液体"区域。

由于 AdS/CFT 起始于一个具有非常大的规范对称性的 UV Yang-Mills 理论，因此，(退) 禁闭出现得很自然，就像我们将在与零密度场论相关的第 6 章中所看到的那样。在第 8 章之后的有限密度系统中，由于我们对在边界场论正在发生的事情缺乏具体理解，所以必须完全依赖于全息对偶。这继而就揭示了在有限密度下出现了一种新型的 (退) 禁闭现象。这个故事中的主角，即全息奇异金属，在某种程度上和退禁闭相关，并因此被称为"分数化的"相。其中一个主要的开放问题就是这种分数化现象和自旋液体中出现的是否属于同一类演生的长程纠缠，或者其是否仅仅对 Yang-Mills 紫外是特殊的。一个明显的困难是，在这个特别的背景下，只有相当原始的演生规范对称性被确定了 (Z_2 和紧致的 $U(1)$ 规范对称性)，而人们在到达 AdS/CFT 的大 N Yang-Mills 理论之前还有很长的路要走。在这方面，由 Levin 和 Wen 提出的"弦网"构造[48,104]是极具启发性的。"弦–网"构造围绕着由定义在一个晶格上的微观弦形成的量子液体，遵循一个特别的重新连接规则。由这些弦网形成的纠缠真空包含了一个精确对偶于非阿贝尔 Yang-Mills 理论的低能部分。

为了进一步阐明这些想法，让我们概述一下最简单的这类构造：Z_2 自旋液体；

相关简要的讨论见文献 [105]。这以一种具体的方式展示了 Senthil-Fisher 节点液体的神奇之处是如何与真空的长程纠缠紧密联系起来的。此外，它也着重凸显了 RVB 拟设在这一主题的发展历史中扮演的角色。

我们已经提到，Anderson 提出的 RVB 拟设能够把由完全覆盖整个晶格的自旋单重态对组成的绝缘态描述成一个和只有自旋的海森伯类型的模型相关的态。因为这个态不破坏任何对称性，所以它也是一个量子自旋液体。Gutzwiller 投影的 BCS 态包含了一个长程的单重态对，而首要的简化就是认为这些单重态对由在晶格上的最近邻自旋形成。正如在泡利的卡通模型中一样，这些共价键形成了简单的 "二聚体"，并且绝缘系统的基态对应着所有可能的晶格二聚体覆盖的相干叠加。加入动力学的最简单方法就是利用描述晶格上的二聚体对的跃迁的量子二聚体模型 [106]。事实表明，这种二聚体模型的三角晶格上的基态由所有二聚体构型的等权重相干叠加组成 [107]。显然这个基态是长程纠缠的，并且人们很早就意识到 (使用从属平均场论的语言，见下文)，这种等权重相干叠加意味着存在和 Ising 规范理论的退禁闭态相关的拓扑序 [108,109]。第一步就是确定激发态：在自旋液体中人们可以把二聚体打破成两个 $S = 1/2$ 的激发态，而这些激发态在 VB 量子液体中将会自由离域化，这些就是 "自旋子" [106]。当考虑传统的 "禁闭态" 时，这里的体系与退禁闭相关这一点就变得很显然：在有序反铁磁体和由 VB 构型形成的晶体中都只有 $S = 1$ 的激发态 (磁振子，三重激子) 出现，而自旋子在这里确实是禁闭的。

微妙之处在于这种分数化和额外的一个被隐藏的激发态的出现有着密切的联系，而后者完全和 RVB 基态的长程纠缠性质的改变密切相关。一旦改变 VB 构型相干叠加的一个符号，人们就发现了一个精确类似于 Z_2 规范理论的磁通子 (vison) 的低能激发态，它对应于一个点粒子，其上附着一个在无穷远位置消失的规范隙，但现在这个规范隙完全由激发态的长程纠缠的变化形成 (见文献 [105] 的图 5)。结论就是 VB 构型的等权重相干叠加对应于 Ising 规范理论的退禁闭态。它包括了有质量的规范通量 (the visons) 和物质激发态的量子数的分数化 (自旋子)。注意到相同的 Z_2 拓扑序为 Kitaev 出于拓扑量子计算目的而发明的 "复曲面码①" 奠定了基础 [110]。这仅仅是冰山一角：对自旋液体的研究是一个非常活跃的研究领域，其中我们已经在实验室中实现的阻挫自旋系统中确定了几个有前景的候选者 [105,111]。关于这方面有大量的理论文献 [48]，而且当前仍然在迅速发展更新。在技术层面，人们至少应该注意到 "从属粒子理论"，一种依赖于 (矢量) 大 N 极限的平均场方法，这种方法已经在这个主题的发展历史中产生重要的影响 (相关全面综述参考文献 [112])。与其说是一种理论，不如说是一个步骤，因为它从未

---

① 这种拓扑结构常常取周期性边界条件，使得它具有环的形状，也被称为环面码。

在真实的数学控制之下，但是它在揭示自旋液体的拓扑序物理方面发挥了重要作用 [113]。尤其是在高温超导的发展早期，它作为和受掺杂 Mott 绝缘体物理相关的理论而广受欢迎，但由于缺乏实验上的成功和严格的数学控制，这个理论至今仍饱受争议。由于这个理论在"重能带结构"形成上给出了一个非常简单、直观的解释，所以它在重费米子和 Anderson 晶格模型的领域也相当具有影响力 [95,114]。

我们在此先概述一下基本想法，取 t-J 模型作为背景 [112]。关键性的一点是它的出发点是如下论断：以费米自旋子激发态为特征的自旋液体在 Mott 绝缘体中形成。为了实现可控性，人们利用矢量大 N 极限，将物理自旋的 $SU(2)$ 对称性提升到 $SU(N)$ 对称性，这里 N 是一个大数，而微观自旋 S 取得很小。$SU(N)$ 海森伯自旋系统在位点 i 通过 CP_N 费米子被参数化为 $\boldsymbol{S} \propto \sum_{a,\alpha,\beta} \psi_{i,a\alpha}^{\dagger} (\boldsymbol{\sigma})_{\alpha\beta} \psi_{i,a\beta}$，这里 a 是一个味标记。这要求在每个位点 i 的费米子数目精确守恒为 $\hat{n} = \sum_{a=1,\sigma}^{N} n_{a\sigma} = 2S$，这一点可以通过局域的拉格朗日乘子 $\sum_i \lambda_i(\hat{n} - 2S)$ 来实现。在无穷大 N 极限下，这个限制可被取成全局的要求 ($\lambda_i \to \mu$，一个化学势)，这也是平均场步骤的第一步。然而，即使在无穷大耦合的情况下依然得到一个费米子问题，被如下形式的哈密顿量标志 $\sum_{\langle ij \rangle} \boldsymbol{S}_i \cdot \boldsymbol{S}_j \sim \sum_{\langle ij \rangle} \psi_i^{\dagger} \psi_i \psi_j^{\dagger} \psi_j$。接下来 (非常冒险) 的一步就是假定这可以以一个平均场的形式退耦合，只涉及粒子–空穴 VEVs($\langle \psi_i^{\dagger} \psi_j \rangle$) 和粒子–粒子 VEVs($\langle \psi_i^{\dagger} \psi_j^{\dagger} \rangle$)。第一个 VEV 将局域的费米子转化成了自由费米气体，由于粒子–粒子 VEVs，费米气体随后转化成 BCS 超导体。这个平均场"解"的 Bogoliubov 费米子描述了自旋子，代表被之前段落伪装起来的自旋问题的分数化激发态。然而，在有限 N 下，必须加上前述限制，而这能够通过利用一个紧致 $U(1)$ 规范场 ϕ_i 将自旋子规范化实现：$\psi_i^{\dagger} \to \mathrm{e}^{\mathrm{i}\phi_i} \psi_i^{\dagger}$。在裸作用量中，这个规范场是无穷大耦合的，但随后人们认定在裸作用量中积掉费米子将会产生一个诱导的 Maxwell 作用量。当这个耦合变得足够强，紧致的 $U(1)$ 规范理论可以进入退禁闭相，值得注意的一点是 (在二维方形晶格上的) 有效 d 波超导体的无质量狄拉克费米子即使在 2+1 维也能够将单极子从真空排除。在退禁闭相，自旋子是真实的激发。现在人们正在处理的是紧致 $U(1)$ 规范场理论的退禁闭相，这就是 $U(1)$ 自旋液体的一个实现。

到目前为止，我们一直在处理在 Mott 绝缘体内形成的自旋液体。那人们要怎么处理掺杂系统呢？人们把出现在 t-J 模型的跃迁项中的电子算符写成费米自旋子和代表电荷的玻色子以及"空穴子" $b_i^{\dagger}$ 这三者的组合：$c^{\dagger}i\sigma = \psi_{i\sigma}^{\dagger} b_i$。除此之外，现在假定在掺杂系统中，当空穴子的密度变得有限时，它们是玻色凝聚的。根据"从属平均场论"人们发现了一个相图 [112]，它很早就因为和高温超导体的真实相图类似而广为流行 (图 3.1)。从半填充的空穴凝聚态出发，温度随着掺杂线性升高，而自旋子 BCS 能隙从半填充状态的最大值开始线性减小。自旋子凝聚而空穴子处于正常态的区域与赝能隙相关，而这在当时被解释为仅仅是一个自旋能隙，因为当时竞争序还没有被发现。空穴子和自旋子都发生凝聚的区域是超导态，而奇异金属归属于自旋子和空穴子都处在正常态的区域。最终，非凝聚的自旋子费米气体和凝聚的空穴子都和过掺杂区的费米液体有关。Anderson 晶格背景下的重费米液体以相似的伪装方式描述，其中小空穴子 VEVs 能够解释大质量增加。

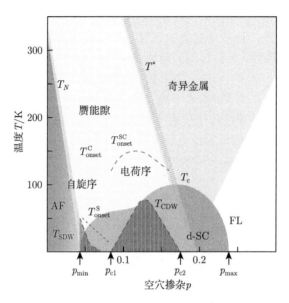

图 3.1 空穴掺杂的铜氧化物高温超导体作为掺杂和温度的函数得到的相图。它从反铁磁 Mott 绝缘体出发，转变成一个在低温下发生超导的类金属系统；这就是从掺杂 p_{min} 开始并且在 p_{max} 结束的深灰区域。在高一点的温度下，人们发现了"赝能隙区域"(最浅的灰色)，其特点是在特征标度 (T^*) 以下存在态的剥夺，T^* 随掺杂增加而降低。这个区域展示了过多的竞争静态和涨落序 (见正文)。随着掺杂提高，超导 T_c 温度增加并且在"最佳掺杂"的位置达到最大。在这个区域赝能隙物理已经消失，人们只发现了著名的"奇异金属"(灰色区域)。在过掺杂区域超导性逐渐减弱而正常态转变成了从更高温度的奇异金属中出现的费米液体。图改编自文献 [115]

3.3 来自弱排斥相互作用的非传统超导

到现在为止我们一直在讨论在这个主题的长久历史中被提出的一些定性的想法。这些想法在相当程度上只是一种猜测，但在 Hubbard 模型等方面什么是我们确定已知的呢？这将是接下来三小节的主题，主要结论是人们总能发现朝着超导靠近的强烈趋势！

让我们从弱耦合的极限出发，也就是 U 相较于能带宽度 W 很小。由于仅仅使用传统的微扰论，人们就能取得一些进展，可以预见，这已然成为催生了大量文献的主题。结论是通过微扰的泛函重整化群，理论的弱耦合极限 $U \ll W$ 已经完全在控制范围内 [116]。一个 (也许) 令人惊讶的结论是，虽然人们从仅含排斥相互作用的情况出发，但这个系统一般有一个超导基态，尽管这个超导基态具有一个 "非传统的" (即非 s 波) 序参量。已经有海量的文献企图把微扰的方法拓展到中间耦合 $U \simeq W$ 的情况，但不可避免地要建立在对子图的重新求和这一基础上，因此缺乏数学上的严格性 (参考文献 [117,118])。然而，与此同时存在一个广泛的共识，即当相互作用变得很强时，超导也可以由这种微观排斥所引发。原因在于，在我们接下来将要进一步讨论的诸多方法中，它以这种或那种方式出现。考虑到相关的能量标度很大，这意味着超导可以出现在高温下：在远远高于 100K 的温度上超导序出现已经不再是一个原理性的问题。

让这可以工作的一个关键因素就是超导序参量是非传统的：p, d, s±,··· 而不是 "声子"s 波。相当多的这类 "强关联的" 超导体已经在实验室中被确定，并且它们都具有非传统序参量这一性质 [119]。仅含排斥相互作用就能将电子结合成对，第一眼看上去似乎相当不合理。然而，这种直觉的认识源于量子力学的相位效应击败了。无论耦合是强还是弱，这些超导体的工作机制被证明在定性上是相似的方式。一个尤其简单、能够追溯到 20 世纪 60 年代的简单卡通版本模型是 "自旋涨落超胶机制" [120]，这个模型在实验学家中很流行，尽管它在数学层面缺乏严谨性。

人们认为该系统是一个距离转变为反铁磁体的相变点不远的费米液体，所产生的效应就是系统具有在 2.4 节讨论的那类 RPA 弛豫自旋涨落 ("顺磁子")。现在人们可以直接认为，就像声子一样，这些顺磁子扮演着介导电子间相互作用的角色。尽管基本原理是相同的，但倾向于选择哪一个特定的配对对称性取决于晶体结构和费米面的细节。一个简单但典型的例子就是高温铜氧化物。作用量在铜氧平面，其中布拉维 (Bravais) 晶格是一个二维简单方形晶格，使得布里渊区也成方形。位于 $\boldsymbol{k} = (\pi/a, \pi/a)$ 的角落点及其等效点 (a 是晶格常数) 被称为 M-点，而两侧的中点被称为 X-点 ($\boldsymbol{k} = (\pi/a, 0)$) 和 Y-点 ($\boldsymbol{k} = (0, \pi/a)$)。人们从一个非相互作用能带结构的有大 Luttinger 体积的费米面出发，为了便于论证，可以取一个简单的圆圈覆盖布里渊区的一半。s 波能隙函数将在整个布里渊区的任意一点保持恒正。考虑到由于底层晶格的存在，轨道角动量被淬火，"d 波" 实际上意味着 $d_{x^2-y^2}$：人们通过画布里渊区对角线连接 M-点 ("节线") 将布里渊区分成了四部分，而每跨越一次，这些对角线能隙函数就改变一次符号。由于符号发生改变，且能隙函数具有连续性，显然在这些节线上能隙为零。不同于被声子散射在动量空间具有高度各向同性的特点，和交错反铁磁体相关的自旋涨落集中在动量 $\boldsymbol{Q} = (\pi/a, \pi/a)$，它们主要散射位于靠近 X 点和 Y 点的 "反节点" 区域的费米面附近的电子。尽管对于 s 波这些自旋涨落的交换，将会产生一个有效排斥，一个额外的负号被添加到能隙函数的表达式中，而这和相邻反节点的符号改变相关。这变成一种有效的吸引配对力，导致能隙在反节点的位置达到最大值，而代价就是能隙沿着节线为零，这也解释了为什么 d 波态更受青睐。利用相同的规则，依赖于晶体结构、费米面和磁涨落的具体细节，人们可以推断出在其他情形中的序参量对称性。一个典型的例子是为铁基超导体预测的被称为 $s_{\pm}$ 而仍有待最终确定的序参量 [119]。

在相对实空间坐标下的对波函数，对应于这种 d 波序参量具有一个位于坐标原点的节点，这意味着将破坏 s 波配对的强局域排斥相互作用得以避免。实际上，鉴于方形晶格和局域排斥相互作用的主导地位，d 波配对具有一般性，并且总是能在我们接下来将要讨论的强耦合 (非 BCS) 理论中被发现。在强耦合极限下 d 波对称性的起源实际上是相当容易理解的，依赖于物质在实空间工作的方式 [121]。在这个极限下，理论的基石就是在最近邻晶格位点上形成的类价键的单重态对，因而避免了在位点上的强 Hubbard 排斥。现在能隙对称性由对在方形晶格上的移动方式决定。将对从一个最近邻的键移动到下一个需要打破这个对，可以通过让一个电子跃迁到次近邻的位点而解开束缚来做到。对在相邻键通过跃迁回到最近邻位点而实现重新结合，净效应就是对从一个键隧穿到了一个相邻的键，并且带有一个正定的有效跃迁振幅，即 $|t|^2/V$，这里 V 代表键对的结合能。这继而产生的后果是，当考虑环绕着以一个位点为中心的四个键运动时，对波函数的相位必须是 $+, -, +, -$，即 d 波对称性。

3.4   数值机制 I：密度矩阵重整化群和张量直积态

当耦合变得很强时就不再有可靠的数学机制可供使用，因而人们必须回到繁杂的计算方法上。计算机也不能创造奇迹：尽管投入了大量的资金，但是市场上没有什么是万无一失的，并且人们应该意识到局限和偏见是被构建在里面的。传统的"蛮力"算法无法给出令人满意的结果。因为严重的费米子符号问题，量子蒙特卡罗模拟也派不上用场，而最多只有包含大约 25 个位点的微小系统能够通过精确对角化处理。然而，已经有两种被认为在一定限度内一般能够提供可靠信息的方法发展起来，并且这两种方法都源于深刻的推理论证，使得避免费米子符号问题在一定程度上成为可能。它们是 DMFT 方法和 DMRG 方法，前者依赖于本节介绍的大空间维度极限，而后者是基于本节量子纠缠带来的启示。

"密度矩阵重整化群" (DMRG) 和最近关于张量直积态形式的推广都是基于变分拟设的方法。基于 Gutzwiller 拟设，变分拟设这一传统方法在很久之前就形成了，在上文中我们看到 Gutzwiller 拟设以 RVB 理论的形式发挥作用。20 世纪 90 年代由 Steve White 提出的"密度矩阵重整化群" (DMRG) 构造为这个领域的研究带来了飞跃性进展 [122]。一些原始的重整化群机制认定后来被证明是错误的。实际上最好把它看成是一种旨在将希尔伯特空间截断到具有内置变分偏差的基态的迭代方法。已证明这个偏差与纠缠长短程范围的限制相对应：只要人们开始扔掉一些态，就将存在一个最大的长度标度，超过了这个标度实际上人们处理的是一个有效的"短程"纠缠直积态——这个长短程范围也可以相当长。DMRG 对于一个 (空间) 维度的系统在定量上是十分精确的 [123]，但是在二维或者更高维数，直到今天它的使用依然是有问题的。DMRG 方法尤其适用于处理量子自旋问题以及 t-J 模型。目前人们能够做到最好的就是在无穷长但宽度相对小的方形晶格"带"上研究 t-J 模型。随着来自量子信息理论的启发的引入，作为基础的"矩阵乘积"拟设在近些年被推广到了更一般的"张量网络态"类别，这就使人们有可能用变分的形式引入长程纠缠 [124,125]。在写作本书的时候，人们已经得到了 t-J 模型的第一个结果 [126]，证实了能够追溯到 20 世纪 90 年代的 DMRG 在 t-J 模型带上的计算的整体特征 [127]。

被认为与铜氧化物相关的 t-J 模型的参量取值范围是 $J \simeq 0.5t$，以及空穴掺杂通常为 5%~20%。在 DMRG 方法中，与 RVB 机制相关的 d 波配对关联是相当自然的 (相关前沿进展参考文献 [100,126])，但是已经在 t-J 能带的早期 DMRG 计算中被揭示出来的惊喜是：超导序和另一种称为"条纹"的有序现象处在激烈的竞争中。条纹序相当的特定于掺杂的 Mott 绝缘体，掺杂的 Mott 绝缘体中的条纹序最初是在 20 世纪 80 年代后期 [128,129] 作为处在中间耦合常数范围 $U/W \simeq 1$ 的掺杂 Hubbard 型系统的一般 Hartree-Fock 不稳定性被发现。Hartree-Fock 不稳定性受序参量的涨落控制，并且当存在某个参数压低集体量子涨落行为时，这一点在强耦合中也是可靠的。对于磁性质占主导的 Mottness 物理，其方便的耦合常数是 $1/S$，这里 S 代表微观自旋的大小 [40]。在方形晶格上 Hubbard 模型的 Hartree-Fock 解被证实是相当复杂的：这个解由线性 Mott 绝缘的和反铁磁的畴壁组成，并且被反铁磁体中的畴壁分隔开，这些畴壁继而通过一种可以看成一维 Su-Schrieffer-Heeger 孤子物理的二维推广的机制又结合上多余的空穴 [130]。然而，这些平均场条纹相从如下事实获得它们的稳定性：空穴清空了和畴壁相关的能隙中间能带，因而条纹相是绝缘的。事实证明，在非铜氧化物掺杂 Mott 绝缘体中，这类绝缘的条纹似乎是普遍存在的，而这不可避免地就要涉及 $S > 1/2$ 的自旋系统，例如掺杂的镍氧化物、钴氧化物和锰氧化物。

1995 年一种结构上相似的条纹序在一类特殊的铜氧化物中被发现，这类铜氧化物具有超导受到强烈抑制的特征 [131]，但这些铜氧化物被证明是金属的，甚至在一定程度上是超导的 [132]。由早期 DMRG 计算 [127] 所揭示、很久之后被张量直积态计算 [126] 所证实的一个惊喜是：确实存在很强的将形成条纹相的非公度磁性和电荷序的趋势。然而，这种趋势和产生超导的趋势以一种和 RVB 不相似的方式强烈地"纠缠"在一起。似乎电荷条纹上的载流子形成 d 波对，但这些对局域在畴壁上，与相邻的条纹发生 Josephson 耦合，并锁定在弱连接的二维超导体中 [126]。但附近存在许多其他的态，例如均匀的超导体和绝缘条纹等。整体传递出来的信息就是，显然 t-J 模型的物理受新形式的阻挫控制，特征是具有能量上"不合理地"接近的各种序，然而这些有序态自身涉及显著的量子纠缠。这是一个巧合，还是存在更深层次的共同原理在发挥作用？这和将在本书展开阐释的全息给出的一个主要信息具有惊人的相似性。尽管在细节上二者截然不同，但令人惊讶的是我们甚至将在第 12 章遇到一个和超导处于竞争关系的条纹相的全息实现方式。

3.5　数值机制 II：无穷多维和动力学平均场论

对于 Hubbard 类型问题，实际上存在一个极限，在这个极限下物质完全可控求解，甚至当相互作用很强时，存在无穷大空间维数的极限。在 20 世纪 80 年代后期，人们在此极限下发现了令人惊叹的物理，而自那时起，相关研究不断拓展深入，如今已经发展成了一个庞大的研究领域，称为"动力学平均场论"(DMFT)。这同时包含了将 DMFT 和定量能带结构理论结合起来的近似方法 ("LDA+DMFT")，以及旨在将方法拓展到有限维的推广：所谓的"集团 DMFT"和"动力学集团近似"(dynamical cluster approximation, DCA)。后者的结果揭示在无穷维下发现的定性物理也许在低维 ($d = 2, 3$) 依然具有相关性。上述结果和根据全息得到的结果具有一些有趣的相似之处。尽管"有序"态在最低温度下被发现，但当温度升高时，一个不相干的"量子汤"迅速占据主导。有趣的是，人们发现，在费米符号问题在直接的量子蒙特卡罗方法中将变得尤其严重这一条件下，动力学以一种令人感到惊讶的方式呈现出"局域"的性质，指在动力学产生长的时间标度而长度标度仍然保持微观的意义上，我们将会看到这种"局域的量子动力学"也是全息奇异金属的一个标志。为了找出这种相似性是否能够更加精确，也即 DMFT 是否能作为全息的"完备 UV"是一个著名的开放性挑战。

什么是 DMFT 的核心原理？当处理在 2.1 节讨论过的那类玻色场论时，维数是最有力的控制参数。无论是什么理论，都将存在一个上临界维度，一旦高于这个维度，临界理论将变成一个具有自由场行为的平均场论。若人们正在考虑的是 Hubbard 类型的模型，情况就不再如此。相反地，人们发现，即使是在无穷维，系统仍被一个有效强耦合的 Anderson 杂质问题描述，并且其存在于一个由杂质问题的解自洽地决定的基底内 [133,134]。这是相当显著的。尽管空间动力学被大的维数压制，并且问题中不再有大的长度标度，但时间问题是高度非平庸的，并且实际上能够产生大的时间标度，正如 Kondo 效应所体现的那样。

必须找到自洽的解这个要求增添了额外的结构。基底的态密度,是一个求解杂质问题需要知道的量,现在由杂质费米子自身的谱函数决定。在 Kondo 区域,这个谱函数包含了一个在费米能附近的狭窄、小的极强度峰,并且峰的标度由 Kondo 温度决定 ("Kondo 峰"),然而大部分的谱权重落在与费米能距离为 $\pm U/2$ 的 Hubbard 能带位置。考虑处在半填充状态的简单 Hubbard 模型,当人们逐渐增大 Hubbard 势 U 时,就给出了如下的演化 [135,136]。当 U 很小,所有的谱权重都位于 E_F 附近:"Kondo 温度"的量级在带宽处,而自洽的解看起来就像是正常的能带金属。开始增大 U, Kondo 温度下降,这就导致谱权重从费米能的位置向外转移,随之带来的效应是,因为 N_0 减小,所以有效耦合常数 $1/(N_0 J)$ 增大,结果就是一条窄的能带开始在 E_F 附近形成,同时伴随两条能量位于 $\pm U/2$ 的 Hubbard 能带。对于增大的 U/t,这条在化学势附近的能带将变得更窄,直到无法再找到自洽的解,并且系统通过一个一阶相变转变成了一个局域的 Mott 绝缘体。

这个在无穷多维数产生非常窄的能带的机制对于从 Anderson 晶格系统出发的情形也适用,当然差异就在于,对于后者系统将一直保持在金属态。实验上的重费米子系统的突出特征是:当费米液体形成时,这些体系具有极大的有效质量,高达电子质量的数千倍。DMFT 将这个极大的有效质量和单一杂质问题的指数小 Kondo 标度联系在一起,因而为质量的增大提供了一种自然的解释。然后把这和实际的能带结构结合在一起,以对在钚中观测到的"体积坍缩"做出一个定量且针对特定材料的描述 [137]。此外,因为有效杂质问题关系到复杂的多粒子系统,这些体系确实对温度反应强烈:通过迅速丢失量子相干性的特征,使得谱函数转变成不相干连续谱。

尽管从直觉上被认为非常具有吸引力,但其实"单个位点 DMFT"在初期受到了相当大的怀疑:为什么这个无穷多维的极限能揭示二维或三维空间的物理系统的任何物理?接下来就是"集团 DMFT"和相关的"动力学集团近似"(DCA) 方法的发展 [138]。在本质上这两者等价于对在有限大小的小晶格上的费米子完成量子蒙特卡罗模拟,但加入了"DMFT 浴"类型的边界条件。这遇到了通常的费米符号问题,但"DMFT 浴"产生的效果是人们可以达到低得多的温度,这个温度是如此低,以致与实验进行有意义的比较成为可能。集团的大小依然是被限制的,但有观点认为结果作为集团尺度的函数以令人惊讶的速度迅速收敛。这继而被看成是局域 (大动力学临界指数 z) 动力学不是使用无穷多维所导致的病态结果的证据,相反,它是强耦合费米物理的一种令人惊异的性质。

有了集团 DMFT,人们也可以解决是否存在超导和其他类型的有序倾向的问题。由于技术原因,计算至多只能进行到 Hubbard 模型的中间耦合常数区 ($U \simeq W$)。人们发现了 d 波超导的清晰信号,实际上作为掺杂的函数形成了一个穹顶,其中在 15% 左右的掺杂达到最大值 T_c [139]。但还远不止如此:这似乎能和一个与相分离相变相关的量子临界终点联系起来，其中相分离相变涉及一个在低掺杂具有赝能隙的非费米液体相和一个在高掺杂的费米液体相。处在最佳掺杂的正常态似乎展现出"共形的"对极化率和一个在 2.4 节讨论过的红外相关标度维数。

3.6 实验室中的量子物质

现在我们抵达了本书中最冒险的部分：尝试用短短几页纸总结人们应该知道的实验相关知识。不同于高能物理中可能出现的情况，做凝聚态物理方面的实验相对简单，进而产生物理性质上高度多样化的信息。结果就是随着时间推移，巨量的实验信息累积起来，而人们必须从此庞大的信息中过滤出那些被认为是重要且可靠的部分。这种对信息的选择当然依赖于人们头脑中的具体理论，并且当物质没有被深入理解时，最终人们可能会把目光放在错误的事实上。

尽管如此，凝聚态物理的历史表明，数据分析的艺术到了诸如朗道、Bardeen 和 Anderson 这些大师的手上就会发挥出神奇的作用。举个例子，正如 BCS 理论的历史所表明的，若缺乏来自实验的线索 (指数小能隙的存在，同位素效应等)，人们就不可能得到正确答案。现实容易允许多种解释，而当人们正在寻找新物理时，最好的事实就是那些强烈抵抗任何把它们纳入既有知识框架的部分。在本节中我们将尝试列出一些关联电子物理中最显著的谜题，其中全息可能会有所作为。

我们将把注意力完全集中在主要的两族关联电子系统：重费米子金属间化合物和铜氧化物高温超导体。也有许多其他族的材料成了当下大量实验研究的主题，例如磷属化物超导体和石墨烯。由于它们表现出传统的行为 (如石墨烯) 或者因为实验情况还没有进展到能确定是否有任何真正奇异的事情正在发生的程度 (如磷属化物)，我们将直接忽略它们。

3.6.1 重费米子简介

让我们首先来讨论重费米子系统。尽管实验上的相关文献以及重费米子系统的众多各类金属间化合物和各种相图等在一定程度上令人感到困惑，但总的来说它们的物理看上去远没有铜氧化物复杂。这个领域已经进入了相对成熟的状态，而且被记录在富有条理的综述文献中 (见文献 [77,114,140,141,142])。直到现在，全息也没有传递出任何值得一提的可用来解决这些系统中特定物理问题的信息。让我们呈现一个非常简短的列表，列举这个领域中最显著的一些物理图像上的问题，希望这能够启发那些全息模型的建立者更加努力地找寻重费米子。

为什么存在重费米液体？丰富的证据表明，微观情况受 Anderson 晶格物理的支配，这其中包含了弱耦合的宽能带金属电子和局域的 f 壳层的强耦合电子的混合。实验证明，这能够被重整化到一个表现相当良好的费米液体，然而这个费米液体具有极大的质量增加 (最高可达 1000 倍)。令人震惊的是，似乎费米面和极低能量下的色散都类似于人们期待能从简单无相互作用能带结构看到的内容，包括重能带和轻能带之间的杂交，除了 f 能带的带宽被一个很大的系数压缩之外 [143,144]，重费米液体态似乎在零温下相当稳定。根据 2.3 节的讨论，很重的质量就意味着费米面处在被量子涨落破坏的边缘，那重费米液体的稳定性是怎么实现的呢？一旦提升温度，重费米液体就迅速分解成人们知之甚少的不相干量子汤，而在稍微更高的温度下，f 电子以局域的居里–外斯 (Curie-Weiss) 自旋的形式重新出现。除了一些来自 DMFT 的提示，关于重费米液体是如何从高温不相干的物体中诞生的这一问题，真正物理理论层面上的理解是完全缺乏的。

"**软量子临界性**"量子相变的起源是什么？通过变化压强、磁场或化学掺杂，人们在一大类重费米子金属间化合物中发现存在从非磁性重费米液体到另一类伴随某种形式的磁序存在的重费米液体的量子相变。这种磁性无疑和在零温下获得类似自旋行为的 f 电子相关。有论证认为在这样的系统中，各种被测量的性质和从 Hertz-Millis 理论 (见 2.5 节) 出发的预期结果是自洽的：在这些三维系统中，这些性质应该表现为平均场行为 [77]。与那些预期一致，人们通常能发现这些量子临界点被非传统超导的穹顶"围绕"在中央 [140]。当然需要一个物理上的解释来说明为什么这类系统能够重新发现这种弱耦合物理。

人们应该怎样描述"**硬量子临界性**"量子相变？还存在另一类量子临界的重费米子，实验揭示出一种相当奇特并神秘的行为，而这种行为直接和费米子自身相关。在 Hertz-Millis 理论中，费米子大多数时候扮演着旁观者的角色：一旦移动进入磁相，按照 Hartree-Fock 有效势的方法，人们发现了一个费米面重建，而且是在量子相变时连续地出现。然而，在这个另一类"硬量子临界的"(或"坏演员")重费米子系统中，人们发现费米面在穿过连续相变时会进行不连续的跳跃 [114,142]。就好像在非磁性相中形成重费米液体的离域 f 电子突然决定转变成不再对费米面的 Luttinger 体积产生贡献的局域自旋。对于一阶相变，这将是容易理解的，但在这里出现了一个真正的连续量子相变。在量子临界点的位置，任何物理量都应该是标度不变的，包括费米子。但人们该如何把这一点与无限接近临界点时存在两类非常不同的费米面这样一个事实调和起来？来自霍尔测量的证据表明，这种费米面的变化在有限温度时以量子临界楔中间的过渡线的形式存在。无论解释是什么，它都必须涉及完全参与了临界动力学并且和稳定费米液体几乎完全无关的费米子物理。

局域量子临界性。全息奇异金属的众多最令人惊叹的性质中局域量子临界性 (第 8 章) 就是其中之一。局域量子临界性这个术语在 20 世纪 90 年代被引入凝聚态物理领域用来描述在测量中观察到的实验行为。实际上，在集体性质的测量中被发现的局域量子临界性，其最直接的证据出现在重费米子领域。Schröder

等 [145,146] 发现，在非弹性中子散射中测得的金属间化合物 $CeCu_{6-x}Au_x$ 的磁涨落遵循标度形式 $\chi^{-1}(q,\omega) = T^a [\Phi(\omega/T)] + \chi_0^{-1}(q)$，这里 $a \simeq 0.75$。这揭示了和强耦合临界点相关的能量–温度标度，但这似乎完全不依赖于动量，因此在空间中是局域的。注意到非弹性中子散射在其测量与奇异金属行为相关的运动学区域 (动量分辨率横跨整个布里渊区，并且原则上能量覆盖了从亚开尔文直到电子伏的范围) 中的动力学极化率方面的能力是非常独特的。同时也注意到，实验学家至今还没有利用中子散射成功探测到与在最佳掺杂的铜氧化物内实现的奇异金属相关的磁涨落。当然这种磁涨落是存在的，但它们太弱了，以至于无法用相当不敏感的非弹性中子散射技术探测到。

3.6.2 铜氧化物简介

本书将频繁地引用高温超导体的相关实验结果。这在一定程度上与一直在发展的全息凝聚态的领域对高温超导问题的重视有关。然而，大部分的实验结果都指向了最好的、最佳掺杂的超导体物理。可以说，这也许是铜氧化物电子的物理可能的最反常的情形，但是还存在很多已被观测到的"奇异"行为，这些行为最终可能通过全息揭示的新原理来解释。

在撰写本书的同时，似乎人们正在实验室中迅速取得这方面的进展，尤其是与赝能隙区的物理相关的内容。由于事情远未被解决，目前还没有特别核心而全面的文献综述可以参考。这里我们将仅仅对这个多面领域的那些全息学家应该尤其感兴趣的重点和亮点做一个简短的概述。我们无法在这里对如此海量的研究文献作出公正的评价，所以我们仅仅把目光集中在这个主题的一小部分，并请读者参考那些有希望在不久的将来出现的文献综述 (相关精简但不失权威性的综述参考文献 [115])。

任何关于铜氧化物的讨论都要从"相图"开始，虽然这实际上根本不是一个真实的相图，而是对在这些内容丰富的系统中发现的各种物理 (图 3.1) 的一种总结方式。铜氧化物是层状化合物，带有被电惰性绝缘层分隔开的"活跃的"铜–氧层，这种绝缘层也充当了存储电荷的容器：化学掺杂发生在这些绝缘层中，通过用二价锶离子替代三价镧离子，产生一个化学计量化合物的空穴掺杂。举个例子，考虑简单的"214"族，$La_{2-x}Sr_xCuO_4$，这里 x 对应着 t-J 模型中的空穴数目。未掺杂的化合物形成大能隙 (2 电子伏) 的 Mott 绝缘体，在低于室温时展示出简单的二子晶格反铁磁性。作为掺杂和温度的函数，人们发现了各种截然不同的现象。

奇异金属。让我们从这个图像的顶峰开始：奇异金属本身。实际上，自从 Anderson 在 20 世纪 90 年代中期撰写完他的书之后，并没有出现太多的新物理，因而他的书依然可以作为灵感的源泉 [86]。最重要的是，这种金属的行为表现出"不合理的简单"。用来说明此类现象的典型例子通常是线性电阻率：$\rho_{DC} \sim T$。在费米液体金属中，电阻率总是温度的一个有趣的函数。动量耗散由准粒子散射引起，而散射机制必须是温度的一个有趣函数：在低温下有电子–电子散射，在中等温度时有电子–声子散射，而在高温下当非弹性的平均自由程变为晶格常数的量级时，电阻率应该达到饱和。似乎即使是与零温弹性散射相关的剩余电阻率也在很多铜氧化物中消失了，尽管这些化合物在化学上相当脏！正如我们将在第 12 章看到的，试图从强耦合共形金属所遵循的基本原理去解释奇异金属的这种不同寻常的简单性一直是全息的重要关注点。实际上，另一个被 Anderson 反复强调的简单但高度反常的输运性质就是霍尔角度，揭示了霍尔弛豫速率在某种程度上从线性动量弛豫中解耦合，而这令人难以理解 (相关详细讨论见文献 [147])。Anderson 强调的另一个高度反常的特征就是极端输运各向异性。铜氧化物在平面 "a" 和 "b" 方向是相当合理的金属，然而沿着平面上 "c" 方向就成了相当坚硬的绝缘体。光学测量显示沿 c 轴方向存在相当一部分谱权重，但是电荷动力学是完全过阻尼的。这也许和将在第 12 章讨论的全息绝缘体 [148] 相关。自从 20 世纪 90 年代中期起，我们并没有在奇异金属上取得太多的实验进展。展示处于中红外的 "共形电导率" [149] 的光电导测量将会在第 12 章中着重介绍。Anderson 声称的奇异金属具有某种类型的大费米面这种观点并不很正确。在讨论赝能隙的时候我们将回到神秘的节点–反节点[①] "二分性" [150]，关于如下在动量依赖的电子谱函数中看到的相当突然的变化，即从节线附近的 "准相干" 行为到反节线附近的完全不相干行为的改变 (见下文图 3.2)。

事实证明，只在低于费米液体的过渡线的下方时，这些反节点区域才会变得准相干，而在整个奇异金属区域，角分辨光电子能谱 (ARPES) 表明只存在完全不相干的背景 [151]。人们在节点区域发现了光电发射谱的峰，但这些峰当然不对应于真实的准粒子。这些峰能通过假设 "边缘费米液体" 的电子传播子具有一种意味着准粒子即将变得过阻尼的形式来进行拟合

$$G(k,\omega) = \frac{Z}{v_{\mathrm{F}}(k-k_{\mathrm{F}}) - \omega - \Sigma_k(\omega)}$$
$$\Sigma_k(\omega) = \lambda\omega\log\frac{x}{\omega_{\mathrm{c}}} - \mathrm{i}\frac{\pi\lambda}{2}x \tag{3.8}$$

这里，$x = \max(|\omega|, T)$，λ 是一个耦合常数。这揭示了在量子临界激发态的连续谱中出现的准粒子衰变，同时不依赖动量的特性意味着存在一个局域的 "$z \to \infty$" 的动力学 (参考第 9 章)。实际上，这就是局域量子临界性想法的历史起源，那时量子临界态的概念甚至还没有形成。

从全息的视角来看，用来确定奇异金属是否是真正的具有不寻常的标度维数的共形金属 (见第 8 章) 所需的实验信息目前依然是缺失的。为了解决这个问

---

① 也译为腹点。

题，人们需要测量与集体响应相关的动态极化率，如果可能的话，在大范围的运动学参量内进行测量。尽管这是一项艰难的工作，但也必然存在取得进展的可能性 (例如，非弹性中子散射，在 2.4 节中讨论过的对极化率的测量)。实验领域应该尽快承担起这个挑战。

超导区域。如果人们只能获得任意高温超导体在低能和低温区域的数据，那么人们可能很容易信服他们正在处理的是一个非常基本的 BCS d 波超导体。这类超导体由完美的、寿命很长的 Bogoliubov 费米子来标志，而超导体的唯象学则符合教科书的描述，因小的 (20Å) 相干长度和低维数，与"软"通量线相关的特殊效应导致形成了在 H_{c2} 之上实现的通量液体。然而，在一定程度上这是具有欺骗性的。最明显的反常就是小的超流密度：超流密度在最佳掺杂时达到最大值，但和 BCS 值相比仍然很小，并且它在过掺杂和掺杂不足这两个区域都减小。在掺杂不足的区域，人们发现超流密度随掺杂 x 线性增大，同时正比于 T_c。这个 "Uemura 定律" 让人想起了预成对的玻色凝聚。这和我们曾在 2.4 节粗略描述的 RVB 型超导体的预期结果是自洽的。其中一个后果就是，人们预期会产生剧烈的热相涨落，尤其是在掺杂不足的区域，而且还存在大量的证据支持这个想法 (抗磁性，能斯特 (Nernst) 效应)。一个剩下的开放性问题就是这种"预先成对"的物理是否能够一路延伸到赝能隙温度 T^*，或者它是否终止在一个极其低的温度。另一个让人感到非常困惑的特征就是这些超导体对潜在无序的反应方式。根据 BCS 理论，任意形式的这种无序都不利于 d 波超导，但在这方面高温超导的类组似乎被遗忘了：铜氧化物在化学上是相当混乱的，但 T_c 是相当不敏感的。这其中的神秘性被如下事实进一步放大，即一个特定的无序形式 (被锌或镍替代的平面铜) 对超导极其不利，产生的奇特效应就是这些特定的杂质表现出顺磁性。

费米液体区域。首先这和强过掺杂区紧密相关。高质量的量子振荡使得在低温下一个真实的大 Luttinger 体积的费米面被形成这一点毫无疑问，而这种观点也进一步得到了 ARPES 数据的支持。这也许令人迷惑，考虑到在 2.4 节展示的论证，揭示了 Mottness 和正常费米液体之间的不相容性。人们推测这也许意味着 Mottness 在最佳掺杂附近"坍缩"[98]。此外，还存在一些似乎不合理的特征。和预期相反，超导体的超流密度在过掺杂区减小，而电阻率的演化方式也完全没有被理解[153]。另一项发展成果是在掺杂不足的区域并且处在抑制超导产生的强磁场条件下对量子振荡的观测。这表明在这种磁场诱导的正常态中有小费米面口袋形成。一个原理上的问题和如下的预期相关，即在可以实现的场中，系统应该形成一种涡旋液体，并且人们现在还不清楚的是为何这里会出现简单的费米面的量子振荡。其次，这些费米面口袋的大小很难与根据 ARPES 和 STS 测量结果的预期以及对平移对称性破缺 (电荷密度波，条纹) 态的理解协调起来。

赝能隙区：竞争序。人们从电子光谱以及像磁化率、电子输运等这样的集体性质的结果中发现低能电子态的密度被剥夺,在这个意义上,赝能隙是一种 "能隙" 现象。有一点逐渐变得清晰的是,这和一类与彼此间且与超导相互激烈竞争 (或 "合作") 的序有关。竞争序本身已经相当有趣:在流动性很强的金属中这不会发生。从费米液体出发,需要进行非常精细地调节才能把两种不同的不稳定性带入密切的竞争中。人们可能会把这看成是如下事实的结果:因为相互作用很强,量子的动能的均匀化效应在一定程度上被削弱了。这种 "复杂序" 物理与经典物理相似,在经典物理中复杂行为更加普遍。然而,有进展表明这个问题比现在展现出来的部分更加深刻。标准的解释框架依赖于 Hartree-Fock 理论,它的核心想法就是序参量转变成衍射电子波的势。当人们试图将电子光谱 (扫描隧道光谱 (STS)、角分辨光电子能谱 (ARPES)) 的结果和 (竞争的) 序参量方面的信息关联起来时,这条规则似乎被严重违反了。全息有可能为这些奥秘提供启发。和稳定费米液体相比,全息奇异金属是相当不稳定的 "量子阻挫" 物体,因而它能够形成一大类自动处于激烈竞争的稳定相的诞生地,正如我们将在本书中看到的那样。我们也将发现序参量和动力学响应之间的关系与 Hartree-Fock 理论截然不同,虽然和赝能隙实验之间建立直接联系还有很长的路要走。

让我们首先简要描述一下那些被怀疑在赝能隙区发挥作用的序的类型。讨论依然没有确定的结果,并且也许在不久的将来整个图像会有所改变。竞争序主题开始于 20 世纪 90 年代中期,当时在 214 系统中发现了条纹相,人们在这个系统中找到了相对低 T_c (40K) 的超导体。人们认为这种条纹和在 3.4 节讨论的 DMRG 计算中产生的条纹相当类似。这些条纹展示了在它们的电荷序附近的静态非公度反铁磁性,可能是以 "结晶的库珀对" 的形式出现。在带有真正高 T_c 的铜氧化物 (钇钡铜氧 (YBCO) 和铋锶钙铜氧 (BISCO)) 中,人们没有发现这类静态磁性,但最近在这些系统的体空间中发现了存在类似静态电荷序的相当确定的证据。这些似乎和很久之前通过在掺杂不足的 BISCO 超导体的表面进行实空间扫描隧道 (STS) 谱测量探测得到的 "条纹的" 模式直接相关。这些 STS 测量也揭示了另一种形式的序,因为它生活在零波矢量状态,只是破坏了转动对称性,因而被称为 "向列量子序"。最近有证据表明这类序能够以一种特殊的带一个 d 波形成因子的键—序—密度波的形式与条纹结合在一起 [154]。

最后但并非不重要的一点是,有证据表明存在一类完全不同的序:内单胞环流序。这种序被认为与环绕着单胞内 C—O 嵌板的自发轨道流相对应,形成了一种不破坏平移对称性而只违背时间反演对称性的磁通量构型。这似乎出现在赝能隙温度下的真实热力学相变中 [155]。这个轨道磁性在宏观测量中难以被探测到,但它在中子散射中留下了清晰的印迹,揭示了内单胞环流序是一种相当强的序。这是第一次在凝聚态系统中发现这样一种 "流凝聚"。有趣的是,我们将在第 8 章和第 12 章中发现在全息的设定下这种流序的出现是相当自然的。

　　赝能隙区：节点–反节点二分性。以光电发射为基础的 STS 已经在 Hartree-Fock 势的失败方面提供了相当丰富的信息。STS 测量的数据指明在序和电子系统适应这些电子 VEVs 存在的方式之间存在非常神秘的联系。其本质如图 3.2 所示。利用准粒子散射相干技术，人们能用 STS 测量电子是否表现得像由于相位相干性而能发生干涉的量子力学波。当在极低温度下测量时，人们发现在节点附近的 Bogoliubov 激发就属于这种类型。然而，当趋近和单位元胞的简单翻倍相关的布里渊区中的面时，这些相干信号突然消失了。注意到这个动量空间面和在这个掺

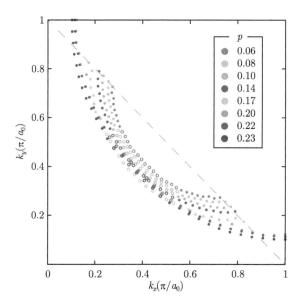

　　图 3.2　"节点–反节点二分性"。利用所谓的"准粒子干涉"技术，人们能根据扫描隧道谱来提取出量子力学的相干激发态是否存在的信息，继而重构出它们在动量空间的色散关系。图中展示了在处于超导态深部的低温下，这种量子相干性作为掺杂 p 的函数在布里渊区中是如何分布的。低 p 值对应于最内侧的弧线，而随着 p 值逐渐增大，对应的弧线依次向外。图中仅仅显示了布里渊区的一个象限：连接左下角和右上角的对角线对应着 d 波能隙为零的节线；而左上角和右下角对应着 d 波能隙达到最大值的反节点。连接反节点的虚线将是和简单平移对称性破缺导致实空间中的单位元胞翻倍相关的 Umklapp 面。尽管人们能在掺杂不足的"赝能隙区域"发现大量的有序现象，但这些现象都和这类平移对称性破缺无关。值得一提的是，相干的 Bogoliubov 费米子在动量空间中的位置仅仅出现在自由能带结构中预期出现的费米面在 Umklapp 面下方"溢出"的位置，使得它们看上去突然终止。人们在"节点–反节点墙"的另一侧发现了相当不相干的激发态谱，它似乎蕴含了和在电子谱中看到的赝能隙相关的条纹的实空间结构。在正常态中，节点区域的类 BCS 能隙发生坍缩，但人们反而在节点区域发现了"费米弧"(参考正文)。在最佳掺杂 ($p \simeq 0.24$) 附近，在低温下似乎一个完整的底下的费米面被建立起来。图源自文献 [150] (经 AAAS 许可转载)

杂区已经被探测到的任何平移对称性破缺都无关。作为一个提醒，根据 ARPES，节点和反节点区域之间的"边界"与其说是一堵"墙"，不如说是一个迅速的过渡，而且有观点认为这种相干性的突然消失在某种程度上也许是技术引入的人为后果 [156]。

当进入反节点区域，人们发现了包含"条纹状"序的相关信息的十分不相干的"背景"。一旦提高掺杂，相干的节点区域发生扩张直到占据围绕最佳掺杂的整个区域 [150]。这可以被解释为节点区域负责超导的形成而反节点区域对应于条纹序，但是这种解释过于简单。人们在光电发射实验中发现，在赝能隙区域的反节点区域是完全不相干的，仅仅是一个不依赖于能量的背景，并在费米能 E_F 附近态密度被剥夺。这在超导态中发生了重构，其中出现了一个和节点附近的 Bogoliubov 激发态无缝连接的尖锐准粒子，然而其权重作为掺杂和温度的函数似乎以超流密度为标度。此外，人们利用 STS 证明反节点态对磁场具有强烈反应，表明它们和超导的相位相干性有关 [157]。这在赝能隙相本身甚至更加令人困惑，当温度高于超导相变温度时，能隙在反节点区域保持开放而在节点区域关闭，导致留下了"费米弧"，即在图 3.2 的 Umklapp 面终止的不连通"费米面"的片段。最终，似乎条纹电荷序的有序波矢量和费米弧端点之间的距离精确一致 [158]。结论是，目前还没有一个理论设想能够以任意方式解释这些观察到的观象，它们就是相当神秘的。是这种量子物质在发挥作用吗？

量子临界点，或共形金属？ 人们普遍认为奇异金属和量子临界性有关。对此，凝聚态领域的主流观点是 Hertz-Millis 理论在以某种方式发挥着作用：理所当然的，这受到某个在最佳掺杂状态经历了量子相变的竞争序或其他序的控制，"从下方"晃动费米液体也许造成了超导性。然而，这个想法也存在困难。在赝能隙相似乎有着各种类型的竞争序，所有的这些竞争序看上去都在最佳掺杂时消失，那么是哪一个序参量在起着作用？人们怎么解释在赝能隙相中的非 Hartree-Fock "二分性"？最严肃的问题是，Hertz-Millis 理论断定 UV 由稳定费米液体组成。如果是这样，那电阻率如何能在晶体的熔点之前一直保持线性上升呢？为什么费米液体的稳定性在 UV 没有恢复呢，即高能或者高温下？

全息提出了另一种观点，并且这种观点得到了 Hong Liu、Nabil Iqbal 和 Mark Mezei 的推崇 [88,159,160]。这种观点认为处于"中间"温度时，首先是一类全新的非费米液体类型的奇异金属相被实现，正如全息揭示的那样 (见第 8 章)。实现的金属继而具有实现包括电荷有序态 (第 12 章) 在内的一大类内聚的有序态和超导体 (第 10 章) 的潜能，甚至费米液体也能"诞生"在这样的奇异金属中 (第 11 章)。依赖于作为掺杂的函数发生变化的"小"参量，上述各种态被挑选出来作为基态。通过设计有针对性的实验来确定这个基本概念是否正确，也许是全息学家和凝聚态实验学家共同面临的最大挑战。

第 4 章　全息与凝聚态中的大 N 场论

人们发现在铜氧化物和重费米子系统中存在具有 Planckian 耗散和长程纠缠的量子临界金属，这给我们提出了深刻谜题，亟需全新的观点来解决这些谜题，而全息可以提供这种新的角度。本书将指出全息通过 AdS/CFT 对应的具体实现可以给予这些谜题全新的图像和洞察。这是因为我们首先应该将全息理解为同样物理的两种不同描述之间的"强-弱"对偶，从这方面来说它在性质上类似于我们在第 2 章中提到的 Krmas-Wannier 或 Abelian-Higgs 对偶，但全息把这一观点提高到了一个新的层面：它将不含引力的量子场论与一个包含引力的描述联系在一起。一个极强耦合的量子场论，它所对偶的弱耦合的理论正是爱因斯坦的广义相对论。反过来，同样地，一个强耦合的引力理论等价于一个弱耦合的量子场论。

广义相对论蕴含着动力学演化的时空的概念，在全息的对偶描述中，这一点由量子场论的重整化群结构来完美地展现。正如我们在第 1 章简介部分中已经介绍过的，重整化群标度生成一个单独的维度，成为对偶的引力理论的几何大厦中的组成部分。

不同时空维数的两个理论之间可以存在定量的对偶等价关系这个事实仍然是让人感到困惑的，然而量子引力的全息原理解决了这个矛盾。黑洞物理带给我们的启发是引力体系所携带的信息密度比没有引力的传统量子场论要低，因为引力体系的自由度可以被全部嵌入到一个低一维的"全息屏幕"上，而这个"屏幕"上的动力学可以看成是对偶场论的动力学。

在本章中，我们将首先简要介绍全息原理的基本概念、图像和历史背景，特别是它在弦论中的具体实现 (4.1 节)。这就是 AdS/CFT 对应的起源。幸运的是，实际上我们并不需要所有这些背景知识来理解全息对偶。在本章的剩余部分中，我们将从构造的角度来得到全息对偶，类似于在非常优秀的综述文献 [5] 中首次总结出的处理方式。这里的基点是作为简化工具的量子场论中的大 N 极限，这是 4.2 节的内容。我们从凝聚态物理和粒子物理中都很熟悉的矢量大 N 理论出发，它的一个非常自然的推广，特别是在规范理论的背景下，是矩阵大 N 模型。20 世纪 70 年代，'t Hooft 首次发现矩阵模型的大 N 极限描述了与矢量大 N 极限的自由场鞍点完全不同的物理。矩阵大 N 模型仍然是非常强的耦合，但同时一种不同类型的"主场"平均场原理会起作用。

在 AdS/CFT 被发现的很久之前，人们就已经意识到矩阵大 N 模型与弦论有着自然的联系。在 4.3 节中，我们将介绍弦论中必要的基础知识，这些知识所提供的关键细节将最终导向全息对偶的定量表述。然后，我们带领读者仔细了解由 Maldacena 给出的经典范例的原始推导，即最大超对称 $U(N)$ Yang-Mills 理论与 $AdS_5 \times S^5$ 上的 IIB 型超引力相对偶的范例。这精准阐明了这个对应关系在定量层面上呈现强–弱耦合对偶的原因，而这种特性与矩阵大 N 极限存在紧密关联。

我们以对广义相对论及反德西特空间几何的简明教程性回顾作为本章的总结。这套工具，连同前几章对凝聚态背景的解释以及这里讨论的全息理论的场论背景，将给读者理解第 5 章和随后章节中由 AdS/CFT 对应所提供的新见解的合适基础。

4.1 全息原理的简短历史、黑洞、弦论和 AdS/CFT 对应的起源

全息原理源于 Bekenstein、Hawking、Penrose 和他们的合作者在黑洞物理上的开创性工作。在施瓦西 (Schwarzschild) 1916 年构造出广义相对论中爱因斯坦场方程的第一个黑洞解后的几十年里，Schwarzschild 几何的奇异性常被视为假象而被忽视。人们当时认为任何真实的物质在达到 Schwarzschild 半径之前其质量的点状近似就会失效。对于基本粒子，我们会先遇到康普顿 (Compton) 半径尺度的量子性质。而 Hawking 和 Penrose 在 20 世纪 60 年代末和 20 世纪 70 年代初提出的奇点定理改变了这种看法。他们排除了黑洞只是对现实世界没有影响的玩具解的可能性 [161,162]，相反，他们指出普通物质会坍缩成时空的奇点，从而在广义相对论中不可避免地需要引入黑洞的存在。

在对黑洞的逐步了解中，人们认识到黑洞的宏观性质与热力学定律有着显著的相似。首先，黑洞的"无毛定理"证明了广义相对论中黑洞解 (3+1 维时空且距黑洞无限远的时空是平直的) 的性质由其质量 M、电荷 Q 和角动量 J 唯一确定 [163,164]。对于黑洞解，它们的关系是 [165]

$$\mathrm{d}M = \frac{\kappa_\mathrm{s}}{8\pi G}\mathrm{d}A_\mathrm{H} + \Omega\mathrm{d}J + \Phi\mathrm{d}Q \tag{4.1}$$

其中，A_H 是黑洞视界的面积，κ_s 是视界处的表面引力，Ω 和 Φ 分别是角速度和空间无限远处的静电势。如果用能量 E 替换上面公式中的黑洞质量，用温度 T 替换表面引力，用熵 S 替换黑洞视界面积，式 (4.1) 就变成了热力学第一定律。Bekenstein 通过一系列探查热力学第二定律有效性的思想实验—即熵应当始终增加（包括存在黑洞的情形）—指出人们应该认真对待这种相似性 [166]。不久之后，Hawking 在 1979 年的突破性发现表明量子的黑洞根本就不是"黑"的，它实际上会以温度 $T = \kappa_\mathrm{s}/2\pi$ 发出辐射。这完全证明了黑洞物理与热力学的相似并不是巧合。

这个开创性的发现立即引出了一个深刻的问题。因为平衡态系统的热力学是由微观粒子的统计力学来解释的，所以这意味着我们也应该将黑洞由视界面积 $S_{\mathrm{BH}} = A_{\mathrm{H}}/4G_{\mathrm{N}}$ 所衡量的热力学熵解释为具有相同热力学宏观性质的微观态的数量。黑洞应被看成微观态的系综这一观点与人们看待黑洞的传统观点有着鲜明的差别。在经典的广义相对论中，黑洞是任何东西都无法逃脱、无限汇聚的区域，因此，在黑洞外部的探测永远无法获取它的可辨识特征。黑洞具有熵这一观点与黑洞解只取决于质量、电荷和角动量的经典观点之间的矛盾有一个最著名的表述，那就是 Hawking 的黑洞信息悖论。"无毛定理"的一个直接结果是，黑洞发出的 Hawking 辐射必须是完全的热辐射，即所谓的混态。但这就导致如果一个量子纯态穿过视界落入黑洞，就必然会出现信息的丢失。

如果只要有一个物体坠入黑洞，信息就真的会丢失，这将对任何引力的量子理论提出巨大的挑战：这个理论将会是非幺正的，从而波函数物理意义的基本准则将不得不被重新审视。因此，许多物理学家认为，我们应该进一步研究黑洞的量子性质，而不是放弃量子理论的传统框架，他们主张，这样做就会发现黑洞的演化过程实际上是完全幺正的，即系综中代表黑洞的精确态最终会通过 Hawking 辐射对精确普朗克黑体谱的偏离而被揭示出来。

然而，要真正解决信息悖论，我们要么需要一个量子力学的新框架，要么需要对引力的量子理论有更深入的了解。这些艰巨的挑战阻碍了所有明显的进展，除了一个例外。1993 年，$'$t Hooft 提出，人们应该认真对待黑洞熵的最值得注意的性质，即它不是广延量 [167]。黑洞的熵与传统的统计系统或量子多体系统不同，它随着几何上面积的增加而增大，而非体积。爱因斯坦的广义相对论已经告诉我们，当足够大的质量聚集在一起，就会坍缩为一个黑洞。$'$t Hooft 及随后 Susskind 认为，这也意味着如果将足够多的量子引力态堆积在一起，其宏观熵必然表现为 Bekenstein-Hawking 的面积增长，而不是几何上的体积增长 [168]。黑洞视界面积和熵之间的精确关系甚至表明，如果以普朗克长度的平方（即自然相对论单位来表示的引力相互作用的强度：$\ell_{\mathrm{p}}^2 = G_{\mathrm{N}}/\hbar c^3$）作为视界面积的单位，那么我们应该给每个这样的单位面积分配大约一个自由度。这看起来是一个简单的想法，但其含义是非常深刻的。量子引力理论必须与物理学中任何已知的理论完全不同，即它必须表现得像一张全息图，也即描述某区域的动力学的信息可以体现在该区域的表面上 [167,168]。

4.1.1　作为量子引力理论的弦论

需要引入弦论，我们才能取得真正基础性的进展。类似于对量子临界金属的探索，使用传统方法难以处理引力的量子理论，这需要新观点和视角的出现。弦论就是提供了这样一个新的角度。与许多其他突破性进展一样，这并不是弦论建立之初的目标。在 20 世纪 60 年代末, 弦论的前身的目标是试图建立一个模型来描述在探测强相互作用的高能实验中测量到的基本粒子的能谱。20 世纪 70 年代初标准模型的发现, 尤其是其中作为一种常规量子场论的具有渐近自由性质的量子色动力学 (QCD) 理论的发现, 表明弦论不是对强相互作用的正确描述。然而, 在同时期人们发现闭合的弦可以自然地描述一个无质量的自旋为 2 的粒子: 引力子, 即引力场的量子。因此, 弦论可以用来描述引力。但同时弦论是一个成熟的 (一次量子化的) 相对论量子理论, 因而它不是爱因斯坦的广义相对论, 而是我们长期在寻找的引力的量子化推广, 所以弦论有可能为解决黑洞信息悖论提供启示。事实上, 在 1996 年, Strominger 和 Vafa 通过对弦论中一个特殊黑洞的熵所对应的微观态的精确计数, 验证了黑洞热力学的统计基础 [169]。

为了了解弦论是如何做到这一点, 以及它是如何提供全息 AdS/CFT 对应的起源, 我们先从定性和图像的角度来理解弦论的一些物理。弦论的特点是最基本的对象不再是传统量子场论中的点粒子, 而是一根微小的一维弦, 可以是开弦或闭弦。在比弦的长度大得多的尺度上, 开弦的动力学可以有效地描述为一个规范场论: 电磁场及其在标准模型中的非阿贝尔推广, 而闭弦自然地退化为爱因斯坦广义相对论的引力相互作用加上一系列无质量的场。基本激发态的来自弦的本性导致了三个重要结果 [170-172]。

(1) 为了保证弦论具有量子自洽性, 即量子理论与经典理论具有相同的极化自由度, 除了引力和规范相互作用外, 在短距离内还需要大量额外的自由度。将这些额外的激发组合在一起的一种自然的方法是考虑存在于高维世界中的理论。对于只有玻色激发的玻色弦论来说, 量子自洽性决定了它必须生活在 26 维时空中。

(2) 考虑到我们还想用弦论来描述费米子, 我们自然地发现平直空间中的费米弦具有超对称的激发谱。为了保证量子自洽性, 这个超对称的弦论必须生活于 10 维时空中。

(3) 为了摆脱额外的维度, 我们需要依赖所谓的 Kaluza-Klein 紧致化, 将额外的维度卷曲成很小的尺度。这样就把在卷曲方向上具有动量的态在理论中去除了, 而且另外的好处是, 规范相互作用和粒子将作为纯几何理论的存留演生出来 (我们在第 13 章提供了更多的细节)。我们可以尝试用这种方法来解释粒子物理标准模型的结构。为了做到这一点, 人们发展出了极为精妙的紧致化额外维度的方法, 与数学领域中的 Calabi-Yau 流形紧密相关。

事实证明, 弦的量子理论不仅受到时空维数的限制, 还受到其他约束。通过要求消除量子规范反常和引力反常, 研究表明仅有五种超弦理论是自洽的, 且它们均存在于 $9+1$ 维时空中。除了一个具有 $SO(32)$ 规范对称性的开弦理论, 也被称为 I 型弦理论, 还有四种闭弦理论符合要求: IIA 型、IIB 型闭超弦理论, 以及具有 $SO(32)$ 或 $E_8 \times E_8$ 规范对称性的两个杂化弦论。量子引力的弦论描述几乎是唯一的, 这一发现引发了"第一次弦论革命", 即寻求一个可以解释所有观测现象的唯一理论。特别地, 严格自洽性的要求使得没有余地添加其他相互作用, 因此标准模型中的已知相互作用和它的物质组成必须从最初的 $9+1$ 维理论中自然地产生。在以越来越靠近粒子物理标准模型的方式将弦论紧致化到 $3+1$ 维的过程中, 有几个重要的发现。

(1) 在紧致化之后, 一些弦论产生了互相对偶的低能有效理论。这些理论从不同角度描述了同样的物理, 正如在第 2 章所讨论的: Abelian-Higgs 对偶与一个标量理论对偶。

(2) 此外, 调节低能有效理论中的参数不仅改变了卷曲的额外维的几何结构, 还改变了它的拓扑结构。这是一个小的革命性发现, 因为场论对量子引力的启示总是把拓扑作为理论的固定属性, 而弦论表明量子引力的物理内容要更加丰富。

(3) 尽管在 $9+1$ 维时空中看起来只有五个自洽的弦论, 但在低维时空中可以存在更多的自洽的弦论, 而这在当时并没有得到充分的重视 (参见文献 [173])。

这些结果都是在弦的微扰理论中得到的。同时, 弦论以前没有—现在也没有—非微扰的"场论的理论性描述", 而只有类似于薛定谔方程的一次量子化形式。这阻碍了对非微扰现象的任何启发性理解的尝试, 包括理解理论的正确基态。此外, 考虑到微扰水平上很强的自洽性约束, 这意味着这五种理论中基本上没有任何可调整的可能, 而理论的非微扰推广自身必须是自洽的才能使该理论可行, 所以我们没有太多的回旋余地来解决和得到非微扰理论。有些人甚至担心这五个弦论中的任何一个或它们中的任何一个低维衍生理论都不能通过这个绝对的挑战。

1995 年弦论年会上 Witten 的一次演讲彻底改变了人们对弦论的一般认知。通过对理解弦论的非微扰动力学的尝试, 他将当时已知的各种弦论重新定义成一个更为基本的、包罗万象的"M 理论"的半经典极限。这引发了第二次弦论革命: 弦论至多是个演生理论。不同的半经典微扰弦论都是由强–弱"S"(即 Krmas-Wannier) 对偶或由"T"对偶相互联系的。T 对偶与紧致化方向上离散化的动量子数和弦缠绕数之间的互换等价性有关。作为 M 理论的微扰实现, 这些不同弦论以及一个唯一的 $10+1$ 维超引力理论通过对偶形成了一个联结的"网络" (图 4.1)。这就不可避免地得出了一个结论, 即 M 理论必然存在, 尽管实际上我们对它几乎一无所知。一个值得注意的地方是时空维度在对偶网络中是变化的: 时空本身就是演生的。基于这一发现, 人们相信 M 理论可能不像通常那样能被一个局域的作用量原理描述。但与此同时, 还没有人知道描述这一理论的原理是什么。我们将会看到, 这种时空的演生是全息原理中的内在特征 (关于这一点的进一步讨论见文献 [174])。

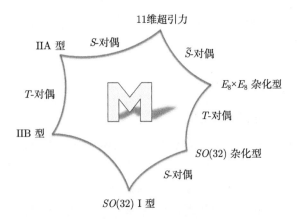

图 4.1 五个 9+1 维微扰弦论和一个 10+1 维超引力理论源于一个更为基本的 M 理论的不同极限。联结它们中任意两个理论的一系列强–弱类 Abelian-Higgs 类型的 "S" 对偶或弦的 "T" 对偶反映了它们有着共同的起源

在从弦论到 M 理论的非微扰推广中，起了非常重要作用的是 Polchinski 关于微扰弦之外的其他非微扰 "物体" 的发现。II 型弦论有类似于孤子的解，被称为 D 膜。它们与弦一样是延伸在空间中的物体，但是它们的空间维度可以是任意的数 p[175]。能谱的自洽性要求它们应该在超弦理论中存在，而它们的发现也改变了超弦理论的物理图像。之前已知的开弦理论可以被更好地解释为这些 Dp 膜的集体激发。与一个孤子的集体激发被限制在它的空间位置相似，开弦的两个端点被限制于这些膜上，开弦应该被看成是孤子膜的振动模式激发。正如我们之前提到的，开弦的端点也是规范场的源，因此很自然地就有了具有规范开弦自由度的理论，它被限制在时空中的一个子空间——孤子 D 膜的位置，而闭弦的激发产生引力，后者既可以存在于 "膜上" 又可以存在于 "膜外"，可以探及整个时空。

方框 4.1　膜世界

这个新观点的一个有趣的结果是膜世界的概念：我们的宇宙可以被看成是 "漂浮" 在弦论的 10 维基本时空中的一个 3 维空间膜 [176,177] (参见综述 [178])。标准模型中带规范荷的粒子无法脱离膜，但中性的引力子可以。令人困惑的是，这为额外维度的紧致化半径提供了比先前假定的尺度 (普朗克/大统一尺度 $\ell_{\text{Planck}} \sim 10^{-35}\text{m}$) 大得多 (微米数量级) 的可选择空间，但是由于引力很弱，额外维度仍然难以被探测到。在膜世界情景中，额外维度的尺寸仅受限于我们的直接观测——当中性引力子 "离开" 膜去探索具有大额外维度的宇宙时，没有能量 "消失"。因为在这些 "大额外维度" 的情景中，引力的相关真实尺度要小得多，所以膜世界情景的一个可观测后果是存在高能对撞可以产生微型黑洞的可能性。尽管宇宙学上的限制确实排除了在大型强子对撞机 (LHC) 的能量尺度上实现这样的可能性，但是这个诱人的偶然发现使得大额外维度情景在唯象上非常吸引人。

4.1.2   AdS/CFT 对偶的诞生

AdS/CFT 是这些 D 膜存在的直接结果。作为第二次超弦革命中对偶发现的点睛之笔，Maldacena 于 1997 年提出了一个猜想，认为 IIB 型超弦理论 Kaluza-Klein 紧致化于一个 5 维球内，导致其余时空维度形成一个 4+1 维弯曲的 AdS 背景，它对偶于 3+1 维中的最大超对称 $\mathcal{N}=4$ $U(N)$ 超共形 Yang-Mills 理论。这里的 $\mathcal{N}=4$ 是该理论拥有的独立超对称的数量。这个对偶是 AdS/CFT 对应的原型。

我们将在 4.3.1 节更详细地讨论 AdS/CFT 对应的根源，但在这里对其进行简要的描述是有启发意义的。Maldacena 的想法来源于描述 D 膜动力学的两种方法。我们既可以把这个非微扰物体看成是被闭弦刻画的引力场中的孤子，又可以从它的集体激发的视角看。后者是必须终止于 D 膜的开弦。对于 N 个重叠在一起的 D 膜，单个开弦的两个端点可以位于两个不同的 D 膜上，因此开弦的激发带有两个指标，每个端点各有一个指标，范围从 1 到 N。将这一点与如下理解相结合，即开弦可被视为在端点之间传递力的流通管道，我们发现这 N 个 D 膜系统的低能动力学对应于连接它们的开弦的低能动力学可以用一个 $U(N)$ 规范场论描述。当在空间中延展的 D 膜在 $d+1$ 维时空中张成 $p+1$ 维时，这就是 $p+1$ 维场论。

现在我们从闭弦的角度来看同样的物理。Polchinski 的基础性发现是这些 D 膜本身携带着关于特定闭弦场的荷 [175]。在闭超弦理论的弱耦合极限中 (也即 (超)引力理论)，这些 D 膜的荷及它们的能量密度激发闭弦模式的曲率和通量的方式类似于极端黑洞。Maldacena 展示了，在开弦绘景中取低能极限从而转化为 $U(N)$ 规范理论，相当于在闭弦/超引力绘景中取这个类极端黑洞构型的近视界极限。对于 N 个重叠在一起的 9+1 维 IIB 型弦论中的 3+1 维 D 膜这一特例，它们的近视界几何是 4+1 维 AdS 空间和一个 5 维球体的直积：$\mathrm{AdS}_5 \times S^5$。另外，开弦绘景中 $d=3+1$ 维世界体上的低能动力学变为具有 $\mathcal{N}=4$ 超对称的 $U(N)$ 规范理论。

Maldacena 从这两个绘景的等价性出发，得到了 $\mathrm{AdS}_5 \times S^5$ 中完整的 IIB 型超弦理论对偶于 3+1 维中的 $\mathcal{N}=4$ $U(N)$ 超 Yang-Mills 场论 [1] 的猜想。关键的是，一旦我们取了开弦理论的低能极限之后，它会变为规范理论，所有弦论的信息都会丢失。因此，最后我们所描述的就是一个真正的场论。尽管 AdS/CFT

在历史上源于开/闭弦的等价描述，但是一旦取了低能极限，它与弦论的联系就消失了。能让它工作的其实是全息原理：量子引力理论中包含的所有信息都可以被蕴含在比它低一维的场论中。在 Maldacena 提出这个猜测之后不久，与 Gubser、Klebanov 和 Polyakov 同时，Witten 在一篇题为"AdS 空间与全息"的文章中指出，这就是 $3+1$ 维理论可以被 $4+1$ 维引力理论等价描述的原因 [2,3]。具体地说，AdS/CFT 是第一个表明量子引力确实遵循全息原理假设的明确例子。

正式来说 AdS/CFT 是一个猜想，它却通过了许多严格的检验，现在被当成一个"定理"。特别是在 AdS/CFT 对应的超对称版本中，有许多被保护的量的精确值在对应两边都可以计算出来。在所有已知的情况下，对应两边的结果都是一致的。自 1998 年以来，大量更多支持该猜想的非平凡证据被发现，有关这些检验的详细讨论，请参阅文献 [7] 和 [9]。作为一点补充，在求解 $3+1$ 维 $\mathcal{N}=4$ 超 Yang-Mills 理论 [179] 方面的惊人进展实际上给了我们一些希望，Maldacena 最初提出的 AdS/CFT 猜想形式可能会在某一天得到证明。然而在目前，AdS/CFT 猜想与例如路径积分等的情况是相似的。尽管仍然需要严格的数学证明，但毫无疑问这个猜想是成立的。

4.1.3　从 AdS/CFT 到 AdS/CMT

Maldacena 发现这个全息 AdS/CFT 结构是弦论中更为普遍的开-闭弦对偶的一种特殊极限情况。在对其他情况取适当的极限后，我们可以提取出多种确切的 AdS/CFT 对偶，其中开弦一边是位于边界全息屏幕上的场论的源头，而闭弦一边则导致了对偶的 AdS 方面，即引力体时空中的引力部分。在这些"自上而下"的模型中，定义良好且明确的规则精确地描述了对偶两边的微扰极限。在引力一边，这是从一个 $9+1$ 或 $10+1$ 维经典超引力到包含 AdS 区域的特殊背景 (例如 $AdS_5 \times S^5$) 的紧致化。实际上，这意味着我们在拥有和 AdS 曲率对应的负宇宙学常数的背景中实现了 $d+1$ 维广义相对论以及一组非常特殊的标量场、费米场和规范场。在某些情况下，这需要引入具有动力学的 D 膜：只被限制在时空的一个子空间的动力学引力自由度。

以这种方式在弦论中出现的场论的对偶最初可能看起来非常奇特。它们的微扰极限是具有超对称性的 $U(N)$ Yang-Mills 规范理论：QCD (描述传递强相互作用力的胶子) 的加入胶子的超对称费米子的推广。此外，这些理论中含有非常特殊的物质内容，这使得理论流动到一个强耦合的 IR 不动点。这就是 AdS/CFT 中的 CFT。然而，正如我们在引言中所强调的那样，这种对应的关键在于 CFT 和 AdS 这两种描述是在不同的区域处于微扰极限。特别地，为了使 AdS 一边的微扰描述成立，我们不局限于 QCD 中仅有的 $N=3$ 种不同的色，而是需要将色的数量扩充到一个几乎任意大的数 (大 N)。在这个极限下，实际上决定相互作用有效强度

的参数被称为 't Hooft 耦合，$\lambda \equiv g_{YM}^2 N$，或其变体。全息 AdS/CFT 对偶最重要的方面是，引力一边的微扰经典广义相对论对应于将参数 λ 和色的数量 N 都取为无穷的极限。在 4.2 节中，我们将更详细地讨论这一极限是如何产生的，但正是这一事实构成了 AdS/CFT 的梦想的基础。这意味着在色取大数 N 的极限下，我们可以利用经典引力来研究先前场论无法触及的强耦合物理。

从深刻的基础层面来看这一切都很好，但一个凝聚态物理学家有充分的理由问，这对他有什么用？有具体指定物质内容的大 $U(N)$ 超对称 Yang-Mills 理论与就算是强耦合的关联电子系统有什么关系？有很好的理由说明它们是有关系的。在 Maldacena 的具体例子的基础上，Witten[3] 以及 Gubser、Klebanov 和 Polyakov[2] 的文章认为 AdS/CFT 对偶可以建立在完全一般的"全息"的基础上，不需要利用从弦论中明确推导出来的自上而下的结构。他们制定了一个很可能是通用的"字典"，将边界上场论的物理量翻译到引力体时空中，反之亦然。因为这个通用字典不需要源于弦论，所以它开辟了一片广阔的新领域，使得我们可以为我们关心的特定强耦合 CFT"自下而上"地设计 AdS 对偶。但最重要的是，这本字典证实了我们在第 1 章中提出的定性物理见解，即对偶引力一方额外的全息空间维度是我们所关心的理论的 RG 标度。这允许我们可以稍微改变 CFT 来"构造"，使我们关心的任何一个强耦合场论流向不同红外物理的一个重整化群流。尽管为了寻求数学上的严格支撑，我们仍然需要为设计出来的模型找到明确的弦论构建，但正是这种自下而上的方法使 AdS/CFT 成为进入非微扰场论物理世界的一个突破口。

在凝聚态物理的特定背景下，我们应该以如下方式看待它。在原子尺度下，描述电子的物理在本质上是对薛定谔方程求解。凝聚态物理的精妙之处在于从这个共同起点出发推导出演生的、普遍的、长程的、决定宏观性质的物理，这样往往会使我们完全忘掉微观物理的细节，这是"强演生"的观点。虽然 AdS/CFT 在具体细节上非常新颖，但是其理念是完全遵循同样的思路，只不过现在我们用 UV 下的相互作用 CFT 来替代传统的微观哈密顿量。

我们想要回答的终极物理问题是有无穷多强耦合量子自由度的系统的行为。我们将看到的是，"全息"起着"生成泛函"的作用，它可以强力地揭示出支配着强演生现象的物理原理。即使场论一边的微观理论是已知的，在场论中解决问题还是非常棘手的，但是字典规则对引力对偶的构造有着惊人的约束。这就是神奇之处：至少对于平衡和接近平衡的问题，人们最终其实是在研究极简的和非常受限的自然广义相对论问题，这类问题对于专业相对论研究者和凝聚态物理学家来说都是令人兴奋的。

这并不奇怪，因为 AdS/CFT 可以被看成是广义相对论在 20 世纪 60~70 年代深入探索黑洞物理的奥秘和以 Hawking 辐射的发现为顶峰的全盛时期的延续。

由于 AdS/CFT 的出现，它进入了第二次兴盛阶段，带来了对广义相对论来说同样重要的物理见解，但是现在跟前沿凝聚态物理的联系更加紧密了。例如，我们将在第 6 章中看到，AdS 黑洞可以发生"逆坍缩"[①]。让相对论研究者大吃一惊的是 AdS 中的黑洞根本不是稳定态。与此同时，同样令凝聚态物理学家惊讶的是，利用 AdS/CFT 我们几乎可以毫不费力地计算近平衡多体系统的实时关联函数，而这一计算又可以便捷地应用到流体力学上。

这并不意味着我们不需要有所警惕。在场论对偶中发现的长波共性物理反映出的强的引力约束应该可以消除人们对用 AdS/CFT 得到的结果只适用于大 N 超对称 Yang-Mills 理论的大部分担忧。后一种理论一般在弦构造中出现，因为超对称非重整化定理 (玻色子和费米子量子辐射修正的抵消) 的结果是，不管耦合常数多大，大量超对称 Yang-Mills 理论总是共形的，即量子临界。然而，尽管超对称性在构建微观 UV CFT 时非常有用，但它对 AdS/CFT 来说并不是必需的：场论/引力对偶的自上而下的弦构造在超对称性明显破缺的情况下已经被发现。此外，在凝聚态体系中，我们通常对超对称已经由于有限温度、有限密度等而明显破缺的情况感兴趣。紫外小尺度理论的超对称性质在这种情形下的影响微乎其微，如果有的话。

这不是我们所担心的，大的 't Hooft 耦合 λ 的要求也不需要担心。这实际上是一个好消息。这使得该理论具有很强的相互作用。此外，可以通过引入对广义相对论的所谓 α'(弦张力) 修正来摆脱无限强的耦合。它们是由弦论决定的特定的可计算的高阶导数修正。虽然此方法实际上很烦琐，但是我们可以在 $1/\lambda$ 微扰理论中逐阶地加入修正，这在原则上是可行的。

在凝聚态中能够应用 AdS/CFT 所需要的条件中最脆弱的是场论中的大 N 极限：人们可以通过研究与弦高圈相关的修正来摆脱这个极限，但这实际上几乎不可行。这就是严格的量子引力理论应该在弦论中出现的方式，大量的努力都没有取得什么成果。我们将秉持这样一种观点，即我们感兴趣的是描述"强演生"物理的高度唯象的理论，这种理论可能与短程物理的细节无关。在多大程度上我们能够可靠地做到这一点是一个悬而未决的问题，因为大 N 极限可能会产生我们很不希望有的影响。最重要的是，它对几乎所有事物都施加了一种特殊的平均场效应，甚至对空间维数也有影响。

这种特殊的平均场行为可能与真实物理中的小 N 系统完全无关。本书的一部分内容证明了这个大 N "强演生"或"UV 无关性"比人们预先期望的更有效。通过尝试就可以发现，在我们知道场论 IR 预期物理的所有情况下，对偶的引力一边都给出了完美的描述。这是我们相信全息原理结果的基础，即使是当它预言了无法用现有场论手段描述的物态。

---

① 即发生向外膨胀，和向内发生引力坍缩形成黑洞相反，类似于在宇宙学中常数项的存在使得宇宙发生膨胀。

4.2　作为矩阵场论的 Yang-Mills 和最终的大 N 平均场

尽管如此, 大 N 极限在理论物理中作为将一个相互作用系统限制在微扰可控区域的方法有着光辉的历史。事实上, 相比在弦论中贯通穿行, 它是更加容易通往 AdS/CFT 背后物理的道路。因此我们暂时抛开弦论, 首先回顾一下传统场论中的大 N 极限。通过详细检验这个极限, 我们将看到弦论和 AdS/CFT 对偶都可以很自然地出现。尽管可以不了解弦论的大部分内容, 但一定要对于 AdS/CFT 对应处理的量子场论的一般性质有充分的了解。这就是矩阵大 N 场论。可以看出它的高能物理起源的例子是无处不在的作为标准模型的基础的非阿贝尔 Yang-Mills 理论。这里的数字 N 指的是 "色" 的数量, 在 QCD 中 $N = 3$。它表示夸克携带的三种色荷, 但是有 N^2 个胶子在源之间交换色荷。这些胶子被自然地包含在一个矩阵中。

这些矩阵场论有其各自的特殊性质, 而重点是在大 N 极限下将会发生什么, 这在 20 世纪 70 年代由 ′t Hooft 首先实现。在这个极限下, 一种新的 "平均场"或 "经典鞍点" 将会出现, 然而这与在凝聚态物理的 "矢量" 理论中遇到的传统 Hartree-Fock 平均场完全不同。与后者形成鲜明对比的是, 在矩阵大 N 极限下, 我们发现了一个强耦合动力学, 而不是一个有效的自由理论。例如, 当这样的理论具有标度不变性时, 我们处理的仍然是一个强耦合的 CFT, 而平均场方程决定了在 UV 和 IR 的不同 CFT 之间的重整化流, 我们将会在 (方框 5.3) 中看到这一点。这个平均场结构是边界和引力经典极限之间的关系的核心。

矩阵大 N 模型与非阿贝尔规范理论之间的显著联系使得 ′t Hooft 大 N 极限在 QCD 研究中得到了广泛的应用。然而, 迄今为止, 它在凝聚态中的应用却微乎其微。量子霍尔物理, 尤其是分数量子霍尔效应中的复合激发, 确实有一个基于矩阵场论的自然表述, 可以用来探究大 N 极限, 综述请见文献 [180]。此外, 第 3 章提出的凝聚态物理的难题之一: 有限密度的费米子与一个临界玻色子耦合, 具有一个自然的矩阵大 N 极限 [181, 182]。由于矩阵大 N 极限在凝聚态物理中还不太为人所知, 我们在这里提供一个关于这个主题的简短教程。

4.2.1　矢量大 N 模型和凝聚态物理

正如我们在 2.1.1 节中讨论过的, 凝聚态物理通常考虑的是矢量场理论。正如在因为 $\hbar$ 很小而可控的 Hartree-Fock 类型的半经典平均场理论中, 人们在大 N 极限下找到了发生冻结①的序参量。这些大 N 矢量理论通常与半经典平均场理论不同, 但与 Hartree-Fock 理论的各种变体都具有一个共同的特征: 平均场理论是一个自由理论, 用 $1/N$ 展开来进行微扰修正 [183]。这种大 N 展开与重整化群分

---

① 冻结, 即失去量子涨落。

析结合起来将变得特别强大，这时它与维数正规化相互补 (参见文献 [184, 185])。为了做好准备，让我们关注在 2.1.1 节介绍过的零密度 "相互作用石墨烯" 型模型，在高能物理中，它被称为 Gross-Neveu 模型 (在 $d = 1$ 维) 和 Nambu-Jona-Lasinio 模型 (在 $d = 3$ 维)。在这个理论中有 N 种费米子，它们之间存在四–费米子自相互作用。用指标 $i = 1, \cdots, N$ 标记每种费米子，并且采用爱因斯坦求和约定，即重复的上标和下标表示对该指标的所有取值求和，那么它的作用量是

$$S = \int \mathrm{d}^d x \mathrm{d}t \left[-\mathrm{i}\bar{\psi}_i(\gamma^\mu \partial_\mu + m)\psi^i + \frac{\lambda}{6}\left(\bar{\psi}_i\psi^i\right)^2 \right] \tag{4.2}$$

这里我们写出的是相对论性费米子的作用量，省略了旋量指标，旋量指标的取值范围是 $1, \cdots, 2^{d/2}$，$d = 2n$ 或 $d = 2n+1$ 维。在 3+1 维中这四个指标代表自旋向上、自旋向下的粒子和自旋向上、自旋向下的反粒子。转动由生成元 $M_{\mu\nu} = \frac{1}{4}[\gamma_\mu, \gamma_\nu]$ 生成，其中 γ_μ 是 Dirac 矩阵，它遵从 Clifford 代数 $\{\gamma_\mu, \gamma_\nu\} = 2\eta_{\mu\nu}$。$\psi$ 的 Dirac 共轭 $\bar{\psi}$ 与它的厄米共轭 $\psi^\dagger$ 之间的关系是 $\bar{\psi} \equiv \psi^\dagger \gamma^0$。

我们可以利用传统微扰论的方法，取 λ 为小量，以描述相互作用很弱的极限。但是如果 λ 很大，显然这个方法就会失效。然而，对于很大的费米子种类数或 "味" 数 N，我们可以利用 $1/N$ 重新回到可控范围内。使用具有标量的辅助/序参量场 σ 的 Hubbard-Stratanovic 变换，$U(N)$ 四–费米子理论等价于

$$S = \int \mathrm{d}^d x \mathrm{d}t \left[-\mathrm{i}\bar{\psi}_i(\gamma^\mu \partial_\mu + m)\psi^i - \frac{3}{2\lambda}\sigma^2 - \sigma\bar{\psi}_i\psi^i \right] \tag{4.3}$$

N-费米子场 ψ_i 在这里是二次的，可以被积掉得到

$$S = \int \mathrm{d}^d x \mathrm{d}t \left[-\frac{3}{2\lambda}\sigma^2 - \mathrm{i}\frac{N}{2}\mathrm{Tr}\ln(-\gamma^\mu \partial_\mu - m - \mathrm{i}\sigma) \right]$$

$$= N \int \mathrm{d}^d x \mathrm{d}t \left[-\frac{3}{2\hat{\lambda}}\sigma^2 - \mathrm{i}\frac{1}{2}\mathrm{Tr}\ln(-\gamma^\mu \partial_\mu - m - \mathrm{i}\sigma) \right] \tag{4.4}$$

这里的迹 Tr 是对旋量指标的求和。最后一步中我们重新定义了 $\lambda = \hat{\lambda}/N$，这样标量场的数量 N 就变成了在作用量前的系数。这样用 N 对耦合常数进行重新标度就给出了一个非常有用的结果。当固定 $\hat{\lambda}$ 不变取 $N \to \infty$ 的极限时，该理论的主要贡献来自方程(4.4)的鞍点，在这个鞍点处作用量取极小值。序参量因而被冻结，并且就像在 Hartree-Fock 近似中那样，它变成了一个散射费米子的势：现在解平均场方程求出 σ 就变得很直接。

注意到每个鞍点仍然是耦合常数 $\hat{\lambda}$ 的函数。因此，尽管解的是鞍点方程，大 N 极限还是能够描述与弱耦合或半经典结果完全不同的非平庸的量子物理。这种 "经典化" 是大 N 极限的精髓。

　　与半经典情况一样，如果 N 很大但有限，鞍点也是存在的。我们可以用 $1/N$ 作为一个小参数，通过微扰展开来研究这种情况。由于大 N 平均场理论描述的是一个自由体系，它的圈图展开结构与传统弱耦合微扰理论相同。根据前面的内容我们注意到，在大 N 极限下我们将只对图的一个子集求和。根据作用量(4.3)，我们只考虑由辅助场连接着的费米子圈图，而不考虑在圈内存在辅助场传播子的图 (图 4.2)。从图中我们可以看到，依据原始模型(4.2)，我们通过它的"最多圈"分解来对每个关联函数做近似，这种方法与第 2.4 节讨论的 RPA 半经典平均场理论相同

$$\langle \bar{\psi}_i \psi_j \bar{\psi}_k \psi_l \rangle \simeq \langle \bar{\psi}_i \psi_j \rangle \langle \bar{\psi}_k \psi_l \rangle + \mathcal{O}\left(\frac{1}{N}\right) \tag{4.5}$$

如图 4.2 所示，为了描述以有限 N 为特征的真实物理系统，我们现在可以通过做 $1/N$ 展开来改进大 N 极限。

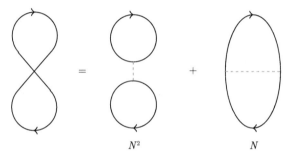

图 4.2　四–费米子自相互作用模型的大 N 近似。等号左边是教科书中的两圈自由能的标准费曼 (Feynman) 图，其中我们对内线上的流取了迹，等号右边是我们对种类/味指标取迹的分解。这表明，作为 N 的函数，体系有两个 N 的不同幂次的项的贡献，在取大 N 近似时只保留 N^2 项

方框 4.2　$O(N)$ 转子

　　这个矢量大 N 平均场是一般性的，与特定的理论无关。我们不妨考虑在 2.1.1 节所介绍的矢量大 N 玻色场论：

$$S = \int \mathrm{d}^d x \mathrm{d}t \left[-\frac{1}{2} \partial_\mu \phi_i \partial^\mu \phi^i - \frac{m^2}{2} \phi_i \phi^i - \frac{\hat{\lambda}}{4!N} (\phi_i \phi^i)^2 \right] \tag{4.6}$$

这一理论也具有整体 $O(N)$ 对称性，即各个场之间的旋转 $\delta\phi_i = T_{ij}\phi_j$，$T_{ij}$ 是一个任意的反对称矩阵。做 Hubbard-Stratanovic 变换后，它等价于

$$S = N \int \mathrm{d}^d x \mathrm{d}t \left[-\frac{6}{\hat{\lambda}} \sigma^2 + \frac{1}{2} \ln(-\Box + m^2 + \sigma) \right] \tag{4.7}$$

可以用与四–费米子模型类似的"经典"大 N 鞍点来对它进行分析。

4.2.2 规范理论和矩阵大 N 模型

现在我们来看看矩阵场论, 将会发现它在大 N 极限下的内容比矢量场更丰富。虽然仍然有平均场行为起作用的概念, 但这与传统的鞍点有很大不同。我们将明确地看到, 在大 N 极限下, 有效理论可以保持为强的相互作用。

首先, 让我们考虑一个描述许多规范场的理论, 即矢量 $U(1)^N$ 理论

$$S = \int \mathrm{d}^d x \mathrm{d}t \left(-\frac{1}{4g^2} F_{\mu\nu}^i F_i^{\mu\nu} \right) \tag{4.8}$$

如果深思所要试图描述的物理, 我们在考虑的是有多个 $U(1)$ 场的低能有效理论。我们发现考虑这个理论的一个更自然的方法是把它看成按照 Higgs 机制破缺了部分对称性的非阿贝尔 $U(N)$ 理论而不是具有 N 种 $U(1)$ 对称性的理论, 这对大 N 极限有重要的影响。在 $U(N)$ 理论中, 矢势形式的基本场 $A_\mu = A_\mu^a T_a$, 张成了 $U(N)$ 的生成元 T_a, 其中 T_a 是满足 $[T_a, T_b] = \mathrm{i} f_{ab}^c T_c$ 的 $N \times N$ 维矩阵。因此, 相比于将基本规范场 A_μ 当成 N 分量矢量, 我们将其看成一个 $N \times N$ 矩阵是更自然的。

我们对这个矩阵的阶 N 取无穷大极限。这个极限的基本性质与矢量大 N 极限非常不同。't Hooft[186] 发现了在矩阵大 N 极限下得以保留的图的子集的漂亮图示。保持 A_μ 为一个矩阵, 则 $U(N)$ 规范理论的作用量是

$$S = \int \mathrm{d}^d x \mathrm{d}t \left[-\frac{1}{4g^2} \mathrm{Tr}\Big(F_{\mu\nu} F^{\mu\nu} \Big) \right] \tag{4.9}$$

它有非线性场强

$$F_{\mu\nu} = \partial_\mu A_\nu - \partial_\nu A_\mu - \mathrm{i}[A_\mu, A_\nu] \tag{4.10}$$

教科书上计算这个理论的微扰方法是用上述的规范群的 N^2 个生成元 T_a 将规范场 A_μ 展开。这就生成了标准的 Yang-Mills Feynman 规则 (洛伦兹规范下)

$$\langle A_\mu^a(p) A_\nu^b(q) \rangle = g^2 \eta_{\mu\nu} \delta^{ab} \frac{1}{p^2} (2\pi)^4 \delta^4(p+q) \tag{4.11}$$

$$\langle A_\mu^a(p) A_\nu^b(q) A_\rho^c(k) \rangle = \frac{1}{g^2} f^{abc} (2\pi)^4 \delta^4(p+q+k) \Big[(q-k)_\mu \eta_{\nu\rho}$$
$$+ (p-k)_\nu \eta_{\mu\rho} + (p-q)_\rho \eta_{\mu\nu} \Big] \tag{4.12}$$

$$\langle A_\mu^a(p) A_\nu^b(q) A_\rho^c(k) A_\sigma^d(s) \rangle = \frac{1}{g^2} f^{eab} f_e^{cd} (\eta_{\mu\nu}\eta_{\rho\sigma} - 2\eta_{\mu\rho}\eta_{\nu\sigma} + \eta_{\mu\sigma}\eta_{\nu\rho})$$
$$\times (2\pi)^4 \delta^4(p+q+k+s) \tag{4.13}$$

't Hooft 发现应该改为将 A_μ 保留为 $N \times N$ 矩阵。而且，通常的 Feynman 图中的线表示的不是动量流就是指标流。对于矩阵场，我们可以分开追踪每个指标所带的荷。这种双线表示下的 Feynman 规则为

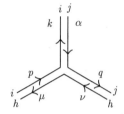

$$\langle (A_\mu)^i_j(p)(A_\nu)^k_l(q) \rangle = g^2 \delta^{ij} \delta^{kl} \frac{\eta_{\mu\nu}}{p^2} (2\pi)^4 \delta^4(p+k) \qquad (4.14)$$

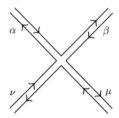

$$\langle (A_\mu)^i_h(p)(A_\nu)^l_j(q)(A_\alpha)^m_n(k) \rangle = \frac{1}{g^2} \delta^i_n \delta^l_h \delta^m_j (2\pi)^4 \delta^4(p+k+q)(p_\mu+k_\nu+q_\alpha) \quad (4.15)$$

$$\langle (A_\mu)^i_j(p)(A_\nu)^k_l(q)(A_\alpha)^m_n(k)(A_\beta)^h_\zeta(s) \rangle = \frac{1}{g^2} \delta^i_\zeta \delta^j_k \delta^m_l \delta^h_n \eta_{\mu\nu} \eta_{\alpha\beta} (2\pi)^4 \delta^4(p+q+k+s)$$
$$(4.16)$$

其中每个指标取自从 1 到 N 的所有整数 $i, j, k, l, \cdots = 1, \cdots, N$。

利用双线表示，很容易得到每张图关于 N 的幂次：每一个闭圈使得 N 的幂次增加 1。从顶点的图形结构也可很容易看出，每张 Feynman 图都是这些闭圈的"拼接"。因此，每张 Feynman 图都由一个拼起来的二维面表示，并具有因子 N^F，其中 F 是构成图的"面"或"圈"的数量。将这一点和 Feynman 图对耦合常数的依赖关系相结合，那么每张 Feynman 图正比于

$$\text{Diagram} \sim g^{2P-2V_3-2V_4} N^F \qquad (4.17)$$

其中，P 是传播子的数量，V_i 是有 i 个腿的顶点的数量。根据欧拉 (Euler) 的著名发现，一张二维面满足 $P - \sum_i V_i - F = -\chi$，其中 χ 是 Euler 示性数，$\chi = 2 - 2h - b$，h 是面上洞的数量，b 是边的数量。结合起来有

$$\text{Diagram} \sim (g^2 N)^{F-\chi} N^{\chi}$$
$$\sim (g^2 N)^{F-2+2h+b} N^{2-2h-b} \tag{4.18}$$

如果定义一个有效 't Hooft 耦合常数 $\lambda \equiv g^2 N$，我们注意到当取 $N \to \infty$ 极限并保持 λ 不变时，这个理论将约化为没有洞和边的所谓的平面图 (图 4.3)。再一次，对我们最重要的是全部平面图本身是耦合常数的非平凡函数，因此，平面约化能够保留整个理论的一大部分的物理。实际上，对于最著名的非阿贝尔规范理论，即 $SU(3)$ 规范理论 QCD，大 N 极限的效果出奇得好 (例如文献 [187])。

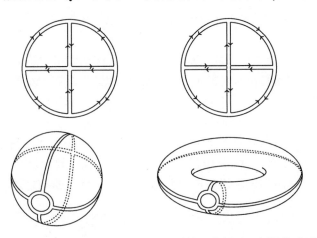

图 4.3 用来说明大 N 展开的双线表示 Feynman 图的两个例子。左图是平面的：可以将它画在一个无洞的二维球面上。右图是非平面的：可以将它映射到一个环面上。所以右图是 't Hooft 大 N 展开的非最重要贡献的项。根据闭合的指数圈的具体计数，左图的量级是 $g^6 N^5 = \lambda^3 N^2$，其中 $\lambda = g^2 N$，而右图的量级是 $g^4 N^2 = \lambda^2$。所以在 $N \gg \lambda$ 的 't Hooft 区域，虽然第一张图的耦合常数的幂次比第二张图的更高，但是第一张图更加重要。图片改编自文献 [188] (经 Springer Science and Business Media 许可转载, ©2013, Springer)

对于 't Hooft 耦合的任何有限值，这些 "$1/N$" 平面图中的领头阶仍然代表了某种形式的相互作用物理。不同于矢量大 N 的情况，在矩阵大 N 极限中，理论仍然是 (强) 耦合的。尽管如此，在平面图极限下仍然隐藏着一种不同的 "分类"。我们很快就会看到这要求引力的出现。

4.2.3 规范不变的算符和它们的推广

现在让我们更仔细地考察矩阵理论中各种算符作为 N 的函数的标度行为。就像我们在双线表示中看到的那样，按照二维拓扑结构对 Feynman 图进行重组这一方法本身显然不依赖于基本场是一个规范场这一事实。我们也可以选择标量场或费米场，只要它们是矩阵场就可以了。与规范场的情况类似，在 $U(N)$ 的基变换下我们仍然保持理论是不变的，其中矩阵场 Φ^i_j 按照 $\Phi \to U^{-1}\Phi U$ 变换。场乘积的迹是明显的不变量。尽管在一般的矩阵理论中 $U(N)$ 相似变换并不一定规范不变，这些算符仍经常被称为是规范不变的。

　　算符的迹结构是矩阵大 N 理论的一个重要特征。例如，考虑如下 $\lambda\phi^4$ 理论的矩阵推广

$$S = \int \mathrm{dt d}^d x \left[\mathrm{Tr}\left(-\partial_\mu \bar{\Phi} \partial^\mu \Phi - m^2 \bar{\Phi}\Phi \right) - \frac{\lambda_1}{4!}\mathrm{Tr}\left(\bar{\Phi}\Phi\bar{\Phi}\Phi \right) \right.$$
$$\left. - \frac{\lambda_2}{4!}\mathrm{Tr}\left(\bar{\Phi}\Phi \right)\mathrm{Tr}\left(\bar{\Phi}\Phi \right) - \frac{g^2}{4!}\mathrm{Tr}\left([\bar{\Phi},\Phi][\bar{\Phi},\Phi] \right) \right] \tag{4.19}$$

首先，矩阵结构允许最后一项相互作用存在，这个相互作用对于单个标量场 $N=1$ 是不存在的。这与我们在非阿贝尔 Yang-Mills 理论中发现的结构相似，我们从而得知，如果耦合常数 g^2 的量级是 $\hat{g}^2/N$ 而 $\hat{g}$ 不变，就会出现一个自洽的极限。第一个单迹相互作用[①]$\lambda_1\mathrm{Tr}(\bar{\Phi}\Phi\bar{\Phi}\Phi)$ 的指标结构在这一方面是相同的，因此它的量级是 $\hat{\lambda}_1/N$，$\hat{\lambda}_1$ 不变。矩阵场的作用量也允许倒数第二个双迹相互作用[②]存在 $\mathrm{Tr}(\bar{\Phi}\Phi)\mathrm{Tr}(\bar{\Phi}\Phi)$。要使得大 N 极限有一个良好的定义，这个耦合也应该有适当的量级。双迹相互作用的图示清楚地表明与单迹 4-顶点图相比它是次领头阶的，

单迹相互作用   双迹相互作用

$$\tag{4.20}$$

我们立即可以得出这个双迹算符被一个 $1/N$ 因子所压低的推断，因此它将在取大 N 极限时消失。为了确定它的精确行为，我们可以把拉氏量中的一个顶点看成是插入的一个复合算符。将这些算符定义为

$$\mathcal{O}_{\lambda_1} = \mathrm{Tr}\left(\bar{\Phi}\Phi\bar{\Phi}\Phi \right)$$
$$\mathcal{O}_{\lambda_2} = \mathrm{Tr}\left(\bar{\Phi}\Phi \right)\mathrm{Tr}\left(\bar{\Phi}\Phi \right) \tag{4.21}$$
$$\mathcal{O}_g = \mathrm{Tr}\left([\bar{\Phi},\Phi][\bar{\Phi},\Phi] \right)$$

通过要求对这些复合算符进行适当归一化之后的大 N 极限是良好定义的，就可以推断出耦合常数的量级。为了使单迹算符在大 N 极限下存在，我们要求它们的

---

① 原文为 single-trace interaction，表示相互作用项中出现一次取迹操作。

② 原文为 double-trace interaction，表示相互作用项中出现两次取迹操作。

连通两点函数是常数阶的。如果它们随着 N 的增大而增大到无穷，理论就会不自洽；如果它们随着 N 的增大而减小，它们就会从谱中消失。因此，我们要求

$$\langle \mathcal{O}_{\lambda_1} \mathcal{O}_{\lambda_1} \rangle_c \sim N^0 \tag{4.22}$$

注意下标 c 代表连通两点函数，它决定了谱。为了计算如下两点函数，下式中有连接着场的四个传播子，

$$\langle \mathcal{O}_{\lambda_1} \mathcal{O}_{\lambda_1} \rangle = \tag{4.23}$$

根据闭圈的数量，这个图对 N 的标度依赖为 N^4。我们容易看到其中部分的量级是由于场的数量。对于单迹算符 $\mathcal{O}_n = \mathrm{Tr}((\bar{\Phi}\Phi)^n)$，连通部分 $\langle \mathcal{O}_n \mathcal{O}_n \rangle$ 的量级为 N^n。为了提取出对于场的依赖性，我们重新定义 $\Phi \to \hat{\Phi}\sqrt{N}$。为了确定这就是 $'$t Hooft 得到的量级，注意到将场重标度后的作用量是

$$S = N \int \mathrm{d}^d x \mathrm{dt} \left[\mathrm{Tr}\left(-\partial_\mu \bar{\hat{\Phi}} \partial^\mu \hat{\Phi} - m^2 \bar{\hat{\Phi}} \hat{\Phi} \right) - \frac{\lambda_1 N}{4!} \mathrm{Tr}\left(\bar{\hat{\Phi}} \hat{\Phi} \bar{\hat{\Phi}} \hat{\Phi} \right) \right. $$
$$\left. - \frac{\lambda_2 N}{4!} \mathrm{Tr}\left(\bar{\hat{\Phi}} \hat{\Phi} \right) \mathrm{Tr}\left(\bar{\hat{\Phi}} \hat{\Phi} \right) - \frac{g^2 N}{4!} \mathrm{Tr}\left([\bar{\hat{\Phi}}, \hat{\Phi}][\bar{\hat{\Phi}}, \hat{\Phi}] \right) \right] \tag{4.24}$$

因此我们确实看到，为了使单迹算符成为一个自洽的大 N 极限的一部分，$\lambda_1 N$ 和 $g^2 N$ 的组合应该固定不变。

我们的目标是算出双迹算符的量级。现在我们可以通过单迹算符 $\mathcal{O}_2 = \mathrm{Tr}(\bar{\hat{\Phi}}\hat{\Phi})$ 的两点或四点关联函数来确定它。连通的部分现在具有量级

$$\langle \mathcal{O}_2 \mathcal{O}_2 \rangle \sim N^0$$
$$\langle \mathcal{O}_2 \mathcal{O}_2 \mathcal{O}_2 \mathcal{O}_2 \rangle \sim N^{-2} \tag{4.25}$$

既然双迹算符是两个单迹算符的正规编序乘积，它的归一化中就没有对 N 的依赖的自由度。这意味着双迹算符 $\mathcal{O}_{\lambda_2} = c_{\lambda_2}(N)\mathcal{O}_2\mathcal{O}_2$ 的归一化 $c_{\lambda_2} \sim N^0$ 在大 N 极限下的标度不依赖于 N，从而意味着作用量中的自洽耦合常数不依赖于 N。因此 $\lambda_2 = \hat{\lambda}/N^2$，并且双迹算符与理论退耦合。

方框 4.3 $SU(N)$、$SO(N)$ 和与矢量理论的组合

上面我们只考虑了按 $U(N)$ 的伴随表示变换的矩阵场。为了完整起见，我们指出其他矩阵场也有双线表示，并且可以将其与类矢量标度组合。对于 $SU(N)$ 理论来说，主要区别在于伴随矩阵是无迹的。这意味着我们需要从每个图中减去迹。例如，传播子变为

$$\langle (A_\mu)^i_j(p)(A_\nu)^l_k(q) \rangle = \frac{i}{j\ \mu\ \ \ \ \ \ \nu\ k} \frac{l}{} - \quad \quad \quad \quad (4.26)$$

进一步观察发现，当从传播子中减除迹时，对于内线和 $SU(N)$ 不变的关联函数，迹都会被统一地减去。因此，没有必要对 Feynman 规则进行额外的修改。值得注意的是 $SU(N)$ 双线传播子的第二项的"图形"指标流与双迹算符的指标流相似，它切断了色荷流。从双迹算符的讨论中可以清楚地看出，这一项在大 N 极限下将不复存在。因此，在大 N 下，几乎无法区分 $U(N)$ 和 $SU(N)$ 规范理论。

$SO(N)$ 或 $Sp(N)$ 理论的生成元是反对称或对称的无迹矩阵，所以我们需要做额外的 (反) 对称化。这样，传播子就变为

$$\langle (A_\mu)^i_j(p)(A_\nu)^l_k(q) \rangle = \frac{i}{j\ \mu\ \ \ \ \ \ \nu\ k} \frac{l}{} \pm \quad \quad \quad \quad (4.27)$$

最后，我们可以在理论中加入类似矢量的项，即有一个指标 $i = 1, \cdots, N$ 的场。每个闭合的 N 圈是 Feynman 图中的一片，从这样的图形中我们容易看出色荷的类矢量流给出了由 Feynman 图张成的二维面的一条边或者一个洞 (图 4.4)。

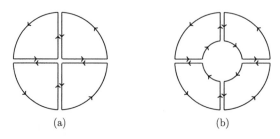

(a)　　　　　　　　　　　　　(b)

图 4.4　矩阵大 N 理论中类矢量项的"双线表示"由单线表示。类矢量项的 Feynman 图张成一个二维面，它的拓扑结构含有一条边和/或一个洞。数出闭合的指标圈后可知 (a) 的量级是 $g^6 N^4 = \lambda^3 N$，其中 $\lambda = g^2 N$，而 (b) 量级是 $g^8 N^4 = \lambda^4$。在大 N 极限下，保持 $\lambda = g^2 N$ 不变，第一张图相对于没有边的图是次高阶的贡献，量级是 N^2，第二张图是更加次阶的贡献

4.2.4 大 N 因子化分解与终极平均场理论

我们现在可以解释为什么一种全新类型的平均场原理在强耦合规范理论的大 N 极限下起作用。上面我们计算了单迹算符两点函数 $\langle \mathcal{O}_n \mathcal{O}_n \rangle$, $\mathcal{O}_n = \mathrm{Tr}\big((\bar{\Phi}\Phi)^n\big)$ 中的连通图的贡献。然而，通过考虑包括非连通图在内的全部关联函数，才能体现出大 N 极限的真正威力。在非连通图中也需要有四个传播子，但是它的指标结构与连通图非常不同。

$$\langle \mathcal{O}_{\lambda_1} \mathcal{O}_{\lambda_1} \rangle = \underbrace{}_{N^6} + \underbrace{}_{N^4} \tag{4.28}$$

通过数圈的数目可知，非连通图的量级为 N^6，而连通图的量级为 N^4。因此，非连通图在大 N 极限下占主导地位。直接的"切割"论证 (图 4.5) 表明，这对于任何关联函数都是正确的。

$$N^a \qquad\qquad N^{a-1}$$

(a)   (b)

图 4.5 大 N 因子化分解的图示证明。对于规范不变算符，指标线必须在灰色区域内的某处闭合。如果每条线分别闭合，那么 (a) 非连通图的量级是 N^{4+n}，其中 $n \geqslant 0$。而对于在灰色区域内有完全相同构型的连通图，它的量级只有 N^{3+n}。因此非连通图总是在大 N 下占主导地位

这一发现具有深刻的后果。在严格的大 N 极限下，这意味着规范不变算符的关联函数可以因子化分解为

$$\Delta \mathcal{O}^2 \equiv \langle \mathcal{O}\mathcal{O} \rangle - \langle \mathcal{O} \rangle \langle \mathcal{O} \rangle = 0 + \cdots \tag{4.29}$$

因此，规范不变算符乘积的期望值等于它们期望值的乘积。大 N 规范不变算符表现出与经典变量相同的行为。这是非常严格意义上的相同，因为能够因子化分解就意味着方差为零，则有

$$\Delta \mathcal{O}^2 \equiv \langle \mathcal{O}\mathcal{O} \rangle - \langle \mathcal{O} \rangle \langle \mathcal{O} \rangle = 0 + \cdots \tag{4.30}$$

注意到方差为零是一个比从高斯系综 (Gaussian ensemble) 到平均场的约化强得多的条件。整个系综坍缩成了一个点。在这个意义上，我们可以把矩阵大 N 理论看成是终极平均场理论。这个平均场理论与传统的在鞍点上定义自由场论系统的 Hartree-Fock 类型的场论非常不同。

Witten[189] 首先发现了对构型的求和可以约化为一个点，因此提出这必然意味着存在一个该理论的"主场"表述，在这个表述中这个构型的选择是显见的。路径积分中应该有一个重新定义的用新自由度 ϕ^{cl} 表示的动力学变量。若用这个新的自由度表示，则路径积分明显地集中在这些场的一个构型上。特别是，这意味着在大 N 极限下，单迹算符的所有期望值都应该只是场取这个构型时算符的取值，

$$\langle \mathcal{O} \rangle = \mathcal{O}(\phi^{cl}) \tag{4.31}$$

反过来，路径积分集中在单一经典场构型上可以保证关联函数的因子化分解，这是因为经典变量的 (算符) 乘积是直接的乘法。

就像在前面发现的那样，我们特别要注意因子化分解意味着在单迹算符和双迹算符之间没有混合。任何多迹算符的期望值可以因子化分解为单迹算符的乘积，即

$$\lim_{N \to \infty} \langle \mathcal{O}\mathcal{O} \rangle = \langle \mathcal{O} \rangle \langle \mathcal{O} \rangle + \cdots$$
$$\lim_{N \to \infty} \langle \mathcal{O}\mathcal{O}\mathcal{O} \rangle = \langle \mathcal{O} \rangle \langle \mathcal{O} \rangle \langle \mathcal{O} \rangle + \cdots$$
$$\vdots$$
$$\lim_{N \to \infty} \langle \mathcal{O}^n \rangle = \langle \mathcal{O} \rangle^n + \cdots \tag{4.32}$$

因此多迹算符从理论中退耦并从谱中消失。这是说明拉氏量中的多迹相互作用项在大 N 极限下对领头阶没有贡献的一种更正式的方法。

4.3　大 N 矩阵模型的主表述和弦论

在 Witten 的主场存在假设的启发下，人们为了明确这个理论的性质，对其进行了大量研究 (见文献 [190])。从 't Hooft 关于大 N 展开的第一篇论文开始，人们意识到矩阵大 N 极限与弦有关。当面或小格的数量增加时，双线标记下的 Feynman 图所形成的二维面开始显示出与弦的二维世界面惊人地相似。随着 't Hooft 耦合 $\lambda = g^2 N$ 的增大，这张"网"变得越来越密，从而变得越来越像弦，见图 4.6。因此，这个主场表述很可能就是弦理论。对于缺乏动力学自由度的 1+1 维规范理论，实际上我们可以直接展示出这是正确的 [191]。然而直到 AdS/CFT 发现之前，人们一直难以得到这样的类弦主场理论的明确表述。

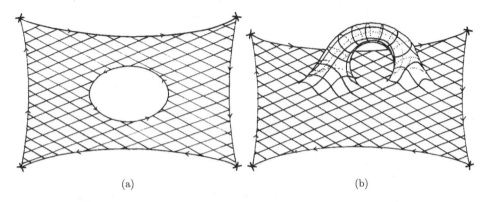

图 4.6　对于由数目很多的小片构成的双线表示的 Feynman 图，它的二维面看起来越来越像由一根运动的弦扫过的世界面。它可以是一根有边界的开弦 (a)(如果理论中有类矢量部分，参见方框 4.4)，也可以是一根闭弦 (b)。图源自文献 [186] (经许可转载自 Elsevier, ©1974)

只有当我们把另一个物理概念考虑进来时，矩阵大 N 理论的真正类似弦的性质才会出现。这就是对偶，我们在 2.1.2 节看到过它在 Abelian-Higgs 模型中的作用。

让我们再一次考虑矩阵大 N 理论的原型：$U(N)$ 非阿贝尔 Yang-Mills 规范理论。它的作用量是

$$S = \int \mathrm{d}^d x \mathrm{d}t \left[-\frac{1}{4g_{\mathrm{YM}}^2} \mathrm{Tr}\big(F_{\mu\nu} F^{\mu\nu}\big) \right] \tag{4.33}$$

这个理论依赖于两个参数：N 和耦合常数 g_{YM}^2。我们已经说明了考虑它们的组合 $\lambda = g_{\mathrm{YM}}^2 N$ 会更自然。对于小的 N 和 λ，这个理论通过标准教科书上的微扰 QFT 展开来分析是最方便的。对于大 N，我们可以利用双线表示来重新排列拓扑展开的 Feynman 图并且只关注在平面图上，但平面图本身仍然是耦合常数为 $\lambda = g_{\mathrm{YM}}^2 N$ 的微扰展开。每张平面图仍然可以按圈数展开。然而就像我们刚刚看到的，当 $g_{\mathrm{YM}}^2 N$ 变得越来越大时，会出现类似弦世界面的图：它对应着理论的强耦合区域。当图开始看起来像弦的世界面时，我们就深入到了非微扰的领域之中，如图 4.7 所示。

这个规范理论/弦论的对应关系，也被称为 AdS/CFT，是对偶的一个更一般的版本，即对理论最适合的描述随着耦合常数的改变而改变。微妙之处在于，它发生在理论的大 N 领域之中。对于小的 't Hooft 耦合 λ，我们用平面图理论描述，而对于大的 't Hooft 耦合 λ，AdS/CFT 确定的对偶理论是多一个额外空间维度的弯曲空间量子–引力弦论。现在让我们看看这是如何确定的。

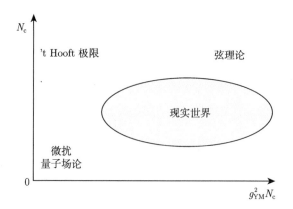

图 4.7　$U(N)$ Yang-Mills 理论的"相"。取决于 N 和 $g_{\mathrm{YM}}^2 N$ 的取值，对这个理论的最佳描述可能是教科书中的量子场论、平面图展开或弦论

4.3.1　弦论，膜，黑洞

我们需要一些弦论的知识来讨论 AdS/CFT 的起源。回想本章 4.1 节介绍过的两种弦：有两个端点的开弦和形成圈的闭弦。而粒子的动力学由它的世界线作用量决定：

$$
S_{\mathrm{particle}} = \frac{1}{2} \int_{\tau_0}^{\tau_1} \mathrm{d}\tau \, \sqrt{-h(\tau)} \left[-h^{-1}(\tau) g_{\mu\nu}(x(\tau)) \frac{\mathrm{d}x^\mu(\tau)}{\mathrm{d}\tau} \frac{\mathrm{d}x^\nu(\tau)}{\mathrm{d}\tau} - m^2 \right.
$$
$$
\left. -\mathrm{i}q A_\mu(x(\tau)) \frac{\mathrm{d}x^\mu(\tau)}{\mathrm{d}\tau} \right] \tag{4.34}
$$

其中，$g_{\mu\nu}$ 是时空度规，m 是粒子质量，A_μ 是一个背景矢势，$h(\tau)$ 是世界线的度规，它保证了在固有时变换 $\tau \to \tau'(\tau)$ 下作用量不变。(开或闭) 弦的动力学由世界面作用量确定

$$
S_{\mathrm{open}} = \frac{1}{\ell_{\mathrm{s}}^2} \int \mathrm{d}\tau \int_0^\pi \mathrm{d}\sigma \sqrt{-h(\tau)} \left[-G_{\mu\nu}(X(\sigma,\tau)) h^{\alpha\beta} \partial_\alpha X^\mu(\sigma,\tau) \partial_\beta X^\nu(\sigma,\tau) \right]
$$
$$
- \oint_{\sigma=0,\pi} \mathrm{d}\tau A_\mu(X) \partial_\tau X^\mu \tag{4.35}
$$

$$
S_{\mathrm{closed}} = \frac{1}{\ell_{\mathrm{s}}^2} \int \mathrm{d}\tau \int_0^{2\pi} \mathrm{d}\sigma \sqrt{-h(\tau)} \left[-G_{\mu\nu}(X(\sigma,\tau)) h^{\alpha\beta} \partial_\alpha X^\mu(\sigma,\tau) \partial_\beta X^\nu(\sigma,\tau) \right]
$$

其中，$G_{\mu\nu}$ 是背景时空度规，$h^{\alpha\beta}$ 是世界面度规，其行列式为 h。弦论的显著特点是弦提供了它自身的背景场。在极限 $\ell_{\mathrm{s}} \to 0$ 下存在的开弦的最低能量涨落是式(4.34)最后一项中出现的类矢量 (规范场) 的涨落 A_μ。闭弦的最低能量涨落包含了引力子 $G_{\mu\nu}$，它在式(4.35)的动能项中充当非线性因子。依赖于弦的具体类型，伴随着它们的还有额外的费米和玻色无质量自由度。

对于我们的讨论起关键作用的是，开弦不能脱离闭弦而单独存在。在对世界面上的局域坐标 τ 和 σ 进行重参数化之后，开弦的单圈图等价于闭弦的树图，见图 4.8。对于不依赖全局坐标变换的要求进行的详细探讨证实了这一事实。因此，任何开弦理论都必须包含一个闭弦部分，并包含它们之间的相互作用。这种能够从开弦和闭弦两种角度来看待一些独立的弦论中的图和过程的方法被通俗地称为开闭弦对偶。现在我们将解释这如何作为 AdS/CFT 的对偶方面的起源。

可以用一种简单的方式对开弦一边进行分类。我们可以在每个空间方向上选择自由运动端点边界条件，使其在没有力的情况下速度固定不变，$\partial_\tau X^i(\sigma = 0,\pi) = 0$。或者，可以选择将开弦的端点"粘"到特定位置 $X^i =$ 常数上。因为后者被称为狄利克雷 (Dirichlet) 边界条件，所以由所有 $X^i =$ 常数所张成的超平面称为 Dirichlet 膜或简称 D 膜。可以证明这样的 D 膜态的能量的量级是 $\mathrm{e}^{-\frac{1}{g_s}}$，其中 g_s 是弦耦合常数。因此 D 膜是弦论的非微扰孤子[172]。

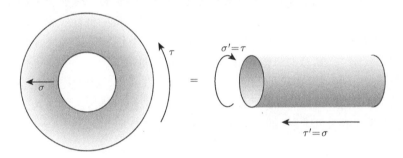

图 4.8　重参数化后，一个开弦的圈图等价于一个闭弦的树图

我们回想一下，孤子被定义为方程的局域化的有限能量解，因此它们总是破缺背后理论的平移不变性。一个推论是，孤子附近的小激发态总是包含一个对应于孤子中心的运动的零模式。这种零模式的理论描述是孤子世界线上的量子力学。类似地，满足 Dirichlet 边界条件的开弦有两种低能量激发态。它们是前面提到的现在局域在膜上的规范场和局域在膜的世界体上的孤子零模。因此，一个 $p+1$ 维 D 模–Dp 膜的低能有效作用量是

$$S_{\mathrm{l.e.}} = \frac{1}{g_s} \int \mathrm{d}^p x \mathrm{d}t \left(-\frac{1}{4} F_{\mu\nu} F^{\mu\nu} - \frac{1}{2} \partial_\mu \Phi^i \partial^\mu \Phi_i \right) \tag{4.36}$$

这里，g_s 是弦耦合常数，$F_{\mu\nu}$ 是规范场的场强，Φ^i 是平移零模式，其中 $i = 1,\cdots,d-p$ 取遍所有 Dp 膜的横向方向。我们已经知道弦论的微观自洽性要求时空维度的总数为 10，即 $d = 9$，并且这个理论是超对称的。最简单的 D 膜有 16 个超对称不变性，因而在 $p = 2n - 1, 2n$ 维中也有 $16/2^n$ 种 (Weyl 或 Majorana) 费米子。

　　例如，一个 D3 膜的完整的低能有效作用量中有四种 Majorana 费米子，这四种费米子之间的对称性是在 D3 膜外的剩余旋转对称性 $SO(6) = SU(4)$。这与旋转标量场的对称性相同。描述标量场和费米子在相同对称性下旋转的一个方便方法是将 $SO(6)$ 的 6 写为 $SU(4)$ 的反对称表示：

$$S_{\mathrm{D3}} = \frac{1}{g_{\mathrm{s}}} \int \mathrm{d}^3 x \mathrm{d}t \left(-\frac{1}{4} F_{\mu\nu} F^{\mu\nu} - \frac{1}{2} \partial_\mu \Phi^{AB} \partial^\mu \Phi_{AB} - \mathrm{i} \bar{\Psi}^A \gamma^\mu \partial_\mu \Psi_A \right) \tag{4.37}$$

其中 $A = 1, \cdots, 4$ 且 $\Phi_{AB} = -\Phi_{BA}$。

　　当考虑 N 个互相重叠的 Dp 膜时，我们得到了这个理论的一个特殊提升。每张 Dp-膜携带着它的规范场，但是也存在延展于每对膜 i, j 之间的开弦。这样的弦的最低激发态具有质量 $m_{ij} = (r_i - r_j)/\ell_{\mathrm{s}}^2$，其中 $r_i - r_j$ 是与所有 Dp 膜正交的方向上的相对位置。因此，当 D 膜互相重叠时，它将变得无质量。但是这个模式也是矢量模式。因此，我们可以直观地理解为这些延展开弦的类矢量模式将规范群从 $U(1)^N$ 提升到 $U(N)$。然而这也会影响平移零模的部分。膜之间的相对距离也是一个零模式，可以证明，它与原来的 N 个平移零模式的组合将给出一个 $N \times N$ 矩阵场，它具有的势精确地模拟了矢量场的势。

　　严格地讲，相对距离只是在最低阶是明显的零模式。对于大部分 QFT，这种零模式在一阶时被解除：孤子要么相互吸引，要么相互排斥。然而，弦论中的许多 D 膜都是"相互 BPS"的，即可以用超对称性证明相对距离是一个精确的量子零模式。

　　此外，因为 Dp 指标的变化显然对应于规范群 $U(N)$ 的旋转，所以标量零模带有 $U(N)$ 对称性的荷。因此，低能有效作用量的玻色子部分是

$$S_{\mathrm{l.e.}} = \frac{1}{g_{\mathrm{s}}} \int \mathrm{d}^p x \mathrm{d}t \left[-\frac{1}{4} \mathrm{Tr}\left(F_{\mu\nu} F^{\mu\nu} \right) - \frac{1}{2} \mathrm{Tr}\left(D_\mu \Phi^{AB} D^\mu \Phi_{AB} \right) \right. \\ \left. - \frac{1}{4} \mathrm{Tr}\left([\Phi^{AB}, \Phi^{CD}][\Phi_{AB}, \Phi_{CD}] \right) \right] \tag{4.38}$$

其中，$D_\mu \Phi_{AB} = \partial_\mu \Phi_{AB} + \mathrm{i}[A_\mu, \Phi_{AB}]$。超对称弦论中也有 $16/2^n$ 种 $N \times N$ 带荷费米子，它们与标量场之间有 Yukawa 相互作用。对于上面 D3 膜的例子，包含费米子的完整作用量是

$$S_{\mathrm{l.e.}} = \frac{1}{g_{\mathrm{s}}} \int \mathrm{d}^p x \mathrm{d}t \left[-\frac{1}{4} \mathrm{Tr}\left(F_{\mu\nu} F^{\mu\nu} \right) - \frac{1}{2} \mathrm{Tr}\left(D_\mu \Phi^{AB} D^\mu \Phi_{AB} \right) \right. \\ \left. - \frac{1}{4} \mathrm{Tr}\left([\Phi^{AB}, \Phi^{CD}][\Phi_{AB}, \Phi_{CD}] \right) - \mathrm{i} \mathrm{Tr} \bar{\Psi}^A \gamma^\mu D_\mu \Psi_A - \mathrm{Tr} \bar{\Psi}^A [\Phi_{AB}, \Psi^B] \right.$$

N 个 D3 膜的低能理论描绘了一个特别特殊的 3+1 维理论。16 个超对称对应于四个旋量荷。所有的场、矢量、旋量和标量通过这些超对称相互变换，它们一起形成了一个 $\mathcal{N} = 4$, $p = 3+1$ 的超对称表示，$\mathcal{N}$ 是独立的旋量荷数量。该理论是唯一的 $\mathcal{N} = 4\, U(N)$ 超 Yang-Mills 理论。由于具有较大的对称性，该理论表现出许多不寻常的特性：其中最特别的是它是一种具有完全确切的电-磁对偶的相互作用理论。在目前的讨论下，最重要的奇异性质是它的无量纲耦合常数 g^2 在重整化下不变。该理论即使在量子水平上也没有内禀尺度：$\mathcal{N} = 4$ 超 Yang-Mills 理论是一个共形场论。

上面讨论的是对偶的开弦一方，现在让我们转换到闭弦一边的视角。我们注意到作为孤子的 D 膜具有有限的能量。因为闭弦部分包含引力，这直接意味着在闭弦一边也必须有一个 D 膜的对应。要证明情况确实如此，关键的洞察是 Polchinski 发现 D 膜带有一组额外玻色闭弦场 (即所谓的 Ramond-Ramond 势) 的荷。它们不仅带有荷，而且它们的荷在适当的单位下等于它们的质量。反映这种特殊的荷-质量关系的引力解很有名，它们对应于极端 Reissner-Nordström 黑洞解。因为现在由孤子张成的超平面是一个 $p+1$ 维的膜，所以将这些解称为"黑膜"解更加合适。我们将在第 8 章中详细介绍这些解的 AdS 版本。这里我们只说明它们的性质。

可以将上述 N 个重叠的 D3 膜看成 9+1 维时空中的 3+1 维黑洞孤子。这种情况下的极端解是如下时空度规 (请见本章末尾的广义相对论基础，方框 4.4)

$$ds^2 = H(r)^{-1/2}\big(- dt^2 + dx_1^2 + dx_2^2 + dx_3^2 \big) + H^{1/2}(r)\big(dr^2 + r^2 d\Omega_{S^5}^2 \big)$$
$$H(r) = 1 + \frac{4\pi g_s N \ell_s^4}{r^4} \tag{4.39}$$

这里，$d\Omega_{S^5}^2 = d\theta^2 + \sin^2\theta\, d\Omega_{S^4}^2$ 是单位半径的 5 维球面度规，ℓ_s 是 9+1 维普朗克长度，g_s 是弦耦合常数。后者出现在从弦论推导出的 9+1 维爱因斯坦方程中

$$R_{\mu\nu} - \frac{1}{2} g_{\mu\nu} R = \frac{1}{2\pi} g_s^2 (2\pi\ell_s)^8 T_{\mu\nu} \tag{4.40}$$

另外，$U(1)$ Maxwell 场强有一个五重反对称张量推广，它满足

$$F_{txyzr} + \frac{1}{5!}\epsilon_{txyzr\alpha\beta\gamma\delta\zeta} F^{\alpha\beta\gamma\delta\zeta} = H^{-2}(r)\frac{16\pi g_s N \ell_s^4}{r^5} \tag{4.41}$$

对于熟悉它的读者，我们指出时空度规(4.39)采用的不是通常的黑洞坐标 (如施瓦西坐标)。在这个坐标系中，标志极端黑洞的重合双视界位于 $r = 0$ 处。

现在我们可以同时分析闭弦和开弦两边了。开弦–闭弦对偶表明，在这个极端黑膜解背景下的完整闭弦理论与完整的开弦加闭弦理论描述同样的物理，其

低能有效作用量由 $\mathcal{N} = 4$ 超 Yang-Mills 给出。Maldacena 敏锐地洞察到可以尝试从两边分别退耦合部分自由度。具体来说，因为决定开弦和闭弦之间相互作用的引力耦合常数是有量纲的，所以在开弦一边使弦长 $\ell_s \to 0$，开弦的自由度就从引力的闭弦部分中分离出去并退化为开弦的低能部分：纯 $\mathcal{N} = 4$ 超 Yang-Mills。Maldacena 指出，为了在黑膜闭弦一边取相同的极限，应该要求当 N 个重叠的膜有小的间隔时所产生的 Higgs 质量 $m_H \sim r/\ell_s^2$ 保持不变。因此，取 $\ell_s \to 0$ 的极限意味着同时在几何式(4.39)中取 $r \to 0$ 的极限。完整的理论分解为两个渐近遥远的部分：平直时空中的普通闭弦和近视界极限下的闭弦。视界附近的度规变为

$$\mathrm{d}s^2 = \frac{r^2}{L^2}(-\mathrm{d}t^2 + \mathrm{d}x_1^2 + \mathrm{d}x_2^2 + \mathrm{d}x_3^2) + \frac{L^2}{r^2}(\mathrm{d}r^2 + r^2\mathrm{d}\Omega_{S^5}^2)$$

$$= \frac{r^2}{L^2}(-\mathrm{d}t^2 + \mathrm{d}x_3^2) + \frac{L^2}{r^2}\mathrm{d}r^2 + L^2\mathrm{d}\Omega_{S^5}^2 \tag{4.42}$$

其中 $L^2 = \sqrt{4\pi g_s N}\ell_s^2$。这个度规表示一个 4+1 维 AdS 时空直乘一个 5 维球。因此，开弦和闭弦理论在相应的极限下将变为同一个退耦的平直时空闭弦分支直乘另一个不同的部分。既然原来的开弦和闭弦理论之间是对偶的，这两个不同的部分应该是等价的，这意味着 $\mathcal{N} = 4$ 超 Yang-Mills 的开弦部分应该等价于在近视界极限 AdS$_5\times$ S^5 中的闭弦 (图 4.9)。

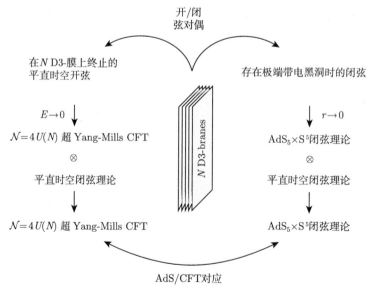

图 4.9 AdS/CFT 对应起源的图示

4.3.2 CFT 和 AdS 的边界

这两个理论等价的一个必要条件是它们的对称性要相互匹配。因为 $\mathcal{N} = 4$ 超 Yang-Mills 没有内禀尺度,所以事实上它有一个扩充的对称群。它不仅具有平移、旋转和洛伦兹平动对称性,它还在尺度变换下不变。我们认为对于一个幺正理论来说,洛伦兹不变性加上尺度变换不变性意味着该理论实际上在完整的共形变换下不变 [192-194]。共形群中还包含特殊共形变换 (见方框 4.4),这些变换一起构成了 $SO(2,4)$ 群。令人相信 Maldacena 的猜想正确的一个早期证据是,5 维 AdS 时空的等距群也是 $SO(2,4)$。这在方框 4.4 中有详细说明。

因为 AdS 时空的等度规变换在其位于空间坐标无穷远 (即坐标系 (4.42) 中的 $r = \infty$ 处) 的边界上还原为共形变换,所以这个关系是更加精确的。这一点,再加上我们必须以 D 膜所在的位置作为出发点进行放大的事实,有力地说明了共形 $\mathcal{N} = 4$ Yang-Mills 理论 "存在" 于 AdS 时空的边界上。

最令人不解的特征是对偶两边时空维度不能匹配。$\mathcal{N} = 4$ 超 Yang-Mills 存在于 3+1 维时空,而对偶的闭弦理论存在于由 $\mathrm{AdS}_5 \times S^5$ 构成的 9+1 维时空。5 维球面是一个紧致空间,所以我们应该将它的激发态看成是 AdS_5 中有质量的模式,它们的质量与它们在球上的角动量是成比例的。因此,该理论所存在的实际时空是 5 维的。这仍然比超 Yang-Mills 理论多了 1 维。我们刚刚重温过的原始推导清楚地告诉了我们这个额外维度的含义。共形 $\mathcal{N} = 4$ 超 Yang-Mills 理论没有内禀尺度。但是如果有人对 $U(N)$ 使用 Higgs 机制,就引入了一个尺度,所有其他带量纲的量都可以自然地用这个尺度来衡量,它是描述该理论时的参考尺度。在闭弦一边,Higgs 质量由与边界垂直的径向方向的位置来刻画。这表明我们确实可以把径向看成是系统的能量尺度,见图 4.10。在第 1 章中,我们曾将这种深层次关系作为直观地引出 AdS/CFT 的起点。

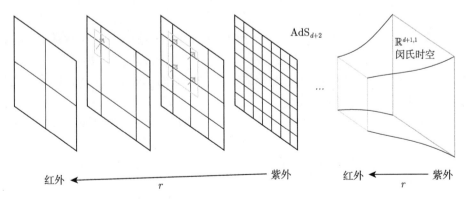

图 4.10　我们可以把 AdS 的径向方向看成是 CFT 粗粒化过程中连续的中间阶段。图源自文献 [5]

4.4　AdS/CFT 对偶是场论/引力对偶

我们还有最后一个问题要面对。之前我们推导出 $\mathcal{N} = 4\,U(N)$ 超 Yang-Mills 理论的一个等价描述是 $\mathrm{AdS}_5 \times S^5$ 中的完整弦论。即使对于平直时空，描述非微扰弦论仍然是很困难的，所以这是一个严重的障碍。尽管对弦论的完整描述可能是未知的，但是我们知道低能量下的闭弦理论将还原为爱因斯坦的广义相对论和一些无质量场。在 AdS 时空背景下取低能量极限意味着，除了通常的大质量模式截断之外，我们还应该坚持保证 AdS 曲率相对于弦长的尺度是非常大的。背景时空本身的能量密度也应该很小，并且在一个局域观测者看来，它应该非常平直。这意味着 AdS 半径满足 $L/\ell_s \gg 1$。

然而黑膜解告诉我们 $L = \ell_s (4\pi g_s N)^{1/4}$，因此 $L/\ell_s \gg 1$ 表明 $g_s N \gg 1$。但是根据开弦理论(4.38)，在 Yang-Mills 理论中，耦合常数 g_{YM}^2 精确地等于 g_s。因此，使 AdS 弦论约化为经典广义相对论的低能极限与 Yang-Mills 理论中的强 $'$t Hooft 耦合极限正好对应，我们曾在 4.2.2 节回顾过这一极限。而且，如果我们要求可以忽略弦的圈图，即 $g_s \ll 1$，那么 N 必须满足 $N \gg g_s N \gg 1$，所以我们必须考虑的是矩阵大 N 极限下的规范理论。基于这种考虑，我们认为 AdS/CFT 是弱–强对偶。它直接表明理论的微扰的弱耦合经典引力部分对应于规范理论在大 N 极限下的强 $'$t Hooft 耦合部分。

弦论的开弦/闭弦黑膜对偶是大量 AdS/CFT 对应的其他例子的来源 (见第 13 章)。对任何对偶都适用的经验是，我们之前得到的洞察应该是超出经典范例且更加普适的。尽管只有少数可计算的例子，许多场论的对偶可以被定性地理解为孤子和基本场之间的对换，这取决于耦合常数的值。同样地，AdS/CFT 的原理——特别是我们将在第 5 章讨论的对偶两边关联函数之间的具体字典——的适用范围应该超出从弦论直接得出的几个例子。这确立了构造全息的自下而上的方法，而这个方法正是本书的主题。如果能嵌入到弦论，它确实能保证该理论本身是完全量子自洽的。这意味着对偶场论是一个 UV 完备的理论，也就是说不存在朗道极点/零点，也不需要其他自由度。这是一个重要的条件，但不是必要条件。在凝聚态物理中确实有很多我们熟悉的非 UV 完备的 IR 理论。尽管如此，通常正是这些理论与对现实的描述有关。

带着这一观点成立的希望，在第 5 章中我们转向关于 AdS/CFT 对应的定量细节的讨论。

方框 4.4　广义相对论基础

在这里我们对广义相对论做一个简要的概述，以便读者重温必要的概念。

想获取更多细节，请参阅标准教科书 [195-197]。

在狭义相对论中，时间和空间被认为具有接近等同的地位，这一点可以用四矢量标记明显地表示出来，

$$V^\mu = \begin{pmatrix} V^0 \\ V^i \end{pmatrix} \tag{4.43}$$

洛伦兹不变的内积 $V^2 \equiv -(V^0)^2 + (V^i)^2$ 可以被看成这个四矢量在时空中的长度，而时空距离根据如下线元来度量：

$$ds^2 = \eta_{\mu\nu} dx^\mu dx^\nu, \quad \eta_{\mu\nu} = \begin{pmatrix} -1 & 0 & 0 & 0 \\ 0 & 1 & 0 & 0 \\ 0 & 0 & 1 & 0 \\ 0 & 0 & 0 & 1 \end{pmatrix} \tag{4.44}$$

爱因斯坦发现狭义相对论同惯性质量和引力质量的等价性的结合表明，物体对于质量为 M 的物体的相对论性引力的响应是

$$\frac{d^2 r}{dt^2} = \frac{GM}{r} + \cdots \tag{4.45}$$

这对于所有物体都是相同的。如果是时空几何导致了这种响应，那么就可以确保这种普适性。这个理论的数学形式由黎曼 (Riemann) 提出。对于局域线元是 $ds^2 = g_{\mu\nu}(x) dx^\mu dx^\nu$ 的弯曲时空，自由下落物体的用 τ 标记的轨迹由下式决定

$$\frac{d^2 x^\mu(\tau)}{d\tau^2} + \Gamma^\mu_{\nu\rho} \frac{dx^\nu(\tau)}{d\tau} \frac{dx^\rho(\tau)}{d\tau} = 0 \tag{4.46}$$

其中的克里斯多菲 (Christoffel) 符号 $\Gamma^\mu_{\nu\rho}$ 由度规 $g_{\mu\nu}$ 的导数决定，

$$\Gamma^\mu_{\nu\rho} = \frac{1}{2} g^{\mu\sigma} \left(\partial_\nu g_{\sigma\rho} + \partial_\rho g_{\sigma\nu} - \partial_\sigma g_{\nu\rho} \right) \tag{4.47}$$

这里的 τ 取为物体的固有时。的确，正比世界线长度的点粒子作用量决定了测地线运动方程：

$$S = -m \int_{\tau_i}^{\tau_f} ds(\tau) = -m \int_{\tau_i}^{\tau_f} d\tau \sqrt{-g_{\mu\nu} \frac{dx^\mu}{d\tau} \frac{dx^\nu}{d\tau}} \tag{4.48}$$

这与方程(4.34)相同。

如果时空会根据物质的存在而改变，那么所有试探粒子的轨迹会有同样的反映在 Christoffel 项的调整变化。从根本上说，这意味着时空度规的改

变。然而，当坐标改变时度规的表示也会改变，但显然这不应该有物理效应。Riemann 张量

$$R^{\sigma}_{\mu\nu\rho} = \partial_{\nu}\Gamma^{\sigma}_{\mu\rho} + \Gamma^{\sigma}_{\nu\tau}\Gamma^{\tau}_{\mu\rho} - (\mu \leftrightarrow \nu) \tag{4.49}$$

描述了几何与坐标的选取无关。爱因斯坦将其与能量动量张量守恒结合起来，证明了时空对物质的响应关系为

$$R_{\mu\nu} - \frac{1}{2}g_{\mu\nu}R = 8\pi G T_{\mu\nu} \tag{4.50}$$

其中，$R_{\mu\nu} = R^{\rho}_{\mu\rho\nu}$ 和 $R = g^{\mu\nu}R_{\mu\nu}$ 分别是 Ricci 张量和标量，$T_{\mu\nu}$ 是物质分布的应力能量张量。

这是由 Einstein-Hilbert 作用量

$$S = \frac{1}{16\pi G}\int \mathrm{d}^{d+2}x\sqrt{-g}\left(R - \mathcal{L}_{\mathrm{matter}}\right) \tag{4.51}$$

决定的运动方程，$\mathcal{L}_{\mathrm{matter}}$ 是物质的拉格朗日密度 (Lagrangian density)，g 是度规的行列式。

从现代的量子观点来看，Einstein-Hilbert 作用量是量子引力/弦论的低能有效作用量。从这个角度看，如果至多保留到二阶导数，作用量中还允许一个常数项存在。

$$S = \frac{1}{16\pi G}\int \mathrm{d}^{d+2}x\sqrt{-g}\left(R - 2\Lambda - \mathcal{L}_{\mathrm{matter}}\right) \tag{4.52}$$

我们让正的真空能量对应于正的宇宙学常数，从而来确定宇宙学常数 Λ 项前的符号。只有正的宇宙学常数/真空能而没有其他能量动量源的特殊时空被称为 $\mathrm{d}S$ 空间。它是球面的洛伦兹号差对应。只有负的宇宙学常数/真空能的特殊时空被称为 AdS 空间。它是双曲面的洛伦兹号差对应，见下文。

1) 物质的能量动量张量

我们将在本书中选用不同物质场对作用量(4.52)进行反复研究。相应的度规场运动方程是

$$R_{\mu\nu} - \frac{1}{2}g_{\mu\nu}(R - 2\Lambda) = 8\pi G T_{\mu\nu} \tag{4.53}$$

其中

$$T_{\mu\nu} = -\frac{2}{\sqrt{-g}}\frac{\delta S_{\mathrm{matter}}}{\delta g^{\mu\nu}} \tag{4.54}$$

自由标量场和自由矢量场的拉格朗日量是

$$\mathcal{L}_{\text{real scalar}} = -\frac{1}{2}\nabla_\mu\phi\nabla^\mu\phi - V(\phi) \tag{4.55}$$

$$\mathcal{L}_{\text{gauge}} = -\frac{1}{4}F_{\mu\nu}F^{\mu\nu} \tag{4.56}$$

其中 ∇_μ 是协变导数的标准符号,

$$\nabla_\mu\phi = \partial_\mu\phi \tag{4.57}$$

$$\nabla_\mu A_\nu = \partial_\mu A_\nu - \Gamma^\alpha_{\mu\nu}A_\alpha \tag{4.58}$$

对应的能量动量张量是

$$T^{\text{real scalar}}_{\mu\nu} = \partial_\mu\phi\partial_\nu\phi - \frac{1}{2}g_{\mu\nu}\left[(\partial\phi)^2 + V(\phi)\right] \tag{4.59}$$

$$T^{\text{gauge}}_{\mu\nu} = \frac{1}{2}(F_{\mu\alpha}F_\nu{}^\alpha - \frac{1}{4}g_{\mu\nu}F^2) \tag{4.60}$$

带电复标量场的拉格朗日量是

$$\mathcal{L}_{\text{charged scalar}} = -D_\mu\Phi(D^\mu\Phi)^* - V(\Phi) \tag{4.61}$$

其中

$$D_\mu = \nabla_\mu - \mathrm{i}qA_\mu \tag{4.62}$$

对应的能量动量张量是

$$T^{\text{charged scalar}}_{\mu\nu} = D_\mu\Phi(D_\nu\Phi)^* + D_\nu\Phi(D_\mu\Phi)^* + \frac{1}{2}g_{\mu\nu}\mathcal{L}_{\text{charged scalar}} \tag{4.63}$$

2) 切空间, 自旋

我们需要一个额外的概念来处理弯曲时空中的费米子。通过自旋统计定理, 我们知道费米子是洛伦兹群的半整数自旋表示。然而, 在洛伦兹平动下一般的弯曲时空并不是不变的, 但是局域的, 它应该是不变的。这使得我们需要引入一个局域切空间。在这个局域切空间中局域洛伦兹变换不变性是显然的。这是通过引入满足 $\mathrm{d}s^2 = \eta_{ab}\theta^a\theta^b$ 的 $D = d+1$ 维单位正交基 $\theta^a = \mathrm{e}^a_\mu(x)\mathrm{d}x^\mu$ 来实现的, 其中 η_{ab} 是闵氏度规。$D \times D$ 维可逆矩阵 e^a_μ 被称为标架场[1]。它们和它们的逆矩阵 e^μ_a 满足下面的关系:

$$e^\mu_a e^\nu_b g_{\mu\nu} = \eta_{ab}, \qquad \eta_{ab}e^a_\mu e^b_\nu = g_{\mu\nu} \tag{4.64}$$

---

①译者注: 即 Tetrad 或 Vielbein, 由四个局域定义的线性独立的矢量场组成的一套基底。

对于标架 e_μ^a，切空间指标 a 由 η_{ab} 升降，而坐标空间指标 μ 由 $g_{\mu\nu}$ 升降。我们可以通过这种方法将坐标基下的任何张量映射到单位正交基下的张量 $V_b^a = e_\mu^a e_b^\nu V_\nu^\mu$。

当我们在流形上移动时，局域的单位正交基会改变。这一改变的无穷小形式由自旋联络刻画，

$$\nabla_\mu V_b^a = \partial_\mu V_b^a + \omega_{\mu c}^a V_b^c - \omega_{\mu b}^c V_c^a \tag{4.65}$$

这等价于无穷小运动下张量变换的标准方法：

$$\nabla_\mu V_\sigma^\rho = \partial_\mu V_\sigma^\rho + \Gamma_{\rho\alpha}^\mu V_\sigma^\alpha - \Gamma_{\mu\sigma}^\alpha V_\alpha^\rho \tag{4.66}$$

如果标架场的协变导数为零，则有

$$\nabla_\mu e_a^\nu = \partial_\mu e_a^\nu + \Gamma_{\mu\rho}^\nu e_a^\rho - e_b^\nu \omega_{\mu a}^b = 0 \tag{4.67}$$

这个条件就决定了如何用度规和标架场表示自旋联络，即

$$\omega_{\mu a}^b = \Gamma_{\mu\rho}^\nu e_a^\rho e_\nu^b - e_a^\nu \partial_\mu e_\nu^b \tag{4.68}$$

需要注意，我们利用了 $\nabla_\mu \eta_{ab} = 0$ 来得到 $\omega_{\mu ab} = -\omega_{\mu ba}$。

式(4.65)说明我们也可以用局域洛伦兹群来表示张量，自旋联络 $\omega_{\mu ab}$ 在这里充当规范场。这告诉我们如何写出弯曲时空中的 Dirac 方程。普通导数加上规范场（自旋联络）乘以表示的生成元就变为协变导数。对于自旋 1/2 的场，洛伦兹变换的生成元是

$$M^{bc} = \frac{1}{4}[\Gamma^b, \Gamma^c] \equiv \frac{1}{2}\Gamma^{bc} \tag{4.69}$$

因此，弯曲时空 Dirac 方程为 [1]

$$\mathrm{i}\Gamma^a e_a^\nu D_\nu \Psi - m\Psi = 0 \tag{4.70}$$

它由作用量

$$S = \int \mathrm{d}t\mathrm{d}^d x \sqrt{-g}\left\{ -\mathrm{i}\bar\Psi\left[e_a^\mu \Gamma^a\left(\partial_\mu + \frac{1}{4}\omega_{\mu bc}\Gamma^{bc}\right) - m\right]\Psi \right\} \tag{4.71}$$

决定，其中 $\bar\Psi = \Psi^\dagger \Gamma^0$。

---

[1]原文方程有误，已修正。

3) 诱导度规, 外曲率

我们将在这里介绍在计算热力学量和 D 膜物理时用到的外几何的概念, 以供读者参考。外几何是关于曲面在高维时空中如何弯曲的更为直观的几何。内蕴平直的一个面 (一张纸), 仍然可能有外曲率 (弯曲成 S 形的纸)。更抽象地说, 我们用它的法向单位矢量 n^ν 来刻画嵌入在 D 维时空中的 $D-1$ 维超曲面 Σ, 其中 D 维时空具有度规 $g_{\mu\nu}(\mu, \nu = 0, 1, \cdots, D-1)$。若 $n^\nu n_\nu = 1$(或 -1), 则 Σ 是类空的 (或类时的)。这个矢量是由曲面嵌入时空的方式所决定的。一般来说, 如果我们给定曲面自身的一套坐标 ξ^α, $\alpha = 0, 1, \cdots, D-1$, 那么对于曲面上的每个点 xi^α 都有另一个点 $X^\mu(\xi)$ 告诉我们这个点在嵌入时空中的位置。沿曲面的无穷小运动由 $D-1$ 维矢量 $\partial_{\xi^\alpha} X^\mu d\xi^\alpha$ 给出。法向矢量 n^μ 是 ξ^α 的正交补, 则有 $n_\mu \partial_{\xi^\alpha} X^\mu$。

Σ 的两个重要的量是诱导度规和外曲率。$g_{\mu\nu}$ 在 Σ 上的诱导度规 $h_{\mu\nu}$ 定义为

$$h_{\mu\nu} = g_{\mu\nu} - n_\mu n_\nu \tag{4.72}$$

它的指标由 $g_{\mu\nu}$ 升降, 并且根据这个构造有 $h_{\mu\nu} n^\nu = 0$。诱导度规按照 Σ 上的坐标来表示: $g_{\mu\nu} \partial_{\xi^\alpha} X^\mu \partial_{\xi^\beta} X^\nu$。$\Sigma$ 的外曲率是关于正交单位矢量的如下协变导数:

$$K_{\mu\nu} = h_\mu^\alpha h_\nu^\beta (\nabla_\alpha n_\beta + \nabla_\beta n_\alpha) \tag{4.73}$$

外曲率的迹定义为

$$K = h^{\mu\nu} K_{\mu\nu} \tag{4.74}$$

4) AdS 时空

AdS/CFT 中的 AdS 代表反德西特时空。在这里我们对这个时空做一个简要的介绍。通常在物理学中, 对时空进行分类的最好方式是利用它们的对称性。对于时空来说, 对称性体现在时空流形的等度规变换上, 即保持度规不变的坐标变换。对于每一个这样的对称性, 我们都可以确定一个不同的 Killing 矢量。回想一下, 在一般坐标变换 $\delta x^\nu = \xi^\nu(x)$ 下度规的变化为

$$\delta g_{\mu\nu} = \nabla_\mu \xi_\nu + \nabla_\nu \xi_\mu \tag{4.75}$$

基灵 (Killing) 矢量是满足 $\nabla_\mu \xi_\nu + \nabla_\nu \xi_\mu = 0$ 的矢量。

最简单的时空是有最多的对称性的那些时空。它们有最多的 Killing 矢量。因为一个 D 维对称度规有 $D(D+1)/2$ 个分量, 所以最多有 $D(D+1)/2$

个独立的 Killing 方程, 从而最多有 $D(D+1)/2$ 个 Killing 矢量。具有这么多 Killing 矢量的时空被称为最大对称时空。这些 Killing 矢量构成一个群。包含这么多生成元的最简单的群是 $SO(D+1)$ 群, 但是这并不符合洛伦兹号差。实际上只有三类不同的最大对称时空。我们用 Killing 矢量构成的群来对它们进行分类。它们是:

群	时空
$SO(1, D)$	D 维 dS 时空
$SO(2, D-1)$	D 维 AdS 时空
$ISO(1, D-1) = $ 平移 $D \rtimes SO(1, \ D-1)$	D 维闵氏时空

最大对称时空的曲率反映了它们的简单性。因为最大对称时空中的每个点本质上都和其他点相似,所以它们的曲率的导数为零。按照惯例有 $[\nabla_\mu, \nabla_\nu]V^\rho = R^\rho{}_{\mu\nu\sigma}V^\sigma$, 并且 $g_{\mu\nu}$ 的对角元多数为正, 则最大对称时空的曲率有如下形式:

$$R_{\mu\nu\rho\sigma} = c(g_{\mu\rho}g_{\nu\sigma} - g_{\mu\sigma}g_{\nu\rho})$$
$$R_{\mu\nu} = c(D-1)g_{\mu\nu} \tag{4.76}$$
$$R = c(D-1)(D)$$

其中 c 是一个常数。所有这些时空事实上都是带有宇宙学常数的 D 维爱因斯坦方程的真空解,

$$R_{\mu\nu} - \frac{1}{2}g_{\mu\nu}(R - 2\Lambda) = 8\pi G T_{\mu\nu} \tag{4.77}$$

在真空中 $T_{\mu\nu} = 0$, 上式与度规缩并, 得到

$$R = \frac{2D}{D-2}\Lambda \tag{4.78}$$

因此 $c = 2\Lambda/[(D-2)(D-1)]$。

结果是 $\Lambda > 0$ 对应于 dS 时空, $\Lambda = 0$ 对应于闵氏时空, 而 $\Lambda < 0$ 对应 AdS 时空。换言之, AdS 时空是唯一的具有负宇宙学常数的真空爱因斯坦方程的最大对称解。

这可能看不出什么, 但最大对称的欧几里得空间 (Euclidean space) 实际上是我们所熟知的。最大对称欧几里得空间是球面 $\Lambda > 0$, 平直空间 $\Lambda = 0$ 和双曲面 $\Lambda < 0$。dS 空间是球面的洛伦兹号差推广, 而 AdS 空间是双曲面的洛伦兹号差推广。正如 D 维球面 S^D 被定义为欧几里得平直时空 (Euclidean flat space-time) 中受到如下约束的解:

$$X_1^2 + X_2^2 + \cdots + X_{D+1}^2 = L^2 \tag{4.79}$$

同样，D 维双曲面被定义为欧几里得平直时空 $\mathbb{R}^{d+3}$ 受到如下约束的解:

$$-X_{-1}^2 + X_1^2 + \cdots + X_D^2 = -L^2 \tag{4.80}$$

这样，可以定义 D 维 AdS 时空 (AdS_{d+2}) 为具有两个时间方向的平直时空 $\mathbb{R}^{2,D-1}$ 中的曲面:

$$-X_{-1}^2 - X_0^2 + X_1^2 + \cdots + X_{d+1}^2 = -L^2 \tag{4.81}$$

我们立刻看到它具有 $SO(2, D-1)$ 对称性。注意到，尽管 $\mathbb{R}^{2,D-1}$ 有两个时间维度，但 AdS 曲面上只有一个时间方向。这个定义式的一个解是

$$
\begin{aligned}
X_1 &= L_+ \cos\theta_1 \\
X_2 &= L_+ \sin\theta_1 \cos\theta_2 \\
&\vdots \\
X_{D-2} &= L_+ \sin\theta_1 \sin\theta_2 \cdots \cos\theta_d \\
X_{D-1} &= L_+ \sin\theta_1 \sin\theta_2 \cdots \sin\theta_d \\
X_0 &= L_- \cos\tau \\
X_{-1} &= L_- \sin\tau
\end{aligned} \tag{4.82}
$$

其中，$L_+ = L \sinh\rho$, $L_- = L \cosh\rho$, $0 \leqslant \tau < 2\pi$, $0 \leqslant \theta_i < \pi$ $(0 \leqslant i \leqslant d-1)$，以及 $0 \leqslant \theta_d < 2\pi$。我们得到的诱导度规是 AdS_{d+2} 的度规，

$$
\begin{aligned}
ds^2 &= -dX_{-1}^2 - dX_0^2 + dX_1^2 + \cdots + dX_{d+1}^2 \\
&= L^2(d\rho^2 - \cosh^2\rho d\tau^2 + \sinh^2\rho d\Omega_d^2)
\end{aligned} \tag{4.83}
$$

其中 $d\Omega_d^2$ 是 d 维球面 S^d 的度规。AdS 时空是这个度规的万有覆盖，即我们展开周期性的类时坐标 τ 并将其延拓到 $-\infty \leqslant \tau \leqslant \infty$。这个坐标系是很特殊的，因为它是一个全局坐标系。它覆盖了 AdS 时空的全部 (回忆一下，我们一般需要拼接多个坐标系来覆盖全部空间)。如前所述，欧几里得 AdS 时空是一个双曲空间。

现在考虑坐标变换 $\rho = \mathrm{arcsinh}\tan\theta$，其中 $0 \leqslant \theta \leqslant \pi/2$ (对于 AdS_2，$-\pi/2 \leqslant \theta \leqslant \pi/2$)，它将双曲坐标 ρ 映射到有限的范围内。这个坐标系下的度规为

$$\mathrm{d}s^2 = \frac{L^2}{\cos^2\theta}\left(\mathrm{d}\theta^2 - \mathrm{d}\tau^2 + \sin^2\theta\mathrm{d}\Omega_d^2\right) \tag{4.84}$$

我们容易从这个度规中看出 AdS 的拓扑结构。为此，我们可以忽略整体共形因子 $L^2/\cos^2\theta$。拓扑上等价的时空

$$\mathrm{d}s_{\mathrm{teq}}^2 \sim \left(\mathrm{d}\theta^2 - \mathrm{d}\tau^2 + \sin^2\theta\mathrm{d}\Omega_d^2\right) \tag{4.85}$$

描述了一个径向坐标为 θ，纵向坐标为 τ，且每个点 (θ,τ) 代表一个球面 S^d 的圆柱，见图 4.11。因而，我们看到 AdS 在 $\theta = \pi/2$ 处有一个 (共形) 边界。需要注意的是，如果用物理单位来衡量，那么这个边界位于无穷远处。这个共形边界在 AdS/CFT 中扮演着举足轻重的角色。

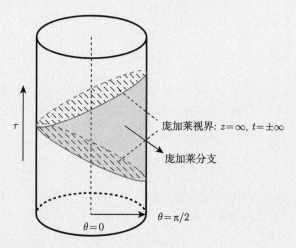

图 4.11　AdS 时空的拓扑是边界为 $\mathbb{R} \times S^d$ 的实心圆柱体。庞加莱分支 (灰色区域) 只覆盖了 AdS 全局的一部分

我们用来描述 AdS_{d+2} 的第三个方便的坐标系是定义式(4.81)满足的如下关系的解：

$$X_1 = \frac{L}{z}x_1$$
$$X_2 = \frac{L}{z}x_2$$

$$\vdots$$

$$X_{D-2} = \frac{L}{z}x_d \tag{4.86}$$

$$X_{D-1} = \frac{1}{2z}\left(L^2 - z^2 + t^2 - \sum_{i=1}^{d} x_i^2\right)$$

$$X_0 = \frac{L}{z}t$$

$$X_{-1} = \frac{1}{2z}\left(L^2 + z^2 - t^2 + \sum_{i=1}^{d} x_i^2\right)$$

AdS_{d+2} 的度规变为

$$ds^2 = \frac{L^2}{z^2}\left(dz^2 - dt^2 + dx_1^2 + \cdots + dx_d^2\right) \tag{4.87}$$

这个坐标系所覆盖的时空区域被称为庞加莱 (Poincaré) 分支[①]，它只覆盖了整个 AdS 时空的一部分。Poincaré 分支的边界是 $\mathbb{R}^{1,d}$，所以当对偶的 CFT 定义在闵氏时空 $\mathbb{R}^{1,d}$ 时，使用 Poincaré 坐标是方便的。如果将其与全局坐标通过定义式(4.81)联系起来，我们可以看到它覆盖了图 4.11 所示的灰色区域。请参阅综述 [198, 199]。

5) AdS 时空中的等度规变换和共形对称性

我们将简要讨论 AdS 时空边界的一个特殊性质。这个 (共形) 边界不仅继承了 AdS 时空的平移和旋转不变性，实际上还具有共形变换不变性。这些共形对称性正是 AdS_{d+2} 的完整 $SO(2, d+1)$ 等度规变换在边界上的表现。

让我们简短地回忆 $SO(2, d+1)$ 作为共形群的一些性质。$SO(2, d+1)$ 的生成元代数是

$$[M_{ij}, M_{kl}] = \eta_{jk}M_{il} - \eta_{ik}M_{jl} - \eta_{jl}M_{ik} + \eta_{il}M_{jk} \tag{4.88}$$

其中 $M_{ij} = -M_{ji}$ η_{jk} 是 $SO(2, d+1)$ 不变的度规。这直接来自于这样一个事实，即具有两个时间方向的平直时空 $\mathbb{R}^{2,d+1}$ 中的旋转由 $i(\hat{x}_i\hat{p}_j - \hat{p}_i\hat{x}_j)$ 生成。为了把这个代数解释为 d 维共形群，我们将洛伦兹群单独分离出来，$SO(2, d+1) = SO(1,1) \times SO(1, d)$。利用额外 $(1,1)$ 方向的光锥坐标并认定 $M_{+-} = D$，$M_{i-} = P_i$ 和 $M_{i+} = K_i$，我们就得到了共形群的生成元代数。这

[①]原文为 Poincaré Patch，这里我们译作 Poincaré 分支，表示在全局 AdS 时空中 Poincaré 坐标所能覆盖的区域。

里的 D 是伸缩生成元, P_i 是平移生成元 (很容易得到), K_i 是特殊共形变换的生成元。前两个生成元是我们熟悉的, 但是对最后一个生成元的性质不那么清楚。一种方便的方法是将 K_i 视为"翻转尺度"的生成元。共形群也可被视为 Poincaré 群与逆操作的组合, 这里的逆操作是

$$I : x^\mu \to \frac{x^\mu}{x^2} \tag{4.89}$$

关于逆操作的微妙之处在于它作为一个群元素与单位元不连通。它不具有单位行列式。因此, 它不在群代数中。它在群代数中通过生成元 K_i 体现, 可以证明它等于 $K_i = IP_iI$。因为逆操作算符出现两次, 这个群元确实有单位行列式, 并且它的无穷小形式是群代数中的元素。

我们现在可以讨论为什么 AdS 的边界从 AdS 的等度规变换中继承了完整的共形群不变性。在 Poincaré 坐标系下, 边界的平移和洛伦兹平动对称性是直接存在的。标度对称性也很容易看到。Poincaré 度规

$$\mathrm{d}s^2 = \frac{L^2}{z^2}(\eta_{\mu\nu}\mathrm{d}x^\mu\mathrm{d}x^\nu + \mathrm{d}z^2) \tag{4.90}$$

在变换 $x^\mu \to \lambda x^\mu$, $z \to \lambda z$ 下明显是不变的。非平凡的变换是这个 CFT 反演对称性的推广。不难看出 Poincaré 坐标在如下变换下也是不变的:

$$x^\mu \to \frac{x^\mu}{z^2 + \eta_{\mu\nu}x^\mu x^\nu}, \qquad z \to \frac{z}{z^2 + \eta_{\mu\nu}x^\mu x^\nu} \tag{4.91}$$

在边界 $z = 0$ 处它还原为反演对称性, 因而这个边界在完整的共形群变换下不变。

第 5 章 作为计算工具的 AdS/CFT 对应：字典

在充分理解 AdS/CFT 可为凝聚态物理提供独特视角的语境以及其在场论中应被考量的理论框架后，我们现在已具备条件，可深入探讨这一问题的核心。这就是 "Gubser-Klebanov-Polyakov-Witten"（GKPW）规则。它给出了场论与对偶引力理论的性质之间的精确字典。基于 Maldacena 的发现，在 1998 年 Witten 以及 Gubser、Klebanov、Polyakov 分别独立地推导出了这个关于体和边界之间对应的一般规则 [2,3]。与全息原理中的其他内容一样，这仍然是一个推测。本书之前的总结可以作为这个合理推测背后的部分直觉，但是正如我们在第 4 章中讨论的，真正的支撑依据来自弦论 [7]。我们将直接把 "GKPW 规则" 视为一种天启的权威予以陈述。其本质是对应的两边的配分函数相等

$$Z_{\mathrm{CFT}}(N) = \int \mathcal{D}\phi\, \mathrm{e}^{\mathrm{i}N^2 S_{\mathrm{AdS}}(\phi)} \tag{5.1}$$

等式左边是完整的量子配分函数或者说场论的 "真空振幅"，即 Z_{CFT}；等式右边是引力理论中所有场的路径积分。最关键的是，等式右边在大 N 极限下会退化到鞍点，特别地，这意味着大 N 下的 CFT 自由能与引力理论的最小（欧氏）作用量相吻合，后者等于运动方程的解所对应的作用量的值 $S_{\mathrm{AdS}}^{\mathrm{on\text{-}shell}}$。

本书中我们将只讨论 CFT 的平衡物理，GKPW 规则暗示了它对应于体运动方程的稳态解。部分平衡物理的特性由线性响应的动力学极化率给出，为我们提供了关于未扰动系统上的激发态的信息。AdS/CFT 的第二个强大功能将在这里展现。与传统方法（需将理论欧氏化，并面对难以处理的将离散的 Matsubara 频率变回实时频率的 Wick 转动）不同，AdS/CFT 允许直接在实时下进行计算。有限温度可以蕴含在黑洞几何之中，而这自动地控制了温度依赖性，原因是它的实时几何有力地包含了虚时方向的周期性。我们将在第 6 章中对此进行详细说明。

当我们知道如何计算配分函数以后，用生成泛函来计算线性响应函数就很直接了。我们用与场论的局域算符（"响应"）$\mathcal{O}_I(x)$ 耦合的外场（"源"）$J_I(x)$ 对系统进行扰动，即在场论的拉氏量中加入一项，则有

$$\mathcal{L}(x) \to \mathcal{L}(x) - \mathrm{i}\sum_I J_I(x)\mathcal{O}_I(x) \tag{5.2}$$

在完全一般的情况下，任何 n 点函数都可以通过对加入源的配分函数的对数求变

分并取源强度为零的极限来计算：

$$\langle \mathcal{O}_1(x_1)\mathcal{O}_2(x_2)\cdots\mathcal{O}_n(x_n)\rangle = \prod_{i=1}^{n}\frac{\delta}{\delta J_i(x_i)}\ln Z_{\mathrm{QFT}}|_{J=0} \tag{5.3}$$

GKPW 的洞察在于怎样将这个计算关联函数的方法与式 (5.1) 的右侧结合起来。我们不能简单地在体时空的所有地方引入相应的局域源，并且这是不可行的。受弦论中开弦与闭弦互为源的理论启发，Gubser、Klebanov、Polyakov 和 Witten[2,3] 发现了正确的步骤。CFT 中的源应该蕴含在引力理论的一个场中。然后根据字典规则二，如果 CFT 可以被认为存在于 AdS 时空的边界上，那么在引力一边中源被限制在这个边界上。因此，源充当了经典场在体引力理论中传播的边界条件。如果我们将体系对 N^2 的依赖隐含于作用量的定义之内，那么这个规则的数学形式如下。

　　规则五：作为 AdS/CFT 的数学基础的 GKPW 规则指出，具有源 J 的一个 QFT 理论的配分函数等于一个体引力理论的配分函数，其中体中的场 ϕ 的渐近 AdS 边界值等于源 J：

$$\langle \mathrm{e}^{\int \mathrm{d}^{d+1}x J(x)\mathcal{O}(x)}\rangle_{\mathrm{QFT}} = \int \mathcal{D}\phi\, \mathrm{e}^{\mathrm{i}S_{\mathrm{bulk}}(\phi(x,r))|_{\phi(x,r=\infty)=J(x)}} \tag{5.4}$$

　　仔细想想，我们就会意识到这充分体现了 AdS 动力学"几何化"了 CFT 的重整化群这一观点。算符 $\mathcal{O}_I(x)$ 是理论的裸算符，其在深紫外 (UV) 中有意义，人们想通过追踪相应的传播子对能量的依赖关系来了解该算符在红外 (IR) 区域下的命运。让我们考虑光电发射，这个算符是从外部射入相互作用电子系统中的电子。在固体中，电子在很短的时间内仍然是裸电子，因为在此期间它来不及意识到存在可以与之相互作用的其他电子，这就是在深紫外中的情况。但随着时间的推移，电子越来越成为被装饰的电子，而且在很长一段时间之后，它将"解体"到强关联的真空中真正的、高度集体的低能激发中。若它们是强关联费米液体中的准电子，它们将在裸电子谱函数中的极低能量处以微小但非常尖锐的峰出现，即在强关联费米液体的光电发射谱观测中经常看到的"准粒子峰"。在第 9 章中，我们将发现这些准粒子极点确实可以在全息计算中出现。

　　考虑到 AdS 中的径向方向与 CFT 中的标度方向相对应，裸 UV 算符的信息必须在边界处"传递"到体中，这是 GKPW 规则的深层洞见。从 5.1 节开始，我们将逐步揭示其威力。第一步，我们将定量证明本书开始时 (1.3 节) 提出的关于 CFT 关联函数的"RG = GR"规则的直觉构造，并强调我们可以在实时中这样做。我们不仅可以建立推迟、超前和混合格林函数的完整形式理论，而且可以直接计算量子期望值。这里我们将聚焦在零温的情况，并在第 6 章结尾论述有限温度的情况以完成这个讨论 (6.4节)。5.1节是本书剩余内容的基础。它还将给出计算全息高阶关联函数的算法，并在原则上说明如何在体中引入量子修正。在 5.2 节中，我们将聚焦于边界上的重整化群是如何在体时空中体现的，并阐明体时空中场的质量与 CFT 情形下边界算符的标度维数之间的关系。我们将特别关注全息中一个被称为替代量子化的概念，以及它如何与双迹变形的平均场性质相联系。在最后的 5.3 节中，我们将通过关注对称性的作用来完成对偶字典，并讨论为什么边界中由整体对称性决定的场与体中由局域对称性决定的场相互对偶。这些补充提供了足够的信息，使我们得以在这个对偶的技术性介绍末尾以表 5.2 的形式呈现"全息字典"。

5.1　GKPW 规则的运用：计算关联函数

让我们关注 GKPW 规则如何精确地证实了在 1.3 节介绍的特别构造 (式 (1.20))。它指出两点关联函数可以从 AdS 中的波动的边界渐近行为中读出。利用大 N 极限下的"鞍点约化"，GKPW 规则指出我们要考虑在壳体时空作用量，其中场的边界值应等于对偶场论中的源。对于简单的实标量理论，体时空作用量可以用"体时空"的贡献和"边界"的贡献表示为

$$S = \int_{\mathrm{AdS}} \mathrm{d}r \mathrm{d}^{d+1}x \sqrt{-g} \left(-\frac{1}{2} g^{\mu\nu} \partial_\mu \phi \partial_\nu \phi - \frac{1}{2} m^2 \phi^2 \right)$$
$$= \int_{\mathrm{AdS}} \mathrm{d}r \mathrm{d}^{d+1}x \sqrt{-g} \frac{1}{2} \phi(\Box - m^2)\phi - \frac{1}{2} \oint_{\partial \mathrm{AdS}} \mathrm{d}^{d+1}x \sqrt{-h}\, \phi \partial_n \phi \quad (5.5)$$

这里的 h 是 AdS 边界上的"诱导度规"的行列式。对于常用的如下类型的 AdS 度规：

$$\mathrm{d}s^2 = \frac{L^2}{r^2}\mathrm{d}r^2 + h_{\mu\nu}(r,x)\mathrm{d}x^\mu \mathrm{d}x^\nu \quad (5.6)$$

边界诱导度规就是在边界 $r = \infty$ 处的张量 $h_{\mu\nu}(r,x)$。其正式定义可以在方框 4.4(第 4 章末尾) 对广义相对论和弯曲时空的 Riemann 数学的回顾中找到。边界项中的法向导数 $\partial_n \equiv n^\mu \partial_\mu$ 沿单位法向矢量 $\boldsymbol{n}^\mu$ 的方向指向边界外侧。对于度规(5.6)有 $n^\mu = \left(\frac{r}{L}, 0, \cdots, 0 \right)$，并且为简单起见我们取纯 AdS 度规，$h_{\mu\nu} = \frac{r^2}{L^2} \eta_{\mu\nu}$。

这个边界项对运动方程没有任何贡献，但是它在对应中非常关键。解出运动方程并将 $\phi(x)$ 的解代入作用量时，"体时空"项将变为零。我们从 1.3 节知道，这

个解在取边界方向的傅里叶变换后在靠近边界 $r = \infty$ 处具有一般的渐近行为

$$\phi_{\text{sol}}(\omega, \boldsymbol{k}, r) = A(\omega, \boldsymbol{k}) \left(\frac{r}{L}\right)^{-(d+1-\Delta)} + B(\omega, \boldsymbol{k}) \left(\frac{r}{L}\right)^{-\Delta} + \cdots \qquad (5.7)$$

其中 $\Delta = \dfrac{d+1}{2} + \sqrt{\dfrac{(d+1)^2}{4} + m^2 L^2}$。根据 GKPW 规则，$\phi(\omega, \boldsymbol{k}, r = \infty)$ 的边界值应该被选为固定的，并且它等于源 $J(\omega, \boldsymbol{k})$。我们现在遇到了一个问题，因为幂次 $d + 1 - \Delta$ 一般是负的，所以 ϕ 的边界值不是良好定义的。然而，我们知道边界上的场论中这个发散的含义。接近边界就像将重整化标度增加到无穷大，而这时我们通常会遇到 UV 发散。换句话说，必须对这个理论加以正规化，这可以用体中的几何语言以一种特别优雅的方式实现。

GKPW 规则提出，我们应该在距离正式边界无穷小距离的 $r = \epsilon^{-1}$ 处进行计算，然后对理论进行修正以使得可以取适当的极限 $\epsilon \to 0$。利用 $h_{\mu\nu} = \dfrac{r^2}{L^2} \eta_{\mu\nu}$ 并继续在边界方向做傅里叶变换，我们得到"正规"的在壳作用量等于

$$S_{\text{on-shell}}(\epsilon) = \frac{1}{2L} \oint_{r=\epsilon^{-1}} \frac{\mathrm{d}\omega \mathrm{d}^d \boldsymbol{k}}{(2\pi)^{d+1}} \left(\frac{r}{L}\right)^d \left[(d+1-\Delta) A^2 \left(\frac{r}{L}\right)^{-(2d+1-2\Delta)} \right.$$
$$\left. + (d+1) AB \left(\frac{r}{L}\right)^{-d} + \cdots \right] \qquad (5.8)$$

第一项是有问题的形式上的发散项。使作用量良好定义的关键是：在作用量中添加任何的边界项永远不会改变运动方程，而这样一个额外的边界项却可以用来消除发散。加入如下形式的边界抵消项：

$$S_{\text{counter}}(\epsilon) = -\frac{1}{2L}(d+1-\Delta) \oint_{r=\epsilon^{-1}} \frac{\mathrm{d}\omega \mathrm{d}^d \boldsymbol{k}}{(2\pi)^{d+1}} \sqrt{-h} \phi^2$$
$$= -\frac{1}{2L}(d+1-\Delta) \oint_{r=\epsilon^{-1}} \frac{\mathrm{d}\omega \mathrm{d}^d \boldsymbol{k}}{(2\pi)^{d+1}} \left(\frac{r}{L}\right)^{d+1} \left[A^2 \left(\frac{r}{L}\right)^{-(2d+2-2\Delta)} \right.$$
$$\left. + 2AB \left(\frac{r}{L}\right)^{-(d+1)} + \cdots \right] \qquad (5.9)$$

再与 (5.8) 结合得到

$$S_{\text{on-shell}}(\epsilon) + S_{\text{counter}}(\epsilon)$$
$$= \frac{1}{2L} \oint_{r=\epsilon^{-1}} \frac{\mathrm{d}\omega \mathrm{d}^d \boldsymbol{k}}{(2\pi)^{d+1}} \left(\frac{r}{L}\right)^{d+1} \left[(2\Delta - d - 1) AB \left(\frac{r}{L}\right)^{-(d+1)} + \cdots \right] \qquad (5.10)$$

现在所有项都是有限的，我们就可以把解 $\phi_{\mathrm{sol}}(\omega, \boldsymbol{k}, z)$ 的领头项 (系数 $A(\omega, \boldsymbol{k})$) 与局域的源 $J(\omega, \boldsymbol{k})$ 等同起来。考虑到上式与加入 $S_{\mathrm{source}} = -\mathrm{i} \int \mathrm{d}^{d+1} x J O$ 的边界场论作用量一致，所以我们取 J 的一阶导数，就得到了 (以 J 为源的) 场论算符在源存在时的期望值 $\langle O \rangle_J$。它由下式给出：

$$\langle \mathcal{O}(\omega, \boldsymbol{k}) \rangle_J = \frac{2\Delta - d - 1}{2L} B(\omega, \boldsymbol{k}) \tag{5.11}$$

因此我们可以看到，使解 $\phi_{\mathrm{sol}}(\omega, \boldsymbol{k}, r)$ 的领头近边界行为 $A(\omega, \boldsymbol{k})$ 等于源 $J(\omega, \boldsymbol{k})$ 意味着次领头解的近边界行为 $B(\omega, \boldsymbol{k})$ 就是对应的响应。

线性响应理论告诉我们响应 $B(\omega, \boldsymbol{k})$ 应该与源 $A(\omega, \boldsymbol{k})$ 成线性正比，将这个源除掉，再乘以组合因子 2，就精确地得到了 CFT 关联函数：

$$\langle \mathcal{O}(-\omega, -\boldsymbol{k}) \mathcal{O}(\omega, \boldsymbol{k}) \rangle = \frac{2\Delta - d - 1}{L} \frac{B(\omega, \boldsymbol{k})}{A(\omega, \boldsymbol{k})} \tag{5.12}$$

我们已经证明了传播子规则 (5.12) 确实是基本 GKPW 规则的结果。在方框 5.1 中我们将再多取一次 J 的导数并令其为零，从而直接从 GKPW 规则得到这个结果。

对于 Δ 的一般取值，UV 发散表明 $A \neq 0, B = 0$ 的解不是 AdS 时空中可归一化的解，而 $A = 0, B \neq 0$ 的解是可归一化 (normalisable) 的。因此，领头解和次领头解也经常分别被称为不可归一化 (non-normalisable) 解和可归一化解。然而，注意到对于有些 Δ 的取值，这两个解都是可归一化的，所以领头解和次领头解是更为确切的名称。我们将在 5.2 节中讨论与两种解都可归一化的情况相关的物理。

方框 5.1　AdS/CFT 中的两点关联函数

我们要明白，根据 GKPW 规则对源 J 微分直接计算出线性响应两点关联函数，实际上就是解一个简单的 Dirichlet 边值问题。回想一下，ϕ 的运动方程是有两个线性独立解的二阶微分方程。我们记 $A = 0$ 的解为 ϕ_{B}，它的边界行为是 $\phi_{\mathrm{B}}(r) = B r^{-\Delta}(1 + \sum_n c_n r^n)$，这是在边界为零的恰当的 Dirichlet 解；对于另一个独立解，我们将选一个在体内部非奇异的正则解，我们记这个解为 $\phi_{\mathrm{int}}(r)$。为了简化计算，我们在这个方框中设定 $L = 1$，注意到这总是可以通过将坐标重新调整为无量纲量来实现，即 $(t, x_i, r) \to L(t, x_i, r)$，因此 L 只在作用量中起一个整体系数的作用。

将 ϕ 的运动方程抽象地写为

$$\frac{\partial^2}{\partial r^2} \phi(r) + P(r) \frac{\partial}{\partial r} \phi(r) + Q(r) \phi(r) = 0 \tag{5.13}$$

Dirichlet AdS 格林函数满足

$$(\nabla^\mu\nabla_\mu - m^2)\mathcal{G}^{\mathrm{AdS}}(r,r') = \mathrm{e}^{-\int^r P}\delta(r-r') \,, \quad \lim_{r\to\infty}\mathcal{G}^{\mathrm{AdS}}(r,r') = 0 \quad (5.14)$$

其中 $\displaystyle\int^r P \equiv \int^r \mathrm{d}r P(r)$，$r$ 是积分变量，那么有

$$\mathcal{G}^{\mathrm{AdS}}(r,r') = \frac{\phi_B(r)\phi_{\mathrm{int}}(r')\theta(r-r') + \phi_{\mathrm{int}}(r)\phi_B(r')\theta(r'-r)}{W(\phi_{\mathrm{int}},\phi_B)} \quad (5.15)$$

其中

$$W(\phi_{\mathrm{int}},\phi_B) \equiv \mathrm{e}^{\int^r P}\left(\phi_{\mathrm{int}}\partial_r\phi_B - \phi_B\partial_r\phi_{\mathrm{int}}\right) \quad (5.16)$$

分母的 Wronskian 行列式 $W(\phi_{\mathrm{int}},\phi_B)$ 保证了正确的归一化，并且它与 r 无关，即可选取任意的 r 来计算它。然后，对于边界源 $J(\omega,\boldsymbol{k})$，运动方程的解为

$$\phi_{\mathrm{sol}}(\omega_1,\boldsymbol{k}_1,r) = \lim_{\epsilon\to 0}\oint_{r'=\epsilon^{-1}}\frac{\mathrm{d}\omega\mathrm{d}^d\boldsymbol{k}}{(2\pi)^{d+1}}\,\mathrm{e}^{\int^{r'} P}\partial_{r'}\mathcal{G}(r,\omega_1,\boldsymbol{k}_1;r',\omega,\boldsymbol{k})J(\omega,\boldsymbol{k})$$

$$= \lim_{\epsilon\to 0}\int\frac{\mathrm{d}\omega\mathrm{d}^d\boldsymbol{k}}{(2\pi)^{d+1}}\frac{\mathrm{e}^{\int^{r'} P}\partial_{r'}\phi_B(r')\phi_{\mathrm{int}}(r)\Big|_{r'=\epsilon^{-1}}}{\mathrm{e}^{\int^r P}(\phi_{\mathrm{int}}\partial_r\phi_B - \phi_B\partial_r\phi_{\mathrm{int}})}J(\omega,\boldsymbol{k}) \quad (5.17)$$

注意到当 $r\to\infty$ 时 Wronskian 行列式还原为 $\mathrm{e}^{\int^r P}\phi_{\mathrm{int}}\partial_r\phi_B$，可以看到这样的构造使得式 (5.17) 满足 $\lim_{r\to\infty}\phi_{\mathrm{sol}}(\omega,\boldsymbol{k},r) = J(\omega,\boldsymbol{k})$。容易得到解的法向导数为

$$\partial_r\phi_{\mathrm{sol}}(\omega_1,\boldsymbol{k}_1,r) = \lim_{\epsilon\to 0}\oint_{r'=\epsilon^{-1}}\frac{\mathrm{d}\omega\mathrm{d}^d\boldsymbol{k}}{(2\pi)^{d+1}}\,\mathrm{e}^{\int^{r'} P}\partial_r\partial_{r'}\mathcal{G}(r,\omega_1,\boldsymbol{k}_1;r',\omega,\boldsymbol{k})J(\omega,\boldsymbol{k})$$

$$= \lim_{\epsilon\to 0}\int\frac{\mathrm{d}\omega\mathrm{d}^d\boldsymbol{k}}{(2\pi)^{d+1}}\frac{\partial_r\phi_{\mathrm{int}}(r)}{\phi_{\mathrm{int}}(\epsilon^{-1})}J(\omega,\boldsymbol{k}) \quad (5.18)$$

将它代入作用量，我们得到

$$S_{\text{on-shell}} + S_{\text{counter}}$$
$$= \lim_{r\to\infty}\left[-\frac{1}{2}\int\mathrm{d}^{d+1}x r^{d+2}\phi_{\mathrm{sol}}\partial_r\phi_{\mathrm{sol}} - \frac{1}{2}(d+1-\Delta)\int\mathrm{d}^{d+1}x r^{d+1}\phi_{\mathrm{sol}}^2\right]$$
$$= \lim_{\epsilon\to 0}\int\frac{\mathrm{d}\omega\mathrm{d}^d\boldsymbol{k}}{(2\pi)^{d+1}} \quad (5.19)$$

$$\times\left\{\frac{1}{2}J(-\omega,-\boldsymbol{k})\left[-\epsilon^{-d-2}\frac{\partial_r\phi_{\text{int}}(r)}{\phi_{\text{int}}(r)}\bigg|_{r=\epsilon^{-1}}-(d+1-\Delta)\epsilon^{-d-1}\right]J(\omega,\boldsymbol{k})\right\}$$

之前提到过解 ϕ_{int} 靠近边界的一般行为是 $\phi_{\text{int}}=A_{\text{int}}r^{-(d+1-\Delta)}+B_{\text{int}}r^{-\Delta}$。然后我们取源 J 的二阶导数得到

$$\begin{aligned}
\langle\mathcal{O}(-\omega,-\boldsymbol{k})\mathcal{O}(\omega,\boldsymbol{k})\rangle &= \lim_{\epsilon\to 0}\left[-\epsilon^{-d-2}\frac{\partial_{\epsilon^{-1}}\phi_{\text{int}}(\epsilon^{-1})}{\phi_{\text{int}}(\epsilon^{-1})}-(d+1-\Delta)\epsilon^{-d-1}\right]\\
&= \lim_{\epsilon\to 0}\epsilon^{1-\Delta}\frac{\partial_\epsilon[\epsilon^{-(d+1-\Delta)}\phi_{\text{int}}(\epsilon^{-1})]}{\phi_{\text{int}}(\epsilon^{-1})}\\
&= \lim_{\epsilon\to 0}\epsilon^{2\Delta-2d-2}(2\Delta-d-1)\frac{B(\omega,\boldsymbol{k})}{A(\omega,\boldsymbol{k})}
\end{aligned}\tag{5.20}$$

在最后一步，我们仅仅去掉了对归一化因子的整体依赖，剩下的线性响应结果与式 (5.12) 一致。这一步是合理的，因为 $J(\omega,\boldsymbol{k})$ 与边界源的等同关系有模糊之处。由于共形对称性，我们只能确定到相差一个标度变换 [3] 的程度。J 的标度维度是 $d+1-\Delta$，这正是因子 $\epsilon^{2(\Delta-d-1)}$ 出现的原因。更准确地说，我们必须将边界源 $J(\omega,\boldsymbol{k})$ 重整化，使其与场源相匹配 $J_{bdy}(\omega,\boldsymbol{k};\epsilon)=\epsilon^{d+1-\Delta}J_{CFT}(\omega,\boldsymbol{k})$。利用这一点，整体的归一化因子依赖性将立即得到解释。

5.1.1　例：CFT 的实时关联函数

我们已经证明了我们的构造规则是正确的。现在让我们来详细说明精确地应用 GKPW 规则如何确实能够复现正确的两点关联函数。作为一个例子，我们选择一个一般的 CFT 理论中的一个标度维度为 Δ 的标量算符 $\mathcal{O}$ 来进行计算，而由于标度不变性，我们已经知道结果。这个标量算符对偶于一个标量场，这个标量场作用量为 (5.5)，因为我们研究的是一个 CFT 理论，所以背景度规为纯 AdS 度规，

$$ds^2\equiv g_{\mu\nu}dx^\mu dx^\nu=\frac{r^2}{L^2}\left(-dt^2+\sum_{i=1}^d dx_i^2\right)+\frac{L^2}{r^2}dr^2\tag{5.21}$$

因此 ϕ 的运动方程 (EOM) 是

$$(\nabla^\mu\nabla_\mu-m^2)\phi=0\tag{5.22}$$

∇_μ 是协变导数 $\nabla_\mu V^\nu=\partial_\mu V^\nu+\Gamma_{\mu\sigma}^\nu V^\sigma$，而 $\Gamma_{\mu\sigma}^\nu$ 是由度规式(5.21)得到的 Christoffel 联络 $\Gamma_{\mu\sigma}^\nu=\frac{1}{2}g^{\nu\rho}(\partial_\mu g_{\rho\sigma}+\partial_\sigma g_{\rho\mu}-\partial_\rho g_{\mu\sigma})$。将边界方向傅里叶变换到频率-动量空间，我们得到如下运动方程：

$$\left[\frac{\partial^2}{\partial r^2}+\frac{d+2}{r}\frac{\partial}{\partial r}-\left(\frac{k^2L^4}{r^4}+\frac{m^2L^2}{r^2}\right)\right]\phi(\omega,\boldsymbol{k};r)=0\tag{5.23}$$

其中 $k^2 = -\omega^2 + \boldsymbol{k}^2$。从这个二阶微分方程出发，我们需要两个边界条件。第一个是归一化条件 (具体边界值将从最终结果中消去)，而第二个是体内部的边界条件。准确地选择这个边界条件是获得想要的关联函数的关键一步。我们的选择将精确地决定计算得到的格林函数的类型。欧氏情况下的内部边界条件没有歧义。在这种情况下 ($k^2 = \omega_E^2 + \boldsymbol{k}^2 > 0$)，这个二阶 ODE 的解是

$$\phi(r) = a_K \left(\frac{r}{L^2}\right)^{-(d+1)/2} K_\nu\left(\frac{kL^2}{r}\right) + a_I \left(\frac{r}{L^2}\right)^{-(d+1)/2} I_\nu\left(\frac{kL^2}{r}\right) \tag{5.24}$$

$$\nu = \Delta - \frac{d+1}{2} = \sqrt{\frac{(d+1)^2}{4} + m^2 L^2} \tag{5.25}$$

其中，$K_\nu(x)$ 和 $I_\nu(x)$ 是第二类修正贝塞尔 (Bessel) 函数，$a_{K,I}$ 是不依赖 k 的常数。由于 Bessel 函数在内部的渐近行为是

$$K_\nu\left(\frac{kL^2}{r}\right) \sim e^{-kL^2/r}, \qquad I_\nu\left(\frac{kL^2}{r}\right) \sim e^{kL^2/r} \tag{5.26}$$

内部 ($r \to 0$) 的非奇异正则条件要求 $a_I = 0$，这唯一地确定了我们的解。

在洛伦兹 (实时) 号差的情况下，因果关系很重要：四动量是类时还是类空对应着不同的格林函数。对于类空的 k，即 $k^2 = -\omega^2 + \boldsymbol{k}^2 > 0$，独立的解与解 (5.24) 相同。因此，我们必须要求 ϕ 在 AdS 内部是正则的。对于类时的 k，即 $k^2 = -\omega^2 + \boldsymbol{k}^2 < 0$，独立解为

$$\phi(r) = a_+ \left(\frac{r}{L^2}\right)^{-(d+1)/2} H_\nu^{(1)}\left(\sqrt{\omega^2 - \boldsymbol{k}^2} L^2/r\right)$$

$$+ a_- \left(\frac{r}{L^2}\right)^{-(d+1)/2} H_\nu^{(2)}\left(\sqrt{\omega^2 - \boldsymbol{k}^2} L^2/r\right)$$

$$\sim a_+ e^{-i\sqrt{\omega^2 - \boldsymbol{k}^2} L^2/r} + a_- e^{i\sqrt{\omega^2 - \boldsymbol{k}^2} L^2/r}, \quad r \to 0 \tag{5.27}$$

其中 $H_\nu^{(1)}$, $H_\nu^{(2)}$ 是汉克尔 (Hankel) 函数。与前一种情况不同，我们无法采用正则条件。这时我们处理的是真正的在波动的场。我们有两个选择。第一个是令 $a_+ = 0$，即采用入射 $e^{i\sqrt{\omega^2 - \boldsymbol{k}^2} L^2/r}$ 边界条件。注意到，如果将它与标准模式 $e^{-i\omega t}$ 相结合，并且 ω 为正，那么它描述了一个向内部小 r 方向运动的波前。另一个选择是令 $a_- = 0$，即对于正 ω 采用出射 $\sim e^{-i\sqrt{\omega^2 - \boldsymbol{k}^2} L^2/r}$ 边界条件。这些选择分别对应于正 ω 情况下的推迟和超前格林函数的计算。我们容易将其推广到负 ω 的情况。这种在直觉上合理的联系——对边界源的满足因果律的响应将向体内部运动——可以通过零温和有限温度下的格林函数的奇点结构加以证明 [201,202]。在第 6 章中我们将完成字典，并说明我们应该如何推广全息方法，以在有限温度情况下计算实时传播子。

利用式(5.12)我们现在可以直接写出两点关联函数的结果。将修正 Bessel 函数 (对于类空情况) 和 Hankel 函数 (对于类时情况) 在接近边界 $r \to \infty$ 处展开后，可得

$$K_\nu\left(\frac{kL^2}{r}\right) = \left(\frac{kL^2}{2r}\right)^{-\nu}\frac{\Gamma(\nu)}{2} + \left(\frac{kL^2}{2r}\right)^\nu\frac{\Gamma(-\nu)}{2} + \cdots \tag{5.28}$$

$$H_\nu^{(1)}\left(\frac{qL^2}{r}\right) = \left(\frac{qL^2}{2r}\right)^{-\nu}\left[-\frac{\mathrm{i}\Gamma(\nu)}{\pi}\right] + \left(\frac{qL^2}{2r}\right)^\nu\left[-\frac{\mathrm{i}\Gamma(-\nu)}{\pi}\mathrm{e}^{-\mathrm{i}\pi\nu}\right] + \cdots \tag{5.29}$$

$$H_\nu^{(2)}\left(\frac{qL^2}{r}\right) = \left(\frac{qL^2}{2r}\right)^{-\nu}\left[\frac{\mathrm{i}\Gamma(\nu)}{\pi}\right] + \left(\frac{qL^2}{2r}\right)^\nu\left[\frac{\mathrm{i}\Gamma(-\nu)}{\pi}\mathrm{e}^{\mathrm{i}\pi\nu}\right] + \cdots \tag{5.30}$$

利用 $q = \mathrm{i}k = \sqrt{\omega^2 - \boldsymbol{k}^2}$ 我们得到

$$\langle \mathcal{O}_\Delta(-k)\mathcal{O}_\Delta(k)\rangle = \begin{cases} 2\nu\dfrac{\Gamma(-\nu)}{\Gamma(\nu)}\left(\dfrac{k}{2}\right)^{2\Delta-d-1}, & k^2 > 0 \\[4mm] 2\nu\mathrm{e}^{\mathrm{i}\pi\nu\mathrm{sgn}(\omega)}\dfrac{\Gamma(-\nu)}{\Gamma(\nu)}\left(\dfrac{\mathrm{i}k}{2}\right)^{2\Delta-d-1}, & k^2 < 0, \text{内向} \\[4mm] -2\nu\mathrm{e}^{-\mathrm{i}\pi\nu\mathrm{sgn}(\omega)}\dfrac{\Gamma(-\nu)}{\Gamma(\nu)}\left(\dfrac{\mathrm{i}k}{2}\right)^{2\Delta-d-1}, & k^2 < 0, \text{外向} \end{cases} \tag{5.31}$$

我们省略了前面的整体因子 L，因为它可以被吸收进标量场作用量 (5.5) 前面的整体重整化常数中。经傅里叶变换回到位置空间后，我们精确地得到了期望中两点关联函数所具有的标度行为对 Δ 的依赖：

$$\langle \mathcal{O}_\Delta(x)\mathcal{O}_\Delta(y)\rangle = \begin{cases} \dfrac{2\nu\Gamma(\Delta)}{\pi^{\frac{d+1}{2}}\Gamma(\nu)}\dfrac{1}{|x-y|^{2\Delta}}, & k^2 > 0 \\[4mm] \mathrm{i}\theta(x_0 - y_0)\dfrac{2\nu\Gamma(\Delta)}{\pi^{\frac{d+1}{2}}\Gamma(\nu)}\dfrac{1}{|x-y|^{2\Delta}}, & k^2 < 0, \text{内向} \\[4mm] -\mathrm{i}\theta(y_0 - x_0)\dfrac{2\nu\Gamma(\Delta)}{\pi^{\frac{d+1}{2}}\Gamma(\nu)}\dfrac{1}{|x-y|^{2\Delta}}, & k^2 < 0, \text{外向} \end{cases} \tag{5.32}$$

这些传播子的归一化是非常规的，但它是方便的，因为这在 AdS/CFT 中是自然的选择。对于两点关联函数，它没有进一步的作用，但是多点关联函数相对于少点关联函数的归一化参数是重要的 [203]。这个归一化对正规化的步骤很敏感。只要我们总是在计算的第一步将边界置于 $r = \epsilon^{-1}$ 处并且在最后取 $\epsilon \to 0$ 的极限，就能够保证所有相对归一化因子是正确的。

5.1.2　三点及多点关联函数

由于可以将配分函数作为任意阶关联函数的生成泛函，GKPW 规则原则上允许我们计算边界上的高阶关联函数。我们可以在弱耦合的体引力理论中做微扰计算，现在的任务是为这样的体计算推导出合适的 Feynman 规则。这个过程和标准量子场论几乎完全相同，不同之处是外场的源现在位于 AdS 的边界。

由于 (某个固定时刻的)AdS 空间可视为一个边界为球面的球体 (见方框 4.4)，且边界在此具有关键作用，Witten 提出了这些 Feynman 规则的图示法，以突显这一特性 [3]。例如，假设与标量算符对偶的场在体中有三次方的相互作用，

$$S_{\text{AdS}}^{\text{int}} = \int \mathrm{d}^{d+2}x \sqrt{-g}\left(-\frac{\lambda}{3!}\phi^3 \right) \tag{5.33}$$

标量算符三点关联函数的领头阶贡献的 Witten 图，如图 5.1所示。

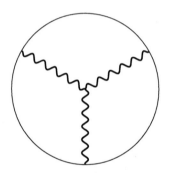

图 5.1　对于与具有三次方相互作用 $S_{\text{AdS}}^{(3)} = \int \mathrm{d}^{d+2}x \sqrt{-g}\left(-\frac{\lambda}{3!}\phi^3 \right)$ 的场 ϕ 对偶的 $\mathcal{O}_\Delta$，表示其三点关联函数 $\langle \mathcal{O}_\Delta \mathcal{O}_\Delta \mathcal{O}_\Delta \rangle$ 的领头阶贡献的 Witten 图

对应于该图的 Feynman 规则中唯一新增的要素，是那些延伸至边界的外线的表达式。对于连接内部两点的内线，我们使用传统的"体到体"格林函数。对于有质量标量场，这个函数是弯曲时空背景下的运动方程算符的逆函数，

$$(\nabla^\mu \nabla_\mu - m^2)\mathcal{G}(x,r;y,r') = \frac{1}{\sqrt{-g}}\delta^{d+1}(x-y)\delta(r-r') \tag{5.34}$$

注意定义式中有额外的因子 $1/\sqrt{-g}$，然而，这个格林函数根据构造是可归一的。因此，它在趋近边界 $r = \infty$ 时比 $r^{-(d+2)}$ 衰减得更快。这说明格林函数本身不是边界微扰的传播子，所以它感受不到边界。这与内部静电势为零的带电完美导体所产生的电场这一静电学问题相当类似。在导体外部，决定电场大小的静电势由

格林函数沿导体边界的法向导数的积分给出，因此这是电场的边值问题，而不是电势的边值问题。

同样的 Dirichlet 问题也在这里发挥作用。格林函数关于边界的法向导数对边界上的局域源确实有响应 (参见上面的方框 5.1)。容易证明这个"体到边界的传播子" $\mathcal{K}(x;y,r') \equiv n^\mu \partial_\mu \mathcal{G}(x,r;y,r')|_{r=\infty}$ 满足

$$(\nabla^{y^\mu}\nabla_{y^\mu} - m^2)\mathcal{K}(x;y,r') = 0 , \qquad \lim_{\epsilon \to 0} \mathcal{K}(x;y,\epsilon^{-1}) = \epsilon^{d+1}\delta^{d+1}(x-y) \quad (5.35)$$

其中 n^μ 是边界的单位法向向量 (即 r 方向)。这个"体到边界"格林函数是 Witten 图 (表 5.1) 中分配给每条外线的对象。原则上任意阶的任意 n 点关联函数都可以这样计算。按照 GKPW 规则中的归一化 $Z_{\text{CFT}} = \int \mathcal{D}\phi \exp(iN^2 S_{\text{bulk}})$，引力一边的树图与 CFT 的大 N 极限相对应。在这一极限下我们只需要计算体中的经典场论。依据字典，体中的圈图修正对应于边界关联函数的 $1/N$ 修正。如果只考虑 AdS 作用量的最低阶导数项，这些计算仍然是 't Hooft 耦合常数 λ 为无穷大时的结果。AdS 作用量中的高阶导数项对应着 λ 为有限时的效应。

表 5.1　AdS Witten 图的实空间 Feynman 规则

每条内线	体到体传播子 $\mathcal{G}(x,r;y,r')$
每个顶点	$\int dr d^{d+1}x \sqrt{-g}\lambda$
对称因子	与通常相同
每条外线	(正规化的) 体到边界传播子
(与边界相连)	$\mathcal{K}^{\text{reg}}(x;y,r') \equiv n^\mu \partial_{x^\mu} \mathcal{G}(x,r;y,r')|_{r\to\infty}$
转换到 CFT 的格林函数	用因子 $\epsilon^{-\Delta}$ 对每条外线重整化 (见方框 5.2)，取极限 $\epsilon \to 0$

在多点函数的情况中，需要仔细处理的是 CFT 中的 UV 发散，这一发散与将 AdS 边界放置在无穷大处有关。我们讲过，处理它们的直接方法是先调整边界到 $r = \epsilon^{-1}$ 处做计算，在计算最后再取极限 $\epsilon \to 0$。为了保证计算的自洽性，我们改用正规化的体–边界传播子

$$(\nabla^{y^\mu}\nabla_{y^\mu} - m^2)\mathcal{K}^{\text{reg}}(x;y,r') = 0 , \qquad \lim_{r' \to \epsilon^{-1}} \mathcal{K}^{\text{reg}}(x;y,r') = \delta^{d+1}(x-y) \quad (5.36)$$

根据径向方向对应于 RG 标度的观点，这个步骤是对 UV 边界理论做归一化的对偶操作。正如我们在本节开始时看到的，为了得到可以去掉截断 ϵ 的定义良好的极限，我们可能需要引入一个边界抵消项。对于关联函数的所有阶计算，这个全息重整化过程都可以自洽完成 [204]。

　　我们在方框 5.2 中以大 N 极限下的一个纯 CFT 理论为例计算三点函数。就像两点函数一样，共形不变性完全确定了这样的三点关联函数的形式，我们将证明对于简单的标量场情形，通过在体中对应的 Witten 图的树图阶计算，可以正确地得到这种形式。

方框 5.2　通过 Witten 图计算 CFT 三点函数

　　在一个洛伦兹不变的 CFT 理论中，共形不变性能够将三点函数确定到至多差一个整体的待定常数。对于标度维度分别为 Δ_1、Δ_2 和 Δ_3 的三个标量场，符合对称性的唯一可能的三点关联函数是

$$
\begin{aligned}
&\langle \mathcal{O}_{\Delta_1}(x_1)\mathcal{O}_{\Delta_2}(x_2)\mathcal{O}_{\Delta_3}(x_3)\rangle \\
&=\frac{C_{123}}{|x_1-x_2|^{\Delta_1+\Delta_2-\Delta_3}|x_1-x_3|^{\Delta_1+\Delta_3-\Delta_2}|x_2-x_3|^{\Delta_2+\Delta_3-\Delta_1}}
\end{aligned}
\tag{5.37}
$$

其中 $|x|=\sqrt{\sum_{i=1}^d x_i^2-t^2}$ 是不变距离。现在让我们证明如何从 AdS/CFT Feynman 规则得到这个结果，我们采用欧氏号差并设 $L=1$。为简便起见，我们考虑的 AdS 理论中存在具有三次方相互作用的单个有质量标量场

$$
S_{\text{AdS}}^{\text{int}}=\int \mathrm{d}^{d+2}x\sqrt{-g}\left(-\frac{\lambda}{3!}\phi^3\right)
\tag{5.38}
$$

它的 Witten 图由图 5.1 给出，我们现在能够应用表 5.1 中的规则了。三条外线对应于体到边界传播子，其共同的顶点需要被积掉，且对称因子是 1。我们要计算的表达式为

$$
\begin{aligned}
&\langle \mathcal{O}(x_1)\mathcal{O}(x_2)\mathcal{O}(x_3)\rangle \\
&=\lim_{\epsilon\to 0}\epsilon^{-3\Delta}\lambda\int \mathrm{d}r\mathrm{d}^d x\sqrt{-g}\mathcal{K}^{\text{reg}}(x_1;x,r)\mathcal{K}^{\text{reg}}(x_2;x,r)\mathcal{K}^{\text{reg}}(x_3;x,r)
\end{aligned}
\tag{5.39}
$$

因此，我们需要的是体到边界传播子的表达式。根据场运动方程的齐次解式(5.24)，我们立即可以写出体到体格林函数，

$$
\begin{aligned}
&\mathcal{G}(x,r;y,r') \\
&=-\int \frac{\mathrm{d}^{d+1}k}{(2\pi)^{d+1}}\left\{(rr')^{-(d+1)/2}\left[K_\nu\left(\frac{k}{r}\right)I_\nu\left(\frac{k}{r'}\right)\theta(r'-r)\right.\right. \\
&\left.\left.+K_\nu\left(\frac{k}{r'}\right)I_\nu\left(\frac{k}{r}\right)\theta(r-r')\right]\mathrm{e}^{\mathrm{i}k(x-y)}\right\}
\end{aligned}
\tag{5.40}
$$

得到归一化的体到边界传播子的最简单的方法是先对体到体传播子归一化。我们要求它在 $r = \epsilon^{-1}$ 处为零从而对其"归一化"，而不是要求在 $r = \infty$ 处为零，

$$
\mathcal{G}^{\mathrm{reg}}(x, r; y, r')
$$

$$
= \mathcal{G}(x, r; y, r') + \int \frac{\mathrm{d}^{d+1}k}{(2\pi)^{d+1}} (rr')^{-(d+1)/2} K_\nu\left(\frac{k}{r}\right) K_\nu\left(\frac{k}{r'}\right) \frac{I_\nu(k\epsilon)}{K_\nu(k\epsilon)} \mathrm{e}^{\mathrm{i}k(x-y)}
$$

$$
\tag{5.41}
$$

归一化的体到体格林函数在 $r = \epsilon^{-1}$ 处的法向导数就给出了归一化的体到边界传播子，

$$
\mathcal{K}^{\mathrm{reg}}(x; y, r) = \left(\frac{\epsilon}{r}\right)^{(d+1)/2} \int \frac{\mathrm{d}^{d+1}k}{(2\pi)^{d+1}} \frac{K_\nu\left(\frac{k}{r}\right)}{K_\nu(k\epsilon)} \mathrm{e}^{\mathrm{i}k(x-y)}
\tag{5.42}
$$

利用 Bessel 函数的积分表示，为

$$
K_\nu(ks) = \frac{1}{2}\left(\frac{2s}{k}\right)^\nu \int_0^\infty \mathrm{d}\tau\, \tau^{\nu-1} \mathrm{e}^{-\tau s^2 - k^2/4\tau}
\tag{5.43}
$$

我们可以给出体到边界格林函数的闭形式表达式：

$$
\mathcal{K}^{\mathrm{reg}}(x_1; x, r) = \frac{\Gamma(\Delta)}{\pi^{(d+1)/2}\Gamma(\nu)} \epsilon^\Delta \left(\frac{r^{-1}}{r^{-2} + |x_1 - x|^2}\right)^\Delta
\tag{5.44}
$$

将这个体到边界传播子的表达式代入三点函数的全息结果中，我们得到

$$
\langle \mathcal{O}(x_1)\mathcal{O}(x_2)\mathcal{O}(x_3)\rangle
$$

$$
= \lim_{\epsilon \to 0} \left[\frac{\Gamma(\Delta)}{(\pi^{(d+1)/2}\Gamma(\nu))}\right]^3 \lambda \int \mathrm{d}r\mathrm{d}^d x
$$

$$
\times r^d \frac{r^{-3\Delta}}{[(r^{-2} + |x - x_1|^2)(r^{-2} + |x - x_2|^2)(r^{-2} + |x - x_3|^2)]^\Delta}
\tag{5.45}
$$

利用恒等式

$$
\frac{1}{A^\alpha} = \frac{1}{\Gamma(\alpha)} \int_0^\infty \mathrm{d}\tau\, \tau^{\alpha-1} \mathrm{e}^{-\tau A}
\tag{5.46}
$$

立即可以求出对径向坐标 r 的积分。平移公共的体坐标 x，使得只剩下相对距离 $|x_i - x_j|$，我们就可以求出这个积分。剩下的三个辅助 τ 积分也可直接求出，最后我们得到

$$\langle \mathcal{O}(x_1)\mathcal{O}(x_2)\mathcal{O}(x_3)\rangle = \frac{C}{|x_1 - x_2|^\Delta |x_1 - x_3|^\Delta |x_2 - x_3|^\Delta} \tag{5.47}$$

其中

$$C = \lambda \frac{\Gamma\left(\frac{1}{2}\Delta + \nu\right)}{2\pi^{(d+1)}}\left[\frac{\Gamma(\Delta/2)}{\Gamma(\nu)}\right]^3 \tag{5.48}$$

在纯 AdS 中，利用 AdS 的离散的反演对称性，我们可以更直接地得到传播子的闭形式的位置空间表达式[205]。而这里的推导更加一般，可以应用于体几何不是纯 AdS 的情况。

5.2　关联、标度和 RG 流

上面的计算是在对偶于确切的 CFT 的纯 AdS 背景下完成的。然而，本书大部分内容将涉及的背景都对应于我们让场论偏离精确 CFT 的情况。在直觉上，做到这一点的最直接方法是打开一个红外相关算符，这将触发流动到一个新的固定点的 RG 流。全息的一个美妙之处在于，我们将能够在体时空几何中完全追踪这种流动。在 $r \to \infty$ 处的渐近边界对应于理论的 UV，它反映了 UV 不动点最初的共形不变性。当我们向内部移动时，能标不断降低，几何将发生变化，以反映共形不变性的破坏和新的 IR 所特有的性质的涌现。最终 RG 流在内部的一个新的不动点处终止。正如我们反复强调过的，这样的 "RG 的几何化" 是 AdS/CFT 吸引力的核心所在，它允许新类型的流向新 IR 不动点的重整化流，这样的新 IR 不动点含有量子临界物质的新物态信息。

为了继续进行，我们需要确定对偶引力中与相关算符对偶的场。此信息包含在将标度维度与质量相联系的字典规则中。相关算符是标度维度 $\Delta < d+1$ 的标量算符。从有质量标量场的对偶算符的两点关联函数的计算中，我们知道场的标度维度用质量表示

$$\Delta = \frac{d+1}{2} + \sqrt{\frac{(d+1)^2}{4} + m^2 L^2} \tag{5.49}$$

因此，任何 $m^2 > 0$ 的普通标量场有 $\Delta > d+1$。它与红外无关算符对偶。类似地，无质量标量场与维度为 $\Delta = d+1$ 的边缘算符对偶，同在标准场论中一样，这个

算符的维度一般会得到修正。然而，我们的目标是找到红外相关算符。奇怪的是我们需要一个质量平方为负的算符，$m^2L^2 < 0$。在平直时空背景下，这样的算符意味着会出现一个线性（"快子"）不稳定性，这样的标量模式是在位于局部势最大值的顶部的背景附近的扰动。然而在弯曲的 AdS 时空中，如果这种负质量平方的场只在一个小取值窗口内存在，那么它就是完全自洽的。这与对偶场论中算符的标度维度是实数的窗口是一致的。具体地说，体中标量场的质量平方可以是负的，但存在负的下界，即

$$m^2L^2 > -\frac{(d+1)^2}{4} \tag{5.50}$$

上面的计算是在对偶于精确的 CFT 的纯 AdS 背景下完成的。Breitenlohner 和 Freedman 在 20 世纪 70 年代发现 [6]，在 AdS 时空中，引力背景对势有额外的贡献。因此，标量场受到的有效势不等于拉格朗日量中的势。在式(5.50)范围内的负质量平方恰好可以使有效势保持稳定。从运动方程(5.23)容易看出这一点。重新定义 $\phi(k,r) = r^{-(d+2)/2}\Phi(k,r)$ 后，我们发现运动方程等价于在等效平直时空中的一个类薛定谔方程，

$$\frac{\partial^2}{\partial r^2}\Phi - \left[\frac{k^2L^4}{r^4} + \frac{m^2L^2 + \dfrac{d(d+2)}{4}}{r^2}\right]\Phi = 0 \tag{5.51}$$

它表明由于引力背景，质量项有了额外的因子 $d(d+2)/4$。众所周知，当 $r \to \infty$ 时的渐近行为是 $\frac{1}{r^2}$ 的势函数，如果 $m^2L^2 + \frac{d(d+2)}{4} > -\frac{1}{4}$，那么量子理论就是稳定的，这正是 BF 界限 (5.50)。换句话说，如果质量平方比这个 BF 界限更小，那么背景解仍然是微扰不稳定的。在原则上可以排除这些解，我们知道相对论场论中微扰不稳定的涨落会破坏幺正性 [206]。因此，质量平方小于 BF 界限的 AdS 理论是一个非幺正理论，我们将不考虑这样的理论。请注意，在后面的章节中，我们将遇到一些理论，其中有效质量在 UV AdS 边界和 IR 演生几何之间跑动。在 IR 中，下界可以并且将被违反。这里讨论的是质量的 UV 值。

　　规则六：场论中的不相关标量算符与引力理论的有质量标量场对偶。边缘标量算符与无质量标量场对偶，而相关标量算符与质量平方为负的标量场对偶。AdS 背景中的负质量平方的场在一个小的取值窗口内是稳定的。类似的规则适用于有自旋的场。

　　幺正性约束在全息中的确切表现方式很有指导意义。CFT 中的幺正界限已经被研究得很清楚了 (参见文献 [207])。通过简单推导可知，所有算符的标度维度均

以相应自由场理论中的值为下限。对于一个相对论标量算符 $\Delta > (d-1)/2$，其中 d 是空间维数。但是，如果我们用之前得到的质量–标度维度的关系，就会发现可能的最小的标度维数是 $\Delta = (d+1)/2$，这个最小值对应于取 BF 界限时的情况。那我们怎么给出维度为 $(d-1)/2 < \Delta < (d+1)/2$ 的幺正算符呢？人们发现，如果 Δ 的取值恰好在这一范围内，那么线性化标量波动方程的两个解的渐近衰减行为都是可归一化的。回想一下解的渐近行为是

$$\phi(r) = Ar^{-(d+1-\Delta)} + Br^{-\Delta} + \cdots \tag{5.52}$$

因此在有如下度规的 AdS 背景下，

$$ds^2 = \frac{L^2}{r^2}dr^2 + \frac{r^2}{L^2}\eta_{\mu\nu}dx^\mu dx^\nu \tag{5.53}$$

来自场的模的边界贡献的渐近行为是

$$\int d^{d+1}x\sqrt{-h}\phi^2 \sim \lim_{r\to\infty} A^2 r^{-(d+1-2\Delta)} \tag{5.54}$$

并且当 $\Delta < (d+1)/2$ 时它是有限的。在计算全息关联函数的标准方法中，我们将边界附近具有领头阶渐近行为的波动方程的解作为无穷远处的不可归一化的源，而次领头的可归一化解作为量子化的波动模式。该分析表明，若 $\Delta < (d+1)/2$，则有一种不同的理论量子化方法，在这个方法中我们取领头解作为波动。按通常的量子化规则，我们应该将它的正则共轭 (即次领头贡献) 看为源。因此，在这种替代量子化中，两点关联函数为

$$G_{\text{alt}}(\omega, \boldsymbol{k}) = \frac{A(\omega, \boldsymbol{k})}{B(\omega, \boldsymbol{k})} \sim k^{d+1-2\Delta_{\text{std}}} \tag{5.55}$$

其中，$\Delta_{\text{std}} = \dfrac{d+1}{2} + \sqrt{\dfrac{(d+1)^2}{4} + m^2 L^2}$ 是标准量子化中算符的标度维度。然而，替代量子化的 AdS 理论的对偶 CFT 理论与标准量子化 AdS 理论的对偶理论有着基本的不同。这两个 CFT 的算符谱不同，我们应该将这种关联函数诠释为具有标度维度 Δ_{alt} 的算符的两点函数，

$$G_{\text{alt}} = \langle \mathcal{O}_{\Delta_{\text{alt}}} \mathcal{O}_{\Delta_{\text{alt}}} \rangle \equiv k^{2\Delta_{\text{alt}}-d-1} \tag{5.56}$$

让两个标度行为相同之后，我们看到 $\Delta_{\text{alt}} = d + 1 - \Delta_{\text{std}}$，这十分像运动方程解的领头阶系数和次领头阶系数之间的角色交换。

在标准量子化应用的幺正界限和 BF 界限之间的窗口 $(d-1)/2 < \Delta < (d+1)/2$ 中，我们必须使用替代量子化来描述该理论。我们将算符的标度维度作为

输入信息的观点也清楚地表明，在标准和替代量子化之间必须做出明确的选择。然而，这两个 CFT 之间有一个非常有趣的关系。替代量子化理论有一个自然的相关算符，其形式为算符的平方，复合算符 $\mathcal{O}_{\Delta_{\text{alt}}}\mathcal{O}_{\Delta_{\text{alt}}}$ 的朴素的标度维度满足 $2\Delta_{\text{alt}} < d+1$。在 CFT 的典型例子矩阵大 N 场论中，算符为 $U(N)$ 不变的单迹算符，而复合平方算符是一个双迹算符，参见 4.3 节。在大 N 的领头阶，双迹变形被自然地抑制了。

我们将在方框 5.3 中详细说明，由于 $1/N$ 的抑制作用，在矩阵大 N 理论中很容易追踪由该相关算符引起的 RG 流。在相关算符的变形作用下，当流动到 IR 的一个新理论时，一般一切都会发生混合和改变。在本书后面的部分中我们将会多次看到并利用这一点。将额外的径向维度确定为 RG 标度后，这个流主要通过从边界上的 UV 共形不动点移动到新的演生 IR 几何这个过程的几何的改变表现出来。然而，双迹变形保持几何不变。这是一种非常特殊的 RG 流，它只影响耦合常数/反常维度的一个子集 (原因是大 N 极限)。它唯一影响的耦合常数是算符本身的标度维度，这个值精确地从替代量子化 ($\Delta_{\text{UV}} = \Delta_{\text{alt}}$) 流动到标准量子化，即 $\Delta_{\text{IR}} = \Delta_{\text{std}}$。

就像我们将在方框 5.3 中使用全息方法明确展示的那样，这种形式在凝聚态理论中是非常常见的。如果我们加入算符 $\mathcal{O}$ 的平方项对原理论进行变形，则有

$$S = S_{\text{CFT}} + \int \mathrm{d}^{d+1}x \frac{f}{2}\mathcal{O}^2 \tag{5.57}$$

那么其关联函数具有如下形式：

$$\langle \mathcal{O}(-k)\mathcal{O}(k)\rangle = \frac{G(k)}{1 + fG(k)} \tag{5.58}$$

这与我们在 2.4 节中讨论的描述自发对称性破缺的传统平均场理论的时间依赖 Hartree-Fock/RPA 结果完全一致。这是矩阵大 N 极限具有平均场特性的标志。我们讨论过矩阵大 N 极限中出现的因子分解性质，该性质导致了 4.3 节中的平均场行为。然而根据上面的讨论，我们也马上可以推断出这个平均场与传统的 Hartree-Fock 平均场理论有着非常不同的含义。这个矩阵理论平均场将这个特定共形不变背景下的不同的强耦合量子临界态联系在一起——对于凝聚态读者来说，前面的段落可能相当难以理解。尽管我们会在后面的章节，特别是在第 10 章中发现，它也可以有一些更类似传统平均场行为的后果 (比如导致类 BCS 不稳定性，抑制热临界涨落)，但是我们应该很清楚，矩阵大 N 平均场在根本上是非常不同的。让我们来强调一个有趣的技术上的微妙细节以结束本节：即使是在精确 CFT 的直接全息计算中，我们也看到过很多例子支持 AdS 径向方向与边界理论能标的等

同性。但是有一个地方与传统的重整化群理论截然不同，即描述 RG 流的 AdS 径向演化方程实际上是二阶微分方程。这显然与由耦合常数流动的一阶微分方程所标志的重整化群的"扩散"本质相矛盾。

解决这一明显悖论的办法如下。我们需要解决的是在壳作用量 (作为场的边界值的函数) 的个边值问题。这些场的边界值与边界场论中算符的源是对偶的。经典力学的一个标准组成部分是，给定一组抽象的边界值，我们可以用这些边界值隐含地解出运动方程。在这个著名的哈密顿–雅可比形式中，边界值的运动方程变成了一阶[208]。由于 AdS 中场的边界值恰好是边界上对偶 CFT 的耦合常数，我们可以发现边界上的 RG 演化由一阶微分方程决定。

方框 5.3　双迹变形和全息中出现的大 N 平均场行为

在 4.3 节我们强调过矩阵大 N 理论的最重要性质之一是可以因子分解：在大 N 极限下的领头阶，$U(N)$(规范) 不变单迹算符乘积的多点关联函数等于最低阶非零关联函数的乘积，一般是单迹算符的单点函数本身的乘积。因子分解性质是这些理论与统计物理和凝聚态物理的传统平均场的共同之处，但我们已经强调过，这种因子化的结果可能非常不同。

其结果是，算符的乘积对理论的变形是容易处理的[209]。这里我们展示这是如何在 AdS/CFT 中体现的。我们在感兴趣的场论中加入单迹算符 $\mathcal{O}$ 的源，并用一个任意的多迹势使其变形，那么配分函数变为

$$Z_{\mathrm{QFT}} = \int \mathcal{D}\phi\, \mathrm{e}^{\mathrm{i}\int \mathrm{d}^{d+1}x\left[\mathcal{L}(\mathcal{O})-\mathrm{i}J\mathcal{O}-\mathrm{i}W(\mathcal{O})\right]} \tag{5.59}$$

这表明，$\mathcal{O}$ 的期望值存在时，与 $\mathcal{O}$ 对偶的引力场波动部分的源应该是 $J + \partial W/\partial \mathcal{O}$。换句话说，函数 $W(\mathcal{O})$ 影响了与算符 $\mathcal{O}$ 对偶的场 ϕ 的边界条件。

这可以从哈密顿量形式中明确地导出[210]，结果相当简单。在相关扰动是那些算符本身的情况下，作用量的鞍点由下式给出：

$$J + \left\langle \frac{\partial W(\mathcal{O})}{\partial \mathcal{O}} \right\rangle = 0 \tag{5.60}$$

大 N 极限的因子分解意味着我们可以将其简化为

$$J + \frac{\partial W(\langle \mathcal{O}\rangle)}{\partial \langle \mathcal{O}\rangle} = 0 \tag{5.61}$$

现在我们知道，可以认为算符的源 J 是对偶场 ϕ 运动方程的解的领头阶系数 A(5.7)，而期望值 $\langle \mathcal{O}\rangle$ 是解的次领头阶系数 B。因此，这个因子化的鞍点方

程就变成了这些系数之间的关系

$$A + \frac{\partial W(B)}{\partial B} = 0 \tag{5.62}$$

注意到,对于线性函数 $W(\mathcal{O}) = \beta\mathcal{O}$,这完全还原了领头系数和源的等同关系。

　　现在我们考虑一个双迹变形,其中 $W(\mathcal{O}) = \beta\mathcal{O} + \frac{f}{2}\mathcal{O}^2$ 是二次函数。根据上面的启示,这意味着在 AdS 一边我们应该考虑领头和次领头系数有如下关系的 ϕ 的运动方程解:

$$A = \beta + fB \tag{5.63}$$

我们知道,当不满足这一关系时,在壳作用量等于式(5.10)[①]:

$$S = \oint_{r=\epsilon^{-1}} \frac{\mathrm{d}\omega \mathrm{d}\boldsymbol{k}}{(2\pi)^{d+1}} \frac{1}{2} AB + \cdots \tag{5.64}$$

之前我们证明过,对于固定的 A,在体中的正则条件决定了 $B = GA$,其中 G 是算符 $\mathcal{O}$ 的共形两点函数。对这一关系取逆意味着对于给定的响应 B,源必须是 $A = G^{-1}B$。现在用动力学变量 B 重新表示作用量就很方便了,这给出了在壳作用量

$$S = \oint_{r=\epsilon^{-1}} \frac{\mathrm{d}\omega \mathrm{d}\boldsymbol{k}}{(2\pi)^{d+1}} \frac{1}{2} BG^{-1}B + \cdots \tag{5.65}$$

可以这样做的原因是我们现在可以将 $W(B)$ 直接加入这个作用量中。因此,变形的理论可以用下式描述:

$$S_{\mathrm{def}} = \oint_{r=\epsilon^{-1}} \frac{\mathrm{d}\omega \mathrm{d}\boldsymbol{k}}{(2\pi)^{d+1}} \left(\frac{1}{2} BG^{-1}B + \beta B + \frac{f}{2} B^2 \right) \tag{5.66}$$

用源 β 表示动力学变量 B 的解,我们得到

$$B = -\frac{G}{1+fG}\beta \tag{5.67}$$

将其代入作用量并取 β 的两次导数,我们得到两点函数

$$\langle \mathcal{O}\mathcal{O} \rangle = \frac{G}{1+fG} = G \sum_{n=0}^{\infty} (-fG)^n \tag{5.68}$$

---

① 简单起见,这里省略了前面的因子。

我们立即发现，它是从平均场 Dyson 重求和得到的格林函数的 RPA 形式。注意到这在大 N 极限下是精确的关系。

5.3　对称性的对应和字典列表

为了完成字典，还有两方面的问题需要进行讨论。在前面关于边界理论的物理的讨论全部集中在如何使用 GKPW 规则计算边界传播子，以及边界理论的重整化群如何在体中几何化展现。我们用简单的中性标量算符阐述了这些问题。如果我们要考虑的算符带有荷和/或自旋呢？特别是在任何相对论场论中都存在的自旋为 2 的能动张量算符 $T_{\mu\nu}$，这个算符作为时间和空间平移对称性的生成元总是存在。能量动量是这种对称性的量子数。我们仍然需要解决的问题是对称性和量子数。我们将以无所不在的能动张量为例，它可作为对称性的生成元，满足守恒定律 $\partial_\mu T^{\mu\nu} = 0$。这个守恒定律是相对论流体力学的核心，我们将在第 7 章中详细讨论。此外，能动量张量也会生成尺度变换。当我们考虑 CFT 时，这些尺度变换也具有对称性。相应的守恒定律是应力张量的迹必须恒为零，即 $\eta_{\mu\nu}T^{\mu\nu} = 0$。在量子层面上，精确的尺度变换对称性可以被破坏，在 $1+1$ 维理论中这是由中心荷所描述的。然而，在平直时空背景下 CFT 的单点函数仍然恒为零：$\eta_{\mu\nu}\langle T^{\mu\nu}\rangle = 0$。

对于具有自旋或内部量子数的场，GKPW 规则原则上无须修改。在场论的源与引力理论的场的等同中，我们很清楚的是对偶两边的数值和性质必须相同。然而，像能动张量这样的物理算符是与对称性相联系的，这一事实对算符的张量性质有着重要的影响。对于能动张量，守恒定律 (洛伦兹不变性) 去掉了张量的自旋为 1 的分量，零迹性 (共形不变性) 去掉了自旋为 0 的部分，因此应力张量的动力学部分是一个纯的自旋为 2 的自由度。这些约束已经对应力张量的两点函数产生了直接影响。它们与对称性一起，使 CFT 中的应力张量两点函数必须具有如下形式：

$$\langle T_{\mu\nu}(x)T_{\rho\sigma}(y)\rangle = \frac{c_{\mathrm{T}}}{s^{2(d+1)}} J_{\mu\alpha}(s)J_{\nu\beta}(s)P_{\alpha\beta,\rho\sigma} \tag{5.69}$$

其中 $s = x - y$，

$$J_{\mu\nu}(x) = \delta_{\mu\nu} - 2\frac{x_\mu x_\nu}{|x|^2}, \qquad P_{\mu\nu,\rho\sigma} = \frac{1}{2}(\delta_{\mu\rho}\delta_{\nu\sigma} + \delta_{\mu\sigma}\delta_{\nu\rho}) - \frac{1}{d+1}\delta_{\mu\nu}\delta_{\rho\sigma} \tag{5.70}$$

c_{T} 是一个常数。我们注意到能动张量的共形维度被确定为 $\Delta_{\mathrm{T}} = d+1$。这直接源于能量服从"设计标度"这个简单的事实，是因为它是由体积决定的。

现在应该使用我们在 5.2 节中学习到的规则，将算符的标度维度转换成体中对偶场的质量：设计标度意味着前者是边缘的，$\Delta = d + 1$。对于自旋为 2 的场，质量与维度之间的关系与自旋为 0 的标量场的不同。然而，自旋为 2 的场的边缘性也意味着体中的场必须是无质量的。因为自旋描述了算符在旋转下的变换方式，而场论的时空被认为处于 AdS 的边界上，所以对偶场在体时空的旋转下也应该按相同的方式变换。因此，这个场也必须是自旋为 2 的场。我们所知道的唯一的无质量自旋为 2 的自洽场论是爱因斯坦的广义相对论，所以与边界能动张量对偶的体时空场必定是引力场！

在导论中我们曾论证 AdS 的径向方向与能量尺度是对偶的，这一观点意味着时空必须是动力学的，因为它必须对引起非平凡 RG 流的边界场论变形做出响应。我们在这里可以看到时空动力学必须出现的精确方式。时空的波动蕴含了对偶场论中能量和动量的波动。通过仔细观察我们就会发现一个微妙之处，因为体中的引力理论由一个额外的维度标志，引力子 $g_{\mu\nu}$ 的指标 $\mu = 0, 1, \cdots, d, r$ 比应力张量的指标多一个可能取值。引力子是与时空微分同胚不变性相联系的规范场，并且我们可以用 $d + 2$ 维体中的独立坐标变换来精确地选取规范 $g_{rr} = 0, g_{r\mu} = 0$，效果是一切都精确地匹配。

很明显这是对称性的结果而不是巧合。如引言中所述，我们应该注意到边界上的整体平移对称性与体中坐标变换的局域对称性相关。完全相同的整体–局域对偶也适用于描述边界系统物理的整体内部对称性。如果共形理论有整体内部 (非时空) 对称性，有相应的 (自旋为 1 的) 守恒流 J^μ，那么在引力理论中与这个算符对偶的场是 (自旋为 1 的) 无质量矢量场 A_μ，它有与场论整体对称性相对应的规范对称性。径向分量 A_r 没有明确的边界部分，利用体中的规范不变性可以再次将其设为零。

现在我们可以对学到的东西做一个总结。正如通常在量子物理学中一样，对称性及相应的守恒流始终在整个构建过程中扮演着核心角色。作为补充，还需要抽象的一组算符。从这个意义上说 AdS/CFT，尤其是自下而上的构建，很像唯象的 Landau-Ginzburg 理论的高级版本。理论的基本成分是，具有量子数 q 和自旋 s 的一组算符 $\mathcal{O}$，与具有相同量子数 q 和自旋 s 的一组场 ϕ 对偶。然后我们必须对引力理论中的边值问题进行求解，其中引力场的边界值等于算符 $\mathcal{O}$ 的源。在线性响应中，场的运动方程的解的次领头阶部分等于算符 $\mathcal{O}$ 的期望值。通过计算边值问题的 Witten-Feynman 图，我们可以将微扰的高阶效应考虑进来。为了方便向全息的初学者展示这些知识，我们在表 5.2 中对它们进行了总结。表 5.2 中还包括有限温度、有限密度和集体性质等将在后面章节进行仔细讨论的新的字典条目。这是为了激起读者的兴趣！

表 5.2 AdS/CFT 对应的基本字典

边界：场论	体：引力理论
配分函数	配分函数
标量算符/序参量 $\mathcal{O}$	标量场 ϕ
算符的源	场的边界值
	(不可归一化解的领头阶系数)
算符的 VEV	场的径向动量的边界值
	(可归一化解的领头阶系数;
	不可归一化解的次领头阶)
算符的共形维度	场的质量
算符的自旋/荷	场的自旋/荷
能量动量张量 T^{ab}	度规场 g_{ab}
整体内部对称流 J^a	Maxwell 场 A_a
费米算符 $\mathcal{O}_\psi$	Dirac 场 ψ
两点关联函数	可归一化和不可归一化解的边界比值
多点关联函数	Witten 图计算
双迹变形 (RPA)	混合边界条件
RG 流	沿着 AdS 径向方向的演化
自由度的数量	AdS 半径
整体时空对称性	局域等度规对称性
整体内部对称性	局域规范对称性
有限温度	黑洞 Hawking 温度
	或紧致化的欧氏时间的半径
化学势/电荷密度	静电势 A_t 的边界值
	(径向电场)
自由能	作用量的在壳值
熵	黑洞视界的面积
相变	黑洞的不稳定性
沿 C 的 Wilson 线	端点在 C 上的弦的世界面
区域 A 的纠缠熵	与 A 有相同边界的最小曲面面积
量子反常	Chern-Simons 项

第 6 章　有限温度魔法：黑洞和全息热力学

在发现 AdS/CFT 对应后不久，我们就清楚地知道可以利用全息轻而易举地处理边界系统的有限温度物理。其关键是我们可以在 AdS 的内部深处加入一个黑洞，以此来解释边界上的强耦合临界态的热力学物理。我们将在 6.1 节详细解释边界系统的温度就等于 AdS 时空中黑洞的 Hawking 温度。这涉及对霍金辐射的"经典"诠释的精妙且非平凡的拓展。Hawking 的计算处理的是在经典黑洞时空中的量子化的场，而在 AdS 体时空中，一切都是严格经典的和零温的。但是，通过一个非常简洁的构造，我们很容易理解黑洞体几何将一个有限温度"投影"到了边界系统上，这个温度与我们在具有量子化场的体中测量到的 Hawking 温度相同。

在确认体黑洞几何包含有限温度的信息这一字典规则后，我们发现这些黑洞还完美无缺地蕴含着所有决定热平衡物理的热力学原理。这种从"黑洞规则"到具有微观自由度的真实物理系统的热力学的直接映射，正是前几章所阐释的 AdS/CFT 对应体现了全息原理的原因所在。此处最令人印象深刻的部分是 Bekenstein-Hawking 黑洞熵与边界场论的微观构型的熵之间的等同，我们也将在 6.1 节中对此进行讨论。

然而，全息热力学比这些经典的黑洞热力学概念要强大得多。在后面的章节中，我们将证明 AdS 黑洞与更为人熟知的、没有特色的、吞噬一切的平直时空黑洞伙伴是非常不同的。AdS 黑洞实际上能描绘边界物质的更丰富的真实的相图。在 6.2节中我们将重点介绍这种相图在历史上很重要的一个例子：由 Witten[211] 早期发现的有限体积内的"Hawking-Page"禁闭–退禁闭相变。这是全息理论研究者的必修练习，因为它突显了规范理论中的 (退) 禁闭现象在全息中的作用——这一主题将在本书中反复出现。

在 6.3节中，我们将对一定程度上先于 AdS/CMT 的一项发展背后的一些基本结构进行总结，以便更深入地探讨 (退) 禁闭问题。这一发展就是 AdS/QCD：利用全息对偶来处理与现实世界粒子物理相关的量子色动力学的具体问题。与最初的 AdS/CFT 构建中的超共形 Yang-Mills 理论不同，在零温下 QCD 真空是禁闭的，且带有一个动力学生成的能隙。现在我们面对的问题是如何将这个禁闭标度和相关的能隙体现在体几何中。这可以通过"截断几何"来实现：当沿着径向向内部延伸时，强制体几何在径向某位置的一个硬墙处终止。由于我们将径向方向确认为边界上的标度方向，这就对应到了边界上与禁闭能标一致的能量标度。体时空中的探针场将这个截断的几何看成一个盒子，这就产生了径向模式的量子化。这些量子化的模式对应着边界理论的一系列不同质量的粒子激发，它们被认为是禁闭边界理论的规范单态（"介子"）。在有限温度下，会发生广义版的 Hawking-Page 相变的雏形。随着温度的升高，黑洞的视界沿径向增大，并在某一时刻越过"截断"点。这标志着许多夸克和胶子从禁闭介子态到退禁闭高温态的相变/连续过渡。因此，它与夸克胶子等离子体对应起来。

我们可以在不同的复杂水平上描述这种"截断"几何。鉴于禁闭这个主题将在接下来的故事中扮演重要角色，我们不仅会介绍非常简单的"硬墙"构建，还会介绍更复杂的"软墙"和"AdS 孤子"的概念；前者要求在体中添加一个标量自由度，该自由度的动力学由一个更复杂的描述引力体的爱因斯坦–伸缩子理论决定。为了便于将来应用，我们将解释 Wilson 圈的字典条目，以及如何使用这些条目来探测边界上的 (退) 禁闭现象。

我们以一个字典条目作为本章的结尾：计算有限温度边界场论的实时传播子的方法 (6.4节)。它是第 5 章中的综合字典的一部分，但是我们把对它的介绍推迟到了本章处理有限温度中。考虑到从欧氏虚时到实时关联函数的 Wick 转动的模糊之处，这在直接的场论方法中是出了名的困难。但在全息中却并非如此，即在与实时边界对偶的闵氏号差的体中进行计算是很容易的。我们需要额外知道的是如何在黑洞视界处取定边界条件。结果是既简洁又直观的：对于与谱函数相关的推迟传播子，我们必须选择入射边界条件。消失在视界后面的物质蕴含了边界有限温度物理的耗散性质。类似地，超前格林函数与出射边界条件相联系。事实上，非平衡物理的完整 Schwinger-Keldysh 传播子完美地蕴含在体时空的因果结构中。

6.1　体时空中的黑洞和边界上的有限温度

6.1.1　平直时空中的黑洞

在深入研究有限温度全息之前，让我们先简要总结一下黑洞物理学的一些重点内容，这些内容将成为接下来研究的参考框架。

在爱因斯坦提出著名的广义相对论大约一个月后，Schwarzschild 发现了爱因斯坦方程的第一个非平凡精确解。它后来被认为是广义相对论的标志性物体——Schwarzschild 黑洞。$3+1$ 维时空中的 Schwarzschild 度规是

$$ds^2 = -f(r)dt^2 + \frac{dr^2}{f(r)} + r^2(d\theta^2 + \sin^2\theta d\phi^2) \tag{6.1}$$

这里的 $f(r)$ 是所谓的黑化因子

$$f(r) = 1 - \frac{2GM}{r} \tag{6.2}$$

其中, G 为牛顿常数, M 是被解释为黑洞质量的参数。当 $M = 0$ 时, 上面的几何 (6.1) 还原为极坐标系下的闵氏时空。同时在距离黑洞非常远的地方, 即 $r \to \infty$ 时, 几何 (6.1) 也会变为闵氏平直时空, 这一性质称为渐近平坦。$g_{tt} = 0$ 的位置 $r_0 = 2GM$ 看起来是特殊的, 这就是视界; 越过视界, 即 $r < 2GM$ 时, 时间和径向方向互相交换了角色。

视界实际上不是一个物理的物体: 不同观测者看到视界的位置不同。视界是一个坐标奇点——如果我们选取另一种坐标系, 比如勒梅特 (Lemaitre) 坐标 (描述一个自由下落的观者), 度规在视界附近是光滑的, 没有任何奇异性。然而, 对位于 $r = \infty$ 的外部观测者看来, 任何 $r_0 = 2GM$ 之内的物体需要比光速还快的逃离速度。所以没有物体能够逃出视界: 它是黑洞的 "边界"。视界是黑洞产生的引力势阱的极限边界, 也是发生无限红移和无限钟慢效应的位置。对位于 $r = \infty$ 的观测者, 坠向视界的物体实际上永远不会穿过视界, 对于观测者而言它们的时间在视界处停止了。这种无限钟慢效应也可适用于恒星坍缩时的情况: 对于在 $r = \infty$ 处的观测者, 恒星的坍缩看起来在视界上冻结了。

另外, 一个自由下落的观测者在穿过视界时不会发现任何特殊的事情。但是他或她的命运已经注定: 一旦他或她穿过了视界, 他或她不仅永远无法回到视界外, 而且随着他或她越来越接近黑洞及其真正的奇点 $r = 0$, 他或她就会被巨大的潮汐力变成 "意大利面"。

在 20 世纪 70 年代, 将这样的经典时空作为量子物理的背景的研究推动了故事的发展。Hawking 的著名发现是 Schwarzschild 黑洞时空 "撕裂" 了自由量子场的相干真空, 使虚真空涨落变为真实涨落, 这转化为了黑体辐射, 其温度为与黑洞质量成反比的 Hawking 温度。从经典黑洞时空中的 (自由) 量子场得出的 Hawking 温度为

$$T_{\mathrm{H}} = \frac{\hbar c^3}{8\pi GM k_{\mathrm{B}}} \tag{6.3}$$

或用自然单位制 ($\hbar = c = k_{\mathrm{B}} = 1$) 表示为

$$T_{\mathrm{H}} = \frac{1}{8\pi GM} \tag{6.4}$$

Hawking 温度也可以由欧氏量子引力的 Gibbons-Hawking 形式得到 [212]。事实上, 广义相对论的表述与我们对号差的选择也就是是实时 (闵氏) 还是虚时 (欧

氏) 无关。因为从实时到虚时的解析延拓消除了类光传播和因果性之间的直接联系，所以使用欧氏表述是一件危险的事情。然而，对于稳态时空，使用它是完全安全的。这一点对我们来说是最重要的，这是因为在 AdS/CFT 的背景下稳态时空对应着对偶边界理论中的平衡构型。为得到欧氏黑洞度规，我们可以简单地替换 $\tau = it$，将闵氏时空的度规 (6.1) 解析延拓到虚时，这样 τ 就变为类空的维度。我们将在方框 (6.1) 中讨论这一步骤的更多细节。结果是，为了避免在视界处产生锥形奇点，τ 必须紧致化为一个在径向无穷远处的周期为

$$\tau \sim \tau + \beta \tag{6.5}$$

的圆，其中 $\beta = \hbar/(k_B T_H)$，T_H 为 Hawking 温度。因此，径向无穷远的量子场是由一个热平衡场论来描述的，其特点是它的虚时间坐标轴被紧致化为一个半径是 $R_\tau = \hbar/(k_B 2\pi T_H)$ 的圆。这意味着它们的表观温度"正好"为 T_H，我们不需要做任何进一步的计算就能得到黑体辐射的温度——我们只需要知道虚时间轴的几何。

在 Hawking 的发现之前，Bekenstein 就已经意识到热力学观点意味着黑洞不可能完全没有特征。考虑到黑洞吸收宏观物质的过程和热力学第二定律的有效性，黑洞必然具有一个 Bekenstein 熵。这个熵在精确单位和自然单位制下分别为

$$S_{BH} = \frac{k_B}{c\hbar} 4\pi G M^2 = 4\pi G M^2 \tag{6.6}$$

结果证明，这与在 Hawking 的考虑的基础上所进行的熵的具体计算结果是完全一致的。

Bekenstein-Hawking(或黑洞) 熵的显著特征是它也可以表示为

$$S_{BH} = k_B \frac{A}{4\ell_{pl}^2} \tag{6.7}$$

其中，A 是视界面积而 ℓ_{pl} 是四维普朗克长度 $\ell_{pl} = \sqrt{G\hbar/c^3}$。任何"正常"物质系统具有按照空间占据体积增大的广延熵，但是 Bekenstein-Hawking 熵告诉我们，应该将黑洞的熵与它的"视界"覆盖的面积相联系，并将视界分割为由普朗克长度给出的特征面积大小的小单元，每个小单元包含一比特信息。这就是在我们在第 4 章中讨论过的作为全息原理基础 [167,168] 的反直觉的面积律：可以用 D 维中的非引力场论系统计算 $D+1$ 维时空中的引力系统的自由度数量。这是量子引力的一个普遍特性，而不仅仅是黑洞的特殊性质。

6.1.2 AdS 中的黑洞和 AdS/CFT 热力学

在做好这些准备之后，现在让我们回到本章的主题：全息如何处理边界场论中的有限温度物理？这种形式的妙之处在于，边界热力学的结论与上述"经典"黑

洞物理的规则完全一致，只不过这里的黑洞是指 AdS 时空中的黑洞。

尽管 20 世纪 70 年代黑洞物理学的这些观点对 AdS/CFT 对应的发现起了重要的指导作用，但是它能够工作得这么好在某种程度上说是非同寻常的。毕竟，在一定程度上这就好像是我们在比较苹果和梨。在"经典"黑洞物理学中，人们考虑的是经典黑洞时空对该时空中量子化场论的真空的影响。在 AdS/CFT 对应中，不仅体时空是经典时空，而且这个时空中的场也是经典的 (至少在场论的大 N 极限下是这样)。在严格的经典极限下，体时空中没有所谓的 Hawking 温度，但体几何在边界上的投影使得"全息屏幕"上的场论精确地表现为具有与 Hawking 的计算相同的有限温度。

现在我们将证明这一点可以直接由第 5 章介绍的基本原理得到，并给出使用全息字典计算温度 (方框 6.1) 和自由能/熵 (方框 6.2) 的明确方法。我们很容易将 GKPW 规则与热场论的要求结合起来。对于边界上处于平衡态的物质，我们可以在欧氏号差的体中处理稳态引力的问题。边界上场论的温度与体中黑洞的 Hawking 温度相同 (方框 6.1)。在最后的 6.4 节中，我们将证明，通过在黑洞视界处选择适当的边界条件，GKPW 规则可以完美地再现闵氏时空中场论的实时有限温度关联函数。

同样地，边界的熵等于黑洞的 Bekenstein 熵，并且我们可以在边界上找到所有黑洞热力学的对应。唯一的区别是，在计算体几何时我们必须考虑渐近 AdS 时空，这与"经典的"黑洞物理中的渐近平坦时空相比确实是有显著的变化。

类似于闵氏时空的例子，根据欧氏引力，我们可以通过要求欧氏黑洞解是光滑的来计算 AdS 黑洞的 Hawking 温度，将在方框 6.1 中对其进行说明。对于渐近平坦的闵氏时空，如图 6.1 所示，我们发现时间圆的半径会随着沿径向方向远离视界而增加。将边界场论调整为自然的度规 $\mathrm{d}\tilde{s}^2 = \eta_{\mu\nu}\mathrm{d}x^\mu\mathrm{d}x^\nu$，而 AdS 时空中 r 为常数的截面上的度规为 $\mathrm{d}s^2 = \dfrac{r^2}{L^2}\eta_{\mu\nu}\mathrm{d}x^\mu\mathrm{d}x^\nu$，在共形无穷远处 ($r \to \infty$，在此处我们除去了整体的因子 r^2/L^2)，黑洞所在的体与边界"共享"同一个欧氏时间，并且这里的时间圆的半径仍然是有限的，这暗示了边界场论具有有限温度。然而，时空的渐近行为的改变扮演了很重要的角色。对于渐近平坦的 Schwarzschild 黑洞，Hawking 的经典计算表明温度与视界半径成反比：小的黑洞非常热而大的黑洞非常冷。而对于渐近 AdS 的黑洞，结果却恰恰相反。具体的计算 (方框 6.1) 表明，在精确单位下用视界半径 r_0，时空维数 $d+2$ 和 AdS 半径 L 表示的边界温度为

$$T = \frac{\hbar c}{k_\mathrm{B}} \frac{(d+1)r_0}{4\pi L^2} \tag{6.8}$$

于是我们得到如下结论。

规则七：AdS 体内部深处的黑洞蕴含了场论的有限温度，该温度等于这个黑洞的 Hawking 温度。AdS 中的 Hawking 温度与视界半径成正比。

随着温度的升高，AdS 黑洞视界变大，这与径向方向和场论的标度方向一致的观点是协调的。零温下场论的完美标度不变性由纯 AdS 度规体现。在有限温度下，黑洞视界干扰了内部深处几何的"红外"部分，并且随着温度升高，这种影响会扩大，向越来越高的能标移动。这用几何语言描述了场论中温度的有限大小标度效应。此外，正如我们将在这里和第 7 章讨论的那样，黑洞视界无法逃出的特性恰恰使它具有了热力学物理的显著特征。服从流体力学第二定律的有限温度边界系统的动力学的不可逆性由在体中传播的经典场的模式最终将落入视界这一事实体现。所以这些体中的模式有着有限的寿命（"准正模式"[213]），这样就体现出了耗散现象的起源。

方框 6.1　AdS-Schwarzschild 黑洞的 Hawking 温度的欧氏引力推导

为了计算 AdS 黑洞的温度，我们需要知道 AdS 度规。$d+2$ 维闵氏号差下的时空中具有负宇宙学常数的爱因斯坦方程是 [214]

$$R_{\mu\nu} - \frac{1}{2}g_{\mu\nu}R - \frac{d(d+1)}{2L^2}g_{\mu\nu} = 0 \tag{6.9}$$

AdS-Schwarzschild 黑洞度规是这个方程的一个解

$$\mathrm{d}s^2 = \frac{r^2}{L^2}\left(-f(r)\mathrm{d}t^2 + \mathrm{d}\Sigma_k^2\right) + \frac{L^2}{r^2 f(r)}\mathrm{d}r^2, \qquad i = 1, \cdots, d \tag{6.10}$$

其中，L 是 AdS 半径，r 是径向坐标，黑化因子为

$$f(r) = 1 - \frac{m}{r^{d+1}} + \frac{kL^2}{r^2} \tag{6.11}$$

并且

$$\mathrm{d}\Sigma_k^2 = \begin{cases} L^2\mathrm{d}\Omega_d^2, & k = 1, \quad \text{球状视界} \\ \sum_{i=1}^{d}\mathrm{d}x_i^2, & k = 0, \quad \text{平坦，平面视界} \\ L^2\mathrm{d}H_d^2, & k = -1, \text{双曲视界} \end{cases} \tag{6.12}$$

其中 $\mathrm{d}\Omega_d^2$ 是单位球面 S^d 上的度规，$\mathrm{d}H_d^2$ 是 d 维单位双曲空间 $\mathbb{H}^d$ 的度规。

$f(r) = 0$ 的解给出了黑洞视界位置, 而且我们将选取外视界为 $r = r_0$, 因此有

$$m = r_0^{d+1} + kL^2 r_0^{d-1} \tag{6.13}$$

注意到由固定的 t 和 $r = r_0$ 所确定的视界在 $k = 0$ 时为平直的 d 维欧氏空间 $\mathbb{R}^d$, 在 $k = 1$ 时为球, 在 $k = -1$ 时为双曲空间。我们采用 Gibbons 和 Hawking 的欧氏引力观点来计算黑洞温度。考虑一个一般的静态黑洞度规, 则有

$$ds^2 = -g_{tt}(r)dt^2 + \frac{dr^2}{g^{rr}(r)} + g_{xx}(r)d\boldsymbol{x}^2 \tag{6.14}$$

其中, $g_{tt}(r)$ 和 $g^{rr}(r)$ 在视界 r_0 处有一阶零点。在 Wick 转动到欧氏号差 $\tau = \mathrm{i}t$ 后, 我们得到

$$ds_{\mathrm{E}}^2 = g_{tt}(r)d\tau^2 + \frac{dr^2}{g^{rr}(r)} + g_{xx}(r)d\boldsymbol{x}^2 \tag{6.15}$$

我们自然地假设, 黑洞的性质是由视界附近的几何所反映的, 并且在视界处 g_{tt} 和 g^{rr} 为零 (因为它们正比于黑化因子)。为了研究这一区域, 我们在 $r = r_0$ 处展开度规, 令 $g_{tt}(r) = g'_{tt}(r_0)(r - r_0) + \cdots$, $g^{rr}(r) = g^{rr\prime}(r_0)(r - r_0) + \cdots$ 和 $g_{xx}(r) = g_{xx}(r_0) + \cdots$, 其中的前置因子, 即视界处的径向导数 $g'_{tt}(r_0)$ 和 $g^{rr\prime}(r_0)$, 现在只是数字。因此, 近视界 (欧氏) 度规为

$$ds_{\mathrm{E}}^2 = g'_{tt}(r_0)(r - r_0)d\tau^2 + \frac{dr^2}{g^{rr\prime}(r_0)(r - r_0)} + g_{xx}(r_0)d\boldsymbol{x}^2 + \cdots \tag{6.16}$$

用新变量 $R_0 = 2\sqrt{r - r_0}/\sqrt{g^{rr\prime}(r_0)}$ 来重参数化径向坐标较为方便。度规变为

$$ds_{\mathrm{E}}^2 = \frac{1}{4}R_0^2 g'_{tt}(r_0)g^{rr\prime}(r_0)d\tau^2 + dR_0^2 + g_{xx}(r_0)d\boldsymbol{x}^2 + \cdots \tag{6.17}$$

重要的是由 R_0 和虚时方向 τ 张成的面。这不过是极坐标下的平面度规, τ 是紧化的角度方向。当接近视界 $R_0 \to 0$ 时, $d\tau^2$ 前面的因子为零, 这意味着欧氏时间收缩为一个点。但是, 因为视界不是一个特殊的地方, 所以我们不能允许这个点是奇异的。通过要求 $R_0 = 0$ 是欧氏极坐标系的中心, 我们可以使视界处是光滑的, 这意味着 τ 以 $4\pi/\sqrt{g'_{tt}(r_0)g^{rr\prime}(r_0)}$ 为周期。图 6.1 画出了具有周期性虚时的欧氏时空作为径向方向的函数的样子。这个周期被直接认定为黑洞温度的倒数, 是因为这里的时间坐标与对偶场论的时间坐标相同。

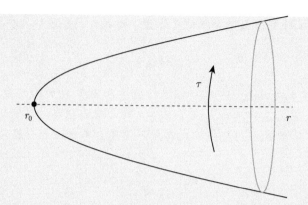

图 6.1　黑洞时空的欧氏几何 $ds^2 = g_{tt}(r)d\tau^2 + g_{rr}(r)dr^2$，其中 g_{tt} 在视界 $r = r_0$ 处为零。为了使几何在 $r = r_0$ 处光滑，τ 具有周期 $4\pi \sqrt{g'_{tt}(r_0)g^{rr\prime}(r_0)}$，其中上标撇代表对 r 的导数，并且 $g^{rr} = 1/g_{rr}$。r 处的圆的周长的固有长度为 $\ell_{\text{perimeter}} = \sqrt{g_{tt}(r)}4\pi/\sqrt{g'_{tt}(r_0)g^{rr\prime}(r_0)}$。在原先的洛伦兹号差时空是渐近平坦的情况下，固有长度接近一个常数，上面的几何看起来像一个雪茄。在渐近 AdS 的情况下，固有长度以 $\ell_{\text{perimeter}} \sim r$ 发散。这与 AdS/CFT 并不矛盾，因为 AdS 边界仅仅与边界场论存在的平直时空是共形的

对于 AdS-Schwarzschild 黑洞 (6.10)，我们发现

$$
T = \left.\frac{\sqrt{g'_{tt}g^{rr\prime}}}{4\pi}\right|_{r=r_0} = \left.\frac{r_0^2}{4\pi L^2}\frac{\mathrm{d}f(r)}{\mathrm{d}r}\right|_{r=r_0}
$$

$$
= \frac{1}{4\pi L^2}\left[(d+1)r_0 + \frac{kL^2(d-1)}{r_0}\right] \tag{6.18}
$$

在本书中，我们将主要关注 $k = 0$ 的情况，并且只在 6.2 节中研究 $k = 1$ 的情况。对于 $k = 0$ 的情况，称它为黑膜解比称它为黑洞更合适。我们也可以称它为有平面视界的黑洞。在不会引起任何混淆的时候我们将称它为"黑洞"。为方便起见，我们明确写出一个平面视界黑洞的例子以供未来参考。它的度规是

$$
\mathrm{d}s^2 = \frac{r^2}{L^2}\left[-f(r)\mathrm{d}t^2 + \mathrm{d}x_i^2\right] + \frac{L^2}{r^2 f(r)}\mathrm{d}r^2, \qquad i = 1, \cdots, d \tag{6.19}
$$

其中

$$
f(r) = 1 - \frac{r_0^{d+1}}{r^{d+1}} \tag{6.20}
$$

对应的 Hawking 温度是

$$T = \frac{(d+1)r_0}{4\pi L^2} \tag{6.21}$$

AdS/CFT 热力学

下一个需要计算的热力学量是自由能。GKPW 规则表明这应该是非常简单的，因为 CFT 在大 N 极限下的配分函数与引力体的在壳作用量直接相关。这是对的，但是在第 5 章我们已经看到过一个微妙之处：考虑到可以将 AdS 看成一个有边界的空间，我们必须在这个作用量中加入边界贡献。在引力动力学的框架下，这个边界作用量由如下要求决定：当边界度规固定时，我们的变分原理是定义良好的。当我们在体中的特殊几何上计算场论的自由能时，它们会收到所谓的 "Gibbons-Hawking-York" 边界项的贡献。我们将在方框 6.2 中详细讨论这个步骤。

通过存在黑洞的背景中的 AdS 路径积分可以计算边界 CFT 的有限温度物理性质。这是特殊的情况，因为 CFT 中没有内部的能量标度。因此，热力学变量的温度依赖关系完全由 (超) 标度决定。特别是，

$$F = \alpha \frac{1}{d+1} T^{d+1}, \quad U = \alpha \frac{d}{d+1} T^{d+1}, \quad S = \alpha T^d \tag{6.22}$$

从 AdS-Schwarzschild 黑洞出发的全息自由能的计算确实确定了这个关系，并且人们发现在精确单位下用 G(牛顿常数)、L(AdS 半径) 和 r_0(视界半径) 表示的熵密度 (方框 6.2) 为

$$s = \frac{S}{\text{Vol}_d} = \frac{1}{4G} \frac{k_B c^3}{\hbar} \frac{r_0^d}{L^d} \tag{6.23}$$

利用视界半径和温度的关系式 (6.8), 分别用精确单位和自然单位制表示, 上式变为

$$s = \frac{1}{4G} \frac{k_B c^3}{\hbar} \frac{k_B^d}{\hbar^d c^d} \left(\frac{4\pi}{d+1}\right)^d L^d T^d = \frac{1}{4G} \left(\frac{4\pi}{d+1}\right)^d L^d T^d \tag{6.24}$$

现在我们注意到，对于式 (6.19) 形式的 AdS 黑洞度规，我们可以直接计算视界面积为

$$A = \int \mathrm{d}^d \boldsymbol{x} \sqrt{\det g_{ij}}\Big|_{r=r_0} \tag{6.25}$$

其中 i, j 覆盖去除了 t 和 r 的所有方向，这个积分是在视界的表面 $r = r_0$ 上进行的。对于 AdS Schwarzschild 黑洞，结果是

$$A_{\text{AdS-Schwarzschild}} = \frac{r_0^d}{L^d} \text{Vol}_d \tag{6.26}$$

将面积的结果和从自由能 (6.23) 得出的熵密度结合起来，熵可以表示为

$$S = \frac{1}{4G} \frac{k_B c^3}{\hbar} A = k_B \frac{1}{4} \frac{A}{\ell_{pl}^d} \tag{6.27}$$

这正是著名的 Bekenstein-Hawking 黑洞熵，包括这个 1/4 因子。这展示了 AdS/CFT 对应是如何为黑洞热力学的微观基础提供根据的。

　　我们仍然需要用场论中自然的量来表示熵。我们需要把牛顿常数 G 和引力体的 AdS 半径 L 转换为边界场论的量。字典的这一部分需要由一个明确的自上而下模型来确定。对于 Maldacena 最初的 $3 + 1$ 维 $\mathcal{N} = 4$ 超 Yang-Mills 理论，引力的物理量与场论的物理量之间具有如下关系：

$$\frac{c^3}{\hbar} \frac{L^3}{8\pi G} = \frac{N^2}{4\pi^2} \left[1 + \mathcal{O}\left(\frac{1}{N}\right) \right] \tag{6.28}$$

正如在第 4 章中所讨论的，这一对应关系是 AdS/CFT 对应性质的核心。为了能够在经典引力成立范围内，体的曲率在自然单位制下必须很小，即 $L^3/G \gg 1$，而这与边界场论的 $N^2 \gg 1$ 是对应的。

　　结合式 (6.8)、式 (6.23) 和式 (6.28) 我们可以得到大 N 极限下 CFT 的熵。大 N 极限下强耦合 $\mathcal{N} = 4$ 超-Yang-Mills 的熵密度为

$$s = \frac{\pi^2}{2} N^2 \frac{k_B^4}{\hbar^3 c^3} T^3 \tag{6.29}$$

因此我们得到了下一个字典条目。

　　规则八：边界场论的熵等于体中的黑洞的 Bekenstein-Hawking 熵并且它由黑洞的视界面积决定。为了得到它的绝对大小，引力中的物理量必须转换为场论中的物理量，这需要来自自上而下构造的信息。

　　在我们计算过的具体例子中，物理信息完全包含在前置因子之中。我们已经注意到，对于一个 CFT，熵密度对温度的依赖直接来自于标度行为，类似于例如声学声子的 Debye 熵的 T^d 行为或辐射的 Stefan-Boltzmann 定律。此外，我们将在 6.2 节中看到，N^2 因子是退禁闭相的特征。尽管这个前置因子是一个数，但它确实蕴含了非常有趣的结果。它揭示了对偶 AdS 描述的真正的相互作用本质。我们刚刚用过的利用正则的自上而下 AdS/CFT 对应来计算熵的理论–强 't Hooft 耦合 $\lambda = g^2 N$ 的最大超对称 Yang-Mills 理论–无疑是可以想到的具有最强耦合的 CFT 之一。现在我们将这个熵与自由场论的结果进行比较。自由场论中熵的计算是平凡的，因为它就是在数无质量模式的数量。$d = 3 + 1$ 维 $\mathcal{N} = 4$ 超-Yang-Mills 的自由场部分是一个矢量场，包括 4 个实费米子场和 6 个实标量

场，它们每个都是 $U(N)$ 的伴随表示，即具有重数 N^2。在自然单位下的结果是 $s_{\lambda=0} = \dfrac{4}{3}\dfrac{\pi^2}{2}N^2 T^3$ [215]。由于与前面相同的定性上的原因，关于 N^2 和 T^3 的依赖性都出现了。我们注意到这个结果正是无质量粒子组成的自由气体的通常关系 $s = \left(n_b + \dfrac{7}{8}n_f\right)\dfrac{1}{6}\sigma_B T^3$ 乘以物理极化数 $n_b = n_f = 8$ 和简并因子 N^2，其中 σ_B 是 Stefan-Boltzmann 常量。这给出了与全息计算不同的结果，表明全息计算得到的不是自由场论的结果。值得注意的是，强耦合与自由场两种情况下的前置因子几乎是一样的：$s_{\lambda=0}/s_{\lambda=\infty} = 4/3$。显然，如图 6.2 所示，这种零密度量子临界态的热力学势作为耦合强度的函数变化得非常缓慢。历史上在完整词典建立之前就有人对两种情况下的熵做了比较，那时我们还没有完全理解 λ 的作用 [216]，并且这种比较在对偶的构建中起到了重要的指导作用。

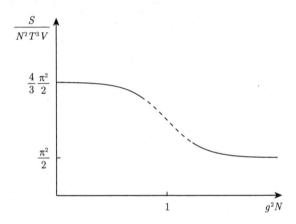

图 6.2　$\mathcal{N} = 4$ 超-Yang-Mills 规范理论等离子体的熵在大 N 极限下作为 't Hooft 耦合常数的函数。由于对称性，熵一定正比于 $N^2 T^3 V$。前置因子的数值确实随耦合常数的变化而变化。它的取值介于自由理论的 $4\pi^2/6$ 和强耦合理论的 $\pi^2/2$ 之间 (图源自文献 [13])

方框 6.2　计算 CFT 的全息自由能和熵

我们的出发点是大 N 强耦合 CFT 的配分函数与体时空 (经典) 引力的在壳作用量之间的 AdS/CFT 定义关系式 (5.1)。该式同样适用于与 AdS 内部黑洞的欧氏爱因斯坦理论对偶的有限温度平衡场论。因此，场论的自由能由字典条目给出

$$F = -k_B T \ln \mathcal{Z}_{\text{CFT}} = k_B T S_{\text{E}}^{\text{AdS}}[g_{\text{E}}] \tag{6.30}$$

其中，g_{E} 是欧氏度规 (6.15)，$S_{\text{E}}^{\text{AdS}}[g_{\text{E}}]$ 是在壳欧氏 Einstein-Hilbert 作用量。

注意到通过欧氏黑洞几何，温度已经完全体现在体中了。AdS 应该被看成是具有边界的时空，尽管它的边界在无穷远处，所以我们必须考虑两个微妙之处。

（1）为了使给定边界度规的体度规变分问题是良好定义的，我们必须要求分部积分后的边界项中没有 $\partial_r \delta g_{\mu\nu}$ 出现（我们给度规加以 Dirichlet 边界条件）。Gibbons、Hawking 和 York 证明了我们必须给作用量补充一个"Gibbons-Hawking-York"边界项 [217,218]。

（2）如果我们通过将边界固定在确定的位置 $\bar{r}$ 来做正规化，那么在壳作用量与 $\bar{r}$ 的正幂次成比例，在这种意义上，即使加上 Gibbons-Hawking-York 项，在壳作用量仍然是发散的。事实上，这和在第 5 章中概述的计算应力能量张量的两点函数时出现的发散是一样的。这个发散同样可以用局域的边界抵消项消除。在这种情况下，相比进行扰动分析，有一种更直接的方法来确定抵消项即要求纯 AdS 的在壳作用量为零 [219]。

我们可以用边界的内禀曲率来对最后一组抵消项做展开。对于这里考虑的 AdS-Schwarzschild 黑膜，只有最低阶项是相关的。结果是，我们应该考虑的正确的引力作用量为

$$S = S_{\text{bulk}} + S_{\text{GHY}} + S_{\text{ct}} \tag{6.31}$$

其中

$$S_{\text{bulk}} = -\frac{1}{2\kappa^2} \int_0^\beta \mathrm{d}\tau \int_{r_0}^\infty \mathrm{d}r \int_{-\infty}^\infty \mathrm{d}^d x_i \sqrt{g_E} \left[R + \frac{\mathrm{d}(d+1)}{L^2} \right]$$

$$S_{\text{GHY}} = \frac{1}{2\kappa^2} \int_0^\beta \mathrm{d}\tau \int_{r\to\infty} \mathrm{d}^d x_i \sqrt{h} \Big(-2K \Big) \tag{6.32}$$

$$S_{\text{ct}} = S_{\text{ct}}^{(0)} + \cdots$$

并且

$$S_{\text{ct}}^{(0)} = \frac{1}{2\kappa^2} \int_0^\beta \mathrm{d}\tau \int_{r\to\infty} \mathrm{d}^d x_i \sqrt{h} \frac{2d}{L} \tag{6.33}$$

r_0 是视界位置。在这些表达式中，$h_{\mu\nu}$ 是边界 $r \to \infty$ 的诱导度规。它的定义是 $h_{\mu\nu} = g_{\mu\nu} - n_\mu n_\nu$，其中 n^ν 是向外的边界法向单位向量。所以 n^μ 是 $h_{\mu\nu}$ 的本征值为零的本征向量，并且根据定义，计算 $h_{\mu\nu}$ 的行列式时只取与 n^μ 正交的方向。$K = h^{\mu\nu} \nabla_\mu n_\nu$ 是诱导度规的外曲率的迹。这些量在方框 4.4 中

介绍过，并且我们在这里将取 AdS-Schwarzschild 黑洞式 (6.19) 和式 (6.20) 作为演示计算过程的例子。欧氏 AdS-Schwarzschild 黑洞几何是

$$ds_E^2 = \frac{r^2}{L^2}\left[f(r)d\tau^2 + dx_i^2\right] + \frac{L^2}{r^2 f(r)}dr^2, \qquad i = 1, \cdots, d \tag{6.34}$$

该度规的行列式和 Ricci 标量是

$$g_E = \left(\frac{r^2}{L^2}\right)^d, \qquad R = -\frac{(d+2)(d+1)}{L^2} \tag{6.35}$$

向外的法向量 n^μ 显然沿着径向方向。为了保证它具有单位长度，即 $n^\mu n^\nu g_{\mu\nu} = 1$，必须有 $n^\mu = \left(0, \cdots, 0, \dfrac{r\sqrt{f}}{L}\right)$，其中 n^r 是唯一的非零分量。那么诱导度规就是

$$h_{\mu\nu} = \text{diag}\left\{\frac{r^2 f}{L^2}, \frac{r^2}{L^2}, \cdots, \frac{r^2}{L^2}, 0\right\} \tag{6.36}$$

(约化的) 行列式为 $h \equiv \det h_{ij\ (i,j\neq r)} = \left(\dfrac{r^2}{L^2}\right)^{d+1} f$。由于诱导度规与法向量是正交的，外曲率的迹退化为

$$K = -h^{\mu\nu}h^\alpha_{\mu\nu}n_\alpha \tag{6.37}$$

其中 $h^\alpha_{\mu\nu} \equiv \dfrac{1}{2}g^{\alpha\beta}(\partial_\mu g_{\beta\nu} + \partial_\nu h_{\beta\mu} - \partial_\beta g_{\mu\nu})$ 是 Christoffel 联络。将 AdS-Schwarzschild 度规代入后，我们得到边界外曲率的迹为

$$K = n_r\left(-h^{\tau\tau}h^r_{\tau\tau} - \sum_{i=1}^{d} h^{x_i x_i}\Gamma^r_{x_i x_i}\right)$$

$$= \frac{\sqrt{f}}{L}\left[(d+1) + \frac{r}{2}\frac{f'}{f}\right] \tag{6.38}$$

将式 (6.20)、式 (6.35) 和式 (6.37) 代入式 (6.32) 和式 (6.40)，我们得到了一个非常简洁的自由能的表达式，即

$$F = \frac{1}{\beta}S_E[g_E] = -\frac{1}{2\kappa^2}\frac{r_0^{d+1}}{L^{d+2}}\text{Vol}_d \tag{6.39}$$

其中，$\mathrm{Vol}_d = \int \mathrm{d}^d x_i$ 是边界场论 d 维空间的体积。利用视界半径和温度的关系式 (6.8)，(6.39) 变为

$$F = -\frac{2\pi L^d}{\kappa^2}\left(\frac{4\pi}{d+1}\right)^d \frac{T^{d+1}}{d+1}\mathrm{Vol}_d \tag{6.40}$$

从中我们立即可以得到对偶场论的内能和熵。

黑洞热力学第一定律，能量和 Fefferman-Graham 坐标

这一计算也是作为全息和 AdS/CFT 对应的基础的黑洞热力学第一定律的一个示例。我们可以独立地从视界的面积计算出熵为

$$S_{\mathrm{Area}} = \frac{2\pi}{\kappa^2}\frac{r_0^d}{L^d}\mathrm{Vol}_d = \frac{2\pi}{\kappa^2}\frac{(4\pi L)^d}{(d+1)^d}T^d\mathrm{Vol}_d \tag{6.41}$$

这与由自由能中计算得到的熵吻合，并且我们可以用第 5 章的 GKPW 规则计算能量。能量的期望值应该是度规的 g_{tt} 分量的次领头阶部分。这里的微妙之处在于 g_{tt} 不是规范不变的，它取决于坐标的选取。在一组被称为 Fefferman-Graham 坐标的特殊坐标下 (记作 r，它本质上是取规范 $g_{r\mu} = 0$)，g_{ij} 的次领头部分与 T_{ij} 的边界期望值之间的等同关系直接就是正确的。这组坐标下度规的形式为

$$\mathrm{d}s_{\mathrm{FG}}^2 = \frac{L^2}{r^2}\mathrm{d}r^2 + \frac{r^2}{L^2}\tilde{g}_{ij}(x,r)\mathrm{d}x^i\mathrm{d}x^j \tag{6.42}$$

其中度规 $\tilde{g}_{ij}$ 的渐近形式为

$$\tilde{g}_{ij}(x,r) = \eta_{ij} + \frac{\tilde{g}_{ij}^{(2)}}{r^2} + \cdots + \frac{\tilde{g}_{ij}^{(d+1)}}{r^{d+1}} + \frac{\tilde{h}_{ij}^{(d+1)}\log r^2}{r^{d+1}} + \cdots \tag{6.43}$$

其中只有当 d 是偶数时才出现对数项，而 "$\cdots$" 是更高阶的项。边界作用量的抵消项负责所有比 r^{d+1} 更高次的项。幂次 r^{d+1} 的项与应力张量的维度相对应，从这一项中可以读出应力张量为

$$\langle T_{ij}\rangle = \frac{d+1}{2\kappa^2}\tilde{g}_{ij}^{(d+1)} \tag{6.44}$$

通过坐标变换 $r(r) = r\{[1+\sqrt{f(r)}]/2\}^{2/(d+1)}$ (等价地 $r(r) = r\left(1 + \frac{r_0^{d+1}}{4r^{d+1}}\right)^{2/(d+1)}$)，将 AdS-Schwarzschild 黑洞度规 (6.19) 变为这种坐标形式

$$ds^2_{\text{FG-AdS-BH}} = \frac{L^2}{r^2}dr^2 + \frac{r^2}{L^2}\left[\left(1 + \frac{r_0^{d+1}}{4r^{d+1}}\right)^{\frac{4}{d+1}}d\boldsymbol{x}^2 - \frac{\left(1 - \frac{r_0^{d+1}}{r^{d+1}}\right)^2}{\left(1 + \frac{r_0^{d+1}}{4r^{d+1}}\right)^{\frac{2(d-1)}{d+1}}}dt^2\right]$$

(6.45)

因此能量密度为

$$\epsilon = \langle T^{00}\rangle = \frac{d}{2\kappa^2}r_0^{(d+1)} = \frac{d}{2\kappa^2}\frac{(4\pi)^{d+1}L^{2(d+1)}}{(d+1)^{d+1}}T^{d+1}$$

(6.46)

我们容易验证 (积分形式的) 热力学第一定律成立, 即

$$F = E - TS$$

(6.47)

其中 $E = \epsilon \text{Vol}_d$ 并且 $dE = TdS$。

6.2 全息热力学：Hawking-Page 相变

共形不变性是一种极强的对称性, 它对物理有着强大的约束: 所有的两点关联函数都由它们的标度维数等决定。即使在有限温度下, 唯一有意义的热力学性质是 6.1 节所讨论的熵的前置因子 (一个普适的振幅)。然而, 一旦我们加入另一个标度——特别是当我们打开有限密度时——这个有限温度下的 "残余" 的共形不变性就会被打破。从第 8 章开始我们将用到的事实是, 当这样的第二个标度存在时, 全息可用于计算更丰富的相图, 其中既包括为人熟知的物质的稳定相 (如超导体和费米流体), 也有新发现的演生的量子临界相, 以及它们之间的相互转变。

我们将开始讨论这个主题, 依靠我们能想到的最简单的方法用额外的标度来打破共形不变性: 让边界场论的体积有限。简单地看, 这使得理论有了能隙, 但是 Witten[211] 的发现表明这个故事要复杂得多。它揭示了引力对偶中的引力 Hawking-Page 相变, 这个相变描述了有限体积边界理论中的热力学禁闭–退禁闭相变。在 Yang-Mills 理论 (如 QCD) 中, 禁闭现象为我们所熟知, 它是后面章节的一个重要主题。在低温和低能量下, 夸克和胶子不表现为渐近态, 而是被禁闭于规范单态中 (重子、介子)。只有把 QCD 真空加热到禁闭标度以上的温度 (这在产生夸克–胶子等离子体的相对论性重离子碰撞中实现), 或者通过高能对撞 (在更传统的粒子加速器中), 我们才能发现基本的夸克和胶子的存在; 在足够高的能量下, 由于耦合的渐近自由, 它们的行为越来越接近自由粒子。但是, 当前形式的全息所描述的强耦合超共形 Yang-Mills 理论框架下的物理是什么?

　　第一个线索来自 6.1 节计算的熵。我们发现它与 N^2 成比例，而且从第 4 章的讨论中可以明显看出，这个因子计算了 Yang-Mills 矩阵的大小，因此它计算了胶子的数量，而只有退禁闭时熵才能知道这些自由度。因此我们立即知道，任何由具有有限视界面积的 Schwarzschild 黑洞描述的有限温度态都对应于场论中的退禁闭态。

　　另外，一个禁闭态的熵是在 1 量级的，N^2 个"部分子"结合为一个禁闭的规范–单态自由度。考虑到我们依赖的是只描述大 N 领头阶贡献的经典引力，这样的对熵的 $O(N^0)$ 阶贡献应该是无法看到的，所以有限温度禁闭态的全息熵应该为零。因此，我们面临着以下难题：由于黑洞的视界代表 N^2 阶的熵，那么在边界上是否存在另一种在体时空中的对应不是黑洞的有限温度态？

　　很明显，我们需要一个禁闭标度，而且必须以某种方式破缺共形不变性。这个标度应该作为红外能标。引入这样的 IR 标度的最简单方法是将系统放入一个盒子中。到目前为止，我们一直假设边界理论存在于无限大平直空间中；因为在有限温度下欧氏时间圆的拓扑为 S^1，所以时空的整体拓扑是 $S^1 \times \mathbb{R}^d$。然而，原则上我们也可以直接将边界理论放在有限体积中。从几何上来说，选择一个球体比一个盒子更方便，但物理在定性上是一样的。因此，我们将空间方向限制为一个 d 维球面，这样得到的时空整体拓扑是 $S^1 \times S^d$。如果球面的半径与 AdS 本身的半径相同，则这个几何与体时空的 AdS 几何是完全兼容的。回想一下 4.4 节，在所谓的全局坐标中，AdS 的边界正具有这种拓扑。

　　对于这个紧致的边界几何，具有负宇宙学常数的欧氏号差爱因斯坦方程有哪些可能的解？"全局 AdS"的一个著名结果来自于广义相对论的鼎盛时期。在 20 世纪 80 年代，Hawking 和 Page 证明了确实存在两个 (各向同性的) 解 [221]。其中一个解是具有有限大小欧氏时间圆的黑洞，但是有一个球形视界——一个真正的黑洞，而不是我们之前一直讨论的具有平直的 $\mathbb{R}^d$ 视界的黑洞或黑"膜"。另一个解是具有紧致空间拓扑但虚时紧致化为一个圈的原始的全局 AdS。这个解被称为"热 AdS"：它表示有限体积边界上的一个有限温度态，不存在黑洞视界。由于没有视界，所以没有宏观的 N^2 阶熵，这说明热 AdS 与边界的有限温度禁闭态是对偶的。

　　我们应该选取哪个解？我们应该对这两个候选态的边界自由能进行比较 (边界自由能是空间方向的紧致化半径和温度的函数)，从而找出哪个态是热力学所偏好的。在方框 6.3 中，我们详细说明了如何将方框 6.2 中的方法应用到 Hawking-Page 系统中，结果展示在图 6.3中。在高温下，当虚时圈的半径相比边界紧致空间方向的半径小时，热力学偏好 Schwarzschild 类型的解。这证实了在高温下场论是退禁闭的这一直觉。另外，当时间圆半径大于空间半径时，一直延伸到内部深处的原始 AdS 几何是获偏好的解。由于时间圆仍然是有限的，这代表场论的一个禁闭的热态。

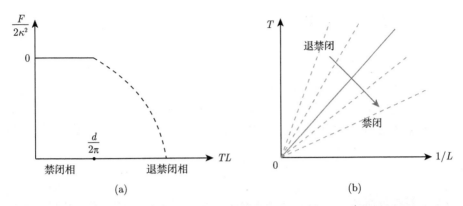

图 6.3 Hawking-Page 相变。通过把边界场论放在半径为 L 的空间方向的球面上，我们可以考虑有限体积的边界场论。在 AdS/CFT 中这可以由考虑"全局 AdS 时空"而不是 Poincaré 分支来实现。可以证明全局 AdS 中的爱因斯坦方程只有两个静态的均匀解：Schwarzschild 黑洞型解或带有限虚时圈的热 AdS 几何。通过计算边界/黑洞自由能，Hawking 和 Page 在 20 世纪 70 年代就已经证明了热 AdS 解在低温下 (a) 是稳定的，并且经过一级相变，变为高温的 Schwarzschild 黑洞态。AdS/CFT 使得这个相变背后的物理变得清楚起来。根据熵和 Wilson 圈的计算，全息表明热 AdS 描述了禁闭态，在温度为 $T \propto 1/L$(b) 时，它经过一级相变变为高温退禁闭态

方框 6.3 Schwarzschild 黑洞和热 AdS 时空之间的 Hawking-Page 热相变

我们强调过，要在边界场论中引入温度以外的第二个标度，空间维度应紧化为一个球面。我们考虑的是具有球形视界的体黑洞解为 $k = 1$ 时的度规 (6.10)，即

$$ds^2 = V(r)d\tau^2 + \frac{dr^2}{V(r)} + r^2 d\Omega_d^2 \tag{6.48}$$

与 AdS-Schwarzschild 黑膜度规 (6.19) 不同的是最后一项。不同于平直空间，我们现在有 $d\Omega_d^2$，即单位半径的 d 维球面上的线元；为方便起见，我们设 AdS 半径 $L = 1$。渐近 AdS 解可以写为

$$V(r) = 1 + \frac{r^2}{L^2} - \omega_d \frac{M}{r^{d-1}}, \quad \omega_d = \frac{2\kappa^2}{d\text{Vol}(S^d)} \tag{6.49}$$

当 $M = 0$ 时，它是第 4 章讨论的原始全局 AdS 解；"热 AdS"对应于将欧氏时间选为紧致的。当 $M \neq 0$ 时，它是全局 AdS 黑洞，它的欧氏时间的周期由视界位置 (即 $f(r)$ 的最大零点) 只是一个坐标奇点的要求来决定。值得

指出的是，在标度变换极限

$$t = \lambda t, \ r = \lambda^{-1} r, \ \theta = \lambda \theta, \ \mathrm{d}\Omega_d^2 \equiv \mathrm{d}\theta^2 + \sin^2 \theta \mathrm{d}\Omega_{d-1}^2, \quad \lambda \to 0, \quad (6.50)$$

下，度规 (6.48) 变为 Poincaré 坐标下的具有平直 $\mathbb{R}^d$ 边界的 AdS$_{d+2}$。如果我们同时做变换 $M \to \lambda^{-d+1} M$，就会得到平面 AdS-Schwarzschild 黑洞 (6.19)。

注意到全局 AdS 黑洞的黑化因子 $V(r)$ 有多个零点。最外边的零点，即方程

$$1 + \frac{r^2}{L^2} - \omega_d \frac{M}{r^{d-1}} = 0 \qquad (6.51)$$

的最大解是视界的位置 r_0。根据方框 6.1 中的近视界方法，我们可以推导出时间方向的周期是

$$\beta = \frac{4\pi L^2 r_0}{(d+1)r_0^2 + (d-1)L^2} \qquad (6.52)$$

它的倒数就是黑洞的温度 $T = 1/\beta$。

我们可以使用方框 6.2 中解释的算法来计算这两种不同的体几何所对应的边界态的自由能，以判断哪一种解是热力学所偏好的。一个新的重要因素是，为了比较这些自由能，我们必须要求这两种体几何能精确地描述相同温度下的相同边界时空。这显然是不一样的，由于时空的扭曲，在不同的位置的能量会发生蓝/红移。如果选择径向位置 $r = R$ 为截断的一个参考位置，那么我们可以用黑洞温度的倒数 β 来表示热 AdS 的虚时周期 β'，使得两个系统都存在于同样的边界空间中，且具有相同固有长度的边界时间圆。在截断半径 R 处，两种几何的欧氏时间周期为

$$\beta' \left(1 + \frac{R^2}{L^2}\right)^{1/2} = \beta \left(1 + \frac{R^2}{L^2} - \frac{\omega_d M}{R^{d-1}}\right)^{1/2} \qquad (6.53)$$

我们以黑洞温度 β 作为参照，用 β 和 R 来表示 β'。我们现在可以直接通过欧氏作用量的差异

$$\begin{aligned}
\beta F_{\mathrm{BH}} = I_{\mathrm{ThAdS}} - I_{\mathrm{BH}} &= \frac{d}{\kappa^2 L^2} \lim_{R \to \infty} \left(\int_0^{\beta} \mathrm{d}t \int_{r_0}^{R} \mathrm{d}r \int_{S^d} \mathrm{d}\Omega r^d \right. \\
&\quad \left. - \int_0^{\beta'} \mathrm{d}t \int_0^{R} \mathrm{d}r \int_{S^d} \mathrm{d}\Omega r^d \right) \\
&= \frac{4\pi \mathrm{Vol}(S^d) r_0^d (L^2 - r_0^2)}{2\kappa^2 [(d+1)r_0^2 + (d-1)L^2]} \qquad (6.54)
\end{aligned}$$

来计算与黑洞对偶的边界场论自由能。其中 I_{ThAdS} 和 I_{BH} 分别是热 AdS 和黑洞解的在壳欧氏作用量。我们要注意的是与热 AdS 对偶的场论的自由能是零。我们将这个自由能的差别看成 T 和固定的 L 的函数，这个函数的图像表明，系统存在从 $T > d/(2\pi L)$ 的退禁闭相到 $T < d/(2\pi L)$ 的禁闭相的一级相变，见图 6.3。

早在 AdS/CFT 之前，Hawking 和 Page 就已经注意到了由鞍点近似得到的偏好态的自由能是黑洞半径 r_0 的函数 [221]。在低温下——这也是对偶场论的温度——黑洞的半径小于 AdS 的曲率半径 ($r_0 < L$)，并且热 AdS 的自由能低于黑洞解的自由能。随着温度的升高，当 r_0 变得比 L 大时，自由能的差值的符号发生变化。这标志着系统发生了从热 AdS 到体中是黑洞几何的高温态的一级相变：Hawking-Page 相变，它发生于临界温度 $T_c = d/(2\pi L)$ 下。随着 AdS/CFT 和额外径向在全息中是能量标度这个含义的发现，这一相变发生的意义就更加清楚了。黑洞的视界半径 r_0 的变化可以被看成在探索整个径向方向的能量景观。

AdS/CFT 的真正贡献在于，它使我们现在理解了这个相变的意义。从纯引力的角度看，它似乎谜团重重。然而，通过利用 AdS/CFT 计算 Wilson 圈的期望值，Witten 指出我们可以用它清楚地解释场论中的禁闭/退禁闭相变 [211]。尽管 Wilson 圈在后面章节讨论的有限密度物理中不会扮演重要的角色，但是它们在体中的全息实现是件有趣的事；它与作为底层基础的弦论联系紧密，同时还提供了一个漂亮的广义相对论几何计算练习 [222-224]。这在方框 6.4 中有进一步的详细说明。在这里我们先总结一些定性特征。

规范理论真空的禁闭/退禁闭性质是由 Wilson 圈算符的期望值衡量的。Wilson 圈的定义是在 e 指数上的规范场 A_μ 的路径序的迹，

$$W(C) = \text{Tr}\left[\mathcal{P}\exp\left(i\oint_C A_\mu dx^\mu\right)\right] \tag{6.55}$$

其中，C 是一个闭曲线，$\mathcal{P}$ 表示路径序算符。取迹的对象是规范场 A_μ 的基本向量表示。标准的零温场论方法如下。为了辨别夸克 (规范场的源) 之间的相互作用势，我们取环路 C 为包含一个时间方向和一个空间方向的矩形，两个方向的长度分别为 L_t 和 L_s。在极限 $L_t \to \infty$ 下，这个零温欧氏场论的计算给出

$$\lim_{L_t \to \infty} \langle W(C) \rangle \sim e^{-L_t V(L_s)} \tag{6.56}$$

其中，$V(L_s)$ 是空间上相距 L_s 的无限重的夸克反夸克对之间的静态势能。如果在极限 $L_s \to \infty$ 下，我们得到的势表现为 $V(L_s) \sim$ 常数 或随 L_s 增大而减小，那

么规范理论处于退禁闭相；如果势随 $L_s(V(L_s) \sim L_s)$ 线性或更快地增大，那么规范理论真空是在禁闭相。等价地，对于大的任意空间环路 C，在 $V(L_s) \sim$ 常数的退禁闭真空中我们得到周长定律

$$\ln\langle W(C)\rangle \propto L(C) \tag{6.57}$$

而具有线性势 $V(L_s) \sim L_s$ 的禁闭相被一个面积定律所标志，

$$\ln\langle W(C)\rangle \propto A(C) \tag{6.58}$$

Wilson 圈的一条边是沿着欧氏时间方向的，这个事实在零温相对论规范理论中是无关紧要的。在有限温度下却并非如此。禁闭相中的纯类空 Wilson 圈仍然应该表现为面积定律，但一个更直接的测量是时间 Wilson-Polyakov 圈，

$$P(\boldsymbol{x}) = \mathrm{Tr}\left\{\mathcal{P}\exp\left[\mathrm{i}\int_0^{1/T} A_0(\boldsymbol{x})\mathrm{d}t\right]\right\} \tag{6.59}$$

它是禁闭相的固有序参量 (参见文献 [211, 225])。时间 Wilson-Polyakov 圈的期望值直接给出了探针夸克所诱导的系统自由能的改变量：$\langle P(\boldsymbol{x})\rangle \propto \exp[-F(T)/T]$。在禁闭相自由能应该是无穷大的 $\langle P(\boldsymbol{x})\rangle = 0$，而在热规范理论的退禁闭相它是有限的，从而 $\langle P(\boldsymbol{x})\rangle \neq 0$。因此，它起到了退禁闭相的序参量的作用，相应的对称性是规范群的中心 [211]。

如何在 AdS/CFT 中计算这个时间 Wilson 圈：它的字典条目是什么？由于它是非局域算符，因此它不能直接由 GKPW 规则推导得到。然而，我们可以利用的是对应关系的弦论渊源。在 AdS/CFT 的自上而下的实现中，Wilson 圈是非常自然的对象。基本表示中的夸克对应于膜上一根 (开) 弦的端点，而这根弦导致了施加在夸克上的力。而 Wilson 圈对应于夸克–反夸克对沿环路的传播。连接一根从夸克延伸到反夸克的弦，它们的端点沿着 Wilson 圈运动，我们预期它在边界上的期望值为 [222, 223]

$$\langle W(C)\rangle \sim \exp(-S_{\mathrm{NG}}) \tag{6.60}$$

其中 S_{NG} 是弦的所谓的 Nambu-Goto 作用量的在壳值

$$S_{\mathrm{NG}} = \frac{1}{\ell_s^2}\int \mathrm{d}\tau \int_0^{2\pi} \mathrm{d}\sigma \sqrt{-\det G_{\mu\nu}(X(\sigma,\tau))\partial_\alpha X^\mu(\sigma,\tau)\partial_\beta X^\nu(\sigma,\tau)} \tag{6.61}$$

在积掉世界面度规 $h_{\mu\nu}$ 之后，这就是式 (4.35)，由它可直接计算出世界面的面积。然而，在 AdS 描述中，这根弦现在可以延伸到体中的额外方向。这有一个简单的几何描述：就像空间中的曲线在时空中延伸为世界面一样，边界中的曲线 C 也从

径向无穷远的边界沿径向拓展为世界面。为了明白它是怎样拓展的，我们只需将体几何中的世界面作用量最小化 (与它的面积成比例)，然后将其转化为边界上的 Wilson-Polyakov 圈的行为。

在方框 6.4 中有更详细的计算细节。通过图示我们很容易说明计算的结果 (图 6.4)。当不存在黑洞视界时，就像热 AdS 的情况那样，世界面必须在体内形成一个连通的面。这意味着它的 (经过适当重整化的) 面积是有限的，并且 Wilson-Polyakov 圈将在边界上表现出面积律的行为，这标志着规范理论处于禁闭相。然而，当存在黑洞视界时，视界将"切开"弦的世界面。这样的断开的世界面的面积为零，因此黑洞所描述的相是退禁闭的。利用径向/能标之间的转换，我们可以很好地描述 Wilson-Polyakov 圈的标度行为：当环路很小，只触及短程物理时，体中的世界面不会延伸很远，所以以有效地来说它看到的是一个类似"零温度"的态，这是因为它不会沿着径向来到足够深的地方以至于能够触及视界。只有当 Wilson 圈的大小达到临界长度 L_*，也就是世界面一直延伸到视界时，它才会感受到变化。当它的大小超过 L_* 时，世界面在视界处就会断开，Wilson 圈表明系统"进入"了退禁闭相的热红外。

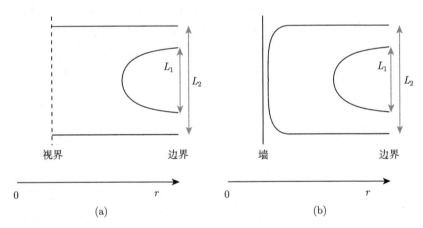

图 6.4 此图展示了与边界 Wilson 圈相对应的弦在体中延展的几何形状。(a)、(b) 分别说明黑洞存在的情况 (退禁闭态)、几何被截断 (即 6.3节介绍的硬墙) 或者是热 AdS 的情况 (禁闭态)。较短的 Wilson 圈 L_1 只触及理论的小尺度结构。这时，引力对偶描述在两种情况下都是一样的。由于世界面是连通的，所以我们得到 Wilson-Polyakov 圈满足面积律，这标志着边界处于禁闭态。当 Wilson 圈 L_2 增大时，我们发现在黑洞存在的情况下存在一个临界长度 L_*，如果超过这个长度，最小世界面就会由直接落入黑洞视界的两根弦组成。若世界面在视界处不连通，就产生了边界上的周长律，意味着这个黑洞描述了一个热退禁闭态。另外，当在硬墙 (和热 AdS) 情况下增加 Wilson 圈 L_2 的大小时，弦的世界面仍然保持连通。它将只能沿着使几何终止的硬墙延伸 (右图)。因此，面积律的标度行为在远红外依然成立，表明边界的规范理论处于禁闭相

　　规则九： 边界场论中的 **Wilson** 圈可以用 **AdS** 中端点在边界 **Wilson** 圈上的弦的半经典作用量计算。如果这根弦一直延伸到黑洞的视界，它就会断开。这标志着边界场论从禁闭相到退禁闭相的相变。

　　概括来说，本书的一个重要寓意是 AdS 中的爱因斯坦理论可以在定性上不同的稳态时空之间突然转换，Hawking-Page 相变就是它的第一个例子。这种转换实际上对应于边界场论中不同相之间的相变。这个例子具有特殊的魅力，因为它只涉及时空本身，而不涉及其他物质场，同时它给我们上了非同寻常的一课。很明显的是，"热"的时空更倾向于形成黑洞。然而，我们可能期望一个冷的黑洞时空会"逆坍缩"，这是相当令人惊讶的。尽管天真地来看黑洞是可能的最稳定的物体，但在更完善的理论中，这已不再是事实。在后面的章节中，我们将会一次又一次地看到黑洞的这种惊人的不稳定性。它是连接全息与凝聚态物理的纽带之一。

　　在这个特殊的例子中，我们处理的是一个密度为零的 Yang-Mills 理论，对这个理论的一般预期是它不是处于禁闭相就是处于退禁闭相，而全息完美地证实了这一点。大 N 超共形 Yang-Mills 理论是这些边界场论的主要例子。这些场论是由全息对偶的明确的自上而下的构造得出的。我们知道它们总是接近于禁闭相：当体积无限时，任何有限温度下它们都会发生退禁闭，但是若令体积有限以破坏共形不变性，就足以使禁闭基态稳定。有了 Wilson 圈的字典条目，只需注意到体中存在 Schwarzschild 视界意味着场论处于退禁闭态，我们就可以直接得到上述结论。当我们考虑有限密度中的全息金属时，这一退禁闭问题将发挥重要作用。

　　真正的热力学奇点只会在热力学极限下发生，即在无限体积内。在这种情况下我们仍然有一个真正的相变的原因是矩阵的大 N 极限。在这个极限下，热涨落被抑制的方式与在无穷多维度的情况下非常相似，其结果是热相变出现平均场行为。这种不可避免的大 N 平均场行为将在处理后面章节的对称破缺相变时变得更加明显，这将从第 10 章的全息超导开始。然而，这被认为是一个原则性的问题，因为实际上体中易处理的量子修正还原了热涨落。

方框 6.4　全息 Wilson 圈和 (退) 禁闭

　　Wilson 圈的字典规则自然地源自将开弦端点作为夸克的诠释 [222,223]。在 AdS/CFT 中，弦的内部可以自由地在体时空几何中移动，它的作用量是与 Wilson 圈的期望值对偶的 AdS 量。具体来说，

$$\langle W(C) \rangle \sim e^{-S_{\mathrm{NG}}} \tag{6.62}$$

其中，S_{NG} 是弦世界面的 (欧氏)Nambu-Goto 作用量的在壳值，世界面的边界正是对偶场论中的曲线 C，

$$S_{\mathrm{NG}} = \frac{1}{2\pi\alpha'} \int \mathrm{d}^2\sigma \sqrt{\det\left[G_{\mu\nu}(\partial_m X^\mu)(\partial_n X^\nu)\right]} \tag{6.63}$$

其中，$\mu, \nu = 0, 1, \cdots, d+1$，指 AdS 时空中弦的坐标 X^μ，而 $m, n = 0, 1$，指世界面的参数坐标 σ^m；$G_{\mu\nu}$ 是体几何的度规。我们选择前面提到的特殊围道 C，即 τ 从 $-L_\tau/2$ 到 $L_\tau/2$，x 从 $-L_s/2$ 到 $L_s/2$，$L_\tau \to \infty$，可以通过计算

$$V(L) = \lim_{L_\tau \to \infty} \frac{S_{\mathrm{NG}}}{L_\tau} \tag{6.64}$$

得到夸克–反夸克势。这个计算很直接，但有一点很微妙，即正如我们之前所遇到的，由于 AdS 的边界在形式上位于无限远处，所以世界面的面积 S_{NG} 实际上是发散的。用自洽的正规化方法可以消去这个发散，得到一个有限的最终结果。

让我们首先考虑引力对偶是欧氏纯 AdS 情形时的夸克–反夸克静态势的计算 [222,223]。注意到我们计算的不是作为禁闭序参数的时间 Wilson-Polyakov 圈，而直接是夸克–反夸克势。为了简单起见，我们将选择一个特殊的维度 $d = 3$。这是考虑 Yang-Mills 理论的自然维度。为了方便，我们将 AdS 半径设为单位长度，从而它的度规就是欧氏 AdS_5 的度规，

$$\mathrm{d}s^2 = r^2 \left(\mathrm{d}\tau^2 + \mathrm{d}\boldsymbol{x}^2\right) + \frac{\mathrm{d}r^2}{r^2} \tag{6.65}$$

我们在 AdS_5 边界上选取标准的矩形 $x \in (-L_s/2, L_s/2)$，$\tau \in (-L_\tau/2, L_\tau/2)$ 作为 Wilson 圈。选取 $\sigma^0 = \tau$，$\sigma^1 = x$ 是弦世界面上的自然参数化。对于弦的构型场 $X^\mu(\tau, x)$，首先，我们可以选择一个物理规范 $X^0 = \tau$，$X^1 = x$；然后，如果要寻找静态解，所有其他的构型场是独立于 τ 的。而且，当我们在世界面上移动时，我们在其他两个空间方向上是固定不动的，因此 $X^2(\tau, x) =$ 常数，$X^3(\tau, x) =$ 常数。另外，当我们在世界面上移动时，我们确实希望弦在 AdS 的径向方向上运动，因此 X^r 是函数 $X^r(x) \equiv R(x)$。另外，我们的边界条件是弦的端点应该被固定在 Wilson 圈上，即世界面参数 x, t 的取值范围分别为从 $-L_s/2$ 到 $L_s/2$ 和从 $-L_t/2$ 到 $L_t/2$。

在这些选取和限制下，利用度规(6.65)，欧氏 AdS 的 Nambu-Goto 作用

量是

$$S_{\text{NG}} = \frac{L_\tau}{2\pi\alpha'} \int_{-L_s/2}^{L_s/2} \mathrm{d}x R^2 \sqrt{1 + \frac{(R')^2}{R^4}} \tag{6.66}$$

其中 $R' = \partial_x R$。这个系统变为一个有效维度是一维的系统，而对于一维系统，它的哈密顿量 $H = P\dot{X} - \mathcal{L}$ 总是守恒的：

$$\frac{R^2}{\sqrt{1 + \frac{R'^2}{R^4}}} = \text{常数} \tag{6.67}$$

我们现在可以做一个简单的拐点分析。由对称性，弦的"最大势能"的拐点 $R'(x) = 0$ 是在中点 $R(x = 0) = R_{\max}$ 处，因此我们有

$$\frac{R^2}{\sqrt{1 + \frac{R'^2}{R^4}}} = R_{\max}^2 \quad \Rightarrow \quad R' = \pm R^2 \sqrt{\frac{R^4}{R_{\max}^4} - 1} \tag{6.68}$$

对式(6.68)右侧的常微分方程进行求解，我们立即就能得到 L_s 和 $R_{\max}$ 之间的关系

$$L_s = 2 \int_{R_{\max}}^{\infty} \mathrm{d}R \frac{1}{R^2 \sqrt{\frac{R^4}{R_{\max}^4} - 1}} = \frac{2\sqrt{\pi}\Gamma(3/4)}{\Gamma(1/4)R_{\max}} \tag{6.69}$$

为得出在壳作用量的值，我们将积分变量由 x 换为 R，这样就得到了

$$S_{\text{NG}} = \frac{L_\tau}{\pi\alpha'} \int_{R_{\max}}^{\infty} \mathrm{d}R \frac{R^2}{R_{\max}^2 \sqrt{\frac{R^4}{R_{\max}^4} - 1}} = \frac{L_\tau R_{\max}}{\pi\alpha'} \int_1^{\infty} \mathrm{d}y \frac{y^2}{\sqrt{y^4 - 1}} \tag{6.70}$$

注意前置因子翻倍了。这是因为考虑了区域 $(-L_s/2, 0)$ 和区域 $(0, L_s/2)$ 两部分的弦。

很容易看出式 (6.70) 是发散的。为了将其正规化，需要注意到我们感兴趣的是夸克–反夸克势。在有限温度 Yang-Mills 中，一个裸的静态夸克也含有能量密度。在 AdS 的弦论描述中，这种裸的静能量对应于一根直接落入黑洞视界的弦。夸克和反夸克的裸单弦能量都被减去后，归一化的 S_{NG} 是

$$S_{\mathrm{NG}} = \frac{L_\tau R_{\max}}{\pi \alpha'} \left[\int_1^\infty \mathrm{d}y \left(\frac{y^2}{\sqrt{y^4 - 1}} - 1 \right) - 1 \right] \tag{6.71}$$

因此我们得到夸克–反夸克对的归一化的势为

$$V(L_s) = -\frac{c}{L_s} \tag{6.72}$$

它有一个正的常数 c[222]。它是一个类库仑势，这是共形对称性的结果。

在有限温度下 [226, 227]，我们在如下背景中考虑弦的行为

$$\mathrm{d}s^2 = r^2 \left[f(r)\mathrm{d}\tau^2 + \mathrm{d}\boldsymbol{x}^2 \right] + \frac{\mathrm{d}r^2}{r^2 f(r)} \tag{6.73}$$

重复上面的计算是直截了当的。我们知道运动方程有两个解，其中就有我们刚刚考虑过的 U 形弦轨迹。在这种情况下，我们有夸克–反夸克静势，为

$$V = \frac{R_{\max}}{\pi \alpha} \left[\left(\int_1^\infty \mathrm{d}y \frac{\sqrt{y^4 - \frac{r_0^4}{R_{\max}^4}}}{\sqrt{y^4 - 1}} \right) - 1 \right] \tag{6.74}$$

其中，$R_{\max}$ 是拐点，r_0 是视界的位置，并且有

$$L(R_{\max}) = 2 \frac{L_s^2}{R_{\max}} \sqrt{1 - \frac{r_0^4}{R_{\max}^4}} \int_1^\infty \mathrm{d}y \frac{1}{\sqrt{\left(y^4 - \frac{r_0^4}{R_{\max}^4} \right) (y^4 - 1)}} \tag{6.75}$$

另一个解只是裸夸克，它们的对偶描述是两根落入视界的直的弦。在这种情况下，容易看出断开的弦 (相对于零温解) 的总面积是

$$V = -\frac{r_0}{\pi \alpha'} \tag{6.76}$$

画出作为 L_s 的函数的两种势，我们可以清楚地看到存在一个特殊尺度 L_*。如果 $L_s < L_*$，那么 U 形弦具有最小面积，夸克会感受到类似于库仑势的吸引作用，而如果 $L_s > L_*$，那么断开弦的解是能量上更偏好的解 (图 6.4)。现在自由能与间隔无关，并且这个解明显表示一个退禁闭相。

6.3　AdS/QCD 的一个简要介绍

禁闭现象是量子色动力学 (QCD) 在现实世界中的表现的重要组成部分。然而，它以强耦合物理为基础，完全的定量诠释仍然在活跃的研究之中。当然，强耦合是全息所擅长的。事实上，使用全息对偶（"AdS/QCD"）来研究 QCD 就是全息中的一个大课题。支配粒子物理标准模型的非阿贝尔 Yang-Mills 理论的大 N 版本是全息的典型例子，这使得 QCD 成为应用全息的天然舞台。21 世纪初，全息通过成功描述重离子对撞产生的夸克–胶子等离子体 (QGP) 的近理想流体行为 (我们将在第 7 章中讨论)，在 QCD 的背景下获得了相当大的可信度。使用全息处理 QCD 的各方面物理性质演成为可靠的研究工作。我们将在本节中简要回顾这一点。我们将把讨论的重点特别放在禁闭方面，因为这些方面将在后续章节讨论的 CMT 应用中发挥作用。

传统上，对 QCD 的看法是在平衡条件下的零或极低（"核"）密度下的非阿贝尔 Yang-Mills 理论的物理。在这种情况下，费米子符号可以通过"格点"来成功处理"，即量子蒙特卡罗计算。我们似乎很好地理解了支配这一领域物理的总的定性原理。这里我们讨论的是在 QCD 尺度上从高能渐近自由退禁闭相向禁闭相的相变，与此相关的是手征对称性破缺现象。剩下的是一些定量的问题，如介子和重子在零温下的谱以及宏观问题，如作为温度和 (低) 密度的函数的状态方程 [11,12]。

真正困难的问题是有限密度的强相互作用量子物质，它与 QCD 相关，也是本书的主题。虽然在非常高的夸克密度下，由于渐近自由 QCD 变为弱耦合，而可以使用常规的凝聚态工具 (如 BCS 理论)，但在中等密度下，仍然存在可以得到令人惊叹的物理的空间。在这种情况下，它变成了一个典型的量子物质问题，其中有限密度的费米子被强色力结合起来，将它变成了用现有方法无法解决的问题。

另一个问题是在核密度下的高温 QCD 动力学，目前我们正在利用粒子加速器重离子对撞对其进行研究。这里的主要目标是 QGP，它是由夸克和胶子形成的热汤，是一种新的物质状态。有点出乎意料的是，在 Brookhaven 和 CERN 的这些实验中发现的 QGP 的物理表现并不是适度的弱耦合的夸克和胶子的简单状态，而是一种相互作用很强的、高度集体的等离子体。可以这样说，全息比其他任何方法都能更好地描述这种强耦合 QGP (sQGP) 的特征。特别是，由于它具有描述零密度或有限密度强相互作用量子系统的实时非平衡物理的独特能力，目前全息是处理一些问题的唯一可行的方法。这一迅速发展的研究方向的细节可以在关于这一领域的一本专著中找到 [12]。

QGP 和零温真空之间的相变就是关于禁闭的全部。可以通过基本 AdS/CFT

对应的超共形 Yang-Mills 理论的全息来合理地描述高温下的 sQGP。为了或多或少地描述现实中 QCD 的 (零密度) 禁闭相, 物理学家们提出了各种全息的构建。6.2 节中的有限体积禁闭示范了它是如何工作的, 但其显然与现实中 QCD 的机制完全不同。我们已经发现了一些在这方面更像 QCD 的更复杂的全息对偶 (例如, 参见参考文献 [228]), 它们包括许多自上而下的构造, 这些构造显式地破缺了共形不变性, 并且自然地具有禁闭的基态 [229-231]; 特别是由 Sakai 和 Sugimoto [232,233] 构建的 "相交膜" 自上而下模型 (参见第 13 章) 非常类似于 QCD。从这些模型以及直接的设计出发, 已经产生了多种全息禁闭的自下而上构建。这些是我们感兴趣的, 因为我们以后会将它们用作有限密度全息系统中的一种诊断方法, 其中禁闭将大大简化问题。

禁闭带有一个特征标度, 这意味着在径向与该标度对应的位置上, 体时空 AdS 几何形状必须发生改变。自下而上地构建把这个逻辑反向, 体时空几何是人为构造改变的, 以使得对偶场论可以产生禁闭。有多种方法可以实现此目的, 而所有这些方法都具有以下基本要素: 内部深处的几何 (对应 IR 物理) 被 "截断"。这是基于禁闭具有能隙这一直觉。在这个能隙以下不应该存在动力学自由度。这意味着, 在径向方向上越过相应位置后, 体时空中不应该还有时空存在, 这是因为那里不应该有引力子 (与能量对偶) 波动的自由度。实现此目的的最简单最粗糙的方法是加入一面 "硬墙" [234,235], 在此处几何突然被人为地在某径向坐标处终止。写出 Poincaré 坐标下的度规

$$ds^2 = r^2 \left(-dt^2 + d\boldsymbol{x}^2\right) + \frac{dr^2}{r^2} \tag{6.77}$$

加入墙后, 我们将径向坐标的范围限制在 $\infty > r > r_{\rm c}$。从 6.2 节 Wilson 圈的讨论中我们可以推断: 这描述了一个与 QCD 的面积定律表现相同的禁闭态。将其与方框 6.2 中的计算作对比, 我们现在必须在墙的位置加入明确的边界条件。当回路 C 足够大以至于弦的世界面触及到墙时, 从这一点开始它只会在墙上 "散开" 而不会断开, 并且对于足够大的 L_s, 弦的在壳作用量的增加精确地由 C 所围的面积决定 (图 6.4)。

像硬墙这样的截断几何结构, 对激发的性质有深远的影响。与第 4 章讨论的与共形不变性相关的 "非粒子" 分支切割谱不同, 我们现在发现了不同的粒子激发。这种在体时空中起作用的方式非常简单。边界和靠近内部深处的墙现在都成为体时空中经典场模式的镜子。这意味着这些场及相关的这些模式实际上是在径向的一个方框中, 并依此径向量子化。在边界场论中, 这些径向量子化模式对应于完全无阻尼的传播粒子极点, 其质量是径向量子数的函数。它们被确定为与禁闭规范理论相关的规范单 "介子" 谱。在方框 6.5 中, 我们通过研究体时空中的

一个特殊的向量场及与其对偶的边界谱来演示这个简单的计算。

要将这些转化为 QCD 中更真实的介子谱，它还必须体现出味组分。QCD 中的禁闭与从整体 $SU(N_味)_L \times SU(N_味)_R$ 到对角 $SU(N_味)$ 的手征对称性破缺密切相关，利用从场论的整体对称性到对偶 AdS 中的局域对称性这一对应，这可以用体时空中的 $SU(N)$ 规范场表示。手征对称性破缺由在硬墙模型中引入手征序参量来表征 [234,236]（见方框 6.5）。将所有这些元素结合于禁闭硬墙 AdS 几何之后，还剩下三个需要用实验数据确定的自由参数：禁闭标度（硬墙的位置），矢量流两点关联函数的强度（$SU(3)$ 味流的耦合强度）和手征对称性破缺序参数矩阵的 VEV（手征序参量场在边界处的导数）。这样就完全确定了最轻的介子的质量，以及衰变率和它们之间的耦合，并且与介子的实验（和格点）结果非常一致 [234,236]。

对于有限温度相图，由硬墙模型也得到了相当不错的唯象结果 [235]。我们遵从与 Hawking-Page 相变同样的过程，即比较不同构型的自由能。为了描述有限温度禁闭态，我们将欧氏硬墙度规 (6.77) 的时间轴转换为通常的圆。有限温度退禁闭态是具有 AdS$_5$ 平面 Schwarzschild 黑洞解黑化因子的硬墙截断 AdS，

$$\mathrm{d}s^2 = \frac{r^2}{L^2}\left[-f(r)\mathrm{d}t^2 + \mathrm{d}\boldsymbol{x}^2\right] + \frac{L^2}{r^2 f(r)}\mathrm{d}r^2, \quad f(r) = 1 - \frac{r_0^4}{r^4} \tag{6.78}$$

其中 r_0 是视界的位置，而 $r \geqslant \max(r_c, r_0)$。从两个解的自由能的区别中我们发现硬墙几何在低温下胜出，而到高温退禁闭（黑洞）态的一阶相变出现在由 r_c 确定的温度。

在方框 6.5 中，我们讨论理论的禁闭部分中规范单“介子”谱的全息计算。这在概念上是简单的事情：硬墙存在时 AdS 确实变为一个盒子，体时空中运动方程的解对应于沿径向的简单的驻波。它们对偶于边界上寿命无限长的粒子极点，其质量谱由体时空中的简协本征值确定。实验上介子的质量满足著名的“Regge 轨迹”关系 $m_n^2 \propto n$。硬墙模型的主要缺点是它不能给出正确的 Regge 轨迹行为。相反，我们从其中得到的关系是 $m_n^2 \sim n^2$，其中 n 是径向激发数。这一结果根植于硬墙几何中，意味着这种体时空几何并没有完全描述实验中观测到的真实禁闭行为。硬墙模型还有其他一些与其几何结构的突然终止有关的问题特征 [235,237]。为了解决这些 Regge 轨迹问题，Karch、Katz、Son 和 Stephanov[238] 对体时空进行修改，将突然的硬墙 IR 截断变为逐渐光滑的截断，即“软墙”。在这种结构中，我们坚持体时空几何是通常的未被修改的 AdS，但是作用量被引入的所谓伸缩子 (dilaton) 场 $\Phi(r)$ 修改。这个场的引入将体时空作用量

$$S = \int \mathrm{d}t\mathrm{d}r\mathrm{d}^d x\sqrt{-g}\mathcal{L}$$

变为

$$S = \int dt dr d^d x \sqrt{-g} e^{-\Phi(r)} \mathcal{L} \tag{6.79}$$

这样的伸缩子场对于没有弦论背景的读者来说可能是陌生的。但是，它们在由弦论的 Kaluza-Klein 紧致化所产生的低能理论中相当普遍 (见第 13 章)。我们将在后面 (特别是在第 8 章) 遇到它们，作为有自己的势的动力学场。然而，对于软墙的目的，$\Phi(r)$ 是非动力学场，它的出现只用于在小的 r 值处截断动力学。硬墙对应于阶梯函数截断 $\exp\{-\Phi(r)\} = \theta(r - r_c)$，而采用平滑形式的 $\Phi(r) = c/r^2$ 改善了硬墙的许多令人惊异的行为，并且还调整雷杰 (Regge) 轨迹获得了正确的形式。

在体时空几何中包含禁闭的另一个构建被称为 "AdS 孤子"[211,239]。为了得到禁闭所需的标度，我们考虑一个 $d+1$ 维边界场论，它的其中一个空间维度紧致化为一个圆，而不是所有方向紧致化为一个球。因此，这个理论的欧氏有限温度版本在 $S^1 \times \mathbb{R}^{d-1} \times S^1$ 中，其中第一个 S^1 代表欧几里得时间圆，而第二个 S^1 代表额外的紧致化维度。这可能看起来复杂，但 AdS 孤子几何容易被找到。我们对 AdS-Schwarzschild 解 (6.19) 做两次 Wick 转动，它变得具有相同的拓扑，但 S^1 的角色反转。通过对时间和紧致的空间方向做 Wick 转动，可以得到想要的 AdS 孤子几何，例如在 AdS$_5$ 中，

$$ds^2 = \frac{L^2}{r^2 f(r)} dr^2 + \frac{r^2}{L^2} \left(-dt^2 + dx^2 + dy^2 \right) + \frac{r^2 f(r)}{L^2} d\phi^2$$
$$f(r) = 1 - \frac{r_0^4}{r^4} \tag{6.80}$$

为了得到光滑的几何，ϕ 必须满足 $\phi \sim \phi + \dfrac{\pi L}{r_0}$。因为它只是做了两次 Wick 转动的黑洞，孤子几何 (6.80) 是带有负宇宙学常数的爱因斯坦引力方程的解。在零温下我们容易看出 r_0 扮演着与 r_c 在硬墙模型中相同的角色，并且我们预期该几何描述了一个禁闭态。在有限温度下，我们发现两个具有相同边界条件的欧氏解，它们由黑洞 (6.19) 和禁闭孤子 (6.80) 描写。一个一阶相变发生于 $T_c = r_0/\pi$，对应于禁闭–退禁闭相变。由紧致化维度的半径引入的额外标度和温度之间的平衡与全局 AdS 中的 Hawking-Page 相变基本相同。

总的来说，这些 AdS / QCD 构建证实了凝聚态物理学中普遍的直觉：禁闭真空是如第 2 章中讨论的 Bose-Mott 绝缘体那样的无特征的实体。由于它们是短程的纠缠直积态，因此它们通常支持粒子激发。这似乎也是引力对偶的信息：正如上述 "墙" 结构，没有什么可以蕴含于越过禁闭标度的深层内部几何。这又与在边界场论的谱中产生了简单粒子极点的径向 "有限体积量子化" 密切相关。实际上，正如我们将在后面的章节中看到的那样，当我们迫使这些禁闭系统达到有限密度时，它们将继续以非常简单的方式运行。在接近禁闭标度的密度下，它们

仅描述由有限密度的弱 (或甚至无) 相互作用粒子组成的系统。它们描述了凝聚态中的传统物质状态、超流体、费米气体等。在这种弱耦合粒子激发的演生 IR 中，全息的某些强–弱对偶的威力丧失了。在低能量下，集体物理在对偶任意一方以同样的弱耦合方式用这些演生的激发来表示。这是完全合理的，因为我们从自己的经验中知道，在禁闭相，诸如介子之类的规范单态变成了弱相互作用的粒子。然而，禁闭的好的一方面是，它的作用就像是进行正确性检查，并有助于我们更清楚地了解真正的"奇异"全息物质的性质。

方框 6.5　硬墙模型的 QCD 介子激发谱

在这个方框中我们会演示如何计算硬墙 AdS/QCD 模型的分立粒子谱 [234]。可以将这些激发态自然地诠释为类 QCD 理论的介子–夸克反夸克对的束缚有质量态。因为有质量态打破了无质量相对论费米子的独立左手和右手螺旋度对称性，介子激发态的存在可以作为手征对称性破缺的序参量。QCD 中的夸克有三种味，因而手征对称性破缺由从 $SU(3)_L \times SU(3)_R$ 到 $SU(3)_{\text{diag}}$ 的破缺表示。在 $SU(3)_L \times SU(3)_R$ 变换下标量序参量场按照 $(\bar{\mathbf{3}}, \mathbf{3})$ 变换。因而利用 AdS/CFT 字典我们容易写出手征对称性破缺在体时空中的简单实现：对于 QCD 中的流 $J_L = \bar{q}_L \gamma^\mu t^a q_L$ 和 $J_R = \bar{q}_R \gamma^\mu t^a q_R$，我们引入规范场 $A_{L,R}$；序参量 $\bar{q}_R q_L$ 的对偶应该是一个标量场 X。因为序参量在边界上有经典维数 $\Delta = 3$——我们考虑的是一个 3+1 维边界——我们选择式 (6.81) 中 X 的质量为 $m_X^2 L^2 = \Delta(\Delta - 4) = -3$，因此，AdS 的最小拉格朗日量为

$$\mathcal{L} = \text{Tr}\left[|DX|^2 + 3|X|^2 - \frac{1}{4g_5^2}(F_L^2 + F_R^2)\right] \tag{6.81}$$

其中

$$D_\mu X = \partial_\mu X - \mathrm{i}A_{L\mu}X + \mathrm{i}X A_{R\mu} \tag{6.82}$$

且有

$$A_{L,R} = A_{L,R}^a t^a, \quad F_{\mu\nu} = \partial_\mu A_\nu - \partial_\nu A_\mu - \mathrm{i}[A_\mu, A_\nu]$$

将矢量流关联函数与 QCD 的结果匹配，可以定下规范耦合 g_5。如果类 QCD 理论的规范群是 $SU(N_c)$，我们就得到 $g_5 = 12\pi^2/N_c$。

我们现在构建与破缺基态对应的背景解。从第 5 章中我们知道场 X 的近边界次领头阶部分表示它的期望值。从标量场的普遍行为中，我们知道维数 $\Delta = 3$ 的场的渐近行为是

$$X_0 = \frac{M}{2}\frac{1}{r} + \frac{\Sigma}{2}\frac{1}{r^3} + \cdots \tag{6.83}$$

如果要求期望值 $\langle X \rangle = \Sigma/2$ 非零，那么我们就有了对称破缺的态。选择手征凝聚 $\Sigma = \sigma\delta^{ab}$ 为对角，意味着对角的子群 $SU(3)_{\text{diag}}$ 如我们所期望的那样仍保持不破缺。在这一情况下，场 X 的领头项可以被自然地诠释为夸克质量矩阵 $M = m_q\delta^{ab}$。领头项是边界 CFT 作用量发生变形的源，并且我们可以将夸克质量项看成这一变形。

当没有规范场时，结果是

$$X_0 = \frac{M}{2}\frac{1}{r} + \frac{\Sigma}{2}\frac{1}{r^3} \tag{6.84}$$

它不具有更多的项，并且是运动方程的精确解。现在我们研究这个背景的扰动。为此，将 X 场、矢量场和轴向场分别改写为 $X = X_0\exp(2i\pi^a t^a)$，$V_\mu = (A_{L\mu} + A_{R\mu})/2$ 和 $A_\mu = (A_{L\mu} - A_{R\mu})/2$。在径向规范 $V_r = A_r = 0$ 下，可以确认矢量介子 ρ 是 $V_{\mu\neq r}$ 的可归一化模式的对偶激发，而轴介子 a_1 是 $A_{\mu\neq r}$ 的；π^a 对应于赝标量介子 π，X_0 的波动对应于标量介子。将这些再定义和式 (6.83) 代入式 (6.81)，作用量变为

$$S = \int \mathrm{d}^5 x \sqrt{-g}\left[-\frac{1}{8g_5^2}\left[(\partial_\mu V_\nu^a - \partial_\nu V_\mu^a)^2 + (\partial_\mu A_\nu^a - \partial_\nu A_\mu^a)^2 \right] \right.$$
$$\left. + \frac{X_0^2}{2}(\partial_\mu \pi^a - A_\mu^a)^2 \right] \tag{6.85}$$

其中用到了 $\mathrm{Tr}(t^a t^b) = \delta^{ab}/2$。

我们发现在二次阶下，规范场 V_μ 与 A_μ 和 π 退耦合。为了简便，我们在这个方框中只考虑矢量介子的谱。在径向规范下，满足 $\partial^\mu V_\mu = 0, (\mu = 0, 1, 2, 3)$ 的 V_μ 的横向部分的运动方程是

$$\partial_r^2 V_\mu + \frac{3}{r}\partial_r V_\mu + \frac{1}{r^4}(-\partial_t^2 + \partial_\nu^2)V_\mu = 0 \tag{6.86}$$

为了求解，我们需要加入适当的边界条件。在硬墙 $r = r_c$ 处，我们加入规范不变边界条件 $F_{r\mu}^{(V)} = 0$。在边界上我们加入可归一化边界条件 $V_\mu(r \to \infty) = 0$。做傅里叶变换 $V_\mu(r, x) = f_\mu(r)\mathrm{e}^{-ikx}$，其中 $k^2 = -m^2$，并且重新定义 $f_\mu = r^{-3/2}\tilde{f}_\mu$，$\tilde{f}_\mu(r)$ 的运动方程是

$$-\tilde{f}_\mu'' + \left(\frac{3}{4r^2} - \frac{m^2}{r^4} \right)\tilde{f}_\mu = 0 \tag{6.87}$$

它有两个独立的解。满足条件 $f_\mu(\infty) = r^{-3/2}\tilde{f}_\mu = 0$ 的解是 $\tilde{f}_\mu = c_\mu \sqrt{r} J_1\left[\dfrac{m}{r}\right]$，其中 c_μ 是常数，J_1 是第一类 Bessel 函数。因此

$$f_\mu = c_\mu \frac{1}{r} J_1\left[\frac{m}{r}\right] \tag{6.88}$$

我们应该在硬墙处加入边界条件 $\partial_r f_\mu|_{r=r_c} = 0$。利用 $\partial_x(x J_1[x]) = x J_0[x]$，硬墙处的边界条件等价于

$$J_0\left[\frac{m}{r_c}\right] = 0 \tag{6.89}$$

对于 r_c 的确定值，只有 m 的一些分立值满足这个条件。对于大的 m/r_c，我们有 $J_0\left[\dfrac{m}{r_c}\right] \simeq \sqrt{\dfrac{2r_c}{\pi m}}\cos\left(\dfrac{m}{r_c} - \dfrac{\pi}{4}\right)$。因而我们发现矢量介子的更高激发模式具有质量

$$m_n \simeq \left(n - \frac{1}{4}\right)\pi r_c \tag{6.90}$$

我们清楚地看到方程 (6.87) 的可归一化解只在 m^2 取分立值时存在，见图 6.5。边界条件直接决定了离散化的性质，因此它完全类似于盒中粒子的量子化。硬墙模型除介子谱之外有许多推广，例如，研究与体时空中标量场相对应的胶球谱[240]，或通过引入费米子研究自旋 $1/2$ 核子谱[241]。

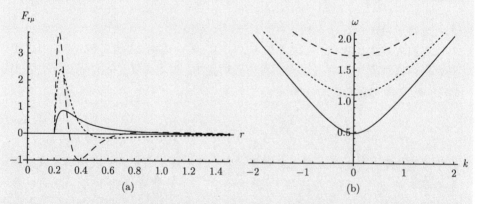

图 6.5　(a) 展示的是一个硬墙模型中的量子化的可归一化径向激发态，量子化条件可转换为模式的色散关系；(b) 展示了对偶场论的介子态谱

6.4 有限温度 GKPW 规则：热关联函数和 Schwinger-Keldysh 形式

现在我们将使用 GKPW 规则来重点展现 AdS/CFT 对应关系最强大的方面之一：即使在非平衡条件下，也能够计算边界场论中的实时热关联函数。场论中实时热关联函数的计算是出了名的烦琐。即使对于平衡系统的线性响应情况也是如此。在理论上，我们可以通过欧几里得关联函数的 Wick 转动来计算实时响应。然而，这里我们面临着一个恶名昭著的信息丢失问题：在解析延拓到实时之后，平滑的欧几里得关联函数变成了非常"崎岖不平"的实时传播子，为了成功地准确做到这一点，我们必须非常精确地了解前者。这在频率与温度相比很小的流体力学领域中变得极其困难。这是第 7 章的主题。在这种情况下，经典流体的行为被隐藏在欧几里得传播子的很长的虚部尾巴的细节中。任何噪声都是有害的，而且已经证明，使用在其他方面很成功的格点 QCD 量子蒙特卡罗方法来计算夸克–胶子等离子体的黏度这样一个简单的量在目前是不可能的。

这对于完全非平衡的量子场论物理来说变得更加困难。目前还没有很好的场论方法来系统地、可控地处理这一问题。我们要计算的量遵循完整的 Schwinger-Keldysh 闭合时间路径或场论中的 in-in 框架，即直接计算概率，而不是振幅。然而，除了 1+1 维可积场论这个非常特殊的情况外，它只能在自由场理论的微扰展开中处理。远离平衡的场论系统的非微扰物理超出了现有场论方法的能力范围。

在全息中，这种情况有很大的变化。用字典处理 Wick 转动是简单的，这种情况我们已经遇到过。边界上的闵氏或欧氏号差与体时空上的号差是一一对应的。我们在本章中使用欧氏号差，因为它是计算平衡热力学最方便的途径。对于平衡系统，我们可以通过全息计算边界欧几里得传播子来进行同样的处理，从而实现随后的 Wick 转动 [201, 202, 242, 243]。现在这是可行的，因为体时空运动方程允许我们以任意精度计算边界传播子 [244]。但是，同样轻松的是，我们可以直接用体时空中的闵氏号差计算实时边界传播子。我们在第 1 章和第 5 章讨论 GKPW 规则时多次使用过这种策略。正如我们将在本节中讨论的，这可以直接推广到有限温度平衡系统。闵氏超前和推迟格林函数可由在对应着有限温度态的黑洞视界上选择合适的"边界条件"来计算 [201]。结果是非常直觉的：体时空中的黑洞视界代表了边界的有限温标度，而且为了包含我们重点感兴趣的推迟传播子中的耗散效应，必须在视界处选择入射边界条件。在黑洞中消失的东西代表了边界的耗散效应，人们发现传播子无缝地描述了从高频相干态到低频流体动力学响应的平滑过渡 [24]。类似地，要计算超前格林函数，可以选取出射边界条件 [201]。所有"正常"的时间演化都将导致消失于黑洞的行为，这些选择从内在的反映了推迟和超前格林函数的正确性质。

这还不是全部的故事。由于边界上的实时对应于闵氏号差的体时空，很明显非稳态体时空对应于边界上的非平衡物理。正如我们已经强调过的，用全息研究非平衡系统是目前一个蓬勃发展的研究课题，它的内容丰富，值得有它自己的全面综述 [23]。这里我们只浅略地触及这一课题。在 7.2 节中处理 (近平衡)Navier-Stokes 方程的推导时，我们将深入讨论这个主题。另一个例外是本节的其余部分。在非平衡系统中，我们需要完整的 Schwinger-Keldysh 形式，所以将在这里全面讨论它。

黑洞边界条件服从 GKPW 规则的方式是全息最重要的方面之一 [202,245]。GKPW 规则的关键特征是，我们应该可以从边界行为中读出场论的性质。然而，一个黑洞的完整时空具有两个边界。这由著名的度规的 Kruskal 延展所揭示。在技术上，标准的 AdS-Schwarzschild 度规 (6.19) 不是测地线完备的。在此度规中，粒子落入黑洞所需的固有时是有限的。那一时刻之后，Schwarzschild 度规是不可靠的，但是我们可以构建一套不同的基于内行和外行光线的坐标系，它可以更好地演示粒子的行为。这就是可以覆盖整个 AdS 黑洞时空的 Kruskal 坐标 U, V，其度规是

$$\mathrm{d}s^2 = -\frac{r^2 f(r) \mathrm{e}^{-4\pi T r_*}}{(2\pi T)^2} \mathrm{d}U \mathrm{d}V + r^2 \mathrm{d}x_i^2 \tag{6.91}$$

其中 $r_* = \int_{r_0}^{r} \frac{\mathrm{d}y}{y^2 f(y)}$。做变换

$$U = -\mathrm{e}^{-2\pi T(t-r_*)}, \quad V = \mathrm{e}^{-2\pi T(t+r_*)} \tag{6.92}$$

后可以重新得到原始的 AdS-Schwarzschild 度规 (6.19)。Kruskal 坐标表明，每一个静态黑洞总是会伴有在一个无穷远过去的镜像白洞，并且有一个完全被隐藏的时空区域与原来的 Schwarzschild 区域通过一个 (大小为零的) 虫洞连接 (图 6.6)。这说明真正完整的 AdS-Schwarzschild 在几何事实上有两个边界，一个在原来的区域，另一个在被隐藏的区域。美妙之处是这与 Schwinger-Keldysh 形式在计算概率的时候完全吻合 。这里说的概率是转变振幅绝对值的平方

$$P_{\mathrm{in}\to\mathrm{out}} = \langle \mathrm{in}|\mathrm{e}^{\mathrm{i}\int_{t_i}^{t_f} H}|\mathrm{out}\rangle\langle \mathrm{out}|\mathrm{e}^{-\mathrm{i}\int_{t_i}^{t_f} H}|\mathrm{in}\rangle$$

$$= \langle \mathrm{in}_B|\mathrm{e}^{\mathrm{i}\int_{t_i}^{t_f} H}|\mathrm{out}\rangle\langle \mathrm{out}|\mathrm{e}^{-\mathrm{i}\int_{t_i}^{t_f} H}|\mathrm{in}_A\rangle\Big|_{\mathrm{in}_A=\mathrm{in}_B} \tag{6.93}$$

并且每个振幅的时间演化分别自动地给出了"双重的"初始条件，一个在时间上向前演化，另一个向后演化。在路径积分中，这一双重演化结合起来形成了著名

的复 Schwinger-Keldysh 围道 (图 6.6)。Schwinger-Keldysh 形式的这一双重初始条件可通过 GKPW 规则翻译为体时空中的如下条件，即我们必须在互为镜像的原来区域和隐藏区域都选取边界条件。根据详细的观察，黑洞和实时有限温度场论之间的匹配确实是完美的，因为 Schwarzschild 时间在隐藏区域"向后"运行。这精确地描述了振幅的复共轭演化。

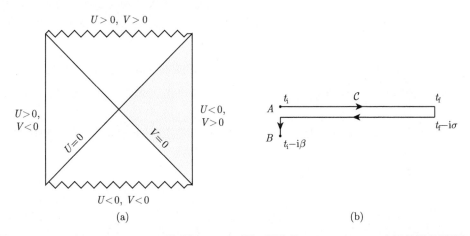

图 6.6 (a) AdS-Schwarzschild 黑洞的 Penrose 图。原来的 Schwarzschild 坐标只覆盖阴影区域。45° 的实线表示视界。上边的波浪线表示黑洞奇点；下边的波浪线表示白洞奇点。它与左边象限表示的隐藏区域由 Kruskal 拓展坐标揭示。(b) Schwinger-Keldysh 围道。可以任意地在 $0 < \sigma < \beta$ 中选取参数 σ 的值。最方便的取值是 $\sigma = \beta/2$

通过仔细地解出有两个边界的完全延展 Kruskal 时空上的演化，我们可以证明边界场论的超前和推迟格林函数边界场论也可以通过分别在出射和入射边界条件下取原来 Schwarzschild 区域的体时空运动方程的解的次领头阶与领头阶的比值得到 (方框 6.4)。因此，特别是对于两点关联函数，没有必要利用完整的 Kruskal 延展时空。但是应该清楚的是，如果在怎样计算边界物理量方面有分歧之处，我们应该使用完全延展时空中的原始 GKPW 结构。

规则十： 有限温度场论的实时传播子可以直接在闵氏号差的体时空中计算。推迟和超前格林函数的计算分别需要黑洞视界处的入射和出射边界条件，而 Schwinger-Keldysh 形式的完整结构与体时空几何的因果结构一一对应。

在剩余的章节中，我们将会反复用这个强大的方法计算场论的实时性质。

方框 6.6　全息中的实时热格林函数

让我们先回顾一下如何从双源中得到 Schwinger-Keldysh 形式中的推迟

和超前格林函数：一个时间方向向前，另一个时间方向向后。在直接计算概率 (6.93) 的复时间路径积分中，拉格朗日量的时间积分沿图 6.6 右图的回路 B 定义，

$$S = \int_C dt L(t)$$
$$= \int_{t_i}^{t_f} dt L(t) + \int_{t_f}^{t_f - i\sigma} dt L(t) - \int_{t_i - i\sigma}^{t_f - i\sigma} dt L(t) - \int_{t_i - i\sigma}^{t_i - i\beta} dt L(t) \quad (6.94)$$

其中 $L(t) = \int d^d x \mathcal{L}[\phi(t, x), \partial_\mu \phi(t, x)]$ 并且 $\mathcal{L}$ 是拉格朗日密度。在余下的部分我们将取自由参数为 $\sigma = \beta/2$。在回路的两个闵氏部分上耦合到源，

$$S_{\text{total}} = S + \int_{t_i}^{t_f} dt \int d^d x J_1 \mathcal{O}_1 - \int_{t_i - \beta/2}^{t_f - \beta/2} dt \int d^d x J_2 \mathcal{O}_2 \quad (6.95)$$

我们可以计算传播子的矩阵，

$$iG_{ab}(x - y) = i \begin{pmatrix} G_{11} & -G_{12} \\ -G_{21} & G_{22} \end{pmatrix} \quad (6.96)$$

其中

$$iG_{11}(t, x) = \langle T\mathcal{O}_1(t, x)\mathcal{O}_1(0) \rangle, \qquad iG_{12}(t, x) = \langle \mathcal{O}_2(0)\mathcal{O}_1(t, x) \rangle \quad (6.97)$$

$$iG_{21}(t, x) = \langle \mathcal{O}_2(t, x)\mathcal{O}_1(0) \rangle, \qquad iG_{22}(t, x) = \langle \bar{T}\mathcal{O}_2(t, x)\mathcal{O}_2(0) \rangle \quad (6.98)$$

T 代表编时而 $\bar{T}$ 代表逆编时。根据推迟和超前格林函数的定义，有

$$G_{\text{R}}(k) = -i \int d^{d+1} x e^{-ikx} \theta(t) \langle [\mathcal{O}(x), \mathcal{O}(0)] \rangle \quad (6.99)$$

$$G_{\text{A}}(k) = i \int d^{d+1} x e^{-ikx} \theta(-t) \langle [\mathcal{O}(x), \mathcal{O}(0)] \rangle \quad (6.100)$$

我们可以证明

$$G_{11}(k) = \text{Re}G_{\text{R}}(k) + i \coth \frac{\beta\omega}{2} \text{Im}G_{\text{R}}$$

$$G_{12}(k) = G_{21}(k) = \frac{2i e^{-\frac{\beta}{2}\omega}}{1 - e^{-\beta\omega}} \text{Im}G_{\text{R}} \quad (6.101)$$

$$G_{22}(k) = -\text{Re}G_{\text{R}}(k) + i \coth \frac{\beta\omega}{2} \text{Im}G_{\text{R}}$$

利用 $G_R(k)^* = G_A(k)$，也可以将这些等式写为

$$G_{11}(k) = (1+n)G_R - nG_A$$
$$G_{12}(k) = \sqrt{n(n+1)}(G_R - G_A)$$
$$G_{22}(k) = nG_R(k) - (1+n)G_A \qquad (6.102)$$

其中 $n = 1/(e^{\beta\omega} - 1)$ 是 Bose-Einstein 分布。

现在让我们从全息中重新得到这些关系[202]。在 AdS 黑洞的 Kruskal 坐标中，很容易定义 Kruskal 时间 $t_K = U+V$ 和 Kruskal 径向坐标 $x_K = U-V$。可以将 Kruskal 坐标中的平面波区分为四类。对于 $\omega > 0$，它们是

$$
\begin{aligned}
\text{出射：} & \quad e^{-i\omega U} = e^{-i\omega(t_K - x_K)/2} \\
\text{出射：} & \quad e^{i\omega U} = e^{i\omega(t_K - x_K)/2} \\
\text{入射：} & \quad e^{-i\omega V} = e^{-i\omega(t_K + x_K)/2} \\
\text{入射：} & \quad e^{i\omega V} = e^{-i\omega(t_K + x_K)/2}
\end{aligned}
\qquad (6.103)
$$

"出射"和"入射"是指从原来的 Schwarzschild 区域的观点来看的。这个区域的观测者得到的 (标量) 波动方程解的形式为

$$
u_{k,\text{Schw},\pm} = \begin{cases} e^{-i\omega t + k\cdot x} f_{\pm k}(r), & \text{在 Schwarzschild 区域} \\ 0, & \text{在 Hidden 区域} \end{cases}
\qquad (6.104)
$$

而隐藏区域的观测者得到的波动方程的解的形式为

$$
u_{k,\text{Hid},\pm} = \begin{cases} 0, & \text{在 Schwarzschild 区域} \\ e^{-i\omega t + k\cdot x} f_{\pm k}(r), & \text{在 Hidden 区域} \end{cases}
\qquad (6.105)
$$

根据对称性，函数 $f_{\pm k}(r)$ 是相同的，而且明显有 $f_k(r) = f_{-k}^*(r)$。容易证明，在近视界处，$f_{\pm k}(r) = e^{i\omega r_*}$，$r_* = \ln(-UV/4\pi T)$。这说明 $u_{k,\text{Schw},+}$ 和 $u_{k,\text{Hid},+}$ 是出射模式，而 $u_{k,\text{Schw},-}$ 和 $u_{k,\text{Hid},-}$ 是入射模式。但是，解 u_k 混合了正负频率。将 Schwarzschild 区域的解和隐藏区域的解结合起来，我们可以把它们分离出来：

$$
\begin{aligned}
u_{\text{out},+} &= u_{k,\text{Schw},+} + e^{-\frac{\beta}{2}\omega} u_{k,\text{Hid},+} \\
u_{\text{out},-} &= u_{k,\text{Schw},+} + e^{\frac{\beta}{2}\omega} u_{k,\text{Hid},+} \\
u_{\text{in},+} &= u_{k,\text{Schw},-} + e^{-\frac{\beta}{2}\omega} u_{k,\text{Hid},-} \\
u_{\text{in},-} &= u_{k,\text{Schw},-} + e^{\frac{\beta}{2}\omega} u_{k,\text{Hid},-}
\end{aligned}
\qquad (6.106)
$$

它们是基函数，可以用这些基函数写出标量运动方程的解。注意到我们是通过在两个不连通的区域中独立地解出波动方程从而得到系统的解。因此，唯一的解应该由"交界"处——视界——的两个连续性条件和两个边界条件决定。连续性条件既自然又符合直觉：正频模式应该是入射的，而负频模式应该是出射的。因此，标量波的适当解的行为是

$$\phi_k(r) = C_{-,k} u_{\text{out},-} + C_{+,k} u_{\text{in},+} \tag{6.107}$$

两个系数的值由两个边界 ($\phi = J_1|_{\partial\text{Schw}}$ 和 $\phi = J_2|_{\partial\text{Hid}}$ 上的边界条件决定。具体解为

$$\phi_k(r)\big|_{r\in\text{Schw}} = \big[(n+1)f_k^*(r) - nf_k(r)\big]J_{1,k} + \sqrt{n(n+1)}\big[f_k(r) - f_k^*(r)\big]J_{2,k}$$

$$\phi_k(r)\big|_{r\in\text{Hid}} = \sqrt{n(n+1)}\big[f_k^*(r) - f_k(r)\big]J_{1,k} + \big[(n+1)f_k(r) - nf_k^*(r)\big]J_{2,k} \tag{6.108}$$

其中 $n = 1/(e^{\beta\omega} - 1)$ 仍然是 Bose-Einstein 分布。我们在这里用到了边界上将 $f_k(r)$ 归一化的自由度，

$$f_k(r)\big|_{\partial\text{Schw}} = 1 = f_k(r)\big|_{\partial\text{Hid}} \tag{6.109}$$

这显然是式(6.108)的右手边接近边界时的领头项。

有了具体解，我们现在可以直接应用 GKPW 规则。需要注意的一点是，我们有两个边界。与之前一样，体时空的在壳作用量像以前一样是零 (5.1节)，唯一非零的项是

$$S_{\text{on-shell}} = \frac{1}{2}\int_{\partial\text{Schw}} \frac{\mathrm{d}^{d+1}k}{(2\pi)^{d+1}}\sqrt{-g}g^{rr}\phi_{-k}\partial_r\phi_k$$

$$- \frac{1}{2}\int_{\partial\text{Hid}} \frac{\mathrm{d}^{d+1}k}{(2\pi)^{d+1}}\sqrt{-g}g^{rr}\phi_{-k}\partial_r\phi_k \tag{6.110}$$

将具体解代入，我们得到

$$S_{\text{on-shell}} = \frac{1}{2}\int \frac{\mathrm{d}^{d+1}k}{(2\pi)^{d+1}}\sqrt{-g}g^{rr}\Big\{\phi_{1,-k}\big[(1+n)f_k\partial_r f_k^* - nf_k^*\partial_r f_k\big]\phi_{1,k}$$

$$+ \phi_{1,-k}\sqrt{n(1+n)}\big(-f_k\partial_r f_k^* + f_k^*\partial_r f_k\big)\phi_{2,k}$$

$$+ \phi_{2,-k}\sqrt{n(1+n)}\big(-f_k\partial_r f_k^* + f_k^*\partial_r f_k\big)\phi_{1,k}$$

$$+\phi_{2,-k}\big(nf_k\partial_r f_k^* - (1+n)f_k^*\partial_r f_k\big)\phi_{2,k}\bigg\} \tag{6.111}$$

通过

$$G_R = -\sqrt{-g}\,g^{rr}f_k\partial_r f_k^*\big|_{\partial\text{AdS}}\,, \quad G_A = -\sqrt{-g}\,g^{rr}f_k^*\partial_r f_k\big|_{\partial\text{AdS}} \tag{6.112}$$

我们立即看到对源 J_1 和 J_2 的泛函变分确实可以确切地得到 Schwinger-Keldysh 格林函数。如果 $f_k(r)$ 没有归一化，G_R 的表达式应为

$$G_R = -\sqrt{-g}\,g^{rr}\frac{1}{f_k f_k^*}f_k\partial_r f_k^*\big|_{\partial\text{AdS}} = -\sqrt{-g}\,g^{rr}\frac{\partial_r f_k^*}{f_k^*}\bigg|_{\partial\text{AdS}} \tag{6.113}$$

并且我们看到了运动方程中近边界解次领头与领头系数之间的标准比值项，其中 $f_k^*(r)$ 的另一个边界条件现在被视界处的入射行为给定。可以证明我们这里给出的对标量场的推导可以直接推广到费米场的情形 [246]。

第 7 章　全息流体力学

　　任何一个无平移或旋转对称性破缺的大距离和长时间上的宏观有限温度系统都必须变为一个由 19 世纪的 Navier-Stokes 流体力学理论所描述的流体。流体力学方程的结构是普适的，其基础是与整体守恒量相关的强演生原理。然而，为了确定流体力学参数的值，我们需要"微观"数据，既包括状态方程也包括唯象上重要的输运系数，例如，表征流体的耗散性质的剪切黏度和体黏度。对于弱耦合的"粒子物理"系统，通过玻尔兹曼动力学方程来计算这些数值的方法已经确立已久。作为一个计算工具，其实用性依赖于一个观点：宏观量的输运是近自由粒子之间微观碰撞过程的结果。即使对于纯经典流体，当这些流体密度大且相互作用强时，这一计算步骤也会失效。一个贴切的例子是从水分子的微观物理出发计算液态水的黏度，这在一定程度上仍然是一个挑战。

　　对于强耦合量子临界态，此计算步骤完全失效。正如我们在第 2 章中所详细讨论的，在零温下，这个"非粒子"理论的谱中没有近自由的类粒子激发。然而，在大距离和长时间尺度下，作为流体力学的基础的守恒定律仍然成立，并且一个包括耗散性质在内的流体描述将会演生出现。在 2.1 节中我们介绍了导致一般普朗克耗散概念的基本标度，它适用于任何强耦合的量子临界态。这等同于断言能量弛豫是由时间 $\tau_E \simeq \hbar/(k_B T)$ 所主导的，我们可以认为这个时间是有限温度场论的一般原理所允许的最短的"熵产生时间"。这只需要量子动力学的时间标度不变性成立，因此这个观念应该是相当普适的。然而，在定量层次上仍然存在原则性的问题。这不仅包括设定特征弛豫时间绝对大小的前置因子的值，也包括决定动力学线性响应物理量行为的 $\omega/(k_B T)$ 的普适标度函数的精确形式。

　　这些问题在"玻色"(零密度)CFT 背景下也会出现，原则上我们可以利用量子蒙特卡罗数值计算来"解决"这些问题 [244]。尽管用这种办法可以得到任意期望精确度的热力学量，但即使对于最简单的场论，数值方法也不能处理它在有限温度下的长时间动力学性质。原因在于与 Wick 转动有关的"信息丢失问题"。尽管计算在欧氏时空中进行，但任何噪声都会对流体力学领域中向实时解析延拓的过程产生严重干扰。结果表明，即使对于例如在 2.1 节讨论的 $2+1$ 维超流体到玻色 Mott 绝缘体的相变相关的简单的复标量 CFT，我们也不知道它的 $\omega/(k_B T)$ 标度函数的准确形式。这也是对处理核密度领域的"格点 QCD"的一个挑战。尽管我们可以将质子质量、状态方程等计算到很高的精度，如夸克胶子等离子体等系统的流体力学性质仍"隐藏在 Wick 转动背后"。

在这里我们要给出一个关键的观察。正如我们在第 2 章所讨论的, 在大约 20 年前 [247], 凝聚态学界就对 Planckian 耗散原理有了充分的认识 [25]。如果流体力学描述是适用的, 那么它的威力是强大的。然而, 在我们感兴趣的典型凝聚态系统中, 微观尺度上的平移不变性是被破坏的, 这一性质在固体 (费米液体、能带甚至 Mott 绝缘体等) 内传统电子系统的输运理论中起着关键作用。平移对称性破缺在量子临界系统中的作用是一个非常有趣的问题, 我们将在第 12 章对其详加讨论。结论是, 直接从可测量的输运性质中分析出有限温度量子临界液体的真正流体力学性质是一个非常精细的工作。出于这个原因, 关于 Planckian 耗散在流体力学中的角色的问题之前没有被考虑。否则, 根据 2.1 节的简单量纲分析, 黏度和熵密度的比值应该在 $\eta/s = T\tau_E \simeq \hbar/k_B$ 量级这个事实应该已经成为学界内的共识了。

为什么全息在这方面有很大的不同? 正如我们在第 5 章所详细解释的, 原因是边界场论中的 Wick 转动可以在体时空中通过将欧氏号差变为闵氏号差而毫不费力地完成, 并且在第 5 章和第 6 章中, 我们学习了如何用体时空中的黑洞来体现有限温度。流体力学描述了系统对平衡态的微小偏离的集体响应, 特别是多体态的集体能量和动量的响应。我们还看到了边界的能动张量与体时空中引力子的传播对偶。我们强调过, 它是全息对偶中考虑的最基本的动力学量之一。

这些发现共同展示了全息几乎是为计算有限温度量子临界系统的输运量身定做的。从历史上看, Policastro、Son 和 Starinets[46,248] 对临界量子流体黏度的全息计算是整本书主题的起源。2001 年他们根据全息证明了 $3+1$ 维 $\mathcal{N}=4$ 超对称 Yang-Mills 理论描述的流体力学流体的黏度/熵密度比值为 $\eta/s = (1/4\pi)\hbar/k_B$。几乎与此同时, 人们发现在美国布鲁克海文国家实验室相对论重离子对撞机 (RHIC) 加速器的重离子碰撞中产生的夸克胶子等离子体表现出的黏性行为远低于微扰计算的预期: 它看上去是一种几乎理想的流体 [249]。在 2003/2004 年公布的消息中, RHIC 产生的 QGP 显示出异常小的 η/s 比值, 这非常接近全息的结果 [250-252]。这是全息理论预测与实验结果的第一次直接交锋。同样, 2007 年凝聚态物理与全息的直接比对也是通过量子临界输运这一主题建立起来的 [24,253]。这受到了强低掺杂铜氧化物超导体的 Nernst 效应实验的启发。Nernst 系数是一种复杂的输运系数, 它与 z 方向存在磁场时 x 方向的温度梯度所诱导的 y 方向电流有关。在低掺杂铜氧化物的经验框架中, 断言这与 $2+1$ 维 Mott 绝缘体–超导体的量子临界点有关是不无道理的, 这个体系为量子临界流体力学提供了自然的舞台。然而, 即便用流体力学计算类似 Nernst 效应这样的磁–电–热输运现象也是一件棘手的事, 体时空中的全息引力计算被用来确定线性响应理论的一般结构, 随后可以用流体力学直接将其重新导出。

全息最初被用来研究流体力学领域的线性响应性质。这些是相对容易计算的。在回顾（相对论性的）流体力学的基础知识之后，我们将在 7.1 节详细说明关于黏度的全息线性响应计算。这个计算不仅对物理学有着深远的影响，也是练习全息技术的一个好场所。然而，流体力学不仅仅是线性响应，因为它完全能够处理相对平衡态有有限大偏离时的情况：理论完全是由流体的长度和时间尺度与任何微观尺度相比都很大的要求控制的。在 7.2 节中，我们将展示全息对偶的一个标志性成就：用体时空引力得到边界上的 Navier-Stokes 方程的具体推导 [254]。Bhattacharyya、Hubeny、Minwalla 和 Rangamani 的这一结果惊人地展示了全息作为"受强演生支配的唯象学理论的生成泛函"的威力。量子场论、广义相对论和 Navier-Stokes 流体力学是在数学结构上非常不同的理论，似乎暗指向了非常不同形式的物理现实。全息对偶将这三个理论统一到一个协调的整体。本章之后的大部分内容都是基于一个希望，即当处理零温量子物质系统的问题时，全息也能够发挥出类似的魔力。就像"流体力学"一样，关键的问题是全息唯象理论的数学结构是否也在这种背景下具有普适性。

推导流体力学方程的传统方法是有规律的，它依靠的是对称性原理和梯度展开。然而，当情况由于磁场、热梯度或其他环境力的存在而变得更加复杂时，这个推导就会变得相当棘手，我们很容易忽略一些细微但关键的地方。令人惊讶的是，引力对偶的发现引起了这种复杂流体力学形式的研究的复兴，并已经取得了一些显著的成果。在引力对偶中，取代"混乱"的流体力学推导的是一组容易理解的代数方程。如果熟练度足够，我们就可以用相对按部就班的方法解出这些方程。根据 GKPW 规则，对偶边界理论的构建是很简单的，并且如果知道了答案，我们就可以按照传统策略进行重构。为了说明全息解决这些流体力学新问题的能力，我们在本章末尾将讨论基于量子场论的量子反常对流体力学的影响。结果表明，在流体力学演化方程中可以存在与所有原理自洽的破坏宇称的非耗散项，但在这门学科的漫长历史中却被忽视了。

在倒数第二节 (7.3) 节中，我们将调整重心，适当地介绍对物质作全息描述所需的准备工作。物质这个词指的是不会消失的"东西"：我们必须处理守恒的整体荷。我们感兴趣的第一个话题是：由一个 $U(1)$ 荷所对应的密度来表征的物质。根据字典，我们首先介绍体时空中的麦克斯韦规范场，它由 Einstein-Maxwell 理论最简描述。该规范场的动力学与边界场论中守恒的整体 $U(1)$ 荷的动力学对偶。这将使我们能够计算依赖频率的"光"电导，它是在真实系统的实验中我们最感兴趣的量。边界的光电导与体时空中的电磁波（"光子"）的传播对偶。作为热身，这里我们考虑一个与有限温度零密度 CFT 对偶的 AdS-Schwarzschild 黑洞背景所描述的全息体系。具体到 $2+1$ 维中，我们会面对一个关于光电导标度行为的有趣的原则性问题，但因为 Wick 转动的问题，传统方法不能直接解决这个问题。然而，全息却为这个问题提供了有趣的解答。

7.1 量子临界和最小黏度

我们将在这里给出量子临界系统剪切黏度的计算。这是根据 GKPW 公式，利用经典场在体时空中的传播计算耗散线性响应物理量的第一个例子。计算非常直接。由于动量弛豫，剪切黏度体现了流体中横向运动的耗散。从字典中我们知道，度规自身的波动之中蕴含了动量算符的信息，因此我们只需要体时空中的纯 AdS-Einstein 理论，其作用量为

$$S = \frac{1}{16\pi G} \int \mathrm{d}^{d+2}x \sqrt{-g}\Big(R - 2\Lambda\Big) \tag{7.1}$$

在场论一边的描述中应该注意到我们要考虑的是相对论流体的流体力学，它看起来与熟悉的非相对论 Navier-Stokes 理论有一点不同。与非相对论极限的流体力学相比，洛伦兹不变性的要求实际上简化了相对论流体力学的结构。回想一下非相对论的 Navier-Stokes 方程 [255,256]，

$$\rho\frac{\mathrm{D}\boldsymbol{v}}{\mathrm{D}t} = -\nabla p + \nabla \cdot \mathbb{T} + \boldsymbol{f} \tag{7.2}$$

其中，ρ 是质量密度，$\boldsymbol{v}$ 是流体速度，并且

$$\frac{\mathrm{D}\boldsymbol{v}}{\mathrm{D}t} = \frac{\partial \boldsymbol{v}}{\partial t} + (\boldsymbol{v} \cdot \nabla)\boldsymbol{v} \tag{7.3}$$

是"物质"导数。这个方程表示流体的质量密度乘以它的加速度等于流体受到的力，表示这个力的项被收集到了等式的右边。它们包括压强 p 的梯度、外力 $\boldsymbol{f}$ 和应力张量 $\mathbb{T}$ 的散度。应力张量描述了黏度应力，它正比于速度场的梯度，即

$$\mathbb{T}_{ij} = \eta(\partial_i v_j + \partial_j v_i - \frac{2}{3}\delta_{ij}\partial_k v_k) + \zeta\delta_{ij}\partial_k v_k \tag{7.4}$$

这个方程的比例常数分别是关于流的垂直和平行分量的剪切黏度 (η) 和体黏度 (ζ)。对于不可压缩流体 ($\partial_i v_i = 0$ 并且典型速度相对于声速较小)，只有剪切黏度会起作用。

Navier-Stokes 方程是对牛顿第二定律的一个清楚的推广。从根本上讲，牛顿第二定律是在伽利略连续介质中线性动量守恒的结果。再考虑到能量守恒，这意味着在相对论系统中 Navier-Stokes 方程可以写成一个非常紧凑的形式：

$$\partial_\mu T^{\mu\nu} = 0 \tag{7.5}$$

它其实就表示能动张量 $T^{\mu\nu}$ 的守恒。

通过假设应力张量是局域四速度为 $u^\mu(\boldsymbol{x}, t)$(通常要进行归一化 $u^\mu u_\mu = -1$(闵氏号差)) 的流体的应力张量,我们现在可以直接得到相对论流体力学的结构。利用局域平衡的假设,我们通过梯度展开,将应力张量中包含的局域能量和压强/动量密度转换为用局域温度 $T(x)$ 和流体速度的 d 个分量来表示 [257]。这些本构关系式将应力张量的独立分量数目从 $(d+1)(d+2)/2$ 减少为 $d+1$,方程和未知量的数量相同,这样就可以确定流体的行为。梯度展开的第零阶是“理想流体”的应力张量,其特点是黏度为零。根据教科书 [256],有

$$T^{\mu\nu}_{(0)} = (\epsilon + P)u^\mu u^\nu + Pg^{\mu\nu} \tag{7.6}$$

其中,$g^{\mu\nu}$ 是时空的背景度规 (在下面的例子中我们考虑平直时空:$g^{\mu\nu} = \eta^{\mu\nu}$),而 ϵ 和 P 分别是在局域平衡温度 $T(x)$ 下的自由能密度和压强。另外,我们还需要考虑热力学关系 $\mathrm{d}\epsilon = T\mathrm{d}s$,$\mathrm{d}P = s\mathrm{d}T$ 和 $\epsilon + P = Ts$,其中 s 是熵密度。我们根据静止流体的旋转对称性来组织梯度展开,相对论 Navier-Stokes 理论的次领头阶梯度项的形式为

$$T^{\mu\nu} = T^{\mu\nu}_{(0)} + T^{\mu\nu}_{(1)} \tag{7.7}$$

$$T^{\mu\nu}_{(1)} = -P^{\mu\kappa}P^{\nu\lambda}\left[\eta\left(\partial_\kappa u_\lambda + \partial_\lambda u_\kappa - \frac{2}{d}g_{\kappa\lambda}\partial_\alpha u^\alpha\right) + \zeta g_{\kappa\lambda}\partial_\alpha u^\alpha\right] \tag{7.8}$$

其中,$P^{\mu\nu} = g^{\mu\nu} + u^\mu u^\nu$ 是向垂直于 u^ν 的方向的投影算符;系数 η 和 ζ 分别是剪切黏度和体黏度。与作为零阶展开系数的压强和能量一样,黏度也是局域温度的函数。与此同时,流体力学应该服从熵流的散度非负这一物理要求,这个要求将约束输运系数 η,ζ,使其是非负的。通常的非相对论 Navier-Stokes 方程只不过是在重新标度

$$\partial_i \to \varepsilon\partial_i, \quad \partial_\tau \to \varepsilon^2\partial_\tau, \quad v_i \to \varepsilon v_i, \quad P \to \bar{p} + \varepsilon^2 P \tag{7.9}$$

后,式 (7.5) 的 $\varepsilon \to 0$ 特殊极限。

在几乎所有的例子中我们都应该将流体视为由 CFT 描述的量子临界流体的有限温度态。对于这样的特殊流体,共形对称性给予了额外的约束,即应力张量无迹:$g_{\mu\nu}T^{\mu\nu} = 0$。这减少了本构关系式中的参数数量。在取第零阶时,这个约束使得压强直接与能量密度相关 $P = \frac{1}{d}\epsilon$,而在取到第一阶时它使得体黏度必须为零 $\zeta = 0$。因此在这一阶,共形流体完全由两个参数确定:能量和剪切黏度。

如果流体系统中存在 $U(1)$ 守恒流,我们必须要处理额外的流体力学方程,即连续性方程:

$$\partial_\mu J^\mu = 0 \tag{7.10}$$

类似地，我们有本构关系

$$J^{\mu} = nu^{\mu} - \sigma T P^{\mu\nu} \partial_{\nu}\left(\frac{\mu}{T}\right) \tag{7.11}$$

其中，$n(T, \mu)$ 是电荷密度，$\sigma(T, \mu)$ 是电导率。另外，我们还需要引入一个新的热力学参数：局域化学势 μ。

现在我们的目标是确定特定流体的这些参数。零阶的能量、压强和电荷密度可以通过教科书中的计算得到。输运系数是由系统对偏离平衡的无限小扰动的响应定义的，它们是线性响应理论的研究对象。根据涨落–耗散定理，通过 Kubo 关系，每个输运系数都可以从一个两点关联函数中提取出来[258]。剪切黏度可由能动张量的空间横向分量 (T_{xy}) 的传播子的吸收部分通过下式给出：

$$\eta = \lim_{\omega \to 0} \frac{1}{\omega} \mathrm{Im} G_{xy,xy}^{R}(\omega, \boldsymbol{k} = 0) \tag{7.12}$$

其中 $G_{xy,xy}^{R}(\omega, 0)$ 是能动张量 xy 分量的推迟格林函数，其定义为

$$G_{\mu\nu,\alpha\beta}^{R}(\omega, \boldsymbol{k}) = -\mathrm{i} \int \mathrm{d}t \mathrm{d}\boldsymbol{x} \mathrm{e}^{\mathrm{i}\omega t - \mathrm{i}\boldsymbol{k} \cdot \boldsymbol{x}} \theta(t)\langle [T_{\mu\nu}(t, \boldsymbol{x}), T_{\alpha\beta}(0, \boldsymbol{0})] \rangle \tag{7.13}$$

我们现在可以看出为什么全息很适合做这样的计算了；所有的要素都已具备。在第 5 章介绍的 AdS/CFT 基础中，我们精确地考察了边界上的能量动量张量，并得出了它与体时空中度规的扰动对偶这个结论。横向分量 T_{xy} 的激发确实对偶于体时空中的横向引力波。与第 5 章不同的是，我们现在考虑的是具有有限温度 T 的系统，其对偶引力描述并不是纯 AdS 中的引力波。正如我们在第 6 章中解释的那样，我们必须考虑有 AdS 黑洞存在的情况。此外，近视界波函数的行为详细地反映了场论传播子的因果结构。线性响应的动力学极化率与实时形式的推迟传播子有关，我们从 6.4 节知道，这要求在体时空的视界上取入射边界条件。在体时空视界内消失的东西对应于边界场论中的吸收（耗散）。

在形式上，计算是很直接的。在技术上，黑洞的存在使体时空中引力子的运动方程变得复杂了——数值解很容易得到，但是需要具备一些洞察力才可以求得解析解 (方框 7.1)。利用沿径向向内移动时的通量密度守恒，我们可将场论的长时间流体力学领域直接与体时空中的近视界几何联系起来[237]。这恰好是一个与剪切黏度不重整有关的非常特殊的性质[259]。因此，其他输运系数一般不具有这一性质，但它再次显示了 AdS 几何的径向精妙地蕴含了场论的重整化群流。

基于 Kubo 关系涉及关联函数的吸收部分这个事实，我们可以用非常简单的论证来理解这个结果。正如我们已经强调过的，有限温度边界的长时间尺度极限

最终可以由体时空中的近视界物理描述。考虑到边界上的吸收与体时空中落入视界的物质相关的规则，而同时边界的能动张量与引力子对偶，那么黏度就应该与黑洞对引力子的吸收截面成比例。这被证实是正确的。精确计算的结果为 [46,252]

$$\eta = \frac{\sigma_{\mathrm{abs}}(0)}{16\pi G} \tag{7.14}$$

其中，$\sigma_{\mathrm{abs}}(0)$ 是 $\omega \to 0$ 极限下黑洞的引力子吸收截面。一般而言，零频吸收截面测量的是截面的大小乘以探测物的密度，而与探测物本身的性质无关。引力子也不例外，确实有

$$\sigma_{\mathrm{abs}}(0) = \frac{A_{\mathrm{hor}}}{\mathrm{Vol}_d} \tag{7.15}$$

其中，A_{hor} 是黑洞的视界面积。根据 Hawking 和 Bekenstein 的发现，这现在可以与场论中的物理量联系起来。视界面积给出了以 $4G$ 为单位的系统的熵，即式 (6.27)。因此，吸收截面精确地等于以 $4G$ 为单位的熵密度，所以我们得到 [46]

$$\eta = \frac{1}{4\pi} s \tag{7.16}$$

我们将在本节末尾的方框 7.1 中给出完整的计算。

到现在这是一个著名的结果。注意，黏度与熵密度的比值与除几何因子之外的其他任何因素无关。恢复精确单位后，我们有

$$\frac{\eta}{s} = \frac{1}{4\pi} \frac{\hbar}{k_{\mathrm{B}}} \tag{7.17}$$

这个结果具有特殊的普适性是显而易见的。爱因斯坦引力解的唯一性和字典一起确保了不可能出现其他结果，因此，该结果适用于任何具有爱因斯坦引力对偶的平移不变的场论等离子体 [46,252,260,261]。事实表明，即使在有限化学势的系统中，它也仍然适用 [262,263]。除了普适性以外，值得我们注意的是，与普通流体中的典型数值相比，式 (7.17) 的数值极小 [252]。我们要强调的是，这首先是来自于背后的普朗克耗散原理，使得比值的量级为 $\hbar/k_{\mathrm{B}}$ 阶。另外，前置因子 $1/(4\pi)$ 很小。这个小的值反映了系统具有极强的耦合。$1/(4\pi)$ 这个值非常小，以至于事实上我们猜测它是"最小黏度"——KSS 下界[260]——多体系统所能达到的最接近理想无黏性流体的情形。这将证实一个由来已久的想法，即量子效应保证存在最小量的耗散。

从经典引力得到的全息计算数值当然与 CFT 的大 N 和大 't Hooft 耦合有关。经过更仔细的检验，实际上如果离开大 't Hooft 耦合极限，系统甚至可以更加接近理想流体。在 $\mathrm{AdS}_5 \times S^5$ 引力与 $\mathcal{N} = 4$ 超 Yang-Mills 的对偶这个具体

示例中，有限大小的 $\lambda = g_{\mathrm{YM}}^2 N$ 修正的确会导致这个比值增大 [264]。然而，更一般的理论中允许体时空中有更多的高阶导数修正项 (Einstein-Gauss-Bonnet 引力)，其对偶规范理论中的有限大小的 't Hooft 耦合所产生的效应，这些高阶修正确实导致前置因子比 $1/(4\pi)$ 更小 [265]。我们在各向异性系统 (例如文献 [266, 267]) 以及某些特殊的自上而下模型 [268] 中也发现了对 KSS 下界的违反。基于因果性约束的更详细论证确实表明存在一个新的下界，但其细节取决于体时空物理 [265, 269, 270]。

总结一：黏度–熵密度比值 η/s 是对 "Planckian 耗散" 的自然测量。根据 AdS/CFT，场论的黏度与黑洞对引力子的吸收截面成比例。对于与经典爱因斯坦引力对偶的任何各向同性的场论，这导致存在普适的比值 $\eta/s = (1/4\pi)\hbar/k_{\mathrm{B}}$。我们相信，因子 $1/(4\pi)$ 非常接近该比值的绝对下限。这个"最小黏度"是该流体力学液体的耗散能力的一个上限。

黏度与熵的比值实际上是相对论等离子体实验中的一个自然的可观测量。当人们将全息结果与布鲁克海文国家实验室的 RHIC 实验中导出的夸克胶子等离子体的估计值做比对时，这个结果引起了巨大的轰动 [250]。该实验装置的作用是创造和研究夸克–胶子等离子体 (QGP)：在足够高的密度和温度下，我们认为核物质会经过相变成为退禁闭的等离子体。通过极高能量的重原子核撞击，可以在很短的时间内创造出这种高密度的物态。确实存在黏度熵密度比值的唯象估计，但是直到 AdS/CFT 出现之前，直接计算 QCD 的 η/s 比值的唯一方法是使用偏离渐近自由 UV 区域的弱耦合微扰理论。因为 Wick 转动的问题，格点方法对计算依赖时间的物理量没有帮助。根据微扰计算，该比值的形式为 (参见文献 [11, 271, 272])

$$\left.\frac{\eta}{s}\right|_{\lambda \to 0} = \frac{A}{\lambda^2 \ln(B/\sqrt{\lambda})} \tag{7.18}$$

其中，A 和 B 是依赖于具体理论的 $O(1)$ 量级常数。在弱耦合情况下，它们关于 't Hooft 耦合 λ 有很强的依赖性，当在深 UV 下 λ 流动到 0 时，这个比值发散 (图 7.1)。这只不过反映了近理想气体的黏度非常大这个有些令人困惑的事实，这是因为在两次碰撞之间微观自由度走过了很长的距离，它与黏度与熵之比的微扰计算值总是大于 1 的定性观点完全一致。因此，当 RHIC 发现 QGP 的黏度–熵比值在误差范围内与 AdS/CFT 结果一致时，人们感到非常惊讶 [11, 250, 251]。值得注意的是，这表明尽管等离子体发生了到退禁闭态的相变，但其仍然保持强耦合。虽然早期的唯象估计认为这样的事情可能会发生，但它仍然是令人震惊的。由于这些原因，被观测到的强耦合 QGP 通常被记为 sQGP，以区别于它的简单弱耦合的兄弟。

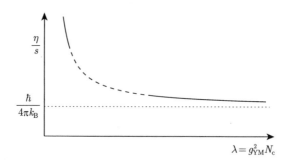

图 7.1　剪切黏度和熵密度的比值与 $'$t Hooft 耦合 $\lambda = g^2 N_c$ 的定性函数关系。在微扰区域，因为黏度衡量的是弛豫速率的大小，所以它总是与耦合成反比。λ 较小时的实线来自于自由 Yang-Mills 理论的一阶微扰计算 [11]。在强耦合理论的全息对偶中，我们自然地得到这个比值在 $O(1)$ 量级的值。λ 较大时的实线来自于 $\mathcal{N} = 4$ 超 Yang-Mills 的大 N 大 $g^2 N$ 全息对偶中的计算 [264]。中间的单调插值虚线是一个猜测。图片来自文献 [252] (经美国物理学会允许转载，©2005)

　　作为这个物理故事的结尾，我们阐明为什么"强耦合"这个名称严格来说并不足以解释小黏度现象。在耦合极强的情况下，我们更期望系统会自身重组为一个稳定的禁闭态，禁闭能量是它的特征尺度，而弱耦合的准粒子 (介子等) 是低于该尺度的激发。相反，AdS/CFT 描述的是关于没有类粒子激发的相互作用很强的量子临界态的"无粒子物理"。为什么以及在何种程度上实验条件下的夸克–胶子等离子体可以被描述为具有全息 AdS 对偶的量子临界态，这是一个有争议的问题 [11,273]。我们要简短地提及的是，这个主题在冷原子学界也变得相当重要。通过调节 Feshbach 共振，有可能产生一种"幺正费米气体"，它具有很强的相互作用，但由于散射长度发散，它没有标度。很多研究声称在这些体系中也测量到了最小黏度，例如参考文献 [274, 275]。

方框 7.1　Schwarzschild 黑洞几何中的线性化引力计算黏度

　　我们在这里给出强耦合等离子体的剪切黏度的具体全息计算 [201]。这样的等离子体是退禁闭的有限温度态，它的对偶描述是 AdS-Schwarzschild 黑洞。我们已经介绍过要计算的量：由 Kubo 公式 (7.12) 给出的黏度，其中 $G^R_{x_1 x_2, x_1 x_2}(\omega, \mathbf{0})$ 是由式 (7.13) 定义的能动张量的"xy"分量 (这里用"x_1，x_2"代替) 的推迟格林函数。我们的任务是用 GKPW 公式计算这个推迟格林函数。AdS/CFT 的强大之处在于我们可以按照第 6 章中的方法直接用实时计算。在全息中，应力张量的微扰的信息包含在度规的涨落之中。与通常一样，我们将度规分解为 $g_{\mu\nu} = \bar{g}_{\mu\nu} + h_{\mu\nu}$，其中 $\bar{g}_{\mu\nu}$ 是背景度规，即 AdS-Schwarzschild

黑洞解, 而 $\bar{g}_{\mu\nu}$ 是无穷小度规涨落: 引力波或引力子。

无质量引力子的自由度 (DOF) 数量的计算有一些复杂。为具体起见, 并且因为这是历史上最初的选择, 我们将要考虑的是与 $d+1=3+1$ 维强耦合场论对偶的 $d+2=4+1$ 维体时空。可对 $4+1$ 维引力子的模式做如下分类 [276]。由于体系具有旋转不变性, 所以我们可以不失普遍性地选取空间动量沿 x_3 方向 $\mathbf{k}=(0,0,k)$, 而微扰为 $h_{\mu\nu}(t,r,x_3)$。体系在 x_1x_2 平面上具有 $O(2)$ 对称性, 根据引力子模式在这一对称变换下的不同变换方式, 它们退耦为三类:

(i) 张量模式 (横向模式): $h_{x_1x_2}$;

(ii) 矢量模式 (剪切模式): h_{tx_1}, $h_{x_3x_1}$, h_{rx_1}, h_{tx_2}, $h_{x_3x_2}$ 和 h_{rx_2};

(iii) 标量 (声) 模式: h_{tt}, h_{tx_3}, $h_{x_3x_3}$, $h_{x_1x_1}+h_{x_2x_2}$, h_{rr}, h_{tr} 和 h_{rx_3}。

这种分类方式显然可以推广到其他维数。

与黏度计算相关的是张量模式。从 $h_{\mu\nu}$ 在线性坐标变换下的行为

$$\delta h_{\mu\nu} = \bar{\nabla}_\mu \xi_\nu + \bar{\nabla}_\nu \xi_\mu \tag{7.19}$$

直接可以得到, 与选择 $h_{\mu\nu}(t,r,x_3)$(即 $\xi_\mu = \xi_\mu(r)\mathrm{e}^{-\mathrm{i}\omega t+\mathrm{i}kx_3}$) 一致的坐标变换和模式分解是兼容的。因此, 在这一动量构型下 $h_{x_1x_2}$ 是规范不变的, 因而它是一个物理模式。

下一步是对爱因斯坦方程 (6.9) 的 AdS-Schwarzschild 黑洞解 (6.19) 做微扰。换句话说, 我们在 AdS 背景的爱因斯坦方程中插入度规 $g_{\mu\nu} = \bar{g}^{\mathrm{AdS\text{-}Schw}}_{\mu\nu} + h_{\mu\nu}$ 并线性展开到 $h_{\mu\nu}$ 的一阶。对 x_3 方向的微扰 $h^{x_1}_{x_2}(t,r,x_3) \equiv g^{x_1\mu}h_{\mu x_2}$ 做部分傅里叶变换 [265], 可得

$$h^{x_1}_{x_2}(t,r,x_3) = \int \frac{\mathrm{d}\omega \mathrm{d}k}{(2\pi)^2} \phi(r;\omega,k)\mathrm{e}^{-\mathrm{i}\omega t+\mathrm{i}kx_3} \tag{7.20}$$

我们得到傅里叶分量 $\phi(r;\omega,k)$ 的一个线性运动方程。我们发现这个分离的张量模式与在方框 5.1 和式 (5.23) 中讨论过的无质量标量场用相同的方式传播, 其运动方程为

$$\frac{1}{\sqrt{-g}}\partial_\mu\left[\sqrt{-g}g^{\mu\nu}\partial_\nu h^{x_1}_{x_2}(r;t,x_3)\right] = 0 \tag{7.21}$$

与第 5 章中讨论的问题不同的是, 现在存在一个黑洞, 代入背景度规式 (6.19) 并做傅里叶变换之后我们得到

$$\phi''(r;\omega,k) + \left(\frac{d+2}{r} + \frac{f'}{f}\right)\phi'(r;\omega,k) + \frac{(\omega^2-k^2f)L^4}{r^4f^2}\phi = 0 \tag{7.22}$$

式中有 $d+2$ 维 AdS 黑洞的黑化因子 $f = 1 - \frac{r_0^{d+1}}{r^{d+1}}$。注意到我们使用的是坐标 r,$r = 0$ 在内部而 $r = \infty$ 是边界。

为了得到 CFT 中的推迟格林函数,我们现在必须在视界处的入射边界条件下求解这个方程。根据 GKPW 规则,推迟格林函数是边界上解的次领头与领头系数的比值:

$$\phi_{\text{sol}}(u, \omega, k) = A(\omega, k) r^{\Delta - d - 1} + B(\omega, k) r^{-\Delta} + \cdots \tag{7.23}$$

由于引力子无质量,所以 $\Delta = d + 1$,并且有

$$G_{R, xy, xy}^{\text{CFT}}(\omega, k) = (2\Delta - d - 1) \frac{B(\omega, k)}{A(\omega, k)} \tag{7.24}$$

与第 5 章中的纯 AdS 不同,我们并不能得到 $A(\omega, k)$ 和 $B(\omega, k)$ 的解析解。尽管得到数值解相对容易,但这里可以得到我们感兴趣的小频率和小动量的解析解 [277],从而通过解析形式的 Kubo 公式 (7.12),可以用它们计算黏度。这是一个多步骤的计算。我们将会在第 9 章介绍更一般的方法。我们只需要少量额外的投入就有可能以更简洁的方式计算出黏度的 Kubo 公式。

边界上长距离和长时间下的流体力学行为应该由体时空的近视界几何描述,根据文献 [237,278] 的计算最大化地利用了这一事实。使计算成立的关键性质是引力辐射通量沿径向守恒。计算的第一步是将传播子的 GKPW 公式按包含了这个通量的 Wronskian 行列式改写。

为了达到这个目的,我们首先直接用来自 GKPW 构建的解 $\phi_{\text{ns}} = r^{d+1-\Delta} \phi_{\text{sol}}$ 改写格林函数 (7.24):

$$G_R^{\text{CFT}}(\omega, k) = -\frac{1}{2\kappa^2} \lim_{r \to \infty} r^{-2(d+1-\Delta)} \sqrt{-g} g^{rr} \frac{\partial_r \phi_{\text{ns}}(r)}{\phi_{\text{ns}}(r)} \tag{7.25}$$

总因子 $1/2\kappa^2$ 来自于 Einstein-Hilbert 作用量的归一化。下一个关键点是,通过 Kubo 公式计算黏度 (和其他所有耗散输运系数) 只需要推迟格林函数的虚部。在极限式中插入 $1 = \phi_{\text{ns}}^*(r) / \phi_{\text{ns}}^*(r)$ 我们得到了式 (7.25) 的虚部的表达式,

$$\text{Im} G_R^{\text{CFT}}(\omega, k) = -\frac{1}{2\kappa^2} \lim_{r \to \infty} r^{-2(d+1-\Delta)} \sqrt{-g} g^{rr} \frac{\phi_{\text{ns}}^*(r) \partial_r \phi_{\text{ns}}(r) - \phi_{\text{ns}}(r) \partial_r \phi_{\text{ns}}^*(r)}{2i \phi_{\text{ns}}^*(r) \phi_{\text{ns}}(r)}$$
$$\tag{7.26}$$

容易发现分子是 Wronskian 行列式,它是对通过固定在 r 的曲面的通量密度

的度量。用 ∂_r 作用于分子并且利用运动方程(7.22)就可以看出这一点。注意到式(7.26)中的组合 $\sqrt{-g}g^{rr}$ 正是具有在式(5.16)中出现过的形式 $e^{\int^r P(r)}$。

直接用守恒的 Wronskian 行列式对推迟格林函数的虚部(7.26)进行改写，我们得到

$$\text{Im}G_{\text{R}}^{\text{CFT}}(\omega, k) = \frac{1}{2\kappa^2} \lim_{r \to \infty} r^{-2(d+1-\Delta)} \frac{W(r)}{2i\phi_{\text{ns}}^*(r)\phi_{\text{ns}}(r)} \tag{7.27}$$

对于 $\Delta = d+1$ 的特殊情况，我们有 $\phi_{\text{ns}} = \phi_{\text{sol}}$。下面我们将不再区分它们。现在，改写的意义显现出来了。我们可以利用 Wronskian 行列式守恒去计算任何 r 点处分子的值。最方便计算的径向坐标是视界本身的位置，在那里我们设定了入射边界条件。然后我们可以将结果"拉到"边界上，在边界上它将变为场论格林函数的虚部。

在对应于视界位置 r_0 的 $f(r)$ 的零点附近，运动方程 (6.24) 可化简为

$$\phi'' + \frac{f'}{f}\phi' + \frac{L^4\omega^2}{r^4f^2}\phi + \cdots = 0 \tag{7.28}$$

将 $f(r)$ 在视界附近展开，

$$f(r) = (r-r_0)\frac{d+1}{r_0} + \mathcal{O}((r-r_0)^2)$$

$$\phi'' + \frac{1}{r-r_0}\phi' + \frac{L^4\omega^2}{(d+1)^2r_0^2(r-r_0)^2}\phi + \cdots = 0 \tag{7.29}$$

通过代入拟设

$$\phi_{\text{sol}}(r; \omega, k) = (r-r_0)^\alpha(1+\cdots) \tag{7.30}$$

其中 "$\cdots$" 代表 $r-r_0$ 的高阶项，我们可以推导出近视界解的幂律依赖行为。我们得到

$$\alpha(\alpha-1) + \alpha + \frac{L^4\omega^2}{(d+1)^2r_0^2} = 0 \tag{7.31}$$

其解为 $\alpha = \pm\frac{i\omega L^2}{(d+1)r_0} = \pm\frac{i\omega}{4\pi T}$。最后一步中我们利用了从式(6.8)中得到的视界位置和黑洞温度的关系。选取 $\alpha = -i\omega/4\pi T$ 对应的是入射解。因此，在视界附近，我们可以将解参数化为

$$\phi_{\text{sol}}(r; \omega, k) = (r-r_0)^{-i\omega/4\pi T} F(r; \omega, k) \tag{7.32}$$

其中，$F(r; \omega, k)$ 在视界 $r = r_0$ 处是非奇异的，可以按 ω 的阶数展开。我们计算近视界的守恒 Wronskian 行列式得到

$$
\begin{aligned}
W(r_0) &= -\lim_{r \to r_0} \sqrt{-g}\, g^{rr} \phi_{\mathrm{sol}}^* \overset{\leftrightarrow}{\partial_r} \phi_{\mathrm{sol}} \\
&= -\lim_{r \to r_0} \frac{r^{d+2}}{L^{d+2}} \left(1 - \frac{r_0^{d+1}}{r^{d+1}}\right) \left\{ \left[\frac{-2\mathrm{i}\omega}{4\pi T}(r - r_0)^{-1}\right] F^*(r) F(r) + \cdots \right\} \\
&= -\frac{r_0^{d+2}}{L^{d+2}} \frac{d+1}{r_0} \frac{-2\mathrm{i}\omega}{4\pi T} F^*(r_0) F(r_0) \\
&= \left(\frac{4}{d+1} \pi T L\right)^d (2\mathrm{i}\omega) F^*(r_0) F(r_0)
\end{aligned}
\tag{7.33}
$$

第二行中的省略号是 r 的非奇异函数项，因而当取 $r \to r_0$ 极限后它们不起作用。在最后一行，我们再一次使用了温度的定义式(6.8)：$4\pi T = (d+1)r_0/L^2$。

现在我们简单地将这些结果代入定制好的边界格林函数虚部的 GKPW 规则表达式中，有

$$
\mathrm{Im} G_{\mathrm{R}}^{\mathrm{CFT}}(\omega) = \frac{1}{2\kappa^2} \lim_{r \to \infty} \left(\frac{4}{d+1} \pi T L\right)^d \omega \frac{F^*(r_0) F(r_0)}{F_{\mathrm{sol}}^*(r) F_{\mathrm{sol}}(r)}
\tag{7.34}
$$

还剩下的未知量是视界上 $|F(r_0)|$ 与边界上 $\lim_{r \to \infty} |F(r)|$ 的比值。在形式上为了得到这个值，我们仍需解出 $F(r)$。这里我们将进行最后的简化，这个简化可以将近视界解直接拉到边界上：在极限 $\omega \to 0, k = 0$ 下，领头项将是剩下的函数 F 的不依赖于 ω 的解。从式(7.22)中容易看出这是一个平凡的常数函数。这是在 $\Delta = d + 1$ 的特殊情况下在 $r \to \infty$ 附近的解的领头阶 $\phi \sim A r^{\Delta - d - 1}$。因此，推迟格林函数虚部按 ω 展开的领头阶为

$$
\mathrm{Im} G_{\mathrm{R}}^{\mathrm{CFT}}(\omega, 0) = \frac{1}{2\kappa^2} \left(\frac{4}{d+1} \pi T L\right)^d (\omega) + \mathcal{O}(\omega^2)
\tag{7.35}
$$

现在使用 Kubo 关系式 (7.12)，有

$$
\eta = \lim_{\omega \to 0} \frac{1}{\omega} \mathrm{Im} \langle T_{x_1 x_2}(-\omega) T_{x_1 x_2}(\omega) \rangle = \lim_{\omega \to 0} \frac{1}{\omega} \mathrm{Im} G_{\mathrm{R}}^{\mathrm{CFT}}(\omega, \mathbf{0})
\tag{7.36}
$$

我们得到剪切黏度为

$$
\eta = \frac{1}{2\kappa^2} \left(\frac{4}{d+1} \pi T L\right)^d
\tag{7.37}
$$

注意到 $2\kappa^2 \equiv 16\pi G$，并将上式与式 (6.24) 中的 $d + 2$ 维 AdS-Schwarzschild

黑洞的熵密度 $s = \dfrac{4\pi}{2\kappa^2}\left(\dfrac{4}{d+1}\pi TL\right)^d$ 比较，我们就得到了著名的比值

$$\frac{\eta}{s} = \frac{1}{4\pi}\frac{\hbar}{k_{\mathrm{B}}} \tag{7.38}$$

7.2 从体时空引力动力学推导流体的 Navier-Stokes 方程

Bhattacharyya、Hubeny、Minwalla 和 Rangamani[254] 美妙而确切地揭示了 AdS/CFT 蕴含经典流体力学性质的非凡能力，在特定的长波极限下体时空中的动力学引力与边界 Navier-Stokes 方程有一一对应的关系 [279]。这是一个惊人的实现，因为经典的流体力学理论与量子场论和经典的爱因斯坦理论都有着非常不同的结构，但是字典把它们融合为一个单一的数学实体。这也许比全息的任何其他成就更能取悦理论物理学家的灵魂！毕竟，我们在这里讨论的是三个不朽的物理学理论，而最终发现这三种理论是同一枚"全息硬币"的不同侧面。

当然，全息所声称的是它只描述特殊的矩阵大 N 场论。这体现在全息计算只揭示出流体力学参数中的非常特殊的值，即状态方程、最小黏度等。然而，这些都是从微观"UV"保留下来的。在大距离的 IR，我们完全可以依靠经典引力来获得流体力学方程的正确结构。在计算的最后，我们可以将这些参数提升为自由参数，在这个意义上，我们可以实现对有限温度流体物理的完全 UV 无关的描述。值得注意并且有些神秘的是，这个方法既很有效又具有启发意义，它可能超出字面意义上的经典 AdS/CFT 的大 N 领域。事实上，黑洞物理的视界动力学与流体力学的 Navier-Stokes 方程之间有紧密联系的猜想有着很长的历史，可以追溯到 20 世纪 80 年代，猜想认为可以用存在于视界上的虚拟流体代替黑洞，其动力学受爱因斯坦方程支配（"黑洞膜范式"[280]）。AdS/CFT 的一个重要新特性是，在流体/引力对应中，流体存在于边界上。

将爱因斯坦引力用作决定流体力学方程的"生成泛函"还有实际的好处。正如我们已经强调过的，当感兴趣的问题变得更加复杂时，使用基于对称性原理和梯度展开的传统策略来确定高阶方程是一项艰巨的工作。另外，使用全息机制，这只是一个"机械的"方程求解问题，这里涉及的代数就好比一个可靠的指南针。这导致了"基础"流体力学的复兴 [281]。第一个例子是对相对论流体力学中二阶导数项的整理分类 [254,257]，这修正了 Israel 和 Stewart 在 20 世纪 70 年代末得出的传统结果。第二个例子是有限温度超流体的双流体描述得到了改进 [282-284]。我们将在 7.4 节中强调这些问题，并在涉及流体力学中的宇称破缺 [285] 和量子反常效应 [286] 的第三个例子中概述其最近的发展。

我们可以反过来使用 AdS/CFT 的流体/引力对偶版本来提出以下问题：我们可以从对偶的流体力学中得到关于引力的什么信息？依赖于雷诺 (Reynolds) 数的取值，流体力学可以被光滑层流区域或者湍流区域标志。与动力学引力的传统观点相关联的是低 Reynolds 数的光滑流体力学流动。但是，如果流体/引力对偶是正确的，引力也一定有湍流状态。湍流是出了名的难以建模，且通常只能对其进行数值模拟。幸运的是，一项技术突破为我们打开了湍流这扇大门。这个突破使我们认识到，数值 GR 在渐近 AdS 时空中比在传统的平直时空中更加简单 [23,287]。第一个亮点是发现了高度混乱的近视界动力学几何，其特征是反映边界湍流的 Kolmogorov 标度律的分形几何 [288]。第二个成就是超流体湍流的全息研究 [288]，我们将在第 10 章对其进行详细讨论。

总结二： 描述有限温度边界场论中普遍的长距离、长时间集体演化的宏观经典流体的 **Navier-Stokes** 方程在完全非线性和非平衡的意义下蕴含在由爱因斯坦引力描述的体时空黑洞的动力学引力之中。

方框 7.2 对"流体/引力"对偶的构建进行了总结，在概念上这个构建是直截了当的。流体力学受到梯度展开的控制，而这个展开的成立需要基于流体的流动距离和时间尺度相比于任何微观尺度都要大得多这一要求。考虑到我们在方框 7.1 中强调过的边界上长程流体力学领域和体时空中近视界引力的全息对应，必须可以将边界上的梯度展开转换为体时空近视界区域中的动力学引力的梯度展开。后者可以被"提升"到边界，并利用 GKPW 规则转化为边界流体力学。

方框 7.2　流体/引力对偶简介

这里我们只简单概述推导过程。我们已经看到，相对论流体的动力学由一个能量动量张量守恒方程 $\partial_\mu T^{\mu\nu} = 0$ 简洁地描述。在引力对偶中这个守恒得到了清楚的保留。建立流体/引力对偶的问题在于用宏观变量 (即经典相对论流体的温度和流体速度) 表示能量动量张量的本构关系。AdS/CFT 强调的一个关键观点是，对偶双方的物理量都应该按照梯度展开的方式来组织 [277]。

由于流体力学是应力能量张量在长时间和长距离尺度下的动力学理论，我们必须研究相对应的度规波动。我们将简要介绍 Bhattacharyya、Hubeny、Minwalla 和 Rangamani[254] 的方法，重点介绍与体时空引力相关的步骤 (另请参阅文献 [257, 289] 和综述 [290, 291])。我们从与热力学平衡构型对偶的 AdS-Schwarzschild 黑洞出发。第一步是变换坐标到所谓的 Eddington-Finkelstein 坐标系，随后沿闵氏边界以速度 v 作洛伦兹平动变换。在光速 $c = 1$ 并且 AdS 半径被设为 $L = 1$ 的单位制下，我们得到

$$ds^2 = -2u_\mu dx^\mu dr - r^2 f\left(\frac{r}{T}\right) u_\mu u_\nu dx^\mu dx^\nu + r^2(u_\mu u_\nu + \eta_{\mu\nu})dx^\mu dx^\nu \quad (7.39)$$

其中，$x^\mu(\mu, \nu = 0, \cdots, d)$ 是边界场论的坐标，$f\left(\dfrac{r}{T}\right) = 1 - \left[\dfrac{4\pi T}{(d+1)r}\right]^{d+1}$ 以及 $(u^0, u^i) = (1, v_i)/\sqrt{1 - v^i v_i}$，$v_i$ 是恒定速度。Eddington-Finkelstein 坐标系表明视界是坐标奇点，而不是物理实体。在这个坐标系下，一个下落入射的物体在 $r_0 = 4\pi T/(d+1)$ 处不会遇到奇异行为。对于下落的物体，坐标系在 $r > 0$ 的所有位置都是完全无奇异的。

假定我们现在通过加入一个缓慢改变的温度分布函数来对流体做小的扰动，即将视界的位置变为坐标 x^μ 的函数。显然，我们必须将另一个变量 $u_\mu(x)$ 也变为缓慢变化的函数，使得变化后的解仍然满足爱因斯坦方程。经这样操作后，度规有如下形式：

$$ds^2 = -2u_\mu(x)dx^\mu dr - r^2 f\left(\frac{r}{T(x)}\right) u_\mu(x)u_\nu(x)dx^\mu dx^\nu$$
$$+ r^2\left[u_\mu(x)u_\nu(x) + \eta_{\mu\nu}\right]dx^\mu dx^\nu \quad (7.40)$$

注意到我们通过设定 $g_{rr} = 0$ 和 $g_{r\mu} = -u_\mu$ 固定了规范，这将导致约束方程。对于常数的 T 和 u_μ，度规式(7.40)根据构造自动是爱因斯坦方程的解。然而，对于一般的缓慢变化的函数 $u_\mu(x)$ 和 $T(x)$，我们现在可以像流体力学的推导一样将 u_μ 和 T 按坐标 x^μ 做梯度展开，并逐阶得到微扰解。在将坐标 x 重新标度为 εx 后，我们按小参数 ε 做展开，可确定各变量的阶数为 $\partial_\mu \sim \varepsilon$，$\partial_r \sim \varepsilon^0$，$u_\mu \sim \varepsilon^0$，$p \sim \varepsilon^0$，这个相对于稳态解的梯度展开具有如下形式

$$g_{\mu\nu} = \sum_{n=0}^{\infty} \varepsilon^n g_{\mu\nu}^{(n)}(T(\varepsilon x), u(\varepsilon x))$$

$$u^\mu = \sum_{n=0}^{\infty} \varepsilon^n u^{\mu(n)}(\varepsilon x) \quad (7.41)$$

$$T = \sum_{n=0}^{\infty} \varepsilon^n T^{(n)}(\varepsilon x)$$

我们现在在原则上可以迭代地求出体时空爱因斯坦方程 (6.9) 的任意阶解。利用无穷远处的可归一化边界条件和内部所有 $r > 0$ 处无奇异性，可以唯一地确定解。在本节开始部分的标准的"一阶导数"流体力学对应于展开到 ε 的第一阶。让我们示意说明。

展开到第一阶，我们得到的引力解为

$$ds^2 = ds_0^2 + ds_1^2 + \cdots$$

$$ds_0^2 = -2u_\mu dx^\mu dr - r^2 \tilde{f}(\beta r) u_\mu u_\nu dx^\mu dx^\nu + r^2 (u_\mu u_\nu + \eta_{\mu\nu}) dx^\mu dx^\nu$$

$$ds_1^2 = 2r^2 \beta F(\beta r) \sigma_{\mu\nu} dx^\mu dx^\nu + \frac{2}{d} r u_\mu u_\nu \partial_\alpha u^\alpha dx^\mu dx^\nu$$

$$- r u^\alpha \partial_\alpha (u_\mu u_\nu) dx^\mu dx^\nu \tag{7.42}$$

其中

$$\tilde{f}(r) = 1 - \frac{1}{r^{d+1}}, \quad \beta = \frac{d+1}{4\pi T}, \quad F(r) = \int_r^\infty dy \left[\frac{y^d - 1}{y(y^{d+1} - 1)} \right] \tag{7.43}$$

且

$$\sigma^{\mu\nu} = P^{\mu\alpha} P^{\nu\beta} \left[\frac{1}{2} \left(\nabla_\alpha u_\beta + \nabla_\beta u_\alpha \right) - \frac{1}{d} P_{\alpha\beta} \nabla_\rho u^\rho \right] \tag{7.44}$$

这个依赖时间的非各向同性的解描述了体时空内所有地方的度规, 包括靠近边界的区域。这个解中的信息一定可以对应到边界场论。回想一下, 我们的目标是找到用温度 T 和速度 u_μ 表示的应力能量张量的本构关系。利用 GKPW 公式, 边界理论的能量动量张量的期望值应由体时空的在壳作用量对源的变分给出。这个源就是边界度规本身。因此, 边界的应力能量张量由体时空引力作用量对边界度规 $h^{\mu\nu}$ 的变分给出[219,292,293]

$$\langle T_{\mu\nu} \rangle = \frac{2}{\sqrt{-h}} \frac{\delta S_{\text{grav}}}{\delta h^{\mu\nu}}$$

$$= \lim_{r \to \infty} \frac{-r^{d+1}}{\kappa^2} \left[K_{\mu\nu} - K h_{\mu\nu} + d h_{\mu\nu} - \frac{1}{d-1} \left({}^h R_{\mu\nu} - \frac{1}{2} {}^h R h_{\mu\nu} \right) \right] \tag{7.45}$$

其中, $h^{\mu\nu}$ 是靠近边界表面 $r \to \infty$ 的诱导度规, ${}^h R_{\mu\nu}$ 和 ${}^h R$ 是相应的 Ricci 张量和标量, $K_{\mu\nu}$ 和 K 分别是外曲率和它的迹 (见 4.4 节)。这个组合在 GR 学界早已为人熟知, 并被称为 Brown-York 张量[292]。将式 (7.42) 代入式 (7.45) 则

$$T^{\mu\nu} = (\epsilon + P) u^\mu u^\nu + P \eta^{\mu\nu} - 2\eta \left[\frac{1}{2} P^{\mu\alpha} P^{\nu\beta} (\partial_\alpha u_\beta + \partial_\beta u_\alpha) - \frac{1}{d} P^{\mu\nu} \partial_\alpha u^\alpha \right] \tag{7.46}$$

它精确地对应于相对论 Navier-Stokes 流体的能量动量张量。Navier-Stokes 方程 $\partial_\mu T^{\mu\nu} = 0$ 不过是关于规范选择的约束方程。详细的 AdS 引力结果的参数具有非常特殊的值: 在 3+1 维中, 我们发现共形流体的标准状态方程为 $\epsilon = 3P$。压强为 $P = \frac{\pi^2}{8} N^2 T^4$, 因为温度是 CFT 保留的唯一标度, 所以这

不难理解。最后，剪切黏度为 $\eta = \dfrac{\pi}{8}N^2T^3$。根据熵的表达式 (6.29) 我们可以得到"最小黏度比值" $\eta/s = 1/4\pi$。这本应是预料之中的，因为这是计算黏度的"耗散"方法，不同于 7.1 节介绍的关于扰动的线性响应方法。

"流体/AdS 引力"方法的真正强大之处在更高阶的计算中可以得到体现。事实上，这个引力计算步骤对于推导本构关系的高阶导数推广是非常有用的 [254,257]。如果我们利用 GR，这个推导就变成了直接的代数和解常微分方程的练习，而不是根据对称性热力学第二定律和幺正性的人为构建。

7.3   电导率：体时空中光子对应的守恒流

到现在为止，我们讨论的重点是体时空中的纯引力。从体时空等度规对称性与边界整体 (时空) 对称性的联系可以看出，体时空中的纯引力部分蕴含了所有关于边界场论整体时空对称性的信息。这些对称性根植于能量和动量守恒，它们支配着 (自由的) 能量/热力学和流体力学。

当然，物质有更多的物理。我们还需要有一个"守恒荷"。这是凝聚态物理中常见的东西：我们知道水中的水分子不会自己消失，一块固体中的电子数量也不会随时间变化。守恒电子的数量，或者它们的总电荷，是由整体 $U(1)$ 对称性决定的：这是凝聚态物理学家所熟悉的对称性，在超导体中这种对称性会自发破缺。在 AdS/CMT 框架中，这是最重要的整体对称性。我们可以处理更大的非阿贝尔的"味"对称性，例如凝聚态物质的自旋流的 $SU(2)$ 对称性，但是我们将主要关注 $U(1)$ 理论。

我们在第 5 章中已经讨论过的是，通过 AdS/CFT 对应的一般的整体–局域对偶结构，边界的整体内部对称性与体时空中的规范对称性对偶。因此，体时空中的局域 $U(1)$ 对称性代表了边界上"计量物质"的整体 $U(1)$ 对称性。自下而上的构造中的下一个规则是弱–强对偶，即体时空理论应该有最少数量的梯度项，而且我们应该考虑的是与边界上"色"自由度的矩阵大 N 极限相对应的引力的经典极限。具有最少导数项的经典 $U(1)$ 规范理论当然就是经典麦克斯韦电动力学。在体时空的爱因斯坦理论中加入这个理论之后，我们推断出以一个守恒量为特征的物质体系的强耦合大 N 物理可以由体时空中的经典 AdS-Einstein-Maxwell 系统来描述，

$$S = \int \mathrm{d}^{d+2}x\sqrt{-g}\left\{\frac{1}{2\kappa^2}\left[R + \frac{d(d+1)}{L^2}\right] - \frac{1}{4g_{\mathrm{F}}^2}F_{\mu\nu}F^{\mu\nu}\right\} \tag{7.47}$$

总结三： 整体对称性的守恒流与体时空中的满足同样对称性的规范场对偶。对于边界上的一个简单守恒数 (整体 $U(1)$) 的情况，最简单的对偶实现是体时空中的 **AdS-Einstein-Maxwell** 理论。

这个简单的系统是很大一部分近期 AdS/CMT 发现的出发点。类似于通过将黑洞作为有限能量源来表示有限的 T，使黑洞带有的电荷作为体时空麦克斯韦场的源，我们就可以处理有限密度的场论物理。从第 8 章开始，本书剩下的很多内容都是关于这种带电黑洞的丰富表象、诞生和死亡，全息对偶将它们转化为关于边界有限密度物质性质的许多有启迪性的细节和惊喜。在本章中，我们关注的是流体力学极限下的宏观性质和集体响应。作为对如何通过全息对应来处理这些整体内部对称性的最初的介绍，在这里我们将重点关注对应于纯 AdS-Schwarzschild 黑洞的有限温度零密度流体对小的局部电荷分布的线性响应。这将使我们得到零密度有限温度共形态的光电导。

与黏度不同，根据定义，电导率与守恒荷关联在一起。在字面上，固体中电子系统的电导率 σ 衡量了电荷在系统中的输运对于外电场的响应，有

$$J^i = \sigma E^i \tag{7.48}$$

根据我们刚刚介绍的字典规则，响应的流 J 与体时空中的电磁波对偶。我们现在感兴趣的是计算频率依赖的 (通常是零动量的) "光" 电导，因为这对凝聚态物理的应用有实际意义。在实验室中我们只能测量非常小动量的流，这是因为光速比物质（电子）系统的典型速度大很多。我们特别感兴趣的是电导率对温度的依赖性，因为它量化了带电激发谱的自身重新组合的方式，尤其是零频直流 (DC) 电导率对温度的依赖性特别重要。

一般来说，在有限密度系统中，这些流同时受到电荷守恒和动量守恒的保护。在具有伽利略空间平移不变性的系统中，动量守恒使得任何有限密度系统都是完美导体。这意味着光电导的实部包含一个零频的 "反磁的" δ 函数峰。我们将在第 8 章中证明，这也可由全息得到。然而，由于动量守恒的 "等同化" 效应，人们对系统的细节知之甚少。当平移对称性被破坏时，电导率会包含更多的信息，第 12 章将会专门讨论全息中这一丰富的主题。

这里考虑的零密度情况是不同的：由于电荷共轭对称性，流不再受到动量守恒的保护，即使在伽利略连续介质中 DC 电导率也可以是有限的。考虑简单的自由 Dirac 费米子，这一般原理不难理解。施加恒定的电场所诱导的零动量电流，既包括右行的 "电子/粒子"，也包括左行的 "正电子/空穴"。因为正电子会有方向相反的动量，虽然没有动量的输运，但会有净电流。

对于量子临界系统，利用电荷守恒的事实，我们很容易推导出电导率的一般标度行为形式。这意味着电导率是由设计量纲决定的（回忆我们在第 5 章所做的讨论）。在零温的相对论系统中，光电导的实部 σ_1 的行为必须是 $\sigma_1(\omega, T = 0) \propto \omega^{(2-d)}$，而在零频和有限温度下的标度行为必须是 $\sigma_1(\omega = 0, T) \propto T^{(2-d)}$。对于介于这两者中间的情况，我们有插值函数 $\sigma_1(\omega, T) = T^{(2-d)} f\left(\dfrac{\omega}{T}\right)$，它只依赖于

理论的普适类。我们立刻看到有两个空间维数时电导率变为一个常数。的确，对于 $d = 2$，电导率是无量纲的并且会出现温度无关的 DC 电导率和频率无关的高频行为：$\sigma(\omega = 0, T) = \sigma_0$ 和 $\sigma(\omega, T = 0) = \sigma_\infty$。一个典型的例子是石墨烯中的电子体系，低能下石墨烯电子能带结构确实实现了展现上述行为的零密度无质量 Dirac 体系。这应该是一个标度极限下的自由体系，我们可以用通常表现为粒子相互之间散射的方式来处理微扰理论中相互作用的影响的修正，见参考文献 [294] 和其中的参考文献。

然而，正如 Sachdev 及其合作者 [24, 295] 所认识到的，人们遇到了一个有趣的关于二维体系强耦合零密度量子临界态的光电导的原理问题。我们指的是"临界石墨烯"模型，即与临界玻色子耦合的零密度电子，特别是我们在第 2 章中介绍的"基本框架"Bose-Hubbard 模型 (2.3)。我们主要关注后者，论证了在超流体到 Bose-Mott 绝缘体的相变中，实现了一个相对论性的、相互作用很强的零密度 CFT，它显然有一个守恒的 $U(1)$ 荷。量子临界点处的光电导的形式如上所述，并且完全由一个普适的标度函数 $\sigma(\omega, T) = F_\sigma(\omega/T)$ 来描述，它在 ω/T 的无穷大和无穷小的极限下分别趋近于常数 σ_∞ 和常数 σ_0。然而，过渡函数的精确形式是一个显著的难题。虽然量子临界态的性质很简单——它只不过是时空中的 XY 模型——但是我们还不能确定光电导的具体形式。由于 Wick 转动通常所带来的麻烦，甚至连数值量子蒙特卡罗方法也失败了，请见文献 [244]。

这也是"粒子范式"在处理量子临界态时遭受巨大失败的一种情形。我们可以尝试从粒子激发出发来微扰计算稳定超流体的电导率。在流体力学区域内 $(\omega/T \ll 0)$，我们应该使用微扰 (相对于稳定态的粒子激发) 量子玻尔兹曼方法，这将得到一个弛豫的类 Drude 响应，并对应为通常的中心在 $\omega = 0$ 的光电导峰。然而，Sachdev 首先意识到，用这种方法我们会遇到一个悖论。2.1.2 节中的 $d = 2$ Abelian-Higgs 对偶的结果是，粒子的电导率应该与对偶的涡旋系统的电阻率相同。另外，在量子玻尔兹曼设定下用微扰方法处理涡旋"煎饼"，并将它们当成散射粒子时，我们会发现它们也会使涡旋电导率产生一个 Drude 峰。但是这个涡流电导率的高峰在粒子对偶中却对应着电阻率的低谷：用涡旋语言还是用粒子语言计算电导率将会得到相反的结果。

我们现在知道，全息能完全解决这个难题。它自然地包含了一个"非粒子"理论。由于上述原因，我们对 $2 + 1$ 维零密度系统特别感兴趣。结果很简单，但同时也很令人满意：电导率只是一个常数，与能量和温度无关，即 $\sigma_0 = \sigma_\infty = \sigma(\omega, T)$。在一定程度上，这是 Sachdev 悖论的完美解答。如果电导率完全不是能量或温度的函数，那么它自动与对偶涡旋的电导率相同。事实上，可以证明这一全息结果源于 $3 + 1$ 维 Einstein-Maxwell 体时空理论的特殊性质，即其电磁部分是自对偶的。这迫使电导率为常数 [24]。这样的体时空电磁自对偶是边界理论的粒子–涡旋对偶的全息体现。因此，关于这些强耦合临界大 N 理论中的粒子–涡旋对偶的一个非同寻常的后果是常数 σ_0 和 σ_∞ 相等，这展现了量子临界输运的相干和耗散区域之间具有预料之外的联系。

总结四：$2+1$ 维强耦合大 N 边界零密度 CFT 守恒流相关的光电导的全息计算表明它完全不依赖频率和温度。这解决了使用量子玻尔兹曼方法处理这个问题时会遇到的 Sachdev 的"粒子–涡旋悖论"。

强耦合的矩阵大 N 理论的全息计算当然不适用于简单的 $U(1)$ 量子临界态，但是全息的"最大相互作用" CFT 很可能比任何微扰理论可以处理的理论都更接近我们所期望的答案。同时，第 2 章所讨论的 Abelian-Higgs 对偶不可能是自对偶的，其令人瞩目的自对偶的全息结果很可能只限于在强 't Hooft 耦合极限下成立。我们可以验证这一点，并通过在体时空引力中加入高阶导数项脱离这个极限。方框 7.3 进一步讨论了这一点，结果是，这样的影响确实会破坏自对偶性。我们得到的光电导的结果如图 7.2 所示。这些结果可能已经非常实际了，正如最近的量子蒙特卡罗结果所表明的那样[244,296]。

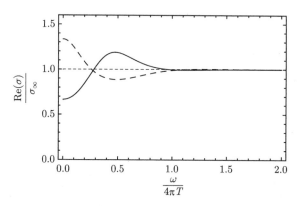

图 7.2　通过全息计算得到的 $2+1$ 维零密度场论的光电导作为 ω/T 的函数。在标准的全息背景下，我们得到这个标度函数独立于 ω/T(点线)，这一行为来源于场论的无穷大 't Hooft 耦合极限下的"粒子–涡旋"自对偶。通过在体时空中加入强度为 γ 的更高阶导数的项 (对应于边界上的 't Hooft 耦合变为有限)，可以破坏这个自对偶性。将 γ 调节为最大或最小的允许值时，我们会发现类粒子 (虚线) 或类涡旋 (实线) 的电导率 [295]。图像改编自文献 [295] (经美国物理学会允许转载 ©2011)

我们将在方框 7.3 中详细讨论电导率的全息计算。它是这类计算中最基本的一种。和黏度一样，电导率是根据 Kubo 公式利用边界上的流–流传播子确定的。通过这个两点函数的 GKPW 规则，它转化为体时空中一个无限小的光子场的靠近边界的领头和次领头阶的振幅之比。这些结果是从 AdS-Schwarzschild 背景下 Einstein-Maxwell 系统 (7.47) 中的 $U(1)$ 规范场的运动方程得到的。这个计算确实再现了由设计标度得到的结果，即 2+1 维中的零温 (纯 AdS) 电导率与频率无关。非常特别的是，在 Schwarzschild 黑洞存在的有限温度情况下，我们还可以得到"探针"规范场的解析解，这些结果揭示在大 $'$t Hooft 耦合极限下光电导确实与温度无关。

方框 7.3 零温和有限温度下的 CFT$_3$ 光电导的全息计算

在线性响应中，我们可以用流–流两点推迟关联函数计算光电导

$$\sigma(\omega) = -\frac{i}{\omega} G_{xx}^R \quad (\omega, \boldsymbol{k} = 0) \tag{7.49}$$

其中

$$G_{xx}^R(\omega, \boldsymbol{k}) = -i \int dt d\boldsymbol{x} e^{i\omega t - i\boldsymbol{k}\cdot\boldsymbol{x}} \theta(t) \langle [J_x(t, \boldsymbol{x}), J_x(0, 0)] \rangle \tag{7.50}$$

这里的 $J_\mu(t, \boldsymbol{x})$ 是场论中的 $U(1)$ 流算符。这样的整体 $U(1)$ 对称性是超流系统的定义性要素。我们在后面有时也会 (错误地) 将超流体称为"超导体"。这遵循了凝聚态物理学的传统，即通过微扰地规范 $U(1)$，最终微扰地重新引入弱的长程库仑相互作用。正是从这个角度看，电磁场是外部的，电流包含了系统电导率的信息。

根据字典，边界上的整体对称性对应的守恒流与体时空中的麦克斯韦规范场对偶，并且我们尤为关注的特殊情况是 2+1 维中的量子临界态。它在体时空中的对偶是 AdS$_4$。为计算电流的两点关联函数，我们需要知道体时空中对偶规范场的涨落 (光子) 的动力学。对于光子，第一步是在体时空中选取一个规范。由于径向的分量在边界上没有物理意义，选取径向规范 $A_r = 0$ 是方便的。我们对零动量有限频率的电导率感兴趣，因而我们可以只关注在空间上一致的波动 $A_x(t) = \int d\omega a_x(r, \omega) e^{-i\omega t}$。在 AdS-Schwarzschild 背景下，事实上这个涨落与其他的极化 A_y 和 A_t 没有耦合，并且计算是直接的。另外，对于动量有限的情况 $\boldsymbol{k} \neq 0$，不同的涨落之间存在相互耦合，必须先将这些涨落对角化[24]。

让我们先来回顾一下零温的情况。这时我们只不过需要对向量场重复第 5 章中的经典 AdS/CFT 计算 (5.12)。零温时的几何是纯 AdS$_4$，根据弯曲时空中的麦克斯韦运动方程

$$\frac{1}{\sqrt{-g}} \partial_\mu \left(\sqrt{-g} g^{\mu\nu} g^{\alpha\beta} F_{\nu\alpha} \right) = 0 \tag{7.51}$$

我们容易得到径向规范下的关于零动量涨落 $a_x(r)$ 的方程

$$a_x'' + \frac{2}{r}a_x' + \frac{L^4\omega^2}{r^4}a_x = 0 \tag{7.52}$$

这里我们用一撇表示径向导数。这种情况下我们容易推导出入射解，它是

$$a_x = c_0 \mathrm{e}^{\mathrm{i}\frac{\omega L^2}{r}} \tag{7.53}$$

其中 c_0 是一个常数。所以在接近边界处 $(r \to \infty)$ 我们立刻有

$$a_x = a_x^{(0)} + \frac{a_x^{(1)}}{r} + \cdots \tag{7.54}$$

其中，$a_x^{(0)} = c_0$，$a_x^{(1)} = \mathrm{i}c_0\omega L^2$。利用 GKPW 规则我们得到

$$\langle J^x(-\omega)J^x(\omega) \rangle = \frac{1}{L^2 g_{\mathrm{F}}^2}\frac{a_x^{(1)}}{a_x^{(0)}} = \mathrm{i}\omega L^2 \tag{7.55}$$

其中的归一化因子来自作用量式(7.47)。这清晰地显示了 $d = 2$ 维中的标度维数 $\Delta = d$ 的守恒流的特征标度 $\langle JJ \rangle \sim \omega^{2\Delta-d-1}$。因而电导率为

$$\sigma(\omega) = -\frac{\mathrm{i}}{\omega}G_{xx}^R(\omega, \boldsymbol{k} = 0) = \frac{1}{L^2 g_{\mathrm{F}}^2}\frac{-\mathrm{i}}{\omega}\frac{a_x^{(1)}}{a_x^{(0)}} = \frac{1}{g_{\mathrm{F}}^2} \tag{7.56}$$

守恒流的受保护的标度维数使得这个量是一个常数。

另一个理解这个结果的方法如下。靠近边界的规范场 $a_x^{(0)}$ 的领头阶贡献给出了边界上的电场：$E_x = -\dot{a}_x^{(0)}$，而它所诱导的电流 (响应) 的 VEV 是靠近边界的次领头项 $J_x = \dfrac{1}{L^2 g_{\mathrm{F}}^2}a_x^{(1)}$。根据欧姆 (Ohm) 定律，我们有

$$\sigma = \frac{J_x}{E_x} = \frac{1}{L^2 g_{\mathrm{F}}^2}\frac{A_x^{(1)}}{-\dot{A}_x^{(0)}} = \frac{1}{L^2 g_{\mathrm{F}}^2}\frac{-\mathrm{i}a_x^{(1)}}{\omega a_x^{(0)}} \tag{7.57}$$

这与 7.2 节的结果相同。

我们现在计算有限温度 CFT 的光电导：我们重复上面的计算，但是现在的背景是 AdS-Schwarzschild 黑洞。径向运动方程 (7.52) 将变为

$$a_x'' + \left(\frac{2}{r} + \frac{f'}{f}\right)a_x' + \frac{L^4\omega^2}{r^4 f^2}a_x = 0 \tag{7.58}$$

其中，$f(r) = (1 - r_0^3/r^3)$ 是黑化或者说红移因子 $f(r)$。在第 6 章中解释过，为了得到这种实时形式下的推迟格林函数，我们需要对光子在视界上施加入

射边界条件。从第 6 章中我们知道近视界的黑化因子是

$$f = \frac{4\pi T L^2}{r_0^2}(r - r_0) + \mathcal{O}\big((r - r_0)^2\big) \tag{7.59}$$

将其代入式 (7.58) 来定下靠近黑洞视界时解的行为，我们得到两支近视界解

$$a_x \sim e^{\pm \frac{i\omega}{4\pi T} \ln(r - r_0)} \big[1 + \mathcal{O}(r - r_0)\big] \tag{7.60}$$

因为 $A_x = a_x(r)e^{-i\omega t}$，所以在近视界处 "$+$" 和 "$-$" 两支解分别对应出射波和入射波。我们需要的是入射波，其在 $r \to r_0$ 处的渐近行为是 $a_x \propto (r - r_0)^{-i\omega/(4\pi T)}$。

值得注意的是，满足这个边界条件的径向微分方程存在一个解析解——对于更复杂的问题，我们必须依赖于数值计算。这个解析解为

$$a_x = c_0 \left[\frac{4\pi T L^2 - 3r}{\sqrt{9r^2 + 12\pi T L^2 r + (4\pi T)^2 L^4}} \right]^{-\frac{i\omega}{4\pi T}}$$

$$\times \exp - \frac{i\omega}{4\pi T} \left\{ \sqrt{3} \arctan \left[\frac{1}{\sqrt{3}} \left(1 + \frac{6r}{4\pi T L^2} \right) \right] - \frac{\sqrt{3}}{2}\pi - i\pi \right\} \tag{7.61}$$

其中 c_0 是积分常数。容易验证这个解满足入射的近视界边界条件。近边界行为 $(r \to \infty)$ 现在变为

$$a_x^{(0)} = c_0, \quad a_x^{(1)} = ic_0\omega L^2 \tag{7.62}$$

将其插入式 (7.57) 之后，我们得到的令人惊讶的结果是：光电导为完全独立于 ω/T 的严格的常数。

$$\sigma(\omega/T) = \frac{1}{g_F^2} \tag{7.63}$$

零密度和有限 ′t Hooft 耦合情况下的全息电导率

全息计算得到常数光电导的原因可追溯自二阶导数的 Einstein-Maxwell 引力理论的特殊性质，3 + 1 维中无源的 $U(1)$ 麦克斯韦理论是自对偶的。根据对偶场的场强 $\tilde{F}_{\mu\nu} = \frac{1}{2}\epsilon_{\mu\nu\alpha\beta}F^{\alpha\beta}$，它们的作用量除了 $\tilde{g}_4^2 = 1/g_4^2$ 以外是完全相同的 [24]。更一般的作用量不会具有这一明显的自对偶。它当然不是大多数量子临界凝聚态系统所具有的性质，Bose-Hubbard 模型就是典型的例子。然而，因为对偶两边的一般元素是相同的，最明显的罪魁祸首是二阶导数引力所固有的大 N 极限。实际上，通过在 Einstein-Maxwell 理论中加入高阶

梯度项来离开强 't Hooft 耦合极限，这与自对偶性一般是不相容的。我们将在这里这样做，并指出其结果是光电导的标度函数不再是一个常数。不具有这种自对偶性的部分的最低阶修正是 [295]

$$S = S_{EM} + \int d^4 x \sqrt{-g} \frac{\gamma L^2}{g_F^2} C_{\mu\nu\rho\sigma} F^{\mu\nu} F^{\rho\sigma} \qquad (7.64)$$

其中，γ 是一个无量纲的参数，L 是 AdS 半径，g_4 是规范耦合常数，$C_{\mu\nu\rho\sigma}$ 是外尔 (Weyl) 张量

$$C_{\mu\nu\rho\sigma} = R_{\mu\nu\rho\sigma} - \frac{1}{2}(g_{\mu\rho}R_{\nu\sigma} + g_{\nu\sigma}R_{\mu\rho} - g_{\mu\sigma}R_{\nu\rho} - g_{\nu\rho}R_{\mu\sigma})$$
$$+ \frac{1}{6}(g_{\mu\rho}g_{\nu\sigma} - g_{\mu\sigma}g_{\nu\rho})R \qquad (7.65)$$

除 Weyl 张量以外的曲率张量的其他组合项将修正第零阶的电导率，因而我们可以通过重定义将这些项吸收进作用量的第零阶。如果 $\gamma \neq 0$，这个额外的项显然会破坏体时空的自对偶性。有趣的是因果律将限制 $|\gamma| < 1/12$。这使我们可以从 AdS 引力角度获得对物质的一些令人惊讶的洞见。结果是，极限值 $\gamma = \pm 1/12$ 精确地对应于自由粒子理论或涡旋理论 [297]。做了这个修正后，按照此方框第一部分中概述的步骤，我们不再能够得到解析解。但是，我们可以用数值方法求解，结果如图 7.2 所示。电导率不再是一个常数。这时我们可以证明输运系数 σ_0 和 σ_∞ 之间的关系变为

$$\frac{\sigma(\omega = 0)}{\sigma(\omega = \infty)} = 1 + 4\gamma, \quad \sigma(\omega = \infty) = \frac{1}{g_F^2} \qquad (7.66)$$

耗散部分 σ_0 现在不再等于 (没有变的) 高频 σ_∞。

7.4　流体力学和量子反常

作为本章的收尾，我们将概述推广流体力学的一项最新进展，以说明流体/引力对应的威力。宏观热流体的本构关系可以包括一个非耗散项，它表示微观量子场理论中的量子反常。反常指的是在量子理论中被破坏的经典拉格朗日量的对称性。在这里我们特别指的是在 $d+1 =$ 偶数维中有无质量手征费米子耦合的 Yang-Mills 理论的手征反常，其中我们对 $3+1$ 维理论特别关注。对于无质量带电费米子的经典理论，我们可以定义两种流 J_μ，一种是计量带电费米子总量的偶字称 $U(1)_V$ 矢量流，另一种是计量左手与右手费米子数差距的奇字称 $U(1)_A$ 轴矢流。在经典层面上，无质量费米子的手征性是守恒的 ($\partial_\mu J_A^\mu = 0$)。然而，在量子理论

中这个对称性被破坏了。我们发现在 $d+1=3+1$ 维中有 [298]

$$\partial_\mu J_A^\mu = -\frac{C}{8}\epsilon_{\mu\nu\alpha\beta}F^{\mu\nu a}F^{\alpha\beta a} \tag{7.67}$$

其中

$$F_{\mu\nu}^a = \partial_\mu A_\nu^a - \partial_\nu A_\mu^a + gf_{bc}^a A_\mu^b A_\nu^c \tag{7.68}$$

是外部 (非) 阿贝尔规范场 A_μ^a 的场强, 费米子也携带针对它的电荷, 而 C 是 "反常常数", 它与右手费米子多于左手费米子的数量有关。方程 (7.67) 的右边在本质上是拓扑平庸项。为了理解反常的含义, 我们考虑处于外部电磁场中的系统。我们会发现 $\partial_\mu J_V^\mu = 0$ 和 $\partial_\mu J_A^\mu = CE_\mu B^\mu$, 其中 E_μ 和 B_μ 分别是电场和磁场的场强。熟悉凝聚态物理的读者会注意到这里出现了在拓扑能带绝缘体的表面上发现的 θ 真空项 [58]。这个非守恒性是由规范真空在不同的拓扑构型之间隧穿时发生的谱流动所导致的。不同真空中的费米子的定义是不同的, 这会导致粒子的能级逐渐上升, 而反粒子的能级逐渐下降, 从而会有净粒子产生的效应出现。

我们早就知道了标准模型的电弱部分会出现这些反常。它们是对 AdS/CFT 对应的最早检验之一 [3]——作为拓扑量, 它们与 't Hooft 耦合无关。最近在 AdS/QCD 中, 它们被引入以通过 "手征磁效应" 来解释非中心重离子碰撞中电荷分离的涨落 [299-301]。有人提出这样的 $U(1)$ 三角反常也应该在掺杂的 Weyl 半金属 (3+1 维拓扑绝缘体的金属 "兄弟") 中出现: 如文献 [302-305], 这是凝聚态物理中非常近期的一项进展。

随着流体/引力对偶以及引力一边明显存在反常项的发现, 现在出现的问题是 (微观) 量子场论中的反常项如何在宏观经典流体行为中体现。考虑到反常来源于拓扑, 我们确实预期它们也一定具有宏观效应, 但是我们还希望对其进行精确的流体力学描述。这就是最近 Son 和 Surowka[286] 的发现 (另见文献 [306-308])。人们发现了新的反常诱导的流, 这样的流与流体中的涡旋平行 ("手征涡旋效应"), 也与外磁场平行 ("手征磁效应")。这些发现直接受到流体/引力对应关系的启发和指导 [309,310]。在存在麦克斯韦场的 4+1 维引力中, 加入一个 Chern-Simons 项是很自然的; 它确实出现在许多自上而下的构造中。与量子霍尔物理类似, 这个 Chern-Simons 项导致了对偶边界场论的手征反常 [286,309,310]。我们将在方框 7.4阐明, 通过流体/引力对应, 可以很容易地得出流体力学理论中的结果 (有关此主题的综述, 请见文献 [311])。

本构关系中宇称破缺项不只局限于在 3+1 维的反常中出现。另一个应用全息的有趣例子是关于在更低维中宇称破缺的流体力学系统的最近进展。一个例子是氦 3 的 A 相, 其中手征 p-波凝聚会自发地破缺宇称。比如, 对于 2+1 维边界理论, 宇称破缺项可通过规范场中存在的拓扑 θ 项或 3+1 维引力体时空理论中的引力 Riemann 张量在对偶理论中出现 [285,312](另请参见文献 [313])。这就导致了我们对出现霍尔黏度、边缘流和角动量的自发生成的预测 [313-315]。

方框 7.4　量子反常对热流体的动力学的影响

我们这里考虑通常的具有 $U(1)$ 量子数的 3+1 维相对论流体。如果与荷相对应的流是反常的，它就不再是守恒的；当存在背景场时，流的散度为

$$\partial_\mu J^\mu = -\frac{C}{8}\epsilon^{\mu\nu\alpha\beta}F_{\mu\nu}F_{\alpha\beta} \tag{7.69}$$

注意这里我们只考虑一个反常 $U(1)_A$。在例如 RHIC 或 Weyl 半金属这样的实际模型中，对于 $U(1)_V$ 和 $U(1)_A$ 我们都要考虑，我们可以重新定义 $J_V = J_R + J_L, J_A = J_R - J_L$，$J_R$ 和 J_L 都满足式 (7.69)，只不过 C 的取值相反。在这里为简单起见，我们只考虑一个 $U(1)$ 的情况，而推广到 $U(1)_V \times U(1)_A$ 的情况是很直接的 [306,316]。当存在外部的电场和磁场时，由于手征反常，带电流体系统的流体力学方程 (7.5) 和 (7.10) 会变为

$$\partial_\mu T^{\mu\nu} = -F^{\mu\nu}J_\mu, \quad \partial_\mu J^\mu = CE_\mu B^\mu \tag{7.70}$$

其中，$E_\mu = F^{\mu\nu}u_\nu$ 和 $B^\mu = \frac{1}{2}\epsilon^{\mu\nu\alpha\beta}u_\nu F_{\alpha\beta}$ 分别是背景电场和磁场。我们用 T 和 u_μ 以及 E_μ 和 B_μ 写出本构关系后，可以发现直到展开的第一阶为止，这个反常流体的朗道框架 (其中流体的流与能量流相同) 下的能动张量仍由式 (7.7) 给出。然而，流体力学的 (协变的) 电流的表达式中有新的项出现 [286,306,307]：

$$J^\mu = nu^\mu - \sigma T\big(g^{\mu\nu} + u^\mu u^\nu\big)\partial_\nu\Big(\frac{\mu}{T}\Big) + \sigma E^\mu + \xi_V\omega^\mu + \xi_B B^\mu \tag{7.71}$$

其中，n 是荷密度，σ 是 DC 电导率，T 是温度，$\omega^\mu = \frac{1}{2}\epsilon^{\mu\nu\lambda\rho}u_\nu\partial_\lambda u_\rho$ 是流体的涡旋。前三项是标准的、宇称守恒的，但是后两项是由反常诱导的，它们破坏了宇称。与运动学系数 ξ_V 成比例的项表示诱导出的沿流体中存在的涡流方向的电流："手征涡旋效应 ①" (chiral vortical effect, CVE)。最后一项表示"手征磁效应 ②" (chiral magnetic effect, CME)：对于有限的 ξ_B，我们发现诱导出了一个平行于施加的磁场的电流。注意新的两个宇称破缺的项都是

---

① 也译作手征涡流效应, 表示的是在相对论性手征流体中产生的局域涡流或涡旋会导致电荷的不对称分布而产生电流。

② 指的是在相对论性手征流体中强磁场诱导出沿着磁场方向的电流, 并导致电荷的不对称分布。

非耗散的, 这是由在时间反演下它们的变换方式决定的。非负散度的熵流将完全确定朗道框架下的系数 ξ_V 和 ξ_B, 使它们可以用反常系数 C 表示为 [286,307,317]

$$\xi_V = C\mu^2 + C_G T^2 - \frac{2n}{\epsilon + P}\left(\frac{C\mu^3}{3} + C_G \mu T^2\right)$$

$$\xi_B = C\mu - \frac{1}{2}\frac{n}{\epsilon + P}\left(C\mu^2 + C_G T^2\right) \tag{7.72}$$

其中, ϵ 和 P 分别是流体的能量密度和压强, μ 是化学势, C_G 为关于引力反常的系数 [318]。特别地, 如果流体存在于非平凡的时空背景中, 流守恒方程中会出现额外的项, 即 $\partial_\mu J^\mu = -\frac{C_G}{8}\epsilon^{\mu\nu\rho\sigma}R_{\mu\nu\alpha\beta}R_{\rho\sigma}{}^{\alpha\beta}$。

现在让我们展示如何从引力计算中得到式(7.71)和式(7.72)。因为我们考虑的是带电流体, 引力理论的 Einstein-Hilbert 作用量中要加入关于麦克斯韦场的项。反常的拓扑性质可以通过字典反映出来: 我们在引力一边的 AdS$_5$ Maxwell 作用量中加入一个拓扑的 Chern-Simons 项 [286,309,310]。在 AdS 半径设为 $L=1$ 的单位制下, 这个作用量是

$$S = \frac{1}{16\pi G}\int \mathrm{d}^5 x\sqrt{-g}\left(R + 12 - \frac{1}{4}F_{\mu\nu}F^{\mu\nu} + \frac{\alpha_{CS}}{3}\epsilon^{\beta\mu\nu\rho\lambda}A_\beta F_{\mu\nu}F_{\rho\lambda}\right) \tag{7.73}$$

其中有 $\epsilon^{\mu\nu\rho\sigma\tau} = (1/\sqrt{-g})\varepsilon^{\mu\nu\rho\sigma\tau}$, $\varepsilon_{0123r} = -\varepsilon_{0123} = 1$。为了简单, 我们只关注手征反常, 而忽略引力反常相关的项, 后者可以通过加入引力的 Chern-Simons 项处理[317]。式 (7.73) 的运动方程是

$$R_{\mu\nu} - \frac{1}{2}g_{\mu\nu}\left(R + 12\right) - \frac{1}{2}\left(F_{\mu\beta}F_\nu{}^\beta - \frac{1}{4}g_{\mu\nu}F^2\right) = 0 \tag{7.74}$$

$$\nabla_\nu F^{\nu\beta} + \alpha_{CS}\epsilon^{\beta\mu\nu\rho\lambda}F_{\mu\nu}F_{\rho\lambda} = 0 \tag{7.75}$$

Chern-Simons 项不影响规范场 A_μ 靠近 AdS 边界的渐近行为。因为 A 是对偶于边缘算符的无质量的场, 领头项是常数, 并且在 $4+1$ 维中, 次领头项的渐近行为是 r^{-2},

$$A_\mu(r, x)|_{r\to\infty} = A_\mu^{(0)}(x) + \frac{A_\mu^{(2)}}{r^2} + \cdots \tag{7.76}$$

我们将协变流的期望值认定为规范场 J^μ 的对偶, 它等于 $J_\mu(x) = A_\mu^{(2)}/(8\pi G)$, 其中 $8\pi G$ 由麦克斯韦作用量的特殊归一化决定, 我们在式(7.73)中使用过这

个归一化。利用运动方程 (7.75) 并与式 (7.69) 比较，我们得到了关系式

$$C = \frac{1}{2\pi G}\alpha_{\mathrm{CS}} \tag{7.77}$$

为了得到这个理论的流体/引力对偶，我们从有限温度 T 和有限化学势 μ 的平衡流体的对偶解开始。这个解是带电的 AdS Reissner-Nordström 黑洞，我们在第 8 章中将会对其进行详细处理。在这里我们先总结它的性质。带电黑洞是这个运动方程的一个静态解，在 Eddington-Finkelstein 坐标下其静电势和度规的形式如下：

$$\mathrm{d}s^2 = 2\mathrm{d}v\mathrm{d}r - r^2 f(r,m,q)\mathrm{d}v^2 + r^2\mathrm{d}\boldsymbol{x}^2, \quad A = -\frac{\sqrt{3}q}{r^2}\mathrm{d}v \tag{7.78}$$

黑化因子为 $f(r,m,q) = 1 - \dfrac{m}{r^4} + \dfrac{q^2}{r^6}$，这里 q 是黑洞的电荷。对偶流体的温度 T 和化学势 μ 由黑洞的质量 m 和电荷 q 决定，则有

$$T = \frac{2r_0^2 m - 3q^2}{2\pi r_0^5}, \quad \mu = \frac{\sqrt{3}q}{r_0^2}, \quad n = \frac{2\sqrt{3}q}{16\pi G}, \quad P = \frac{\epsilon}{3} = \frac{m}{16\pi G} \tag{7.79}$$

其中，r_0 由 $f(r_0, m, q) = 0$ 确定。

这个解可以用流体的平动速度 u^μ 和背景规范场 A_μ^{bg} 改写为

$$\mathrm{d}s^2 = -2u_\mu \mathrm{d}x^\mu \mathrm{d}r + r^2(P_{\mu\nu} - fu_\mu u_\nu)\mathrm{d}x^\mu \mathrm{d}x^\nu$$

$$A = \frac{\sqrt{3}q}{r^2}u_\mu \mathrm{d}x^\mu \tag{7.80}$$

这里的 $P_{\mu\nu}$ 是向 u_μ 的垂直方向的投影算符。注意到在静止参考系中 $u_\mu \mathrm{d}x^\mu = -\mathrm{d}v$，并且上面的解还原为度规 (7.78)。与方框 7.2 一样，我们现在按梯度展开逐阶求解这一背景下的微扰 [286,309,310]。根据一阶修正的运动方程，反常输运系数被定下为

$$\xi_{\mathrm{V}} = \frac{3q^2\alpha_{\mathrm{CS}}}{2\pi Gm}, \quad \xi_{\mathrm{B}} = \frac{\sqrt{3}(3r_0^4 + m)q\alpha_{\mathrm{CS}}}{8\pi Gmr_0^2} \tag{7.81}$$

通过代入式 (7.79)，我们可以看到这两个系数与式 (7.72) 完全相同。我们也可以通过利用线性响应的 Kubo 公式计算输运系数的方法来验证流体/引力计算与流体力学分析式 (7.72) 的结果是一致的 [317]。

第 8 章 有限粒子数密度: Reissner-Nordström 黑洞和奇异金属

凝聚态实验室中研究的物质系统都是由有限密度的守恒量形成的，例如守恒的电子数或 (冷) 原子数。这和我们在前两章讨论的真空态截然不同。这些彻底无标度的临界态可以在实验室中被模拟出来，但这需要对系统进行非常精细的调节到达临界点。一个著名的例子就是冷原子超流玻色 Mott 绝缘体系统 [319]。正如我们在第 2 章所讨论的，根据凝聚态物理的已有知识，那些已经被我们深入理解的物质的零温态，一般而言是稳定的或 "内聚性的" 态，这些态通常会出现对称性自发破缺，得到一个处于短程纠缠直积态的真空。此外，费米液体和不可压缩的拓扑有序态在目前被理解为被基态的长程纠缠所丰富化的稳定态。最终，通过精细调节参数，人们可以得到与连续量子相变相关的特殊的非稳定态，但这些都需要被限制在玻色场论的这一框架内进行理解，而这就依赖于 (在欧几里得时空下的) 统计物理的范式。

受到凝聚态物理中这个有限密度观点的启发，在 2008～2009 年期间人们开始了对 AdS/CMT 的研究。研究的第一个目标是对称性自发破缺：全息超导体。我们将在第 10 章对其进行仔细讨论。在第 10 章中我们将会发现，关于物质的零温态的主要物理特征都可以通过全息完美地复现出来，这样的结果就充当了一针强心剂使得人们对这个领域更有信心。然而，在随后的发展过程中，有一点逐渐变得清晰起来，即全息对偶认为在零温下存在一类全新的 "非内聚性" 有限密度态。这些演生的量子临界相有一个与其特征完美匹配的名字，"奇异金属" [159,320]。这个量子临界性与共形不变性以及 AdS/CFT 名下本身蕴含的零密度 CFT 的超对称都没有关系。上述的共形对称性以及超对称都被有限大的化学势严重地破坏了。相反，在红外区出现了一类新的标度不变的量子动力学，并且完全不需要对临界点进行精细调节，在原则上它们的实现与紫外量的精确值无关。此外，这些量子临界态具有和统计物理的临界态全然不同的标度性质。一方面，人们自然地找到了一个演生的动力学临界指数 z，在红外量子临界区域，这个指数表示时间维度相对于空间维度的标度变换。这个指数能够变得非常大，甚至趋于无穷。同时这些态已经展示了 "超标度违背" 的标度变换行为，而在标准的 Wilsonian 重整化群中，这种行为却似乎并没有一个对应。

全息奇异金属之所以被冠以此名，是因为它们与在第 3 章详细讨论的实验室中的奇异金属类具有共同的潜在特性。这些特性包含了"局域量子临界性",指的是最早由实验学家发现的临界指数 $z \to \infty$ 下的标度变换行为。在本书的其余部分,全息奇异金属和实验室的材料之间的相似性将成为一个反复出现的主题。然而,目前我们还不清楚全息奇异金属是否仅是一个有用的类比,又或者是全息揭示了一个在实验领域也能发挥作用的一般性原理。一方面,我们对全息奇异金属的工作机制依然缺乏完全用明确的边界场论语言的描述。全息奇异金属是"紫外敏感"并且与大 N 超共形紫外的非现实物理起源有紧密关系,还是它揭示了一个与处在"费米子符号视界"背后的强耦合量子物质相关的普适的演生原理?另外,在本书的其余部分,各种关于全息奇异金属行为的实验检验将会被呈现出来,但都还有待实验验证。最重要的是,本章所展示的全息奇异金属形成了 AdS/CMT 的核心:这是来自于全息的最大惊喜,并且最有可能对实验产生影响,同时又彻底保持神秘。

简单地查询一下 AdS/CFT 字典,我们立即就能知道,为了能够在边界上描述有限密度物质,我们必须在体时空的内部引入一个单极荷。而能实现这一点的最简单的理论是包含两阶导的 (强 't Hooft 耦合)、经典的 (大 N) AdS-Einstein-Maxwell 理论。这个理论的运动方程具有一族静态且旋转不变的唯一解:在 1916 年和 1918 年由 Reissner 和 Nordström 发现的带电黑洞解在 AdS 时空的推广。正如之前章节所述,庞加莱坐标下的转动不变的黑洞可以翻译成洛伦兹不变的带有平面拓扑的视界的黑膜。在这族带电黑洞解中存在一个特殊的成员,即黑洞电磁能量与黑洞质量正好相等的时候,由于电荷守恒的限制,这样的黑洞不可能再释放能量。对于这类"极端"黑洞,因为无法向外辐射能量,它的 Hawking 温度必定为 0。和这个极端 AdS-RN 黑洞的态对偶的就是边界上的零温有限密度奇异金属。考虑到这个体系最为简单、优雅和普适的特性,我们将在本章对它进行详细分析。在 8.1 节中我们将讨论 AdS 时空中的带电黑洞解并且推导边界上的热力学,在此过程中会强调它的神秘的基态熵。在 8.2 节中我们将仔细分析特别的近视界"AdS$_2$"几何所扮演的特殊角色。近视界"AdS$_2$"几何对偶于边界上的局域量子临界性以及"体积"超标度违背的标度变换。我们将在 8.3 节中研究 RN 奇异金属的宏观性质。这种金属的光电导展现出一般性的完美金属行为,而令人惊奇的是,即使在零温条件下,RN 奇异金属仍持续表现出类似于流体的性质。RN 奇异金属拥有一个类似于费米液体的零声模 (第 2 章),但这种模在 $T = 0$ 时伴随着相当奇特的衰减行为。

尽管全息奇异金属的发展始于 RN 金属,但有一点已经变得很明显,也即 RN 奇异金属仅仅是奇异金属大家族的一个"极端"成员。所有成员都具有量子临界特性,但又展现出各异的标度行为谱。关键在于,只要人们想通过经典引力来研究这些体系,演生的深红外物理就应该普适地由与伸缩子场耦合的扩展的 Einstein-

Maxwell 引力理论描述 [321-324]。伸缩子场在边界场论中对偶于主导红外相关算符，从而修正守恒的能动量和电流。我们已经在 6.3 节遇到过伸缩子场，在弦理论的自上向下的构造中到处都是它的身影。伸缩子场本质上发挥着在动力学上屏蔽电荷使其在在壳的体时空解中可以沿径向方向变化的作用。就技术上而言，这会允许有电通量穿过边界而内部没有黑洞的解的存在，这类解描述了边界上的有限密度态并且同时满足基态熵为 0，但是在内部的体时空深处仍具有演生的标度几何。正如我们将在 8.4 节讨论的那样，受益于体时空中引力的普适性，人们能够以这种方式构造一个自下而上的"标度图册"，对全息奇异金属演生的标度行为进行分类。

8.1　Reissner-Nordström 奇异金属

让我们从边界场论出发。在第 7 章的最后一小节 (7.4 节) 我们已经解释过为了描述物质在边界上引入了代表着类似电子数的守恒量的整体 $U(1)$ 对称性。当体时空里面没有电磁场的源时，这个具有整体的 $U(1)$ 对称性的边界场论就描述了体时空的电磁涨落，但是系统的态仍然处在零密度，化学势恰好位于相对论性理论的 Dirac 节点。为了把边界场论提升到有限密度情形，我们必须在边界上施加一个与密度共轭的化学势。根据 GKPW 构造，我们马上就能知道密度算符的源是体时空里面的静态电磁势 A_t。对于空间均匀分布且不含时的密度，这个势只能依赖于径向方向。因此，为了引入边界上的化学势，我们必须在体时空施加一个径向的电磁场，并且电场线在空间上均匀地"穿"过边界。

我们要怎样在 AdS 引力理论中实现这一点呢？在边界空间是紧致的情形 (6.2 节)，我们必须"以某种方式"在体时空内部深处放置一个点电荷，而对于非紧致的情形则需要电荷分布在平移不变的平面拓扑上。在有限温度 (退禁闭相)，人们必须以某种方式把此电荷与必须存在黑洞 (或黑膜) 的要求同时结合起来，结合这两个要求的最简单方式就是考虑带电的黑洞/黑膜，这就是 Reissner-Nordström (RN) 黑洞/膜。实际上，对于体时空里的两阶导的 Einstein-Maxwell 理论，这就是唯一的稳态解。

RN 黑洞有着悠久的历史。在爱因斯坦的开创性的广义相对论工作和 Schwarzschild 发现的以他的名字命名的 Schwarzschild 度规之后，Reissner 和 Nordström 独立地证明了 Einstein-Maxwell 系统允许存在一个新的解：带电场的黑洞时空，并且黑洞带有总电荷 Q 和总质量 M。对于一般的 $d+2$ 维时空，包含宇宙学常数的 Einstein-Maxwell 作用量是

$$S_{\mathrm{EM}} = \int \mathrm{d}^{d+2}x \sqrt{-g} \left\{ \frac{1}{16\pi G} \left[R + \frac{d(d+1)}{L^2} \right] - \frac{1}{4g_{\mathrm{F}}^2} F_{\mu\nu} F^{\mu\nu} \right\} \qquad (8.1)$$

AdS 时空下的 Einstein-Maxwell 作用量 (8.1) 的鞍点解可以写成度规和规范势 A_t 的如下形式:

$$ds^2 = \frac{r^2}{L^2}(-f dt^2 + d\boldsymbol{x}^2) + \frac{L^2}{r^2}\frac{dr^2}{f}$$

$$f(r) = 1 + \frac{Q^2}{r^{2d}} - \frac{M}{r^{d+1}}, \quad A_t = \mu\left(1 - \frac{r_0^{d-1}}{r^{d-1}}\right) \tag{8.2}$$

这里

$$\mu = \frac{g_F Q}{2c_d\sqrt{\pi G}L^2 r_0^{d-1}}, \quad c_d = \sqrt{\frac{2(d-1)}{d}} \tag{8.3}$$

与熟悉的 AdS-Schwarzschild 解 (6.19) 相比, 这两者几何上的差异隐含在变化的黑化因子 $f(r)$ 中。和以往一样, 视界仍由 $f(r)$ 函数的零点 $f(r_0) = 0$ 决定。人们直接推测 $f(r) = 0$ 允许存在两个解, 分别代表内部和外部视界。在全息的背景下, 内视界不扮演任何角色。外视界——黑化因子在径向位置上的那个更大的零点 r_0——占据了施瓦西黑洞视界的角色。注意到我们已经运用了规范不变性, 以便于 "平移" 式 (8.2) 里的电磁势使得视界处的电磁势为 0。

运用在第 6 章提到的黑洞热力学的方法, Reissner-Nordström 黑洞的温度和熵分别是

$$T = \frac{(d+1)r_0}{4\pi L^2}\left[1 - \frac{(d-1)Q^2}{(d+1)r_0^{2d}}\right], \quad s = \frac{1}{4G}\left(\frac{r_0}{L}\right)^d \tag{8.4}$$

外视界的位置 r_0 与黑洞携带的总电荷以及质量的关系是

$$M = r_0^{d+1} + \frac{Q^2}{r_0^{d-1}} \tag{8.5}$$

当 RN 黑洞的质量 M 远大于它所携带的电荷 Q 时, 人们清楚地看到, 黑洞似乎忘记了它还带电, 也即带电的性质相对可以忽略, 而又重新回到了 Schwarzschild 黑洞解。这个极限并不值得引起特别的兴趣, 因为这也就仅意味着边界上的温度要远大于化学势 μ。

令人感兴趣的新区域是当温度变得比化学势 μ 小的情形。在这种情形下, 人们期待会有与限密度相关的物理出现, RN 黑洞在这方面表现出了令人眼前一亮的性质。对于给定总电荷 Q(化学势) 的 RN 黑洞, 随着黑洞质量 M(温度) 不断减小, 视界将径向退到内部深处, 也即视界的径向位置 r_0 将减小。然而, 尽管黑洞缩小时储存在时空结构中的能量将减少, 但在给定电荷的情况下, 储存在电磁场中的能量是一定的, 而总能量不能变得少于包含在给定电荷的电磁场的能量。违

背这个直观的限制会产生一个带裸奇异点的时空,因而方程 (8.2) 需要满足如下下限:

$$M \geqslant \frac{4(d+1)^{\frac{d+1}{2d}}}{c_d^2(d-1)^{\frac{d+1}{2d}}} Q^{\frac{d+1}{d}} \tag{8.6}$$

有趣的是这个不等式取等号的情形,这就是质量完全来自于电荷的 "极端黑洞" 情况。

人们很早就意识到,在黑洞热力学的背景下,极端的带电黑洞是相当神奇的物体。如果我们将上述不等式取等号的黑洞质量,也即极端 RN 黑洞的质量,代入式(8.4)计算 Hawking 温度,结果显示它的温度为 0。进一步思考,我们会发现这是合理的。由于放出 Hawking 辐射,Schwarzschild 黑洞是不稳定的,随之而来的后果就是黑洞质量随时间减少。然而,当 Schwarzschild 黑洞的质量完全由守恒的电荷决定时,它的质量应该不可能再进一步减小。能量守恒禁止继续发出辐射:极端黑洞的温度必须是零。

因此极端 RN 黑洞蕴含了一个零温有限密度态,但现在这种态下存在一种显著的 "奇异性":当方程 (8.6) 取到等号时,仍然存在一个黑洞解,并且黑洞的视界位于

$$r_* = \left(\frac{d-1}{d+1}\right)^{1/(2d)} Q^{1/d} \tag{8.7}$$

因此视界 (尤其是它的面积) 显然是宏观尺度大小的,这也暗示着极端 RN 黑洞携带了一个有限大小的 Bekenstein-Hawking 熵 $S = A/4G$。看上去蕴含场论有限密度体系的最基本的引力结构预测了一个高度简并的基态,这个态具有有限大的零温熵。

有限大小的基态熵态在经典物质中是很常见的。在凝聚态物理里,这些含有有限大小基态熵的系统被称为阻挫系统。一个基本的例子就是三角形晶格上的 Ising 反铁磁模型,这个模型的特点是存在大量的不同的都带有相同的最小能量的自旋组态。但是,RN 奇异金属态的基态简并有着截然不同的起源,我们对这个起源至今还完全不理解。一个基态高度简并的系统违背了 Nernst 热力学第三定律。这个追求务实的 "定律" 指的是高度简并的基态非常脆弱这样一个非常简单的知识:任何小的影响都将解除简并。在经典的几何的阻挫系统中,构型空间中基态的 "阻挫体积" 由空间方向的构型张成,但 RN 奇异金属的情形却似乎并非如此。零温熵的标度变换行为类似于 $S_0 = \mu^d N^2$,表明它和退禁闭的自由度 (N^2) 相关,而这仅在有限密度 ($\mu \neq 0$) 中存在。参照在第 2 章讨论的 (演生的规范) 分数化这一概念,RN 金属被一些人称为 "分数化相" (与类似于费米液体或者超导体这样的 "内聚相" 形成鲜明对比),但考虑到 RN 具有基态熵的神奇性质,这是否和

"粒子物理里的分数化"(particle-physics fractionalisation) 有任何联系仍然有待观察。

总结五: Reissner-Nordström 奇异金属在零温下具有有限大小的基态熵。其基态简并是一种新类型的简并: 和凝聚态物理的阻挫系统不同, 它出现在 $\hbar \to \infty$ 极限。

正如直觉所提示的那样, RN 黑洞是一种极其不稳定的态。让我们花点时间着重从纯引力的角度来阐述这是多么令人惊讶。传统观点认为, 黑洞作为所有物质不可避免的终结, 应该是无限稳定的。而在 AdS 时空中, 这个观点被证明是不正确的, 并且可以毫不夸张地认为, 正是黑洞的不稳定性这一"惊喜"支配着 AdS/CMT 的大部分物理。

从 8.4 节开始以及在随后的章节中, 我们将详细讨论这些方面。但首先, 我们将进一步深入研究 RN 金属的主要性质和特征。利用在方框 8.1 中阐述的 GKPW 规则来推导边界场论里的自由能, 我们将会发现有限密度系统的热力学第一定律 $d\epsilon = Tds + \mu d\rho$ 可以在"带电的"体时空中被简洁地复现出来。有趣的是, 当 $T \ll \mu$ 时, 有限温度下的熵密度具有 $s(T) = s_0 + cT + \mathcal{O}(T^2)$ 这样的形式, 除了零温的贡献 s_0 以外, 人们还发现当温度远低于"简并"标度 μ 时, 有限温度的贡献和温度 T 成正比。这意味着比热正比于温度, 无论系统的维度是多少。在低温下 RN 金属展现了类似于费米液体的索末菲比热。这是非常奇异的金属的第一个例子, 尽管它在某些方面表现得相当正常。例如, 铜氧化物奇异金属表现出索末菲比热, 人们的第一反应就是将其解释为一个预示着费米液体物理在以某种方式发挥效用的信号。

方框 8.1　Reissner-Nordström 热力学

对 RN 黑洞, 我们采用与在第 6 章讨论的相同的方法来计算 RN 黑洞的热力学。在场论里, 对整体的 $U(1)$ 流 J^μ 打开有限大小的化学势 μ, 意味着要对场论做微扰

$$\delta S_{\mathrm{FT}} = \mu \int \mathrm{d}^{d+1}x J^t \tag{8.8}$$

根据 AdS/CFT 对偶字典, A_μ 在边界上的取值是对应算符 J^μ 的源, 因此 $A_t(r \to \infty) = \mu$。同第 6 章一样, 我们采取巨正则系综, 对偶场论的热势可以通过 Euclidean 在壳作用量来进行计算。这里我们只简单地引用结果, 不同于引力作用量, 麦克斯韦部分不需要特殊的边界项, 我们可以直接得到

$$\Omega = -T \ln \mathcal{Z} = T S_{\mathrm{E}}[g_{\mathrm{E}}]$$

$$= -V_d \left[\frac{2(d-1)Q\mu}{\sqrt{2}\kappa c_d g_F L^{d+1}} - \frac{2\pi}{\kappa^2} \left(\frac{r_0}{L} \right)^d T \right] \tag{8.9}$$

这里 $V_d = \int \mathrm{d}^d x$，$T$ 是温度，即 (8.4)。因此，边界场论的电荷密度 ρ、熵密度 s 以及能量密度 ϵ 分别是

$$\rho = -\frac{1}{V_d}\frac{\partial \Omega}{\partial \mu} = \frac{2(d-1)}{c_d} \frac{Q}{\sqrt{2}\kappa L^{d+1} g_F}$$

$$s = -\frac{1}{V_d}\frac{\partial \Omega}{\partial T} = \frac{2\pi}{\kappa^2}\left(\frac{r_0}{L}\right)^d \tag{8.10}$$

$$\epsilon = \frac{\Omega}{V_d} - \mu\rho = \frac{d}{2\kappa^2}\frac{M}{L^{d+2}}$$

共形流体的压强为

$$P = \frac{\epsilon}{d} \tag{8.11}$$

因为 $L^d/2\kappa^2 \sim N^2$ 而且 $g_F \sim \kappa/L$，所有这些热力学量都处于 N^2 的量级。可以检验这些热力学量满足热力学关系 $\epsilon + P = \mu\rho + Ts$，有限密度系统的热力学第一定律

$$\mathrm{d}\epsilon = T\mathrm{d}s + \mu\mathrm{d}\rho \tag{8.12}$$

也确实是满足的。

出于方便，我们引入一个长度标度 r_* 对 Q 进行参数化

$$Q = \sqrt{\frac{d+1}{d-1}} r_*^d \tag{8.13}$$

将 Q 用 r_* 表示，所有的物理量都可以表示为 r_0 和 r_* 的函数，并且我们有

$$\rho = \frac{1}{\kappa^2}\left(\frac{r_*}{L}\right)^d \frac{1}{e_d}$$

$$\mu = \frac{d(d+1)r_*}{(d-1)L^2}\left(\frac{r_*}{r_0}\right)^{d-1} e_d \tag{8.14}$$

$$T = \frac{(d+1)r_0}{4\pi L^2}\left(1 - \frac{r_*^{2d}}{r_0^{2d}}\right)$$

其中采用了自然单位制 $k_B = \hbar = c = 1$, $e_d = \dfrac{Lg_F}{\kappa\sqrt{d(d+1)}}$ 是一个无量纲的数。

在零温 $(T = 0)$ 情形下, 我们有 $r_0 = r_*$ 和 $M = \dfrac{2d}{d-1}r_*^{d+1}$。注意到视界面积非零, 因此我们有非零的基态熵。熵密度是

$$s = (2\pi e_d)\rho \tag{8.15}$$

在低温 $T/\mu \ll 1$ 时, 我们有

$$s = \frac{2\pi}{\kappa^2}\left(\frac{r_0}{L}\right)^d = (2\pi e_d)\rho + \frac{4\pi r_*^{d-1}}{(d+1)\kappa^2 L^{d-2}}T + \mathcal{O}(T^2) \tag{8.16}$$

通过取 $c_v = T\partial s/\partial T \propto T$ 我们能够简单地计算出比热。当温度非常高时, 我们知道 RN AdS 非常类似于包含了一个 Schwarzschild 黑洞的情形, 并且有 $s \propto r_0^d$ 和 $T \propto r_0$, 因此正如在 $d+1$ 维的有限温度 CFT 中所预期的, 我们有 $c_v = T\partial s/\partial T \propto T^d$。

为了计算方便, 我们可以通过如下的标度重新定义来使用无量纲的量进行计算:

$$r \to r_0 r, \ (t, \boldsymbol{x}) \to \frac{L}{r_0}(t, \boldsymbol{x}), \ A_t \to \frac{r_0}{L^2}A_t, \ M \to r_0^{d+1}M, \ Q \to r_0^d Q \tag{8.17}$$

并且 RN 解可以简单地通过无量纲的量 T/μ 来标志。

8.2 AdS$_2$ 近视界几何和演生的局域量子临界性

现在我们来呈现 AdS/CMT 中最具启示的物理: 在奇异 (不稳定的)RN 金属中, 局域的、纯粹时间上的量子临界性的演生[159,320]。凝聚态物理的关注点集中在深红外的演生物理, 根据对偶字典, 深红外物理可以在体时空的内部深处即 AdS 黑洞靠近视界的位置找到。所有重要的物理都能从零温极端黑洞的近视界极限的几何上发生的变化推断出来。这一通过聚焦在近视界几何以实现分离出红外物理的方法将在本书的其余部分多次出现。RN 黑洞是此类全息现象中的一个最有趣的例子, 因此, 让我们在分析过程中尝试放慢脚步, 细细品味。

关键的信息由方程 (8.2) 中的黑化因子 $f(r)$ 的近视界行为携带。视界 r_0 由 $f(r_0) = 0$ 决定, 并且我们可以在视界附近对 $f(r)$ 按小量 $r - r_0$ 做如下泰勒展开:

$$f(r) = f'(r_0)(r - r_0) + f''(r_0)(r - r_0)^2 + \cdots \tag{8.18}$$

这里 '$\cdots$' 代表 $r - r_0$ 的高阶项。展开式中的领头阶代表场论中的红外物理。根据第 6 章围绕方程 (6.18) 的讨论，我们知道 $f'(r_0) \propto T$，因此零温解是 $f'(r_0)$ 也取零的解。这是一个普适的性质：对于零温系统，黑化因子在视界上有一个二阶零点。如果直接考虑 $T = 0$ 的 RN 黑洞的黑化因子，用 $T = 0$ 的视界坐标 r_*(式 (8.13)) 表示，我们有

$$f(r) = 1 - \frac{2d}{d-1}\left(\frac{r_*}{r}\right)^{d+1} + \frac{d+1}{d-1}\left(\frac{r_*}{r}\right)^{2d}$$

$$= d(d+1)\frac{(r-r_*)^2}{r_*^2} + \cdots, \quad r \to r_* \tag{8.19}$$

我们可以清晰地看到黑化因子在视界处有一个二阶零点，意味着在极端零温的情况下，有限温度 RN 黑洞的内视界和外视界现在融合形成了单个双重视界。上述分析立即给出了这样一个结论：零温近视界几何由二阶导系数 $f''(r_0)$ 掌控，它与由一阶导系数 $f'(r_0)$ 决定的有限温度近视界几何有着根本上的不同。

在整个度规中插入一个近视界黑化因子，就得到了区域 $\frac{r-r_*}{r_*} \ll 1$ 内的近视界几何，

$$ds^2 = -\frac{d(d+1)(r-r_*)^2 dt^2}{L^2} + \frac{L^2 dr^2}{d(d+1)(r-r_*)^2} + \frac{r_*^2}{L^2}dx^2 + \cdots \tag{8.20}$$

同时规范势就直接变成了

$$A_t = \frac{d(d+1)e_d}{L^2}(r-r_*) \tag{8.21}$$

上述操作是很简单的，并且一个新的几何出现，但真正值得注意的是这种近视界几何的时空结构。人们猜测，用近视界坐标 $r - r_*$ 来表示 dt^2 和 dr^2 的对应度规系数与裸的 AdS$_{d+2}$ 度规的结构 (1.5) 是类似的：这是一个有效的 AdS 几何，除了空间方向 (dx^2) 乘了一个常数 $(r_*)^2$ 这一不同之处。因此，空间方向就对应于一个平直空间，而有效的二维 AdS 几何则建立在时间–径向平面。为了更加清晰地展现这一点，首先用径向坐标 ζ 重参数化近视界度规，ζ 正比于到视界的距离的逆，并引入一个半径 L_2：

$$\zeta = \frac{L_2^2}{r-r_*}, \quad L_2 = \frac{L}{\sqrt{d(d+1)}} \tag{8.22}$$

$$ds^2 = \frac{L_2^2}{\zeta^2}(-dt^2 + d\zeta^2) + \frac{r_*^2}{L^2}dx^2, \quad A_t = \frac{e_d}{\zeta} \tag{8.23}$$

利用我们已知的关于 AdS 度规的知识，可以认为 ζ 形式下的度规是一个具有 $\mathrm{AdS}_2 \times \mathbb{R}^d$ 几何的时空。

现在我们回顾一下全息的"中心法则"，也即体时空中的等度规变换给出边界场论的整体的时空及标度对称性，正如在第 1 章和第 5章强调的那样。与纯 AdS_{d+2} 式 (4.87) 的标度几何相比 (z 是径向方向)，

$$t \to \lambda t, \quad z \to \lambda z, \quad \boldsymbol{x} \to \lambda \boldsymbol{x} \tag{8.24}$$

近视界 $\mathrm{AdS}_2 \times \mathbb{R}^2$ 度规 (8.23) 具有标度变换的等度规变换性质

$$t \to \lambda t, \quad \zeta \to \lambda \zeta, \quad \boldsymbol{x} \to \boldsymbol{x} \tag{8.25}$$

可以直接推断，现在我们正处理一个边界场论里的 (准) 局域的量子临界态在空间方向没有标度不变性，而边界场的动力学仅在时间方向具有标度不变性。上述标度变换也许不太常见，但它其实是非相对论性凝聚态理论中经常出现的各向异性标度变换的自然延伸。演生的连续理论可以具有如下标度对称性：在空间方向的重新标度变换下，时间方向随一个不同的动力学临界指数 z 做标度变换：

$$t \to \lambda^z t, \quad \boldsymbol{x} \to \lambda \boldsymbol{x} \tag{8.26}$$

如果重新定义 $\lambda \to \lambda^{1/z}$，当取极限 $z \to \infty$ 时，我们就能从中发现 AdS_2 的近视界几何所具有的标度不变性。即使不考虑发散，对于一个如此大的动力学临界指数，在经典/玻色型重整化群理论中也是无迹可寻的。但正如在第 3 章所讨论的，这种现象似乎在实验室与奇异金属相关的实验中出现，最早可以追溯到 20 世纪 80 年代后期的边缘费米液体。在第 3 章我们也讨论了维数非常高的费米系统的动力学平均场论所揭示的纯时间量子动力学这一类似概念。不管是不是巧合，至少将上述标度变换行为用"局域量子临界性"来命名就被全息学家直接借用了。

总结六: RN 奇异金属是演生的量子临界相，特点是动力学仅在时间方向是临界的，它们展现出局域量子临界性，一种似乎与通常的奇异金属所共有的性质。

演生的局域量子临界性几乎和原始 AdS 模型中出现的完整的 $d+1$ 维量子临界性同样强大。当给定体时空几何内固有的标度变换性质时，演生的局域量子临界性就有效地限制了边界场论的关联函数在深红外的物理行为。即使对具体形式知之甚少，但这些深红外两点传播子的一般形式能很容易地被推断出来，关键在于近视界几何变成了 AdS_2 和 $\mathbb{R}^2$ 的直积。结果就是由沿着 $\mathbb{R}^2$ 做傅里叶变换之后的空间动量 k_i 所标记的涨落退耦。对于每一个空间方向的动量 k_i，都对应一个独立的体时空中 AdS_2 时间–径向平面上的体系要求解。根据同一套 AdS/CFT 词典，AdS_2 将被翻译成 CFT_1，即一个 0+1 维的临界的"量子力学"理论。考

虑到时间方向具有共形不变性，对于每一个给定的 k_i，局域的量子临界传播子必须是如下形式：

$$\mathcal{G}(\omega, k) = c_k e^{i\phi_k} \omega^{2\nu_k} \tag{8.27}$$

我们将在第 9 章通过体时空中具体的计算验证这一点。在这个表达式中，自由常数是关于独立动量 k_i 的待定函数。一个显著的特征是计算确实支持标度指数 ν_k 显然依赖于动量 k。原因直接来自于对偶字典：标度指数由体时空中引力理论的质量给出；而在 AdS_2 体时空的时间–径向方向动力学中，傅里叶变换后的涨落具有一个依赖于动量 k 的"有效质量" $m_{\text{eff}}^2 = m^2 + g^{ij}k_i k_j$，因为标度维数与质量成线性相关，因而就能直接发现 $\nu_k \sim \sqrt{k^2 + \dfrac{1}{\xi^2}}$，其中长度标度 ξ 是由在这个问题中的唯一标度所设定，也即化学势 $\xi \simeq 1/\mu$。这意味着 Euclidean 传播子在距离 $x = |\boldsymbol{x}| \ll \xi$ 时表现为 $\mathcal{G}_E(\tau, x) \sim 1/\tau^{2\nu_{k=0}}$，但当距离相当远 $x \gg \xi$ [159] 时，传播子将以 $\mathcal{G}_E(\tau, x) \sim \exp\left(-x/\xi\right)$ 的形式在空间内呈指数衰减。这种和额外的空间长度标度 ξ 相关的不同行为已经被 Liu、Iqbal 和 Mezei 命名为"半局域量子临界性"。然而，在深红外此长度标度 ξ 由化学势所决定，现在在这里化学势扮演的是紫外截断的角色。在凝聚态物理的背景下，ξ 将是晶格常数的序，而且人们也可以直接扔掉"半"这个前缀，并把这种相对于 ξ 的标度行为称为传统的"局域量子临界性"。

总结七：在 RN 奇异金属中，低能下的场论的关联函数最终由局域量子临界性占据主导。时间方向的标度使得关联函数成为能量的带有幂指数的代数函数，并且该指数一般依赖于动量。

当然，在 RN 黑洞中 AdS_2 仅出现在深红外，而确切的关联函数可能会有所不同。尽管如此，我们将看到这些 AdS_2 关联函数 $\mathcal{G}$ 在各种谱性质中都扮演着重要角色。无比重要的一点是，上述关联函数都是真实的"有限密度黑洞发射的信号"，而对于凝聚态物理学家而言，最有趣的挑战也许是去找出这样的信号能否从实验数据中分离出来。演生的 AdS_2 在实际的关联函数中扮演的角色将是第 9 章的唯一焦点。GKPW 公式和这样的 AdS_2 共同使得人们可以对全息奇异金属的长程物理进行更深入的研究。在本章，我们将致力于分析 RN 金属的宏观特征及其推广。

8.3 伽利略连续介质中 RN 金属的零声和电导率

有限密度介质的一个最基本的性质就是它运输介质内守恒物质的能力。我们在第 7 章已经详细讨论了零密度 CFT 的流体力学和电导率，但在有限密度的 RN 金属中会发生什么呢？答案就是输运性质整体上的定性行为看上去相当传统，至少在线性响应层面上是这样，这不仅仅涉及遵循流体力学原理的有限温度的输运性质。一个同样具有意义的问题是询问 RN 奇异金属在零温下的输运: RN 金属的 "量子流体力学"。在零温时 RN 金属的集体的宏观输运性质初看上去和费米液体的输运性质非常类似。在本小节，我们把注意力放在具有平移不变性的连续体内的输运中，这是一个极大简化和均衡性的条件。第 12 章将会处理发生平移对称性破缺的奇异金属中出现的丰富的输运物理。

在以下的讨论内容中维度显得不太重要，因此在本章的其余部分我们将考虑一个 $2+1$ 维的边界。我们的兴趣集中在 RN 奇异金属的密度感应率和电导率。前者来源于密度–密度传播子

$$G_{tt}^R(\omega, \boldsymbol{k}) = -\mathrm{i} \int \mathrm{d}t\mathrm{d}^2\boldsymbol{x} \mathrm{e}^{\mathrm{i}\omega t - \mathrm{i}\boldsymbol{k}\cdot\boldsymbol{x}} \theta(t)\langle[J_t(\boldsymbol{x}), J_t(\boldsymbol{0})]\rangle \tag{8.28}$$

而电导率则从流–流传播子 G_{xx}^R 式 (7.50) 得到，即 $\sigma(\omega) = (-\mathrm{i}/\omega)G_{xx}^R(\omega, \boldsymbol{k}=0)$。因为密度和流响应由连续性方程通过 $G_{xx}^R(\omega,\boldsymbol{k}) = (\omega^2/k^2)G_{tt}^R(\omega,\boldsymbol{k})$ 关联在一起，实际上这两者包含了相同的信息。在原子 (和分子) 流体中，比如氢，利用非弹性中子散射并结合超声波测量，可以在很大的运动学区域被测量得到密度响应率，包括低温费米液体 (^{3}He) 和超流 (^{4}He) 区域。然而，在凝聚态电子系统上的光学实验里，因为光速远大于材料的特征速度，测量被限制在零动量。原则上人们可以利用电子损失谱和非弹性 X 射线散射在大动量的情形下测量密度响应率，但目前这些实验尚无法达到所要求的能量分辨率。这里我们将首先详细讨论密度响应在有限大的动量和有限大的频率下的一般问题，并以零动量下的光电导这一特殊例子作为本小节的结尾。

为了解释 RN 奇异金属在低温下的响应，可以将费米液体作为一个方便对照的参考体系。尽管费米液体在 $\boldsymbol{k}=0$ 的零声模式受到流体力学的保护，但我们在第 2 章也了解到费米液体的零声不同于有限温度的第一声。费米液体的零声确实对应于费米面的一个在绝对零度下依然存在的集体行为。这种对应产生了如下的效应: 费米液体零声的衰减机制不同于由不相干的热激发准粒子形成的气体携带的热流体的第一声。结果就是零声的衰减存在一个峰值，位于 $\omega \simeq T$，在这个位置系统从它的零温受 "量子" 保护的阻尼为 $\Gamma \simeq \omega^2/\mu$ 的声波模式过渡到受流体力学保护的热流体的 $\Gamma \simeq \mu\omega^2/T^2$ 的声波模式。我们将会看到 RN 奇异金属表现得和费米液体类似，即它有一个可区分的零温 "量子" 声波模式和一个高温流体力学声波模式。但是，这些声波模式与费米液体非常不同。

因为在有限密度下，电荷和动量守恒都会参与进来，因而全息计算就变得更加复杂: 我们需要求解一个在体时空里面同时涉及光子和引力子的耦合的运动方程。这反映了如下事实: 电荷和动量输运不再是各自独立的 [325-328]。在方框 8.2

里，我们将针对纵向和横向的流–流响应展示这一点。有趣的是，零温 RN 奇异金属的"流体力学"实际上还只在对于无穷小的外界微扰的线性响应的水平上被透彻理解。我们在 7.2 节着重介绍的将非平衡的流体力学与近视界引力连接在一起的"引力/流体"方法被证明在零温极限下是奇异的 [328]！因此，我们迫切需要找到零温的 RN 量子流体的等价 Navier-Stokes 方程。据我们所知，目前还没有人找到一条途径能够对极端 RN 黑洞的非稳态引力进行可靠的分析。

线性响应的计算结果是十分有趣的。为了能够领略到它们的特殊之处，让我们首先回到第 7 章零密度有限温度的例子，在那里我们已经知道了热流遵守 Navier-Stokes 流体力学方程。一个经典的练习计算就是确定流体力学行为主导的流体的流–流响应率 [255]。流体中应当存在三个无能隙激发：与横向（"剪切"）声波通道有关的横向扩散模式，满足平方色散关系

$$\omega = -\mathrm{i}\frac{\eta}{\epsilon + P}k^2 + \mathcal{O}(k^4) \tag{8.29}$$

一个纵向的电荷扩散模式；满足线性色散和扩散修正的一个纵向声波模式

$$\omega = \pm v_\mathrm{s}k - \mathrm{i}\frac{d}{d-1}\frac{\eta}{\epsilon + P}k^2 + \mathcal{O}(k^3) \tag{8.30}$$

这里 $v_\mathrm{s} = \sqrt{\mathrm{d}P/\mathrm{d}\epsilon}$，并且 η 代表剪切黏度。因为在紫外区的出发点是 CFT，体黏度应该自动为 0，因此人们只需要处理剪切黏度 η。出于同样的原因，物态方程必须是 $\epsilon = dP$，因此可以算出声速是固定的 $v_\mathrm{s} = c/\sqrt{d}$。在探针极限下能够在零密度系统的全息描述中清晰看到满足这些特定色散关系的模式 [329,330]。根据 $\epsilon + P = sT$，其中 $s \propto T^d$，而 $\eta/s = (1/4\pi)(\hbar/k_\mathrm{B})$，人们发现横向扩散系数的特定取值为 $\mathcal{D} = \dfrac{\eta}{\epsilon + P} = (c^2/4\pi)(\hbar/k_\mathrm{B}T)$，其中所有的单位都已显式写出，同时纵向声波衰减 $\Gamma_\mathrm{L}k^2$ 也符合预期。类似于费米液体情形，在 RN 奇异金属中声波的阻尼随温度升高而减小，尽管二者对温度的依赖关系不同。

有限密度下的全息计算变得更加复杂。即使在和流体力学相关的小 ω 和小 k 区域，纵向通道中的问题也只能通过数值方法求解 [325,327]，见方框 8.2。

在横向通道中这就是另一个完全不同的故事。通过一些精妙的技巧，低温下的横向扩散系数利用将在第 9 章介绍的匹配技术 [328] 已经被解析计算出来，计算结果极其简单，而同时在物理上是违反直觉的。当 $T \ll \mu$ 时，低频区的扩散系数依然由流体力学的表达式给出

$$\mathcal{D} = \frac{\eta}{\epsilon + P} \tag{8.31}$$

但现在

$$\epsilon + P = \mu\rho + Ts, \quad \eta = \frac{1}{4\pi}\frac{\hbar}{k_\mathrm{B}}s(T) \tag{8.32}$$

低温下 RN 金属的熵密度 $s(T) = s_0 + AT + \cdots$ 同时包含了基态熵 s_0 和领头阶 $\sim T$ 的 "索末菲" 贡献式 (8.16)。在低温下，已知全息上有 $\eta = s/4\pi$，扩散常数因此表现为 $\mathcal{D} \sim s/\mu$。另外，高温下的扩散普遍表现为 $\mathcal{D} \sim 1/T$。从低温到高温解析连接起来，扩散系数在过渡温度 $T \sim \mu$ 的位置有一个最大值，见图 8.1。重新回到对纵向通道的考虑，声波的衰减由 $\mathcal{D}_L q^2$ 给出，这里 $\mathcal{D}_L$ 是纵向扩散系数，它的行为非常类似于横向扩散，这看上去和纵向声波的数值计算结果是一致的，人们发现数值计算给出的衰减系数 Γ_L 和从 $\mathcal{D}$ 推导得到的值这两者的误差不超过 10% [325]。自然的声波的衰减存在一个峰值，就像在费米液体中一样。一个重要的结论就是 RN 流体直到零温都持续表现得类似于一种热的、流体力学的耗散剪切运动的流体。类似地，黏度持续正比于熵，而在零温就由基态熵决定。如我们在第 2 章所讨论的，在强耦合的费米液体内甚至存在一个横向传播的声波，而这显然在 RN 液体中就没有。关键之处在于通过会让流体内的声波阻尼衰减的探测方式探测到的 RN 零温流体表现得仿佛是一种黏性热流体。使事情变得更神秘的是人们发现零温 "黏滞性" 显然与基态熵相关。目前我们还不知道用场论的机制语言如何解释这种奇特的现象。

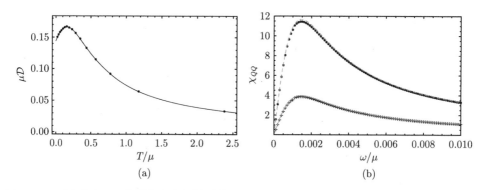

(a)　　　　　　　　　　　　　　　　(b)

图 8.1　(a) 展示了 RN 金属的电荷扩散系数 $\mu\mathcal{D}$ 作为温度的函数。图中函数曲线展示了流体力学的结果 $\mathcal{D} = \eta/(\epsilon + p)$。曲线清晰地一直延伸到零温。这一点可以根据黏度下限 $\eta = s/4\pi$ 以及黑洞的非零基态熵综合进行理解。这意味着，即使在零温，流体力学依然适用，而且能量和动量可以扩散。(b) 精确展示了流体力学在物理响应上的持续有效。这里在 $k/\mu = 0.1$ 和 $T/\mu = 0.005$ 时数值计算得到的剪切微扰的虚部 $\mathrm{Im}G_{T_{xy}T_{xy}}$ (点) 和电荷扩散的虚部 $\mathrm{Im}G_{J_y J_y}$ (十字) 的谱函数与基本的流体力学预测 (线) 是一致的。图片来源文献 [328] (经 Springer Science and Business Media 许可转载，Copyright © 2013, SISSA, Trieste, Italy)

总结八: RN 奇异金属具有持续表现出类似于热流体力学液体的行为直到零温的十分不寻常的性质。在零温 RN 奇异金属内存在传播的 "零声" 模式，并

且这种模式像一个零密度量子临界液体一样阻尼衰减，其中流体的黏度正比于基态熵。

方框 8.2　计算 Reissner-Nordström 金属的声响应

为了计算 2+1 维边界上的密度-密度传播子，体时空中的 $U(1)$ 规范场的涨落必须定下来。在有限密度下，我们遇到的新奇之处在于上述规范场的涨落和度规的涨落交叉耦合。度规的涨落对应到能动张量，这其实是有限密度下边界场论中的电荷和动量守恒是相关联的这件事情在体时空里的体现。首先我们简述纵向响应的计算，直到我们必须转向数值方法为止，然后是相较而言稍微简单的横向声响应。

我们像之前一样对度规和规范场分解如下：

$$g_{\mu\nu} = \bar{g}_{\mu\nu} + \int \frac{\mathrm{d}\omega\mathrm{d}k}{(2\pi)^2} e^{-i\omega t + ikx} h_{\mu\nu}(r)$$

$$A_\mu = \bar{A}_\mu + \int \frac{\mathrm{d}\omega\mathrm{d}k}{(2\pi)^2} e^{-i\omega t + ikx} a_\mu(r) \tag{8.33}$$

这里 $\bar{g}_{\mu\nu}, \bar{A}_\mu$ 是 RN 时空中的背景场 (8.2)，而 $h_{\mu\nu}, a_\mu$ 代表动量空间的无穷小涨落函数，这里我们运用了转动不变性，并取了 $k_y = 0$ 和 $k_x = k$。和往常一样，我们对度规场和规范场都采取径向规范使得 $a_r = 0$ 和 $h_{r\nu} = 0$，其中 $\nu = \{t, x, y, r\}$。

根据空间反演对称性 $y \to -y$，涨落在线性阶基于在空间反演变换下的宇称解耦合成两组：$\{h_{ty}, h_{xy}, a_y\}$ 具有奇宇称，对应于边界理论的横向剪切和 (电荷) 扩散模式，偶宇称涨落 $\{h_{tt}, h_{tx}, h_{xx}, h_{yy}, a_t, a_x\}$ 则和边界理论的纵向扩散以及纵向声波模式相关，因为这些模式描述了平行于动量流方向的响应 [326,328,332]。

1. 纵向部分

在纵向部分，径向规范无法完全固定不带 r 分量的 $h_{\mu\nu}$ 和 a_μ 的规范自由度。考虑到这一点，可以利用涨落的规范不变的线性组合。这些涨落的线性组合可以被选择为 [325,327]

$$X_1 = \omega a_x + k a_t - \frac{kA_t'}{2r} h_{yy}$$

$$X_2 = \frac{2\omega k}{r^2} h_{xt} + \frac{\omega^2}{r^2} h_{xx} + \frac{k^2}{r^2} h_{tt} + \frac{k^2 f}{r^2} h_{yy} \left(1 + \frac{rf'}{2f} - \frac{\omega^2}{k^2 f} \right) \tag{8.34}$$

可以显式地检验这些组合在规范变换 $\xi = \mathrm{e}^{ikx-i\omega t}\xi(\omega, k)$ 和 $\Lambda = \mathrm{e}^{ikx-i\omega t}\Lambda(\omega, k)$ 以及

$$h_{\mu\nu} \to h_{\mu\nu} - \bar{\nabla}_\mu \xi_\nu - \bar{\nabla}_\nu \xi_\mu, \quad a_\mu \to a_\mu - \xi^\nu \bar{\nabla}_\nu A_\mu - A_\nu \bar{\nabla}_\mu \xi^\nu \tag{8.35}$$

$$A_\mu \to A_\mu - \bar{\nabla}_\mu \Lambda \tag{8.36}$$

下是不变的。这里 $\bar{\nabla}_\mu$ 代表在背景度规上的协变导数。

和往常一样,把展开式 (8.33) 代入体时空中加入了合适的边界项的 Einstein-Maxwell 作用量, 就产生了一个关于涨落的在壳作用量, 具有如下形式:

$$S_{\text{on-shell}} = \int_{r\to\infty} \frac{\mathrm{d}w\mathrm{d}k}{(2\pi)^2}\left[X_i(r, -\omega, -k)K_{ij}\partial_r X_j(r, \omega, k) \right.$$
$$\left. + X_i(r, -\omega, -k)C_{ij}X_j(r, \omega, k)\right] \tag{8.37}$$

并且 $X_i(i = 1, 2)$ 满足在视界附近的入射边界条件 [327]。

推迟格林函数可以通过如下方式得到 [333]。利用视界上关于 X_i 的线性独立的入射边界条件, 我们能得到算符 X_i 的两组边界值, 每一组分别对应于一个独立的入射边界条件。我们可以通过在视界上选择特殊的初值, 使得边界上的源矩阵对角化。最终可以得到如下推迟格林函数:

$$G_{ij}^R(\omega, k) = 2 \lim_{r\to\infty}\left(K_{ik}\partial_r F_{kj} + C_{ij}\right) \tag{8.38}$$

其中规范不变组合的模式表达为源的函数 $X_i(r) = F_{ij}(\omega, k, r)X_j^{(0)}$, 这里我们可以选择 $F_{ij}(\omega, k, \infty) = \delta_{ij}$。通过将 RN AdS$_4$ 黑洞解和涨落代入上述步骤, 我们可以在数值上对系统进行求解得到密度–密度关联函数 G_{tt}^R (图 8.2)。零声来自于 G_{tt}^R 的极点, 其色散关系已在正文讨论过。

上述涨落组合的选择 (8.34) 的一个优势在于电导率的计算也变得非常容易, 这是因为在正文中提到的 Ward 恒等式 $G_{xx}^R = (\omega^2/k^2)G_{tt}^R$ 可以起作用。这样光电导就是体系中 $k = 0$ 的这一特殊情况。

2. 横向部分

让我们现在转向由剪切和电荷扩散模式控制的横向声波模式, 也即涨落 $\{h_{ty}, h_{xy}, a_y\}$。利用具有规范不变性的模式, 我们可以重新把复杂的运动方程写得更紧凑一些。而规范不变的模式能够通过涨落的线性组合构建得到, 可选为 [326,328,332]

$$X = h^y_{\ t} + \frac{\omega}{k} h^x_{\ y}, \qquad Y = a_y \tag{8.39}$$

对偶场论的 Ward 恒等式可通过这些规范不变的表达式 (8.39) 直接确定

$$G^R_{Txy Tty} = \frac{\omega}{k} G^R_{Tty Tty}, \quad G^R_{Txy Txy} = \frac{\omega^2}{k^2} G^R_{Tty Tty}, \quad G^R_{Txy Jy} = \frac{\omega}{k} G^R_{Tty Jy} \tag{8.40}$$

在 RN AdS 黑洞背景下, 关于 X, Y 的运动方程是

$$\left[r^6 f \big(A'_t X' + f' Y' \big) \right]' + \frac{r^2}{f} (\omega^2 - k^2 f) \left[A'_t X + f' Y \right] = 0 \tag{8.41}$$

$$\left[\frac{r^2 f}{\omega^2 - k^2 f} \big(r^2 X' + A'_t Y \big) \right]' + \frac{1}{f} X = 0 \tag{8.42}$$

这里 $f(r)$ 和 A_t 分别代表 RN 黑洞的黑化因子和背景的静电势 (8.2)。出于方便我们已经设定 $2\kappa^2 = g_F = 1$。

在壳的作用量是

$$S_{\text{on-shell}} = \int_{r \to \infty} \frac{\mathrm{d}\omega \mathrm{d}k}{(2\pi)^2} \left[-\frac{r^4 f k^2}{2(\omega^2 - k^2 f)} X(r, -\omega, -k) X'(r, \omega, k) \right.$$
$$\left. - \frac{r^2 f}{2} Y(r, -\omega, -k) Y'(r, \omega, k) \right] \tag{8.43}$$

至于式 (8.38), 推迟格林函数可以通过利用入射边界条件求解方程得到。

在有限温度, 在流体力学极限 $\omega \ll T$ 下, 可以利用将在第 9 章详细讨论的匹配的方法求解格林函数, 基本的思路就是把时空分成两部分区域: 近视界区域 $\dfrac{r - r_0}{r_0} \ll 1$ 和距离视界很远的区域 $\dfrac{\omega}{r_0^2 f'(r_0)} \ll \dfrac{r - r_0}{r_0}$。同时在两个区域对方程 (8.41) 进行求解, 并在交叠区域 $\dfrac{\omega}{r_0^2 f'(r_0)} \ll \dfrac{r - r_0}{r_0} \ll 1$ 将这两个解匹配起来, 使得通过较近区域的近视界位置的入射边界条件就能确定距离很远的区域的积分常数 [328]。然后, 利用标准的 GKPW 规则得到格林函数。人们会发现得到的格林函数在低频极限下有一个有如下色散关系的扩散极点:

$$\omega = -\mathrm{i} \frac{\eta}{\epsilon + P} k^2 + \cdots \tag{8.44}$$

这里, η 是剪切黏度, ϵ 是能量密度, P 是压强, $\cdots$ 定义了 k 的高阶项, 见图 8.2。

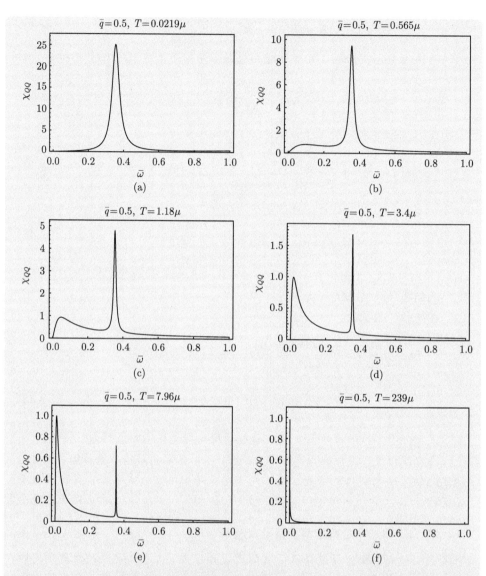

图 8.2　从 X_1 的规范不变的关联函数中分离得到的 $q = 0.5\mu$ 下的数值的电荷密度谱函数 $\mathrm{Im}\,G_{tt}$, 单位是 $2r_0/\kappa^2$, (a)~(f) 对应于温度逐渐升高的情形。在低温下能量和电荷输运两者并不独立, 它们都由声波模式控制。在文中讨论的预期出现的声衰减 (宽度) 的最大值在有些图中无法体现, 因为 $\bar{q} \equiv q/\mu$ 的值太高以致系统无法留在线性区; 但当 $\bar{q}$ 取更低的值时, 这个峰值就能出现 [327]。电荷密度谱函数确实可视化了电荷输运在低温下声波占主导和高温下扩散占主导这两者之间的 "过渡"。图片来自文献 [327] (经 Springer Science and Business Media 允许转载, Copyright © 2011, SISSA, Trieste, Italy)

此外，式 (8.44) 始终成立，直到零温 [326]。正如被 Edalati、Jottar 和 Leigh 首先发现的那样，有意思的是，现在剪切黏度由基态熵决定，即 $\eta = -\lim_{\omega \to 0} \frac{1}{\omega} \mathrm{Im} G^R_{T^{xy}T^{xy}}(\omega, k = 0) = \frac{s}{4\pi}$ [332]。

我们最终感兴趣的输运量是奇异金属的光电导。我们已经在本小节的开头展示过电导率的计算 [17,19] 就是定下零声谱的一个特殊情形，原因是电荷和物质存在关联响应以及 Ward 恒等式。全息电导率的实部和虚部作为 ω/T 的函数已经在图 8.3 展示出来。随着 μ/T 升高，粒子/空穴对称性被破坏，相较于零密度下与 ω/T 无关的恒定电导率，在有限温度我们看到了更丰富的结构。人们发现当能标小于 μ 时，谱权重被剥夺。作为不同理论之间的一种完全幺正的映射，全息平移也满足 f 求和规则，所以丢失的谱权重在零频率位置的 Drude 峰积累：一般来说，当满足动量守恒并且体系有有限密度时，零频率处应该存在一个 δ 函数，并且极点的强度 (Drude 权重) 衡量了对完美金属导电性产生贡献的"载体"的数量。在小频率的情形下，电导率的行为类似于

$$\sigma(\omega) = \sigma_E + \frac{\rho^2}{\epsilon + P}\left[\delta(\omega) - \frac{1}{\mathrm{i}\omega}\right] \tag{8.45}$$

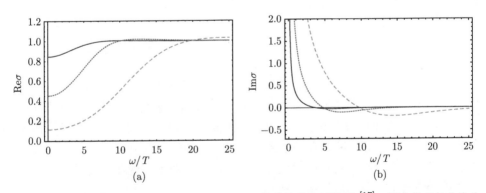

图 8.3　2+1 维 RN 金属的电导率作为 ω/T 的函数的数值计算结果 [17]。图中的三条曲线分别展示了电导率随化学势升高如何变化；实线代表 $\mu \ll T$，虚线对应 $\mu \lesssim T$，而点状线对应 $\mu \sim T$。当 $\omega \to 0$ 时，光电导的虚部在所有情形下表现为 $1/\omega$，这意味着电导率的实部 Reσ 包含一个 δ 函数 $\delta(\omega)$。而对于 $\omega \gg \mu$，电导率趋于在 7.3 节讨论的零密度下的结果。在 2+1 维情形下，电导率作为 ω/T 的函数渐近趋近于一个常数。由于已经在正文里解释过，当频率低于 μ 时，谱权重被剥夺，并且这部分"丢失的"权重在 Drude δ 函数频率实部为零的位置积累，说明了在伽利略连续介质中金属一定是完美导体。图改编自文献 [17] (经 IOP Publishing 许可转载 © IOP Publishing. All rights reserved)

这里 ρ, ϵ, P 是对偶场论的热力学量，即式 (8.10) 和式 (8.11)。正如即将讨论的，第一个 "σ_E" 的贡献实际相当神奇；而第二项是符合预期的：它完全由流体力学原理决定。根据在第 7 章所讨论的零密度情形，在零频率下也能存在有限大小的谱权重，因为动量守恒完全无法限制输运：粒子和反粒子沿相反的方向运动，总动量为零，这种情形可以产生有限的谱权重，正如在第 7 章所阐述的。然而，在有限密度情形下，动量守恒支配着多余的导致有限密度的粒子并"迫使"有限的权重在 Drude δ 函数中积累。f 求和规则和由化学势设定的标度则共同控制着剩下的电导率物理。因而对平移不变的系统而言，光电导 $\sigma(\omega)$ 的形式被一般的流体力学原理所固定，即使是在 RN 奇异金属和正常金属的巨大差异面前，这个形式也不是特别具有启发性。而当平移对称性被破坏以及动量守恒不再满足时，情况将截然不同。这是第 12 章讨论的主题。

实际上 σ_E 项是非常让人惊讶的：显然它不来自于上一段提到的流体力学知识。当交替变化的流的变化频率低于化学势时，根据流体力学的一般原理，动量守恒也应该得到满足。因而当 $\omega < \mu$ 时，谱权重应该被指数压低，正如所有在可控条件下计算得到的电导率 (包括凝聚态领域的例子)。相反，σ_E 在 ω 很小时呈代数增大，类似于 $\sigma \sim \omega^2$，这似乎违反了流体力学原理。在目前这一"违反"被理解为更深层次现象的结果：这些系统在深红外区做标度变换似乎回到了有效的电中性系统，具有演生的电荷共轭对称性。然而，问题还远远没有解决，它或许是整个全息框架内最大的谜团。

8.4　演生的全息量子临界相的标度图谱

正如我们重复强调的，RN 黑洞所揭示的惊喜就是在红外区存在演生的局域量子临界相，而这种临界相的标度变换行为和经典重整化群非常不一样。RN 金属是否是唯一的奇异物理系统，还是原则上允许存在更多的这类临界相？假如存在这样一族系统，那么能否在关于经典临界态一般性的 Kadanoff-Widom 标度理论的意义上从现象学上对这些相进行分类，区别仅在于它现在通过 AdS/CFT 对应依赖于体时空中引力解的唯一性？

一个非常有趣的回答这个问题的猜测被提出 [321-324]，尽管无法证明这种分类是完备的。但毋庸置疑的是，RN 金属远不是唯一的全息奇异金属。根据体时空中引力的一般性质，原则上允许存在一大族的奇异金属。在这样的一类奇异金属中，RN 金属的确具有独特性，它是里面唯一具有有限大宏观基态熵的成员，而其他奇异金属成员的基态熵都是零。

这些相的分类和标记是根据它们的标度行为，我们将会发现存在一大族有趣的标度变换性质，在这里我们将展示标度变换性质的"景观"的"地图"。当处理一个量子临界相的时候, 经典的热力学指数 α, β, γ 和 δ 以及关联长度指数 ν 都是无意义的, 因为它们都来自一个孤立的不稳定不动点。标度指数首先被某些特定算符 (关联函数指数) 的反常量纲的值来量化。这些反常量纲在自上而下的构造中是固定的参数, 但在目前自下而上的设定中是自由参量。剩下的标度量纲是在经典临界态理论中并不常见的动力学临界指数 z 和 "超标度违背" 指数 θ。

让我们看看从引力方面能学到什么。我们已经知道, 为了描述有限电荷密度, 系统必须包含从体时空发出的穿过边界的电场通量。在最简单的两阶导 Einstein-Maxwell 理论中, 实现这种通量的唯一方法就是 RN 黑洞。正如我们之前仔细讨论的, 我们要自动地付出对偶有限大基态熵的有限极端视界面积的代价。然而, 限制到最小耦合的 Einstein-Maxwell 理论在一定程度上是过度简化了。在任意基于弦论的自上而下的对偶构造中, 体时空被很多其他场充满。实际上, 通常存在无穷多这样的场, 但这些场通常具有非常大的质量, 因为它们来自对弦论中不形成 AdS 的那些维度的 Kaluza-Klein 约化。在自下而上的构造中, 只需要人为手动加入一些带有需要性质的额外的场。在下几章中手动加入的场将扮演核心角色。这些场通常都是一些熟悉的场: 带电的 "标量" (一个希格斯) 场或带电的费米子场。加入的这些场将解释许多有趣的现象, 包括对称性自发破缺和费米液体等。

但这些常见的场并没有穷尽所有的可能性, 在弦理论中人们发现在 Kaluza-Klein 紧致化后留下的低能谱包含了通常称为伸缩子的场。对于不了解弦理论的读者而言可能比较陌生的是, 伸缩子场以非线性、非最小耦合的方式耦合到引力和麦克斯韦部分, 尽管如此, 这种与伸缩子场的耦合在自上而下的全息构造中无处不在。根据我们现在的目的, 伸缩子场 ϕ 是一个具有如下定义性性质的实标量场: 通过对麦克斯韦项乘上一个伸缩子场值的函数 $Z(\phi)$, 伸缩子场能够实现将规范耦合常数转变成一个动力学量。原则上这个方法对引力耦合常数也是适用的, 但对于单个伸缩子场可以通过场重新定义而移除伸缩子场对引力耦合常数的作用, 因而按照惯例 Einstein-Hilbert 作用量保持不变。此外, 伸缩子场具有自己的势能项, 因此这种 Einstein-Maxwell-dilaton(EMD) 引力的典型形式为 [321-324]

$$\mathcal{L} = R - \frac{1}{2}(\partial_\mu \phi)^2 - \frac{Z(\phi)}{4}F^2 - V(\phi) \tag{8.46}$$

EMD 引力的有效规范耦合常数就是 $g_{\text{eff}}^2 = Z^{-1}(\phi)$。因为这个规范耦合常数是标量场 $\phi(r)$ 的动力学函数, 高斯定律就需要修正并且 EMD 引力中的麦克斯韦方程是

$$\nabla_\mu \big(Z(\phi) F^{\mu\nu} \big) = 0 \tag{8.47}$$

上式等价于 $\partial_\mu \big(\sqrt{-g} Z(\phi) F^{\mu\nu} \big) = 0$。通常我们最感兴趣的是不依赖时间 (静态) 并具有平移不变性和 d 维空间转动不变性 (均匀和各向同性) 以及只有 A_μ 的 A_t 分

量非零的解。因此，A_t 将只依赖于径向方向 r，并且唯一的非平凡分量是 $F_{\mu\nu} = F_{rt}$。在这种情形下，麦克斯韦方程变成了体时空中的高斯定律 $\partial_r\big(\sqrt{-g}Z(\phi)F^{rt}\big) = 0$。

现在让我们来展示一些运用 AdS/CFT 对应后得到的结果。根据 GKPW 规则，我们知道了边界上场论的电荷密度由 $\rho_{\mathrm{bdy}} = Z(\phi(r))\sqrt{-g}F^{rt}|_{r=\infty}$ 给出。如果 EMD 中没有 (额外的) 带电物质场，那么根据高斯定律可知

$$\rho_{\mathrm{bdy}} = Z(\phi(\infty))\big(\sqrt{-g}F^{rt}\big)\big|_{r=\infty} = Z(\phi(r_0))\big(\sqrt{-g}F^{rt}\big)\big|_{r=r_0} \tag{8.48}$$

其中，r_0 代表视界的位置，若零温下没有视界，则有 $r_0 = 0$。在标准的 Einstein-Maxwell 引力中，$Z(\phi(r)) = 1$，并因此 $\big(\sqrt{-g}F^{rt}\big)|_{r=r_0} = \rho_{\mathrm{bdy}}$。这表明当体时空不含带电物质场时，视界就必须携带有限大小的电荷密度以在边界上也有有限密度物质场：直到温度为 0，视界面积都必须有限。而在 EMD 引力理论中添加一个前置因子可以改变这种情况。借鉴弦论，我们可以同时在 AdS 边界和体时空内部深处对 $Z(\phi)$ 做指数近似 $Z(\phi) \propto e^c\phi$。这些运动方程的解通常表现为 $\phi(r \to \infty) \propto 0$ 或 $\phi(r \to 0) \propto -\alpha\ln r$，其中 α 为正数，这里在零温下视界位于 $r = 0$ 的位置 (见例如方框 8.3)。在后一种情形下，我们从高斯定律 (8.48) 可以发现，在视界附近的位置有 $\big(\sqrt{-g}F^{rt}\big) \propto \rho r^{c\alpha}$。因而，这个区域内的电通量为零，视界面积也能缩小到零。这就是 EMD 引力独特且迷人的一面。对于相当一般的函数 $Z(\phi)$ 和势 $V(\phi)$，EMD 引力理论都拥有带电而基态熵为零的解。

这些带电、零温并且没有视界的态的深度内部几何被证明描述了 Lifshitz 和超标度违背量子临界相的物理。描述零温的深度内部的红外度规具有如下最一般的形式 [334]

$$\mathrm{d}s^2_{\mathrm{NHL\text{-}EMD}} = r^{-\frac{2\theta}{d}}\left(-r^{2z}\mathrm{d}t^2 + r^2\mathrm{d}x_i^2 + \frac{\mathrm{d}r^2}{r^2}\right) + \cdots \tag{8.49}$$

这里，$r = 0$ 是深度内部，即这里实际上没有视界；参数 z 和 θ 分别精确对应动力学临界指数和超标度违背指数。

在标准场论中 $\theta = 0$ ——它们遵循超标度关系——在这种情形下度规 (8.49) 退化为 Lifshitz 解，这个解最早是在文献 [335] 中被研究的，

$$\mathrm{d}s^2_{\mathrm{NHL\text{-}EMD}} = -r^{2z}\mathrm{d}t^2 + r^2\mathrm{d}x_i^2 + \frac{\mathrm{d}r^2}{r^2} \tag{8.50}$$

可以很容易地检验 Lifshitz 解在如下 Lifshitz 标度变换下是不变的:

$$t \to \lambda^z t, \quad x_i \to \lambda x_i, \quad r \to \lambda^{-1}r \tag{8.51}$$

上式描述了场论里的被动力学临界指数 z 标志的一个标度关系。当 $z = 1$ 时，上述 Lifshitz 标度变换退化为与"原始的"零温零密度 AdS_{d+2} 时空一致的洛伦兹不变的标度对称性。对于同样的上述 Lifshitz 时空，还有一个可选择的度规形式可通过坐标变换 $r \to e^{-y/z}, t \to t/z, x_i \to x_i/z$ 得到，使得

$$d\tilde{s}^2_{\text{NHL-EMD}} = z^2 ds^2 = -e^{-2y}dt^2 + e^{-2y/z}dx_i^2 + dy^2 \tag{8.52}$$

取极限 $z \to \infty$，式 (8.52) 的 $d\tilde{s}^2$ 几何就变成了 $AdS_2 \times \mathbb{R}^d$。再通过另一个坐标变换 $y = \log \zeta$ 使得度规变成 $d\tilde{s}^2 = \dfrac{1}{\zeta^2}(-dt^2 + d\zeta^2) + dx_i^2$，这一点就可以更加明显地看出来，这个度规实际上等于式 (8.23)。然而，正如我们即将要讨论的，如果想从一般的 Lifshitz 时空得到 RN 黑洞的近视界物理，$z \to \infty$ 这一简单极限并不太正确。

现在让我们把目光转向里面新奇的内容：超标度违背。超标度违背是指临界边界理论的自由能 (和熵密度) 无法直观地随其数量纲得到的维度进行标度变换。这种超标度违背的性质和经典临界态的标度性质是不同的，这就指出了这样一个事实，即奇异金属是真正的量子物质，可能受长程量子纠缠主导。然而，在讨论这一点之前，首先让我们仔细审视一下超标度违背这种标度性质是如何作为体时空深度内部的几何性质出现的。度规 (8.49) 被明显写成了体现超标度违背这一性质的形式。对于任意非零 θ，度规 (8.49) 在标度变换 (8.51) 下不是不变的，而是按照如下形式进行变换：

$$ds^2_{\text{NHL-EMD}} \to \lambda^{2\theta/d}ds^2_{\text{NHL-EMD}} \tag{8.53}$$

这意味着度规 (8.49) 在 Lifshitz 标度变换下不再是不变的，而是差一个共形变换：当标度变换和额外的度规变换 $g_{\mu\nu} \to \lambda^{-2\theta/d}g_{\mu\nu}$ 结合起来时就回到了 Lifshitz 度规。

但这如何翻译到超标度违背的边界场论呢？EMD 引力一般允许存在描述有限温度边界的黑洞解。给定零温下的几何 (8.49)，并注意到黑洞视界随温度上升沿径向方向向外延伸，一个直接的几何上的标度讨论揭示了熵密度 (视界面积密度) 随温度变化满足如下的标度变换关系：

$$s \sim \sqrt{\prod_i g_{ii}} \sim r_0^{d-\theta} \sim t^{\frac{\theta-d}{z}} \sim T^{(d-\theta)/z} \tag{8.54}$$

其中第三个比例关系直接来自式 (8.51)。这些比例关系阐明了熵/自由能违背了在量子态中预期的简单数量纲得到的对于这样一个广延量的标度。在洛伦兹不变的

情形 ($z = 1$) 下，时间和空间以相同的方式做标度变换，而且，因为在标度变换下温度和时间成反比关系，直接数量纲得到的标度 $s \sim (1/L)^d \sim T^d$ z；t 以 x^z 进行变换的 Lifshitz 标度变换通过数量纲可得 $s \sim T^{d/z}$。由式 (8.54) 揭示的奇特之处是临界态的表现几乎完全遵循了量子场论的教科书。然而，这样的量子场论现在已经决定要生活在有效维度为 $d - \theta$ 的空间中，而非表面的维度 d。

有没有可能基于一般性原理对指数 θ 和 z 的实际值施加限制？实际上，这些近视界的解在 EMD 引力中是非常自然的。这一点可以从全息对偶的自上而下构造的例子中获得灵感，我们对 Daliton 势做指数近似，即 $Z(\phi) = Z_0 e^{\alpha\phi}$ 和 $V(\phi) = -V_0 e^{\beta\phi}$。有了近似后的势，EMD 引力的运动方程可以被精确求解。解是如下的黑洞度规：

$$ds^2 = r^{-\frac{2\theta}{d}} \left[-r^{2z} f(r) dt^2 + r^2 dx_i^2 + \frac{dr^2}{r^2 f(r)} \right] \tag{8.55}$$

$$f(r) = 1 - \left(\frac{r_0}{r} \right)^{d+z-\theta}$$

这里 θ 和 z 是系数 α, β 的函数 [336]

$$\theta = \frac{d^2 \beta}{\alpha + (d-1)\beta}, \quad z = 1 + \frac{\theta}{d} + \frac{2\left[d(d-\theta) + \theta \right]^2}{d^2(d-\theta)\alpha^2} \tag{8.56}$$

这两个参量族定义了一大类的 EMD 引力。目前人们相信由 θ 和 z 这两个参量定义的 EMD 引力甚至可以把在体时空中经典引力的限制下能够形成的所有可重整的红外几何完全枚举出来。如果能够实现，就意味着我们能获得一份关于奇异金属的完整 "标度图谱"，但是，正如我们在本节刚开始时所强调的，这样的 "宣称" 或者 "相信" 只是猜想。在这族 EMD 引力理论中存在一个奇异金属的特殊子类，随后我们将给它一个名字："共形于 AdS_2" 的金属。尽管这个名字显得有些冗长，但实在是缺乏一个更合适的词。我们将在方框 8.3 给出一个关于 EMD 全息的这类特殊金属的例子。共形于 AdS_2 的金属这一特殊类别将在后续章节中扮演至关重要的角色。一方面，这类金属对应的 EMD 引力能嵌入弦理论：它可以由 $AdS_5 \times S^5$ 的 IIB 型超引力理论做特殊截断得到 [321] (参见第 13 章)。另一方面，从凝聚态一侧来看，这类共形于 AdS_2 的金属非常具有吸引力。这类金属和 RN 奇异金属共有的吸引人的性质就是局域量子临界性，但是前者有一个唯一的基态，因而不存在基态熵问题。而且，对于将在第 9 章 [337] 讨论的与 "费米面相" 相关的自上而下的实现，共形于 AdS_2 的金属也被证明将扮演搭建舞台的角色。

这种稳定但具有局域量子临界性的 "共形于 AdS_2" 的金属的标度变换行为具有什么特征呢？局域量子临界的标度变换性质意味着其体时空内部应该以某种

方式展现出 AdS$_2$ 类型的几何，也即 $z \to \infty$，但同时零温熵必须为零。通过引入超标度违背的补偿性的发散行为，这些要求可以同时得到满足。指数 θ 和 z 不再被选为独立参量。对于正的 z，θ 的上界由热力学稳定性被限定为 $\theta \leqslant d$：对于任意有限的 z，一旦 $\theta > d$，就意味着比热指数变成了负数。然而 θ 不存在下界，所以这类特殊的 "共形于 AdS$_2$" 的金属具有这样的特征：在 $\eta = -\theta/z$ 保持恒定的限制下，$z \to \infty$，$\theta \to -\infty$。人们从式 (8.54) 推断，这会导致基态熵为零并且满足恒容比热 $c_v \sim T^\eta$；对于 $\eta = 1$，这是标准的索末菲标度。

这一类特别的标度性质直接来源于 z 和 θ，同时趋于无穷这一双重极限下的几何。进一步审视在此极限下的度规(8.49)，首先做坐标变换 $r \to \tilde{r} = r^z$。在取完极限之后，度规退化到如下形式 (省去了 r 上的波浪号)：

$$\mathrm{d}s^2_{\text{NHL-EMD}} = r^{2\eta/d} \left(-r^2 \mathrm{d}t^2 + r^{\frac{2}{z}} \mathrm{d}x_i^2 + \frac{1}{z^2} \frac{\mathrm{d}r^2}{r^2} \right) \tag{8.57}$$

AdS$_2$ 因子被预期直接直积到 $\mathbb{R}^d$ 的形式直接就能识别出来，但额外也存在一个整体的共形因子 $r^{2\eta/d}$。对于任意有限大小的 $\eta > 0$，这个共形因子恰好提高了基态熵，同时保留了 AdS$_2$ 的局域量子临界物理。

现在存在一个显然的问题。假定这个标度几何给出了一个可控的共形于 AdS$_2$ 的几何，当我们把极端 RN 黑洞的标度几何看成 EMD 标度几何的一个特殊极限时，前者的标度几何实际上发生了什么？初看上去前者就是取 $z \to \infty$ 极限和 $\theta = 0$ 的 Lifshitz 几何。但是，这个极限更微妙一些。用理论的原始变量 α，β 即式 (8.56) 来表示，我们会发现存在许多能给出相应几何的标度，需要额外的信息来确定哪一个才是正确的。我们将在 14.2.3 节看到，额外的信息由纠缠熵提供，人们认为正确的极限应该是首先设定 $\theta = d - \dfrac{1}{z}$，然后取 $z \to \infty$。根据在本章 8.1 节介绍的 RN 金属的热力学，熵应该线性依赖于温度，但根据式 (8.54)，从标度量纲看熵应该是常数。解决这个矛盾的一个方法就是常数仅仅描述了熵的领头阶行为 [338,339]，而线性依赖温度 T 的贡献是次领头阶。

正如我们从前面的段落所了解到的，当处理体时空内部深处的几何时，超标度违背是一种相当自然的性质。然而，体时空里的这种自然的性质揭示了边界上场论的一种不寻常的行为。"超标度违背" 这个名称在传统的 Wilson-Fisher 临界态中经常出现。超标度违背是在超过临界维度情形时出现的现象。考虑一个统计物理上传统的孤立的不稳定不动点，其特点是存在临界上限维度 d_{uc}。人们发现，当 $d > d_{\text{uc}}$ 时，热力学指数 α，β 和 γ 以及 δ 之间的 Kadanoff 标度关系不再成立。这种对标度关系的违背来源于这样的事实：自相互作用项现在是危险的红外无关项，在临界点处消失，但当序参量取任意有限值时会占据主导地位，使得平均场的标度关系在维度高于 d_{uc} 时反而被满足。当前讨论的超标度违背与本书中出现的任何现象都没有关系——除了其他因素，这里不是在处理孤立的临界点，并且完全不可能从里面找到一个与序参量相关的危险红外无关算符。

目前最重要的是，我们对这些由在有限密度出现的标度指数 θ 和 z 标志的量子临界相缺乏在场论语言上对机制的一般理解。正如我们将在最后一章 (第 14 章) 详细讨论的那样，只要 θ 和 z 都是正的，和奇异金属中可以分成互补的两部分计算的 (以下简称二分) 冯·诺依曼熵的行为相关的结果可被用来解释超标度违背的起源问题。纠缠熵的计算结果似乎表明，它和由动量空间的无质量激发态所张成的有效维数有关。在"常规的" $\theta = 0$ 的理论中，无质量激发态所在的动量空间有孤立点存在，而这一点可以翻译成通常的比热 $T^{d/z}$，其标度行为依赖于系统的空间维度，而 z 反映了随着能量增长，"可访问的"自由度数量增加的速率。传统上唯一被理解的，同时表现得截然不同的一般系统就是费米液体。费米液体在动量空间具有一个 $d-1$ 维的超曲面，无质量的激发态就出现在这个超曲面上，也即费米面。因此，费米液体有一个相应的超标度违背指数 $\theta = d-1$，并且根据准粒子是有效的相对论性的粒子 ($z = 1$)，由式 (8.54) 我们有 $c_v \sim T$，这也解释了为何索末菲定律和维度无关：它的自由度计数总是类似于一个 $d = 1$，$\theta = 0$ 的理论。RN 金属似乎遵循相同的计数逻辑：$\text{AdS}_2 \times \mathbb{R}^2$ 形式的低能标下的关联函数表明，对于动量空间的每一点，系统类似于一个无质量且 $d = 0$ 的理论，而且这应该意味着 $\theta = d$。

正如我们在第 2 章强调的，费米面来自于费米气体的"幼儿园"反对称纠缠：在这个意义上，费米液体的超标度违背是要放弃它的非直积"量子物质"性质的一个很强的信号。在全息奇异金属中超标度对称性普遍被破坏这一观察也许表明这些奇异金属对应着纠缠更显著的物质。我们将在最后一章 (第 14 章) 对这个主题进行详细阐述，在那里我们将进一步呈现从全息冯·诺依曼纠缠熵得到的解释作为更多的证据。

在第 9 章我们将转到"凝聚态" (全息超导体和费米液体) 的全息描述，将会看到这个全息"标度图谱"具有广泛的适用性。深红外标度几何将一般是 Lifshitz 类型的几何。这里的最红外相关算符随能标流动的这一抽象描述，到了第 9 章将被体时空里的具体"恒星物质"对背景时空的反作用替代。让我们以对大 N 极限的一点评论作为总结。在其自身而言，满足 $z > 1$ 的 Lifshitz 几何并不是一个完全自洽的解，而在坐标原点 $r = 0$ 的位置具有一个所谓的"类光奇点"。在没有曲率奇异性的意义下度规依然是光滑的，但是潮汐力在原点处发散 [340,341]。奇点的物理意义从伸缩子场的行为来看就很显然，伸缩子场在 $r = 0$ 附近发散，因而人们期待包含了 $1/N$ 和 $1/\lambda$ 阶的量子修正应该会变得更重要。这意味着当 N 和 λ 有限大时，在深红外区域人们不能完全"信任" Lifshitz 形式的解。令人瞠目结舌的是，到目前为止，最理想的猜测是最终会缓慢地过渡到一个演生的 AdS_2

几何。Harrison 等 [342] 企图通过在视界附近引入有限的 "规范耦合" 修正来作为上述量子修正。他们发现，这种修正颇具一般性地在极深红外重新得到了 AdS$_2$ 几何 (另一种可替代的拯救方式参见文献 [343])。这似乎并不限于 Lifshitz 几何本身：对于超标度违背的情形，在深红外内部曲率不变量发散的奇点是普遍存在的 [344])，并且，就像在 Lifshitz 情形下，对规范耦合常数的修正在深红外将几何稳定到 AdS$_2$ 几何 [345]。

方框 8.3 Einstein-Maxwell-dilaton 引力和 "共形于 AdS$_2$" 的奇异金属

3+1 维 Einstein-Maxwell-dilaton 引力理论 (8.46) 的一个极其有趣的例子可以从一个由弦论自上而下的方法 (这种方法将在第 13 章被深入讨论) 得到的具体的势的形式 [321] 出发。这个势的具体形式如下：

$$Z(\phi) = \mathrm{e}^{\phi/\sqrt{3}}, \quad V(\phi) = -\frac{6}{L^2}\cosh\left(\frac{\phi}{\sqrt{3}}\right) \tag{8.58}$$

人们找到了 EMD 黑洞解

$$\mathrm{d}s^2 = \mathrm{e}^{2A}(-h\mathrm{d}t^2 + \mathrm{d}\boldsymbol{x}^2) + \frac{\mathrm{e}^{2B}}{h}\mathrm{d}r^2$$

$$A_t = \frac{\sqrt{3Q\mu}}{r+Q} - \frac{\sqrt{3Q\mu^{1/3}}}{L^{2/3}} \tag{8.59}$$

$$\phi = \frac{\sqrt{3}}{2}\ln\left(1 + \frac{Q}{r}\right)$$

其中

$$A = \ln\frac{r}{L} + \frac{3}{4}\ln\left(1 + \frac{Q}{r}\right), \quad B = -A, \quad h = 1 - \frac{\mu L^2}{(r+Q)^3}$$

当 $\mu L^2 = Q^3$ 时，这就变成了一个极端黑洞解，但不存在有限大小的视界。这向前跨越的一步——没有基态熵——隐藏了一个问题。现在认为这个解描述了一个在 $r=0$ 位置的裸奇点。人们的直接反应也许是认为这很糟糕，因为裸奇点不应该用来描述物理行为良好的系统 (比如宇宙监督假设)。然而，弦论告诉我们存在一些 "温和" 的裸奇点，也即所谓的 "好奇点"，这些奇点在物理上是自洽的。当奇点由一个高维理论的自洽截断 (见第 13 章) 产生时，在这里来自于 11 维 M-理论的截断，这样得到的就是温和奇点 [321]。人们在 11 维的时空构造了一个拥有正常非裸奇点的 Reissner-Nordström 黑洞，但是当把这个高维黑洞紧致化到 5 维时，这个由伸缩子场给出的高维黑洞的 "投影" 将正常奇点变成了裸奇点。显然在紧致化之前的原始高维理论中没有问题。向裸奇点靠近其实就意味着 11 维物理中被我们忽视了的一部分变得很重要。因此, 裸奇点问题很容易解决, 这里被分类到了"好奇点"。奇点是"好奇点"的一个主要迹象就是, 在有限温度下好奇点将被有限温度的视界屏蔽。

极端黑洞界的近视界几何是

$$ds^2 = \left(\frac{L_2^2}{2Q\zeta}\right)\left[\frac{L_2^2}{\zeta^2}(-dt^2 + d\zeta^2) + \frac{Q^2}{L^2}d\boldsymbol{x}^2\right], \quad A_t = -\frac{L_2^3}{2Q\zeta^2} \quad (8.60)$$

其中

$$\zeta = \frac{L_2^2}{2\sqrt{Q}r}, \quad L_2 = \frac{2L}{\sqrt{3}} \quad (8.61)$$

人们马上就能从解的形式中找到 $\text{AdS}_2 \times \mathbb{R}^2$ 部分, 但还存在一个整体上的因子。容易看到在标度变换 (8.25): $t \to \lambda t, \zeta \to \lambda\zeta, \boldsymbol{x} \to \boldsymbol{x}$ 下, 我们有 $ds^2 \to \lambda^{-1}ds^2$。因此, 近视界几何共形于 $\text{AdS}_2 \times \mathbb{R}^2$, 正如我们在正文中所阐述的那样。这个共形因子的存在精确地保证了基态熵为零, 表明式 (8.59) 的几何是稳定的, 同时 AdS_2 部分保留了局域量子临界的标度。

近视界几何 (8.60) 是如下更一般的一类满足 $z = \infty$ 以及 $-\theta/z = \eta > 0^{[346]}$ 的几何的特殊情形,

$$ds^2 = \frac{1}{\zeta^{-\frac{2\eta}{d}}}\left(\frac{-dt^2 + d\zeta^2}{\zeta^2} + d\boldsymbol{x}^2\right) \quad (8.62)$$

这个几何对应着一个局域量子临界态, 其熵密度 $s \sim T^\eta$ 在零温为零。当 $d + 1 = 2 + 1$ 并且 $\eta = -\theta/z = 1$ 时, 式 (8.62) 就精确回到了式 (8.60)。

第 9 章 全息光电效应和 RN 金属： 作为探针的费米子

我们需要花费一些时间才能理解在第 8 章中所讨论的全息奇异金属的一般性质。在第 7 章中，我们介绍过 Herzog、Kovtun、Sachdev 以及 Son 等在 2007 年对于量子临界体系中输运性质的研究，受其启发，致力于研究量子物质的 AdS/CMT 的发展始于 2008 年，当时人们发现，RN 金属很容易发生对称性自发破缺，也就是全息超导 [347,348]。

2009 年 "麻省理工–莱顿 (MIT-Leiden) 费米子" 被发现 [349,350]，这彻底激发了人们将 AdS/CFT 应用到凝聚态领域的兴趣。这将是本章的主题。事后看来，这代表了凝聚态物理学和弦理论之间跨学科交流的一个亮点。在过去约二十年间实验进展的推动下，角分辨光电发射能谱技术 (ARPES)，(以及原则上它的 "非占据态兄弟" 逆光电发射) 作为一种 "观察" 固体中强相互作用系统的手段，已经获得了非常显著的地位。扫描隧道光谱 (STS) 的最新发展进一步加强了它的作用，它可以被视为 ARPES 在实空间的搭档。在过去的 15 年中，这些光谱学观测技术结合起来产生了一系列意外而惊喜的发现，并且在现今强关联电子系统实验研究的蓬勃发展中发挥着重要作用。

以上介绍的两种方法探测的都是单个费米子的两点函数。对于传统关注点在高能实验和宇宙学的弦理论学家们来说，单个费米子传播子作为观测工具的重要性并不那么明显。它独特的威力体现在有限密度体系中。相比于前两章中重点介绍的集体的 "玻色" 的流响应，费米传播子提供了补充的但非常不同的关于相互作用体系真空结构的信息。一个优势来自于实用的角度。在实际实验中，人们通常只能在较小的动量下测量玻色响应，此时起作用的一般 "流体力学" 原理倾向于将所有结果等价化，请参考 8.3 节中关于 RN 金属零声和光电导的讨论。但另一方面，光电发射谱 (及其兄弟) 可以探测到固体中电子全部的运动学范围：最先进的光谱仪探测的尺度范围从几个纳米到亚埃的大小，而能量范围可以从亚开尔文到电子伏特。

光电发射和 STS 的另一个优势是更基本的。这类探测 "携带费米子符号" ——它能够识别量子统计特性——当人们希望了解由费米子符号引起的有限密度体系基态中量子纠缠的性质时，这是一个巨大的优势。典型的例子是费米液体。我们在第 2 章中强调过，费米液体中反对称要求相关的 "婴儿" 长程纠缠。这导致了控制其真空结构的 "非经典物体" 的出现：费米面。直接测量费米面是否存在的唯一方法是通过单个费米子的传播子。其特征是单费米子传播子在费米面处呈现出无限尖锐的准粒子尖峰。费米面确实会在 "玻色" 测量中产生回响，但最多得到的只是这些信息 (例如动量分布) 的某种积分，或者需要 "探照灯理论" 来解释数据，这通常需要从费米面存在 (所有输运，包括量子振荡) 的论断出发。

在非费米液体形式的 "费米量子物质" 这类未知领域中，人们一般不知道如何使用这种技巧。实验数据揭示了这种真空纠缠的特征，而在很大程度上需要人们找出一个深刻的解释，如节点–反节点二分法、费米弧和不相干的背景等在第 3 章讨论过的内容。事实上，本章将展开的全息叙述是费米子探针这种仍然神秘的观测能力的又一生动例证。

AdS/CFT 和凝聚态物理的首次结合是 2007 年在全息量子临界中输运性质的研究 [24]，在那之后不久，本书的两位资深作者就开始了合作。在最初的讨论中，计划是计算 RN 金属中的全息光电发射谱。虽然代码很快就写出来了，但我们的工作由于一个隐蔽的程序错误而延迟了进度。其他小组也有同样的想法 [351,352]，麻省理工学院 [349] 和莱顿 [350] 的研究小组的数值计算大致在 2009 年的同一时期开始正常运作。这项工作之所以有影响力得益于熟悉事物对人们的吸引力：两个小组都报告声称发现了费米面和类似费米液体的行为。事后看来，我们应当极其小心地对待这些结果。它们都是探针极限下的特殊情况，而忽略了 RN 黑洞高度不稳定的性质。尽管如此，它显示了真正的非费米液体可能可控地出现，而且这些结果中的许多物理图像可以推广到更加专门的但是稳定存在的 EMD 金属，例如第 8 章末尾处分析过的共形于 AdS$_2$ 的金属。

后续对这些费米响应背后的全息机制的破译完全归功于麻省理工学院的 Faulkner、Iqbal、Liu、McGreevy 和 Vegh [320]。在研究过程中，他们也为第 8 章重点介绍的奇异金属的宏观输运响应的研究奠定了基础。在本章中，我们将或多或少地遵循历史发展的顺序，带领读者了解这个探针故事和其中原理的破译。由于超对称根植于 AdS/CFT 之中，费米子有其自然的存在位置，但它们在全息中的地位与负责集体响应行为的玻色算符不同。费米子本质上是量子力学的。凭借 AdS/CFT 字典将体时空中的量子修正对应于边界上 $1/N$ 修正的魔力，意味着半经典引力中的费米场对偶于场论中被 $1/N$ 压低的费米算符。在本章考虑的探针极限下，根据定义，体时空中的费米子对体系总的电荷或能量密度没有贡献。体时空中的费米子是由在经典弯曲时空且存在经典电磁场的背景下的 Dirac 方程所描述。它们对麦克斯韦场或度规没有反作用。由于自然的 $1/N$ 抑制，探针极限几乎是自动满足的，而对偶于体时空中 Dirac 波函数的边界上的费米传播子可以看成微扰场论在大 N 极限下的领头阶修正。

像以前一样，首先在零密度下验证我们的研究。我们将先展示全息如何再一次给出关于 CFT 中费米传播子的正确答案。它具有与玻色子相同的"非粒子"分支切割，只是现在正负能态都存在。然后我们在 9.2 节转到有限密度体系，并表明全息奇异金属完全名副其实，因为它对费米探针给出了类似非费米液体的响应行为。然而，这种响应也可以呈现出一种新的"代数的赝能隙"行为。我们将要对比这些响应与非费米液体区域，并认为这些"代数赝隙"更能真正代表 RN 金属。9.3 节专门介绍 MIT 小组发现的数学工具，这些数学工具使得我们可以完全破译物理以及它如何对偶到边界费米传播子。通过体时空中 Dirac 波函数在靠近视界和靠近边界处渐近行为之间的匹配，我们可以得到边界传播子低频行为的封闭的半解析表达式。这种以近–远匹配法形式出现的算法已经被证明在 AdS/CMT 中具有非常广泛的适用性，例如在第 8 章通过线性响应理论计算输运系数，在第 10 章的全息超导中也将有所应用。

　　然而，为了理解边界上类似费米液体准粒子特征的起源，一个更具启发性的分析办法是把 Dirac 方程转化为有效薛定谔势的形式。这意味着通过巧妙选择坐标，可以将体时空里在弯曲时空背景中传播的 Dirac 波转换成一个有效的关于径向坐标的一维薛定谔方程，从而曲率的效应被替换成平直时空中一个有效势。人们现在可以依靠量子力学含势能的散射理论方法来理解体时空中费米子的物理。这套方法所揭示的是，在近边界的 AdS 几何转变为 RN 黑洞几何的区域存在一个有效的势阱。对于有着较大荷–质比的费米算符，即"红外相关"的标度维度，该势阱允许存在束缚态。边上的障碍的作用与 6.3 节描述的"墙"非常相似，除了现在具有一个到内部深处视界的有限大隧穿概率。这揭示了在有限密度系统中，场论激发态想要禁闭到类似粒子的规范单态，但现在是费米的而不是玻色的本性——是"介子伴子"而不是"介子"(meson)。这些激发态不是无限稳定的，它们仍然在 RN 金属的部分的深红外区域中衰变。这些寿命长的规范单态给出了麻省理工学院和莱顿发现的类似 (非) 费米液体的行为。然而，事实证明，在这些准束缚态形成之前，已经存在 (违反 BF 界限的)"对数振荡响应"，意味着 RN 黑洞在费米子的存在下变得不稳定。为了进一步研究这一点，需要考虑体时空中费米子的反作用，这将是第 11 章讨论的主题。

　　事后看来，或许从匹配薛定谔分析中获得的最重要的物理是在荷质比很小的情况下所发生的事。此时费米算符在某种意义上是"红外不相关的"；势不再允许束缚态存在，而 RN 金属的局域量子临界属性奏效。我们将说明，这种局域量子临界在光电效应中的本质是通过近视界标度几何施加给费米子谱函数的特征"代数赝隙"行为显现出来的。准确的说法是，光电发射谱函数表现为 $A(\omega, k) \sim \omega^{2\nu_k}$，对动量的依赖体现在指数 $\nu_k \sim \sqrt{1/\xi^2 + k^2}$ 上，其中 ξ 是晶格常数的长度尺度。我们对实验者提出的挑战是他们应该检查自己的数据中是否会存在这样的响应。

9.1 全息费米子

费米子是 AdS/CFT 对应中很自然的一部分。在 Maldacena 经典的 $AdS_5 \times S^5$ 对偶的例子中，对偶场论是 $\mathcal{N} = 4$ 的超对称 Yang-Mills 理论，其中玻色子及其超对称费米子伴子以完美的对称性和谐地出现。费米子的微妙之处在于它们本质上是量子力学的。费米波函数反对易的定义只对有限大的 $\hbar$ 才有意义。AdS/CFT 对应的奇怪之处在于，体时空中的量子物理对偶于对偶场论中半经典的大 N 极限下的物理。这正是 GKPW 规则非常明确地揭示的内容。AdS/CFT 最强有力的方面之一恰恰是它找到了一个完整量子场论中全新的矩阵的大 N(引力的) 鞍点近似。因此，在经典引力附近考虑体时空中的费米子实际上是对体系在大 N 极限附近的重新量子化，而体时空中费米子固有的量子属性意味着它们在对偶边界场论中的算符自动被 $1/N$ 倍压低。这第一眼看上去很糟糕，因为量子化的体时空——即量子引力——应该是一项艰巨的任务。然而在本节中我们所考虑的探针极限下，边界费米子仅仅具有线性响应的地位，而 $1/N$ 展开的领头阶相当于费米传播子振幅的自然压低。我们所研究的是固定弯曲时空背景中微扰的量子场。一旦我们考虑超出线性响应范畴的许多个费米子的效应，那么费米子真正的量子属性将会变得很重要。在第 11 章中，我们将转而讨论体时空中有限密度费米物质构成的物体，它们在边界上对偶于"聚集的"费米液体态，而在这种情况下体时空物理固有的量子属性将显现出来。

与凝聚态物理中通常理解的费米子相比，有些关于全息所计算的费米算符的精确含义的问题是必须注意的。这是体现自上而下的构造提供额外的关键信息的一个典型范例。在处理这些问题时总是首先考虑 Maldacena 的经典的 $AdS_5 \times S^5$ 例子中，微观费米子总是以非常特殊的伪装出现。这些费米子就是传递相互作用的规范玻色子的超对称伴子，因此它们出现在 Yang-Mills 规范群的伴随 (adjoint) 表示中。这与属于规范群的基本表示的粒子物理标准模型费米子或基本电子完全不同。基于这些微观的、规范带荷的"退禁闭"费米子，我们可以通过构造玻色–费米复合算符来构造出单迹的、规范不变从而可观测的费米激发态。如我们在第 4 章中描述的，正是这些边界场论中的单迹规范不变的复合算符才能在大 N 极限对偶于一个经典引力理论，只不过现在还要带有费米物质。这些费米的规范单态算符有时就被随意地称为"介子伴子"，它们是 QCD 中介子的超对称伴子。QCD 中的介子是玻色的规范单态，是由费米夸克–反夸克对 $\bar{\psi}_a \psi^a$ 形成的，其中求和是针对规范色荷指标。对于伴随表示中的费米子，类似的介子是 $\bar{\psi}_{ab} \psi^{ba} = \mathrm{Tr}[\bar{\psi}\psi]$。在具有超对称的 Yang-Mills 理论中，我们也可以构造费米的复合算符 $\mathrm{Tr}[\phi\psi]$，其中 ϕ 是一个玻色的部分子。这就是"介子伴子"，它与凝聚态从属费米子理论中自旋子–空穴子的分数化构造有一些相似之处，只不过它们是在矢量的大 N 下，而不是在超对称 Yang-Mills 理论的矩阵大 N 极限下。

注意我们也可以构造自上而下的模型，即所谓的相交 Dp/Dq 膜，这时的微观费米子从属于规范群的基本的矢量表示。这种更为复杂的在时空中有一个具有动力学畴壁的引力对偶，将在第 13 章中进行讨论。

9.1.1 全息中的费米子关联函数

为了树立信心，我们先来看看在零密度下纯的 CFT 中是如何计算费米子关联函数的。在这种情况下对称性应该已经能够完全确定费米传播子的形式。在下文中我们将转向讨论有限密度的奇异金属中的“全息光电发射”所揭示的出人意料的结果。

基于支撑字典的一般对称性考虑，我们匹配对偶两边的量子数，并且要求描述费米子的量子力学波函数遵循 Fermi-Dirac 统计，这样一来我们别无选择，只能假设边界场论中费米算符的物理体现在体时空的 Dirac 费米子中。这也遵循了自上而下的构造，因为 Dirac 场是在任何量子场理论设置中描述费米子物理的自然对象。由于复数的费米子始终具有 $U(1)$ 相位对称性，并且整体对称性在体时空中对应的是局域对称性，因此最小理论是上文的 AdS-Einstein-Maxwell 作用量，并带有描述费米子的 Dirac 项，

$$
S = \int \mathrm{d}^{d+2}x \sqrt{-g} \left\{ \frac{1}{16\pi G} \left(R - 2\Lambda \right) - \frac{1}{4g_{\mathrm{F}}^2} F_{\mu\nu}F^{\mu\nu} \right.
$$

$$
\left. -\mathrm{i}\bar{\Psi}\left[e_a^\mu \Gamma^a \left(\partial_\mu + \frac{1}{4}\omega_{\mu bc}\Gamma^{bc} - \mathrm{i}qA_\mu \right) - m \right] \Psi \right\} \tag{9.1}
$$

有两个关键地方需要我们注意。根据对偶是完全相对论性的，我们对自旋为 1/2 的费米子使用的是相对论性的 Dirac 作用量。偶数维时空中的 Dirac 旋量长度为 $2^{d/2+1}$，其中 $2^{d/2}$ 个分量对应粒子极化，另外 $2^{d/2}$ 个分量对应反粒子极化，并且 Dirac 费米子现在是定义在弯曲时空中。这是通过引入标架场和自旋联络 $\omega_{\mu ab}$ 来实现的，其中标架场是度规的“平方根”，定义为 $e_\mu^a e_\nu^b \eta_{ab} = g_{\mu\nu}$；而自旋联络的引入是为了保证标架场的协变不变性 $D_\mu e_\nu^a = 0 = \partial_\mu e_\nu^a - \Gamma_{\mu\nu}^\sigma e_\sigma^a + \omega_{\mu b}^a e_\nu^b$。标架场和自旋联络的简要介绍可以在第 4 章的方框 4.4 中找到。标架场自然地将平直的切空间中的矢量和元素映射到物理时空中去，而自旋联络决定了切空间中的基矢在弯曲流形中移动时如何旋转。旋量，作为局域转动群的自旋 1/2 表示，在切空间自然地具有取值。因此，伽马 (gamma) 矩阵在切空间自然地有定义，这意味着它们定义的反对易关系为 $\{\Gamma^a, \Gamma^b\} = 2\eta^{ab}$。特别要注意到的是，这意味着伽马 (gamma) 矩阵始终是由常数构成的矩阵，不依赖于时空位置的选取。

从全息的角度看，旋量表示的长度依赖于维度这一事实可能立刻看起来是个问题。若体时空和边界时空的维数不同，则字典该如何工作？这个问题的答案来自于 Dirac 作用量是一阶导数这一为人熟知的事实。因此，Dirac 场中只有一半的分量对应于物理自由度，而另一半分量对应于共轭动量。它们在边界处的值自然地翻译为对偶算符的源和响应 (方框 9.1)。因此，对这些物理自由度取适当的投影可以解决这个困难。

我们还要强调的是，Dirac 方程与经典场方程有很大不同：在体时空中我们研究的是没有相互作用的相对论性费米子的量子力学波函数；不存在相干经典态来作为鞍点近似下方程的解。

总结九：强耦合边界场论中的费米算符对偶于体时空中自由的 Dirac 费米子的量子力学，它们在弯曲的体时空中传播。这涉及体时空中的量子物理，因此费米子作为边界场论中大 N 极限下领头阶的 $1/N$ 修正出现。

有了包含费米算符 CFT 的对偶引力理论，我们现在可以正式利用 GKPW 规则去计算它的关联函数。从技术上讲有一些与费米子性质以及自旋结构相关的微妙之处，相应地会在方框 9.1 中进行详细的讨论。一个容易回答的问题是：考虑到系统受到共形对称性和洛伦兹不变性的高度约束，我们该期待零密度边界场论中费米子的两点函数具有怎样的行为？我们可以在凝聚态物理中找一个具体的物理体系，而在这个体系中这个问题非常自然。考虑类石墨烯的情况，其中能带结构在低能下会导致 Dirac 费米子的存在。这些具有费米双重简并的问题，更直接的例子是第 2 章在 3 维拓扑绝缘体表面形成的螺旋费米子，因为此时边界处的费米子是真正相对论性的。我们将这个系统保持在零密度，从而使 Dirac 节点位于化学势的位置。现在设想该系统被调制到开始进入反铁磁相的量子临界点。人们可以在相当一般的基础上证明，临界点处临界玻色场的 Yukawa 耦合是有限大的，其效果是费米子落在强耦合临界态的临界表面上 [353]。以上这个问题等价于问在这种情况下光电发射谱会是什么样子。

答案是，如所有其他场那样，谱函数将表现出"非粒子"分支切割，如第 2 章中所讨论的那样。共形不变性和洛伦兹不变性完全决定了包括费米传播子在内的所有两点函数的形式。剩余唯一的自由参数是费米算符 $\mathcal{O}_\psi$ 的标度维数 Δ。与共形玻色传播子的唯一区别是费米传播子所描述的包含了负 (占据的) 和正的 (未占据的) 能态。对于类空动量 $k^2 > 0$，我们有

$$\langle \mathcal{O}_\psi \mathcal{O}_\psi^\dagger \rangle \sim k^{2\Delta - d - 1} \tag{9.2}$$

我们清晰地看到不会有极点存在，这些与自由的 Dirac 粒子无关。相反，作为能量的函数的分支切割行为再次告诉我们，我们正在处理的是高度集体化的、强耦合费米子的临界涨落。这种形式的关联函数正是从作用量 (9.1) 出发通过全息 GKPW

规则计算 (方框 9.1) 所得到的。如前所述，它表明边界费米算符的标度维数由体中 Dirac 场的质量决定，通过关系

$$\Delta = \frac{d+1}{2} + mL \tag{9.3}$$

尽管这里关于标度的讨论还不足以揭示什么，但下文方框 9.1 中对传播子清晰的计算表明，体时空中的 Dirac 体系自动地体现了边界场论中 Dirac 海的存在。完整形式的边界费米传播子正确地描述了占据态和未占据态。尽管它们远非自由费米子，但临界费米子确实记住了占据态和未占据态的概念。在这种零密度体系中，我们知道自己在做什么，因为费米子符号由于电荷共轭不变性而互相抵消，而这是确保传播子的一般形式遵循运动学的充分条件。同时，体中的费米子形成了一个自由体系，其特征也是正负能态的存在，即存在自由的 Dirac 海。我们推断出一个简单的一一对应的字典关系，来联系体时空中的 Fermi-Dirac 信息以及边界上费米统计如何主导强耦合零密度临界态。零密度费米子谱函数的典型结果如图 9.1 (第 9.2节) 上面的插图所示。

方框 9.1　全息计算费米关联函数

　　由于 Dirac 作用量的一阶导数性质，此时应用 AdS/CFT 字典的规则有一些技术变化。仅仅在统计费米子的分量个数的时候就可以很容易地看出这种变化是必要的。当时空维度为 $d+1=2n$ 和 $d+1=2n+1$ 时，一个旋量有 2^n 个分量。这意味着如果考虑一个时空维数是偶数维 $d+1=2n$ 的体时空，那么旋量分量的个数为 2^n，它是时空维数为奇数 $d+1=2n-1$ 的边界场论中的旋量分量个数的 2 倍。由于描述相对论性费米子的 Dirac 作用量是一阶导数的，这种计数方法其实是错误的。一阶导数的作用量同时描述了扰动——(对应于一半的旋量分量) 以及它的共轭动量 (另一半的旋量分量)。显然只有前者应该对应于一个边界自由度。我们可以利用额外方向通过 $\Gamma^r \Psi_\pm = \pm \Psi_\pm$ 把旋量投影到本征态来使得这种划分看起来更明显。我们称其中的一个为扰动，比如 Ψ_+，另外一个 Ψ_- 则是共轭动量。

　　从这里我们开始专门研究 $\mathrm{AdS}_4/\mathrm{CFT}_3$ 的情况：不过这并不失去一般性，因为在其他维数上也是类似的。在这种投影下，Dirac 作用量约化成

$$S = \int \mathrm{d}^4 x \sqrt{-g} \left(-\mathrm{i}\bar{\Psi}_+ \slashed{D} \Psi_- - \mathrm{i}\bar{\Psi}_- \slashed{D} \Psi_+ + \mathrm{i}m\bar{\Psi}_+ \Psi_- + \mathrm{i}m\bar{\Psi}_- \Psi_+ \right) \tag{9.4}$$

第二个问题是 AdS/CFT 对偶如何指导我们从在壳作用量出发推导出 CFT 中的关联函数。然而，Dirac 作用量与其运动方程成正比。这反映了费米子固

有的量子性质，即它们对鞍点从不造成影响。然而在一个有边界的理论中，正如我们将要看到的那样，这并不完全正确。选取 Ψ_+ 作为基本自由度后，我们将选取边界的源为 $\Psi_+^0 = \lim_{r\to\infty} \Psi_+(r)$。这样，边界值 Ψ_-^0 不再是独立的，而是通过 Dirac 方程与 Ψ_+^0 的边界值相关。因此，当我们对源 Ψ_+^0 取泛函变分时，不能再把它作为独立的自由度来考虑。相反，它应该随着 Ψ_+^0 一起改变来使得作用量最小化。为了保证对 Ψ_- 的变分问题是定义良好的，我们需要添加一个边界项，

$$S_{\mathrm{bdy}} = \oint_{r=r_\epsilon} \mathrm{d}^3 x \sqrt{-h}\, \mathrm{i}\bar{\Psi}_+ \Psi_- \tag{9.5}$$

其中 $h_{\mu\nu}$ 是诱导度规，该边界项的作用类似于我们早先遇到过的 Gibbons-Hawking 项 (6.32)，而 $r_\epsilon = 1/\epsilon$，其中 $\epsilon \to 0$ 是通常取的径向截断，其作用是对靠近 $r = \infty$ 处的渐近行为做正规化处理 [354]。边界项对 $\delta\Psi_-$ 的变分为

$$\delta S_{\mathrm{bdy}} = \oint_{r=r_\epsilon} \mathrm{d}^3 x \sqrt{-h}\, \mathrm{i}\bar{\Psi}_+ \delta\Psi_- \Big|_{\Psi_+^0\,\text{fixed}} \tag{9.6}$$

现在它抵消掉了体时空中 Dirac 作用量变分得到的边界项，

$$\begin{aligned}
\delta S_{\mathrm{bulk}} = & \int \mathrm{d}^4 x \sqrt{-g} \left[-\mathrm{i}\delta\bar{\Psi}(\slashed{D} - m)\Psi - \mathrm{i}\overline{((\slashed{D} - m)\Psi)}\delta\Psi \right] \\
& + \oint_{r=r_\epsilon} \mathrm{d}^3 x \sqrt{-h} \left(-\mathrm{i}\bar{\Psi}_+ \delta\Psi_- - \mathrm{i}\bar{\Psi}_- \delta\Psi_+ \right) \Big|_{\Psi_+^0\,\text{fixed}}
\end{aligned} \tag{9.7}$$

添加这一边界项后我们得到了一个定义良好的变分问题，而明确存在的边界项表明在壳作用量不再为 0。边界项始终存在。

另一个复杂的问题是，一般而言费米子的关联函数是一个矩阵并携带自旋分量指标。在弯曲时空背景下，动力学演化通常会把这些分量混合起来。一个完全协变的表述是存在的 [350,354]，不过通过一个聪明的变量选取，每个独立的自旋分量都可以被分离出来 [320]。我们首先撤销通过 Γ^r 算符的投影，并写出完整而协变的一阶导数 Dirac 方程，

$$\left[e_a^\mu \Gamma^a \left(\partial_\mu + \frac{1}{4}\omega_{\mu bc}\Gamma^{bc} - \mathrm{i}q A_\mu \right) - m \right] \Psi = 0 \tag{9.8}$$

请注意边界项对运动方程没有贡献。

对于只依赖单一参数的度规，例如 AdS 只依赖于径向 r，这类度规有一个性质，即通过对 Dirac 场的重新定义

$$\Psi = (-gg^{rr})^{-1/4}\mathcal{X} \tag{9.9}$$

自旋联络 $\omega_{\mu bc}$ 可以被移除而不出现在运动方程里。于是 Dirac 方程具有如下形式:

$$[e^{\mu}_a \Gamma^a(\partial_\mu - iqA_\mu) - m]\mathcal{X} = 0 \tag{9.10}$$

我们最感兴趣的体时空是带静电构型的情况，此时只有 $A_t \equiv \Phi$ 是非零的。在平直时空中，我们现在可以做傅里叶变换并将 4 分量 Dirac 旋量投影到 4 分量自旋本征态上。而 AdS 时空的径向破坏了四维的洛伦兹不变性，因此在这种情况下我们不能这样做。然而，在横向螺旋度上存在类似的投影，其中自旋始终与边界动量方向和径向方向正交。我们选取 Dirac 矩阵特殊的基底为

$$\Gamma^{\underline{r}} = \begin{pmatrix} -\sigma_3 \mathbb{1} & 0 \\ 0 & -\sigma_3 \mathbb{1} \end{pmatrix}, \quad \Gamma^{\underline{t}} = \begin{pmatrix} i\sigma_1 \mathbb{1} & 0 \\ 0 & i\sigma_1 \mathbb{1} \end{pmatrix}$$
$$\Gamma^{\underline{x}} = \begin{pmatrix} -\sigma_2 \mathbb{1} & 0 \\ 0 & \sigma_2 \mathbb{1} \end{pmatrix}, \quad \Gamma^{\underline{y}} = \begin{pmatrix} 0 & \sigma_2 \mathbb{1} \\ \sigma_2 \mathbb{1} & 0 \end{pmatrix}, \quad \cdots \tag{9.11}$$

其中带下划线的指标表示它们沿着切空间方向 (标架场中的拉丁指标), σ_i ($i = 1, 2, 3$) 是泡利矩阵。接下来，利用旋转不变性选取边界动量沿着 x 方向，即 $\mathbf{k} = (k, 0)$，我们投影到 t-螺旋度 $\mathcal{X}_{1,2}$，它们是 $\Gamma^5 \Gamma^{\underline{x}}$ 矩阵的本征态。这使得 Dirac 方程化简为

$$\sqrt{\frac{g_{ii}}{g_{rr}}}(i\sigma_2 \partial_r - m\sqrt{g_{rr}}\sigma_1)\mathcal{X}_\alpha(r; \omega, k) = \left[(-1)^\alpha k_x \sigma_3 - \sqrt{\frac{g_{ii}}{-g_{tt}}}(\omega + qA_t)\right]\mathcal{X}_\alpha \tag{9.12}$$

在这里我们用到了一个事实，即对于一个对角度规 $g_{\mu\nu}|_{\mu\neq\nu} = 0$，标架场 e^a_μ 就是度规的平方根 $e^a_\mu = \sqrt{|g_{\mu\mu}|}\delta^a_\mu$，这里的指标 μ 不做求和。

从这里开始我们只需考虑 $\mathcal{X}_1$ 就够了，而 $\mathcal{X}_2$ 的结果只需要通过改变 $k \to -k$ 就可以得到。类似于标量场，在 AdS 边界附近 2 分量旋量 $\mathcal{X}_1$ 具有渐近行为

$$\mathcal{X}_1(r) = a\begin{pmatrix} 0 \\ 1 \end{pmatrix}r^{mL} + b\begin{pmatrix} 1 \\ 0 \end{pmatrix}r^{-mL} + \cdots, \quad r \to \infty \tag{9.13}$$

对于一般的质量选取，第一项作为领头阶是发散不可归一的——它将作为对偶算符的源，而第二项的次领头阶是可归一的，它将作为响应。

明智的做法是对一阶方程取平方，于是对每个 $\mathcal{X}_1$ 的分量会得到一个二阶方程，具有两个独立的解。有了 Dirac 方程的齐次解，可以构造 (体时空中) $\mathcal{X}_1$ 的格林函数 (依然是一个 2×2 的矩阵)。格林函数为

$$\mathcal{G}(\omega, k, r; \omega', k', r') = \frac{\psi_b(r) \otimes \bar{\psi}_{\text{int}}(r')\theta(r - r') - \psi_{\text{int}}(r) \otimes \bar{\psi}_b(r')\theta(r' - r)}{\frac{1}{2}\left[\bar{\psi}_{\text{int}}(r)\Gamma^r\psi_b(r) - \bar{\psi}_b(r)\Gamma^r\psi_{\text{int}}(r)\right]}$$

$$(9.14)$$

其中 $\psi_b(r)$ 是可重整的一支解，它的领头阶的系数 $a = 0$，而 $\psi_{\text{int}}(r)$ 由体时空内部的合适的边界条件所决定。

现在我们可以利用体时空中的格林函数来计算在壳的 Dirac 作用量，而通过它我们可以得到边界的关联函数。在壳的 Dirac 作用量完全来自于边界项，即方程(9.5)。这里我们已经假设了基本场是 $\Psi_+ \equiv \frac{1}{2}(1 + \Gamma^r)\Psi$。对于 t-螺旋度 $\mathcal{X}_1$，这约化为关于算符 $\frac{1}{2}(1 - \sigma_3) = \begin{pmatrix} 0 & 0 \\ 0 & 1 \end{pmatrix}$ 的投影。同时我们应该认为 Ψ_- 是依赖于基本场 Ψ_+ 的。我们的确可以看出 $\lim_{r\to\infty}\Psi_+(r)$ 提取出领头阶贡献从而作为源项，而共轭动量 Ψ_- 对源的依赖直接来自于体时空中的格林函数，这和方框 5.1 中所介绍的标量场的情形类似

$$\Psi_-(r) = \lim_{\epsilon \to 0} \oint_{r'=\epsilon^{-1}} \frac{\mathrm{d}\omega'\mathrm{d}k'}{(2\pi)^2}\frac{1}{2}(1 - \Gamma^r)\mathcal{G}(\omega, k, r; \omega', k', r')\Psi_+(r') \qquad (9.15)$$

将这个格林函数代入边界作用量 (9.5) 中，在投影到独立的 t-螺旋度 $\mathcal{X}_1$ 后我们得到

$$S = -\lim_{r\to\infty}\int \frac{\mathrm{d}\omega\mathrm{d}k}{(2\pi)^2}\sqrt{-h}\mathrm{i}\bar{\mathcal{X}}_1^0(r)\frac{1}{2}(1 + \sigma_3)$$

$$\times \frac{\psi_{\text{int}}(r) \otimes \bar{\psi}_b(\infty)}{\frac{1}{2}\left[\bar{\psi}_{\text{int}}(r)\sigma^3\psi_b(r) - \bar{\psi}_b(r)\sigma^3\psi_{\text{int}}(r)\right]}\mathcal{X}_1^0 \qquad (9.16)$$

在 t-螺旋度基底下,边界的源 (不可重整解对应的系数) 只有下面一个分量有值

$$\mathcal{X}_1^0 = \begin{pmatrix} 0 \\ J \end{pmatrix} \qquad (9.17)$$

把 $\psi_{\text{int}}(r) = \begin{pmatrix} b_{\text{int}} r^{-mL} + \cdots \\ a_{\text{int}} r^{mL} + \cdots \end{pmatrix}, \psi_b(r) = \begin{pmatrix} b r^{-mL} + \cdots \\ 0 + \cdots \end{pmatrix}$ 都写出来，我们发现

$$S = \lim_{r \to \infty} \int \frac{\mathrm{d}\omega \mathrm{d}k}{(2\pi)^2} \sqrt{-h} \, r^{-2mL} \frac{(J^\dagger b_{\text{int}})(b^\dagger J)}{\frac{1}{2}(b^\dagger a_{\text{int}} + a_{\text{int}}^\dagger b)} \tag{9.18}$$

最后一步是，对 Dirac 方程的仔细审视表明，在零密度纯的 AdS 体系中，我们总可以取 b 和 a_{int} 为实的 (但不是 b_{int})。

$$S = \lim_{r \to \infty} \int \frac{\mathrm{d}\omega \mathrm{d}k}{(2\pi)^2} \sqrt{-h} \, r^{-2mL} J^\dagger \frac{b_{\text{int}}}{a_{\text{int}}} J \tag{9.19}$$

对在壳作用量关于 J 和 $J^\dagger$ 求导，然后做重整化消除整体因子 r^{-2mL}，就可以得到费米 CFT 关联函数

$$G_{\text{fermions}}(\omega, k) = \frac{b(\omega, k)}{a(\omega, k)} \tag{9.20}$$

这里我们扔掉了下标 int，而 a, b 是关于 χ 的方程(9.13)中的系数，对这个方程要在近视界处取合适的边界条件。似乎由于分母 a 是纯实数，所以这个体系没有任何有趣的演生物理。然而，正如我们在第 6 章所学到的内容，在有限温度有限密度的情形我们不能直接把解代到明显是实的作用量中然后通过求导去获得格林函数。尽管如此，一个非常仔细且合理的分析表明 [243,320] 式(9.20)的解析延拓是正确的。

零密度下的全息费米传播子

我们现在把这套算法应用在纯 AdS 背景下 (零密度且零温) 共形费米传播子的计算。取 $L = 1$，纯的 AdS_{d+2} 时空的度规写成

$$\mathrm{d}s^2 = r^2(-\mathrm{d}t^2 + \mathrm{d}\boldsymbol{x}^2) + \frac{\mathrm{d}r^2}{r^2} \tag{9.21}$$

方程 (9.12) 化为

$$r^2 \left(\mathrm{i}\sigma_2 \partial_r - \frac{m}{r}\sigma_1 \right) \chi_1 = (-k_x \sigma_3 - \omega)\chi_1 \tag{9.22}$$

通过对这个方程取平方我们得到一组 Bessel 方程

$$-r^2 \partial_r(r^2 \partial_r \chi_1^u) + [-mr^2 + m^2 r^2 - (k_x + \omega)^2]\chi_1^u = 0 \tag{9.23}$$

$$-r^2 \partial_r(r^2 \partial_r \chi_1^d) + [-mr^2 + m^2 r^2 - (k_x - \omega)^2]\chi_1^d = 0 \tag{9.24}$$

其中 $\chi_1 = (\chi_1^u, \chi_1^d)^{\mathrm{T}}$。我们可以求解在内部是规则的那支解，然后沿着上文所阐述的步骤就可以推导出费米格林函数。这是 Feynman 时序格林函数。另一种格林函数对应于在内部选取不同的边界条件。由于"入射"边界条件给出的推迟格林函数总是复的，所以我们必须利用式(9.20)的解析延拓后的形式。满足入射边界条件的 Bessel 函数对激发态性质的依赖非常敏感。在这里再一次需要区分类空的和类时的动量，对于类时动量的情况还要进一步区分正的和负的频率。我们最终发现基本场的解为

$$
\chi_+ = \begin{cases}
r^{-\frac{d+2}{2}} K_m\left(\dfrac{|k|}{r}\right) a_+, & k^2 > 0 \\[2mm]
r^{-\frac{d+2}{2}} H_m\left(\dfrac{|k|}{r}\right) a_+, & \omega > |\boldsymbol{k}| \\[2mm]
r^{-\frac{d+2}{2}} K_m\left(\dfrac{|k|}{r}\right) a_+, & \omega < -|\boldsymbol{k}|
\end{cases}
\tag{9.25}
$$

在标准量子化下，这转化为推迟格林函数 [243]

$$
\langle \mathcal{O}\mathcal{O}^\dagger \rangle_R = \begin{cases}
\dfrac{2\mathrm{e}^{-(m+\frac{1}{2})\pi\mathrm{i}}}{k^2} \dfrac{\Gamma\left(-m+\frac{1}{2}\right)}{\Gamma\left(m+\frac{1}{2}\right)} \left(\dfrac{k}{2}\right)^{2m+1} (\gamma \cdot k)\gamma^t, & \omega > |\boldsymbol{k}| \\[5mm]
\dfrac{2\mathrm{e}^{(m+\frac{1}{2})\pi\mathrm{i}}}{k^2} \dfrac{\Gamma\left(-m+\frac{1}{2}\right)}{\Gamma\left(m+\frac{1}{2}\right)} \left(\dfrac{k}{2}\right)^{2m+1} (\gamma \cdot k)\gamma^t, & \omega < -|\boldsymbol{k}|
\end{cases}
\tag{9.26}
$$

其中 γ^μ 是 $d+1$ 维边界场论中的伽马矩阵。

9.2　全息费米面的发现

我们现在来看这个在 2009 年引起过重大轰动的研究 [320,349-351]。第 8 章介绍过的有限密度体系中的奇异金属的费米子谱函数是什么样的呢？我们按照这个方向的发展历史进行介绍，为了简单起见这里只考虑最基本的 Reissner-Nordström 金属。严格来说，由于 RN 黑洞的极度不稳定性，在很多情况下，即使在探针极限下做的费米子计算很多时候也是不可靠的。尽管如此，这些结果在突出有限密度系统中费米子响应的总体变化方面仍然具有指导意义，它们在很大程度上可以推广到我们在第 8 章中所列举介绍的其他时空几何背景。

按照 GKPW 规则，费米子谱函数可以直接从推迟格林函数的虚部读取出来，而推迟格林函数是从在黑洞视界处满足入射边界条件的 Dirac 方程的解中推导出来的。与之前我们遇到的线性响应计算的不同之处在于，除了与 RN 黑洞的深内部几何相互作用，体时空中的费米子现在也直接通过其携带的体电荷 q 与黑洞的电势相互作用。换句话说，场论中对偶的费米算符将直接对有限大化学势 μ 的存在产生响应。从技术上讲，计算是直接的。对于一般的频率和动量，因为解析解无法获得，我们需要借助数值计算。然而，对于小频率情形近似的解析解可以通过匹配方法来求解，我们将在 9.3 节讨论这个问题。

但是我们应该有怎样的期待呢？这种计算的强大之处在于它是完全新颖的。由于费米子符号问题的阻碍，在场论方面并没有通用的可操作的数学方法来解决这个问题。图 9.1[349,350] 是展现全息对于有限密度条件下 $2+1$ 维量子临界边界场论中费米子谱函数的预测结果的一个例子。图 9.1(a) 嵌图中展示了不同的动量选取下，在以 μ 为单位的温度 T 非常高时的费米子谱函数。在这种情况下化学势的影响可以忽略不计，并且我们确实发现了符合预期的被有限温度效应调制的共形行为 $A(\omega,k) \sim (\sqrt{k^2-\omega^2})^{2(\Delta-1)}$。人们注意到费米算符的标度维度被特意选取得很小，对应到谱权重向能量小的方向发生"红外相关"的转移。

突破性的结果是 9.2(b) 插图中展示的当化学势远大于温度时的情形。此时谱完全重新调整了自己的分布，我们发现当调节动量而在一个很大的动量 $k_{\mathrm{F}} \simeq \mu$，即大约和 Luttinger 体积费米动量一致的时候，在能量零点会呈现出一个非常尖锐的峰 [349,350]。初看上去这似乎揭示了一个我们熟悉的结果：形成了一个具有准粒子尖峰的良好费米面。然而依赖于标度维数，这个尖峰可以呈现出像正则费米液体的线性色散关系，也可以呈现出人意料的非线性色散关系。这种熟悉的感觉是带有欺骗性的；全息计算首次揭示了从一个临界态不仅可以可控地调制出费米液体也可以调制出非费米液体！我们来强调这个结果是多么的深刻。我们基于一个无法识别泡利不相容原理迹象的物态，通过引入变形就可以呈现出原本属于费米统计的特征性质：费米面的存在。更进一步，费米面附近的准粒子并不需要是朗道费米液体中的准粒子。随着进一步的探索，我们会发现另外两个值得注意的特征。当我们增大动量，在远未达到 Luttinger 尺度 $k \sim \mu$ 的小动量范围，谱函数呈现出奇怪的 $\ln\omega$ 形式的振荡行为 (图 9.2)。如果我们用最简单的幂函数 $\omega^{2\Delta-d-1}$ 来对格林函数取近似，这意味着标度维度 Δ 是复数的。在第 5 章中我们已经遇到过复的标度维度，即当 Breitenlohner-Freedman 界限被违反时玻色体系中会出现这种情况。我们了解到这种情况和体系的某种不稳定性有关。现在的情况也是如此，尽管对于费米子而言不稳定性并不是简单地通过场的取值落在势能顶端来判别。在第 11 章我们将会更仔细地讨论这个问题，并且将证实对数形式的振荡行为确实反映了简单的 Reissner-Nordström 黑洞的不稳定性这一观点。

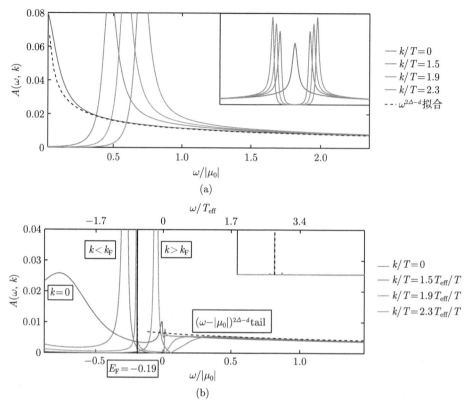

图 9.1　"全息光电发射谱"的发现。(a) 展示的是零密度共形体系在温度非零但很低的时候在不同的动量下谱函数对能量的依赖关系。在主图中我们只展示了能量为正的部分，而插图展示了整个能量区间。这些图清晰地展现出临界体系中关联函数的分支切割行为。(b) 展示了相同的谱函数，但是在有限密度 $\mu \gg T$ 的情形下，我们立即看到，在大的 Luttinger 体积费米动量 k_F 外出现了一个非常尖锐的峰，而这个峰从"费米能"向外色散，意味着一个线性色散关系以及尖峰同时开始变宽。插图中包含了整个峰的高度，这突出了费米面处准粒子峰的 δ 函数特征。插图改编自文献 [349, 350]

　　另外，值得注意的地方是，当我们增大标度维度的时候会发生什么。我们在上文中故意选取了小的质量/低的标度维度，目的是更清楚地看到费米子探测对 Reissner-Nordström 黑洞的 IR 几何的敏感性。然而当增大标度维度后，象征费米面存在的尖峰消失了。但是我们并没有重现出在 $\omega < |k|$ 时没有谱权重的零密度情况下的分支切割无标度谱函数。反之，我们在 ω 很小即低频极限情形发现了一个演生的服从幂律的标度关系 $A(\omega, k) \sim \omega^{2\nu_k}$，其中幂指数是依赖动量的。现在的扰动直接探测到了局域量子临界的几何结构 $\mathrm{AdS}_2 \times \mathbb{R}^2$，正如我们在第 8 章所预示的那样它源自于 RN 黑洞的近视界几何。的确，通过在近视界区域对 Dirac 方程进行分析 (方框 9.2)，我们可以明显地发现指数 ν_k 恰好符合我们预言的形

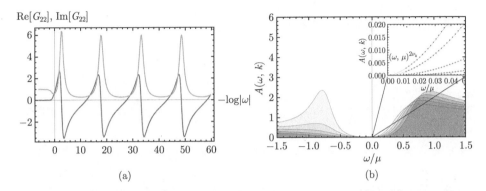

图 9.2 (a) 展示的是当用小的质量/电荷比的费米子对 RN 金属进行探测的时候，探针费米子的谱函数呈现出对数振荡的行为。当动量的选取使得标度指数 ν_k 为虚数的时候会观测到这种对数振荡行为，它传递的信息是基态具有某种不稳定性。前一张图里的费米面只在特殊的足够大的动量取值下才存在，需要满足 ν_k 总是正的。然而，对于一般的动量，谱函数的低能行为受局域量子临界或"代数赝隙"行为 $\omega^{2\nu_k}$ 所控制。这反映了对极端 RN 几何取近视界极限将会演生得到 AdS$_2$ 区域 (b)。这种赝隙实际上是一种普遍的行为：对于大的质量/电荷比，这种行为对所有的动量都存在。图片改编于文献 [349] 和 [355]

式，即

$$\nu_k = \sqrt{\frac{g_F^2 k^2}{\mu^2} + \frac{m^2 L^2}{6} - \frac{g_F^2 q^2}{6}}$$

并且它和数值结果准确地相吻合，其中 g_F 是式 (9.1) 中定义的电磁耦合常数。

在形式上我们还有一个参数可以进行调节：费米子所携带的电荷。对于固定的标度维度，调节电荷会导致和调节标度维度相同的效应。它以解析的方式连接了分别对应小和大的电荷的局域量子临界和 (非) 费米液体区域。

总结十： 取决于探针费米子在 **UV** 的标度维度，费米子谱函数在 **RN** 金属中展现出非常不同的低能行为。对于带有足够小的质量/电荷比的"红外相关" **UV** 费米算符，它有着很强的倾向来展现出类似粒子的行为，这暗示了 (近乎于) 费米液体的出现，其特征是存在带有较大"**Luttinger** 体积"的费米面。对于带有足够大的质量/电荷比的"红外无关" **UV** 费米算符，我们发现的却是"代数赝隙"形式的响应 $A(\omega, k) \sim \omega^{2\nu_k}$，其中 $\nu_k \sim \sqrt{\frac{1}{\xi^2} + k^2}$。这种代数标度是描述局域量子临界的近视界几何带来的结果。

方框 9.2 有限密度体系的费米子关联函数

为了获得费米算符的谱函数，我们需要求解 AdS-Einstein-Maxwell 理论中的 Dirac 方程

$$\left[e_A^\mu \Gamma^A \left(\partial_\mu + \frac{1}{4}\omega_{\mu AB}\Gamma^{AB} - iq A_\mu \right) - m \right] \Psi = 0 \tag{9.27}$$

其中自旋联络 $\omega_{\mu AB}$ 和规范场 A_μ 均由 RN 黑洞背景的取值给出。为了简单起见，我们取 3+1 维 AdS 时空作为特例，它对偶于 2+1 维的边界场论。我们通过变量的重新定义 $\Psi = (-gg^{rr})^{1/4}\chi$ 把自旋联络吸收掉，并投影到经部分傅里叶变换的 2-分量 Γ^r 本征旋量上

$$\Psi_\pm = (-gg^{rr})^{-\frac{1}{4}} e^{-i\omega t + ik_i x^i} \begin{pmatrix} -iy_\pm \\ z_\pm \end{pmatrix} \tag{9.28}$$

利用各向同性，取 $k_y = 0$ 而 $k_x = k$，我们可以为 Dirac 矩阵选取一组基底，$\Gamma^r = \sigma^3 \otimes \mathbb{I}, \Gamma^{t,x,y} = \sigma^{t,x,y} \otimes \sigma^1$，从而得到两组彼此不耦合的两个分量自身存在简单耦合的方程组

$$\sqrt{g_{ii}g^{rr}}(\partial_r \mp m\sqrt{g_{rr}})y_\pm = \pm(k-u)z_\mp \tag{9.29}$$
$$\sqrt{g_{ii}g^{rr}}(\partial_r \pm m\sqrt{g_{rr}})z_\mp = \pm(k+u)y_\pm$$

其中 $u = \sqrt{\dfrac{g_{ii}}{-g_{tt}}}(\omega + qA_t)$。在这种 Dirac 矩阵的基底选取下，通过 GKPW 规则得到的 CFT 的格林函数 $G = \langle \bar{\mathcal{O}}_{\psi_+}\gamma^0\mathcal{O}_{\psi_+} \rangle$ 即为

$$G = \lim_{\epsilon \to 0} \epsilon^{-2mL} \begin{pmatrix} \xi_+ & 0 \\ 0 & \xi_- \end{pmatrix} \Big|_{r=\frac{1}{\epsilon}}, \qquad \xi_+ = \frac{y_-}{z_+}, \quad \xi_- = \frac{z_-}{y_+} \tag{9.30}$$

相比于求解耦合的方程 (9.29) 而言更简便的做法是直接求解 $\xi_\pm$，

$$\sqrt{\frac{g_{ii}}{g_{rr}}}\partial_r\xi_\pm = -2m\sqrt{g_{ii}}\xi_\pm \mp (k \mp u) \pm (k \pm u)\xi_\pm^2 \tag{9.31}$$

为了获得推迟格林函数，我们需要在近视界处取入射边界条件。这意味着我们对非零的 ω 取 $\xi_\pm|_{r=r_0} = i$，而 $\omega = 0$ 时取 [349]

$$\xi_\pm|_{r=r_0,\omega=0} = \left(m - \sqrt{k^2 + m^2 - \frac{\mu^2 q^2}{6} - i\epsilon} \right) \Big/ \left(\frac{\mu q}{\sqrt{6}} \pm k \right) \tag{9.32}$$

读者可参考图 9.1 来获得这个方程的数值解。

近视界几何 $\mathrm{AdS}_2 \times \mathbb{R}^2$ 的局域量子临界标度行为

当质量/电荷比很大的时候，费米子谱函数在低频区域展现出局域量子临界的标度行为，而这种特征有一个启发性的理解，即这种特殊行为来源于 IR 处的演生局域量子临界几何。在 9.3 节里我们将证明这种启发式的理解是正确的。考虑到核心思想，即 IR 物理取决于零温 RN 黑洞解的近视界几何 $\mathrm{AdS}_2 \times \mathbb{R}^2$，我们简单地把整个时空近似视为方程 (8.23) 所描述的几何，

$$ds^2 = \frac{L^2}{6\zeta^2}(-dt^2 + d\zeta^2) + \frac{r_*^2}{L^2}d\boldsymbol{x}^2, \quad A_t = \frac{1}{\sqrt{3}\zeta} \tag{9.33}$$

其中 $r_* = \dfrac{\mu}{2\sqrt{3}}$，并且我们在式 (9.1) 中取了 $2\kappa^2 = g_F = 1$。在这个坐标下，$\zeta = \infty$ 作为视界而 $\zeta = 0$ 对应于近视界几何的边界。

在这个背景下，旋量 $\mathcal{X}_\alpha$ 的运动方程 (9.12) 变为

$$\partial_\zeta \mathcal{X}_\alpha + U\mathcal{X}_\alpha = 0 \tag{9.34}$$

这里的

$$U = \frac{m}{\sqrt{6}\zeta}\sigma^3 - \mathrm{i}\left(\omega + \frac{q}{\sqrt{3}\zeta}\right)\sigma^2 - (-1)^\alpha \frac{\sqrt{2}}{\mu\zeta}k\sigma^1 \tag{9.35}$$

我们依然假设动量是沿着 x 方向，而 $\mathcal{X}_\alpha = \begin{pmatrix} \mathcal{X}_{\alpha 1} \\ \mathcal{X}_{\alpha 2} \end{pmatrix}$。方程 (9.34) 是可求解的，并且解析解由 Whittaker 函数表示。为了获得推迟格林函数，我们在 $\zeta = \infty$ 处对 $\mathcal{X}_\alpha$ 取入射边界条件。旋量的两个独立分量的入射解为

$$\begin{pmatrix} \mathcal{X}_{\alpha 1} \\ \mathcal{X}_{\alpha 2} \end{pmatrix} = \left(\begin{array}{l} c_{(\alpha,\mathrm{in})}\mathrm{i}\zeta^{-1/2}\left\{ W_{\frac{1}{2}+\mathrm{i}\frac{q}{\sqrt{3}},\nu_k}(-2\mathrm{i}\omega\zeta) \right. \\[2mm] \left. \quad + \left[\frac{m}{\sqrt{6}} + \frac{\mathrm{i}(-1)^\alpha\sqrt{2}k}{\mu}\right]W_{-\frac{1}{2}+\mathrm{i}\frac{q}{\sqrt{3}},\nu_k}(-2\mathrm{i}\omega\zeta) \right\} \\[4mm] c_{(\alpha,\mathrm{in})}\zeta^{-1/2}\left\{ W_{\frac{1}{2}+\mathrm{i}\frac{q}{\sqrt{3}},\nu_k}(-2\mathrm{i}\omega\zeta) \right. \\[2mm] \left. \quad - \left[\frac{m}{\sqrt{6}} + \frac{\mathrm{i}(-1)^\alpha\sqrt{2}k}{\mu}\right]W_{-\frac{1}{2}+\mathrm{i}\frac{q}{\sqrt{3}},\nu_k}(-2\mathrm{i}\omega\zeta) \right\} \end{array} \right) \tag{9.36}$$

其中 $\nu_k = \sqrt{\dfrac{2k^2}{\mu^2} + \dfrac{m^2}{6} - \dfrac{q^2}{3}}$，而 $c_{(\alpha,\text{in})}$ 是任意的常数。

在边界 $\zeta \to 0$ 处，解 $\mathcal{X}_\alpha$ 的渐近形式为

$$\mathcal{X}_\alpha = v_{-\alpha}\zeta^{-\nu_k} + v_{+\alpha}\mathcal{G}_\alpha(\omega)\zeta^{\nu_k} + \cdots \tag{9.37}$$

其中领头阶的系数 $v_{\pm\alpha}$ 是式 (9.35) 中的矩阵 U 以 $\pm\nu_k$ 为本征值的本征矢量

$$v_{\pm\alpha} = \tilde{c}_0 \begin{pmatrix} \mathrm{i}(-1)^\alpha \dfrac{\sqrt{2}k}{\mu} \pm \mathrm{i}\nu_k - \mathrm{i}\dfrac{m}{\sqrt{6}} - \mathrm{i}\dfrac{q}{\sqrt{3}} \\[3mm] (-1)^\alpha \dfrac{\sqrt{2}k}{\mu} \pm \nu_k + \dfrac{m}{\sqrt{6}} + \dfrac{q}{\sqrt{3}} \end{pmatrix} \tag{9.38}$$

而 "IR 格林函数" 可以简单地从满足入射边界条件的解在边界的渐近展开来计算，其结果为

$$\mathcal{G}_\alpha(\omega)$$
$$= \mathrm{e}^{-\mathrm{i}\pi\nu_k} \frac{\Gamma(-2\nu_k)\Gamma\left(1 + \nu_k - \dfrac{\mathrm{i}q}{\sqrt{3}}\right)\left[(-1)^\alpha \dfrac{\sqrt{2}k}{\mu} - \mathrm{i}\dfrac{m}{\sqrt{6}} - \nu_k - \mathrm{i}\dfrac{q}{\sqrt{3}}\right]}{\Gamma(2\nu_k)\Gamma\left(1 - \nu_k - \dfrac{\mathrm{i}q}{\sqrt{3}}\right)\left[(-1)^\alpha \dfrac{\sqrt{2}k}{\mu} - \mathrm{i}\dfrac{m}{\sqrt{6}} + \nu_k - \mathrm{i}\dfrac{q}{\sqrt{3}}\right]}(2\omega)^{2\nu_k}$$
$$\tag{9.39}$$

这在形式上恰好符合我们关于有效局域量子临界理论的预言 (例如式 (8.27))，

$$\mathcal{G}_k(\omega) = c_k \mathrm{e}^{\mathrm{i}\phi_k}\omega^{2\nu_k}, \quad \nu_k = \sqrt{\dfrac{2k^2}{\mu^2} + \dfrac{m^2}{6} - \dfrac{q^2}{3}} \tag{9.40}$$

其中 c_k 和 ϕ_k 均为依赖于 k 的解析实函数，具体结果可从完整的表达式 (9.39) 中读取。

在低温极限 $T \ll \mu$ 下，AdS RN 黑洞的近视界几何变成了 $\text{AdS}_2 \times \mathbb{R}^2$ 中的黑洞解，而在这个背景中探针极限下的旋量所对应的推迟格林函数同样可以求解。相关的计算步骤和此前所描述的完全一致，而最终的结果为 [22,356]

$$
\begin{aligned}
&\mathcal{G}_\alpha(\omega, T) \\
&= \frac{\varGamma(-2\nu_k)\varGamma\left(1 + \nu_k - \dfrac{\mathrm{i}q}{\sqrt{3}}\right)\varGamma\left(\dfrac{1}{2} + \nu_k - \dfrac{\mathrm{i}\omega}{2\pi T} + \dfrac{\mathrm{i}q}{\sqrt{3}}\right)}{\varGamma(2\nu_k)\varGamma(1 - \nu_k - \dfrac{\mathrm{i}q}{\sqrt{3}})\varGamma\left(\dfrac{1}{2} - \nu_k - \dfrac{\mathrm{i}\omega}{2\pi T} + \dfrac{\mathrm{i}q}{\sqrt{3}}\right)} \\
&\qquad \times \frac{\left[(-1)^\alpha \dfrac{\sqrt{2}k}{\mu} - \mathrm{i}\dfrac{m}{\sqrt{6}} - \nu_k - \mathrm{i}\dfrac{q}{\sqrt{3}}\right]}{\left[(-1)^\alpha \dfrac{\sqrt{2}k}{\mu} - \mathrm{i}\dfrac{m}{\sqrt{6}} + \nu_k - \mathrm{i}\dfrac{q}{\sqrt{3}}\right]} (4\pi T)^{2\nu_k}
\end{aligned}
$$

这种局域量子临界的标度性质当然是普适的，并且对于其他场也都适用。对于其他情况，我们也可以简单地重复这种近视界处的分析。特别地，对于一个带电的有质量的玻色场，我们发现相应的零温 IR 格林函数为

$$
\mathcal{G}_{\text{boson}}(\omega) = \mathrm{e}^{-\mathrm{i}\pi\nu_k} \frac{\varGamma(-2\nu_k)\varGamma\left(\dfrac{1}{2} + \nu_k - \dfrac{\mathrm{i}q}{\sqrt{3}}\right)}{\varGamma(2\nu_k)\varGamma\left(\dfrac{1}{2} - \nu_k - \dfrac{\mathrm{i}q}{\sqrt{3}}\right)} (2\omega)^{2\nu_k} \tag{9.41}
$$

其中

$$
\nu_k = \sqrt{\frac{1}{4} + \frac{2k^2}{\mu^2} + \frac{m^2}{6} - \frac{q^2}{3}} \tag{9.42}
$$

而对于有限温度情形

$$
\mathcal{G}_{\text{boson}}(\omega, T) = \frac{\varGamma(-2\nu_k)\varGamma\left(\dfrac{1}{2} + \nu_k - \dfrac{\mathrm{i}q}{\sqrt{3}}\right)\varGamma\left(\dfrac{1}{2} + \nu_k - \dfrac{\mathrm{i}\omega}{2\pi T} + \dfrac{\mathrm{i}q}{\sqrt{3}}\right)}{\varGamma(2\nu_k)\varGamma\left(\dfrac{1}{2} - \nu_k - \dfrac{\mathrm{i}q}{\sqrt{3}}\right)\varGamma\left(\dfrac{1}{2} - \nu_k - \dfrac{\mathrm{i}\omega}{2\pi T} + \dfrac{\mathrm{i}q}{\sqrt{3}}\right)} (4\pi T)^{2\nu_k} \tag{9.43}
$$

9.3 计算费米子谱函数：薛定谔势和匹配方法

就在共同发现 "MIT-Leiden 费米子"[349,350] 不久之后，MIT 小组的 Faulkner、Liu、McGreevy 和 Vegh 发表了一篇开创性的文章，在这篇文章中他们通过一种精确的半解析的语言展示了如何理解上文描述的费米子响应背后的物理[320]。他们的核心观点是，在 AdS-RN 几何中我们可以通过匹配在无穷远处和内部的渐近展开来获得波函数在低频的解，唯一待求的是可以通过数值计算来简单地求得的匹配系数。这种非常奏效且具有一般性的办法在处理玻色探测问题时具有非常

大的作用，例如用于第 10 章的全息超导中。因此，我们在这种方法首次被引入 AdS/CMT 的地方——费米子这部分内容，详细地对它进行讨论。

假如我们选取坐标 (8.2)，沿着径向方向 AdS-RN 的时空几何会发生剧烈的变化，并且从零密度的 AdS_{d+2} 几何非常突然地转变为极端 Reissner-Nordström 黑洞的近视界几何 $AdS_2 \times \mathbb{R}^d$。这种变化非常迅速，从而我们可以把它描绘成一种几何上的“畴壁”，其作用非常类似于一个隧穿势垒。这样的话我们就可以对波函数 (玻色或费米) 进行求解，该波函数的一端位于边界处的 AdS_{d+2} 几何，而另一端位于黑洞视界处的 $AdS_2 \times \mathbb{R}^d$ 几何，然后在畴壁处对两边的解进行匹配。

在详细讨论匹配方法之前，我们简要地讨论一下有限密度谱的一个最值得注意的新的方面：$\omega = 0$ 处的尖峰。谱函数中的尖峰当然表示格林函数中存在极点。这样的极点非常自然地反映在体时空的物理中。在 GKPW 公式中格林函数表示为渐近展开中不可归一化解和可归一化解前面系数之间的比值，于是我们看到当选定合适的内部边界条件后，只要存在一个精确的可归一化解 (也即不可归一化系数为零)，就会出现一个极点。尽管 Dirac 费米子在弯曲时空中的行为很难用从平直空间获取的直觉来掌握，但有一个有用的技巧可以精确地梳理出这些可归一化的解。通过坐标变换加上场的重新标度，可以将问题转化为有效的 (关于径向的) 一维相对论性薛定谔方程，其中几何的效应被转化为一个简单的势。这样一来，我们就可以利用教科书里一维量子力学的势散射理论来分析体时空中的物理。

相关步骤在方框 9.3 中进行了概述。需要注意的是，这种势通常允许存在具有复频率的可归一化的隧穿解——所谓的准正模式 [213]。可归一化边界条件是实的边界条件。连同方程是实的这一事实，意味着如果我们在近视界处取入射边界条件的话，那么唯一的频率为实的可归一化的解只能取在 $\omega = 0$ 处。因此，所有的峰在 $\omega = 0$ 处最为尖锐。于是，我们可以将注意力限制在这个取值上。我们发现在这种情况下，对偶于边界费米算符的源且定义在傅里叶空间中的基本费米场 z_+ 满足如下类似于薛定谔方程的简单一维波动方程：

$$\partial_s^2 z_+ - V(s)z_+ = 0 \tag{9.44}$$

对于这个方程，我们需要寻找能量本征值为零的解。这里的 s 是重新参数化后的径向坐标，而可以推测出势 $V(s)$(后面的方程 (9.48)) 是费米子质量、电荷以及化学势的函数。但是，由于我们只用一个有效的一维方程来近似描述一个更高维度中的演化方程，它也强烈地依赖于费米子的动量。在图 9.3 中我们展示了这种势能下具有代表性的情况，现在就可以很容易地读出 AdS/RN 时空中关于 Dirac 费米子的物理。

我们可以辨别出三种典型的情况，如图 9.3 所示。在所有情况中，势从边界处 (右侧) 均向内部减小并在中间区域存在势阱，而在靠近视界的时候 (最左侧) 趋于一个常数。边界 $s = 0$ 处的壁垒是弯曲的 AdS 背景带来的效应。它表明了为什么人们可以将 AdS 时空视为一个盒子，在这样的一个盒子里 (有质量的) 粒子无法逃逸到无穷远处。然而，最有趣的地方来自于势阱。这对应于上文提到的"几何畴壁"，它将近边界的 AdS 几何与 RN 黑洞的近视界几何区分开来。我们现在可以分析，当我们调节势函数所依赖的各种参数 k, m, q, μ 时会发生什么。显而易见的是势函数仅依赖于 μ 和 q 的乘积 μq。第二个观察是，一阶近似下 k 的增大使得势函数被整体抬高，并且势阱变得更加陡峭。对于足够大的质量 m 和小 q，所有动量下的势函数通常保持严格为正，故而所有能量为零的解都是过阻尼的。这意味着从边界发出的波只会向黑洞视界掉落。由于在径向传播过程中没有其他因素可以"干扰到"体时空中波从径向半途中的"事件"处开始的传播，于是我们期待 UV 传播子能直接反映出本来体现在近视界几何处的深红外的物理。正如我们将在后文进一步阐明的那样，这正是人们找到图 9.2 中的局域量子临界的"代数赝隙"形式的费米子谱函数的区域。

在减小质量并/或增大电荷 q 后，人们发现近视界处薛定谔势在某些小动量范围内变为负值 (图 9.3 中最低的那些曲线)。这表明在 RN 几何中发生了一些新奇的事情。从薛定谔势的角度来看，现在允许存在一个零能量的振荡模式，它从视界处发出并且在边界处被反射回来。为了理解这如何与谱函数联系起来，我们注意到近视界处势函数的具体表达式是直接正比于局域量子临界关联函数里标度指数的平方，即 $V_{\text{near-hor}} \sim \nu_k^2$ (方框 9.3)。因此，近视界处势函数为负值意味着标度指数 $\nu_k = \sqrt{\nu_k^2}$ 变成了虚数。于是，我们看到无阻尼的、零能态的存在是造成谱函数中神秘的对数振荡行为的诱导原因，意味着一个不稳定性的存在。

这种观点也可以通过其他方式得到证实。可以用纯粹的引力语言证实，由于黑洞近视界附近的曲率很强，所以一旦在近视界处形成负的势函数，就会导致黑洞通过自发产生粒子对进行自发放电。对于玻色子而言，这标志着"沿势而下的快子瀑布"。对于费米子而言这更微妙，因为泡利原理禁止它们相干地聚集在一起而凝聚。尽管如此，放电过程还是会在体时空中产生一团物质。这团物质会在 (自) 引力的作用下被拉到一起，然后一个"星状"物体的物质会在体时空内深处取代黑洞解作为新的时空解。这种现象代表了分别对应于玻色子和费米子如何凝聚起来形成宏观物态的引力对偶描述，这方面的内容将会是第 10 章和第 11 章的主题。

在探针极限下我们将忽略这种不稳定性，转而进一步探索薛定谔势。第三种典型结果是近视界处的势函数仍然为正，但畴壁处的势函数下降到零点以下。这意味着一个准束缚态会在能量为零时形成。一般来说它并不是无限长寿命的，因为存在着一个有限大的隧穿到视界的概率，故当我们等待足够长的时间后费米子最终会被黑洞所吸收。此时从边界开始掉落的费米子将会首先被困在这种束缚态中，这代表黑洞周围形成了一个"环"，而在一个晚得多的时间之后它会隧穿到视界并在视界处最终被黑洞吸收掉。这些能量为零的束缚态需要带有有限大的动量，对应于大的"Luttinger 体积"动量 $k_{\mathrm{F}} \simeq \mu$，从而使得势阱足够陡峭。正是这些"畴壁中的准束缚态"导致我们看到图 9.1 中尖锐的准粒子尖峰。

总结十一：在一个渐近 AdS 的时空背景中的探针波函数方程可以被重新表述为一个有效的径向一维的薛定谔方程，其中曲率的效应体现在一个有效势中。谱函数的定性特征可以通过量子力学中的势理论来理解，即尖峰对应于束缚态，不稳定性对应于振荡解，而标度行为对应于过阻尼的波函数。

方框 9.3　几何畴壁和薛定谔势

为了推导出零频率 Dirac 方程相应的薛定谔方程，我们从 $\omega = 0$ 时的方程 (9.27) 中的一组方程 (9.29) 出发，

$$\sqrt{g_{ii}g^{rr}}\partial_r y_- + m\sqrt{g_{ii}}y_- = -(k-\hat{\mu})z_+$$
$$\sqrt{g_{ii}g^{rr}}\partial_r z_+ - m\sqrt{g_{ii}}z_+ = -(k+\hat{\mu})y_- \tag{9.45}$$

其中 $\hat{\mu} = \sqrt{\dfrac{g_{ii}}{-g_{tt}}}qA_t$，并且我们略去 k 的下标 x。这里的 g_{ii} 和 $g_{rr} = 1/g^{rr}$ 是 RN 度规的分量，它们也可以是其他满足空间旋转不变性并且只依赖于径向坐标 r 的静态解，例如任意的 Lifshitz 时空。在我们的记号里 z_+（和 y_+）是基础的自由度，对偶于 CFT 中的费米算符的源。将耦合的一阶 Dirac 方程重新写为单个关于 z_+ 的二阶方程：

$$\partial_r^2 z_+ + \mathcal{P}\partial_r z_+ + \mathcal{Q}z_+ = 0$$
$$\mathcal{P} = \frac{\partial_r(g_{ii}g^{rr})}{2g_{ii}g^{rr}} - \frac{\partial_r\hat{\mu}}{k+\hat{\mu}} \tag{9.46}$$
$$\mathcal{Q} = -\frac{m\partial_r\sqrt{g_{ii}}}{\sqrt{g_{ii}g^{rr}}} + \frac{m\sqrt{g_{rr}}\partial_r\hat{\mu}}{k+\hat{\mu}} - m^2 g_{rr} - \frac{k^2-\hat{\mu}^2}{g_{ii}g^{rr}}$$

首先我们注意到，当径向位置 $r = r_*$ 使得 $\hat{\mu}+k = 0$ 时 $\mathcal{P}$ 和 $\mathcal{Q}$ 均发散。由于 $\hat{\mu}$（被选取为）一个半正定函数，它从视界处的 $\hat{\mu}=0$ 开始增大，这意味着对于负的 k（$-k < \hat{\mu}_\infty$）波函数和正 k 的波函数有着本质的不同，后者不存在任何奇异特性。如果我们通过变换摆脱掉一阶导数，并且将其重新表示为薛定谔方程的形式，那么分析就会变得很直接，这需要我们对坐标重新定义：

$$\frac{\mathrm{d}s}{\mathrm{d}r} = \exp\left(-\int^r \mathrm{d}r'\mathcal{P}\right) \quad \Rightarrow \quad s = c_0\int_{r_\infty}^r \mathrm{d}r'\frac{|k+\hat{\mu}|}{\sqrt{g_{ii}g^{rr}}} \tag{9.47}$$

其中 c_0 是一个积分常数，对它自然的大小选取应当是 $c_0 \sim q^{-1}$。在这个新的坐标中，方程 (9.46) 具有标准形式：

$$\partial_s^2 z_+ - V(s) z_+ = 0 \tag{9.48}$$

其中势函数为

$$V(s) = -\frac{g_{ii} g^{rr}}{c_0^2 |k + \hat{\mu}|^2} \mathcal{Q} \tag{9.49}$$

$$= \frac{1}{c_0^2 (k + \hat{\mu})^2} \left[(k^2 + m^2 g_{ii} - \hat{\mu}^2) + m g_{ii} \sqrt{g^{rr}} \partial_r \ln \frac{\sqrt{g_{ii}}}{k + \hat{\mu}} \right] \tag{9.50}$$

当 g_{ii} 和 g_{rr} 取为 RN 度规的时候，对应的势函数如图 9.3 所示。

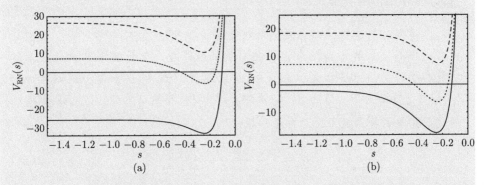

图 9.3 AdS-RN 背景中费米子分量 z_+ 对应的薛定谔谔势 $V(s)$。在这套坐标中 $s = 0$ 是 AdS 的边界而 $s = -\infty$ 是近视界区域。我们选取参数为 $r_+ = 1, \mu = \sqrt{3}, g_F = 1, mL = 0.4, c_0 = 0.1$。在 (a) 中，电荷固定为 $q = 2.5$，不同曲线展示的是不同动量的情况，其取值为 $k = 3, 2, 1$(自上而下)。在 (b) 中，动量固定为 $k = 2$，不同曲线展示的是不同电荷的情况，其取值 $q = 2, 2.5, 3$(自上而下)。在两个图中，最下面的实线表示的势函数对应振荡区域 $\nu_k^2 < 0$，中间的虚线表示的势函数展现一般的构型，它允许存在一个 $\omega = 0$ 的束缚态，而最上面由虚线表示的势函数是严格为正的，因此不允许存在能量为零的束缚态。

图片来源于文献 [357]

我们还可以对有质量带电的玻色子进行完全相同的操作。它满足的运动方程为

$$(\nabla^\mu - \mathrm{i} q A^\mu)(\nabla_\mu - \mathrm{i} q A_\mu)\phi - m^2 \phi = 0 \tag{9.51}$$

通过在一个方向 $k_x \neq 0$ 上傅里叶展开标量场 $\phi = \phi(r)\mathrm{e}^{-\mathrm{i}\omega t + \mathrm{i}kx}$，假定背景度规满足静态球对称要求，并且只依赖于径向 r，我们有

$$\partial_r^2 \phi + \frac{\partial_r (g_{xx} g^{rr})}{g_{xx} g^{rr}} \partial_r \phi + g_{rr} \left[\left(-m^2 - \frac{k^2}{g_{xx}} \right) + g_{rr}(\omega + q A_t)^2 \right] \phi = 0 \tag{9.52}$$

类似于方程 (9.47)，我们引入新的"乌龟"坐标

$$s = c_0 \int_{r_\infty}^{r} \mathrm{d}r' \frac{1}{g_{xx} g^{rr}} \tag{9.53}$$

在这套新的坐标下，我们有运动方程

$$\partial_s^2 \tilde{\phi} - V(s)_{\mathrm{boson}} \tilde{\phi} = 0 \tag{9.54}$$

其中有效势为

$$V(s)_{\mathrm{boson}} = -\frac{g_{xx}^2 g^{rr}}{c_0^2} \left[\left(-m^2 - \frac{k^2}{g_{xx}} \right) + g_{rr}(\omega + qA_t)^2 \right] \tag{9.55}$$

近视界势和局域量子临界性

在简化的特例中，即当我们取极端近视界度规 $\mathrm{AdS}_2 \times \mathbb{R}^2$ 时，我们可以在近视界处求解势函数 V，并把它明确地写成关于新坐标 s 的函数。对于费米子情形，以单位 $r_0 = 1$（即 $\mu = 2\sqrt{3}$），当 $r \to 1$ 时，我们有 $s = \frac{c_0}{\sqrt{6}}(k + q/\sqrt{2}) \ln(r - 1) + \cdots$。正如文献 [320] 中所注意到的，$s \to -\infty$ 时的近视界处的势函数正比于自能指数：

$$V(s) = \frac{6}{c_0^2 (k + q/\sqrt{2})^2} \nu_k^2 + \cdots \tag{9.56}$$

这表明视界处负势能意味着一个虚的标度指数 ν_k。这是 RN 黑洞存在不稳定性的特征。

注意势能看上去在 $k < 0$ 的时候存在一个奇点。但详细的分析表明，对于这种情况，定性上并没有新颖的特征出现[359]。

对于标量场情形，从式 (8.20) 和式 (9.53) 出发可以得到

$$s = \frac{-c_0}{6(r - 1)} + \cdots \tag{9.57}$$

当 $r \to 1$ 时，势函数 $V(s)_{\mathrm{boson}}$ 具有

$$\begin{aligned} V(s)_{\mathrm{boson}} &= -\frac{1}{6s^2}(2q^2 - m^2 - k^2) + \cdots \\ &= \frac{1}{s^2}\left(-\frac{1}{4} + \nu_k^2 \right) + \cdots \end{aligned} \tag{9.58}$$

行为，其中 ν_k 在式 (9.42) 中被定义。因此标量场存在振荡解的参数范围是 $\nu_k^2 < 0$。

匹配方法求解解析的低频关联函数

基于这些关于费米子谱函数的定性图像，我们现在利用明确的 GKPW 规则将分析建立在坚实的基础上。在方框 9.2 中我们解释了如何一般地计算费米子格林函数。在高频下唯一的选择是利用数值进行暴力求解，但在低频范围 $\omega \ll \mu$，我们可以对一般形式的格林函数获得非常有用的且"普适的"表达式 [320]，这是通过在越过畴壁处利用匹配方法获得的。关于推导过程在方框 9.4 中有详细的解释。从概念上讲它是很简单的：这只是在量子力学散射理论中广为人知的匹配方法的一种实现。考虑一个光滑的势函数，它在近和远的尺度上行为完全不同。我们可以在近区域和远区域分别对其进行求解，然后再把两个解在势能发生变化的中间距离的区域进行匹配。在现在的问题中演化是在全息的体时空中，于是我们有一个依赖于径向的函数，在远 (离视界) 的区域该函数可以近似地表述为在 $r - r_* \gg \omega$ 区域的 (频率的) 微扰解；而近视界区域 $r - r_* \ll \mu$ 是我们熟悉的 $\text{AdS}_2 \times \mathbb{R}^2$ 几何，在这个区域费米子的求解已经在方框 9.2中介绍过了。只要满足 $\omega \ll \mu$ 这两个区域就会存在重叠区，于是两个解可以在中间区域进行匹配，而这个中间区域就是两种几何相遇的区域 (几何畴壁)。

低频 $\omega \ll \mu$ 情形下完整的边界传播子的结果 (参见方框 9.3) 可以写成解析表达式：

$$G_{\text{R}}(\omega, k) = \frac{b_+^{(0)} + \omega b_+^{(1)} + \mathcal{O}(\omega^2) + \mathcal{G}_k(\omega)\left[b_-^{(0)} + \omega b_-^{(1)} + \mathcal{O}(\omega^2)\right]}{a_+^{(0)} + \omega a_+^{(1)} + \mathcal{O}(\omega^2) + \mathcal{G}_k(\omega)\left[a_-^{(0)} + \omega a_-^{(1)} + \mathcal{O}(\omega^2)\right]} \qquad (9.59)$$

其中，$a_\pm^{(i)}$ 是针对不可归一化的那支边界展开解 a 的匹配系数，$(+)$ 代表 AdS_2 的解中领头阶的那支解，$(-)$ 代表次领头阶的那支解，而这些系数的上标 (i) 表示我们对 ω 做 Taylor 展开到第 i 阶；$b_\pm^{(i)}$ 是针对可归一化那支的作用类似的匹配系数。每个系数都是实数但仍然是空间动量 k 的函数。除了特殊情况 $m = 0$ 之外 [360]，这些系数只能通过数值进行计算。

由于系数 $a_\pm^{(i)}$，$b_\pm^{(i)}$ 是实数，这个结果可以立即用于解释大质量/小电荷参数范围时的量子临界标度行为。匹配结果表明精确的谱函数 $\text{Im}G_R(\omega, k)$ 直接与 IR AdS_2 关联函数的谱函数成正比，即

$$\text{Im}G_R(\omega, k) \propto \text{Im}\mathcal{G}_k(\omega) \qquad (9.60)$$

当 AdS_2 的标度指数 ν_k 变为虚数时，谱函数的这种正比关系也立即解释了对数振荡行为的成因。

匹配算法的真正威力在于它为图 9.1 中准粒子尖峰的起源和具体细节提供了解释。在这个区域的不同之处在于，通过检查低质量/电荷比的数值结果可以发现，方程

中 (9.69) 的 UV 系数 $a_+^{(0)}(k)$ 可以在特定的动量 $k = k_F$ 下取为零。通过在 $k = k_F$ 附近做展开 $a_+^{(0)}(k) = v_F(k - k_F) + \cdots$，方程 (9.69) 可以简化为一种看起来很有吸引力的形式，如果所有其他 UV 系数在 $k = k_F$ 附近都是有限大的，则有

$$G_R(\omega, k) \simeq \frac{Z}{\omega - v_F k_\perp - \Sigma(k, \omega)} + \cdots \tag{9.61}$$

其中

$$Z = \frac{b_+^{(0)}(k_F)}{a^{(1)}(k_F)} \tag{9.62}$$

$$v_F = -\frac{\partial_k a^{(0)}(k_F)}{a^{(1)}(k_F)} \tag{9.63}$$

$$\Sigma(k, \omega) = -\frac{c_{k_F}}{a^{(1)}(k_F)} e^{i\phi_{k_F}} \omega^{2\nu_{k_F}} \tag{9.64}$$

如果我们回忆起径向距离对应于能标，就可以在字面上把它解读为在 $r \sim \mu$ 处的畴壁位置处形成了一个束缚态。这展示了薛定谔势中的束缚态如何在边界传播子中体现为极点的形式。这些束缚态最终会通过隧穿到视界，而衰减这一事实翻译到格林函数的语言对应于一个复的自能项 $\Sigma(\omega, k)$，而该自能的性质直接由近视界极限处的局域量子临界所主导。

这种"临界自能" $\Sigma \sim \omega^\alpha$ 在凝聚态物理中有着相当长的历史，因此这一发现引起了不小的轰动。束缚态由这样的一种极点控制，其中 $\Sigma(\omega, k)$ 的虚部在 $\omega = 0$ 处为零。因此，这些态在极点所处的位置，也就是 $k = k_F$ 处形成一个定义良好的费米面。然而，它们与寻常的费米液体很不一样。在费米液体中准粒子的阻尼效应受控于准粒子与自身微弱的相互作用，于是导致了普适的关系 $\Sigma(\omega, k)'' \sim \omega^2$。但是在这些全息金属中阻尼却是由局域量子临界 IR 几何控制的。这些 "非朗道费米面液体"的具体性质是由指数 $\nu_{k=k_F}$ 的取值所控制的。定性地看，它们落入三种不同类型中，各自的谱函数在图 9.4 中有所呈现。对于 $\nu_{k_F} > 1/2$ 的情形，当我们在越来越靠近位于 $k = k_F$ 处的极点时，准粒子寿命的逆 $\Gamma(\omega, k) = \mathrm{Im}\Sigma(\omega, k)$ 小于它们的能量 ω，因此这些是定义良好的准粒子激发。它们的极点强度和质量都是有限大的，并且在标度极限内能实现准粒子之间不具有相互作用的真正的费米气体。因此，这是一种费米液体，但由于它有着反常的寿命，所以并不是朗道类型的费米液体。

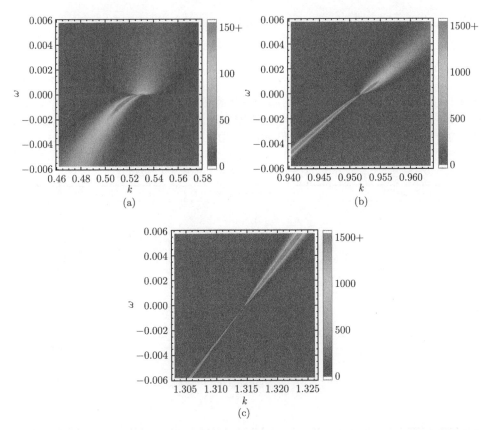

图 9.4 动量–能量平面图中的费米子谱函数,以伪灰度 ARPES 形式呈现。这些是当探针费米子在存在"费米面"的参数取值范围内通过数值求解得到的结果。三个图展示了谱函数响应定性上的变化,这些变化是通过调节标度维度 $\nu_{k_{\mathrm{F}}}$ 产生的,它决定了"量子临界"自能的性质。(a) "奇异的"费米液体,由 $\nu_{k_{\mathrm{F}}} < 1/2$ 标志,其特征是存在费米面但是不存在准粒子。(b) 边缘费米液体,即 $\nu = 1/2$,这个值和 20 世纪 80 年代后期人们从实验得到的结果相同。(c) "非朗道"费米液体,即 $\nu_{k_{\mathrm{F}}} > 1/2$,它展示出定义良好的准粒子,但是准粒子能量关于寿命的依赖不遵循寻常费米液体的形式。为了使这些峰具有可见的宽度,在谱函数计算中,令频率 ω 具有固定的小负虚部。图片源自于文献 [361] (Reprinted with permission from AAAS)

真正新颖的情况是 $\nu_{k_{\mathrm{F}}} < 1/2$ 的极点 (表 9.1)。这是一种具有费米面但没有真正准粒子的态。被认为是准粒子的态是过阻尼的 ($\Gamma(\omega) > \omega$, $\omega \to 0$)。极点强度消失,这不再是一个自由的 IR 固定点,但它仍然以动量空间中发生无质量激发的费米面为特征。根据定义,这是一种真正的非费米液体。

在两种情况的交界处,即 $\nu_{k_{\mathrm{F}}}$ 严格地取 $\nu_{k_{\mathrm{F}}} = 1/2$ 的时候,对于自由能的实部和虚部,我们发现 $\Sigma' \sim \omega \ln \omega$, $\Sigma'' \sim \omega$。值得注意的是,这与 Varma、Littlewood、Schmitt-Rink、Abrahams 和 Ruckenstein 在 1988 年在实验信息的基础上推测得

到的形式完全相同 [152]。我们在第 3 章讨论了这种名为边缘费米液体的态相关的极具启发性的猜测：最重要的深刻之处在于自能中的局域量子临界性，而这在全息中很自然地出现了。

表 9.1　出现在全息局域量子临界金属中的 "费米面液体" 的集合。这些本质上绝不属于朗道费米液体类型。它们有着在 20 世纪 80 年代以铜氧化合物奇异金属的实验信息为基础推测得到的边缘费米液体理论的结构 [152]，但是关于 "边缘" 局域量子临界的深红外阻尼的概念现在被推广为在 RN 奇异金属中的一大类可能的深红外标度行为。这些现在被理解为是大 N 极限和探针极限带来的现象

$\Sigma \sim \omega^{2\nu_{k_F}}$	费米体系的相	准粒子的性质
$2\nu_{k_F} > 1$	"非朗道" 费米液体	$\omega_*(k) = v_F k_\perp$ $$\frac{\Gamma(k)}{\omega_*(k)} \propto k_\perp^{2\nu_{k_F}-1} \to 0$$ $Z =$ 常数
$2\nu_{k_F} = 1$	边缘费米液体	$$G_R = \frac{h_1}{c_2\omega - v_F k_\perp + c_R \omega \ln \omega}$$ $$Z \sim \frac{1}{\ln \omega_*} \to 0$$
$2\nu_{k_F} < 1$	奇异费米液体	$\omega_*(k) \sim k_\perp^{1/2\nu_k}$ $$\frac{\Gamma(k)}{\omega_*(k)} \to$$ 常数 $$Z \propto k_\perp^{\frac{1-2\nu_{k_F}}{2\nu_{k_F}}} \to 0$$

在这种自下而上的描述中，边缘费米液体需要通过微调指数 ν_{k_F} 来实现，并且先验地讲，它并不具有特殊地位。原因可能是在弦理论中没有严格的自上而下的对偶全息对的表述，使得我们可以获得具有合适质量和电荷的费米子，甚至是在所有的弦理论构造中荷质比始终不能大到可以实现一个费米面。事实上在自上而下的构造里体时空中的费米子质量通常相当大，这意味着这些系统将表现得像 "局域量子临界的" AdS$_2$ 金属相，从而没有非费米液体行为的迹象。为了确保结果的有效性，我们至少需要找到这样一个自上而下的构造，使得它确实在探针极限下显示出费米面的行为。实际上人们已经找到了这样的一种模型 [362,363]，这对应于 Maldacena 经典对偶示例中的一个子部分。在这个子部分中，体系在 IR 呈现出一个如 8.4 节所介绍的 "共形于 AdS$_2$" 的标度几何而不是一个确切的 RN 黑洞。正如我们所讨论的那样，其特点是基态熵为零，而局域量子临界的 IR 被保留了下来。在这个自上而下的模型中标志费米子的参数是完全确定的，而在这些参数选取下的确产生了我们刚刚讨论的新型非费米液体类型的费米面。甚至有一个费米面被边缘指数 $\nu_{k_F} = 1/2$ 所标志 [362,363]。这从原理上提供了关

于探针极限下的结果是物理上自洽的结果的证明。我们将在第 13 章详细讨论这一点。

我们已经讨论了如何把匹配方法应用于简单的 RN 黑洞。然而，这种方法不需要做多大的改变就可以推广到共形于 AdS_2 的金属。关键的必要元素仅是此时深内部/近视界几何是局域量子临界的。

总结十二： 对于一个具有演生局域量子临界行为的全息理论，推迟格林函数在低频时具有如下形式：

$$
G_R(\omega, k) = \frac{b_+^{(0)} + \omega b_+^{(1)} + \mathcal{O}(\omega^2) + \mathcal{G}_k(\omega)\big[b_-^{(0)} + \omega b_-^{(1)} + \mathcal{O}(\omega^2)\big]}{a_+^{(0)} + \omega a_+^{(1)} + \mathcal{O}(\omega^2) + \mathcal{G}_k(\omega)\big[a_-^{(0)} + \omega a_-^{(1)} + \mathcal{O}(\omega^2)\big]} \tag{9.65}
$$

其中系数 $a_\pm^{(i)}$，$b_\pm^{(i)}$ 为实的，并且 $\mathcal{G}(\omega) = c_k \mathrm{e}^{\mathrm{i}\phi_k} \omega^{2\nu_k}$ 是纯的局域量子临界红外格林函数。当不存在极点时它完全决定了谱函数：$\mathrm{Im} G_R \sim \mathrm{Im} \mathcal{G}$。极点通过 $\omega = 0$ 时领头阶系数 $a_+^{(0)}$ 为零来确定。

方框 9.4 深红外的边界传播子：体时空中的匹配方法

推迟格林函数的解析性质保证了所有的极点只能在 $\omega = 0$ 时出现。费米子在极端黑洞背景下的完整的推迟格林函数由 Dirac 方程

$$
\sqrt{\frac{g_{ii}}{g_{rr}}} \left(\mathrm{i}\sigma_2 \partial_r - \sqrt{g_{rr}} \sigma_1 m\right) \mathcal{X}_\alpha(r; \omega, k) = \left[(-1)^\alpha k_x \sigma_3 - \sqrt{\frac{g_{ii}}{-g_{tt}}} (\omega + q A_t)\right] \mathcal{X}_\alpha \tag{9.66}
$$

的解给出，其中度规为式 (8.2)。一般而言这个方程只能数值求解，但我们可以利用 ω/μ 是个小量这个极限来求得解析表达式，从而对极点的结构获得更深的理解。直接尝试对方程 (9.66) 关于 ω/μ 逐阶地去求微扰解是不行的，这是由于极端 RN 黑洞的 g_{tt} 有双重极点，这限制了 $r - r_0 \gg \omega$ 的适用范围。

这个问题可以通过近远匹配的方法来解决。我们把时空分成两个区域：近区域和远区域。远区域被定义为 $r - r_0 \gg \omega$ 的区域，近区域是 $r - r_0 \ll \mu$ 给出的近视界区域。此处的几何变为我们熟知的 $AdS_2 \times \mathbb{R}^2$ 几何。我们在近区域中对方程进行了求解，并且发现在近视界处满足入射条件的两支线性无关的解 $\eta_\pm(r)$ 在近区域的外边界处表现为

$$
\mathcal{X}^{\mathrm{near}} = \eta_{\alpha+}^{\mathrm{near}}(r) + \mathcal{G}(\omega) \eta_{\alpha-}^{\mathrm{near}}(r)
$$

$$= (r - r_0)^{\frac{1}{2} + \nu_k} + \mathcal{G}(\omega)(r - r_0)^{\frac{1}{2} - \nu_k} + \cdots, \quad r \to r_0 \tag{9.67}$$

在远区域中，我们对方程和解均以 ω 为小量做 Taylor 展开。一旦我们知道了最低阶 $\omega = 0$ 时的齐次解，那么每个更高阶的项均满足一个非齐次方程，从而解是唯一确定的。对于最低阶，我们可以利用 Dirac 方程两支解的完备性和独立性来进行匹配。在最低阶的求解中这是平庸的，因为对于 $\omega = 0$ 的情况，远区域和近区域是完全重叠的。我们可以把解 $\eta_\pm^{\mathrm{near}}(r)$ 的扩展叫作 $\eta^{(0)}(r)$。于是，整个解在结构上满足形式 $\mathcal{X}^{(0)}(r) = \eta_+^{(0)}(r) + \mathcal{G}(\omega)\eta_-^{(0)}(r)$。由于每个更高的项是唯一确定的，我们现在可以立即得出 $\mathcal{X}(r) = \eta_+^{(0)}(r) + \omega\eta_+^{(1)}(r) + \cdots + \mathcal{G}(\omega)(\eta_-^{(0)}(r) + \eta_-^{(1)}(r) + \cdots)$。

为了提取出格林函数在小 ω 时的行为，我们回忆在 AdS$_4$ 时空的渐近无穷远边界 $r \to \infty$ 处，每个解必须满足如下形式：

$$\eta_\pm^{(n)} = a_\pm^{(n)} r^m \begin{pmatrix} 0 \\ 1 \end{pmatrix} + b_\pm^{(n)} r^{-m} \begin{pmatrix} 1 \\ 0 \end{pmatrix} \tag{9.68}$$

通过用响应除以源，我们可以立即看出在边界处完整的推迟格林函数形为

$$G_R(\omega, k) = \frac{\left[b_+^{(0)} + \omega b_+^{(1)} + \mathcal{O}(\omega^2) \right] + \mathcal{G}_k(\omega) \left[b_-^{(0)} + \omega b_-^{(1)} + \mathcal{O}(\omega^2) \right]}{\left[a_+^{(0)} + \omega a_+^{(1)} + \mathcal{O}(\omega^2) \right] + \mathcal{G}_k(\omega) \left[a_-^{(0)} + \omega a_-^{(1)} + \mathcal{O}(\omega^2) \right]} \tag{9.69}$$

我们依然要对 a, b 这些匹配系数进行求解，并且实际上它们只能通过数值计算定下来。

9.4　全息费米子物理：禁闭，半全息和黑洞稳定性

基于前面章节所获得的物理——在视界处演生的局域量子临界性、匹配方法，以及费米子探针近似的 $1/N$ 压低的本性——实际上我们可以从边界场论的语言构建一个关于这些 "全息费米面" 的完备理解。

我们考虑当体系存在费米面时通过匹配法得到的费米子传播子 (9.64)。这在场论中有一个明确的解释：它描述的是一个由自由费米子构成的费米气体系统 ($\omega = v_{\mathrm{F}}(k - k_{\mathrm{F}})$ 的极点) 耦合于第二个主导了深红外性质的特征是 RN 金属的局域量子临界性 ($\mathcal{G}_k(\omega) \sim \omega^{2\nu_k}$ 的传播子) 的系统。传播子的形式意味着这两个子系统之间的相互作用可以通过图 9.5 中所示的二阶微扰理论示意图来描述，"单纯地" 用一个 Dyson 序列求和 [364]。AdS$_2$ 金属中的 "非粒子的" 现在只是作为一个简单的 "热浴" 来阻尼自由费米子。人们注意到这种图像与原始的边缘费

米–液体唯象理论中的核心假设完全一致。在原始边缘费米液体的讨论中，始终有一个困扰是：为什么会有两个子系统。但是，即使我们认为这一点是理所当然的，还有另一个更为紧迫的问题是：为什么可以单纯地通过一个二阶微扰理论解决问题。在微观尺度上如果考虑相互作用的单个电子体系，微扰费曼图要求我们必须把顶点修正及"玻色子"的自能也考虑进来，而且人们多次声称这些修正也会诱导奇异 [365]。一个古老的谚语说费米液体就像怀孕，因为怀孕这件事不能发生在边缘。

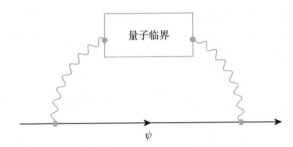

图 9.5　图 9.4 中强调的"费米面"全息相背后的自能图的结构示意图

那么在全息里我们该如何理解近自由费米子的出现以及二阶微扰理论求和的合理性？第一个关键点来自 6.3 节。我们了解到通过截断深内部的几何，在边界上可以得到一个禁闭态。在径向方向上体时空可以看成一个有效的盒子，而在该盒子中形成的驻波对偶于边界上无相互作用的规范单态的介子。它们是真正自由的，因为通过交换介子产生的相互作用是被 $1/N$ 抑制的。这种情况下薛定谔方程呈现出的深势阱在行为上和禁闭盒子的作用非常类似。唯一的区别在于体时空中的 Dirac 费米子存在一个有限大的隧穿进入 RN 视界的概率。这在"局域量子临界中"自能中表现为双重性，为原本自由的费米子提供有限大的谱宽度。

在体系变为有限密度的时候，全息教给了我们关于强耦合 Yang-Mills 场重要的物理。局域量子临界 AdS_2 金属的"退禁闭"或"分数化"真空——在第 8 章中我们发现，基态熵正比于 N^2——中的费米子探针可以稳定化为长寿命的规范单态"介子伴子"，如果它们在零密度下足够红外相关的话。

我们非常接近于一个由近自由费米气体构成的禁闭态，但在足够长的时间上这些介子伴子在"分数化非粒子"的连续体中衰变：AdS_2 真空的固有激发。考虑到它们的态密度在零能量时消失，这些介子伴子恰好在介子伴子气体的费米面上获得了无限长的寿命。

这种认为在畴壁处本质上应该具有新的长寿命的禁闭态的观点正是 Faulkner 和 Polchinski 创造出的"半-全息理论"的主要内容 [366]。如果将费米算符描绘成由部分子构成，那么长寿命激发是一种束缚态。当时间尺度和这种新的禁闭束缚态的寿命相当的时候，最合理的理解是物理将由这个新的态的独立的动力学所描述。这完全类似于超导体在低于配对相变温度时的库珀对动力学。因此，一个自然的有效理论应当包含一个对应于束缚态的自由费米子 χ，而它线性地与强耦合理论中的复合算符相互作用，

$$S = \int \mathrm{d}t \mathrm{d}^d x \left\{ \chi^\dagger [\mathrm{i}\partial_t - \varepsilon(k) + \mu]\chi + g\chi^\dagger \Psi + g\Psi^\dagger \chi \right\} + S(\Psi) \tag{9.70}$$

额外的补充信息是强耦合理论是隐含着因子化信息的大 N 极限下的矩阵场论，即在大 N 极限下的领头阶中只有两点函数得以保留，所以 χ 完整的关联函数直接从 Dyson 求和得到

$$\langle \chi^\dagger \chi \rangle = \sum_n g^n \left(G_{\chi\chi}^{\mathrm{free}} \right)^{n+1} \mathcal{G}_{\Psi\Psi}^n \tag{9.71}$$

这个理论是半–全息的，因为我们仍然需要通过全息来计算强耦合算符 Ψ 的两点函数。我们把局域量子临界理论作为强耦合理论，其中 $\mathcal{G}_{\Psi\Psi} = c_k \mathrm{e}^{\mathrm{i}\phi_k} \omega^{2\nu_k}$，于是可以得到非朗道的费米液体中有效的费米传播子。禁闭以及大 N 标度可以完全解释为什么全息结果具有那样的形式。从现象上看非费米液体可以受控地出现是很有趣的，但它也引出了一个尖锐问题，就是大 N 矩阵理论对于例如铜氧化合物中的电子体系究竟意味着什么。和对原本的边缘费米液体的批评相似，在这个条件下的另一个子系统是什么？除此之外，为什么大 N 近似可以被用来"控制"低阶微扰理论？这是相当不明确的，铜氧化物中的边缘费米液体和全息费米子传播子之间的相似性也很可能只是巧合。

总结十三：全息 (非) 费米液体的物理可以通过一个禁闭的长寿命的束缚态和一个退禁闭的局域量子临界深红外耦合的构造来理解。局域量子临界理论中的大 N 极限确保了它是有效的高斯型，从而使得我们可以合理地把自能处理成二阶微扰问题。

在简单的 Reissner-Nordström 黑洞情形中还有另一个与全息的自洽性相关的问题。我们已经注意到，只要 ν_k 变为虚数，RN 背景中的费米子谱函数就可能会呈现出"对数振荡"行为，这表明真空存在持续的不稳定性。在 2+1 维时空中，只要费米子探针的标度维度满足

$$\Delta < \sqrt{2}q + \frac{3}{2} \tag{9.72}$$

就会发生这种情况。不过，对薛定谔势的 WKB 分析表明，极点仅当

$$\Delta < 2\frac{q}{\sqrt{3}} + \frac{3}{2} \tag{9.73}$$

时才会出现 [320]。如果我们认为理论依赖于参数 Δ 和 q，那么只有在动量较小时就已呈现对数振荡的参数区域，才会在"更大的" k_{F} 处出现用于定义费米面的极点，这种情况被总结在图 9.6 中。这种对数振荡行为表明我们正在面对一种不稳定性。因此，能够形成费米面的参数区域对应于一个假真空。为了彻底理解这个理论，我们必须找出这种费米子不稳定性对体时空物理的影响。注意这种不稳定性并不直接地与 RN 黑洞的基态熵相关联。它更为基本，因为这种不稳定性在文献 [362, 363] 中自上而下构造的共形于 AdS_2 的时空解中依然存在。我们将在第 11 章中说明关于这个复杂问题的解释是在体时空中形成了费米物质。

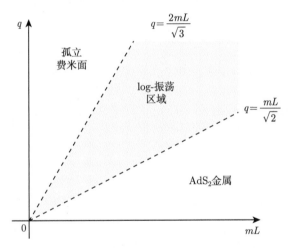

图 9.6 通过探针极限下的费米子谱函数得到的"全息有限密度 RN 理论的相图"。在参数取大的体时空费米子质量 m 和小的费米子电荷 q 时，我们发现了 AdS_2 金属行为，其费米子谱函数呈现如图 9.2 所示的代数赝隙。在参数取大的 q 和小的 m 时，实现的是"费米面"相，并带有如图 9.4 所示的"类边缘费米液体"行为，这是因为在体时空中的几何畴壁处形成准束缚态。然而，远远早于这些畴壁束缚态开始形成之前，在动量还比较小的时候体时空中费米子的 BF 界限就已经被违反了。这导致了费米传播子的"对数振荡"行为，表明 RN 黑洞在体时空费米子的反作用下可能存在某种不稳定性。如何判定畴壁准束缚态是否产生目前还缺少一个解析的标准；图中引用的数据 $q = 2m/\sqrt{3}$ 是通过 WKB 分析得到的 [320]

另一个不同的物质是当我们取体时空的参数为大质量和小电荷 q 时的"AdS_2"金属 (9.6 节)，原则上它可以是稳定的奇异金属相。正如我们反复强调的，它的观测特征是"代数赝隙"行为的费米子谱函数。为了寻找各种与实验之间的关联，具有重大可能性的是，在铜氧化合物的 ARPES 实验等中经常观测到的非相干背景。然而，正如我们在第 3 章中讨论的，这些与动量空间中的"节点–反节点二分法"密切相关。但这种动量空间结构不太可能在平移不变的背景中得以实现，为了进行有意义的比对，我们还需要在全息描述中引入强的周期性势场来破坏空间平移对称性。把空间平移破缺和体时空中的 GR 相结合是一项艰巨的任务，我们将在第 12 章中讨论人们在这个方向进行的初步尝试。

第 10 章 全 息 超 导

AdS/CMT 领域针对有限密度量子物质物理的研究真正始于 2008 年发现的全息超导。这一理论最初由 Gubser[347] 提出，随后由 Hartnoll、Herzog 和 Horowitz 通过一种最小化的自下而上模型进行了具体实现 [348,367]。这引起了弦论领域内的一场大规模研究热潮。自发对称性破缺的基础物理意味着 AdS/CMT 理论在此方面的研究已取得较为完善的理论认知，其理解深度远超例如第 9 章和第 11 章所述的费米子物理。

全息超导固然是一个重要突破，但其科学内涵远非单纯的对称性破缺物理所能涵盖。从凝聚态物理的角度来看，它应该被看成是第一个真正的超越 Bardeen-Cooper-Schrieffer(BCS) 理论的超导机制的数学理论。正如我们在第 2 章中所强调的，库珀机制，即 BCS 理论的核心，极度依赖于普通态是费米液体这一条件。我们在第 3 章中继续讨论了 BCS 真空结构不需要费米液体作为"母体"。从 RVB 波函数拟设出发，我们阐明了这样一种情况，即最具一般性的，BCS 真空结构应该被看成是一个由电荷为 $2e$ 的玻色凝聚态与负责"自旋子"Bogoliubov 激发的 Z_2 自旋液体共存构成的长程纠缠态。

全息理论通过揭示广义化的库珀机制在全息奇异金属中的运作机理 (如前述章节所述)，将这方面的研究更进一步。与费米液体情形类似，费米子配对/序参量通道在此框架下被确认为体系不稳定性的来源。它在唯象上与传统超导体高度相似，以至于研究者能够构建全息版本的 Josephson 结。我们不仅可以考虑 s 波超导体，也可以考虑 p 波和 d 波对等。关键的是，在 T_c 处打开的能隙显示出了 BCS(平均场) 的温度演化，而在低温时，我们可能会发现寿命较长的 Bogoliubov 费米子。与传统 BCS 理论的差异在于：该能隙形成于奇异金属的非相干"非粒子"激发态中——只有当系统深度进入超导态时，才会出现尖锐的 Bogoliubov 粒子极点。此外，决定相变温度的规则也有巨大的变化："高"T_c 变得很容易实现。事实上，全息超导非常接近 BCS，以至于根据标准的测量很难分辨出它们之间的区别。只有序参量的动力学对极化率是一个例外。受全息启发，本章将阐明：这一非常规实验在该研究领域中恰似"冒烟的枪"——其将提供确凿的证据。

同时，从弦论的角度来看，全息超导也是一个奇迹。它是 Wheeler 首次提出的"黑洞无毛"这一由来已久的相对论观点的直接违背 [368]。这里指的是在渐近平坦时空中，爱因斯坦方程所允许的黑洞解以总质量、电荷和 (角) 动量作为独特标志且没有其他特征的"无毛定理"。它是对黑洞吞噬了周围的一切,不可能存在能探测它们内部结构的探针这一直观想法的形式化描述。在这方面黑洞很像没有任何结构("毛发")的基本粒子。令人惊讶的是,无毛定理并不适用于渐近 AdS 时空。这种微妙的差别对于描述边界上的自发对称性破缺是至关重要的。我们将要讨论的是,全息字典要求在边界上的一个有限的序参量可以对应到一个有毛的 AdS 黑洞。更准确地说,我们将看到序参量的对偶是 AdS 体作用量中的一个 Higgs 场。降低温度后,AdS-Reissner-Nordstrom 黑洞将变得不稳定,并出现一个由有限振幅的 Higgs 场形成的"大气层"。这个大气层将对偶于边界上的超流序参量。在相对论框架下,这代表了一类极具突破性的新型黑洞解,其发现源于对边界场论中基本物理问题的自然追问。

在 10.1 节中我们将介绍基础知识,构造"带毛黑洞",并通过全息序讨论其在边界上的对应;在 10.2 节中,我们将从涉及全息超导唯象性质的大量文献中精选若干重要成果进行展示。这些研究表明,全息超导体在多方面高度模拟了常规超导体的特性。利用"流体/引力对应",我们可以精确地推导出 Tisza-Landau 两分量流体动力学—— 全息方法如此卓著,以致已被应用于研究超流的湍流问题。在微观领域,人们发现全息 SNS Josephson 结的行为与传统超导体和金属的结完全一样。就像在 Landau-Ginzburg-BCS 超导体中那样,这个序的开启与光电导中能隙的打开是同步出现的,而亮点是费米子谱函数所揭示的非常符合的 BCS 行为。最后,"非传统"的 (p 波和 d 波) 超导体也是全息超导理论的一部分。

考虑到传统的实验指标并不能明显地区分 BCS 和全息超导体,我们在哪里才能找到它们背后的物理之间的差异呢?在 10.3 节中,我们将聚焦于当接近超导不稳定点时序参量传播子 (动力学对极化率) 是如何在正常态下发展的。这不仅反映了全息机制的平均场本质,还揭示了如何在实验中寻找信号,以从定性上区分传统超导体与"奇异金属"超导体。在 10.4 节中,我们更进一步,将展示如何使用 UV 理论的参数 (序参量的标度维数,双迹变形) 来调控全息超导。我们会发现可以实现不只一个非传统 ("全息 BKT","杂交的") 种类的从超导态到正常金属的零温量子相变。

最后的 10.5 节是一个巨大的惊喜。接近零温时,Higgs 场的能量将成为体内部深处的主导成分。根据爱因斯坦方程,这应该会影响时空几何的性质。如果认真对待引力的"反作用"效应,我们将发现体内部深处的几何完全改变,极端黑洞完全消失;取而代之,我们会发现一个"Higgs 星",即一个自引力标量场的准局域凝聚。在分析其几何时,IR 区域通常会展现出显著的标度行为,这对应于具有演生动力学临界指数 z 的 Lifshitz 临界点。值得注意的是,这个量子临界相是由序本身来稳定的。

10.1 有标量毛的 AdS 黑洞

让我们来探究全息超导机制的细节。巧妙的是，作为全息对应基础的对称性规则非常严密，以至于有关体时空的物理性质没有任何能产生歧义性的空间。根据 Ginzburg-Landau 的观点，超导的物理基础是 $U(1)$ 对称性的自发破断。严格地说，当 $U(1)$ 对称性是整体对称性时，所建立的破缺态是超流。然而，我们可以使用凝聚态物理中的标准方法：超流可以在之后通过与边界上的 $U(1)$ 规范场弱耦合而提升为超导体。因此，我们考虑一个具有 $U(1)$ 守恒流的边界理论，并试图打破这个整体对称性。然而，字典指出它的守恒流与体态中的 $U(1)$ 规范场对偶。因此，体态中的规范对称性也必须被"打破"。我们知道有一种方法可以无矛盾地做到这一点：在体态中必须形成一个 Higgs 凝聚。字典表明，边界上的超流与体态中的超导是对偶的。为此，我们必须在体态作用量中引入一个带电的复标量 (相对论性的 Ginzburg-Landau-Higgs) 场 Φ。将这个场最小地与引力和麦克斯韦规范场相耦合，就有了 AdS 体态作用量

$$S = \int \mathrm{d}^{d+2}x\sqrt{-g}\left\{\frac{1}{16\pi G}\left[R + \frac{d(d+1)}{L^2}\right] - \frac{1}{4g_\mathrm{F}^2}F^{\mu\nu}F_{\mu\nu}\right.$$

$$\left. - |\partial_\mu\Phi - \mathrm{i}qA_\mu\Phi|^2 - V(\Phi)\right\} \tag{10.1}$$

其中 q 是标量场的电荷。我们唯一需要更多信息的量是标量场的势 $V(\Phi)$。下面我们将考虑 $d = 2$，对应于 2+1 维边界的 3+1 维 AdS 描述。在 Higgs 化的真空中，这个标量场形成了一个函数分布，并且直接过渡到边界。它必须对偶于期望值给出边界上的整体对称性破缺的序参量。$V(\Phi)$ 的近边界展开的领头和次领头阶分量通常分别作为源和这个标量算符的响应的期望值。我们已经来到了一个关键点：边界上的自发对称性破缺对应于一个算符的 VEV，该值即使在没有外源的情况下也保持非零 (外源会显式地破缺对称性)。这需要 AdS 体态的经典标量场构型满足的性质是，在边界附近其领头项为零 (显式地破缺对称性的源)，而次领头项 (响应/VEV) 保持有限。由于渐近 AdS 解提供的引力势阱，这个次领头解是可归一化的，因此它对应于一个允许的有限总能量贡献。这标志着带毛黑洞的发现：体时空中一个其标量毛精确地展现出这个可归一化的近边界渐近行为的解。

考虑到在这个解中的物质不会自动落入黑洞而是可以保持稳定这一令人惊讶的性质，一个显而易见的问题是，什么样的物理允许这样的解存在。这一机制的本质已经包含在"最小全息超导体"中了，其中我们忽略了 Higgs 标量场的任何

自相互作用，其势能函数只是平方阶的

$$V(\Phi) = m^2|\Phi|^2 \tag{10.2}$$

在接近相变温度时，这种截断在物理上是合理的。在那里，Higgs 场的振幅会很小，平方阶的作用量就足够了。现在让我们考虑存在 RN 黑洞时，这个有质量的带电标量场会发生什么。为了强调物理，我们考虑极限情况。关键的触发因素是这个背景下的非零静电势。一般 Einstein-Maxwell 背景附近的带电标量场的涨落由下面的方程决定：

$$\frac{1}{\sqrt{-g}}\partial_\mu\left[\sqrt{-g}\left(g^{\mu\nu}\partial_\nu\phi - iqA_\nu g^{\mu\nu}\phi\right)\right] - iq\frac{1}{\sqrt{-g}}g^{\mu\nu}A_\nu\partial_\mu(\sqrt{-g}\phi)$$

$$- m^2\phi - g^{\mu\nu}q^2A_\mu A_\nu\phi = 0 \tag{10.3}$$

如果只有静电势 $A_t \neq 0$，那么由于度规的时间–时间分量的负号，最后两项变为

$$-m^2\phi + |g^{tt}|q^2A_tA_t\phi \tag{10.4}$$

这表明静电势有效地相当于带电标量场的负的质量平方。如果这一项变得足够大，就会引发不稳定。然而，在第 5 章中我们了解到，不稳定性不是在有效质量的平方改变符号时出现，而是在达到一定的负值，违反 Breitenlohner-Freedman (BF) 下限时出现。回想一下，我们可以认为 RN 黑洞几何的特征是存在一个介于两个区域之间的畴壁，一个区域是 UV 中的纯 AdS$_4$，另一个是 IR 中的近视界 AdS$_2 \times \mathbb{R}^2$ 解。在纯 AdS$_4$ UV 中额外的贡献 $g^{tt}A_tA_t \sim \mu^2/r^2$ 是对具体质量的次领头贡献，并且我们有标准的 BF 界限

$$(mL)^2 \geqslant -\frac{(d+1)^2}{4} = -\frac{9}{4}, \quad d = 2 \tag{10.5}$$

当这个界限得到满足时，真空是稳定的。然而，在 AdS$_2 \times \mathbb{R}^2$ IR 中，我们从式 (8.20) 中读出的组合 $g^{tt}A_tA_t$ 不再是次高阶的，而是常数阶的。而且，在这个区域，AdS 空间的维数也改变了。为了对此进行修正，我们发现了适用于极限 RN 深处 IR 几何的第二个稳定界限

$$(mL)^2 - \frac{q^2g_F^2L^2}{8\pi G} \geqslant -\frac{3}{2} \tag{10.6}$$

这个界限比与零密度 UV 相关的界限更严格。因此，存在一个作为质量和/或电荷的函数的窗口范围

$$-\frac{(d+1)^2}{4} \leqslant (mL)^2 \leqslant -\frac{3}{2} + \frac{q^2g_F^2L^2}{8\pi G} \tag{10.7}$$

在该窗口中，在 UV 稳定的带电标量场在 RN 黑洞的 IR 会变得不稳定。

当这种不稳定性出现时会发生什么？我们必须要依靠方框 10.1 中给出的数值计算过程来定量地解决这个问题。但是，我们很容易给出定性的物理解释。从第 9 章的探针计算中，我们知道在 IR 时 BF 界限的违背对应着自发对产生的开始。对于标量场，这些量子可以凝聚在一个宏观 (经典) 凝聚态中。标量场的推迟探测格林函数的性质反映了这种能力。违反 IR 的 BF 界限，现在就对应着形式上它的极点移动到了上半平面 [320]。在带电黑洞视界的附近，电场的相对强度使局部真空开始放电：在黑洞文献中，这种现象被称为超辐射。带负电的量子会被带电的黑洞加倍吸引：它们将落入黑洞，同时中性化黑洞的电荷。带正电的量子则倾向于逃逸到无穷远处。在这里，AdS 空间的独特之处开始发挥作用，即它允许黑洞存在毛。AdS 背景提供了一个接近无穷大的引力势垒，可以平衡电磁斥力。其结果是，一个带电的标量大气层开始在黑洞周围形成。在每个阶段，黑洞的一些电荷被带到大气层中，削弱了视界附近的电场，这个过程一直持续到量子产生停止。这种诠释也解释了为什么在更高的温度下，可以忽略 Higgs 场的自相互作用。在这种情况下，黑洞的放电效应在数值上比自相互作用强得多。当序参量 (标量大气层中的能量密度) 的尺度与温度相当时，情况就不一样了，特别是在零温下，自相互作用变得非常重要，我们将在 10.5 节看到这一点。

标量毛和黑洞的最终的精确平衡构型可以用数值方法确定 [348]，典型结果如图 10.1 所示。这证实了上文的定性理解，并且与径向代表能量标度的解释一致，标量场的大部分能量集中在内部深处。它在视界处取最大值，并向着边界单调地减少，这是由于在更高的能量下探测边界系统时，边界系统会逐渐忘记基态的对称性破缺的存在。从数学上讲，这种衰减是由次领头的可归一化解精确决定的，这使得我们可以用字典来读出与标量场对偶的序参量的自发对称性破缺 VEV。"Higgs 场的团块"显然填满了所有的空间，并且我们发现在零温下它将完全取代黑洞。虽然这个"团块"没有边缘，它集中在内部深处，而且因为它与我们将在第 11 章遇到的更集中的解相似，我们可能希望将这个物体称为"Higgs 星"。

总结十四：全息超导以 AdS-Reissner-Nordström 黑洞"放电"不稳定性的形式蕴含在引力中。当温度低于临界点时，黑洞会形成一个具有有限振幅的 Higgs 场形式的"大气层"，Higgs 场在黑洞视界附近达到最大值（"标量毛"）。体态的非零 Higgs 场与边界场论的非零序参量对偶。

为了消除关于边界场论自发对称性破缺态被蕴含在黑洞毛中的正确性的任何疑问，我们转而分析它的热力学。利用第 6 章所介绍的方法可以直接数值计算自由能，有限温度物理的典型结果如图 10.2 所示。在温度低于 T_c 时，全息超导体的自由能确实比 RN 金属低，这证明了其热力学稳定性。我们还推断出该系统表现出一个二阶热力学相变，正如我们对简单的对称性破缺的预期。

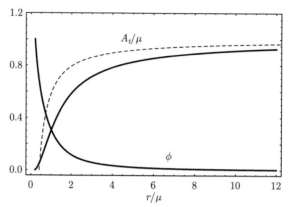

图 10.1 在 $T/T_c = 0.324$ 时全息超导态的规范场 (A_t/μ) 和标量毛 ϕ 的径向函数 (实线). 视界位于左边的 $r/\mu = 0$ 处. 这里 $m^2L^2 = -2, q = 3$, 并且我们关注的是标准量子化的情况 (参见方框 10.1). 虚线表示的是同一温度 $T/\mu = 0.051$ 时 RN 金属态中的规范场

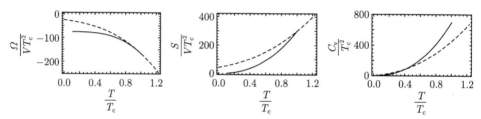

图 10.2 全息超导体的热力学. 分别由体态 RN 和 "带毛" 黑洞所刻画的普通态 (虚线) 与全息超导体 (实线) 的 Gibbs 能 (Ω)、熵 (S) 和热容 (C_v) 作为温度 T 的函数 (全部以 T_c 为单位). 这些是标准量子化 $q = 3$, $m^2L^2 = -2$ 且 $\mu = 1$ 的结果. 我们立即可以推断, 全息超导体的热力学表现为到低温对称性破缺相的一个标准二阶相变

经过仔细检查, 它对应着一个精确的平均场相变. 可以从超导序参量的热演化看出这一点. 至少在接近 T_c 时, 序参量的 VEV$\langle \mathcal{O} \rangle$ 表现为精确的 $(T_c - T)^{1/2}$ 温度依赖关系, 这正是朗道平均场二阶相变的特征 (图 10.3). 令人惊讶的是, 在所有 $d \geqslant 2$ 的维度下, 它都表现出这种行为. 对于 $U(1)$ 对称性破缺, 我们预期只有在等于或高于上临界空间维度 $d_{uc} = 4$ 时有平均场行为, 而低于 d_{uc} 时我们预期 XY 普适类的反常标度维数与相互作用很强的热临界态有关. 事实上, 根据 Coleman-Mermin-Wagner 定理, 当空间维数 $d = 2$ 时, 甚至不能存在由有限温度下连续对称性破缺引起的真正的长程序.

然而, 全息超导体在所有维度上都表现出这种平均场行为是有一个充分理由的. 在 20 世纪 70 年代, 人们发现在矩阵理论的大 N 极限下, 整体对称部分的热涨落被抑制了. 这与矢量理论中的大维度效应非常相似. 注意, 我们在这里遇到了一个矩阵大 N 极限造成的假象被显现出来的具体情况. 然而, 这个缺点并不是太严重,原则上如何恢复序参量涨落是大家所熟知的。这里的例证是 Anninos、Hartnoll 和 Iqbal[369] 得到的结论,即通过半经典地重新量子化体态的毛,可以获得 $1/N$ 量级上的热涨落。这些结果还表明,可以将大 N 极限的长程序转化为 $d=2$ 维有限温度自发对称性破缺所预期的代数长程序。

总结十五:用经典引力计算时,全息中的二阶相变普遍地表现出平均场行为。这是由边界场论内含的矩阵大 N 极限导致的。同样由于大 N 极限,该系统能够脱离 Coleman-Mermin-Wagner 定理的影响,并在 $d \leqslant 2$ 维有限温度下表现出整体对称性的自发破缺。

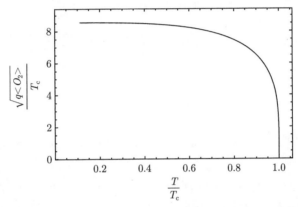

图 10.3 在巨正则系综中,当 $q=3, m^2L^2=-2$ 时,全息超导体序参量的期望值 $\langle \mathcal{O} \rangle$ 作为温度的函数的典型结果 (标准量子化;参见方框 10.1)。当接近临界温度时,$\langle \mathcal{O} \rangle$ 表现为 $\langle \mathcal{O} \rangle \propto (T_c - T)^{1/2}$,这表明该相变确实是朗道平均场类型的相变,相变的发生不依赖于边界的维数

在真实存在的凝聚态物理超导体中,凝聚的实体是电子对。我们从前两章 (第 8、9 章) 了解到 RN 黑洞也描述了一种与费米子有关的态,但是这些费米子自由度在全息超导中起作用吗? 在自下而上的方法中,我们没有任何线索。在自下而上的唯象构造中,UV 理论的具体形式是完全未知的。要回答这个问题,我们必须依靠自上而下的构造来获得这些信息。大多数自上而下的构造,例如将在第 13 章讨论的构造,在边界上包含一个整体 $U(1)$ "味" 对称性,并且在体态中具有一个在这个对称性下带荷的标量场。特别有启发性的是所谓的 Dp/Dq 膜构造,其中对称性破缺场的具体形式被认为是 UV 理论中的一对基本费米子 ψ [370],

$$\mathcal{O} = \text{Tr}[\psi\psi] + \cdots \tag{10.8}$$

这些基本费米子形成了一个规范不变的库珀对 (对色自由度取迹)。这证明了全息序参量可以在形式上代表一个费米子对算符的 VEV。正如我们反复强调的,正常态不是费米液体,因此对结合机制与库珀机制不同,库珀机制关键性地依赖于尖

锐费米面的存在。在量子临界的奇异金属中，全息超导似乎预示着一种广义形式的库珀机制的存在。值得注意的是，这个等式中的"···"表明，在一个相互作用很强的 IR 中，没有先验的理由认为只存在单对关联，原则上，式 (10.8) 中还必须包含具有相同量子数的多点关联。然而，这些都需要与最低阶的对具有相同的对称性。在这样一个相互作用很强的量子汤中，这是考虑"库珀对"的恰当方式。

方框 10.1 计算最小全息 s 波超导体

具体来说，我们考虑 2+1 维的全息超导体，它对应于作用量为式 (10.1)，并且势函数为 (10.2) 的 3+1 维引力。其运动方程是

$$R_{\mu\nu} - \frac{1}{2}g_{\mu\nu}R - \frac{3}{L^2}g_{\mu\nu} = T_{\mu\nu}^{\text{Maxwell}} + T_{\mu\nu}^{\text{Charged Scalar}}$$

$$T_{\mu\nu}^{\text{Maxwell}} = \frac{\kappa^2}{g_F^2}\left(F_{\mu\rho}F_{\nu}{}^{\rho} - \frac{1}{4}F^2 g_{\mu\nu}\right)$$

$$T_{\mu\nu}^{\text{Charged Scalar}} = \kappa^2\Bigg\{(\partial_\mu + iqA_\mu)\Phi^*(\partial_\nu - iqA_\nu)\Phi + (\partial_\mu - iqA_\mu)$$

$$\Phi(\partial_\nu + iqA_\nu)\Phi^* - g_{\mu\nu}\big[|(\partial_\alpha - iqA_\alpha)\Phi|^2 + m^2|\Phi|^2\big]\Bigg\}$$

(10.9)

$$(\nabla^\nu - iqA^\nu)(\nabla_\nu - iqA_\nu)\Phi - m^2\Phi = 0$$

$$\nabla_\mu F^{\mu\nu} = iqg_F^2\big[\Phi^*(\partial^\nu - iqA^\nu)\Phi - \Phi(\partial^\nu + iqA^\nu)\Phi^*\big]$$

1. 探测极限

在最低的近似水平上，我们将忽略对度规的反作用。在极限 $\frac{\kappa L}{qg_F} \ll 1$ 下，爱因斯坦方程 (10.9) 右边的物质项可以忽略。这意味着麦克斯韦标量部分与引力退耦，从而引力背景是常规的 AdS-Schwarzschild 解

$$ds^2 = \frac{r^2}{L^2}\big[-f(r)dt^2 + dx^2 + dy^2\big] + \frac{dr^2}{f(r)r^2}$$

$$f(r) = 1 - \frac{M}{r^3}$$

(10.10)

温度 $T = \frac{3M^{1/3}}{4\pi L^{4/3}}$。我们照常设 $L = 1$。下面我们取拟设为这个解在平行于边界的场论方向上是均匀的并且只有径向的演化，

$$A_t = h(r), \quad A_i = 0$$
$$\Phi = \phi(r) \tag{10.11}$$

而且，根据规范场运动方程的 r 分量，我们知道复标量场的相位应该是常数。在这里不失一般性地，我们取这个相位为零，即 $\phi(r)$ 为实场。将其代入运动方程(10.9)我们得到

$$\phi'' + \left(\frac{f'}{f} + \frac{4}{r}\right)\phi' + \frac{h^2}{r^4 f^2}\phi - \frac{m^2}{r^2 f}\phi = 0$$
$$h'' + \frac{2}{r}h' - \frac{2\phi^2}{fr^2}h = 0 \tag{10.12}$$

在适当的边界条件下，全息超导体是这些方程的非平凡解。很容易看出，在 AdS_4 边界附近，两个方程退耦，我们得到了已知的渐近行为

$$h(r) = \mu - \frac{\rho}{r} + \cdots$$
$$\phi(r) = J_{\mathcal{O}} r^{\Delta - 3} + \langle \mathcal{O} \rangle r^{-\Delta} \tag{10.13}$$

其中 $\Delta = \frac{3}{2} + \sqrt{\frac{9}{4} + m^2 L^2}$。对于描述自发对称性破缺的全息超导体，我们寻找可归一化的解，它具有有限的 VEV $\langle \mathcal{O} \rangle \neq 0$ 且没有源 $J_{\mathcal{O}} = 0$。在近视界处我们推导出 $h(r_0) = 0$ 和 $\phi' = \frac{m^2}{f'(r_0)}\phi$。

得到的方程组现在可以用数值打靶法求解。高温下唯一的解是 $\phi = 0$ 和 $h = \mu - \rho/r$。另外，在临界温度 T_c 以下，我们发现有非平凡带毛黑洞解 $\phi \neq 0$。通常多个解可能具有相同的渐近特性，但它们的标量场径向分布的节点数不同。具有单调标量场径向分布的解是使自由能最小的正确解。

2. 包含反作用

对应着边界上非零序参量的标量毛蕴含梯度能。对于满足 $\kappa L \sim q g_F$ 的一般取值，这个能量不再是可忽略的并且会通过爱因斯坦方程对时空几何起反作用。这里我们关注有限温度下的反作用解，零温解将会在 10.5.2 节讨论。带毛黑洞的度规场、规范场和标量场的拟设是

$$ds^2 = -f(r)e^{-\chi(r)}dt^2 + \frac{dr^2}{f(r)} + r^2(dx^2 + dy^2)$$
$$A_t = h(r) \tag{10.14}$$

$$\Phi = \phi(r)$$

我们可以将这个拟设代入运动方程 (10.9)，并得到 $h(r), \phi(r)$ 的两个二阶方程和 $f(r), \chi(r)$ 的两个一阶方程。

我们现在必须寻找具有渐近 AdS_4 边界的解。系统变得比求解探测极限时更复杂。最后，我们在这里简要介绍数值方法所使用的策略。通过对场从由 $f(r_+) = 0$ 定义的视界 r_+ 到无穷远 (共形边界) 做数值积分，可以解出整个方程组。一共需要求解四个物理场：$f(r), \chi(r), h(r), \psi(r)$。为了使规范 1-形式在视界上可以良好定义，我们要求 $h(r)$ 在视界 ($h(r_+) = 0$) 处为零。因此，我们只有四个独立的边界值，

$$r_+, \ \chi(r_+), \ h'(r_+), \ \phi(r_+) \tag{10.15}$$

这是因为 $f(r_+) = h(r_+) = 0$，并且由爱因斯坦方程，可用这四个参数确定 $\phi'(r_+)$。给定我们刚刚列出的四个参数在视界上的初值，通过对运动方程积分，我们可以得到这个系统的解。

在数值计算中，我们可以利用这个系统的三个标度对称性来简化计算，

$$\mathrm{I}: \quad r \to br, t \to bt, L \to bL, q \to q/b\,;$$

$$\mathrm{II}: \quad r \to br, (t, x, y) \to (t, x, y)/b, f \to b^2 f, h \to bh\,;$$

$$\mathrm{III}: \quad e^\chi \to b^2 e^\chi, t \to bt, h \to h/b$$

结果是我们可以取 $L = 1$(由 I)，$r_+ = 1$ (由 II) 和 $\chi(\infty) = 0$ (由 III)。度规场的近 AdS_4 边界行为是

$$f(r) = r^2 + \cdots - \frac{M}{r} + \cdots$$

$$e^{-\chi} f = r^2 - \frac{M}{2r} + \cdots \tag{10.16}$$

而物质场的行为是

$$h = \mu - \frac{\rho}{r}, \quad \psi = \frac{\mathcal{O}_1}{r^{\Delta_-}} + \frac{\mathcal{O}_2}{r^{\Delta_+}} \tag{10.17}$$

其中 $\Delta_\pm$ 对应于对偶算符的共性维度。加上可归一化边界条件，我们可确定两个范围。当 $-9/4 < m^2 L^2 < -5/4$ 时，我们可以选择 $\mathcal{O}_1 = 0$(标准量子化) 或 $\mathcal{O}_2 = 0$(替代量子化)，而当 $-5/4 \leqslant m^2 L^2$ 时，我们只能选择标准量子化条件。

因为标度性质 III，令 $\chi(\infty) = 0$ 可确定 $\chi(r_+)$，视界上只剩下两个可以用作初始值的独立参数 $h'(r_+), \phi(r_+)$。边界上总共有五个决定对偶场论性质的参数：$\mu, \rho, \mathcal{O}_1, \mathcal{O}_2$ 和 M。结果是一个从视界到无穷远的积分映射：

$$(h'(r_+), \phi(r_+)) \mapsto (\mu, \rho, \mathcal{O}_1, \mathcal{O}_2, M) \tag{10.18}$$

由于可归一化边界条件对序参量的约束，对于每个 m^2 和 q 的值，映射约化为解的一个单参数族。我们可以认为这个参数在固定电荷密度 (正则系综) 或固定化学势 (巨正则系综) 下是理论的温度。

现在，得到的方程组可以用数值打靶法求解。与探测极限情况类似，具有单调的标量径向分布的解是使自由能最小的正确解，典型例子如图 10.1 所示。

10.2 全息超导的唯象性质

全息超导的发现引发了旨在研究全息超导体物理性质的集体努力。到目前为止，全息超导是标准 BCS 超导体的近亲已经得到了很好的证实。通过在标准实验室的实验中测量到的可观测量而确定的全息超导的唯象性质在很大程度上与普通的超导是不可区分的。相关的文献极多，以至于无法在这里详细地回顾。我们有选择地展现一些要点，强调带毛黑洞引力有再现引人注目的普通边界超导体的能力。它们之间有一些微妙的区别，将在下面几节中重点指出。

在超流流体力学的宏观领域中，物理学完全由对称性破缺的原理支配，因此全息版本完全符合也就不足为奇了。我们将首先讨论这一重点，然后逐渐"上升"到微观领域，在那里我们会发现对 BCS 理论特性的敏感性。特别是在这些光谱响应方面，全息和 BCS 超导在总体实验特征上的相似表现是惊人的。

10.2.1 超流流体力学和湍流

像在超冷氦中实现的超流体确实是在外力的影响下流动的。即使在零温下，它也要遵循支撑流体力学的基本对称性原理，但实际的"量子流体力学"与经典流体的流体力学有很大的不同。关键原因是一个自发破缺的整体 $U(1)$ 的附加角色。伴生的 Goldstone 玻色子受到保护，并总是作为一种长程动力学激发而存在。这种相位模式或"超流体第二声"是造成超电流的原因：$\Psi(\boldsymbol{x}) = |\Psi| \exp[\mathrm{i}\phi(\boldsymbol{x})]$，当 $|\Psi| \neq 0$ 时，由于 Goldstone 的保护，超-电流 $J_\mu(\boldsymbol{x}) \sim \partial_\mu \phi(\boldsymbol{x})$ 永无止境地流动。因为超-电流与标量函数的梯度成比例，所以它对应于无循环的势流，因而无循环势流也是无耗散的。涡旋是有质量的和量子化的。其结果是，当带有超流体的容器旋转时，直到达到临界角频率之前流体保持静止，之后涡旋开始沉淀，形成规则的晶格。

正如我们在第 7 章中所了解到的，流体力学是全息的重要成果，其中的内容可以推广到全息的"超导"(事实上是超流)。这是由宏观尺度上自发对称性破缺的普遍后果控制的。考虑到体态与边界之间紧密的对称关系，由于体态中的 Higgs 场与边界中的超流序参量具有相同的周期性，我们可以预见边界上环流的量子化将会在体态中得到完美的再现。不同的是，体态是规范的，因而边界上的超流涡旋的全息对偶类似于体时空中的 Abrikosov 磁通量子。为了便于可视化，我们考虑一个在 $d = 2 + 1$ 维边界上静止的"粒子"(或"煎饼") 涡旋。涡旋作为一条 Abrikosov 通量线，在体时空中沿径向延伸，直到在深红外终结，当有限温度时它消失于黑洞视界上。这种具体的全息涡旋的数值解可以在"早期"文献 [371-374] 中找到。图 10.4展示了这种全息涡旋晶格形态的一种非常吸引人的图像表示。

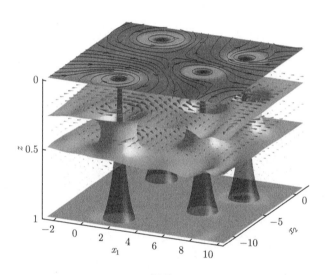

图 10.4 带有涡旋的二维超流体的全息描绘 [375]。标记为 $z = r_0/r$ 的竖直坐标对应于 AdS$_4$ 的径向方向，顶端 ($z = 0$) 为 AdS 边界，底面 ($z = 1$) 为视界。中间的浅灰色面是体态电荷密度为同一常数的面，而这两个切片之间的区域定义了一块凝聚的"厚板"，大部分的体态电荷都在那里。能量流的矢量场 (长度代表流的大小) 在厚板下方迅速消失。能量流围绕涡旋流动，而涡旋打洞穿过这个阻隔厚板，为激发态落入黑洞提供了通道。在 $z = 0$ 处也表示出了边界上的凝聚 (最深的颜色代表零凝聚)，以及叠加上的超流体速度的流线。流管表示具有常数 $|\Phi|^4/z^4$ 的表面，它与边界凝聚相接，也展示了穿过视界的能流。图源自文献 [375](经 AAAS 许可转载)

然而，超流体的流体力学还有更多的内容。在任何有限的温度下，由于热激发，一些"玻色子"正在"离开凝聚"，形成与"刚性"超流体共存的经典的稀薄流体。现在我们必须在本构方程中同时考虑超流体和正常流体的速度，非相对论超流体的推广 Navier-Stokes 理论即是我们知道的 Tisza-Landau 的两组分的流

体理论 [376,377]。这个理论用如下参量刻画：n_n 和 u_μ 分别表示普通流体的密度和流速，n_s 和 v_μ 分别表示超流体的密度和流速，v_μ 是 $-\partial_\mu\phi$ 的单位矢量，体系总密度是 $n = n_n + n_s$。

相比第 7 章介绍的普通流体，相对论两组分流体的流体力学方程更加优美。这个方程首先由 Israel、Khalatnikov 和 Lebedev[378-380] 在 20 世纪 80 年代得到，并且在最近再一次得到 [283,381]。与往常一样，守恒定律为

$$\partial_\mu T^{\mu\nu} = 0, \quad \partial_\mu J^\mu = 0 \tag{10.19}$$

但是现在超流体的"刚性"响应由 Josephson 方程：$u^\mu \partial_\mu \phi + \mu = 0$ 主导，这个方程来自于 Goldstone 模式的动力学。本构方程的领头阶变为

$$T_{\mu\nu} = (\epsilon + P)u_\mu u_\nu + P\eta_{\mu\nu} + \mu n_s v_\mu v_\nu, \quad J_\mu = n_n u_\mu + n_s v_\mu \tag{10.20}$$

其中 Josephson 方程给出了限制条件 $u^\mu v_\mu = -1$。

利用第 7 章方框 7.2 中关于经典流体的"流体/引力对应"，这种相对论两组分流体力学可以被重建和推广到更高的梯度展开阶数 [282-284,382]，只不过我们现在考虑的背景是包括标量场大气层的带毛黑洞。通过对静态解作平动洛伦兹变换将梯度领头阶包括进来，我们得到了度规、规范场和标量场如下形式的表达式：

$$\mathrm{d}s^2 = -2hu_\mu \mathrm{d}x^\mu \mathrm{d}r - r^2 f u_\mu u_\nu \mathrm{d}x^\mu \mathrm{d}x^\nu + r^2(\eta_{\mu\nu} + u_\mu u_\nu)\mathrm{d}x^\mu \mathrm{d}x^\nu$$

$$+ r^2\big(2Cu_{(\mu}n_{\nu)} - Bn_\mu n_\nu\big)\mathrm{d}x^\mu \mathrm{d}x^\nu + \frac{2Ch}{f}n_\mu \mathrm{d}x^\mu \mathrm{d}r$$

$$A = \big(-\phi u_\mu + \varphi n_\mu\big)\mathrm{d}x^\mu - \frac{\phi h}{r^2 f}\mathrm{d}r \tag{10.21}$$

$$\Phi = \xi \mathrm{e}^{\mathrm{i}q\alpha}$$

其中，$f, h, B, C, \phi, \varphi, \xi, \alpha$ 是 r 的函数，u_μ 是满足 $u^\mu u_\mu = -1$ 的平动洛伦兹变换参数，而 n_μ 与 u_μ 正交的向量满足 $n^\mu u_\mu = 0$。我们将拟设代入 Einstein-Maxwell-Higgs 系统的运动方程 (10.1) 以逐阶求解，求出的解最终按与方框 7.2 相同的方式对偶到边界。其领头阶的形式正是相对论两组分流体力学 (10.20)。当考虑到对实验物理学的影响时，超流体流体力学在此时此刻几乎是在全息的成就列表的最顶端。正常流体湍流的精确本性是经典物理学中尚未解决的重大问题之一。而人们对超流体湍流的本性了解得更少。大约十年前，这引起了氦研究领域的关注，并在冷原子领域研究原子玻色-爱因斯坦云时得到重新关注。Kolmogorov 标度定律为经典湍流的本质提供了深刻的洞察。我们快速搅动液体的效果是液体变得混乱且出现涡流。在经典流体中，注入的能量从一个尺度传递到另一个尺度而没有

很大的损失。能量现在可以以越来越小的涡旋的形式向上传递到更高的尺度，也可以向下传递，这时小的漩涡就会变成大的流速较慢的漩涡。Kolmogorov 推测，如果流体的能量分布是自相似的，那么基于量纲分析，能量正比于波矢的 5/3 次幂，但是我们不能先验地确定它将被传送到更小还是更大的尺度 (分别是 "直" 和 "逆" 级联)。这一点在二维的经典流体中得到了尤其好的理解，人们可以利用 "涡度拟能" (涡旋的平方) 的守恒来论断逆级联的实现。

转向超流体，通过 "剧烈的搅拌"，我们现在可以创造量子涡旋的一个高度非平衡分布。结果表明，经典流体的 Kolmogorov 标度行为的讨论不能直接用于量子涡旋。有人试图用传统方法 (gross-pitaevskii) 解决这个问题，但这导致了关于级联是直还是逆的相互矛盾的说法。最近的一个引人注目的研究表明，全息为这个问题提供了解决方案。

在 7.2 节，我们简要讨论了用全息解决经典流体力学湍流问题的进展。在这种强非平衡状态的边界，我们必须处理体态中的极度非稳态引力，但现在可以在体态中用数值广义相对论处理这个问题。在 Adams、Chesler 和 Liu[288,375] 的一项里程碑式工作中，他们通过使用数值 GR[23] 计算体时空中的时间演化研究了 $d = 2 + 1$ 维湍流超流体的湍流，从边界旋涡的高度非平衡构型出发。结论是，这种超流体湍流表现出 Kolmogorov 标度行为，然而这与直级联相关。这突出了与经典流体的区别。结果表明，与 gross-pitaevskii 模拟相比，这种方法的改进在于对运动涡旋引起的耗散的适当处理。在 "直接" 模拟中很难正确地加入这样的耗散，但它自动包含在全息之中，在全息中这种耗散由穿过黑洞视界的流描述。

总结十六：全息超导体中环流的量子化方法与传统超导体相同。使用流体/引力对应，可以从 "带毛黑洞" 体态中直接推导得到 Tisza-Landau 两组分流体力学。全息很好地描述了超流体的流性质，给出了关于超流体湍流本质的基本问题的启示。

10.2.2　光谱学, 隧穿和全息超导

像超流流体力学这样的宏观性质是非常一般性的，全息超导体与实验室的超导体在这方面的性质相似并不令人惊讶。当利用光谱方法探测全息超导体的微观物理性质时，全息超导体的性质与 BCS 超导体特别相似就不那么显然了。我们将在这里讨论的是，尽管存在差异，但它们的一些总体行为惊人地相似。我们将在这里展示其中的一些结果，按照对微观物理特别细节的 "敏感性" 增加的顺序。

1. 全息 Josephson 结

Josephson 效应是涉及这些微观方面的第一个标志性例子。Josephson 结相当于两个超导体被金属或绝缘的薄障碍物隔开，分别对应形成 SNS 或 SIS 结。Horowitz、Santos 和 Way[383] 全息地设计了一种 SNS 结，他们构造了一个黑洞，

黑洞视界发出的蕴含了边界化学势的电流，在一个中间障碍区域出现短暂的下降，然后对系统进行调控，使在这个区域内 BF 界限不会被违反。这相当于两个全息超导体在边界上被一个障碍隔开，在障碍中，RN 金属由于很小的化学势仍然是稳定的 (另一种构造见文献 [384])。通过计算两个超导体之间由相位差 $\delta\phi$ 引起的通过障碍物的电流，发现标准 DC Josephson 关系 $J = J_{\max} \sin(\delta\phi)$ 成立。在金属弱连接中，Josephson 耦合 (至少在高温下) 源自临近效应，即在金属障碍物中由感应到附近超导体的能隙函数而诱发超导性。对于这样一个临近效应介导的 Josephson 耦合，我们有 $J_{\max}/T_c^2 \sim \exp(-l/\xi)$，其中 l 是结的宽度而 ξ 是超导体的关联长度。类似地，由临近效应引起的障碍物中间的序参量应该表现为 $\langle\mathcal{O}\rangle_{J=0}/T_c^2 \sim \exp[-l/(2\xi)]$。Horowitz、Santos 和 Way 通过改变障碍物的宽度研究了这些量，发现这也适用于他们的全息 SNS 结。结论是，由 RN 奇异金属形成的障碍物分隔的两个全息超导体之间的临近耦合行为与通过费米液体隔开的标准 BCS 超导体的耦合行为完全相同。

总结十七：与传统超导体行为相同的全息 SNS 连结已经被构造出来。甚至金属结中临近效应导致的超导相的耦合在定量上也很相似。

2. 光电导：序产生的能隙

下一个要问的问题是，当超导性出现时，光电导响应会发生什么变化？我们在 8.3 节详细讨论了 RN 金属的"正常态"光电导。让我们再次聚焦在 $d = 2+1$ 维。我们发现，作为在降低的频率的函数，零密度 2+1 维 CFT 的常数光电导谱权重开始在化学势所设定的一个频率上耗尽。f 求和规则指出，这个缺失的谱权重必须去了某个地方。由于动量守恒——有限密度输运的一个重要性质——它必须积累到光电导的零频处的 delta 函数 ("Drude 峰") 中，意味着这个金属是完美的导体。当系统变为超导体时，实际上不会发生太多别的事情：由于动量守恒，金属在某些方面已经是"超"导体了。在传统超导体中，如果它存在于伽利略连续介质中，实际上什么也不会发生。只有在平移对称破缺时，才有 σ 的有限频率的谱权重 (能带之间的转换，淬火无序引起的 Drude 峰变宽)。一般来说，当超导序出现时，能量小于 BCS 能隙的谱权重将转移到反磁峰。在全息超导中也有类似的现象发生。这时甚至在连续介质中，金属中都存在有限频率谱权重。这是零密度系统的"残余"，见式 (8.45)。正如我们将在 10.4 节中更详细讨论的那样，很容易构造非常"高 T_c"的超导体，其中与超导有关的能标在化学势本身的量级。在这种情况下，我们发现当全息超导序出现时，能量量级在 μ 的非相干谱权重被转移到反磁峰。在这个意义上，连续全息超导体的光电导与 BCS 能隙对传统超导体的光电导的影响方式十分相似。在第 12 章中，我们将讨论平移对称性破缺的影响。

我们可以直接用第 7 章方框 7.3 介绍的方法计算全息光电导，但是现在要在带毛黑洞背景中计算。典型的结果如图 10.5 所示，其中使用了同样的化学势，以使得 RN 金属"正常态"的光电导相同。然后我们改变标量场的电荷，效果是 T_c 从 $T_c \ll \mu$ 变为 T_c 与 μ 同量级的"强耦合"超导体。随后在"低"温 $T \simeq T_c/4$ 下计算电导率。对于弱耦合情况 $(T_c \ll \mu)$，金属和超导体之间基本没有可分辨的区别。然而，在强耦合情况下，我们发现存在凝聚时高能的谱权重被进一步剥夺，并且被转移到位于 $\omega = 0$ 的反磁峰。但是，即使在最低的温度下，在低频处仍然存在一些谱权重。基于匹配方法的简单计算表明，这不是一个硬能隙，而是一个代数伪能隙，低频的行为是 $\mathrm{Re}[\sigma] \sim \omega^2$。我们将在 10.5 节讨论出现这个行为的原因。令人惊讶的是，我们将会看到一些权重保留在低频处。

总结十八：**全息超导体的光电导的行为与 BCS 超导体的行为非常相似：光学响应打开了一个能隙，并且谱权重被转移到了零频的反磁峰。**

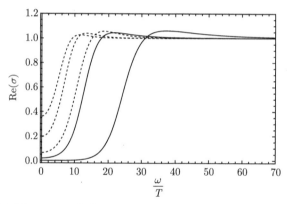

图 10.5　$\mathcal{O}_2$ 全息超导体 $q = 3, m^2 L^2 = -2$(实线) 和巨正则系综 $(\mu = 1)$ 的 RN 黑洞 (虚线) 的电导率，按温度递减的顺序排列。最低的虚线是 $T = T_c$，它与 T 无限趋近于 T_c 的超导相的电导相同。所有情况下在原点都有 δ 函数

3. 全息超导体的光电发射和 Bogoliubov 费米子

为了判断我们处理的究竟是不是与 BCS 基态相关的激发谱结构，光电导肯定不是首选的实验可观测量。作为替代，我们想直接研究费米子谱函数。在第 3 章中，我们强调了 BCS 超导体与电荷为 $-2e$ 的玻色子凝聚之间的关键区别是前者具有支持 Bogoliubov 费米子准粒子激发的真空结构。基于 RVB 拟设，我们证明了即使正常态不是一个费米液体，Bogoliubov 费米子仍然可以在超导态中产生。当关注全息超导体的费米响应时，我们发现了此类物理的一个非常具体的实现。我们从一个没有费米准粒子的非费米液体正常态出发，但进入超导态后我们会遇到一个参数区域，其中谱完全重构成一个看起来相当传统的响应，它被与

BCS 的结果极度相似的非常尖锐的 Bogoliubov 激发所支配。

在超导态深处出现的尖锐 Bogoliubov 激发不是一般性的：它需要一些微调。在忽略费米子对几何的反作用的费米子探测极限中，我们必须处于第 9 章讨论的"几何畴壁"费米子束缚态在正常态形成的区域。正如我们所强调的，在这种情况下，实际上应该包括费米子反作用。这是一个困难的问题，当超导也必须考虑在内时，它变得更加棘手。虽然在这个参数区域有费米面存在，但我们现在可以调整参数，使这些"准粒子"在超导相变温度下具有很强的过阻尼，因为它们迅速衰变为 RN 量子临界连续体。在进入超导态后，这些态迅速相干聚集，在低温下转变为非常尖锐的准粒子峰，并且表现出由 s 波能隙函数的存在所决定的 Bogoliubov 费米子的典型色散关系，见图 10.6 和图 10.7[385,386]。

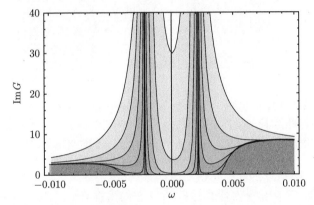

图 10.6 全息超导体背景下的费米子谱函数 $A(\omega, k)$ 在不同温度下关于 ω 的函数图像。动量 k 被选在 k_F 附近。我们可以清楚地看到 Bogoliubov 费米子的能隙特征。超导背景序参量值为 $q = 1, m^2L^2 = -1$。探针费米子参数是 $q_f = 1/2, m_f = 0$ 和 $\eta_5 = -0.025$。图源自文献 [385]

为了证明这一点，我们在引力作用量中引入了费米子和超导序参量之间明确的 Yukawa 耦合 [385]，

$$S_{\text{probe}} = \int \mathrm{d}^4x \sqrt{-g} \left[-\mathrm{i}\bar{\Psi}(\Gamma^\mu \mathcal{D}_\mu - m_f)\Psi + \eta \Phi^* \bar{\Psi}_c \Psi + \eta_5 \Phi^* \bar{\Psi}_c \Gamma^5 \Psi + c.c \right]$$

(10.22)

与第 9 章相比，这是新的耦合。因为对称性允许这些耦合，所以必须将它们考虑在内 (这是至关重要的, 因为 η_5 耦合起着打开边界费米子谱函数能隙的作用)。在体态中这些耦合与通常的 Bogoliubov-de Gennes (BdG) 耦合表现很相似，在费米探测极限下，标量场充当了对势的角色。费米子与它的电荷共轭"杂交"，因为它们在 $\omega = 0$ 简并，由于能级排斥，一个能隙被打开。

我们已经认识到，在体态中远离内部深处的由束缚态描述的"介子伴子"与

边界上的自由费米子是一一对偶对应的。当体态费米子与势相互作用时，这一规则也有效。我们将在 12.3节详细讨论粒子-洞穴通道。在这里，这种方法在 BdG 粒子-粒子通道中起作用。因此，通过 Yukawa 势与标量毛耦合的作用量，在体态中形成的 Bogoliubov 激发与边界上的 Bogoliubov 费米子对偶。这就是图 10.7 准粒子色散中出现 BCS 的背后机制。

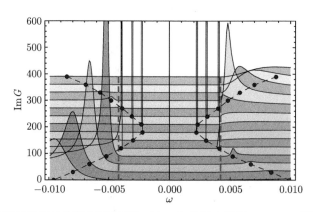

图 10.7　全息超导体背景下的费米子谱函数 $A(\omega, k)$ 在固定低温 $T \ll T_c$、不同动量下关于 ω 的函数图像。点线描绘了峰的位置。在虚线之外，谱密度的非相干部分被完全抑制，准粒子的寿命是无限的。超导背景序参量值为 $q = 1, m^2 L^2 = -1$。探针费米子参数是 $q_f = 1/2, m_f = 0$ 和 $\eta_5 = -0.025$。图源自文献 [385]

但这并不能立即解释为什么这些激发态的寿命在进入超导态后会急剧增加。我们知道，体态中的衰减被畴壁束缚态到 RN 黑洞视界的"隧穿"描述。现在的问题是，这种很深的内部几何因标量毛的存在而发生巨大的变化。事实上，正如我们将在 10.5 节讨论的那样，标量毛对几何的反作用将产生黑洞完全消失的效果，深内部几何将被"Higgs 星"深内部的一种不同几何取代。用薛定谔势重写，我们现在可以证明，标量毛形成时的效果是关于黑洞视界的势阱消失了，在低温下被势的极大值取代 [385]。边界上的效果是量子临界连续体中的准粒子不再衰变，而变为长寿命的，很像受能隙保护的 BCS Bogoliubov 费米子。

10.2.3　非传统超导：三重态情形

到目前为止，我们处理的一直是单态 s 波超导体。如第 2 章所讨论的，强关联电子系统中的超导似乎总是非传统的，因为这些超导体还存在空间和内部自旋对称性破缺，所以我们要处理的是 p 波、d 波等超导体。

原则问题是这种非传统的超导序参量能否用全息来描述。答案还没有完全确定。一方面，我们可以构造能够被准确地称为 p 波的全息序参量 [387,388]，它甚至有一个合理的在相交膜模型中嵌入的自上而下的构造 [370]。类似地，也有关于

d 波序参量的构造提出 (如参考文献 [389-391])，尽管关于这些构造是否在体态中完全自洽仍然存在争议。这些构造引入了有质量的自旋为 2 的张量，它与无质量的自旋为 2 的引力子相互干涉，并且作为量子理论是出名的不自洽。另一方面，这些唯象动机的全息超导体与传统的凝聚态超导体完全不同，在凝聚态超导体中，自旋和轨道角动量与库珀对的波函数有关。看上去似乎这种"简单"的非 s 波超导体在引力体态中的构造仍然有待发现。

全息 p 波超导体的唯象理论以矢量序参量为基本构造元素 [387,388]。它在体态中的对偶场是一个矢量场。与标量序参量类似，我们现在必须使这个矢量场带电，这样它才能对有限密度做出响应，并破坏基态的对称性。正如我们在方框 10.2 中详细讨论的那样，在体态中自洽地做这件事的唯一方法是将矢量场转换为非阿贝尔规范场。我们必须考虑 Einstein-Yang-Mills 理论，而不是 Einstein-Maxwell-Higgs 理论。最简单的 Yang-Mills 理论的规范群是 $SU(2)$，对应于边界场论中的矢量流的三重态。因此，p 波超导性的全息实现与自旋为 1 的对算符的凝聚态有很大不同。$SU(2)$ 规范群的 $U(1)_3$ 子群与边界上通常的整体 $U(1)$ 是对偶的，这使得体态规范场的"1,2"分量与边界上的序参量场对偶并且自旋为 1。奇怪的是，现在边界自旋为 1 凝聚与一个特定空间方向上的流算符 (空间"p 波") 一起获得了相同的 VEV $\langle J_x^1 \rangle \neq 0$，其中上指标表示自旋。这是一个带有某种形式的"自发自旋流"的态。就我们所知，这种"超流体"的流体动力学性质与普通的超流体有很大的不同，包括在 ^{3}He 中实现的连续体三重态。

总结十九：非传统的 (p 波和 d 波) 全息超导体可以被构造，但是这涉及体态中的非阿贝尔规范场或带电的自旋为 2 的场。凝聚分别是自旋为 1 的流和自旋为 2 的张量。

方框 10.2 全息三重态超导体

第一个自下而上的 $2+1$ 维边界 p 波超导体于参考文献 [387,388] 中被构造。这里的 p 波指的是流算符 $\langle J_\mu^1 \rangle \neq 0$ 的凝聚。为了利用与标准的 s 波全息超导体相同的不稳定机制达成构造，与流对偶的矢量场 A_μ^1 必须带荷。这特定地使得我们要考虑 $3+1$ 维 AdS-Einstein-Yang-Mills 理论，

$$S = \frac{1}{2\kappa^2} \int \mathrm{d}^4 x \sqrt{-g} \left[R + \frac{6}{L^2} - \frac{1}{4g_F^2}(F_{\mu\nu}^a)^2 \right], \tag{10.23}$$

其中 g_F 现在是 Yang-Mills 耦合常数。这里的 $SU(2)$ 规范场 A_μ^a 的场强是 $F_{\mu\nu}^a$，

$$F_{\mu\nu}^a = \partial_\mu A_\nu^a - \partial_\nu A_\mu^a + f^{abc} A_\mu^b A_\nu^c \tag{10.24}$$

$f^{abc} = \epsilon^{abc}$，它明显地展示出了规范场相互之间具有荷的性质。

我们现在用这一点来让 $SU(2)$ 规范群提供一个边界上的对偶化学势和有限的荷密度。我们设规范场的形式为

$$A = \Phi(r)\tau^3 \mathrm{d}t + w(r)\tau^1 \mathrm{d}x \tag{10.25}$$

其中 τ^a 是 $SU(2)$ 规范群的生成元，它们满足 $[\tau^b, \tau^c] = \tau^a f^{abc}$。由 τ^3 生成的子群由 $U(1)_3$ 表示，并且这个子群与边界的 $U(1)$ 守恒荷对偶。$w(r)\tau^1 \mathrm{d}x$ 分量将是序参量的对偶。因为这个序参量对应于一个自旋为 1 的算符，而且它自发地破缺 $U(1)_3$ 对称性，所以对偶场论是一个全息 p 波超导体。

让我们再次考虑最简单的规范场处于探针极限的体时空构造，对应于大的荷对牛顿常数比值。全息 p 波超导体的考虑完全反作用的解可以在参考文献 [392, 393] 中找到。在探测极限下，背景度规仍是 AdS_4 Schwarzschild 黑洞，即式(10.10)。重新定义 $\tilde{\Phi} = L^2\Phi$，$\tilde{w} = L^2 w$，并设 $r_0 = 1$，规范场的运动方程变为

$$\begin{aligned}
&\tilde{\Phi}'' + \frac{2}{r}\tilde{\Phi}' - \frac{1}{r(r^3 - 1)}\tilde{w}^2\tilde{\Phi} = 0 \\
&\tilde{w}'' + \frac{1 + 2r^3}{r(r^3 - 1)}\tilde{w}' + \frac{r^2}{(r^3 - 1)^2}\tilde{\Phi}^2\tilde{w} = 0
\end{aligned} \tag{10.26}$$

注意到它与 s 波超导体(10.12)有相似之处。在渐近 AdS 边界 $r \to \infty$，我们加入边界条件

$$\tilde{\Phi} = a_0 + \frac{a_1}{r} + \cdots, \quad \tilde{w} = \frac{w_1}{r} + \cdots \tag{10.27}$$

其中根据字典，边界化学势 $\mu = a_0$，而边界荷密度 $\rho = -a_1$。因为我们要求对称性破缺是自发的，所以需要 $\tilde{w}$ 没有常数项。它的领头阶常数项对应于一个明显的源，因而必须为零。那么 w_1 就表示流 J_i^a 的对称性破缺期望值，即

$$\langle J_x^1 \rangle \sim w_1 \tag{10.28}$$

这两个场的近视界行为是

$$\tilde{\Phi} = \Phi_{\mathrm{hor}}(r - 1) + \cdots, \quad \tilde{w} = w_{\mathrm{hor}} + \cdots \tag{10.29}$$

其中我们要求规范势在视界处为零。我们有两个独立的初始参量，Φ_{hor} 和 w_{hor}，而边界上有一个可归一化的边界条件，因此运动方程有一个单参数的解族。然后，我们可以使用与计算全息 s 波时同样的打靶法对该系统进行数值

求解。数值结果表明，具有 p 波毛的解只能在低于特定温度 T_c 时存在 [387]，且具有全息平均场的特征行为

$$w_1 \sim \sqrt{T_c - T}, \quad T \to T_c \tag{10.30}$$

在全息 s 波超导体中我们有 $\sigma_{xx} = \sigma_{yy}$ 和 $\sigma_{xy} = 0$，与这种情况不同，p 波超导体由于序参量的矢量性质，其电导率会因方向不同而改变，不再是各向同性的了。与序参量垂直的 σ_{yy} 电导率可以从微扰

$$\delta A = \mathrm{e}^{-\mathrm{i}\omega t} a_y^3(r) \tau^3 \mathrm{d}y \tag{10.31}$$

下的解得到。结果表明，$a_y^3(r)$ 的运动方程与 s 波情况相似，并且 σ_{yy} 的行为在定性上与 s 波的结果相同。

对于与序参量平行方向的 σ_{xx} 传导率，我们必须考虑到微扰 $\delta A_x = \mathrm{e}^{-\mathrm{i}\omega t} a_x^3(r) \tau^3$ 与其他模式耦合。带有与 δA_x 耦合的模式的 A_μ 的微扰的一般形式应该是

$$\delta A = \mathrm{e}^{-\mathrm{i}\omega t} \left\{ \left[a_t^1(r) \tau^1 + a_t^2(r) \tau^2 \right] \mathrm{d}t + a_x^3(r) \tau^3 \mathrm{d}x \right\} \tag{10.32}$$

将其代入体态的麦克斯韦方程之后，我们现在必须解出关于这些模式的线性化运动方程。这些扰动在边界附近的展开为

$$a_x^3 = a_x^{3(0)} + \frac{a_x^{3(1)}}{r} + \cdots$$

$$a_t^1 = a_t^{1(0)} + \frac{a_t^{1(1)}}{r} + \cdots \tag{10.33}$$

$$a_t^2 = a_t^{2(0)} + \frac{a_t^{2(1)}}{r} + \cdots$$

而 σ_{xx} 的对偶电导率可以从

$$\sigma_{xx} = -\frac{\mathrm{i}}{\omega L^2 a_x^{3(0)}} \left(a_x^{3(1)} + w_1 \frac{\mathrm{i} w L^2 a_t^{2(0)} + a_0 a_t^{1(0)}}{a_0^2 - w^2 L^4} \right) \tag{10.34}$$

得到。对所有这些模式选择入射边界条件，可以数值计算电导率 [387,394]（图 10.8）。在凝聚的方向上的纵向传导率显示了预期的能隙。在非常低的频率下，结果确实与 Drude 模型符合得很好。这有点令人好奇，因为我们将在第 12 章详细讨论，即使旋转不变性被明显地破坏，体系也没有明显的动量耗散。

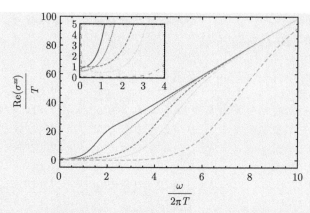

图 10.8 不同温度下，与 3+1 维场论对偶的 4+1 维全息 p 波超导体的电导率。所有情况下，电导率在大 ω 时恢复为 3+1 维 CFT 的临界标度行为，其中 $\sigma \sim \omega$。当 ω 较小时，我们看到随着 T 的逐渐减小会出现一个能隙。插图放大了原点附近的图像，显示谱权重转移到在 $\omega = 0$ 的超导极点。图源自文献 [394] (经 Springer 科学与商业媒体许可转载，©2013，Springer)

最后，在下一步，我们也可以同时打开 A_y^2 模式和 A_x^1 模式，得到

$$A = \Phi(r)\tau^3\mathrm{d}t + w_x(r)\tau^1\mathrm{d}x + w_y(r)\tau^2\mathrm{d}y \tag{10.35}$$

这对应于一个边界上的 $p + \mathrm{i}p$ 波超导体 [388]。可以通过数值计算证明 $p + \mathrm{i}p$ 波超导体不如纯的 p 波超导体稳定。

10.3   观察 T_{c} 的起源: 奇异金属的对极化率

上面的阐述说明全息超导与传统超导非常相似。看起来情况是这样的，已经到了一种基于可用的实验信息不可能确定一个准确的定性标准来对是否有任何接近全息超导的物理在已知的特殊超导体中起作用这一点进行证明或者证伪的程度。然而，它们起作用的基本物理是完全不同的，分别是非粒子的正常态与费米面上库珀配对的电子准粒子。对这种巨大差异敏感的什么物理量可以且应该被在实验室中测量到呢？

我们已经在第 2 章的 2.4 节回答了这个问题：我们应该直接关注这个问题中的主角本身，即序参量的动力学极化率。通过直接测量它，检查其在正常态中接近超导不稳定性时的随温度的演化，可以提取出关于超导体起源的信息。在实验室里实现这一点具有相当大的挑战性。这可以利用两个不同超导体之间的非均质 Josephson 结中的邻近效应来实现 [395-398](见 2.4 节)。在 20 世纪 70 年代，这种方法被成功地用于普通超导体，但从未用于铜氧化物或其他奇异的超导体。全息

超导为迎接这个挑战提供了极好的动机 [72]。

一般来说,动力学极化率 $\chi(\omega, \boldsymbol{k})$ 只是序参量场 $\mathcal{O}(x,t)$ 的 (推迟) 两点传播子的另一种说法。

$$\chi(\omega, \boldsymbol{k}) = \int \frac{\mathrm{d}^4 x}{(2\pi)^4} \mathrm{e}^{-\mathrm{i}\omega t + \mathrm{i}kx} \langle \mathcal{O}(x,t)\mathcal{O}(0,0)\rangle \tag{10.36}$$

我们要在实时中计算,通常取 $k = 0$,因为不稳定性存在于这里。当我们在凝聚态背景下处理超导不稳定性时,应该将 $\mathcal{O}(x,t)$ 诠释为费米子对算符,并且序参量极化率可以直接与动力学对极化率 $\chi_p(k,\omega)$(取 $k = 0$,这里有不稳定性) 联系起来,正如第 2.4 节的式 (2.29) 所定义。考虑到由于关联长度较大 (传统的)BCS热相变受平均场理论控制,用依赖时间的 Hartree-Fock/RPA 来近似正常态的整个极化率是可靠的,

$$\chi_p(\omega, T) = \frac{\chi_p^0(\omega, T)}{1 - V\chi_p^0(\omega, T)} \tag{10.37}$$

其中,$\chi_p^0(\omega, T)$ 是无吸引相互作用时费米液体的对极化率,而 V 是对相互作用。如果从金属一侧接近不稳定态,我们发现低频区域受弛豫 Ornstein-Zernike 平均场动力学控制,在虚部 $\mathrm{Im}\chi_p(\omega, T)$ 产生弛豫峰,即式 (2.36)。

虽然它是大 N 下产生的假象,但是全息超导体的序参量动力学的平均场性质在这个阶段变得相当方便我们利用。它使得我们可以用苹果跟苹果比较,从而体现出平均场 BCS 超导 (及其微扰展开) 和全息超导家族之间最尖锐的对比。我们将会看到,全息超导体关于极化率的行为完全符合我们在第 2 章的 2.4 节中解释的 "量子临界 BCS" 现象。我们这里集中考虑全息超导体的最小模型。这里的金属正常态是带有近视界 IR 的 $\mathrm{AdS}_2 \times \mathbb{R}_2$ 特征几何的全息 RN 金属。重新发现 RPA 行为的关键在于这个局域量子临界 IR 和我们在 9.3 节中介绍的费米子的 AdS_4 UV 之间的匹配技术。对体态中对偶于 $\mathcal{O}(x,t)$ 的标量场的处理完全相同。因此,在低频区域,序参量极化率可以写为

$$\chi_p^{\mathrm{H}}(\omega, T) \sim \frac{b_+^{(0)} + b_+^{(1)}\omega + \mathcal{O}(\omega^2) + \mathcal{G}(\omega, T)\left[b_-^{(0)} + b_-^{(1)}\omega + \mathcal{O}(\omega^2)\right]}{a_+^{(0)} + a_+^{(1)}\omega + \mathcal{O}(\omega^2) + \mathcal{G}(\omega, T)\left[a_-^{(0)} + a_-^{(1)}\omega + \mathcal{O}(\omega^2)\right]} \tag{10.38}$$

其中,$\mathcal{G}(\omega, T)$ 是标量场的近视界传播子。在温度 $T \gg T_c$ 时的金属态深处,标量场从边界 "自由地落向" 视界,并且有 $\mathrm{Im}\chi_p^{\mathrm{H}}(\omega, T) \sim \mathrm{Im}\mathcal{G}(\omega, T)$。由于系统远离不稳定态,对极化率就等于背景金属的对磁化率。当这个金属是量子临界的时,因为 $T > \mu$,或者因为相变发生于演生的 AdS_2 局域量子临界区域的深内部 $T \ll \mu$,对磁化率将会通过有限温度 $T > T_c$ 下 IR 格林函数 $\mathcal{G}(\omega, T)$ 反映出这个量子临

界性。这展现了与零温局域量子临界格林函数相关的标度 $\mathcal{G}(\omega) \sim \omega^{2\nu}$，但并不相同。我们将在下一段中计算这个标度。

当接近相变温度 $T = T_c$ 时会发生什么？我们现在必须检查匹配系数。与费米子的情况一样，它们只能用数值计算确定。然而，与费米子的情况不同的是，对于标量场，我们知道最先开始凝聚的是 $k = 0$ 的标量场，因此，我们可以把注意力限制在 $\chi_p(\omega, T)|_{k=0}$。在 $\omega = k = 0$ 出现的极点反映了匹配系数的行为是，在低频接近 T_c 时，只有 $a_-^{(0)} a_+^{(1)}$ 和 $b_+^{(0)}$ 有贡献 (即 $a_+^{(0)}(T_c) = 0$)。它们可以被参数化为 $\gamma_0 = b_+^{(0)}(T_c)$，$\beta_0 = \partial_T a_+^{(0)}(T_c)$，$\beta_1 = \lim_{\omega \to 0} \frac{1}{\mathrm{i}\omega} \mathcal{G}(\omega, T_c) a_-^{(0)}(T_c)$ 和 $\beta_2 = a_+^{(1)}(T_c)$。从而可以将低频的对极化率写为

$$\chi_p^{\mathrm{H}}(\omega, T) \sim \frac{\gamma_0}{\beta_0(T - T_c) + \mathrm{i}\omega\beta_1 + \omega\beta_2} \tag{10.39}$$

我们推断得到了极化率的 Ornstein-Zernike 形式 (2.36)，

$$\chi_p^{\mathrm{H}}(\omega, T) = \frac{\chi'^{\mathrm{H}}_p(\omega = 0, T)}{1 - \mathrm{i}\omega\tau_r - \omega\tau_\mu} \tag{10.40}$$

其中的类 Curie-Weiss "体时空对极化率" 为

$$\chi'^{\mathrm{H}}_p(\omega = 0, T) = \frac{\gamma_0}{\beta_0(T - T_c)} \tag{10.41}$$

序参量弛豫时间用 IR 格林函数 $\mathcal{G}(\omega, T)$ 可表示为

$$\tau_r = \lim_{\omega \to 0} \frac{\mathrm{i}}{\omega\beta_0(T - T_c)} \mathcal{G}(\omega, T_c) a_-^{(0)}(T_c) \tag{10.42}$$

最后一步是得到有限温度 T 下 IR 传播子的详细形式。在强耦合全息超导体 $T_c \simeq \mu$ 的情况下，AdS_2 区域被遮挡在有限温度视界之后；我们可以认为其几何在本质上与 AdS Schwarzschild 没有区别。在视界附近 Schwarzschild 几何的领头阶是 Rindler 时空。若 $\omega \ll T$，在这种情况下 Rindler 时空的近视界 IR 格林函数在 $k = 0$ 时 (如方框 10.3 中所示) 是一般形式 $\mathcal{G}(\omega, T) = -\mathrm{i}\omega/4\pi T$。因此，$\tau_r = \alpha_0/(T - T_c)$。反之，当相变发生在 RN 金属深处区域非常低的温度时，我们应该转而使用 AdS_2 类型的带有小的温度修正的深红外传播子。它具有普适的有限温度标度形式 $\mathcal{G}(\omega, T) \sim T^{2\nu} F\left(\frac{\omega}{T}\right)$，并且容易发现当 $\omega \ll T \ll \mu$ 时，$F\left(\frac{\omega}{T}\right) \sim F_0 \frac{\omega}{T} + \cdots$ (方框 10.3)。在这个区域也有 $\tau_r = \alpha_0/(T - T_c)$。

注意到，我们还发现因子 $\omega\tau_\mu$ 由粒子–空穴不对称参数 $\tau_\mu = -\dfrac{\beta_2}{\beta_0(T - T_c)}$ 控制，这个参数在基本表达式 (2.36) 中不出现。只有当金属中由于有限化学势而破

缺的电荷共轭对称性影响了超导序, 即 T_c 变为与 μ 同阶时, 这个时间标度才会变得显著。容易核实, 这是粒子-空穴不对称性进入这个弛豫区域的普遍方式。

方框 10.3　有限温度 IR 格林函数的普适性

在这个方框中我们将考虑有限温度 AdS RN 黑洞背景下质量 m 的不带电标量场的 IR 格林函数, 并展示出不管 T/μ 多大, 这个 IR 格林函数关于 ω 都是线性的。然后可以很容易地将这个结果推广到带电的场, 因为我们很容易看出, 无论是否存在静电势, 有限温度视界决定了 IR 格林函数。

任何有限温度黑洞的 g_{tt} 都有一个单极点, 因而在深 IR 区域内我们可以用 Rindler 时空近似几何。

$$ds^2 = -\alpha(r - r_+)dt^2 + \frac{dr^2}{\alpha(r - r_+)} + r_+^2(dx^2 + dy^2) \tag{10.43}$$

其中 $\alpha = 4\pi T$. 一个中性标量场在这个区域中的运动方程可以简化为

$$\phi'' + \frac{1}{r - r_+}\phi' + \left[\frac{\omega^2}{\alpha^2(r - r_+)^2} - \frac{m^2}{\alpha(r - r_+)}\right]\phi = 0 \tag{10.44}$$

这个方程的解析解是第一类 Bessel 函数

$$\phi_{\text{Rindler}} = A_0 J_{-\frac{2i\omega}{\alpha}}\left[2m\sqrt{\frac{r - r_+}{\alpha}}\right] + B_0 J_{\frac{2i\omega}{\alpha}}\left[2m\sqrt{\frac{r - r_+}{\alpha}}\right] \tag{10.45}$$

入射边界条件使得 $B_0 = 0$。通过在匹配区域 $\omega \ll r - r_+ \ll r_+$ 附近展开这个入射解 (10.45), 即 $(r - r_+)/\alpha \to 0$ 和 $\omega/\alpha \to 0$, 我们得到 $\phi \simeq A_1 + B_1 \log(r - r_+)$, 其中 $B_1/A_1 \simeq -\frac{i\omega}{4\pi T} + \mathcal{O}(\omega^2/T^2)$.

结论是, 无论是在 BCS 理论还是在全息超导体中, 当从金属一边接近相变点时, 序参量极化率展示出普遍的平均场弛豫行为。当然, 这种情况是理所当然的, 因为热相变本身具有平均场本质。普适的对称性破缺动力学完全主导了这个区域。因此, 任何差异都必须出现在更高的频率上。尽管在这个区域的比较只能用数值计算来进行, 但是将结果与我们在 2.4 节中讨论过的简单 "量子临界 BCS" (QCBCS) 唯象模型 [71] 进行比较也是非常有用的。虽然 QCBCS 断言仍然可以使用极化率的 RPA 表达式, 但是我们应假设 χ_p^0 在零温下具有共形形式 $\chi_p^0(\omega) \sim 1/(i\omega)^{\Delta_p}$ 而不是使用费米液体的 χ_p^0, 并且有限温度的 "能量-温度" 标度形式为 $\chi_{\text{pair}}^0(\omega, T) = \frac{1}{T^{\Delta_p}}\mathcal{F}\left(\frac{\omega}{T}\right)$。那么标志金属的唯一自由参量就是反常维数 Δ_p。在实际的 QCBCS 计算中, 标度函数 $\mathcal{F}$ 由 1+1 维 CFT 表达式来建模。

　　图 10.9 展示了作为 ω 和约化温度的函数的极化率的虚部，对 QCBCS(图 10.9(c)) 模型和它旁边的全息结果 (图 10.9(d) 和 (e))，原点与超导不稳定点重合。我们在两种情况中都发现在原点附近出现了一个大的峰值，它对应于 T_c 下变为 $\omega = 0$ 处 δ 函数的弛豫峰。温度升高后，这个弛豫峰移动到更高能量，并按比例变宽，这表明金属中瞬时的序参量关联逐渐消失。

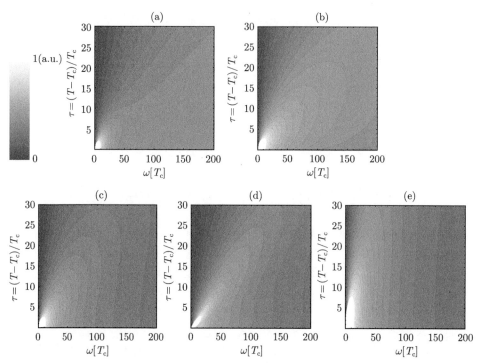

图 10.9　对极化率虚部 ${\rm Im}\chi(\omega, T)$ 关于 ω(以 T_c 为单位) 和约化温度 $\tau = (T - T_c)/T_c$ 的函数在五种不同情况下的相对值虚色图：情况 (a) 是传统费米液体 BCS 理论，情况 (b) 是有临界黏接的 Hertz-Millis 类模型，情况 (c) 是唯象 "量子临界 BCS" 理论，情况 (d) 对应于具有 AdS$_4$ 类标度的 "大电荷" 全息超导体，情况 (e) 是具有一个演生 AdS$_2$ 类型标度的 "小电荷" 全息超导体。${\rm Im}\chi(\omega, T)$ 应该直接与测出的二阶 Josephson 电流成正比，Josephson 电流可以在 Ferrell-Scalapino 实验中测量 (2.4 节)。T 接近 T_c 时发散的弛豫峰 (白色区域是超出刻度的区域) 出现在每幅图的左下角。所有五种情况的弛豫峰定性上看是相似的。只有在高温高频时五种情况的定性区别才凸显出来。图源自文献 [72]

　　事实上，我们在选择参数时，有意使图 10.9(c)～(e) 尽可能相似 [72]；特别是，所有情况中的反常维数都相同 $\Delta_p = 0.5$。这在图 10.9 的原始数据中一点也不明显。这种相似性当在两个模型中都使用了隐藏的量子临界性时变得明显。这预言了极化率应该只是 ω/T 的函数。图 10.10重新展示了 $T^{\Delta_p}{\rm Im}\chi$ 关于 ω/T 的图像。

我们现在清楚地看到, 在温度等于数倍的 T_c 时, 超导不稳定性的标度被忘记了, 而极化率表现出与原始量子临界金属有关的标度行为。

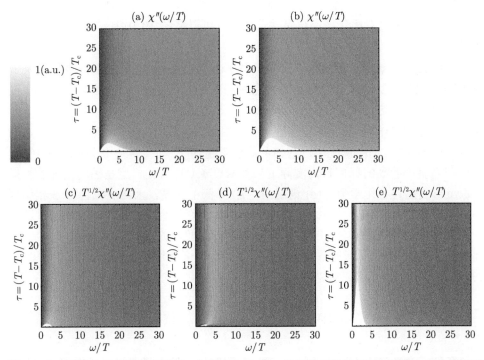

图 10.10 对极化率虚部的虚色图, 与图 10.9一样, 但是现在横坐标以温度作为单位重新定义, 函数大小也用温度的特定幂次进行了尺度重新标定: 为了展示高温下的能量-温度标度, 这里画的是 $T^{\Delta_p}\mathrm{Im}\chi(\omega/T, \tau)$。对于量子临界 BCS(情况 (c))、AdS$_4$(情况 (d)) 和 AdS$_2$(情况 (e)), 适当选取指数 $\Delta_p > 0$, 等高线在高温下是竖直的, 意味着对极化率的虚部有普适形式 $\mathrm{Im}\chi(\omega, T) = T^{\Delta_p}\mathcal{F}(\omega/T)$, 其中 $\mathcal{F}$ 是一个一般性的标度函数, 其确切形式依赖于模型的选择。这里我们通过构造在 (c)~(e) 中选择 $\Delta_p = 1/2$。弱耦合费米液体 BCS 情况 (a) 在高温下也表现出标度坍缩, 但是带有边缘指数 $\Delta = 0$。量子临界黏接模型 (情况 (b)) 中, 能量-温度标度失效: 对于任何 Δ, 等高线最多只有一小部分在高温下可以是竖直的 (这里展示了 $\delta = 0$)。
图源自文献 [72]

我们现在将其与传统凝聚态模型作比较。图 10.9和图 10.10中的 (a) 展示了标准弱耦合 BCS 理论的动力学对极化率, 而 (b) 展示了 Hertz-Millis 理论的结果, 如 2.5 节所述它是奇异金属的主要候选理论之一。有意思的是, (a) 的弱耦合 BCS 超导体也发生了标度坍缩。事实上这并不奇怪, 因为费米气体的对极化率是一个共形传播子, 其特征是边缘标度维数 $\Delta_p = 0$(如式 (2.30))。然而, 这是巧合, 因为费米液体是物质的稳定形式, 其中费米能决定了体系的标度。因此, 一旦包含微扰修正, 正常态对极化率将违反能量-温度标度行为。图 10.9和图 10.10中

(b) 的 Hertz-Millis 结果清楚地说明了这一点。如 2.5 节所述，它展示了对 Hertz-Millis 量子临界点形成的金属的对极化率的杰出计算的结果 [72]。费米气体在这里被与磁量子相变相关的量子临界涨落"粗暴地振荡"，这也导致了费米子的配对 [78,399]。结果是对极化率不再是共形的，这可以从图 10.10(b) 的标度坍缩完全失效看出。

总结二十：动力学对极化率是揭示量子临界 (全息) 超导机制的独特特征的可观测量：在高温下，对极化率受奇异金属的共形对称性主导，这意味着"能量–温度"标度坍缩。这在相互作用很强的 **BCS** 超导体中不存在。

作为 10.4 节的前瞻，我们还需要解释图 10.9 和图 10.10 中 (d) 和 (e) 所示的系统之间的区别。(d) 情况中选择的参数使得超导 T_c 与化学势 μ 同阶 (图 10.5)。我们在高温下看到的标度行为实际上与零密度 CFT 有关，这是因为这里的能量和温度标度超过了化学势。(e) 情况中，T_c 降低了很多，因此现在它与 μ 相比很小，相应的高温和高频下的标度现在反映了 RN 奇异金属。这实际上是通过取一个"高"-T_c"裸"超导体 (图 (d)) 所得到的，而随后的双迹变形被用作一个"排斥相互作用"来使 T_c 降低很多。正如我们接下来将看到的，这相当于在全息超导的背景下 RPA 公式的具体实现。

10.4　全息超导的相图

我们已经看到，全息奇异金属与高 T_c 铜氧化物的奇异金属正常态相似，它们在非费米液体响应中的相似最为显著，并且可以通过磁化率的能量–温度标度来区分。然而，一个明显的问题是，是什么确定了 T_c？全息超导体的 T_c 通常很高吗？哪些因素决定了超导不稳定性的出现？这些定量的东西不出所料地全部由全息的 UV 决定。

到现在为止，我们可以提炼出"T_c 的高度"的经验法则：正常态对磁化率的红外相关标度行为有助于高 T_c 的出现。利用 10.3 节中的约定，量子临界金属态的对磁化率表现为 $\chi_p^H \sim 1/(i\omega)^{\Delta_p}$，并且同时有一个"大的"正的 Δ_p 和一个高 T_c。正如我们在 2.4 节中对量子临界 BCS 唯象理论的讨论中所强调的那样，从"类 RPA"机制出发，这一规则很难避免。很明显，一旦把对磁化率推广到边缘 BCS 对数标度之外，它就应该是这样的。

在全息中，我们可以直接从体态中读出这个规则。回想一下带电黑洞近视界几何的 BF 界限 (10.6)：$(mL)^2 - \dfrac{q^2 g_F^2 L^2}{8\pi G} \leqslant -\dfrac{3}{2}$，其中 qg_F 是标量场的电荷。标量场的质量 mL 与零密度的标度维数有关。当达到零密度 CFT 的 BF(幺正) 下限时，这个标度维数最红外相关：在 3+1 维中 $m^2 \to -9/4$。取一个质量的值，使得对应标度维数的值接近幺正极限 $\Delta = 1/2 + \cdots$，我们得到图 10.9(d) 和图 10.10(d) 中所展现的行为。在这种情况下超导直接出现在有限密度明显的标度上，即它是具有 $T_{\mathrm{c}} \sim q\mu$ 的非常强的耦合。通过增加体态标量场的质量，人们可以在参数上抑制超导不稳定性，并且存在一个使对算符变得"足够红外无关"的临界值，其效果是在任何温度下都不会发生相变。考虑到质量 (标度维数) 作为奇异金属的可调参数，这个临界值代表全息系统的一个零温相变。

还有另一种方法来调节全息超导体的稳定性：双迹变形。在第 5 章我们看到在大 N 极限下，它确实在形式上再现了 RPA 公式。虽然我们总是对凝聚态应用的大 N 极限有所怀疑，但在这里为了对全息预测有一定的信心，我们可以再次借助于这样一个事实：大 N 意味着平均场响应。为了简单回顾一下设定，我们在 UV 的相互作用很强的零密度 CFT 中加入如下形式的双迹变形：

$$S_{\mathrm{FT}} \to S_{\mathrm{FT}} - \int \mathrm{d}^3 x \tilde{\kappa} \mathcal{O}^\dagger \mathcal{O} \tag{10.46}$$

其中 $\tilde{\kappa} = 2(3 - 2\Delta)\kappa$，而 $\mathcal{O}$ 是与标量场对偶的算符。在大 N 极限下这个双迹变形根据 (4.29) 将分解为 $\langle \mathcal{O}^\dagger \mathcal{O} \rangle \to \langle \mathcal{O}^\dagger \rangle \langle \mathcal{O} \rangle + \cdots$。这与控制传统 Hartree-Fock 平均场理论的那个因子分解性质相同，这意味着 $\mathcal{O}$ 场的传播子将有 RPA 形式，在适用于全息超导体的符号标记下可表示为

$$\chi_p^\kappa(\omega) = \frac{\chi_p^{\mathrm{H}}(\omega)}{1 + \kappa \chi_p^{\mathrm{H}}(\omega)} \tag{10.47}$$

其中，$\chi_p^{\mathrm{H}}(\omega)$ 是没有双迹变形时计算的传播子。

参照标准的思路，RPA 表达式 (10.47) 精确地对应于 BCS 理论中容纳 (额外的) 排斥或吸引相互作用的方式。鉴于单迹序参量 $\mathcal{O}$ 等价于费米对算符，双迹算符与额外的"吸引" ($\kappa < 0$) 或"排斥" ($\kappa > 0$) 相互作用相关。我们现在可以通过调节双迹变形强度 κ 来任意增加或减小 T_{c}。特别是，我们可以通过大的排斥 κ 使 T_{c} 从"大电荷"强耦合"图 (d)"超导体将它变为 μ 的一个小部分。这意味着只有在系统已经变为局域量子临界 AdS$_2$ 奇异金属的温度下才会发生不稳定性，如图 10.11 所示。图 10.9 和图 10.10 中的 (e) 代表了这一区域。

这些具有控制裸磁化率的标度维数和控制 RPA 修正的双迹变形的双参数全息模型是 BCS 理论到奇异金属的自然最小扩展。它们控制了超导的发生和 T_{c} 的值。有趣的部分是，质量和双迹耦合取一定值时可以使 T_{c} 变为零，超过这个值后不会发生不稳定性。这在图 10.12 所示的零温相图中反映为一个 AdS$_2$ 标度维数 $\nu^2 = \frac{1}{36}(m^2 L_2^2 + 1/4 - q^2 e_d^2)$ 和双迹构造 κ[160] 的函数。虽然有限温度相变总是

二阶的平均场类型相变，零温相变的本质却很不寻常。这些是在其他地方没被发现过的 (大 N 平均场) 量子相变种类。

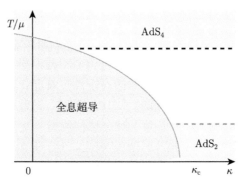

图 10.11 包括一个强度为 κ 的双迹变形的全息超导体的相图。若 $\kappa = 0$，我们有全息超导体最小模型，图 10.9和10.10中的 (d)，其中 $T_c \sim \mu$。如果我们在 AdS 规范场中加入一个非最小的耦合 (见正文)，增加 κ 的值可以降低临界温度直到 $T_c = 0$。阴影区域表示几何的哪个区域主要取决于磁化率。很明显，为了描述由局域量子临界 AdS$_2$ 类物理决定磁化率的超导体，我们必须打开一个双迹耦合。这是一个有趣的现象，因为 AdS$_2$ 类物理包含了类似于实验中发现的费米子谱函数。图改编自文献 [72]

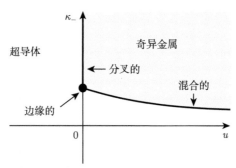

图 10.12 关于极端 AdS$_2$ 近视界几何的标度维数 $u(u \equiv m^2 L_2^2 + 1/4 - q^2 e_d^2)$ 和替代量子化中的双迹变形强度 κ 的全息超导的零温相图 [160]。令人惊讶的是量子相变的性质。由 u 驱动的"分岔"相变是一种全息 Berezinskii-Kosterlitz-Thouless(BKT) 的相变。这展现了与 $d = 2$ 统计物理的 BKT 相变相同的"无限阶"行为，但这与旋涡的释放无关：它是一个大 N 平均场相变。由双迹变形驱动的"混合"相变，根据凝聚序参量是定性上更规则的相变，但在定量上，由于它与局域量子临界 AdS$_2$ 共存，其行为更为奇异。使用半全息可以自然地解释它。这两种类型的相变曲线在一个边缘点相交。图改编自文献 [160]

可以从正常态的序参量极化率的行为来理解这些新相变

$$\chi = \frac{\chi_0}{1 + \kappa\chi_0} = \frac{1}{\kappa + \chi_0^{-1}} \tag{10.48}$$

相对论性的玻色子的裸磁化率的倒数对应于色散关系。在低频时，这可以用第 9 章中的匹配方法来确定。通过在 $\omega = 0, \boldsymbol{k} = 0$ 的邻域展开，磁化率被发现具有 RPA 形式 [160,400]

$$\chi(\omega, \boldsymbol{k}) \simeq \frac{1}{\kappa - \kappa_{\mathrm{c}} + h_{\boldsymbol{k}} k^2 - h_\omega \omega^2 + h\mathcal{G}_k(\omega)} \tag{10.49}$$

其中 $\kappa_{\mathrm{c}} = -\chi_0^{-1}$。

这与 10.3 节中讨论过的有限温度下的结果在定性上很相似，但是在物理上却与 Ornstein-Zernike 热弛豫涨落截然不同。这描述了在有限温度下由大 N 平均场施加的高斯不动点所控制的一个传播的序参量场。序参量的质量由双迹耦合 $m^2 \sim \kappa$ 确定。然而，这里有自能项，它是匹配方法的关键结果。这表明，由于与奇异金属的 AdS$_2$ 深红外相关的无质量自由度的存在，序参量获得了额外的衰减。我们从 8.2 节知道这里的传播子具有反常的形式 $\mathcal{G}_k(\omega) = c_k \mathrm{e}^{\mathrm{i}\phi_k} \omega^{\nu_k}$，其中指数等于 $\nu_k \sim \sqrt{u + k^2}$，并且可以通过 AdS$_2$ 几何的细节从式 (9.42) 得到 u。

因此，序参量的低能动力学让位于我们在 9.4 节中关于费米子详细讨论过的同样的半全息方法。这种简单形式依赖于大 N 极限 [366]：在最高阶近似中，序参量动力学是一个高斯自由场的动力学，但它仍然通过一个简单的线性耦合与"热浴" (AdS$_2$ 部分) 相互交流。它允许我们假设一个相似的有效半全息场论，

$$S_{\mathrm{eff}} = S_{\mathrm{AdS}_2}[\Phi] + \int \lambda(k,\omega)\Phi_{-\boldsymbol{k}}\Psi_{\boldsymbol{k}} + S_{\mathrm{LG}}[\Psi] \tag{10.50}$$

其中 $S_{\mathrm{AdS}_2}[\Phi]$ 是用未知场 Φ 表示的强耦合局域量子临界部分的作用量，而 S_{LG} 现在是序参量场通常的 Ginzburg-Landau-Wilson(GLW) 理论，其形式上在平均场的意义下表示为

$$S_{\mathrm{LG}} = -\frac{1}{2}\int \Psi_{-\boldsymbol{k}}(\kappa_c - \kappa_- + h_k k^2)\Psi_{\boldsymbol{k}} + h_t \int (\partial_t \Psi)^2 + \cdots \tag{10.51}$$

这个半全息的有效 GLW 理论当 κ 为负时包含一个标准的相变。然而，由于与局域量子临界部分的相互作用，这个相变的物理特性不同于传统的 GLW 二级相变。因此，它被命名为"混合"相变。在这种情况下，静态极化率 $\chi(\omega = 0, \boldsymbol{k})$ 在临界点附近的确表现出传统的平均场的行为。然而低频的动力学极化率现在会包含额外的自能贡献 $\mathcal{G}(\omega) \sim \omega^{2\nu}$。若 $\nu > 1$，它的效果是较弱的：序参量将以 $\Gamma \sim \mathcal{G}(\omega)$ 的速率缓慢地衰变到量子临界域中。通常情况下，在平均场极限下被抑制的高阶自相互作用会使效果增强。然而，若 $\nu < 1$，低频动力学极化率事实上被自能支配 $\chi(\omega, \boldsymbol{k} = 0) \sim (\kappa + h_\omega \omega^{2\nu})^{-1}$。这意味着关联时间 $\xi_t \sim \kappa^{1/2\nu}$ 将与关联长度 $\xi \sim \kappa^{1/2}$ 有不同的标度行为，而具有演生的动力学临界指数 $z = 1/\nu$。

　　然而，在这个参数空间中，还有第二条通向量子相变的路径，即调整序参量的质量或电荷使得在零温时违反 AdS$_2$ 近视界区域的 Breitenlohner-Freedman 界限，且 ν 变为复数。这种"分岔"相变的标志性特征是其标度性质类似于热力学二维 XY 系统中常见的 Berezinskii-Kosterlitz-Thouless(BKT) 相变 [160,400]。然而，全息 BKT 行为背后的物理与作为二维统计物理背景下的 BKT 相变的物理基础的涡旋释放完全不同。相反，它与系统的 IR 固定点和 UV 固定点的合并有关。这可以引起自由能差值的特征指数行为。另一个标志性特征是，在接近相变时，极化率不会发散，而是在临界耦合处出现一个分支切割奇点 ("分叉")[401](图 10.13)。这与序参量的一个非常独特的行为相关联。与传统量子相变的情形不同，极化率没有零能量极点：序参量的 (量子) 涨落保留了它们的能隙。驱动这种量子相变的新物理可以从第 9 章中对探测费米子的分析中推导出来。复 AdS$_2$ 标度维数标志着会发生与局域量子临界态的涨落相关的对生成，然后发生玻色凝聚。

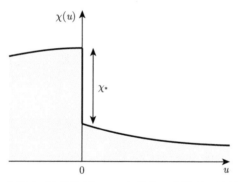

图 10.13　静态极化率在临界点 (这里位于 $u = 0$) 处有一个跳跃，这是 RN 金属与全息超导体之间的零温"分叉"相变和 $d = 2$ 统计物理中的 BKT 相变都具有的相同物理性质的一个典型例子。图源自文献 [160]

　　最后，两类相变在"边缘"量子临界点相会 (图 10.12)。这里极化率发散并同时分成两支，与此同时获得了与 2.2 节和 9.3 节讨论的边缘费米液体理论所假设的量子临界涨落谱相似的形式 [160]。

　　总结二十一：与有限温度相变不同，从 RN 金属到全息超导体的量子相变是一种新型的相变。它们要么是 Berezinskii-Kosterlitz-Thouless 相变的大 N 平均场版本，要么是"混合"相变，在"混合"相变中平均场序参量通过衰变为与 RN 极端视界相关的深红外 AdS$_2$ 准局域量子临界自由度而得到额外的阻尼。

10.5　全息超导体的零温态

我们首先对体时空中标量场的函数形状——标量毛——在几何中的作用做评述。在超导态的适当低温下，它们的反作用至少在定性上是不重要的，这是因为黑洞的有限视界控制了大部分物理。然而，在极低温和零温的超导凝聚这边，这种对引力的反作用变得很重要。这时，标量场和麦克斯韦场的能量密度将主导黑洞。我们将看到，作为对红外处的能量密度的响应，内部深处的几何性质将急剧变化。

令人非常惊讶的是，这种零温全息 s 波超导体的深红外并不被 BCS 类型的电导率或谱函数的能隙来标志，在这个能隙之下，除了相位模式之外，BCS 的电导率或谱函数所有的自由度都消失了。在 10.2 节介绍的唯象理论也提出了这样的能隙，但仔细检查后发现这并不是一个真正的能隙。相反，如 8.4 节所介绍的那样，我们发现内部深处的几何一般会重建为一个 Lifshitz 标度几何。对于边界，这意味着以不寻常的动力学临界指数 z 为特征的新的量子临界相出现在深红外。这是相当令人惊讶的，表明全息超导体与 BCS 类型的超导很不同。

10.5.1　禁闭和全息超导：重新发现 BCS

为了做好铺垫，让我们首先介绍一个没有这种红外的微妙之处的背景。从 Goldstone 定理和 BCS 理论推测，破缺的超导态应该有这个能隙。在引力一边，这应该意味着几何会被"截断"。正如我们在 6.3 节讨论的那样，从边界场论的角度来看，截断的几何在根本上描述了一个有能隙的禁闭区域。我们所能做的是首先手动加上这个具有能隙的禁闭，然后慢慢地消除它，直到出现真正的红外基态。禁闭几何中的全息超导标量场是第 9 章"介子伴子"规范-单态费米准粒子的玻色子版本。由于禁闭，它在低能下相互作用很弱，而不同的是玻色场会在有限密度下凝聚。参考文献 [402, 403] 研究了这种全息禁闭有限密度玻色子情形。我们将看到，它有一个令人欣慰的结果，它的行为完全符合传统凝聚态预期。人们发现了一种能发生相变进入绝缘态的有完全能隙的 s 波超导体。这在形式上确实是凝聚态物理中"稀释玻色子"系统的全息典型实现，随着化学势的变化，该系统从一个零密度绝缘体变为一个有限密度、有完全能隙的 s 波超导体 [25]。

与硬墙几何不同，截断几何由 6.3 节讨论的 AdS 孤子给出。它和双 Wick 转动后的 Schwarzschild 几何是一样的，其中欧氏紧致时间圆现在变为空间方向之一。在 4+1 维中我们有

$$ds^2 = \frac{L^2 dr^2}{r^2 f(r)} + r^2\big(dx^2 + dy^2 - dt^2\big) + r^2 f(r)d\phi^2 \tag{10.52}$$

其中 $f(r) = 1 - \dfrac{r_0^4}{r^4}$。在 $r = r_0$ 处的非奇异正则性要求 ϕ 必须以 $\dfrac{\pi L}{r_0}$ 为周期。这个几何在 r_0 处被截断；ϕ 方向的周期性边界条件给了所有激发一个质量，并且低能下的对偶边界场论对应于被一个禁闭真空标志的规范理论。这个 AdS 孤子背景上的对偶光电导 $\mathrm{Re}\sigma(\omega)$ 表现出一系列定义在递增的能量上的 δ 函数，这指示了"介子"的存在，而 DC 电导率为零证实了这个态是绝缘的。

在这个背景下我们现在研究 Einstein-Maxwell 标量理论式(10.1)。与最小全息超导体相比，唯一的区别是内部的边界条件——在 AdS 边界上我们的要求仍然是有一个对应于无源自发 VEV 的可归一化的解。这在物理上可以解释为：若 μ/r_0 足够小则没有解——这是由紧致几何导致的能隙。因此，在高温 $T \gg r_0$ 和小化学势 $\mu \ll r_0$ 下，没有标量函数分布，孤子禁闭尺度也不会被感知到。唯一的解是一个带电黑洞，它的几何截断位置被视界隐藏。它的对偶态是通常的有限温度 RN 金属，但现在它具有一个紧致的维度。若在小的化学势下减小温度，在 $T \lesssim r_0$ 时它会发生相变成为禁闭的有限温度"孤子"态 (图 10.14)，这与第 7 章的 Hawking-Page 相变类似。尽管化学势有限，但这个体系不会有电荷密度，因为化学势太小了不能激发有间隙的态 $\mu \ll r_0$。

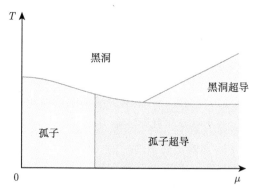

图 10.14　具有一个紧致方向的五维 Einstein-Maxwell 标量系统的典型相图 [403]。"黑洞"是通常的 RN 金属黑洞，而"黑洞超导"是通常的全息超导体。然而，在较低的温度下，由紧致方向的大小决定的禁闭能标起主导作用。效果是，随着化学势的变化，我们发现了一个零密度禁闭态，可以将其解释为一个 Mott 绝缘体相变为完全传统的 s 波超导体，这种超导体的特征是具有集体相模式和所有其他激发的能隙。超导相的精确相边界依赖于与序参量对偶的标量场的具体的电荷 q 和质量 m。图源自文献 [403]

回到高温的情况，现在增加化学势，又一次不会察觉到孤子禁闭能标，当 $\mu \gtrsim T$ 时系统会相变为在 10.1 节讨论过的那种有限温度全息超导体。然而，当温度降低到禁闭能标变得显著的时候，一种新型的全息超导体就形成了："孤子超导体"。完整 Einstein-Maxwell 标量方程的这个态的解 (包括对几何的影响) 的形式

如下 [403]：度规是

$$ds^2 = r^2\left[e^{A(r)}B(r)d\phi^2 + dx^2 + dy^2 - e^{C(r)}dt^2\right] + \frac{dr^2}{r^2B(r)} \tag{10.53}$$

而规范场和标量场为

$$A_t = \varphi(r), \quad \psi = \psi(r) \tag{10.54}$$

孤子解的 $B(r)$ 在某个径向位置 r_0 处光滑地变为零，这是孤子解的顶点。顶点的光滑性要求 $\phi \simeq \phi + \phi_0$ 必须具有周期性

$$\phi_0 = \frac{2\pi e^{-A(r_0)}}{r_0^2 B'(r_0)} \tag{10.55}$$

可以用数值方法计算出各个场径向分布函数的精确形式。其特征当然是一个有限的可归一化的标量场径向函数，其正确的边界渐近行为包含了边界上一个自发序参量 VEV 的信息。注意到没有剩下带电的视界。边界处于有限密度，但是体时空的电荷现在被标量毛完全吸收了。与之相反，深内部几何 (包括标量场) 被截断，表明在边界处存在一个绝对的能量间隙。这一点可由光电导证实：它现在有一个零频率 δ 函数，这证实了该态的超导性。此外，在能量小于禁闭能标的情况下，我们可以找到孤立的 δ 函数。它们是我们在 6.3 节中遇到的 AdS/QCD 的有质量介子。除了这些额外的"窄带"，这种孤子超导体与传统的 BCS 态非常相似。

10.5.2 零温下的退禁闭全息超导体

如果几何没有被"人为地"截断，在零温下会发生什么？随着温度的降低，接近极限 RN 视界的标量场的应力–能量张量继续增加，几何最终必须在 (非常) 深的内部有反应。与对孤子超导体的影响不同，这个反作用将完全改变物理，并且我们必须寻找这个高度非线性问题的一个新的解。我们将给出主要结果的一个非常直观的推导，在文献 [160, 404-406] 中可以找到进一步的细节。

首先注意到，即使对于不带电的标量场也存在不满足 AdS$_2$ BF界限的质量窗口。这出现在

$$-\frac{9}{4} < (mL)^2 < -\frac{3}{2} \tag{10.56}$$

质量在这一区间内的中性标量场在有限化学势下也会凝聚。容易将其解释为发生自发对称性破缺的是 Ising $\mathbb{Z}_2$ 对称性而不是连续的整体对称性。然而，认识到这一点就能对完全反作用的零温超导体几何应有的形式给出一个立刻的启发。中性

的 Einstein‐Maxwell‐Higgs 理论只是我们在 8.4 节研究的更复杂的 Einstein‐Maxwell-dilaton 理论的一个极其简化的版本。EMD 理论的零温基态生成了 Lifshitz 类标度几何的图册，Lifshitz 类标度几何的特征是具有一个演生的动力学临界指数 z 和一个超标度违背参数 θ。

因此，这些是我们应该期待的全息超导体的反作用几何的类型。一般它们总是满足超标度性 ($\theta = 0$)，但在 IR 具有一个演生的 Lifshitz 标度。黑洞视界完全消失了，电荷完全由一直延伸到内部深处的标量场携带，其径向分布和一个相关的电场形成了体态中 Einstein-Maxwell-Higgs 系统的一个自洽解。通过 Higgs 凝聚的自引力作用，RN 黑洞"反坍缩"成一个可以称为"Higgs 星"的物体，或者，因为它没有边缘，更确切地说它是一个"Higgs 块"。与预期完全一致的是，Lifshitz 深红外与一个独特的基态有关：由于极端 RN 视界已经消失，这个零温全息超导体解决了基态熵问题。

总结二十二：**对于接近零温的全息超导体，体态内部深处的标量场的幅度变得很大，以至于必须充分考虑引力效应。其后果是，Reissner-Nordström 黑洞"反坍缩"为一个"Higgs 星"，其特征是具有无基态熵的 Lifshitz 型深内部几何。**

半局域量子液体

然而，在这条线上发生了非常有趣的事情。这个 Lifshitz 区域只在指数极低的能量时出现。这在几何上直接可见。在 Lifshitz 标度区域，经过径向坐标重新定义后 $r \to r^{1/z}$，度规将变为式 (8.50) 的形式，

$$\mathrm{d}s^2 = -\frac{r^2}{L^2}\mathrm{d}t^2 + \frac{r^{2/z}}{L^2}\mathrm{d}x^2 + L^2\frac{\mathrm{d}r^2}{r^2} \tag{10.57}$$

如果打开一个小的温度，即将这个度规推广为一个黑洞的度规，在最高阶近似下，度规中将出现一个类似于 Schwarzschild 解中出现的弯曲因子，

$$\mathrm{d}s^2 = -\frac{r^2}{L^2}f(r)\mathrm{d}t^2 + \frac{r^{2/z}}{L^2}\mathrm{d}x^2 + L^2\frac{\mathrm{d}r^2}{f(r)r^2} \tag{10.58}$$

近视界度规将与 RN 黑洞的近视界度规几乎完全相同：这是 $z = \infty$ 的解，只在边界上的空间方向有区别，

$$\mathrm{d}s^2_{\text{RN-BH}} - \mathrm{d}s^2_{\text{Lifshitz-BH}} = \frac{1}{L^2}\left(1 - r_0^{2/z}\right)\mathrm{d}x^2 \tag{10.59}$$

当 $z \gg 2$ 时，上式随着温度 $T \sim r_0$ 从零增加而快速地变为零。只有在温度很小时 Lifshitz 标度才是物理上重要的，这是当 $T/\mu \ll c^{-z/2} = \mathrm{e}^{-z\frac{\ln|c|}{2}}$ 时，其中 c 是一个任意的大于 1 的阈值。在物理上这意味着，从边界沿径向向内时，我们首

先到达有限密度变得相关的区域。但是一开始，这个区域中的标量场的振幅仍然太小，与无反作用的解相比，不存在任何区别。系统的表现就好像它在向 RN 极端视界演化。这意味着系统仍然有效地受类 AdS$_2$ 几何控制，并且即使存在超导序，边界系统在这些中间能量下也表现得像局域量子临界金属。只有在文献 [160] 给出的能标下，

$$r_{\text{Lif}} = r_* - L_2 e^{-z} \tag{10.60}$$

标量毛的反作用才是显著的，使整体的解产生巨大的改变。在这个表达式中 r_* 和 L_2 分别是无毛 RN 黑洞的视界坐标和 AdS$_2$ 半径 (8.22)。

这个系统先流向一个明显的局域量子临界不动点，最后才转向的现象，与 Anderson 很久之前的关于中间不动点的一个想法有关 [407]。它们在物理上反映上述情景，而在数学上它们是 RG 流的鞍点 (图 10.15)。在中间能标下，我们可能会由于各种实际目的而忘记不动点是不稳定的：它完全控制着物理行为。

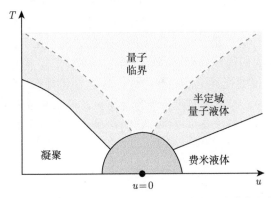

图 10.15 半局域量子液体的中间固定点流动。图改编自文献 [160]

为了得到完整的包括 Higgs 和 Maxwell 场径向分布的零温解，有必要指定一个特别的标量场势函数 $V(\Phi)$。我们已经解释过在接近 T_c 时，自相互作用被几何的效应压倒，我们完全可以忽略所有这些自相互作用，但当温度接近零温时，情况就不一样了。在零温，需要在一个束缚势中稳定 Higgs 场，为此，在势 $V(\Phi)$ 中存在一个"最小" $\lambda|\Phi|^4$ 自相互作用项就足够了。然后，困难的是找到完全自洽的非线性解。对于作用量参数的一般的值 (m, q, λ 分别是质量、电荷和自相互作用耦合参数)，我们在深内部 $r \ll 1$ 得到的是 Lifshitz 解 [404]

$$ds^2 = -r^{2z}dt^2 + g_0 \frac{dr^2}{r^2} + r^2(dx^2 + dy^2). \tag{10.61}$$

与式(10.57)比较有坐标 $r \to r^z$，其中

$$g_0 = \frac{2m^2 z + q^2(3 + 2z + z^2)}{6q^2} \tag{10.62}$$

而规范势和标量场都不依赖于径向坐标

$$A_t = \sqrt{\frac{z-1}{z}}, \quad \Psi = \sqrt{\frac{12z}{2m^2 z + q^2(z^2 + 2z + 3)}} \tag{10.63}$$

运动方程通过下面等式与动力学临界指数 z 相关

$$2q^2(m^2 - 2q^2)z^3 + (m^4 + 2m^2 q^2 - 4q^4 + 12\lambda_0)z^2 + 4q^2(2m^2 - q^2)z + 12q^4 = 0 \tag{10.64}$$

对于大的自相互作用 λ_0，这个方程的解为

$$z = \frac{6}{q^2(-m^2 + 2q^2)}\lambda_0 + \left[-1 + \frac{m^4}{2q^2(-m^2 + 2q^2)} \right] + \mathcal{O}\left(\frac{1}{\lambda_0}\right) \tag{10.65}$$

要得到连接这个深 IR 的 Lifshitz 解和原来的 AdS_{d+2} UV 的完整解，我们需要使用数值方法 [404,405]。第 11 章的方框 11.2 将介绍这些技术。

Lifshitz 几何是一般的解，对于参数的特殊值，我们可以找到替代的 IR。如果 λ 非常小或为零，势可能变得非常平坦，所有的困难在于我们基于常识所期望的稳定性。然而，我们已经找到了考虑反作用的解 [405]。当标量场的电荷 q 为零时，我们发现 RN 极端视界仍然存在 [406]，尽管它具有修正的 AdS_2 半径，如图 10.16(a) 所示。或者，如果正的质量平方足够大，那么在零温超导体中演生的 IR 甚至可以"重新发现"一个 $z = 1$ 的 AdS_4，尽管它有更小的 AdS 半径。

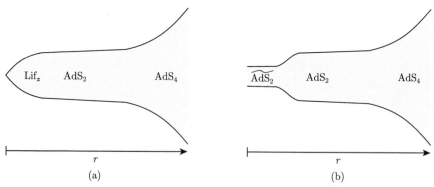

图 10.16 考虑标量场的全部引力反作用的零温几何 [160]。(a) 是一般解。当靠近内部时，首先实现的是一个 AdS_2 几何，就好像仍然有一个 RN 黑洞。在这个区域，标量场的幅度大小不足以通过反作用引起几何的可观变化。然而，更深的内部几何会在径向位置 $r \simeq r_* - L_2 e^{-z}$ 出现过渡。在这里，标量场的反作用起主要作用，导致一直持续到 AdS 的原点的时空变为 Lifshitz 标度几何。在特殊情况下，例如当标量场的电荷 q 为零时，RN 黑洞的局域量子临界性质可以在零温下存在。这显示在 (b) 中。深红外几何仍然是 AdS_2，尽管标量场改变了它的半径。图改编自文献 [160]

我们在 8.4 节讨论了 Lifshitz 解的物理特征。对于边界场论，超导序存在时的深红外表现得像一个时间标度行为是空间标度行为的幂次的量子临界相，根据体态几何有

$$r \to b^{-1}r, \qquad t \to b^z t, \quad \{x,y\} \to b\{x,y\} \tag{10.66}$$

一个特殊的后果是比热的行为将是 $C_v \sim T^{d/z}$。虽然我们在第 8 章的标度图册中已经遇到过演生的 Lifshitz 几何，但是我们还是要强调，从在边界上形成一个有序的、对称性破缺态的角度来看，这个结果是多么令人惊讶。标度图册本身已经相当违反直觉：化学势严重破坏了 UV 标度不变性，但在红外中动力学地生成了一个演生的标度不变性，它描述具有非经典标度性质的量子临界相。在全息超导体中，这就更进了一步。标度不变性再次被内聚的超导序破坏，但这并没有产生一个能隙。我们可以从第 9 章对探测费米子的讨论中得到一些教训，即单迹序参量半全息地禁闭和凝聚。与之相关的是一种无质量的 Goldstone 模式 [333,369]。然而，除了 Goldstone 部分之外，还有一个无质量的临界部分留存下来。在考虑了反作用的解中，这部分现在表现出 Lifshitz 标度，而不是探测极限下的 AdS$_2$ 标度，但它仍然保持无质量。为什么会这样仍然是个谜。这可能是全息所描述的场论的非常有趣的内在特征。在某种程度上，Lifshitz 几何本身可能是全息中大 N 极限的人为产物。正如我们在第 8 章所看到的那样，Lifshitz 几何有一个温和的奇点，我们希望通过在引力中考虑意味着边界场论中 $1/N$ 修正的高阶导数修正来解决这个问题。

我们将在最后一章 (第 14 章) 讨论这个问题。关于序量与能隙函数同时出现的 Hartree-Fock 观点植根于有序基态的直积态结构。上述原理的违反可能是在有对称性破缺存在的情况下仍然存在的长程纠缠的一个后果。从费米子形成的"常规"有序态中可以找到一个有用的类比。对于非常规的 (非 s 波) 超导体，以及弱耦合的电荷和自旋密度波，我们发现无质量的费米子激发态在有序态仍然存在，并通过序以节点费米子、小费米面口袋等形式被重构。正如我们在 2.2 节以 RVB 真空结构为例所解释的那样，这种状态实际上是长程纠缠态，虽然是通过自由费米子的"婴儿"反对称化纠缠的方式来纠缠的。很可能，全息预测的与序共存的量子临界相揭示了一种非常不同的长程纠缠物理。

总结二十三：零温全息超导体的一个相当神秘的特性是，在超导体的能隙深处存在着无能隙的自由度。这是由"Lifshitz 几何"控制的。这是由动力学临界指数 z 控制的标度行为的引力表述，根据体系细节的不同，z 取值在 $z = 1$(洛伦兹不变) 和 $z = \infty$(AdS$_2$) 之间。

第 11 章 全息费米液体：稳定的费米液体和作为其全息对偶的电子星

在第 9 章我们介绍了有限密度 Reissner-Nordström 金属中单费米子传播子的全息描述。我们特别讨论了在几何畴壁产生的势阱中的费米子激发的近似禁闭态如何导致尖锐的费米面。这些费米子准束缚态和强耦合 AdS_2 IR 之间发生相互作用，从而具有有限长的寿命。最终它会衰变进入量子临界的视界，从而使得这种态具有非费米液体的特征。在选择特别的参数时，这些费米响应非常类似于从铜氧化合物奇异金属的光电发射实验中总结而来的"边缘费米液体"谱函数的行为。然而，这些计算都依赖于探针极限下的近似，这种近似假设了体时空中的费米子不影响体时空自身的物理。

但是现在读者已经熟悉了全息超导，在这种情况中探针极限的局限性变得很明确：当体时空中的标量场扰动违反了 BF 界限的时候会诱导真空的不稳定性，并且我们必须考虑标量场对体时空的反作用，然后重新计算响应。如果忽略了这一点，相当于我们在一个不稳定的、假的真空中去做物理计算。我们已经在第 9 章强调过，当标度维数和电荷选取的参数范围能够形成全息费米面的时候也会出现类似的不稳定性问题。由于体时空中费米子的 BF 界限被超出，在这种区域中费米子传播子总是在小动量下表现出对数振荡行为。这种对数振荡行为可以在体时空中物理解释为带电黑洞背景中会产生 Schwinger 对。尽管相比于玻色场而言费米场的物理没那么简单，但这的确表明系统是不稳定的——在第 9 章的费米面是假真空具有的性质。为了使体时空稳定，体时空中的费米子态必须被占据。在真实的基态中体时空费米子必须有它们自己的宏观效应，为了实现这一点，唯一的办法是它们形成有限密度的费米物质。在 $1/N$ 的领头阶，体时空费米子之间是没有相互作用的，但它们仍然要遵循费米-Dirac 统计。于是体时空中必须形成有限密度的费米气体，它们具有电荷和能量密度，从而可以改变规范场和时空几何。

类似于全息超导，这种由于新物质和电荷分布诱导的对偶引力中时空几何和电场的改变，对偶到边界上的解释是对偶物态的物理性质发生了改变。在本章中我们将解释，这带来的结果是，和全息超导类似这会形成一个稳定的内聚 (cohesive) 态。这种物态是一个真正的费米液体。此时，全息似乎为费米量子物质物理中的一个经典谜题提供了一个非凡的洞察。正如我们在 2.3 节详细讨论的那样，长期以来人们一直认为费米液体代表某种内聚的 "有序的" 被其自身的严格性所标志的物态。全息带来的启示是在引力对偶中主导这种严格性的原理在定性上和玻色内聚物质类似：相比于全息超导的黑洞在视界前面带有 "标量毛"，此时 RN 黑洞带有 "费米" 毛，而这种毛对偶于边界场论中的费米液体。这意味着全息首次给出了途径来了解从非严格的费米物态演生出费米液体这一现象背后的物理。通过这种方式，人们甚至可以尝试寻找那些描述当费米液体的 "序" 形成时的量子相变的一般特征。

　　然而，涉及费米子的体时空中的物理要复杂得多，复杂到当我们在撰写这本书的时候相关物理还没有完全被理解。这种困难源自于 Dirac 方程固有的量子属性，这一点和经典玻色场方程相比是不同的。有限大的玻色型序参量的出现是因为玻色场在深 IR 处违反了 BF 界限。对于玻色子而言，这只不过是经典的通过一个快子模式从一个不稳定的势滚落下来。Schwinger 对产生只是这个模式的相干积累。在黑洞相关的文献中这种受激辐射被称为超辐射 [408]。由于泡利原理，费米子不能做到这一点，并且我们还没有完全理解相应的物理机制，来揭示 Schwinger 对开始产生之后体时空中的费米体系是如何形成的。尽管如此，我们仍可以在热力学层面来比较初态的 AdS$_2$ 金属和最有可能出现的末态：有反作用的费米气体。如我们即将看到的，这的确表明在全息中形成费米液体 "序" 的方式和玻色序是极其相似的。当然仍然存在明显的差异，尤其是在有限温度下。玻色子超辐射机制清楚且自然地解释为场论中连续的热力学相变，这和整体对称性破缺的预期是相符的。然而，鉴于其有效的一维性质，费米液体的 "序" 在任何有限温度下都会被破坏。结论是唯一可能发生的相变形式类似于范德瓦耳斯液–气相变类型，通过在密度上有一个跃变来实现。当温度升高时，体时空中费米气体的全息行为和这种基本的性质是一致的：当温度升到过高时，部分禁闭的费米气体突然坍缩形成一个退禁闭的 Schwarzschild 黑洞，这对应于一个由密度驱使的一阶相变 [409]。这个相变的真实本质只在 $1/N$ 的一阶上被揭示。在大 N 极限下的费米气体的流体近似中，它看上去有一个三阶的假象 [410,411]，见 11.3.1 节。

　　原则上费米液体也可以在零温时经历一个量子相变从 AdS$_2$ 金属中出现，方法是调节费米算符的标度维度，使得它的参数取值从稳定的区域减小到呈现出对数振荡谱函数的区域。这在技术上是一个极其精细的过程，因为它需要非常精准地处理费米子固有的量子力学性质 [412,413]。目前这种做法还没有实现。反之，所有在体时空中实现有限密度费米子体系的方法都依赖于某种近似来规避这些技术困难。在 11.1 节中我们讨论之前遇到过的一种方法。人们可以引入一个明显的硬墙来显式地禁闭这些费米子。通过这种方式我们可以在费米气体中去除强耦合的带电 IR 部分，于是体时空中的问题变成了一个简单的盒子中费米气体问题，它在边界上的对偶是一个由复合算符构成的自由费米气体。这个硬墙清楚地阐明了带电费米子相应的许多细节。尤其是，边界上主导费米液体中费米面体积的 Luttinger 定理是如何关联于体时空中"黑洞视界前"的电荷密度。

这种硬墙模型的缺点在于我们手动地忽略掉了体时空中费米物质的存在可能带给深内部处的重要物理。在 11.2 节我们将讨论另一种不同的近似方法，它可以计算这种深红外的物理效应。这基于非常直觉的引力构造。通过引力相互作用结合起来的简并态费米物质构成的物理体系是什么呢？答案是一颗星，类似于当费米子是电中性时所形成的天文中的中子星。由于密度很高，我们可以把体时空中的费米气体近似看成是一种流体。这正是著名的半经典的 Thomas-Fermi 近似，即在固定总能量和电荷的情况下取能级间距为零的近似。在这种流体极限下引力体系问题简化为一个熟知的习题：描述通过自身引力形成的费米流体的方程首先是由 Tolman、Oppenheimer 和 Volkoff 在 20 世纪 30 年代写下来并且进行求解的，最初用于描述中子星。现在我们考虑的是带电费米子，因此更合适的命名是"电子星"。这个解中的引力背景揭示的是，引力对物质的响应不区分物质是费米的还是玻色的。与全息超导一样，这颗星的深 IR 几何也是 Lifshitz 类型的，具有有限大的动力学临界指数 z。

当检验边界费米传播子的时候就会发现取流体极限带来的代价。我们发现几乎无限多个且间距规则分布的同心的费米面，就像是它是一个被近无穷个几乎简并的能带标志的体系。尽管这种费米液体在有限密度的大 N Yang-Mills 理论的某些特殊极限下可能实现，但很明显，如果我们想刻画在凝聚态物理中"单个味荷"的电子体系中实现的费米液体，这并不是一个很令人满意的结果。这无穷多个费米面肯定不是全息的基本属性。这只是由于我们为了保证体时空中的物理是可处理的才带来的结果。为了描述只具有几个费米面的体系，甚至是只有一个费米面，我们必须处理构成体时空中物质的那些费米子的量子特性。这在技术上是非常复杂的事，而且至今也没有完全完成。在本章的最后一节，即 11.3 节，我们将首先讨论这个方向的一些最新进展。我们至少可以解决领头阶的量子修正问题，这依赖于对流体极限下的电子星的半经典 WKB 方式的重新量子化。这样会发现流体极限是有点奇异的：主要的结果是由密度驱动的三阶热力学相变，在考虑了有限量子修正之后变成了一个行为良好的一阶范德瓦耳斯相变。我们接下来说明从奇异金属相到全息费米液体的零温相变的性质。我们用一个依然建立在流体极限的有趣的构造来说明这一点，但是通过在体时空中引入一个伸缩子我们可以在费米液体相和奇异金属相之间调节。结果表明存在一个共存区域，其中电荷会通过一个类似 Lifshitz 的相变逐渐地从费米液体转移到奇异金属中去。

在本节的末尾我们简短地讨论关于"电子星"费米液体其他可能的不稳定性。标准的 BCS 超导机制可以非常自然地囊括在全息里。最简单的做法是在体时空中打开一个费米子–费米子之间的吸引相互作用，带来的效果是电子星中的费米子会像中子星中的费米子那样进行配对。由于禁闭费米液体的全息对偶的一一对应的性质，这在边界上描述的是费米液体中的 BCS 超导不稳定性。还有另一种更为新颖的不稳定性，尽管这种不稳定性在引力方面是自然的。如果边界体系的体积是有限大的，那么可以发现一个和第 6 章介绍的 Hawking-Page 相变类似的零温/有限密度形式。这是由于当电子星的密度超过一个临界值时，电子星发生坍缩重新变成一个黑洞。在边界场论里这描述的是一个低密度的禁闭相通过相变进入到一个高密度的退禁闭相。

11.1 硬墙全息中内聚的朗道费米液体

我们在第 6 章中看到一个带有硬墙截断的全息时空是使得对偶理论体现带有能隙的禁闭的极端但简单的做法。在强耦合边界场论的禁闭相中，那些在大 N 矩阵的相似变换下为中性的单迹算符变得几乎自由，并且像一个粒子。能谱不再呈现出非粒子的分支切割，而是在能隙以上具有明显的粒子峰。墙所在的径向位置 r_c 设定了对偶理论中的能隙。从电荷的动力学方面看，这个能隙表明这个体系只是一个平庸的绝缘体。

相应的物理很容易定性地从引力理论的角度来理解。在边界处渐近 AdS 几何总能提供一个势垒。如果在体时空的内部放一个硬墙，径向的效果就等效为一个盒子。体时空中可归一化的扰动于是在量子化后变成尖锐的径向简谐波，但在平行于边界的其他方向上它们仍然是自由色散的。正如 GKPW 规则所清楚揭示的，每个径向可归一化的模式对应于边界关联函数中的一个峰：这些径向的简谐波和粒子的谱是一一对应的。此外，最低径向模式的最小能量表征了能隙。

除了势场形状的细节，这也是第 9 章中全息费米面附近类似准粒子的激发态背后的物理。它们现在对应的是薛定谔势中的可归一束缚态，而不是在硬墙势阱中。Sachdev 意识到这意味着存在一个简单的方式来理解如何构造一个包含有限密度费米物质的体时空解 [414]。我们可以手动将硬墙类型的势放入体时空中，然后在引力方面的这个盒子中可以很直接地填充体时空中的自由费米子态。当然这样也恰恰会错过那些 AdS 内部深处的几何或许对有限密度的一般物质产生响应的微妙方式。这种构造潜在的后果是，边界场论里强耦合的 IR 被由这道墙带来的能隙给截断了。与此同时，这也是一种简化的情况，使得技术上可以很直接地计算由体时空中有限密度费米气体导致的反作用效应。由于硬墙能隙，引力的反作用可以在第一时间完全忽略，我们只需要考虑体时空中费米气体对静电势物质的影响。这其实就是可以通过 Hartree 的平均场计算容易地进行描述的屏蔽物理。由平均场调制的可归一化费米模式形成的体时空费米气体的一个典型结果展示在图 11.1 中。我们从一个规范势场构型的拟设出发，它的领头项是边界场论中的化学势。通过不断地在这个特别的体时空背景里填充可归一化的态一直到化学势的位置, 我们构造了一个费米气体。随后我们计算它的 Hartree 平均场势和能量, 并对背景电势进行了修正, 我们不断迭代这个过程直到这个解是自洽的 (方框 11.1)。

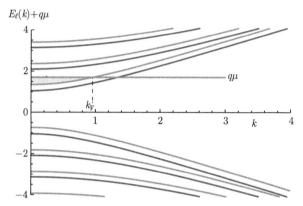

图 11.1　含硬墙的 AdS 时空中的可归一化费米模式谱。这和处在禁闭相的场论对偶。深黑色线代表的是 $m = 1$, $r_c = 1/3$ 的纯 AdS 谱。如果升高化学势 μ, 那么当它达到临界值时能量就开始取负值。一旦占据这些态静电势就会发生改变, 而反过来对费米子谱的行为产生一些修饰。颜色更浅的线展示的是经调整修饰后 $\mu = 1$ 且 $q = \sqrt{3}$ 的谱。带有标签 $q\mu$ 的水平线标记在有效化学势下能量零点的位置。这些结果都是在 $q\mu = \sqrt{3}$ 时取的。阴影区域呈现了占据态的位置。图片源自文献 [414](图片经美国物理学会允许转载 Copyright 2011)

　　这个练习明确地揭示了应该如何解释第 9 章探针费米子的计算结果。如图 11.1 所示, 在该硬墙模型中没有单独的可归一化态, 而是每个径向简谐波都延伸出一个连续的谱。通过只在一套简谐波能级上去填充费米子态, 会形成一个有效自由的费米气体, 这里的每个态都是无限尖锐并且一一对应于体时空中一个特定的 Dirac 波。在边界上形成的体系只不过是把体时空中的费米气体 "投影到全息屏上"。此外, 由于体时空的系统是有效自由的, 这套可归一化的态准确地反映在边界的费米子谱函数中。换句话说, 硬墙电子星的峰是无限尖锐的, 且自能完全消失。从薛定谔势或从半全息的角度来看原因都很容易理解。硬墙已经移除了视界, 因此费米子不再能隧穿到近视界附近了; 相应地, 在对偶场论里费米子就不再和强耦合局域量子临界的 IR 耦合了。随后人们可以论证体时空中费米子之间在 $1/N$ 展开的更高的一阶上存在着微弱的相互作用。考虑了这些修正将导致传统的 $\Sigma \sim \omega^2$ 阻尼 [414], 这应该再次与边界中的费米子成一对一的关系。结论是惊人的: 量子修正后的全息硬墙费米子描述的是边界上一个精确的朗道费米液体。

　　体时空中规则的弱耦合朗道费米液体对偶到边界上也是一个规则的弱耦合朗

道费米液体。这如何与 AdS/CFT 中内在的强弱对偶属性相调和呢？解释直接来自于硬墙导致的禁闭，以及大 N 分解。禁闭恰恰意味着边界规范场基本的力足够强，以至于这些"电中性"的规范不变物质从集体整体中分离出去。这些规范中性的激发可以被集团分解，并且在足够大的距离下表现为单独的激发。众所周知的例子是介子、质子、中子以及其他 QCD 中的强子。在第 6 章我们展示了对于类似介子的算符，这在硬墙全息里是如何体现的；重子在大 N 极限下是无限重的，从而很难纳入到全息里 [415, 416]。此外，在大 N 极限下，介子间微弱剩余的"两极和多极"相互作用——QCD 中的 π 介子交换——被完全抑制住了，从而规范不变的算符变得完全自由。我们在此处看到在起作用的是相同的物理，但现在是对于介子的费米子类似物：规范带荷玻色子和规范带荷费米子结合形成的"介子伴子"束缚态。这些介子伴子带有一个额外的量子数，我们可以以此来构建一个有限密度体系。在大 N 极限下该系统是无相互作用的，而在有限密度下它们形成了规则费米气体。

既然我们精确地知道了边界上正确的物理，就可以下结论说全息理论再次给出了完美的表现。普遍存在于真实世界里"简单"金属中的零温费米液体态也可以在引力体时空理论中体现出来。唯一的基本要求是体系处于禁闭区域。我们还了解到，由于泡利原理，禁闭能标以下体时空中的低能准粒子与边界中的准粒子一一对应。在全息里 (禁闭的) 费米液体映射到 (禁闭的) 费米液体。

11.1.1 全息中的 Luttinger 定理

为了进一步阐述体时空中径向激发态和边界上弱耦合费米液体之间这种全息的一一对应关系，我们考虑 Luttinger 定理在体时空中的命运。这个基本的费米液体的定理规定了费米面包围的面积加起来精确地等于微观电荷密度。这种联系是通过把体时空中费米子激发与边界上的激发对应起来而再次建立起来的。通过占据最低径向简谐波相关的费米态，人们构造了具有单个费米面的体时空费米气体。这显式地符合 Luttinger 定理：全部的体时空电荷密度是由自由的体时空费米子所携带，故自动地等于费米面的面积。由于每个最低径向简谐波相关的态都对应于边界上的一个态，所以费米面也的确是匹配的。

结论看似很平庸，但仔细审视后 (方框 11.1) 发现它的确揭示了一个重要的对全息字典的洞察。为了计算体时空中的电荷密度，我们必须对体时空内部的边界条件格外小心，有可能会存在从视界发出的电通量，像 Reissner-Nordström 黑洞中那样。然而，自然的边界条件是径向电场正好在墙的位置处取零。因此，体系全部的电荷密度都来自于体时空中被占据的模式，从而 Luttinger 定理成立。直接的推论是任何在视界位置电场不为零的全息体系都不能满足 Luttinger 定理。在余下的篇幅里我们会多次遇到这个结论。

Luttinger 定理的确证实了硬墙电子星描述的是一个规则的朗道费米液体这样一个结论。然而硬墙电子星有两个方面是特殊的。从第 1 章起我们就强调了径向作为对偶场论中能标这样一个诠释。然而，在硬墙电子星中明显存在能量为零的态——k_F 处的准粒子——尽管背景几何在径向方向是被截断的。如果我们从字面意义去解读 GR=RG 规则的话，后者应当暗示体系不存在无能隙的态。硬墙"星"是一个表明径向和对偶场论中能标之间的联系其实更加巧妙的具体的例子。如果我们考虑动量标度而不是能标，定性意义上它仍然是成立的。然而，全息超导中的 Goldstone 模式也会出现类似的效果。如果我们在第 6 章的截断 AdS 孤子解背景中在有限密度下考虑一个带荷标量场，可以把体系从有能隙的绝缘体调节到一个超导态 [402]。不管 Goldstone 玻色子是什么，背景几何在相变的两端都仍然是截断的。而现在的情形是，由于费米子和体时空中的集体模式都是 $1/N$ 量级的，它们对 GR 描述的半经典几何并不产生贡献。N^2 量级的规范带荷自由度实际上被硬墙的能隙消除了。但是 $1/N$ 次高阶的算符并非如此，它们充满正常的所有能量范围。硬墙电子星是径向方向/能量标度经验法则这种例外的一个典型例证。

另外，值得注意的一点是，边界上的朗道费米液体对应于体时空中仅占据最低能级的径向简谐波。通过抬高化学势，人们也可以开始填充下一个径向简谐波能谱。我们可以将其视为第二个电子能带。因此，严格地说，硬墙电子星描述了一系列的多个费米液体，它们的费米动量有规则的等级。人们对为什么这种等级会从字典背后的数学呈现出来这一点是清楚的，这在后文讨论中将变得重要。为什么用一个有限大的化学势来变形一个 CFT 会产生多个费米面而不是只有一个费米面，其物理原因可能和把这些态在 UV 共形群表示中重新进行排列有关，但这一点目前还没有被彻底理解。

方框 11.1　计算有反作用的硬墙电子星

我们按照 Sachdev 最初的构造来考虑硬墙背景中带有反作用的费米子 [414]。就像第 9 章那样，AdS_4 中的 Einstein-Maxwell 作用量加入一个最小耦合的有质量的带电荷 q 且对偶于边界上共形维度为 $\Delta = \frac{d}{2} + mL$ 的费米算符的费米子，其作用量为

$$S = \frac{1}{2\kappa^2} \int d^4x \sqrt{-g} \Big[R - 2\Lambda - \frac{\kappa^2}{4e^2} F_{\mu\nu} F^{\mu\nu}$$

$$- \bar{\Psi} \big[e_a^\mu \Gamma^a (\partial_\mu + \frac{1}{4} \omega_{\mu ab} \Gamma^{ab} - iqA_\mu) - m \big] \Psi \Big] \tag{11.1}$$

类似于全息超导，引力的反作用通过引力耦合系数和电荷的比值 κ/qL 来调

控。在费米子电荷很大的极限下我们可以忽略引力的反作用，从而时空几何背景是纯的 AdS，

$$ds^d = \frac{r^2}{L^2}\left(-dt^2 + dx_i^2\right) + \frac{dr^2}{r^2} \tag{11.2}$$

区别是在硬墙模型中人为地将这个几何在 $r = r_c$ 处取截断。于是这种背景下的动力学方程是耦合的 Maxwell-Dirac 系统的方程

$$D_\mu F^{\mu\nu} = qi\bar{\Psi}\gamma^\mu\Psi$$

$$\left[e_a^\mu\left(\partial_\mu + \frac{1}{4}\omega_{\mu ab}\Gamma^{ab} - iqA_\mu\right) - m\right]\Psi = 0 \tag{11.3}$$

这里我们再次通过一个重新定义来摆脱自旋联络 $\omega_{\mu ab}$，

$$\Psi = (-gg^{rr})^{-1/4}\begin{pmatrix}\chi_+ \\ \chi_-\end{pmatrix} \tag{11.4}$$

接着我们做傅里叶变换，并且不失一般性地取边界动量沿着 x 方向，$\boldsymbol{k} = (k_x, 0)$。将其投影到 t-螺旋 $\chi_\pm$ 即 $\Gamma^5\Gamma^x$ 的本征态，Dirac 方程约化为

$$\sqrt{\frac{g_{ii}}{g_{rr}}}\left(i\sigma_2\partial_r - \sqrt{g_{rr}}\sigma_1 mL\right)\chi_i = \left[(-1)^i k_x\sigma_3 - \sqrt{\frac{g_{ii}}{-g_{tt}}}(\omega + q\Phi)\right]\chi_i \tag{11.5}$$

从这里开始只考虑 χ_+ 就够了，因为 χ_- 的结果只需要改变 $k_x \to -k_x$ 就可以得到。

通过填充能态来形成一个有限密度费米气体的意思是，我们填充 Dirac 方程可归一化的解。靠近 AdS 边界的渐近展开和之前第 9 章所做的展开是一样的

$$\chi(r) = a\begin{pmatrix}0 \\ 1\end{pmatrix}r^{mL} + b\begin{pmatrix}1 \\ 0\end{pmatrix}r^{-mL} + \cdots \tag{11.6}$$

其中可归一化的解是那些 $a = 0$ 的。对 Dirac 场完整的归一化条件在引入重新定义来摆脱自旋联络的时候受到了影响。以 t-螺旋态表示它是

$$\int_{r_c}^\infty dr\left(\chi_+^\dagger\chi_+ + \chi_-^\dagger\chi_-\right) = 2 \tag{11.7}$$

取值 2 是因为 3+1 维时空中相对论性旋量的自旋自由度数量为 2。为了简单，我们先忽略掉自旋简并，并且手动取 $\chi_- = 0$。最后我们会评论这种选择。

于是就有了对 2 分量旋量 χ_+ 简单的归一化条件

$$\int_{r_c}^{\infty} \mathrm{d}r \chi_+^\dagger \chi_+ = 1 \tag{11.8}$$

最后我们还需要硬墙处的边界条件。为了得到它们，我们在归一化条件里插入 Dirac 算符，取复共轭后做分部积分。这表明我们必须要求

$$\chi^\dagger(r_c)_+ \sigma^y \chi_+(r_c) = 0 \tag{11.9}$$

来确保实的本征值，也就是说对于这种解 Dirac 算符是自伴随的。该条件等价于 $\bar\chi \sigma^x \chi = 0$。在物理上它意味着没有通量穿过这道硬墙。

现在我们把这些方程和 Maxwell 方程结合起来。由于体系在 $\{x,y\}$ 方向是各向同性的，故只有 $A_0 = \Phi$ 和 A_z 是相关的自由度，而后者可以通过规范选取设为零。因此，Maxwell 方程简化为

$$\partial_r^2 \Phi = -q \int \frac{\mathrm{d}^2 k}{4\pi^2} \langle \bar\Psi^\dagger(k)\Psi(k) \rangle \tag{11.10}$$

方程右边的"<>"表示粒子数算符的期望值。在形式上它是体时空中的谱和 Fermi-Dirac 分布的卷积

$$\partial_r^2 \Phi = -q \int \frac{\mathrm{d}^2 k}{4\pi^2} \frac{\mathrm{d}\omega}{2\pi} \mathrm{Im} G_R(\omega, k, z, z) n_F(\omega, k; T) \tag{11.11}$$

对于零温的费米子，这就只是对所有具有可归一化波函数的"负"能态求和：

$$\partial_r^2 \Phi = -q \int \frac{\mathrm{d}\omega \mathrm{d}^2 k}{(2\pi)^3} \theta(-\omega) \chi_+^\dagger \chi_+ \tag{11.12}$$

根据现在已经熟知的字典规则，AdS 边界处的静电势为

$$\Phi = \mu - \frac{\rho}{r} + \cdots \tag{11.13}$$

它体现了对偶 CFT 中的化学势和电荷密度。在硬墙截断的内部，我们要求电场为零，$\partial_r \Phi(r_c) = 0$，也就是说没有电荷的源使得电荷从墙的后面辐射出来。这就是体系是有能隙的时候必须有的行为，因此体系中不再剩余低能电荷载流子。

我们现在可以开始 Hartree 步骤。我们先计算出当对偶于 CFT 化学势 μ 的背景势场 $\Phi(r)$ 固定时的 Dirac 方程(11.5)的可归一化解的谱，然后对所

有负能态的波函数求和，接着利用 Maxwell 方程(11.18)找到修正后的势，然后通过把这个修正过的势代回方程(11.5)进行迭代求解。

如果我们从 $\mu = 0$ 出发，Dirac 方程可以用 Bessel 函数求得解析解 [414]

$$\chi(r;\omega,k) = \frac{1}{\sqrt{r}} \begin{pmatrix} \dfrac{-M_\ell}{k + \omega(\ell,k))} J_{m+1/2}\left(\dfrac{M_\ell}{r}\right) \\ J_{m-1/2}\left(\dfrac{M_\ell}{r}\right) \end{pmatrix} \tag{11.14}$$

这里的 $M_\ell = r_c j_{m-1/2,\ell}$，其中 $j_{m-1/2,\ell}$ 是 Bessel 函数 $J_{m-1/2}(x)$ 的第 ℓ 个零点。这确保了硬墙处正确的边界条件(11.9)。而 AdS 边界处的可归一化条件为 $a = 0$，则挑选出了独特的能量本征值

$$\omega(k,\ell) = \pm\sqrt{k^2 + M_\ell^2} \tag{11.15}$$

图 11.1给出了这些能谱。现在我们假设可以忽略掉那些 Dirac 海中所有负能的解，而只考虑 $\omega(k,\ell) > 0$ 的解。当不存在费米子占据态的时候，常数的 $\Phi = \mu$ 就是 Maxwell 方程在取正确边界条件下的解。以这种方式增加化学势会把本征值从 $\omega(k,\ell)$ 变到 $\omega(k,\ell;\mu) = \omega(k,\ell) - q\mu$。只要不达到临界值使得 $\omega(k,\ell;\mu) = 0$，就不会发生任何事。现在我们可以填充费米子能态，而这样做会通过 Maxwell 方程来微妙地改变 AdS 中的静电势。当我们增大 μ 时，这个效应也会随着增大。利用上文提到的迭代 Hartree 算法，计算迅速收敛到正确的能谱，如图 11.1 所示。

我们现在可以来验证这个态恰恰就是规则的朗道费米液体的引力对偶这一结论。我们回想一下用于填充体时空能态所构造的 Dirac 方程的解(11.14)也可以被用来构造 CFT 中的格林函数。恰好对一个 $a = 0$ 的可归一化的解，我们在格林函数中发现了一个极点。在硬墙中这个极点成为图 11.1中整个色散关系曲线的分支切割。很清楚这是由于我们在体时空中是把体系近似成自由费米子构成的体系。这样所导致的结果是边界上的自能在低频下也消失了，从而我们也有一个自由边界费米子的谱。通过考虑圈图效应来超出体时空中的自由费米子近似，体时空中相互作用费米子的传统朗道费米液体的论证会导致标志性的自能 $\Sigma \sim i\omega^2$。一个真正的极点仍然会存在：对应于一个独特动量 k_F 的定义性 $\omega = 0$ 的准粒子极点。

全息版本的 Luttinger 定理

通过边界格林函数和体时空波函数之间的联系，我们直接看出强耦合边界场论里的费米动量 k_F 和体时空中弱耦合费米气体的 k_F 是一样的。我们可

以立刻得到一个非常重要的结论 [414]：对于全息费米体系，若所有的电荷都是由对偶体时空中的费米子所携带，那么 Luttinger 定理的一个版本是成立的。特别是，在视界内部应该不包含有电荷。

该论证是直接的。边界场论中的宏观电荷密度从定义上是自由能对化学势的求导

$$\langle Q \rangle = -\frac{\partial F}{\partial \mu} \tag{11.16}$$

在 AdS/CFT 对应中化学势体现在静电势的渐近展开形式

$$A_t(r) = \mu - \frac{\rho}{r} + \cdots \tag{11.17}$$

其中 ρ 是电荷密度，而自由能等于在壳的欧几里得 AdS 作用量。在一个各向同性的体系作用量里相关的部分是 (我们已经利用规范自由度使得 $A_r = 0$)

$$
\begin{aligned}
S_{\text{Eucl}} &= \int \mathrm{d}r \sqrt{g} \big[g^{rr} g^{tt} (\partial_r A_t)^2 + A_t J \big] \\
&= \int \mathrm{d}r \sqrt{g} A_t [-\partial_r (g^{rr} g^{tt} \partial_r A_t + J] + \oint_{r=\infty} \sqrt{g} g^{rr} g^{tt} \mu \partial_r A_t
\end{aligned} \tag{11.18}
$$

第一项，即运动方程，在壳的时候为零，并且 (在各向同性的体系中) 强耦合场论的自由能和电荷密度分别表示为

$$
\begin{aligned}
F &= S_{\text{Eucl}}^{\text{on-shell}} = \oint_{r=\infty} \sqrt{g} g^{rr} g^{tt} \mu \partial_r A_t |_{\text{on-shell}} \\
\langle Q \rangle &= -\oint_{r=\infty} \sqrt{g} g^{rr} g^{tt} \partial_r A_t |_{\text{on-shell}}
\end{aligned} \tag{11.19}
$$

换句话说，体系的总电荷密度就是电场在适当的归一化下沿着径向在边界处的取值。这和方程 (11.17)是一致的，而它也应该如此。

沿着径向的电场也计算了体时空理论中所包含的总的电荷量。从 Maxwell 方程，有

$$\partial_r \big(\sqrt{g} g^{rr} g^{tt} \partial_r A_t \big) = J \tag{11.20}$$

我们可以定下体时空的电荷密度为

$$\sqrt{g} g^{rr} g^{tt} \partial_r A_t |_{r=\infty} - \sqrt{g} g^{rr} g^{tt} \partial_r A_t |_{r=r_{\text{hor}}} = Q_{\text{bulk}}$$

$$= \int_{r_{\text{hor}}}^{\infty} \mathrm{d}r \left(\sqrt{g} g^{rr} g^{tt} \partial_r A_t \right) \qquad (11.21)$$

于是我们得到关系

$$\langle Q \rangle = Q_{\text{bulk}} - \underbrace{\sqrt{g} g^{rr} g^{tt} \partial_r A_t \big|_{r_0}}_{\text{flux from horizon}} \qquad (11.22)$$

如果体时空的电荷 Q_{bulk} 只由弱耦合费米子携带，那么它的 Luttinger 定理说明 $Q_{\text{bulk}} \sim k_{\text{F}}^2$。更进一步，如果没有来自视界的通量，于是 $\langle Q \rangle = k_{\text{F}}^2$，再加上体时空中费米动量等于边界费米动量这个性质，于是就有了一个边界上的 Luttinger 定理。

自旋轨道耦合导致的自旋简并提升

在构造硬墙电子星解的时候，为简单起见我们忽略了自旋简并。实际上，除了 $\mu = 0$ 之外，没有真正的自旋简并。如从方程 (11.5) 明显看出的那样，自旋为负和自旋为正的自旋分量 $\chi_- \chi_+$ 的 Dirac 方程并不相同。因此，它们的波函数也不同，尽管它们的色散关系在 μ 为常数时相同。然而，它们波函数之间的不同对每个自旋分量会微妙地改变反作用修正后的势。这显式地提升了自旋简并。在边界上这是由自旋–轨道耦合效应所导致的 [417]。当不存在相互作用的时候这没有进一步的影响。

11.2 电子星作为全息费米子的对偶

在带有硬墙截断的构造中，我们手动切除了 IR 处局域量子临界物理的贡献。在第 9 章的探针极限中我们看到可归一化的费米子激发——势阱中的束缚态——并不是真正禁闭的。在很长时间以后它们会衰变，带有一个局域量子临界的自能 $\Sigma \sim \omega^{2\nu_k}$。对于 $\nu_k < 1/2$ 可以论证甚至没有一个参数范围使得它们表现为类似粒子的激发。硬墙构造粗暴地忽略了这一点，并使得可归一化的激发成为无限寿命的，因此禁闭是严格的。结果是传统凝聚态中的智慧可以奏效，而系统是一个规则费米液体。

然而，我们现在主要的兴趣在于发现新颖的物态。由于探针费米子所揭示的显著的非费米液体响应，真正的问题是当体时空几何的确对有限密度费米物质做出响应的时候该系统的行为如何。此外，正如我们反复强调的那样，这个问题必须被提出，因为这种费米子探针还揭示了纯的 Reissner-Nordström 背景几何关于自发粒子对产生是不稳定的。我们无法动力学地来追踪这个"黑洞逆坍缩"过程，但原则上我们可以通过研究超出探针极限的有限密度引力体系来描述末态平衡态。

技术上的困难是如何精确地刻画有限密度带电费米子体系对体时空中规范场

和引力构型的影响。特别是，在缺少硬墙截断的情况下几何的 IR 部分也应该被严重改变。那它将如何改变？我们应该牢记的第一个重点来自于 11.1 小节。体时空中将会存在一个对偶于"介子伴子"的费米气体系统并且被禁闭在势阱中。第二个启发是引力对物质的响应不区分成分是玻色型还是费米型物质。继续从全息超导中汲取经验，我们预计最终导致的几何在 IR 处是 Lifshitz 类型的，带有一个演生的动力学临界指数 z。可是这个 Lifshitz 部分却刻画了另一个演生的量子临界深 IR，它和内聚的费米液体共存，并且在某种程度上由于后者的存在变得稳定。

在有限温度下这种低能自由度的二重分离甚至变得更明显。共形自由度中的 Lifshitz 残余部分现在体现在一个黑洞中。该黑洞可能会吞噬一些费米子激发，因此它通常会带电。然而，大部分边界上的费米物质在体时空里仍然是由费米气体来体现的，它们聚集在几何畴壁的势阱中，远离黑洞视界[410,411]。几何以一种非常"可视化"的方式来代表标志边界物质的两个子系统的存在。随着温度升高，黑洞视界不断靠近几何畴壁，越来越多的费米子将落入视界。最终，在温度足够高的时候，会有一个由密度驱使的相变发生，相变之后只有热态的 RN 黑洞存留下来。

我们正在处理的是费米子问题，而在计算费米子相关的物理时泡利原理是一个独特的挑战。在硬墙情形下我们可以将每个波函数一个个加起来得到一个宏观的电荷密度来产生反作用。然而，这得益于对体时空中波函数的计算极大的简化。由于在内部几何取硬墙类型的边界条件，谱变得分立并且可处理[412,413]。在完整的几何中给内部深处施加一套恰当的边界条件是一个非常具有挑战的任务，因为我们必须考虑完整的对度规以及静电势场的反作用。特别是，由于现在的时空是半无限长的，故先验上没有直接的径向量子化。为了解决这个深 IR 处的边界问题，我们可以尝试先采用一个 $r = r_c$ 处的硬墙来正规化这个理论，然后移除掉这个正规化参数 r_c。这是一个非常艰巨的工作[412,413]，但是它却暗示了另一种近似。当我们令 $r_c \to 0$ 的时候，径向简谐波的能级间隔会减小。在化学势固定的时候这应该意味着越来越多的"径向能带"被占据了。在平衡态下，电荷密度应该保持常数。从 11.1 节算出的色散关系看会发现，对波函数的反作用效应必然会变得很剧烈。我们可以通过减小每个微观费米子的电荷来改善这一点，使得它对背景规范场不那么敏感。这指向一个极限，即我们取 $q \to 0$ 但同时保持总电荷 Q 固定。这些论点结合起来应该使我们回想起：这正是众所周知的关于有限密度费米子体系的"流体"极限。这是对 Thomas-Fermi 近似用电荷描述的重新表述，其中能级分裂已取为零，而密度保持固定。我们将利用这种近似来证实我们之前预见过的观点。

我们已经可以立即推断出边界费米子谱的一般形式了。在这个流体极限下，有着大量密集的占据的"径向通道"，并且能级分裂在 $q/Q \to 0$ 极限下消失。硬墙电子星告诉我们的是每个径向模式对应于边界上的一个费米面。因此，边界上的特征将是拥有近乎无限多的同心费米面，它们像俄罗斯套娃一样嵌套起来。这将通过具体的计算进行验证。

这也意味着在能级间距严格为零的极限下存在一些问题。回想一下在探针费米子章节推导得到的"相图"(图 9.6)：$q/Q = 0$ "流体极限"电子星就出现在原点处，而这恰好是奇点的位置。为了理解流体极限的奇异性，我们必须回忆一下，通过降低 UV 的质量而从 AdS_2 金属一侧接近时，体时空的费米气体是如何标志自己的。另外，在流体极限下，系统不再是一个接一个地去占据径向费米子模式，而是从零个费米面瞬间跃变到无穷多个费米面。如何描述从非费米液体 RN 金属到这种奇异的"俄罗斯套娃费米液体"的量子相变实际上是相当模糊的。尽管这个问题没那么明显，但流体极限相关的热物理具有类似的问题。人们发现了一个三阶连续相变 [410]。这是荒谬的：变化的热力学量是密度，而一般的统计物理原理坚称这应该是一个一阶相变。事实证明这是著名的 $1/N$ 导致的问题之一。最近人们证明，对于任何有限的径向量子化都可以恢复出一个健康的一阶范德瓦耳斯相变 [409]。

11.2.1 半经典电子星流体以及"俄罗斯套娃费米液体"

流体极限好的一面是引力计算变得相对容易。任何相对论物理学家和天体物理学家都知道流体极限下自引力的费米气体是一个经典的理论构造。对于中性费米流体，Tolman、Oppenheimer 和 Volkoff 在 20 世纪 30 年代就解决了这个问题。我们在此将描述的 AdS 中带电的电子星是这种中子星的近亲。请注意，和中子星不同的是这种电子星在宇宙中并不存在。电磁力相比于引力的强度要大得多，以至于宇宙学上任何的物质都是中性的。然而，在旨在描述强耦合场论的全息对偶这种虚拟宇宙中这一限制并不适用。

我们理解中子星的秘诀在于典型的中子密度极高。于是费米能压倒性地大过所有其他相互作用的效应。在凝聚态语言中，r_s(相互作用能量与费米能的比值)几乎为零。此外，通过假设由中子形成的恒星具有数千米的天体物理尺寸，人们可以直接推断出费米面附近的中子的费米波长以飞米表示，与引力 (如果是带电恒星，还有电磁) 梯度的长度相比非常小。效果是费米海在局部密度近似下得到了完美的描述，并且如果费米能相比于相互作用尺度非常大，我们可以用简单的宏观物态方程的语言来处理它。这是费米气体的 Thomas-Fermi 流体近似。

在本节末尾的方框中我们将详细介绍流体极限的推导过程。由于在天体物理学尺度上，几乎所有的平均自由程都很小，这种流体的语言是相对论物理学家最喜欢的处理 GR 中物质的方式。在流体近似中我们所有需要知道的关于该物质的信息就只是它的能量动量张量和电荷密度，它们可作为爱因斯坦方程和麦克斯韦方程的源，

$$R_{\mu\nu} - \frac{1}{2}g_{\mu\nu}(R+6) = F_{\mu\rho}F_\nu{}^\rho - \frac{1}{4}g_{\mu\nu}F_{\rho\sigma}F^{\rho\sigma} + T_{\mu\nu}^{\text{matter}}$$

$$D_\mu F^{\mu\nu} = -\frac{qL}{\kappa}J_{\text{matter}}^\nu \tag{11.23}$$

这里 $\kappa = 8\pi G$ 体现了牛顿常数，并且我们重新标度了 $A_\mu \to \frac{L}{\kappa}A_\mu$，从而更方便比较引力和电磁相互作用之间的效应。这当然只对表现得像经典流体的宏观物质才有意义。对比描述带电荷 q 的微观费米子的 Einstein-Maxwell-Dirac 理论，引力体系的电荷守恒立即暗示我们，这个宏观流体总的组分数目就简单的是 $Q/q \to \infty$，其中 Q 是将要诞生的星携带的总电荷。我们立即推断出这瞄准的是相图 (9.6) 的左下角。

对于一个相对论性流体，

$$T_{\mu\nu}^{\text{matter}} = T_{\mu\nu}^{\text{fluid}} = (\rho+p)u_\mu u_\nu + pg_{\mu\nu}$$

$$J_\mu^{\text{matter}} = J_\mu^{\text{fluid}} = nu_\mu \tag{11.24}$$

其中，ρ、n 和 p 是由带电流体的状态方程确定的能量密度、数密度和压强。正如在标准的局域密度近似中一样，人们利用费米波长很小的特征并假定了一个局域恒定的背景/化学势 $\mu_{\text{loc}}(r)$ 以及一个局域平坦的时空来计算这些量：我们假定是在处理一个无相互作用且在空间中缓慢变化的费米气体，来计算它的 ρ、n 和 p。与中子星经典的 Tolman-Oppenheimer-Volkoff 方程相比，现在有两个不同之处：我们的"电子"星带电，此外它生活在一个半径为 L 的渐近 AdS 宇宙中。用无量纲积分来表达流体参数，我们有

$$\rho = \frac{1}{\pi^2}\frac{\kappa^2}{L^2}\int_{mL}^{\mu_{\text{loc}}} dE E^2 \sqrt{E^2 - (mL)^2}$$

$$n = \frac{1}{\pi^2}\frac{\kappa^2}{L^2}\int_{mL}^{\mu_{\text{loc}}} dE E \sqrt{E^2 - (mL)^2} \tag{11.25}$$

$$-p = \rho - \mu_{\text{loc}}n$$

其中局域的化学势由下式给出：

$$\mu_{\text{loc}}(r) = \frac{qL}{\kappa}e_{\underline{0}}^t(r)A_t(r) \tag{11.26}$$

包含 $e_{\underline{0}}^t(r)$ 是为了刻画从我们现在所用坐标变到一个在他/她所在的位置 r 处观测一个自由费米气体的局域观测者所用的自然坐标体系带来的变化。

这些表达式现在作为 Einstein-Maxwell 方程的源，如方程 (11.23)。对于均匀

和各向同性的流体，背景度规和静电势将遵循这些对称性，因此将具有以下形式：

$$\mathrm{d}s^2 = L^2\left[-f(r)\mathrm{d}t^2 + g(r)\mathrm{d}r^2 + r^2(\mathrm{d}x^2 + \mathrm{d}y^2)\right], \quad A_t = h(r) \qquad (11.27)$$

此时作用量只沿着径向方向。现在必须要以自洽的方式求解运动方程 (11.23) 和费米流体 (11.25)。使用方框 11.2 中提供的细节，这可以很容易地通过数值实现 [418]。

与著名的 Tolman-Oppenheimer-Volkoff 解的情况一样，人们发现这些零温度解看起来像真正的星：密度分布如图 11.2 所示。与全息超导的标量毛构型不同，这些电子星有一个真实的边缘，而在边缘处的费米子密度突变地下降为零。对于天体物理学家来说，这是一个令人满意的结果，但在我们的全息背景下，乍一看似乎相当矛盾。为了读取出对偶场论中的性质，要求场构型一直延伸到边界处。在第 9 章中这一点表现得很好，因为那里的探针费米子由量子力学态所描述，而这些态弥散在径向的所有取值。合理的解释是这是流体极限的一个固有缺陷：当费米子的能级间距为任何有限值时，它们的量子力学性质将被复苏，其效应是它们将隧穿越过恒星边缘形成的势。最终，它们将一直延伸到边界。原则上，量子化全息星的边缘实际上是模糊的，其经典表现只是流体极限下非物理的产物。

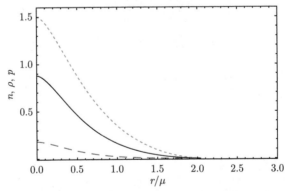

图 11.2　对于参数为 $z = 2, \hat{m} = 0.36$ 的流体极限电子星，数密度 n (点状线)、能量密度 ρ (实线) 和压强 p (虚线) 作为径向坐标 r 的函数构型。星体的边缘位置位于 $r_s/\mu = 2.04$

最后但同样重要的是，人们想处理与星体解相关的深内部几何问题。可以证明 [418] 这变成了 Lifshitz 几何 (10.61)，和全息超导的情况一样 (方框 11.2)。Lifshitz 视界的熵为零，显然电子星使得边界中的金属 "稳定了"。在本节的余下篇幅我们将看到电子星费米液体中的准粒子与展现出演生 Lifshitz 标度的演生深红外量子临界相之间的隧穿效应受到指数抑制。类似全息超导，我们再次发现，根据全息 IR 深处由两个子系统所标志：一个是 "内聚的" 的费米液体，另一个是演生的 Lifshitz 量子临界相，而后者只有当存在内聚相的时候才能形成。

方框 11.2   一个 AdS 电子星

为了构造电子星 [418]，我们把均匀且各向同性的拟设(11.27)代入场方程(11.23)中，有

$$\frac{1}{r}\left(\frac{f'}{f}+\frac{g'}{g}\right)-\frac{gh\hat{n}}{\sqrt{f}}=0$$

$$\frac{f'}{rf}+\frac{h'^2}{2f}-g(3+\hat{p})+\frac{1}{r^2}=0 \tag{11.28}$$

$$h''+\frac{2}{r}h'-\frac{g\hat{n}}{\sqrt{f}}\left(\frac{rhh'}{2}+f\right)=0$$

并且

$$p=\frac{1}{\kappa^2 L^2}\hat{p},\quad \rho=\frac{1}{\kappa^2 L^2}\hat{\rho},\quad n=\frac{1}{e\kappa L^2}\hat{n} \tag{11.29}$$

我们有

$$\hat{\rho}=\beta\int_{\hat{m}}^{\frac{h}{\sqrt{f}}}d\epsilon\epsilon^2\sqrt{\epsilon^2-\hat{m}^2},\quad \hat{\sigma}=\beta\int_{\hat{m}}^{\frac{h}{\sqrt{f}}}d\epsilon\epsilon\sqrt{\epsilon^2-\hat{m}^2},\quad \hat{p}=-\hat{\rho}+\frac{h}{\sqrt{f}} \tag{11.30}$$

其中

$$\beta=\frac{e^4 L^2}{\pi^2\kappa^2},\quad \hat{m}^2=\frac{\kappa^2}{e^2}m^2 \tag{11.31}$$

解中不平庸的部分和 AdS 深处 IR 几何发生的事有关。对领头阶行为取一个标度的拟设，

$$f=r^{2z},\quad g=g_0 r^2,\quad h=h_0 r^z \tag{11.32}$$

更令人惊讶的结果是，当

$$h_0^2=\frac{z-1}{z},\quad g_0^2=\frac{36(z-1)z^4}{\left[(1-\hat{m}^2)z-1\right]^3\hat{\beta}^2} \tag{11.33}$$

的时候我们可以找到一个解析解。而 z 作为 β 的函数可以通过对下面关系求反函数而得到

$$\beta=\left(72z^2\sqrt{z-1}\sqrt{z-1-\hat{m}^2 z}\right)\bigg/\bigg[6+(15\hat{m}^2-8)z+\hat{m}^2(9\hat{m}^2-10)z^2$$

$$+\hat{m}^2(\hat{m}^2-1)z^3+2(\hat{m}^2-1)^2 z^4+3\hat{m}^4 z^2\sqrt{z-1}\sqrt{z-1-\hat{m}^2 z}$$

$$\times \log \left(\frac{\hat{m}}{\sqrt{1 - \hat{m}^2 - \dfrac{1}{z}} + \sqrt{1 - \dfrac{1}{z}}} \right) \Bigg]. \tag{11.34}$$

这个解自身并没有一个好的全息解释, 因为它在 $r \to \infty$ 时并不是渐近 AdS 的。然而, 如果我们把 r 解释成 RG 方向, 这表明我们可以把这个解提升为一个合适的全息的时空解。我们应该把这个解解释为一个非平庸的 IR, 它是通过在边界的 CFT 中加入红外相关的变形后流到 IR 而得的。或者等价地讲, 这个非平庸的 IR 几何应该存在一个红外无关的变形, 使之可以积出重整化群流而重新回到一个渐近 AdS 的时空。为了实现这一点, 我们对所有的场加上一个满足均匀和各向同性要求的小微扰, 则有

$$f = r^{2z}\left(1 + f_1 r^{-\alpha} + \cdots\right)$$
$$g = \frac{g_0}{r^2}\left(1 + g_1 r^{-\alpha} + \cdots\right) \tag{11.35}$$
$$h = h_0 r^z \left(1 + h_1 r^{-\alpha} + \cdots\right)$$

我们把这个拟设代回到运动方程, 会发现存在一个 f_1 (在符号上) 定不下来的解。如果指数 α 为 $\alpha = \{\alpha_0, \alpha_\pm\}$, 其中

$$\alpha_0 = 2 + z \,,\ \ \alpha_\pm = \frac{2+z}{2} \pm \frac{\sqrt{9z^3 - 21z^2 + 40z - 28 - \hat{m}^2 z (4 - 3z)^2}}{2\sqrt{(1 - \hat{m}^2)z - 1}} \tag{11.36}$$

那么 g_1 和 h_1 正比于 f_1。数值 α_0 是 "普适的", 在这样的时空中我们经常发现它。此外, 从 IR 理论的角度看它是 "红外相关" 的, 因为它是正的, 因此微扰修正随着 $r \to 0$ 是增大的。对这个普适的红外相关的扰动的理解是, 它产生了有限温度的 IR [404,418]。而对于另外两个可能的指数, α_+ 也是红外相关的, 故我们对它不感兴趣。我们需要的变形来自于指数 α_-, 从 IR 理论来讲它是红外无关的变形。

现在我们可以利用 α_- 来变形解, 做法是把它当成初始条件, 然后数值地对它沿着径向进行积分一直到 $r \to \infty$。如 Tolman、Oppenheimer 和 Volkof 发现的那样, 我们不能一直这样做下去。由于存在一个有限大的 r_*, 所以在这里数值是崩溃的。通过检查我们发现这里正好是 $\mu_{\mathrm{loc}} = mL$ 的点：它是恒星的边缘, 在这个星体之外不再存在任何费米物质。在这一点以外, 待求解的合适的方程应该是方程(11.28), 其中 $\rho, p, \sigma = 0$。这组方程的均匀解正是

Reissner-Nordström 解,

$$f = c^2 r^2 - \frac{M}{r} + \frac{Q^2}{2r^2} \ , \ g = c^2/f \ , \ h = \mu - \frac{Q}{r} \tag{11.37}$$

其中, Q 是星体内部的总电荷, M 是总质量。一个微妙的地方是我们已经用了一个自由度去重新标度 $r \to \epsilon r$ 来使得方程 (11.32) 里 $f(r)$ 的系数为 1。后果是此处 Reissner-Nordström 解中的系数 c 现在不能再取为 1 了。它的具体数值是通过对 $r = r_*$ 两边的 Reissner-Nordström 解和星体解在这一点进行匹配得到的。我们注意 c 是 UV 的有效光速, 也就是说对偶场论是定义在闵氏时空 $ds^2 = -c^2 dt^2 + dx_i^2$ 上的。

11.2.2 流体极限下的电子星热力学、电导和光电发射

1. 热力学

尽管我们通过谱函数中对数振荡行为来论证 AdS-RN 金属是不稳定的而倾向于形成电子星, 但费米子之间的泡利不相容原理使得我们无法动力学地追踪不稳定性直到得到它的末态。然而, 我们可以比较电子星和 Reissner-Nordström 解之间的热力学性质。可以很直接地验证, 由于 Lifshitz 标度性质, 视界本身对体时空中总电荷密度不产生贡献。相反, 总电荷密度只来自体时空中形成星体的费米气体所携带的总电荷

$$Q_{\text{bulk}} = c \int_0^{r_*} \sqrt{g} \, n \mathrm{d}s \tag{11.38}$$

类似地, 体系的能量密度可以通过对能量动量张量的 T^{00} 分量沿着径向坐标积分而得到,

$$E_{\text{bulk}} = c \int_0^{r_*} \left(\rho + \frac{h'^2}{2fg} \right) s^2 \mathrm{d}s + \frac{Q^2}{2r_*} \tag{11.39}$$

由于在静态体系中能量和电荷是守恒的量子数, 体时空中的值也给出边界的值。我们现在可以计算 (零温) 自由能 $F = E - \mu Q$。请注意, 通过 (零温的) 第一定律 $E + P = \mu Q$, 这等价于 $F = -P$。此外, 由于 UV 理论是一个 2+1 维 CFT, 这也意味着 $E = 2P$。因此, $F = -\frac{1}{3} \mu Q$, 现在这算起来很简单。图 11.3 展示了在动力学临界指数 z 和质量 $\hat{m}$ 不同取值时自由能的行为。Reissner-Nordström 黑洞在形式上可以通过取极限 $z \to \infty$ 或 $\hat{m} \to 1$ 来重新得到。除此之外, 我们可以很清晰地看出电子星总是更稳定的解。

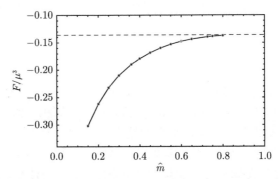

图 11.3 电子星的自由能 F/μ^3 对 $\hat{m}$ 的依赖，取 $\beta = 19.951$。RN 金属的自由能不依赖于式 (11.31) 定义的 $\hat{m}$。对于小的 $\hat{m}$，电子星是更加稳定的相

　　沿着类似的思路我们可以获得有限温度的解，这些解的特征是在深内部有一个热视界，深内部会形成一个热 RN 黑洞的稳态解。星体被黑洞视界所排斥——这只是畴壁势阱的加深——它现在还获得了一个内部边缘。我们现在实际上有的是一个"环状星"，它的中心是一个黑洞，如图 11.4 所示。现在体系的总电荷密度由这个环状星和黑洞共同贡献。通过进一步提高温度，费米流体构成的"环状星"进一步被黑洞所吸收，会经历一个三阶连续相变最后消失 [410,411]。由于仅仅是密度改变了，按理说这应该是一个热力学的范德瓦耳斯相变，并且应该是一个一阶相变。在 11.3 节将会澄清三阶相变是流体极限带来的问题。最后，在大 N 极限下该 Lifshitz 型量子临界流体完全主导了有限温度下的热力学。从费米液体我们期待会有一个遵循索末菲定律的比热 $C_v \sim T$，但是 Lifshitz 几何意味着通过全息

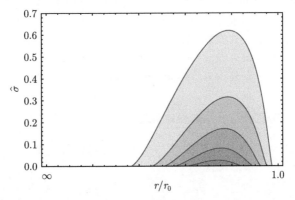

图 11.4 不同温度下电子星的电荷密度 σ。黑洞的电场排斥了体时空中的费米气体，并且在流体极限下在近视界 r_0 处在星体内部产生了一个内边缘。当温度升高时，费米气体中的电荷会减少：越来越多的电荷从费米气体中释放出来并且被黑洞所吸收。图片源自于文献 [410]

(Reprinted figure with permission from the American Physical Society, Copyright 2011)

热力学的规则会有 $C_\mathrm{v} \sim T^{d/z}$。原因当然是 Lifshitz 量子临界部分在大 N 极限下有贡献，而费米部分的贡献是被 $1/N$ 抑制的。

2. 光电导

下一个普遍的大家感兴趣的物理性质是光电导。和此前一样，算法是在完整的电子星背景下施加一个电场扰动 $\delta A_x(\omega)$，然后计算相应的线性响应。我们在后面的方框 11.3 提供具体细节。典型的结果如图 11.5 所示，该结果在一般性的情况下都可以被预期。类似于其他有限密度体系的金属 (包括 RN 金属)，电流现在携带动量，而动量在伽利略连续介质中是守恒的。于是体系是一个完美的金属，其特征是光电导的实部有一个位于 $\omega = 0$ 处的 δ 函数尖峰。为了满足 f 求和规则，这同时会导致 $\omega < \mu$ 处的不相干谱权重被剥夺。通过匹配方法，低频谱由呈现的 Lifshitz 几何所主导。电子星支持这一结论，而体时空费米气体只在二阶影响电导。

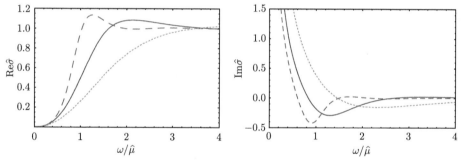

图 11.5　$T = 0$ 电子星的光电导。展示的电导分别对应演生的红外中三个不同的动力学临界指数取值：虚线代表 $z = 3$ 且 $\hat{m} = 0.7$，实线代表 $z = 2$ 且 $\hat{m} = 0.36$，点线代表 $z = 1.5$ 且 $\hat{m} = 0.15$。虚部 $1/\omega$ 形式的攀升表明，在实部也包含了一个在 $\omega = 0$ 的 δ 函数。图片源自于文献 [418] (Reprinted figure with permission from the American Physical Society, Copyright 2011)

方框 11.3　流体极限电子星对应的光电导

为了在线性响应下计算光电导，我们要考虑的扰动是

$$A_x = \frac{eL}{\kappa} \delta A_x(r) \mathrm{e}^{-\mathrm{i}\omega t} \ , \quad g_{tx} = L^2 \delta g_{tx} \mathrm{e}^{-\mathrm{i}\omega t} \ , \quad u_x = L \delta u_x \mathrm{e}^{-\mathrm{i}\omega t} \qquad (11.40)$$

其中 u_x 是流体沿着 x 方向的速度场，它出现在爱因斯坦方程(11.23)右边的能量动量张量和流体中 (方程(11.24))。按照通常步骤，这些扰动被施加在电子星背景解上，做法是把它们代入 Einstein-Maxwell 方程中，仅保留扰动中

的一阶项，我们得到扰动的运动方程

$$n\delta A_x + (p+\rho)\delta u_x = 0$$

$$\delta g'_{tx} - \frac{2}{r}\delta g_{tx} + 2h'\delta A_x = 0 \tag{11.41}$$

$$\delta A''_x + \frac{1}{2}\left(\frac{f'}{f} - \frac{g'}{g}\right)\delta A'_x + \frac{h'}{f}\left(\delta g'_{tx} - \frac{2}{r}\delta g_{tx}\right) + gn\delta u_x + \omega^2\frac{g}{f}\delta A_x = 0$$

我们可以容易地求解 δg_{tx} 和 δu_x 来得到一个单独的方程，

$$\delta A''_x + \frac{1}{2}\left(\frac{f'}{f} - \frac{g'}{g}\right)\delta A'_x + \left(\omega^2\frac{g}{f} - \frac{gn^2}{p+\rho} - \frac{2h'^2}{f}\right)\delta A_x = 0 \tag{11.42}$$

可以立即推断出，相比于纯的 Reissner-Nordstrom 解，$n \neq 0$ 的带电费米流体的存在抑制了低频的响应。电导的计算和往常一样，可以从解中的次领头项 $\delta A^{(1)}$ 和领头项的比值读取出来

$$\sigma = \frac{c}{\mathrm{i}\omega}\lim_{r\to\infty}\frac{-r^2\delta A'_x}{\delta A_x} \tag{11.43}$$

它所呈现的唯一新颖的方面在于分子中额外的光速 c 因子。

3. 费米子谱函数

探测费米液体是否存在的最终极的测试自然是通过单费米子传播子，即测量光电发射谱。我们已经提到过这样一个问题，在流体极限 $q/Q \to 0$ 下已经不再有空间去用一个带电费米子来探测这个体系了。费米电荷在体时空中形式上变为零。这只是奇异的流体极限导致的假象。一个补救的办法是在半经典 WKB 的精神下对该体系重新进行量子化。领头阶的量子修正将会消除严格的流体极限带来的问题。现在可以很明显地看出探针谱函数会揭示什么。为了使流体极限能够存在，我们在构造中抛弃了径向量子化的概念。于是"介子伴子质量"形成了一个连续谱。这意味着边界上存在着无限多个间距无限靠近的密集排列的费米面。对探针的电荷重新量子化后，径向量子化中的离散特征应该被还原。通过方程 (11.23)下面的重新标度以及局域化学势的表达式 (11.26)，可以看出电荷重新量子化的自然尺度应该通过作用量 (9.1) 的参数定为 $q \sim \kappa/L \equiv 8\pi G/L$。这和引力耦合常数 κ 应该起到普朗克常数 (对偶于 $1/N$ 修正) 的作用这一观点相一致。现在我们可以继续对固定的电子星背景附近的探测采取半经典微扰进行计算。在非常小能量时 (探测费米面) 的动量分布函数的典型结果展示在图 11.6 中，作为量子化参数 κ 的函数 [357]。我们的确发现了预期的大量费米面，在"真正的"流体极限下，其数目趋于无穷多个。费米动量 k_F 相比于从 Luttinger 体积定理预言的值非常小，但这

是合理的，因为总的费米自由度的数目必须由大量的"介子伴子"种类共享。事实上，我们可以验证此时的 Luttinger 定理在与硬墙电子星相同的意义上被严格遵守[159,419-421]。深红外几何的 Lifshitz 量子临界部分是有效电中性的：所有的电荷都位于电子星/边界费米液体中。

最后但同样重要的是，谱函数的计算揭示了这些准粒子自能部分具有一个指数衰减的虚部[159,419,420]：$\mathrm{Im}\Sigma(k,\omega) \sim \exp\left[-\left(\frac{k^z}{\omega}\right)^{1/(z-1)}\right]$。可以解析展示[366]，这是一个与费米子准正模式进入 Lifshitz 的深红外的隧穿相关的性质，这导致了一个和"临界浴"耦合的指数压低。这佐证了这样一个说法，即费米液体和 Lifshitz 量子临界相在深红外是退耦合的，其推论是费米液体变成了一个真正的朗道费米液体。

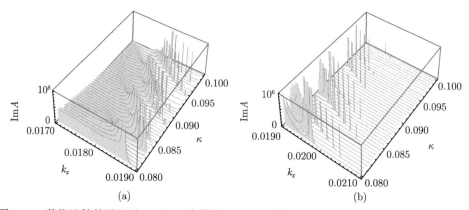

图 11.6　数值计算的展现对 k（以 μ 为单位）和 κ 依赖的电子星谱函数，这里取 $z = 2, \hat{m} = 0.36, \omega = 10^{-5}$。由于峰的高度和权重指数减小，我们用垂直标度不同的两个图来展示相邻的区间 $k \in [0.017, 0.019]$ 和 $k \in [0.019, 0.021]$。对于固定的 κ 存在多个峰。随着 κ 减小，它们移动并且以指数形式变得更弱且更窄。可以解析验证在分辨率的尺度以下还有更多的个非常窄的峰，它们一直到 $k \sim \mu$ 都存在。图片来自于文献 [357]

11.3　全息费米液体景观：径向重新量子化和不稳定性

正如我们所强调的，流体极限来自计算的便利性和全息的基础。它相当于完全抑制了与径向量子化相关的有限大"$\hbar$"-间距（实际上，是 AdS Dirac 场的电荷）。人们预计，还存在一种真实量子化的类星体解，其中深内部是由反作用决定的。边界中的准粒子应该与体时空中量子化的径向模式相关联。这种解应该容易地给出具有单个费米面的边界体系，或者像硬墙构造那样仅具有几个费米面。这些显然是凝聚态物理学所感兴趣的全息费米液体，但是直接研究作为微观电荷的函数的有限电荷密度全息费米子是非常困难的。我们被迫地直接设法处理费米子的量子性质——每个波函数必须被单独考虑，体系的谱不易被控制，因为我们现在处于一个连续体的边缘 [409,412,413]。自然的解决方案是，如第 11.1 章中采用一个墙来对这个理论进行正规化，然后尝试可靠地移除这个正规化。这在技术上非常麻烦 [409,412,413]。体时空中完全量子化的电子星的完整描述至今仍在研究之中。

11.3.1 微扰重新量子化："WKB"电子星

另一种解决方案建立在小电荷的 WKB 极限的基础上，并结合硬墙中使用的 Hartree 求和，WKB 极限在探针谱函数的计算中得到了丰富的运用。我们假设一个允许离散径向模式的势阱的拟设。如果电荷很小而占据数目很大的话，那么这些模式的绝大多数可以通过一个 WKB 解来准确近似描述。那些少量的无法通过这种近似求解的更低的模式，在总电荷很大的极限下是不相关的。可以很容易地计算出 WKB 解，再通过 Hartree 求和来对它们求和，从而可以自洽地重新计算势阱。因为此时自洽求和也包含了引力的反作用，这些计算在技术上要求很高并且超出了本书的范围，但是结果很容易解释 [409]。

专注于 AdS 体时空中的引力描述，我们已经提到在重新量化后恒星的边缘将变得模糊，因为费米子波函数应该一直延伸到边界。在 WKB 近似下如上性质是显式表现出来的，因为所有波函数都被考虑在内，以及体时空中的势在任何地方都是有限大的。因此，总是有一个超出边缘的尾巴一直延伸到 AdS 边界。

内部深处也发生了变化。量子修正并不影响流体极限的良好性质 [409]：内部深处仍然具有 Lifshitz 几何，而对偶于"WKB 星"的带有有限多费米面的费米液体遵循 Luttinger 定理。流体极限中的 Lifshitz 量子临界红外的准粒子的指数退耦合的特征现在也被保留了下来。然而，WKB 星拯救了流体极限下三阶相变的问题。现在热力学相变不再是一个费解的三阶相变，而是变为一个正常的由密度驱动的一阶范德瓦耳斯相变，对任何有限的重新量子化都是如此 [409]。

这表明流体极限只是轻微的奇异，从而使得流体极限下的总体特征可能会存活下来，即使当径向量子化变得很重要的时候。然而，要实现凝聚态物理最感兴趣的被单一费米面标志的情况，我们还有很长的一段路要走。在目前这种情况下，一个最有趣的问题是从非费米液体奇异金属 (比如 RN 金属) 到全息单费米液体的量子相变的性质。我们用针对这个问题的一个有趣构造来结束本章。

11.3.2 伸缩子和奇异金属–费米液体量子相变

有一种方法可以对系统进行调制，从而使得系统从一个退禁闭/分数化的黑洞调制到一个禁闭/内聚的星体，并且保持了流体极限的方便性。其实现是通过一个伸缩子形式的耦合来调控 Einstein-Maxwell-流体作用量中的参数 [422]。考虑作用量

$$S = \frac{1}{16\pi G_N} \int \mathrm{d}^4x \sqrt{g} \left[R - \frac{1}{4q^2} Z(\Phi) F_{\mu\nu} F^{\mu\nu} - \frac{1}{2}|\partial\Phi|^2 - \frac{1}{L^2} V(\Phi) + \mathcal{L}_{\text{matter}} \right].$$

$$\tag{11.44}$$

电荷的有效大小现在是由 $q/\sqrt{Z(\Phi)}$ 的取值来设定。我们现在来详细说明流体极限下与 Einstein-Maxwell-dilaton 体系耦合的费米气体的问题。

我们尤其对 IR 感兴趣，在这个区域里函数 $Z(\Phi)$ 和 $V(\Phi)$ 将由它们领头阶指数所主导，

$$Z(\Phi) \sim \mathrm{e}^{\alpha\Phi}, \qquad V(\Phi) \sim \mathrm{e}^{\beta\Phi} \tag{11.45}$$

因此我们简单地令 $Z(\Phi) = \mathrm{e}^{\alpha\Phi}$。对于 $V(\Phi)$，我们必须确保在没有物质和通量的情况下，标准的 AdS 是 $\Phi = 0$ 时的一个解。这可以通过将 $V(\Phi)$ 补充为 $V(\Phi) = -6\cosh(\beta\Phi)$ 的形式来实现的。然后我们可以不失一般性地选择参数 α, β 为正值。

这个伸缩子被解读为场论中领头的红外无关算符对偶的场。请注意该势对 $\Phi \to \pm\infty$ 确实都是不稳定的。因此，我们可以通过这个算符来变形该理论，从而使得体系演化到一个不同的 IR。具体而言，这意味着我们应该对伸缩子选取一个明确的边界处的源 Φ_0 再来求解方程。依赖于这是驱动到 $Z \to \infty$ $(\Phi \to \infty)$ 还是 $Z \to 0$ $(\Phi \to -\infty)$，在 IR 中将会有性质完全不同的解。当 $Z \to 0$，IR 中的微观电荷非常大时，相比于 11.2 节里典型的电子星，这只是增强了在视界处任意大小的局域化学势通过形成配对来放电到形成通常电子星的带电费米态大气层的趋势。因此，该解对偶于一个禁闭的费米液体，它具有和普通电子星几乎相同的性质。另外，当 $Z \to \infty$ 时有效电荷在 IR 消失了。因此，低能费米子也不会那么有效地对视界处的局域化学势做出响应。该体系可能在一定程度上放电，但它表明带电视界基本是保持稳定的。因此，这种解对偶于一个基本退禁闭的/分数化的类似非费米液体的态，同时还有可能混合了少量正常的禁闭费米液体。

还有第三种解，在这种特殊情况下 $Z =$ 常数，或等价地 $\Phi =$ 常数。由于 Φ 在这种情况下不沿径向演化——因为它不随 RG 流动——解表现出标度行为。一般来说这将是 Lifshitz 类型。选取和以前一样的拟设，

$$\mathrm{d}s^2 = L^2 \left[-r^{2z}\mathrm{d}t^2 + g_0 \frac{\mathrm{d}r^2}{r^2} + r^2(\mathrm{d}x^2 + \mathrm{d}y^2) \right], \quad A_0 = h_0 r^z, \quad \Phi = \phi_c \quad (11.46)$$

人们很容易通过结合麦克斯韦方程来求解 z，

$$\frac{1}{r^2}\frac{\mathrm{d}}{\mathrm{d}r} \left[r^2 \frac{Z(\Phi)h'}{\sqrt{fg}} \right] - \sqrt{g}\hat{n} = 0 \tag{11.47}$$

对于 $\Phi =$ 常数的伸缩子的运动方程为

$$\frac{g_0 V'(\Phi)}{4} - \frac{Z'(\Phi)h'^2}{4f} = 0 \tag{11.48}$$

存在一个隐藏在运动方程中的守恒律。方框 11.4 中给出了一个明确的例子。

当我们意识到第三种解存在时的固定值 ϕ_c 是由固定的化学势 μ 所决定的，一幅相当漂亮的图像就会出现。当我们选取 Φ_0 的边界值略微小于 ϕ_c 的时候，径向 RG 流的单调性直接意味着这个态在 IR 处会流到 $\Phi = -\infty$，于是我们得到禁闭的星体解。然而，当 $\Phi_{\mathrm{bdy}} > \phi_c$ 时，Φ 必须在 IR 流到 $\Phi = +\infty$，因此在 IR 我们得到部分或全部退禁闭/分数化的解。这明确地展示了通过调节伸缩子所对偶的红外相关算符的强度，我们可以在 IR 区域实现具有相当大差异的各类演生态，参见图 11.7。

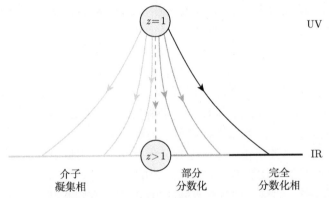

图 11.7 伸缩子电子星的不同相。原始的电子星是理论中一个非平庸的 IR Lifshitz 固定点，带有的 $z > 1$ 是通过临界重整化群流从一个在 UV 洛伦兹不变 ($z = 1$) 的 CFT 得到的。通过变形这个 UV 理论，我们可以得到不同的 IR 理论。有效的 $U(1)$ 电荷在 IR 变得很大的体系中会很容易地使得原始的电子星变得不稳定，并进入到一个完全内聚的相，它类似于原始的星体解，但是在 IR 不再有标度区域 (浅灰色的流)。有效的 $U(1)$ 电荷在 IR 变弱的体系会更加阻碍自发放电。它们保留有一个带电的视界，用来包含禁闭/分数化的自由度。这个视界可以总提供电荷密度的一部分 (灰色的流)，也可以提供全部的电荷密度 (深灰色的流)。图片取自文献 [422](© IOP Publishing. Reproduced by permission of IOP Publishing. All rights reserved)

在这个含有伸缩子的模型中，作为电荷的函数，奇异金属的退禁闭基态和禁闭的电子星之间是怎样的关系？为了理解这一点，最简便的方式是从一个禁闭区域出发，此时微观电荷很大。此处的变形参数是 $\phi_0 \ll \phi_c$。当我们通过调节 ϕ_0 趋于 ϕ_c 来调低电荷时，在穿过 Lifshitz 区域 $\phi_0 = \phi_c$ 之后我们首先在 $0 < \phi_0 - \phi_c \ll 1$ 的区域遇到一个混合态。的确可以证明体时空中包含一个带电的视界和一个有限密度费米气体的部分退禁闭的解是存在的。这种气体在内部深处极端黑洞附近形成

一个类星的环，这类似于电子星的有限温度解。在流体极限下这是一个真正的环，带有一个外边缘和一个内边缘，它们的位置定义为局域化学势和质量的差 $\mu_{\mathrm{loc}}-m$ 为零的地方。随着进一步调节，越来越多的电荷被平稳地从费米气体转移到视界，越来越多的费米子分数化，退禁闭并且消失进入到对偶于极端黑洞的奇异金属相，最终只剩下一小滴费米液体。在这个模型中它是通过三级相变消失进入到完全的奇异金属中去 (见后面的图 11.9)，故全息禁闭费米液体和奇异金属之间的相变并不像是单一的量子相变。相反，它一般是两个相变组成的一个先后序列，带有一个混合的中间过渡相。这里看到的内容事实上并不是流体极限下的假象：它似乎在一个完全量子化的微观构造中得到了证实 [423]。

有一个微妙之处需要强调。当我们调节形变参数 ϕ_0 的大小越过 ϕ_c 的时候，IR 解不必在禁闭相和部分退禁闭相之间连续的连接。有可能第三个 Lifshitz 的标度解实际上是动力学不稳定的 (参见方框 11.4)。在这种情况下体系经历了一个一阶相变，而不是经历一个二阶相变，从而避开了标度解。当 UV 荷质比 (此处 $Z=1$) 相当小的时候这尤为可能发生。直觉上这是有道理的，因为带电粒子正在主导动力学。对于小的 UV 电荷，退禁闭相和禁闭相可能通过一个有效的势垒隔开，但对于大的电荷，这种势垒应该不存在，于是我们反而应该看到一个光滑的相变。奇怪的是，这种论述对于极低的电荷失效了，并且不依赖于质量，此时的相变再次变得连续 [422]，而原因我们至今仍不清楚。

类似的，部分退禁闭相和完全退禁闭相之间的二阶相变的性质依赖于体系的细节。在这个伸缩子流体模型中它总是三阶的，三阶相变在大 N 矩阵模型中被认为是会发生的 [424]，但这些相变在有限 N 情况下会变回标准的相变。至于上文讨论的热力学相变 [409]，很可能在重新量子化后会变成一个标准的一阶范德瓦耳斯相变的零温版本。

方框 11.4　从 EMD 电子星中的禁闭态到分数化相

应用构造基本电子星的那套工具，我们可以容易地构造 EMD 引力中的电子星。对于和费米流体耦合的 Einstein-Maxwell-dilaton 理论(11.44)，运动方程变为

$$\frac{1}{r}\left(\frac{f'}{f}+\frac{g'}{g}\right)-\frac{gh\hat{n}}{\sqrt{f}}-2\Phi'^2=0$$

$$\frac{f'}{rf}+\frac{Z(\Phi)h'^2}{2f}-g\left[\hat{p}-\frac{1}{2}V(\Phi)\right]+\frac{1}{r^2}-\Phi'^2=0$$

$$\frac{1}{r^2}\frac{\mathrm{d}}{\mathrm{d}r}\left[r^2\frac{Z(\Phi)h'}{\sqrt{fg}}\right]-\sqrt{g}\hat{n}=0$$

$$\Phi'' + \frac{1}{2}\left(\frac{f'}{f} - \frac{g'}{g} - \frac{4}{r}\right)\Phi' - \frac{gV'(\Phi)}{4} + \frac{Z'(\Phi)h'^2}{4f} = 0 \tag{11.49}$$

在分析过程中运动方程背后一个"演生的"守恒律起到了重要的作用。该守恒方程和热力学第一定律相关。当存在一个维度为 Δ 并带有可能 VEV 的标量算符 $\mathcal{O}$ 时，这说明 $E + P = \mu Q - \frac{\Delta - 1}{2}\Phi_0\langle\mathcal{O}_\Phi\rangle$。更进一步，由于我们的全息理论是共形对称的，可知 $E = 2P$。因此，第一定律化简为 $\frac{3}{2}E = \mu Q - \frac{\Delta - 1}{2}\Phi_0\langle\mathcal{O}_\Phi\rangle$。考虑第一种情况，即 $\langle\mathcal{O}_\Phi = 0\rangle$ [422]，即标准的电子星情形。通过比较能量密度的表达式

$$E = c\int_0^{r_*}\left[\rho + \frac{Z(\Phi)h'^2}{2fg}\right]s^2\mathrm{d}s + \frac{1}{2r_*}Q^2 \tag{11.50}$$

和电荷密度的表达式

$$Q = \int_0^{r_*}\left(r^2\sqrt{g}n\right)\mathrm{d}r \tag{11.51}$$

我们可以分部积分出方程 (11.50)中的第二项，然后利用麦克斯韦方程把 h'' 和电荷密度联系起来，并利用物态方程 $\rho - \frac{h}{\sqrt{f}}n = -p$ 而发现一个和第一定律 $E = \frac{2}{3}\mu Q$ 几乎一致的表达式。我们对第一定律成立的要求等价于要求如下的量沿着 r 是一个常数。

$$\frac{\mathrm{d}}{\mathrm{d}r}\left[\frac{2r^2Z(\Phi)hh'}{\sqrt{fg}} - \frac{r^4(r^{-2}f)'}{\sqrt{fg}}\right] = 0 \tag{11.52}$$

利用运动方程可以很直接地验证该守恒律是满足的，即使存在一个非零的 $\Phi(r)$。

第二个微妙之处在于伸缩子要求存在一个明显的源。我们关注当 $\Phi \to 0$ 时 $V(\Phi) = -6 - 4\Phi^2 + \cdots$ 的情形。这改变了场在边界处的行为，并给出

$$f(r) = c^2r^2\left[1 - \left(E + \frac{1}{3}\phi_0\langle\mathcal{O}\rangle\right)\frac{1}{r^3} + \cdots\right]$$
$$g(r) = r^2\left[1 - \frac{\phi_0^2}{r^2} + \left(E - \phi_0\langle\mathcal{O}\rangle\right)\frac{1}{r^3} + \cdots\right] \tag{11.53}$$
$$h(r) = c\left(\mu - \frac{Q}{r} + \cdots\right)$$

$$\Phi(r) = \frac{\phi_0}{r} + \frac{\langle \mathcal{O} \rangle}{2}\frac{1}{r^2} + \cdots$$

其中 E 是前文定义的总能量。

这种方式获得的 IR 对势的具体形状非常敏感，我们按如下方式固定函数 $Z(\Phi)$ 和 $V(\Phi)$ 中的参数：

$$Z = e^{2\Phi/\sqrt{3}}, \quad V(\Phi) = -6\cosh(2\Phi/\sqrt{3}) \tag{11.54}$$

1. Lifshitz 解

对于常数的 $\Phi = \phi_0$ 理论本质上是一个在 IR 具有 Lifshitz 度规的电子星，

$$ds^2 = L^2\left[-r^{2z}dt^2 + g_0\frac{dr^2}{r^2} + r^2(dx^2 + dy^2)\right], \quad A_0 = h_0 r^z, \quad \Phi = \phi_c \tag{11.55}$$

由于伸缩子必须为常数，它必须满足

$$g_0 V'(\Phi) - \frac{Z'(\Phi)h'^2}{f} = 0 \tag{11.56}$$

沿着径向演化。在 Lifshitz 的内部深处这变为

$$-\frac{6}{4}g_0\sinh(2\phi_0/\sqrt{3}) - z^2 e^{2\phi_0/\sqrt{3}}h_0^2 = 0 \tag{11.57}$$

把拟设 (11.55) 代入麦克斯韦方程中会给出

$$2zh_0 e^{2\phi_0/\sqrt{3}} = g_0 n \tag{11.58}$$

而根据演生的守恒律可进一步约化为

$$2z e^{2\phi_0/\sqrt{3}}h_0^2 - (2z + 2) = C_1 \tag{11.59}$$

取积分常数 $C_1 = 0$ 后，上一个方程可以取逆，从而有

$$z = \frac{1}{1 - h_0^2 e^{2\phi_0/\sqrt{3}}} \tag{11.60}$$

最后，式(11.49)中的第二个运动方程可以化简变成

$$(1 + z)(2 + z) = g_0\left[p + 3\cosh(2\phi_0/3)\right] \tag{11.61}$$

我们通过这种方式得到含有四个未知数 (h_0, ϕ_0, z, g_0) 的四个方程。于是这个体系可以容易地通过数值求解。

利用此前相同的步骤，我们可以从 Lifshitz 的 IR 通过积分得到 UV。我们对 Lifshitz 解取无穷小变形，可得

$$f = r^{2z}(1 + \delta f r^{-\alpha}), \quad g = \frac{g_0}{r^2}(1 + \delta g r^{-\alpha})$$

$$h = h_0 r^z(1 + \delta h r^{-\alpha}), \quad \Phi = \phi_0(1 + \delta\phi r^{-\alpha}) \tag{11.62}$$

和 Einstein-Maxwell 电子星不同，在这种情形下我们发现有 5 个指数，再加上平庸的指数 $\alpha = 0$，它们关联于三对"源" J_L 和对偶算符 O_L 的维度。它们的维度 (成对) 加起来总是等于 Lifshitz IR 的总标度维度 $2 + z$。指数为 $\alpha = 0$ 的源诱导的是指数为 $\alpha = 2 + z$ 的普适的有限温度变形。进一步审查发现，剩余的两个算符中一个总是红外无关的，而另一个总是红外相关的 [422]。在构造 Einstein-Maxwell 电子星的时候，我们已经遇到过红外无关的算符，通过它可以数值积分到 UV 从而获得完整的几何。红外相关算符的出现的地方是新的地方。很容易理解它的物理含义：伸缩子的势在任何方向都是不稳定的，所导致的流动正是由这个红外相关算符所标志。该红外相关算符的维度实际上可以是复的 (图 11.8)。我们在全息超导部分中学过这意味着

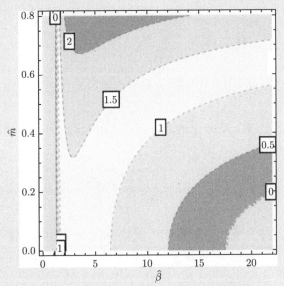

图 11.8 Einstein-Maxwell-dilaton 理论中，作为费米液体星体解的 IR Lifshitz 解中红外相关算符标度维度的虚部，作为 $\hat\beta = \dfrac{q^2\kappa^2}{L^2}$ 和 $\hat m = m/q$ 的函数。图片源自文献 [422]，经 IOP 出版社许可转载

什么：这表明该解是动力学不稳定的。在对偶场论的意义上这意味着 Lifshitz 解的自由能是局域极大值而不是极小值。于是我们总结，通过调节参数 ϕ_0 越过 ϕ_c 体系经历了一个一阶相变。

2. 禁闭解

调节 ϕ_0 远离 ϕ_c 会迫使 ϕ 按照它的运动方程在 IR 流动到 $\Phi = \pm\infty$ 二者之一。对 $\Phi \to -\infty$ 对应的解可以很直接地理解。在这种情况下有效电荷变得无穷大，这意味着视界迅速放电从而所有的电荷都流入到费米气体中。这个解在定性上和简单的 Einstein-Maxwell 电子星是一样的——伸缩子只是使分析起来更复杂。特别地，在 IR 没有标度解存在，故而解必须渐近地进行构造。我们写下一个领头阶具有标度性质的拟设，随后逐阶地对它进行求解。我们发现在第一个次领头阶存在变形 δf，它的大小不能通过运动方程来决定

$$
\begin{aligned}
f &= r^2\left(1 + \sum_{n=1}^{\infty} f_n r^{2n/3} + \delta f r^P\right)\\
g &= \frac{16}{9} r^{-4/3}\left(1 + \sum_{n=1}^{\infty} g_n r^{2n/3} + \delta g r^P\right)\\
h &= h_0 r\left(1 + \sum_{n=1}^{\infty} h_n r^{2n/3} + \delta h r^{P-2/3}\right)\\
\Phi &= -\frac{\log r}{\sqrt{3}} + \sum_{n=1}^{\infty}\left(p_n r^{2n/3} + \delta\phi r^P\right)
\end{aligned}
\tag{11.63}
$$

这在全息上对应于 IR 处的变形算符。在这种情形下只有一对是这样的，被源的如下指数标志：

$$
P = -1 + \frac{2}{3}\sqrt{1 + \frac{63 h_0^2}{4(h_0^2 - \hat{m}^2)}}
\tag{11.64}
$$

从运动方程可以得到费米子的局域化学势 $\mu_{\text{hor}} = h/\sqrt{f}$ 在近视界处是常数。如果 $\mu_{\text{hor}} > \hat{m}$，费米液体一直延伸到内部深处始终存在。运动方程的解显示出的确是这样：实际上它必须如此，因为穿过视界的通量 $\lim_{r\to 0} \sqrt{-\det[g]} Z(\Phi) F^{tr} \sim r^{1/3} r^{2/3} = r$ 为零。因此，这是遵循 Luttinger 定理的，并且所有的电荷都由体时空中的费米气体携带。这在边界上和 Einstein-Maxwell 电子星中发现的一样，对应于俄罗斯套娃费米液体。

3. 部分和全部分数化的解

现在我来到 EMD 引力中新发现的解，其相应的情形是有效电荷在 IR 衰减。这对应的解是 Φ 流动到 $\Phi \to +\infty$。在形式上该解的构造和分数化的解的方式是相同的。此时的 IR 同样也没有严格标度解，但是我们和之前一样从标度的拟设出发，然后利用运动方程对它逐阶进行修正，可得

$$f = r^6 \left(1 + \sum_{n=1}^{\infty} f_n r^{4n} + \delta f r^{-N} \right)$$

$$g = \frac{16}{3} \left(1 + \sum_{n=1}^{\infty} g_n r^{4n} + \delta g r^{-N} \right) \tag{11.65}$$

$$h = \frac{1}{\sqrt{2}} r^4 \left(1 + \sum_{n=1}^{\infty} h_n r^{4n} + \delta h r^{-N} \right)$$

$$\Phi = -\sqrt{3} \log r + \sum_{n=1}^{\infty} p_n r^{4n} + \delta p r^{-N}$$

红外无关变形的标度维度是

$$N = 2 - 2\sqrt{19/3} \tag{11.66}$$

和之前一样，完整的解可以通过打开这个变形然后积分到一个 UV 的渐近 AdS 解得到。

新颖之处在于 IR 的局域化学势 $\mu_{\text{loc}} = \dfrac{h}{\sqrt{f}} = \dfrac{r}{\sqrt{2}} \to 0$。现在的内部深处不再可能允许存在费米气体。但仍然有可能，局域化学势在沿着径向的某处减小，以至于仍有可能以 WKB "环" 星的精神来形成一个体时空中的费米气体。这继而将对偶于边界上的费米液体。然而近视界处的通量 $\dfrac{r^2}{\sqrt{fg}} Z(\Phi) h'$ 是一个常数，因此对偶体系不再可能仅仅是费米液体，它必须和分数化奇异金属共存。这个体系只能通过数值求解，其结果被总结在图 11.9 中。这证实了我们的预期，即费米液体和奇异金属在一段参数范围内共存：调节参数使之偏离 ϕ_c，一个极端 RN 黑膜在内部深处形成，它会吸收越来越多的电荷。电子星获得一个环的形状，在内部深处带有一个洞，并且逐渐地丢失它的电荷到极端黑膜中去，直到它完全消失不见。这样边界就完全变成了奇异金属。

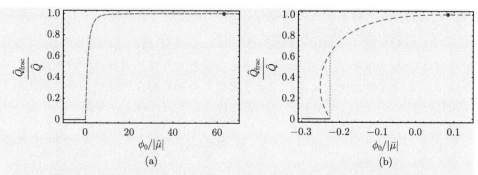

图 11.9　禁闭/分数化视界携带电荷占据总电荷的比值作为形变参数 ϕ_0 的函数。负的 ϕ_0 导致 IR 内聚相，其 $\hat{Q}_{\text{frac}} = 0$(实线)。正的 ϕ_0 导致部分或全部分数化的相，分数化电荷的占比由虚线表示。(a) 取参数 $\hat{\beta} = 20$, $\hat{m} = 0.1$。在这种情形下，部分分数化/完全分数化的解中红外相关参数总是正的，这表明部分分数化解和禁闭解之间发生了一个连续相变。(b) 取参数 $\hat{\beta} = 20$, $\hat{m} = 0.5$。现在在部分分数化相中红外相关参数是复的。虚线表明在 $\phi_0 = \phi_c \simeq -0.224$ 处发生了一个一阶相变。点表示一个三阶相变，一边是部分分数化相，对于这个相在体时空中仍然有有限的费米流体；另一边是完全分数化的奇异金属相，在这个相中不再有费米流体。图片源自文献 [422] (© IOP Publishing. Reproduced by permission of IOP Publishing. All rights reserved)

11.3.3　全息费米液体中传统和非传统的不稳定性

　　全息费米液体——UV 是一个 CFT 的费米液体——因此在许多方面类似于常规费米液体 (的体系)。然而，费米液体本身具有著名的到超导的不稳定性。在这种全息框架里我们应该如何考虑费米液体的 BCS 不稳定性？这需要有四费米子的吸引相互作用，到目前为止我们所考虑的简化唯象模型中这都是被忽略的。原则上它应当被包括在内，但我们不需要进一步的计算就可以自信地预测这种相互作用带来的效应。由于不论是体时空中还是边界上禁闭的费米液体，它们的低能动力学都是由费米面附近的激发态所主导，一侧发生的任何事在另一侧也会发生。在体时空理论中添加一个四费米子相互作用会在电子星中触发通常的 BCS 不稳定性，这将直接反映在边界费米液体类似的不稳定性中。从技术上讲，现在在引力一端求解的不再是自由的自引力费米气体，而必须是一个具有相互作用的自引力费米气体。在电子星中我们已经学会了如何处理库仑相互作用导致的费米子之间的相互作用。体时空中的 BCS 态可以用类似的方式来处理，但在这之前需要做一个 Hubbard-Stratonovich 变换，从而在粒子–粒子通道中引入了通常的电荷为 $2e$ 的平均场。我们可以很容易地构建相应的 "BCS 星" [425,426]；根据预期它包含一个玻色的标量凝聚核来控制 IR 深处的行为，其外面环绕着一个费米液体环。事实上它是核为色荷超导体的中子星在 AdS 下的带电情形的确切类比。

全息费米液体似乎也具有另一种不稳定性，而这种不稳定性从传统凝聚态的角度看是相当奇特的。众所周知，天体物理中子星有一个 Chandrasekhar 极限。如果星体的总尺寸太大，费米压强就不再能够和引力压强保持平衡，进而星体会坍缩成一个黑洞。全息费米液体的对偶在性质上是与中子星相同的物体。它是由费米压强支撑的宏观物体。电子星中的费米子是带电的，其效果是存在额外的静电排斥，但该物体的尺寸仍然应该有一个上限，如果超过这个上限的话，引力压强就会胜出。AdS 中的电子星受到这种不稳定性 [427,428] 的支配，但前提是该系统处于有限体积中。这类似于第 6 章的 Hawking-Page 相变的例子。取边界为一个球体 S^3 而不再是一个平直时空，然后我们可以证明星体存在一个临界能量 E 或等效的一个临界质量，若超出这个临界值，则体系变得动力学不稳定，进而会形成一个 RN 黑洞。由于我们考虑的是巨正则系综，质量/能量是一个变量，在这里准确地说是化学势 μ 具有临界值，若超过该值系统就会不稳定。

一般的预期是，若超过这个能量，系统会坍缩成一个黑洞。这对边界场理论意味着什么？这种相变在 QCD 中的类比是已知的。由于 QCD 是一个渐近自由的理论，我们知道不仅是在高温，在相比 QCD 能标很高的重子密度下夸克也会退禁闭。禁闭/退禁闭相变关于 T 和 μ 的函数依赖正是在追寻夸克-胶子等离子体的相对论性重离子对撞实验过程中所研究的内容。在目前的全息背景下共形的 UV 理论根本不是渐近自由的，而球体半径 R 在该理论中起着内秉能标的作用。我们现在看出来这种重新坍缩到黑洞的过程就是零密度下发生在有限温度星体解和带电黑洞之间的 Hawking-Page 相变在有限密度情形的推广，现在化学势起到与温度相似的作用。对于小的 μ/R，系统处于禁闭相，对应的星体质量小于临界质量。存在临界化学势 $\mu_c \sim R$，在这里体系经历一个相变到由 RN 黑洞所描述的退禁闭相。这可能和在第 3 章中所讨论的凝聚态物理中"从属"理论所设想的(退) 禁闭相变有一些相关性。

第 12 章　破坏平移不变性

对称性在物理学中处于首要地位，而我们在前面已经看到了它在全息中的突出作用。当我们希望把目前为止全息中获得的结果和理解与固体中电子体系的物理相比较时，还有一种非常关键的对称性是没有匹配的。到目前为止我们所描述的全息体系都存在于伽利略连续介质中，而电子体系存在于晶体之中。在晶体中，由离子构成的背景晶格破坏了伽利略空间的平移不变性。

本章致力于讨论平移对称性破缺对全息物质的影响。在我们撰写本书的时候，此问题作为进行中的研究课题仍在得到强烈关注和研究。虽然研究取得了快速的进展，但它还远未被彻底解决，原因是"技术"方面的。边界上的平移对称破缺意味着在体时空内的空间方向平移对称性也被破缺。寻找平移对称破缺时爱因斯坦场方程的解是一个非常具有挑战性的工作——在不存在平移对称性的情况下，广义相对论的非线性性质开始站在舞台中央。然而，为此付出的艰辛工作会在边界的物理上得到回报：它为全息计算带来了相当多的凝聚态物理的现实性，尤其是在输运性质方面。

正如我们将在 12.2 节中讨论的那样，当存在晶格势时，全息奇异金属/超导系统的光电导看起来与在铜氧化物中所测得的电导率的实验结果惊人地相似：实际上比该学科 25 年历史中出现过的任何其他理论结果都更接近。在 12.5 节中，我们将介绍两种同样可靠的全息机制，试图解释 3.6.2 节所讨论的铜氧化物奇异金属中电阻线性依赖于温度这一著名性质。尽管目前对于晶格对费米子谱函数的影响的了解更少一些，也已有一些初步结果为我们理解 Umklapp 对奇异金属中"非粒子"的影响提供了令人惊奇的启示 (12.3 节)。12.4 节我们将揭示一种新类型的"代数"绝缘态的发现。在单向周期势场的影响下，这些非粒子会形成在一个方向上绝缘而在其他方向上保持金属行为的物态，这样的"量子近晶相"在传统的有限"粒子"数密度凝聚态物理的范围内是不可能实现的 [148]。这些理论结果对于理解自然界中看到的现象具有极大吸引力的启示：高温超导的电导在平行和垂直于铜–氧平面的方向展现出这种"不合理的"各向异性。这些结果都来自平移对称性被显式破缺的构造，但在全息中也有足够的空间来描述平移对称性的自发破缺，这将在 12.5 节中讨论。很自然地，这种"全息结晶"与自发电流回路的发生密切相关，类似于人们相信会发生在铜氧化物的赝能隙态中的情形 (3.6.2 节)。

正如我们已经强调的那样，将 GR 与平移对称性破缺结合是具有挑战性的。

平移对称性破缺在边界理论中意味着动量不再守恒，全息中还有另外一种处理动量守恒破坏的方式，即通过构建共有一个总动量的多个子系统。当我们只研究其中一个"探针"子系统时，它可以释放自己的动量到其他子系统构成的体系中去。这是我们将在第 13 章讨论的所谓探针膜结构中实现的一般情况。在本章中，我们仅关注由于缺失伽利略不变性而产生的单一体系中的动量弛豫。

　　我们将首先考虑平移对称性被相对较弱的势场所破缺的情形，并对该情形下的 DC 输运性质做一般讨论。在没有这样一个势的情形下，第 7 章介绍的流体/引力对偶掌控着宏观领域，主张在有限温度时连续介质中形成了由流体力学描述的流体。一个核心的观点是，只要势场不太强，这种流体力学行为将一直是红外相关的。由于标志量子临界流体的普朗克耗散非常快，体系首先会达到局域热平衡，从而流体力学描述变得有意义，而动量弛豫只在稍后的时间才开始起作用。在这种情况下，可以使用强大的唯象的记忆矩阵方法来描述输运，该方法将在 12.1节作为一个一般解释性框架来介绍。将这个方法应用于处于弱周期势场背景晶格的 Reissner-Nordström 奇异金属，我们会得到一个出乎意料的 Umklapp 散射导致的 DC 电导对温度的标度行为。

　　记忆矩阵方法仅局限于低频并且势场相对较小的情况。对于更强的势场，我们必须充分考虑引力的反作用，这使问题变得非常复杂。这种体时空中显式的平移对称破缺意味着我们必须处理非均匀的体时空几何，这就导致我们必须求解耦合的偏微分方程 (PDEs)，而这只能通过繁重的数值计算来完成。正如我们将在 12.2 节阐明的那样，对于 RN 金属和全息超导体，这部分的初步结果已经出现。它们在合适的极限下明确地证实了记忆矩阵给出的结果的正确性。

　　12.3 节致力于对周期势场如何影响全息光电谱函数的初步探索。在非均匀空间中，体时空中的费米子比其他经典场更加复杂且难以处理，我们只能得到弱场极限下的一些结果。然而，已经隐约可见的是，奇异金属的"能带结构"具有高度反直觉且有趣的性质，这可能对实验系统中的光电谱实验产生潜在的重要影响。

　　事实证明，存在一种方法来破缺边界上的平移对称性，并同时使得体时空中的运动方程简化为只依赖径向的常微分方程，就像我们所遇到过的均匀的体时空几何的情形。正如我们将在 12.4 节讨论的那样，这样的一个例子对应着边界上的在一个空间方向上按螺旋线旋转 (图 12.6) 的一个矢量场。对于特定的螺旋结构，这类系统具有增强的所谓"Bianchi VII"对称性，从而在径向方向上保持螺旋结构均匀无变化，于是体时空中的方程简化为只依赖于径向的常微分方程，在强势场情况下依然可以求解。当增大这种周期势场的强度时，在沿着势场的方向会发生一个相变，从而形成一个"代数绝缘体"，而在垂直方向体系继续表现为一个完美金属，即量子近晶相。

在 12.5 节中, 我们将进一步讨论平移对称性破缺的问题。根据全息字典的对称性规则, 整体对称性翻译为体时空中的局域对称性。于是边界上整体平移对称性的破缺对偶于体时空中主导广义相对论的局域坐标不变性的 "Higgs 化"。这样带来的一个推论是, 相应的规范场, 即引力子必须带有质量, 这被称为 "有质量引力" 理论。我们现在可以利用相对论物理学界发展出的处理体时空中有质量引力理论的构造, 而这些计算相对简单。结果表明, 它所描述的是在边界上活跃的最大程度上无特征的淬火无序态。这种基于对称性的方法很有启发性。例如, 人们可以从全息结果中提取出非常普遍的因素来论证, 对于一个具有索末菲比热的局域量子临界流体, 当存在一个弱的随机势场的时候会展现出线性依赖于温度的电阻。

我们在最后一节 (12.6 节) 转向平移对称性自发破缺的主题。我们在第 7 章的带有反常修正流体力学体系中遇到的体时空中的拓扑项也会自然地导致平移对称性自发破缺。在没有拓扑项的时候, 诱导超导相变的黑洞 "带毛不稳定性" 发生在动量为零的时候。然而, 拓扑项的效果是造成模式间的耦合, 从而把不稳定性转移到有限大动量, 这尤其会导致破缺平移对称性的条纹相, 它涉及自发电流。这是一个非常新的进展, 预计在不久的将来会有更多的发展。

12.1　输运和非粒子物理：记忆矩阵方法

金属中电子输运的传统理论从费米液体的准粒子范式出发。我们认为在零温时体系中自由费米子遵循量子力学规则在周期性晶格中发生衍射。此外, 当存在淬火无序的时候, 由于量子波函数在随机势场中的干涉效应, 人们还发现了一系列介观物理效应, 如 Anderson 局域化、电导的普遍性涨落等, 在有限温度 (红外无关的) 准粒子相互作用的效应变得明显起来, 但这些可以通过玻尔兹曼方程 [429] 进行处理。它隐含地有一个前提条件, 即在有限温度下我们有由远大于 $1/k_F$ 的碰撞平均自由程来标志的热激发粒子构成的气体。这个平均自由程的量级在 $\lambda \sim \hbar E_F v_F/(k_B T)^2$, 对应于费米统计要求的准粒子碰撞率 $\hbar/\tau \simeq (k_B T)^2/E_F$。

在全息背景下我们感兴趣的是静态晶格的效应——技术上还没有发展到可以处理动态电子声子相互作用效应的程度。不过, 在费米液体中离子晶格的存在对输运的主要影响也由静态部分主导。当晶格存在时, 连续的单粒子动量本征态不再是本征态, 而呈现混合的 Umklapp 动量集合。这种混合受激发态动量 (靠近 k_F) 和晶格动量 $k_L \sim 1/a$ 的比值控制, 而在典型的金属中二者处在相同量级。现在很容易证明在每次准粒子碰撞时两个粒子动量的一部分 C(称为 Umklapp 效率) 被晶格吸收了。这导致了宏观电流的动量弛豫速率 $1/\tau_K$, 它和微观碰撞率成正比且比例系数为 Umklapp 效率 [430]: $1/\tau_K = C/\tau$。在许多传统金属中 C 的大小都是在 1 的数量级。

由于 $1/\tau_K$ 是控制宏观电流的动量弛豫速率，于是光电导的 Drude 公式遵循

$$\sigma(\omega) = D\frac{\tau_K}{1 + \mathrm{i}\omega\tau_K} \tag{12.1}$$

这里的 Drude 权重 D —— 对于非相对论系统 $D = ne^2/m$ —— 是频率为零时抗磁性 δ 函数的权重，它决定了如 8.3 节和 10.2.2 节的伽利略连续介质中完美导体的"导电强度"。平移对称性破缺的效果是它会把 δ 函数扩展为一个弛豫峰，峰的宽度由动量弛豫速率 $1/\tau_K$ 所决定。

最后，虽然在低温下动量弛豫的主要贡献来自电子–电子碰撞，但当存在淬火无序时，人们会在零温发现残余的动量弛豫。这是费米液体 DC 电阻背后的故事：

$$\rho_{\mathrm{DC}}(T) = \rho_0 + AT^2 + \cdots \tag{12.2}$$

其中，$\cdots$ 表示的是由于 (电子) 和声子之间的耦合而产生的动量弛豫，这部分的贡献在量级与声子体系的德拜和/或爱因斯坦温度相同的温度下将起主导作用，这些在后文中完全被忽略了。

另外，当伽利略不变性被破坏时，我们应该如何一般性地考虑"非粒子"奇异金属中的输运？我们将展示，只要与伽利略不变性破缺相关的势场强度很弱，宏观输运仍遵循集体的流体力学，但需要被长时间尺度下动量守恒的破缺修正。需要再次强调的是，这与费米液体中的情况大不相同。这种体系的碰撞时间设定了平衡过程的 (时间) 尺度，它们在远大于这个时间尺度的时候会导致流体力学行为。然而，在费米体液中动量守恒在这个微观时间之前就已经被破坏了，因此流体力学描述和传统金属中的电子体系是红外无关的。

我们专注于线性响应区域，这自然对应于非常低的频率，于是我们可以优雅地利用"记忆矩阵"方法来处理在流体力学框架下平移对称性破缺的影响。这种方法的起源可以追溯到 20 世纪 70 年代构建的"记忆函数"[431]，它只关注单独一个几乎守恒的 (电) 流。最近它在形式上被推广到处理一个以上的守恒荷，即可以处理一个线性响应"矩阵"[432]。这直接关系到主导有限密度体系中输运现象的一般情况，我们已经在 8.3 节讨论 RN 金属的电导率时触及了这个主题：在有限密度下必须同时考虑动量和电荷的守恒来得到金属体系的电导率。

使得这个方法生效的微扰小量是参照体系中被微弱破缺而近似守恒的物理量的长时间弛豫速率，尤其当体系中某个过程的速率在参数上远小于所有其他过程的速率更是如此。当平移对称性是被破坏程度最微弱的对称性时，最核心的物理量就是动量弛豫速率。我们在教科书中的标准 Drude 理论中看到的恰好就是这种逻辑在主导：从一个连续介质中的完美金属出发，动量弛豫作为微扰修正使得

Drude 峰有一个较窄的宽度。对于非粒子的 RN 金属，我们预期当平移对称性被微弱破缺的时候也会显示出相同的 Drude 行为：我们将在 11.2 节验证这一点。它和费米液体的典型差异在于弛豫速率随温度的变化。普适的记忆矩阵方法的强大之处在于，仅仅依靠运动学的一般行为和奇异金属的标度性质，我们就可以得到关于宏观物理量的出乎意料的具有深远意义的结论。为了让读者对记忆矩阵方法本身的威力有所了解，我们在这里引用一个被认为是非常普适的结论，而该结论和实验领域有很大的关系。费米液体中，(DC) 热导 κ 和电导 σ 之间的洛伦兹比值在低温 T 下符合 Wiedemann-Franz 定律 $\kappa/(\sigma T) = (\pi^2/3)(k_{\rm B}/e)^2$。这通常被理解为表明准粒子类型的激发同时唯一主导体系的热输运和电荷输运的信号。但对于非粒子体系这个比值应该如何表现呢？Hartnoll 和 Hofman [433] 利用记忆矩阵方法一般性地证明了这个比率应该遵循 $\kappa/(\sigma T) = (k_{\rm B}/e)^2(1/T^2)(\chi_{QP}^2/\chi_{JP}^2)$，其中 χ_{QP} 和 χ_{JP} 是总动量 $\boldsymbol{P}$、电流 $\boldsymbol{J}$ 和热流 $\boldsymbol{Q}$ 算符之间的静态极化率 [434]。在 Wiedemann-Franz 定律的情况下，关于动量弛豫细节的信息完全抵消，但在一般情况下并没有理由使得上面方程右边的极化率组合起来可以化简为准粒子气体的洛伦兹数。

我们来看全息体系，读者现在自然习惯了任何边界上的对称性都完美体现在对偶的体时空的引力中这样一种概念。这种观点当然也适用于对称性被微弱破缺的情况，因此在一个特殊的奇异金属体系中有关输运性质的推论也完全是可信的。另一方面，记忆矩阵的强大之处在于，边界理论中对称性弱破缺的效果可以由奇异金属在对称性未破缺情形下的性质直接构建出来，因此在进入全息理论的细节构建之前我们在本章的开始首先阐明这个诠释框架。

我们将关注于线性响应函数，它们通过 Kubo 公式和理论中算符的两点关联函数联系起来。简便的做法是通过“算符空间中的内积”来重新表述这些关联函数，相应的时间演化通过 Liouville 算符来表述 (详见方框 12.1)。我们现在投影到“慢的”算符构成的子空间上去。通常它们是 (几乎) 守恒的流，例如总动量 $\boldsymbol{P}$ 和总电流 $\boldsymbol{J}$。对于电荷电流响应，人们通常发现总动量和电流是耦合的，其直接结果是为了计算电导率，人们需要求解算符空间中的一个 2×2 的矩阵问题。随后我们在哈密顿量中打开一项，这一项会缓慢地破坏和动量流相关的对称性。这种情况的一个典型的例子是

$$H = H_0 - gO(k_{\rm L}) \tag{12.3}$$

其中 H_0 是伽利略连续介质中场论的哈密顿量，而 $O(k_{\rm L})$ 描述了一个用特征波矢 $k_{\rm L}$ 来标志的弱周期势场。耦合常数 g 必须很小，因为它控制着随后的微扰计算。通常情况耦合常数 g 会跑动，为了在低频小动量时让它在 IR 深度红外区域保持很小，很自然我们选择 $O(k_{\rm L})$ 是一个红外无关的算符。在 12.4 节中我们将讨论

"平移对称性破缺耦合常数"的跑动变得非常重要的情形。

相比于动量和电流，这种对称性破缺算符通常是"快"算符，它可以被"积掉"而给出流的一个自能修正：也就是"记忆矩阵"本身。严格地说，"慢"和"快"算符之间的划分比较宽松，而且 $\mathcal{O}(k_{\mathrm{L}})$ 也可以是一个慢算符 (参见方框 12.1)。

随后可以很容易推导出 DC 电导率的一般表达式 [433]

$$\sigma_{\boldsymbol{JJ}}(\omega = 0, k = 0) = \frac{\chi_{\boldsymbol{JP}}^2}{\chi_{\boldsymbol{PP}}}\tau_{\mathrm{K}} \tag{12.4}$$

其中 $\chi_{\mathcal{O}_1\mathcal{O}_2} = \lim_{\omega \to 0} \frac{1}{\mathrm{i}\omega}\langle \mathcal{O}_1\mathcal{O}_2\rangle_{\mathrm{R}}$ 是静态极化率，而 τ_{K} 是 $\mathcal{O}(k_{\mathrm{L}})$ 算符诱导的动量弛豫时间。在相对论性的有限密度理论中，极化率在 g 的最低 (未扰的) 阶结果为 $\chi_{JP} = \rho$，即电荷密度，而 $\chi_{PP} = \epsilon + P$ 等于能量密度和压强之和；在非相对论极限下，后者约化为 $\chi_{PP} = m\rho$。动量弛豫速率由表达式

$$\Gamma_{\mathrm{K}} = \frac{1}{\tau_{\mathrm{K}}} = \frac{g^2 k_{\mathrm{L}}^2}{\chi_{PP}}\lim_{\omega \to 0}\frac{\mathrm{Im}G_{OO}^R(\omega, k_{\mathrm{L}})}{\omega} \tag{12.5}$$

给出，我们重新得到了 DC 电导的 Drude 表达式，其中组合 $\chi_{JP}^2/\chi_{PP} = \rho^2/(\epsilon + P)$ 对应着 Drude 权重。这是由单一 Umklapp 波矢 k_{L} 导致的微扰处理的弱动量弛豫情况下 DC 电导的一般结果。我们可以把动量损失的主要方法——淬火无序——看成是在随机"晶格"矢量上平均后的势场的结果，这个表达式随后立即推广为 (参见 12.5 节)

$$\Gamma_{\mathrm{K}}^{\mathrm{disorder}} = \frac{1}{\tau_{\mathrm{K}}^{\mathrm{disorder}}} = \int \mathrm{d}^d k \frac{g^2 k^2}{\chi_{PP}}\lim_{\omega \to 0}\frac{\mathrm{Im}G_{OO}^R(\omega, k)}{\omega} \tag{12.6}$$

于是动量弛豫速率可由平移对称性破缺算符在 Umklapp 动量下即 $O(k_{\mathrm{L}})$ 的低频的渐近谱函数决定。我们提到过，该公式的普适性意味着它直接适用于费米液体，这时候相关的算符 $O(k_{\mathrm{L}})$ 是一个 4-准粒子相互作用的项，其中我们要注意在碰撞中动量在差别 Umklapp 动量的意义上是守恒的。

$$\mathcal{O}(k_{\mathrm{L}}) = \int \prod_{i=1}^{4}\mathrm{d}^{d+1}p_i\psi^{\dagger}(p_1)\psi(p_2)\psi^{\dagger}(p_3)\psi(p_4)\delta(p_1 - p_2 + p_3 - p_4 - k_{\mathrm{L}}) \tag{12.7}$$

在费米面进行计算后我们精确地得到正确的标度维数，从而 $\Gamma_{\mathrm{K}} \sim T^2$。

我们可以从方程 (12.6) 推断出，需要在大的 Umklapp 动量 k_{L} 时数密度迅速增长的零能激发才能得到一个可观的动量弛豫速率。在具有正常金属中能达到的数密度的费米液体中，k_{F} 的量级在 k_{L}，这是上面条件可以达到的原因。为了

避免这个 "碰撞的" 动量弛豫，人们要考虑非常低数密度的体系 [435]。然而，很难找到在有限动量时有着可观的低能谱权重的体系：除了费米液体之外，唯一的已知的自然体系是局域的量子临界体系，比如 RN 奇异金属。

我们在第 9 章中的探针极限计算揭示了 RN 金属或共形 AdS 金属有着如下特征谱密度：

$$\mathrm{Im}G_{OO} \sim \omega^{2\nu_k} F(\omega/T) \tag{12.8}$$

其中 $\lim_{\omega \to 0} F(\omega/T) \sim \left(\dfrac{T}{\omega}\right)^{2\nu_k - 1} + \cdots$（方框 12.2）。记忆矩阵方法的神奇之处在于，不需要更多的信息就能确定输运的弛豫时间对温度的依赖关系，其结果是

$$\Gamma \sim \lim_{\omega \to 0} \frac{\mathrm{Im}\, G^{\mathrm{R}}_{J^t J^t}(\omega)}{\omega} \sim T^{2\nu(k_{\mathrm{L}})-1} \tag{12.9}$$

其中 $\nu_{k_{\mathrm{L}}}$ 是晶格算符的 IR 标度维数。为了精确定下这个结果，我们可以采用一个具体全息模型，但是一旦它被确定了，所有的 DC 输运的标度行为都被普适地决定了。

方框 12.1   DC 电导的记忆矩阵算法

我们的目标是计算当存在由算符 $O(k_{\mathrm{L}})$ 主导的小的平移对称性破缺扰动 (12.3) 时从 Kubo 公式得到的 DC 电导

$$\sigma = \lim_{\omega \to 0} \frac{\mathrm{Im}G^{\mathrm{R}}_{JJ}(\omega)}{\omega} \tag{12.10}$$

我们现在依靠一种特殊的方式来构造线性响应理论。若读者想获取更多细节，请参考文献 [255]。我们把算符空间分解为 "慢的" 部分和 "快的" 部分，将忽略后者。"慢的" 部分总是包含我们想要测量的算符 (J) 以及 (几乎) 守恒的流，例如总动量 P。我们现在通过把整套理论投影到 "慢的" 模式部分来积掉 "快的" 部分，为了实现这一点，我们需要定义 "算符空间" 中的内积。事实上，这里内积的一个自然定义是动力学极化率 χ_{AB}，或者说是两点关联函数自身。定义内积的一种简便方式如下：

$$C_{AB}(t) \equiv (A|\mathrm{e}^{-\mathrm{i}Lt}|B) = (A(t)|B) \equiv T \int_0^{1/T} \mathrm{d}\lambda \langle A(t)^\dagger B(\mathrm{i}\lambda) \rangle \tag{12.11}$$

其中时间演化由 Liouville 算符 $L = [H, \cdot]$ 给出，这里的 H 是哈密顿量。$\tilde{C}_{AB}$ 的拉普拉斯 (Laplace) 变换式直接联系到 Kubo 公式中的推迟传播子 G^{R}，表达式为 [255]

$$\tilde{C}_{AB}(\omega) = \left(A|\frac{\mathrm{i}}{\omega - L}|B\right) = \frac{T}{\mathrm{i}\omega}\left[G^{\mathrm{R}}_{AB}(\omega) - G^{\mathrm{R}}_{AB}(\mathrm{i}0)\right] \tag{12.12}$$

于是静态极化率为

$$\chi_{AB} = \lim_{\omega \to 0} \int \frac{\mathrm{d}\lambda}{\pi} \frac{\mathrm{Im} G^{R}(\lambda)}{\omega - \lambda} = \frac{1}{T}\tilde{C}_{AB}(0) \tag{12.13}$$

相应地，DC 电导可以用 $\tilde{C}_{AB}$ 表示为

$$\sigma = \frac{1}{T} \lim_{\omega \to 0} \tilde{C}_{JJ}(\omega) \tag{12.14}$$

当计算动态极化率的时候，快算符的效应仍然体现在演化算符 L 之中。我们现在通过投影到慢算符的空间来用慢算符定义一个有效的"慢的"演化，利用算符

$$P = |A_i)\chi_{ij}^{-1}(A_j| \tag{12.15}$$

定义互补算符 $Q = 1 - P$，我们有

$$\tilde{C}_{AB} = \left(A|\frac{\mathrm{i}}{\omega - LP - LQ}|B\right) \tag{12.16}$$

利用如下算符恒等式：

$$\frac{1}{X + Y} = \frac{1}{X} - \frac{1}{X}Y\frac{1}{X + Y} \tag{12.17}$$

这等价于

$$\tilde{C}_{AB} = \left(A|\frac{1}{\omega - LQ}|B\right) - \left(A|\frac{L}{\omega - LQ}|D\right)\chi_{DC}^{-1}\tilde{C}_{CB} \tag{12.18}$$

求解 $\tilde{C}_{AB}$，我们发现

$$\tilde{C}_{CB} = \chi_{CD}\left(\chi_{AD} + (A|\frac{L}{\omega - LQ}|D)\right)^{-1}\left(A|\frac{\mathrm{i}}{\omega - LQ}|B\right) \tag{12.19}$$

最后，形式上展开中间项后我们发现

$$\tilde{C}_{CB} = T\chi\left(\hat{M} - \mathrm{i}\omega\chi\right)^{-1}\chi \tag{12.20}$$

其中记忆矩阵定义为

$$M_{AB}(\omega) = \frac{1}{T}\left(\dot{A}\Big|Q\frac{\mathrm{i}}{\omega - QLQ}Q\Big|\dot{B}\right) \tag{12.21}$$

这里 $|\dot{A}) \equiv L|A)$。(根据时间反演不变，L 中的线性项被认为消失为 0。)

现在我们可以用它高效地计算 DC 电导。将电流 $\boldsymbol{J}$ 和动量流 $\boldsymbol{P}$ 作为慢算符，然后利用 $\{\boldsymbol{J}, \boldsymbol{P}\}$ 空间中的记忆矩阵分量来明确写出公式 (12.14) 中 JJ 关联函数，电导可以按如下方式计算：

$$\sigma_{JJ} = \begin{pmatrix} \chi_{JJ} & \chi_{JP} \end{pmatrix} \begin{pmatrix} (X^{-1})_{JJ} & (X^{-1})_{JP} \\ (X^{-1})_{PJ} & (X^{-1})_{PP} \end{pmatrix} \begin{pmatrix} \chi_{JJ} \\ \chi_{PJ} \end{pmatrix} \tag{12.22}$$

其中我们利用了简写 $X_{AB} \equiv -\mathrm{i}\omega\chi_{AB} + M_{AB}(\omega)$。

现在我们解释为什么动量守恒仍然主导决定电流的性质，即使在它被微弱破缺的情形下，即 $\dot{P} \sim \epsilon \ll 1$。在这种假设下，如果进一步假设频率的大小小于 ϵ^2，则我们会有 $X_{PP} \sim M_{PP} \sim \epsilon^2$，$X_{JJ} \sim 1$ 以及 $X_{JP} \sim \epsilon^2$，对电导的贡献的量级为

$$\sigma_{JJ} \sim \begin{pmatrix} \chi_{JJ} & \chi_{JP} \end{pmatrix} \begin{pmatrix} 1 & 1 \\ 1 & 1/\epsilon^2 \end{pmatrix} \begin{pmatrix} \chi_{JJ} \\ \chi_{PJ} \end{pmatrix} \sim \chi_{JP}\frac{1}{\epsilon^2}\chi_{PJ} \tag{12.23}$$

因此，实质上电导可以被表示为

$$\sigma_{JJ} = \frac{\chi_{JP}^2}{-\mathrm{i}\omega\chi_{PP} + M_{PP}} \tag{12.24}$$

我们可以立即发现，如果动量守恒并且 M_{PP} 为零，电导在低频下准确回归到完美金属的形式 $\sigma(\omega) = \frac{\chi_{JP}^2}{\chi_{PP}}\left(\frac{\mathrm{i}}{\omega} + \delta(\omega)\right)$，前面的系数为 $\chi_{JP}^2/\chi_{PP} = \rho^2/(\varepsilon + P)$，正如我们在正文解释过的。

最后一步是计算晶格扰动无限小时 M_{PP} 的有限值。通过构造算符 $O(k_{\mathrm{L}})$ 变形下的哈密顿量，总动量算符 $\boldsymbol{P}$ 的运动方程变为

$$\dot{\boldsymbol{P}} = \mathrm{i}[H, \boldsymbol{P}] = g\boldsymbol{k}_{\mathrm{L}}O(k_{\mathrm{L}}) \tag{12.25}$$

按照定义，算符 O 是一个"快的"算符并位于 Q 投影掉的子空间里，再结合方程 (12.12)、(12.21)、(12.25)，我们得到

$$M_{PP} = \frac{1}{T}\lim_{\omega \to 0}\left(\dot{\boldsymbol{P}}\Big|\frac{\mathrm{i}}{\omega - L}\Big|\dot{\boldsymbol{P}}\right)$$

$$= \frac{g^2 k_{\mathrm{L}}^2}{T} \lim_{\omega \to 0} \tilde{C}_{OO}(k_{\mathrm{L}})|_{g=0}$$

$$= g^2 k_{\mathrm{L}}^2 \lim_{\omega \to 0} \frac{\mathrm{Im} G_{OO}^{\mathrm{R}}(\omega, k_L)}{\omega}|_{g=0} \tag{12.26}$$

于是得到一个由弱的动量弛豫导致的在 g 的领头阶的普适表达式：

$$\sigma_{JJ} = \lim_{\omega \to 0} \frac{\chi_{JP}^2}{M_{PP}(\omega)} = \frac{\chi_{JP}^2}{\chi_{PP}} \frac{1}{\Gamma_{\mathrm{K}}} \tag{12.27}$$

其中动量弛豫速率的定义为

$$\Gamma_{\mathrm{K}} = \lim_{\omega \to 0} \frac{M_{PP}(\omega)}{\chi_{PP}} \tag{12.28}$$

读者应该清楚地意识到记忆矩阵方法只是唯象粗粒化论证在流体力学守恒方程被微弱违反情形的推广。流体在长时间尺度行为上的变化仍然可以通过偏离"流体力学"极限的微扰理论来处理。令人惊讶的是，对于量子物质，无论是费米液体还是 RN 奇异金属，人们发现低温下的动量弛豫行为 (12.2)、(12.9) 与人们在完全经典的液体里的发现有显著的不同。

接下来的问题显而易见，在第 7 章中我们了解到全息对偶擅长处理流体力学，它是否也可以轻松地体现记忆矩阵的结果呢？确实如此。实际上，上面对记忆矩阵进行仔细研究的动机就是希望能用一个普适的边界场论语言 [433,436] 来解释全息在这方面得到的结果。尽管在边界上破缺平移对称性是具有挑战性的，但记忆矩阵中线性响应的微扰控制使得人们规避了许多体时空中的技术困难。在最简单的全息设置中，体现了晶格动量的算符被选作背景静电势本身 (方框 12.2)。从字典我们可以立即清楚地知道该如何在体时空中实现这一点：从 RN 黑膜视界发出的电场通量应该受到周期性空间调制，随后我们应该寻找对偶于边界上的流的由规范场和度规相耦合的运动方程的解。对于任意频率和势场强度，如果要完全求解这些耦合的度规和规范场的解，需要求解体时空中的偏微分方程组，而不是我们目前遇到的常微分方程组。但在线性响应理论适用的弱的微扰极限下，其实我们可以专注于在均匀且平移不变的几何附近的扰动。记忆矩阵的对偶图像将是，在有限动量下存在一个引力子和"波纹状"电场之间新的耦合模式，并且在小 g 下这是可处理的。这种构造准确地重现出记忆矩阵表达式 (12.5)(方框 12.2)。全息给出的一条额外信息是，它还揭示了弛豫速率的明确标度，通过 G_{OO}^{R} 关联函数的标度得到。在 RN 金属中它们具有熟悉的 AdS$_2$ 形式 $G_{OO}^{\mathrm{R}} \sim T^{2\nu_k - 1}$。

方框 12.2　弱周期势场和全息 DC 输运

在这个方框中我们会解释一个准–全息模型，其中表达式 (12.3) 中的算符 $O(k_L)$ 来自电荷密度算符。作为记忆矩阵方法的应用——记忆矩阵只是纯场论的计算——我们直接利用方程 (12.5) 来获得弛豫速率的标度行为，这最后会给出含有晶格的变形的 RN 金属的 DC 电导。在第二部分，我们会构造一个完全全息的模型，这里表达式 (12.3) 中的算符 $O(k_L)$ 来自于一个额外的标量算符。我们直接从全息计算 DC 电导，并发现最后的结果的确和记忆矩阵的结果 (12.5) 相符。

1. 弱晶格势场中的 RN 奇异金属

为了简单起见，我们只关注在晶格势场的静电场部分，即我们调制 RN 金属的化学势。根据记忆矩阵方法，我们考虑的算符 $O(k_L)$ 于是为 $O(k_L) = J^t(k_L)$。我们感兴趣的动力学仍然由 Einstein-Maxwell 作用量来描述

$$S = \int d^4x \sqrt{-g}\left[\frac{1}{2\kappa^2}\left(R + \frac{6}{L^2}\right) - \frac{1}{4e^2}F_{\mu\nu}F^{\mu\nu}\right] \tag{12.29}$$

从记忆矩阵的表达式可以看出，我们需要的只是在没有平移对称性破缺项的 RN 背景下获得有限动量下 J^t 算符低频的 IR 格林函数。从远近区域匹配方法我们知道，可以只关注近视界几何。在低温 $T \ll \mu$ 的时候，这是 $AdS_2 \times \mathbb{R}^2$ 中的黑洞，其度规和静电势为

$$ds^2 = \frac{L_2^2}{\zeta^2}\left[-f(\zeta)dt^2 + \frac{d\zeta^2}{f(\zeta)}\right] + \frac{r_*^2}{L^2}d\boldsymbol{x}^2, \quad A_t = \frac{eL}{\sqrt{6}\kappa}\left(\frac{1}{\zeta} - \frac{1}{\zeta_+}\right) \tag{12.30}$$

其中

$$\zeta = \frac{L_2^2}{r - r_*}, \quad L_2 = \frac{L}{\sqrt{6}}, \quad f(\zeta) = 1 - \frac{\zeta^2}{\zeta_+^2}$$

从第 7 章我们知道线性响应可以通过背景上的扰动来获得。选择晶格动量沿着 x 方向，我们再次得到一个由扰动 $\delta g_{xx}, \delta g_{yy}, \delta g_{tt}, \delta g_{xt}, \delta A_t, \delta A_x$ 在对 $(k_x = k, \omega)$ 做傅里叶变换后的傅里叶分量组成的度规和规范场耦合的体系。它们的运动方程可以表示为两个相互不耦合的二阶方程。其中相关的那部分依赖于线性组合

$$\Phi_\pm = \delta g_{yy} + \frac{\zeta^2}{\sqrt{6}\bar{k}^2} \left(1 \pm \sqrt{1+2\bar{k}^2} \right) \left(\delta A'_t - \sqrt{\frac{3}{2}} \frac{\delta g_{tt}}{f} \right) \tag{12.31}$$

其中

$$\bar{k} = \frac{k}{\mu} = \frac{ke}{\sqrt{6}\kappa} \tag{12.32}$$

这些扰动满足方程

$$\Phi''_\pm + \frac{f'}{f}\Phi'_\pm + \left(\frac{\omega^2}{f^2} - \frac{1+\bar{k}^2 \pm \sqrt{1+2\bar{k}^2}}{\zeta^2 f} \right) \Phi_\pm = 0 \tag{12.33}$$

在取过视界处入射边界条件后，解可以用超几何函数来表示：

$$\Phi_\pm = (2\zeta_+)^{\nu_\pm} \Gamma(a_\pm) \Gamma(1+\nu_\pm) f(\zeta)^{-\mathrm{i}\zeta_+ + \omega/2} \zeta^{\frac{1}{2}-\nu_\pm}$$
$$\times {}_2F_1 \left(\frac{a_\pm}{2}, \frac{a_\pm+1}{2}, 1-\nu_\pm; \frac{\zeta^2}{\zeta_+^2} \right) - (\nu_\pm \leftrightarrow -\nu_\pm) \tag{12.34}$$

其中 $a_\pm = \frac{1}{2} - \mathrm{i}\zeta_+\omega - \nu_\pm$，这里的标度指数 [325] 定义为

$$\nu_\pm = \frac{1}{2}\sqrt{5+4\bar{k}^2 \pm 4\sqrt{1+2\bar{k}^2}} \tag{12.35}$$

注意这个 IR 标度维数和 AdS 时空中的式 (9.42) 是一样的，其中 $m_{\mathrm{eff}}^2 L_2^2 = 1 + \bar{k}^2 \pm \sqrt{1+2\bar{k}^2}$。

为了把近视界处的解 (12.34) 和远离视界的解匹配起来，我们把解在 AdS$_2$ $\times \mathbb{R}^2$ 区域的边界附近 $\zeta \sim 0$ 做展开

$$\Phi_\pm \propto \zeta^{\frac{1}{2}} \left(\zeta^{-\nu_\pm} + \mathcal{G}_\pm(\omega)\zeta^{\nu_\pm} \right) \tag{12.36}$$

局域量子临界格林函数为

$$\mathcal{G}_\pm(\omega) = -(\pi T)^{2\nu_\pm} \frac{\Gamma(1-\nu_\pm)\Gamma\left(\frac{1}{2} - \frac{\mathrm{i}\omega}{2\pi T} + \nu_\pm\right)}{\Gamma(1+\nu_\pm)\Gamma\left(\frac{1}{2} - \frac{\mathrm{i}\omega}{2\pi T} - \nu_\pm\right)}$$

$$= \omega(\pi T)^{2\nu_\pm - 1}\frac{\pi}{2}\frac{\Gamma(1-\nu_\pm)\Gamma\left(\frac{1}{2}+\nu_\pm\right)}{\Gamma(1+\nu_\pm)\Gamma\left(\frac{1}{2}-\nu_\pm\right)} \tan\pi\nu_\pm + \cdots \tag{12.37}$$

其中黑洞温度为 $T = \dfrac{1}{2\pi\zeta_+}$. 应用 9.3 节中介绍过的我们现在已经熟知的匹配方法，发现对于低频传播子 [325]，

$$G_\pm(\omega) = \frac{A + B\mathcal{G}_\pm(\omega)}{C + D\mathcal{G}_\pm(\omega)} \tag{12.38}$$

这里的 A, B, C, D 是实的常数，它们通常非零并且不依赖于 ω 和 T。特别地，这表明在低频，

$$\operatorname{Im} G_\pm(\omega) \propto \operatorname{Im} \mathcal{G}_\pm(\omega) \tag{12.39}$$

结合方程 (12.39)，这会给出动量弛豫速率的结果，

$$\Gamma \sim \lim_{\omega \to 0} \frac{\operatorname{Im} G^{\mathrm{R}}_{Jt\, Jt}(\omega)}{\omega} \sim T^{2\nu_- - 1} \tag{12.40}$$

2. 全息中的记忆矩阵

Blake、Tong 和 Vegh[437] 展示了当记忆矩阵算法中晶格变形体现在一个标量算符 $O(k_{\mathrm{L}})$ 中的时候如何通过全息重现出严格的记忆矩阵的计算结果。全息晶格模型的构造是通过对标量算符的对偶场 ϕ 引入一个空间方向上调制的源 [437]：

$$S = \int \mathrm{d}^4 x \sqrt{-g}\left[\frac{1}{2\kappa^2}\left(R + \frac{6}{L^2}\right) - \frac{1}{4e^2}F_{\mu\nu}F^{\mu\nu} - \frac{1}{2}g^{\mu\nu}\partial_\mu\phi\partial_\nu\phi - \frac{1}{2}m^2\phi^2\right] \tag{12.41}$$

靠近 AdS_4 的边界，标量场表现为

$$\phi(r, x, y) \sim \phi_{\mathrm{s}}(x, y)r^{\Delta - d} + \phi_r(x, y)r^{\Delta} \tag{12.42}$$

为了简化，我们考虑晶格只沿着一个方向。我们令源 $\phi_{\mathrm{s}} = \epsilon\cos(k_{\mathrm{L}}x)$，其中 ϵ 是一个小量，从而可以微扰地处理晶格问题。从运动方程可以看出，度规场和规范场仅在 $O(\epsilon^2)$ 阶获得来自于标量场反作用的修正，即

$$
\begin{aligned}
g_{\mu\nu} &= g^{(0)}_{\mu\nu}(r) + \epsilon^2[g^{\mathrm{H}}_{\mu\nu}(r) + g^{\mathrm{I}}_{\mu\nu}(r)\cos(2k_{\mathrm{L}}x)] \\
A_\mu &= A^{(0)}_\mu(r) + \epsilon^2[A^{\mathrm{H}}_\mu(r) + A^{\mathrm{I}}_\mu(r)\cos(2k_{\mathrm{L}}x)] \\
\phi &= \epsilon\phi_0(r)\cos(k_{\mathrm{L}}x)
\end{aligned} \tag{12.43}
$$

为了计算电导，这三个扰动 $\delta A_x, \delta g_{tx}, \delta\phi$ 是彼此耦合到一起的 (取规范 $g_{rx} = 0$)。在领头阶我们可以考虑均匀度规和麦克斯韦势，而空间调制只出现

在标量场里. 于是电导可以通过标准步骤进行计算:

$$\sigma(\omega) = \frac{1}{\mathrm{i}\omega} \frac{\delta A_x^{(1)}}{\delta A_x^{(0)}}\bigg|_{r\to\infty} \tag{12.44}$$

最终结果为

$$\sigma_{\mathrm{DC}} = \frac{\rho^2}{\epsilon + P} \frac{1}{\Gamma} \tag{12.45}$$

其中

$$\Gamma = \frac{s}{4\pi} \frac{M^2(r_{\mathrm{h}})}{\epsilon + P}, \quad M^2(r) = \frac{1}{2}\epsilon^2 k_{\mathrm{L}}^2 \phi_0(r)^2 \tag{12.46}$$

s, ϵ, P 是方程 (8.10) 和 (8.11) 中的物理量.

在 $T = 0$ 时, 式 (12.43) 的近视界几何是 $\mathrm{AdS}_2 \times \mathbb{R}^2$, 即度规 (8.23). 在红外区域, ϕ 的不发散的解按照 $\phi_0 \sim \zeta^{\frac{1}{2}-\nu_{k_{\mathrm{L}}}}$ 随空间衰减, 其中 $\nu_{k_{\mathrm{L}}} = \sqrt{\frac{1}{4} + \frac{m^2 L^2}{6} + \frac{2k_{\mathrm{L}}^2}{\mu^2}}$. 动量空间中对偶算符 $O(k_{\mathrm{L}})$ 的共形维度是 $\Delta_{k_{\mathrm{L}}} = \nu_{k_{\mathrm{L}}} - \frac{1}{2}$, 于是 $\phi_0 \sim \zeta^{-\Delta_{k_{\mathrm{L}}}}$.

在有限且较低温度下, $\zeta_+ \sim T^{-1}$, 于是

$$\rho_{\mathrm{DC}} \sim \epsilon^2 k_{\mathrm{L}}^2 T^{2\Delta_{k_{\mathrm{L}}}} \tag{12.47}$$

这恰好是 Hartnoll 和 Hofman 获得的结果 (12.5)[433].

12.2 全息超导中的周期性势场和光电导

我们已经强调过, 当边界上的平移不变性被明显破缺时, 体时空中问题的求解变得极其复杂, 只有在势场很弱的极限下, DC 电导才容易处理. 为了处理有限势场强度下的光电导, 我们需要求解体时空中偏微分方程的解, 这只能通过数值计算来完成. 这项精巧的工作是由 Horowitz、Santos 和 Tong 完成的[439-441]. 本质上这使得我们难以定性地解释其物理意义, 但相比于伽利略连续介质, 这无疑增加了和凝聚态体系进行比较的现实性. 值得注意的是, 最初的结果与高温超导体中的真实光电导的数据惊人地相似, 它重现了那些未被完全理解又令人困惑的特征[442]. 目前这些结果的有效性还有待确认.

我们还可以把全息超导放入存在晶格变形的奇异金属中. 该全息模型中光电导的定性特征与最佳掺杂铜氧化物中观测到的结果惊人地相似[441], 这包括了一些在传统 "Eliashberg 范式" 中从未找到任何解释的行为, 从而我们可以辩称, 如果纯粹从唯象来讲, 全息构造远好过任何其他的构造方式. 在某种程度上, 这可

能是巧合，但它至少有一个罕见的优点（在凝聚态理论中），即这些与实验的相似性是在计算完成后才被认识到的。在介绍 Horowitz、Santos 和 Tong 的结果之前，我们首先讨论该方法的一些细节 [439]。在第一步中，他们在 Einstein-Maxwell 作用量中添加了一个额外的中性实标量场 Φ，就像方框 12.2 中的式 (12.41)，

$$S = \frac{1}{16\pi G} \int \mathrm{d}^4 x \sqrt{-g} \left[R + \frac{6}{L^2} - \frac{1}{2} F_{ab} F^{ab} - 2\nabla_a \Phi \nabla^a \Phi - 4V(\Phi) \right] \quad (12.48)$$

它具有简单的"最简"势使得标量场具有质量，

$$V(\Phi) = -\frac{\Phi^2}{L^2} \quad (12.49)$$

后面一步建立在一个早期的想法之上 [438]，考虑的是纯的 Einstein-Maxwell 引力，并通过周期性规范势来引入晶格 [440]。最初的以额外中性标量场作为晶格的源的模型有一个好处，即它和我们在微扰记忆矩阵方法中所考虑的一般设定是相同的，但现在我们可以不再局限于微扰理论。显式的平移对称性破缺是通过 GKPW 规则对辅助的标量场的渐近边界行为取特定的边界条件来实现的，

$$\Phi = \frac{\phi_1}{r} + \frac{\phi_2}{r^2} + \cdots \quad (12.50)$$

通过选取源项 ϕ_1 为在 UV 具有强度 A_0 并沿着 x 方向且周期为 $2\pi/k_0$ 的周期性调制函数: $\phi_1 = A_0 \cos(k_0 x)$。这里单向平移对称性的破缺选择在 x 方向只是为了方便，在这种意义上并没有更加有趣的后果。最一般的静态、带电且在 x 方向不再是平移不变的黑洞解具有如下形式：

$$\mathrm{d}s^2 = r^2 \left[-\left(1 - \frac{1}{r}\right) P(r) Q_{tt} \mathrm{d}t^2 + Q_{xx} \left(\mathrm{d}x + \frac{Q_{xr}}{r^4} \mathrm{d}r\right)^2 + Q_{yy} \mathrm{d}y^2 + \frac{Q_{rr} \mathrm{d}r^2}{r^2 P(r) \left(1 - \frac{1}{r}\right)} \right]$$

$$(12.51)$$

其中

$$\Phi = \frac{\phi(x, r)}{r} \quad (12.52)$$

且

$$A = \left(1 - \frac{1}{r}\right) \psi(x, r) \mathrm{d}t \quad (12.53)$$

这里 $Q_{ij}(x, r)$ 对于 $i, j \in t, x, y, r$, 是 x 和 r 的函数，并通过运动方程来求解，而 $P(r)$ 可以选择为

$$P(r) = 1 + \frac{1}{r} + \frac{1}{r^2} - \frac{\mu_1^2}{2r^3} \quad (12.54)$$

对应于"平均"黑洞温度 $T_{\mathrm{H}} = \dfrac{P(1)}{4\pi L}$。现在我们可以通过数值计算来求解具有完全反作用的解，得到规范场和几何是光滑且表现良好的周期调制构型。这些调制在接近极端视界时消失，体现了对于周期势场要求的红外无关的性质。

在这种完全非微扰的全息晶格背景之下，我们可以试着评估动量损失如何影响输运。特别地，现在我们可以用数值计算这种背景下的光电导。有限温度 RN 金属在 2+1 维情形[439] 中的典型结果如图 12.1 所示。对于 3+1 维边界情形[440] 也获得了类似的结果 (未展示)。在低能区域，人们可以找到精确的 Drude 形式 $\sigma(\omega) = K\tau_{\mathrm{K}}/(1 - \mathrm{i}\omega\tau_{\mathrm{K}})$。此外，RN 金属的动量弛豫速率精确地展现出上文中根据"记忆矩阵定律"得到的结果 $1/\tau_{\mathrm{K}} \sim T^{2\nu_{-}(k_0)-1}$。这完全符合预期，因为周期性势场是红外无关的，但意义在于，一方面它是对上文论述的精准验证，另一方面这种对比可以验证复杂的数值计算的正确性。

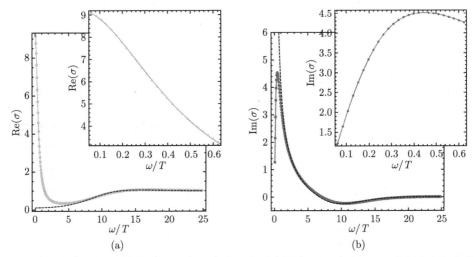

图 12.1　一种全息金属中当存在晶格 (实线) 和不存在晶格 (虚线) 时光电导的实部和虚部[439]。如果存在晶格，当 $\omega \to 0$ 时光电导的虚部变得有限。动量守恒的缺失会把 Re σ 中 δ 函数形式的峰扩宽为 Drude 形式。插图聚焦在低频，它们显示的是数值得到的数据点和 Drude 公式 $\sigma(\omega) = K\tau/(1 - \mathrm{i}\omega\tau_{\mathrm{K}})$ 给出的曲线拟合得非常好，而 $\tau_{\mathrm{K}} \sim T^{2\nu_{-}(k_0)-1}$ 符合 12.1 节记忆矩阵方法给出的预期。图片源自于文献 [439] (Reprinted with kind permission from Springer Science and Business Media, Copyright 2012, SISSA, Trieste, Italy)

出人意料的结果出现在 $\omega \simeq \mu$ 的中间频段。在这个区域，Horowitz、Santos 和 Tong 发现光导率的绝对值表现为 (参见图 12.2)

$$|\sigma(\omega)| = \frac{B}{\omega^{\gamma}} + C \tag{12.55}$$

在数值精度内指数 $\gamma = 2/3$ 。在大约跨 10 倍的量级上 $1 \lesssim \omega\tau_{\mathrm{K}} \lesssim 10$，电导在这些高频上展现出一个近似的由维度 $-2/3$ 所主导的标度行为，而这个标度维数就像是"从天而降"似的，并且这种标度行为被认为对问题中的参数非常不敏感。在撰写本书之际还没有解释来澄清这种标度行为的起源，同时我们也期待另一个独立计算来验证这个结果。

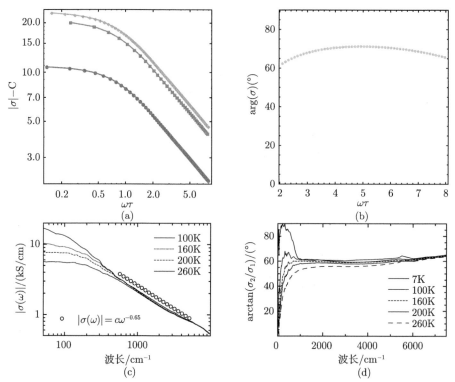

图 12.2　由 Horowitz, Santos 和 Tong 在一个晶格内全息金属体系中观测到的光电导的幂律标度行为。从 (a) 的 log-log 图中我们可以读取出在中间区域 $2 < \omega\tau < 8$ 满足 $|\sigma(\omega)| = \dfrac{B}{\omega^{2/3}} + C$，其中 τ 是 Drude 弛豫时间 ($\omega\tau > 5$ 的区域并未展示)。在 (b) 展示的是电导中几乎保持恒定的相角 $\arg(\sigma)$，这和 $-2/3$ 幂次是一致的。这些结果和铜氧化物半导体中的真实实验数据非常相似。(c)、(d) 展示的是实验测量的光电导的实部和相角。它们在中间区域也展现出几乎完全相同的标度行为 $\sigma = \dfrac{B}{\omega^{2/3}}$。图片源自文献 [439] (Reprinted with kind permission from Springer Science and Business Media, Copyright 2012, SISSA, Trieste, Italy) 和 [149]

　　这些全息结果之所以如此引人关注，是因为在许多年前，在最佳掺杂铜氧化物超导体 [149] 的奇异金属态中，人们获得的高质量的光电导展现出非常类似的行为。在"流体力学"区域 ($\hbar\omega \leqslant k_{\mathrm{B}}T$) 数据再次精确地符合 Drude 公式，其动量弛豫时间 $\tau = 0.7\hbar/(k_{\mathrm{B}}T)$(这和线性依赖温度的电阻相关，可能的解释可参考 12.5 节)。最具有针对性的是，在"中间"能量 (直到 0.5eV，这里 0.5eV 在铜氧化物中的地位类似于高能物理中普朗克能标的地位) 电导的实部和虚部都展现出惊人的完美标度行为，由幂律 $\sigma(\omega) \sim 1/(i\omega)^{2/3}$ 来刻画。这与全息的共同之处并不仅在于低能的 Drude 行为和"中间能标的演生共形性"的对立而统一的"二分法"，也体现在幂定律标度指数相同的取值。实验论文 [149] 发表后立即有人指出，这种"二分法"性质在标准的标度理论 [443] 的基础上很难得到解释，当时这些结果被作为重要但费解的内容搁置了。

目前，我们依然缺少更好的理解来评估这种全息结果和实验之间的相似性究竟是一个巧合，还是因为它根植于一种尚未发现的一般性原理之中。这里至少有一个关键的区别。全息计算得到的标度行为区域 $1 \lesssim \omega\tau_{\mathrm{K}} \lesssim 10$ 受到弛豫时间 τ_{K} 的限制，我们已经看到它对温度的依赖很敏感。然而，在铜氧化物的相关数据中，我们并未发现这种对温度的依赖性。人们正在全息晶格模型中进行更深入且独立的输运计算，从而进一步来理解这些结果。

尽管可能没那么引人瞩目，但在这种情况下的确还有很多其他特征对于我们把全息应用到理解真实铜氧化物的物理是具有启示作用的。当我们把全息超导也考虑进来后，这一点变得更加明显。Horowitz 和 Santos 全息计算了光电导随温度的变化，从正常态一直深入到超导态区域内 [441]。与最佳掺杂铜氧化物的实验结果相比，计算结果非常接近现实。中间能量的 $\omega^{-2/3}$ 标度区域完全不受超导的影响。但是，正如在 10.2 节的讨论中所预期的那样，在低能区域会打开一个依赖 BCS 温度的能隙，在现在的体系中这是显而易见的，因为它吞掉了 Drude 峰。在低温下它会达到"正确的"数值 $2\Delta/(k_{\mathrm{B}}T_{\mathrm{c}}) \simeq 8$。Ferrel-Grover-Tinkham 求和规则 (将超流密度与 $\sigma_1(\omega)$ 的降低联系起来) 是满足的，尽管有谱权重从高能 $\omega \sim \mu$ 区域转移过来的迹象。进入超导态时动量弛豫速率迅速下降这个性质是一个非常强的信号，表明非费米液体的物理正在发挥作用。这标志着体系从一个完全不相干的正常态变到一个超导态中的相干态。这种非常引人瞩目的效应早在 20 世纪 90 年代初期就已经被观察到了 [444]，但对它的解释对于传统理论来说一直是个挑战。或许最显著的反常是关于全息 s 波超导中即使在零温仍有部分正常流体的残留的预言。虽然没有完全被理解 [441]，但这可能与全息超导体中的"Lifshitz 量子临界态"有关，我们在 10.5 节详细讨论过相关内容。实验文献中有一些迹象表明这种零温正常液体在红外会共存 [445]，这是或许一种应该专门进行实验验证的预言。

12.3   晶格势场和 Reissner-Nordström 金属中的费米子谱函数

我们在第 9 章中强调过，全息费米子谱函数作为了解全息量子物质相关信息的基本来源，与体系的集体响应互补。那么有一个自然的问题是，当存在周期性势场的时候这些费米子的行为会怎样：在奇异金属中是否存在"能带结构"的概念呢？体时空中的描述即使在探针极限下也是非常具有挑战性的。我们面对的是体时空中的"能带结构"问题，其中体费米子在空间势场中发生衍射，并受到时空曲率以及近视界和边界处特殊边界条件的影响。目前该问题仅在固定的 RN 黑洞背景下解决，并且只是在弱周期势场极限的微扰领头阶 [359]。

由于现在的重点是考虑深红外区域的弱周期势场的影响，我们可以去掉 12.4 节中的辅助的中性标量场，从而进一步简化体系。不同的是，现在空间方向的调制直接体现在边界的化学势上，

$$
\begin{aligned}
&ds^2 = -r^2 f(r)dt^2 + \frac{dr^2}{r^2 f(r)} + r^2(dx^2 + dy^2) \\
&f(r) = 1 - \frac{1+Q^2}{r^3} + \frac{Q^2}{r^4} \\
&A_t^{(0)} = \mu_0\left(1 - \frac{1}{r}\right) \\
&A_t^{(1)} = \mu_1(x)\left(1 - \frac{1}{r}\right) \\
&\mu_0 = 2Q, \quad \mu_1 = 2\epsilon\cos Kx
\end{aligned}
\tag{12.56}
$$

其中单谐波势场和 12.2 节中一样是只在一个方向的，它由 Umklapp 波矢 $k_L = 2\pi/a$ (a 是晶格常数) 和强度 $\epsilon/\mu_0 \to 0$ 来标志。尽管这看起来很简单，但计算费米子谱函数时，即使只考虑以参数 ϵ 为小量的领头阶微扰修正也是很复杂的。与方框 12.2 中完整的 DC 电导率的全息微扰计算不同，为了获得费米子谱函数必须考虑不同布里渊区之间的相互作用，这使得计算更加复杂。我们在这里对结果进行总结，如果读者想查阅详细信息请参考文献 [359]。

最容易理解的方面是"畴壁"费米子如何对势场做出响应。尽管有严重的技术困难，但是最终我们在边界谱函数中复原了教科书中的标准 Bloch 波理论，只考虑这个"禁闭部分"的情况。我们已经在第 9 章和第 11 章中强调过边界费米气体直接对应于体时空中在畴壁处形成的气体。在意料之中的是，这些费米子的确像自由费米子那样对周期势场的存在做出反应。对于沿 x 方向的单向势场，我们

发现 "背景的" 色散关系恰好会在散射波矢 (k_L, k_y) 处打开能隙。对于小 ϵ 能隙的大小表现为

$$\Delta(k_\mathrm{L}, k_y) \simeq \epsilon \sqrt{1 - \frac{1}{\sqrt{1 + \left(2\dfrac{k_y}{k_\mathrm{L}}\right)^2}}} \tag{12.57}$$

当横向动量 $k_y = 0$ 时，这种单向势场的能隙消失。这可能看上去不是很熟悉，但全息费米子具有手征特性，从而使得它们以与三维拓扑绝缘体中的螺旋表面态相同的方式对势场作出反应：在 $k_y = 0$ 时能隙消失，因为此类费米子不会在向后的方向发生散射。存在弱势场时的新的准费米面现在可以像往常那样构造 (图 12.3)。Umklapp 面是在 k_y 方向上的直线，以 Umklapp 动量为中心。当这些 Umklapp 面与费米面相交时，由于以 Umklapp 动量为中心打开了能隙，它们重构为费米面 "口袋"。

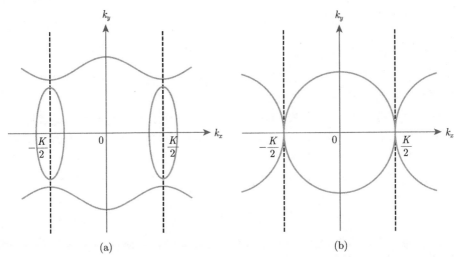

(a)   (b)

图 12.3 不同费米动量 k_F 时能带结构的示意图。现在考虑的体系只在 x 方向具有晶格结构。波状的曲线表示的是费米面 ($\omega = 0$)，而黑色的虚线表示的是第一布里渊区的边界。图中的 K 是晶格动量 $K = k_\mathrm{L}$。(a) 取参数 $k_\mathrm{F} > \dfrac{k_\mathrm{L}}{2}$ 而 (b) 取参数 $k_\mathrm{F} = \dfrac{k_\mathrm{L}}{2}$。对于一般的 $k_\mathrm{F} > \dfrac{K}{2}$ (即 $k_y \neq 0$)，我们在第一布里渊区的边界 $k_x = \pm k_\mathrm{L}/2$ 会看到一个能隙，当 $k_\mathrm{F} = \dfrac{K}{2}$ (即 $k_y = 0$) 时它会闭合。注意这是扩展布里渊区示意图中的结果。图片源自于文献 [359]

就畴壁/规范单重态费米子而言，全息看上去绕了一个略显尴尬的发现的都是熟悉知识的圈圈。然而，当我们考虑势场在深红外区域对量子临界的 AdS$_2$ 区域的解的影响时，情况却是完全不同的。在准粒子形成的 "畴壁" 费米子范围，如第 9 章所述深红外区域的作用是提供自能；当缺失畴壁费米子的时候，深红外格

林函数直接主导边界费米传播子的行为。当存在弱的势场时，体时空中的计算揭示了 AdS$_2$ 体时空中的费米子的确在 Bloch 动量 $k+nk_{\mathrm{L}}$ 处形成标准的 Bloch 波。尽管局域量子临界区域中的动量依赖体现在标志传播子的指数中，在晶格扰动 ϵ 的一阶边界费米子的局域量子临界传播子具有如下形式：

$$\mathcal{G}(\omega, \boldsymbol{k}) = \alpha_{\boldsymbol{k}} \mathcal{G}_0(\omega, \boldsymbol{k}) + \mathcal{G}_1(\omega, \boldsymbol{k})$$

$$= \alpha_{\boldsymbol{k}} \omega^{2\nu_{\boldsymbol{k}}} + \beta_{\boldsymbol{k}}^{(-)} \omega^{2\nu_{\boldsymbol{k}-\vec{k_{\mathrm{L}}}}} + \beta_{\boldsymbol{k}}^{(+)} \omega^{2\nu_{\vec{k}+\vec{k_{\mathrm{L}}}}} + \cdots \tag{12.58}$$

我们认出带有系数 $\alpha_{\boldsymbol{k}}$ 的零阶项是零阶的结果，它们在第 9 章中已经出现过了。振幅系数 $\alpha_{\boldsymbol{k}}, \beta_{\boldsymbol{k}}^{(\pm)}$ 的取值要使得当 $\epsilon \ll \mu_0$ 时 $\beta \ll \alpha$[359]。

　　这种"Bloch 求和"在对偶场论中的含义是相当令人惊讶的。AdS/CFT 字典把体时空中的自由问题和边界上强耦合 CFT 的物理联系起来。在不存在晶格的 $\text{AdS}_2 \times \mathbb{R}^2$ 的深红外内部，我们把动量空间中的每个点和一个新的独立的 CFT$_1$ 联系起来。我们要提醒读者这些 CFT$_1$ 并不是完全独立的，正如在第 8 章和第 9 章所讨论的，量子临界是"准局域的"。这是因为传播子揭示了它们在由化学势决定[159] 的长度尺度 $\xi_{\text{space}} = \dfrac{\sqrt{2}}{\mu_{\nu_{k=0}}}$ 上是空间关联的。由于这种空间关联，破缺连续的平移不变性带来的效果是这些 CFT$_1$ 开始相互作用，但尽管指数依赖于动量，其效果也只是对相差 Bloch 动量的副本的寻常求和。

　　这种"CFT$_1$ 的 Bloch 波"的方程 (12.58) 对边界上的物理有着显著的影响。考虑扩展布里渊区中的谱函数，在相比 Umklapp 动量 k_{L} 大的某个动量 $\boldsymbol{k}$ 的时候，体系处于更高阶的布里渊区。在高能区域，小的周期势场不能对它产生任何影响，因此我们得到具有标准的"代数赝隙"的谱函数 $\sim \omega^{2\nu_k}$。然而，当势场变得明显的时候，处于 $k \pm k_{\mathrm{L}}$ 的"格点副本"的 CFT$_1$ 开始产生贡献。根据式 (9.40) 可知，当走到布里渊区的一半 $k > k_{\mathrm{L}}/2$ 的时候，格点副本中由系数 $\beta_{\boldsymbol{k}}^{(\cdots)}$ 标志的那一个变得"不那么红外无关"，即 $\omega^{2\nu_{k-K}} > \omega^{2\nu_k}$，如图 12.4 所示。效果是从由标度维数 ν_k 标志的高能区域到更红外相关的"Umklapp 化"的标度维数 $\nu_{k-k_{\mathrm{L}}}$ 的平滑过渡，依赖于人们在更高阶的布里渊区的何处观测 (图 12.5)。CFT$_1$ 的这个 Bloch 波意味着在低能的扩展布里渊区里，体系由指标低一个 k_{L} 标志的布里渊区的 CFT$_1$ 来主导。通过这种方式，周期性势场完全体现在费米子谱函数的能量标度行为中。

　　尽管我们只是明确地计算了 ϵ 领头阶的效应，几乎不可避免的是在每个更高阶的微扰计算中，都可以 Umklapp 到更远的一个布里渊区：

$$\mathcal{G}_{\text{full}}(\omega, \boldsymbol{k}) \sim \omega^{2\nu_{\boldsymbol{k}}} + \epsilon^2(\omega^{2\nu_{\boldsymbol{k}-\boldsymbol{K}}} + \omega^{2\nu_{\boldsymbol{k}+\boldsymbol{K}}}) + \epsilon^4(\omega^{2\nu_{\boldsymbol{k}-2\boldsymbol{K}}} + 2\omega^{\nu_{\boldsymbol{k}+2\boldsymbol{K}}})$$

$$+ \cdots + \epsilon^{2n}(\omega^{2\nu_{\boldsymbol{k}-n\boldsymbol{K}}} + \omega^{2\nu_{\boldsymbol{k}+n\boldsymbol{K}}}) + \cdots \tag{12.59}$$

在足够低的能量，人们期待随着降低能量，由于 Umklapp 而在第一布里渊区得到某种"后裔贡献"。

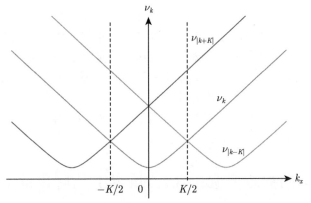

图 12.4 晶格 AdS_2 金属谱函数中不同幂次项 $\omega^{2\nu_k-K}, \omega^{2\nu_k}, \omega^{2\nu_k+K}$ 对动量 k 的依赖行为。格林函数的红外行为由最低一支所主导：在 $\ell=-1$ 的布里渊区是 $\omega^{2\nu_k+K}$，在 $\ell=0$ 的布里渊区是 $\omega^{2\nu_k}$，在 $\ell=1$ 的布里渊区是 $\omega^{2\nu_k-K}$。图片源自文献 [359]

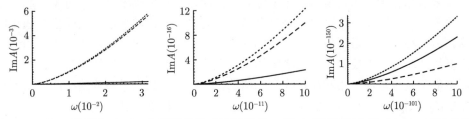

图 12.5 这一系列的 AdS_2 金属谱函数在取固定的一般 k 时展示了 Umklapp 如何在低频逐渐起作用的。从左到右我们不断放大第一布里渊区中 $\ell=0$ 的谱函数到越来越低的频率。我们展示完整的修正的谱函数 $A_{\text{full}}(\omega, \boldsymbol{k}) \sim \text{Im}G$ (点状)，原始的"裸的"全息的谱函数 $A_{\text{pure AdSRN}}(\omega, \boldsymbol{k}) \sim \text{Im}G_0$ (虚线)，以及由周期性化学势调制的 Umklapp 贡献 $\delta A_{\text{lattice}}(\omega, \boldsymbol{k}) \sim \text{Im}\delta G$ (实线)。图片源自文献 [359]

虽然结果令人惊讶，但实际上非常合理：周期性势场简单地把局域量子临界激发态在每个布里渊区中对动量的指数依赖在扩展的布里渊区中求和。这是否有可能解释节点–反节点二重性呢？这种现象在第 3 章讨论的铜氧化物正常态的电子光谱中被观察到。这个全息计算所揭示的原理，即弱周期性势场重新改变了动量空间中谱函数的标度行为，是具有启发性的。我们在第 3 章中强调过，在布里渊区的表面会发生突变，与实际空间的周期性的加倍有关，其中的困惑是在隐藏的序中没有迹象表明存在这个所需的平移对称性破缺。这与图 12.4 中所示的 $k_{\text{L}}/2$ 效应有关吗？

在现阶段这仅仅是启示性的：为了评估全息是否真的能阐述节点–反节点二重性、费米弧等，我们必须把计算推广到零温下的强场情形。这是一项艰巨的技术挑战，我们期望在不久的将来可以克服它。但是，对于实验物理学家而言有一个非常有用的关键信息。在 ARPES 领域光电发射谱函数被理所当然地认为在扩展布里渊区中是具有严格周期性的，因为实空间中的晶体是周期性的。对于传统能带结构理论中的几乎自由的费米子而言这的确是明显的：它们是由傅里叶变换主导的量子力学波。然而，如上文非粒子的 RN 金属所展示的那样，对于任何不是费米液体的东西，并没有先验的理由来认为响应对单粒子动量的依赖在扩展布里渊区展现出严格的周期性。因此，原则上这一点可以用于直接从实验数据中提取非费米液体的特征。

12.4　单向势场变强：Bianchi VII 几何和量子近晶相

对金属和绝缘体之间差异的解释是固体中电子的量子力学理论的早期亮点成就。故事是为人熟知的，费米液体中近自由的费米子在离子晶格诱导的周期性势场中像量子力学的波那样发生衍射，而在 Umklapp 表面处打开能隙。按照泡利原理来填充能带，当化学势位于能隙之间的时候会形成绝缘体。当每个元胞携带偶数个电子的时候，价带可以被完全填充，且当能隙足够大的时候体系变成绝缘体。另一种方式是最近发现的 Anderson 局域化现象，即波函数可以完全局域于随机势场。最后，还有 Mott 绝缘体，当电子之间相互排斥足够强时，它会在任何整数填充时出现。这些就是我们知道的在"粒子"物理学中构造绝缘体时所起作用的规则。但是在这方面主导"非粒子"物理的原则是什么呢？是否有可能通过将全息中的奇异金属与周期性晶格相结合来形成绝缘体？如果可以的话，那么这种"奇异绝缘体"的性质是怎样的？

事实上，从 12.3 节关于费米子谱函数的内容中，人们已经获得了提示要去寻找什么。奇异金属是以标度性质为特征的量子临界相，而我们发现周期势场可以重新改变标度特性。回到我们对集体响应的关注，尤其是电导，是否有可能通过足够强的周期性势场来消除红外区域所有的带电激发态？根据定义这将会形成绝缘体。当所有带电激发都出现能隙时，电导率必须为 0。从全息角度来看，这意味着平移对称性破缺必须以某种方式彻底改变几何形状，从而使其在有限的径向距离处被截掉，并且在截掉处不会有通量存留。

在本章的前几节中，当我们手动破坏平移对称性的时候遇到了巨大的技术困难。这种困难在势场变强的区域尤为明显。然而，有一类特殊的描述平移对称性被破缺了的边界的体时空几何，它们在体时空中的运动方程的演化只依赖于径向，而对所有其他空间方向的依赖都是预先确定的。有一类这样的几何来自对均匀而空间各向异性的所谓 Bianchi 分类，这种分类是出于在宇宙学中应用的目的而在广义相对论中被发展出来 [446]，它们在全息领域中很自然地出现 [447]。我们在方框 12.3 中简要介绍了其他一些破坏平移对称性的巧妙构造方法。

我们在这里聚焦在所谓的 Bianchi VII 几何上。之所以运动方程只在径向上有非平庸的演化，是因为所讨论的问题中具有额外的对称性。正如 Donos 和 Hartnoll [448] 所实现的，这是一种非常有趣的对边界上周期势场进行建模的方式。这种特殊的高度对称的破坏平移对称性的方式是通过引入一个在 $3+1$ 维边界上传播的螺旋矢量场，其传播方向沿着 x_1 空间方向，而矢量在 x_2, x_3 平面产生进动，其间距为 p。这与三个不变的 1-形式的存在有关，

$$\omega_1 = \mathrm{d}x_1, \quad \omega_2 + \mathrm{i}\omega_3 = \mathrm{e}^{\mathrm{i}px_1}(\mathrm{d}x_2 + \mathrm{i}\mathrm{d}x_3) \tag{12.60}$$

它们在图 12.6 中得到说明。请注意这种螺旋仅在 x_1 方向上破坏平移对称性。

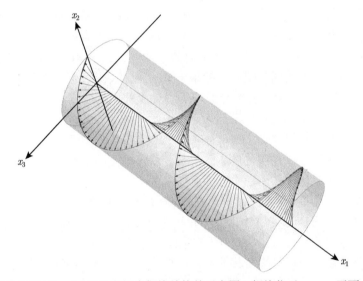

图 12.6　三维均匀 Bianchi VII 空间中螺旋结构的示意图。螺旋位于 x_2-x_3 平面中的每个点，因此沿着这些方向是平移不变的。螺旋彻底破坏了 x_1 方向的平移，尽管它仍保留了一个特殊的 x_1 方向的平移与 x_2-x_3 平面旋转相结合的不变性

现在它必须以类似于 12.2 节的方式在全息体时空中实现。然而，不同于采用被边界上的平移对称性破缺的场作为源式 (12.50) 产生的中性标量场，我们现在考虑一个矢量场 B_μ。这个矢量场在负责实现有限数密度的麦克斯韦场 A_μ 之外额外存在。因此，现在的 $4+1$ 维引力理论由 Einstein-Maxwell-Maxwell 作用量

描述：

$$S = \int \mathrm{d}^5 x \sqrt{-g} \left(R + 12 - \frac{1}{4} F_{\mu\nu} F^{\mu\nu} - \frac{1}{4} W_{\mu\nu} W^{\mu\nu} \right) - \frac{\kappa}{2} \int B \wedge F \wedge W \quad (12.61)$$

其中 $W = \mathrm{d}B$，$F = \mathrm{d}A$，并且我们添加了一种可能存在的 Chern-Simons 项。像往常一样，边界条件 $A^{(0)} = \mu \mathrm{d}t$ 用于实现有限密度。通过取边界条件 $B^{(0)} = \lambda \omega_2$ 来为有质量矢量场引入一个源，平移对称性通过在边界空间方向看到的一个单向的螺旋场被显式破缺。

　　正如我们将在方框 12.3 中进一步详细说明的那样，可以对度规取适当的拟设来求解 Bianchi VII 几何的体时空问题。具有完全反作用的体时空解可以通过只依赖径向的简单的常微分运动方程得到。研究表明，存在三类近视界解 [448]，取决于势场强度 λ 的大小。第一种解对应于平移不变的 $\mathrm{AdS}_2 \times \mathbb{R}^3$ 近视界几何加上意味着势在场论的深红外区域不再重要的红外无关的变形项。这与 12.1 节中讨论的弱晶格势理论属于同一类，在那里人们发现了"记忆矩阵"的动量弛豫速率以及主导输运的 Drude 行为。然而，当增强势场的强度以后，周期性势能的标度维度在某个点开始变得红外相关。这可能发生两种情况：金属解变得不稳定，因为这违反了 IR 的 BF 界限。这是 $\kappa \gg 1$ 时的一般解。当 κ 取小量时 $\mathrm{AdS}_2 \times \mathbb{R}^3$ 几何可以保持稳定，但是调整螺旋的螺距 p(或其他参数) 我们可以到达一个新的量子临界点，当超过这个点时势场重新变得红外相关。这个 $\kappa \ll 1$ 的情况类似于图 11.7 中伸缩子电子星的变形扰动行为。

　　当势场变得红外相关时，Bianchi VII 的几何形状会一直延伸到内部深处，因此我们需要求解完全反作用的解。这样 x_1 方向与 x_2-x_3 空间平面方向之间的各向异性变得非常明显。在后两个方向上 RN 极端视界保持不变，但 x_1 方向上的几何和场需要彻底重新构造。这表明度规确实被截断了，但仅在 x_1 方向上。此外，B 场现在与内部深处红外相关，并且通过 Chern-Simons 项它可以作为体时空中电场的源 [448,449]。这具有吸收所有通量的能力，从而几何形状是无视界的。这类似于全息超导中标量场所起的作用，但我们稍后会看到这蕴含的是边界上完全不同的物理。

　　现在可以计算这些背景中的光导率，这将揭示关键之处。在图 12.7 中展示了 x_1 方向的电导率，比较的是当势场红外无关时 (金属相) 和相关时 (绝缘体相) 的区别。正如人们预期的那样，在势场红外无关的情况下，结果只是奇异金属加上弱的周期势场的行为：人们发现在低能量下具有有限宽度的 Drude 峰。然而在势场红外相关的情况下，电导率随着能量的降低而降低，在 $\omega = 0, T = 0$ 时完全变为 0。系统在 x_1 方向变成了一个绝缘体，但它是通过一种特殊的方式实现的。对于绝缘相，半解析计算表明光导率在温度为 0 和低频 $\omega/\mu \to 0$ 的情况下实部表

现为

$$\mathrm{Re}\ \sigma \sim \omega^{4/3} \tag{12.62}$$

此时并不存在真正的间隙，但电导率是以幂指数形式趋于 0 的。最值得注意的是，平移不变情况下具有的 δ 函数特征现在消失了。出于尚不清楚的原因，指数 4/3 似乎与参数选取无关。这表明势的红外相关流动与流的一个红外无关的连续重整化流动是同时出现的。整个系统的电导率现在显示了字面意义上的"代数赝隙行为"，其中"间隙"指的是输运间隙。

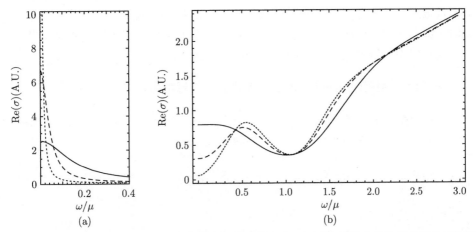

图 12.7　沿着 x_1 方向的光电导，来自带有螺旋 Bianchi VII 对称性的全息体系对偶的场论的金属相 (a) 和绝缘体相 (b)。我们给出三种不同温度时的响应，其中实线表示最高 T/μ，而点状线表示最低 T/μ。在 (a) 的金属相中，电导展现出 Drude 峰。在 (b) 中我们看到在最低 T/μ 出现了绝缘体能隙。图片源自于文献 [448]。Reprinted by permission from Macmillan Publishers Ltd: [Nature Physics] [448], copyright (2013)

　　从凝聚态物理的角度来看这个练习揭示了一个真正的惊喜 [148]。它与输运的各向异性的本质有关。Donos 和 Hartnoll 选择单向势场只是为了数学上的方便，他们是受到 Bianchi VII 形式度规的启发。尽管势被平庸地放入了体时空几何中，但他们发现，势场可以强烈地作用在 x_1 方向上，并在该方向上把它变成一个"代数绝缘体"，而垂直的 x_2-x_3 空间方向完全不受影响。该有限密度系统在与势场方向正交的平面上保持完美金属，但在势场方向上绝缘。"粒子物理绝缘体"不可能实现这种现象。利用自由粒子的量子力学，可以证明 (去) 局域化在标度极限下总是各向同性的：系统在所有方向上都同时是导体或绝缘体 [86]。这一点也以全息的方式再次被清楚地阐明。到目前为止构建的所有几何都是各向同性的，但现在这种情况不是这样 (方框 12.3)。

　　这种行为有一个先例，仅存在于当量子临界相可以通过已建立的凝聚态物理

理论来处理的时候 [148]。1+1 维的 Luttinger 液体就是这种类型，Emery 等 [451] 考虑了 Luttinger 液体系统在 2+1 维中形成"条纹阵列"的问题，随后在各个 Luttinger 液体之间打开耦合。传统方法认为会立刻发生一个维数的平滑过渡，使得体系 b 被锁入到一个 2+1 维各向异性的金属相中，且体系在两个空间方向都导电。然而，事实证明参数空间中存在一个小的区域，与非常强的 Luttinger 液体内部的相互作用和向前散射主导 Luttinger 液体间的耦合相关，在这样的参数范围内，体系在垂直于"条纹"方向保持绝缘，但是在 Luttinger 液体方向实现一个完美金属态。引人注目的是，沿着绝缘方向，人们发现了与全息中发现的，能给出代数赝能隙的流相同的红外无关性的态。这样的态被命名为"量子近晶相"，类似于经典的"半固态"液晶相。本节重点介绍的全息叙述表明，更高维度的量子近晶相似乎可以通过全息中的奇异金属容易地实现。

方框 12.3　利用 Bianchi VII 几何构造一个螺旋晶格

在这个方框中我们将展示如何构造作用量 (12.61) 的解，以及计算电导的相关步骤。考虑如下体时空中度规的拟设

$$ds^2 = -U(r)dt^2 + \frac{dr^2}{U(r)} + e^{2v_1(r)}\omega_1^2 + e^{2v_2(r)}\omega_2^2 + e^{2v_3(r)}\omega_3^2 \tag{12.63}$$

而对于规范场

$$A = a(r)dt, \quad B = b(r)\omega_2 \tag{12.64}$$

其中 1-形式场 ω_i 的定义已经在式 (12.60) 中给出。为了求解运动方程，我们一共有 6 个函数 $a(r), b(r), U(r), v_i(r)$, $i = 1, 2, 3$ 要解。

当 $r \to \infty$ 时，包含有源项的场在边界的渐近行为是

$$U = r^2 + \cdots, \ a = \mu + \frac{\nu}{r^2} + \cdots, \ b = \lambda + \cdots, \ v_i = \log r + \cdots \tag{12.65}$$

这意味着存在一个明显的平移对称性破缺，因为矢量场 B_2 通过 ω_2 显式地依赖于空间坐标。

在深内部 $r \to 0$ 的地方存在几种不同类型的解。金属态的解对应的深红外几何是平移不变的，它具有 $AdS_2 \times \mathbb{R}^3$ 时空的形式。和电子星的构造方式相同，如方框 11.2 所示，这种几何具有由标度指数 δ 表示的变形扰动项。

$$U = 12r^2(1 + u_1 r^\delta), \ v_i = v_0(1 + v_{i1}r^\delta)$$
$$a = 2\sqrt{6}r(1 + a_1 r^\delta), \ b = b_1 r^\delta \tag{12.66}$$

如果金属态的解是稳定的，那么所有的变形都是红外无关的 (即 $\delta > 0$)，并且我们可以积分出整个重整化群流，一直到渐近 AdS_5 几何处的 UV 的 CFT。

标度维数 δ 一般依赖于螺旋振幅 λ、螺距 p、Proca 场 B 的质量 m 以及 Chern-Simons 系数 κ。把 δ 调节到红外相关的范围，就会出现新的 IR 解。这种深内部几何对应于边界场论中的绝缘体相。这种解的领头阶形式为

$$U = u_0 r^2 + \cdots, \quad e^{v_1} = e^{v_{10}} r^{-1/3} + \cdots, \quad e^{v_2} = e^{v_{20}} r^{2/3} + \cdots$$
$$e^{v_3} = e^{v_{30}} r^{1/3} + \cdots, \quad a = a_0 r^{5/3} + \cdots, \quad b = b_0 + b_1 r^{4/3} + \cdots \tag{12.67}$$

注意平移对称性破缺的"源" B 场在这种情况下在红外并不会消失。

当参数 κ 固定，金属态中标度维度 δ 从相关到不相关的转变可以是普适的变化，也可以是变形参数 λ, p 的函数。如果是后者，那么存在一个重整化群流的临界值 λ_c, p_c，调制了金属到绝缘体的相变。这意味着红外几何存在第三种临界解，它由如下标度行为标志

$$U = u_0 r^2, \quad v_1 = v_{10}, \quad e^{v_2} = e^{v_{20}} r^{\alpha}, \quad e^{v_3} = e^{v_{30}} r^{\alpha}, \quad a = a_0 r, \quad b = b_0 r^{\alpha} \tag{12.68}$$

其中的常数 α, v_{i0}, a_0, u_0 以及 b_0 可以从运动方程数值求解。在离开红外的区域，偏离这个临界点的变形扰动可以通过对几何取 r^{δ} 阶的扰动得到。其内禀的临界性表明该 IR 固定点总存在与红外相关的变形，但是依赖于不同的参数选取，变形扰动的算符标度维度可能是复的或者实的。这和图 11.7 描述的伸缩子电子星中的不稳定固定点完全类似。对于实的标度维度，金属–绝缘体相变是二阶的；复的标度维度意味着金属–绝缘体相变是一阶的。

最后我们对计算光电导时遇到的一些特殊特征进行评论。如我们在 8.3 节学到的，动量守恒对边界电流的影响在体时空中的体现是，当我们对规范场和度规做扰动时，它们的运动方程是耦合在一起的。场 B_μ 在体时空中当然是具有动力学的。当我们通过打开它在边界上的源从而打开这个场时，它对动量守恒的破坏效果在体时空中的体现是，其扰动和规范场以及引力场之间是耦合的。因此，我们必须对背景做如下扰动：

$$\delta A = e^{-i\omega t} A(r) \omega_1, \quad \delta B = e^{-i\omega t} B(r) \omega_3$$
$$\delta ds^2 = e^{-i\omega t} \left(C(r) dt \otimes \omega_1 + D(r) \omega_2 \otimes \omega_3 \right) \tag{12.69}$$

把这些扰动代入式 (12.61) 的运动方程中，我们可得到这些扰动的常微分方程。注意，我们现在考虑的是体时空中的五维引力。一个明显的特征是，我

们发现近边界处 $r \to \infty$ 的规范场 A_μ 有一个额外的 log 项 [452]，即

$$\delta A_{x_1} = A^{(0)} + \frac{A^{(2)} + \frac{1}{2}A^{(0)}\omega^2 \log r}{r^2} + \cdots \tag{12.70}$$

log 行为的出现源自于四维边界场论中的共形反常。相应的推迟格林函数可以通过如下与 5.1 节完全相同的步骤来获得。在添加一个额外的抵消项抵消掉 $\log r$ 项后 [453]，我们可以计算全息电导，其定义为对偶场论中流 J_{x_1} 的两点格林函数

$$\sigma = \frac{2}{i\omega}\frac{A^{(2)}}{A^{(0)}} + \frac{i\omega}{2} \tag{12.71}$$

在计算中我们对 δA 在近边界处取入射边界条件，这个计算只能数值求解。我们会发现有两种结果，一种是带有有限宽度的 Drude 峰，另一种是绝缘体相中的"代数间隙"行为，其原因是引力场和 B 场的扰动存在耦合，从而后者"带走"了本应守恒的动量，参见图 12.7。

破坏平移对称性的均匀空间: 超出 Bianchi VII

正文中讨论的 Bianchi VII 类型的几何是基于用来避免偏微分方程计算的实用基础而引入的，而我们在前三节通过更直接地引入晶格去考虑非均匀的空间时偏微分方程是必须的。所付出的代价是我们要取一种非常特殊的破坏对称性的方式 (单向螺旋)，这与凝聚态物理中晶体造成的那种对称性破缺之间的关系不太明显。此外，在这个框架下，并非所有的问题都能通过常微分方程来计算。例如，为了求解"金属" (x_2-x_3) 方向的电导率，必须在体时空中求解偏微分方程。尽管人们可以从几何方面看出它必须表现得像一种完美的金属，但在本书撰写之时"金属"方向电导率完整的求解过程还未得到。

我们可以构造其他的均匀的体时空几何来"破缺平移对称性"，从而边界上的动量不再守恒，而同时背景几何仍然可以只通过求解体时空中径向的常微分方程得到。我们用两个例子来演示这些想法。一个这样的实现是所谓的 Q 晶格构造 [454,455]，它利用某给定动量下的中性复标量场来破坏平移对称性。体时空中标量场构型的拟设是 $\phi = e^{ikx}\psi(r)$，这样我们就避免了 Bianchi 分类相应的对均匀空间的限制。由于标量场是电中性的，很容易验证标量场对运动方程的贡献不依赖于 x 坐标，这可以从标量场的能量动量张量的表达式中看出

$$T_{\mu\nu}(\phi) = \partial_{(\mu}\phi\partial_{\nu)}\phi^* - \frac{1}{2}g_{\mu\nu}\big[|\partial\phi|^2 + V(|\phi|)\big] \tag{12.72}$$

这样一来只需要求解常微分方程就可以考虑该标量场对背景的引力反作用的影响。金属解和单向解都被找到了，其中金属解类似于从 Bianchi VII 中发现的那样，它们具有 $AdS_2 \times \mathbb{R}^2$(对于 $2+1$ 维度边界) 的近视界形式加上周期性中性标量场相关的红外无关变形扰动项。

这些体系也同时有金属相和绝缘体相的解 [454]。金属态对应于在零温下具有 $AdS_2 \times \mathbb{R}^2$ 的近视界度规的解。然而，在这个简单的框架下绝缘体相在零温并不存在，它在高于某个温度时才开始出现。之后的研究表明，通过在作用量中引入伸缩子的耦合可以实现零温的绝缘体相 [455]。

为了计算动量为 0 时的电导，人们发现引力场和规范场现在和中性标量场的扰动 $\delta\phi$ 相耦合，中性标量场现在的作用正如 Bianchi VII 解中 B 场所扮演的角色：

$$\delta g_{tx} = \delta h_{tx}(r)\mathrm{e}^{-\mathrm{i}\omega t}$$
$$\delta A_x = \delta a_x(r)\mathrm{e}^{-\mathrm{i}\omega t} \tag{12.73}$$
$$\delta\phi = \mathrm{i}\mathrm{e}^{\mathrm{i}kx}\mathrm{e}^{-\mathrm{i}\omega t}\delta\phi(r)$$

人们在低频区域发现了与 Bianchi VII 的螺旋解相似的结果。尽管在这种构造中动量不再守恒，但对如何解释边界上平移对称性破缺的本质还很不清楚。与接下来将要介绍的"轴子"和"有质量引力"理论的构造不同，由于标量场是空间中的周期函数，体系仍然存在一个周期性的概念。对于真正的晶格，这会意味着在考虑有限大动量时，像我们在 12.3 节费米子情况中强调的那样，相差 Umklapp 动量的模式之间应该会耦合。然而，这里 $\delta A_x(k_a)$ 在有限动量 k_a 下的运动方程仅耦合于 $\delta A_x(-k_a)$，并且 Q-晶格的周期性仍然是隐藏的。

或许最简单也是最灵活的用于实现平移对称性破坏的方式是由 Andrade 和 Withers 所发现的"轴子"的构造 [456]。这对应于在最大程度上"没有特色的"施加动量守恒破缺的方式，结果显示它是 12.5 节中有质量引力构造的一种显式的动力学实现。我们引入一个无质量中性标量场：Q 晶格的相位，取如下"轴子"构型，

$$\phi \propto \alpha_i x^i \tag{12.74}$$

其中 α_i 是常数。通过将所有 α_i 取有限大数值，即使空间仍然有效地保持均匀，所有方向上的平移对称性仍然都被破坏了。为了获得空间各向同性的解，标量场被取为无质量的，

$$\mathcal{L}(\phi) = -\frac{1}{2}\sum_{I=1}^{d}(\partial\phi_I)^2 \tag{12.75}$$

这可以在任意空间维度 d 中实现。由于标量场的反作用通过 $\partial_\mu \phi_I$ 来体现，因此仅通过求解常微分方程即可获得背景解，甚至可以获得解析解。这就是在 12.5 节将要介绍的有质量引力理论的一种显式的动力学实现。当引入一个伸缩子场后也可以存在绝缘体解 [457]。人们可以在固定背景之上研究和电导相关的扰动，然后会发现所获得的方程在任意的频率和动量下，其形式都和有质量引力理论中相应的方程一样。相应地，人们发现与有质量引力理论中得到的结果完全相同的 DC 电阻率表达式——后文的式 (12.88)，不过需要做一些物理量的重新定义。用"势场强度"（或"引力子质量"）$\alpha^2 = \frac{1}{d} \sum_{a,I=1}^{d} \alpha_{Ia} \alpha_{Ia}$ 和黑洞视界 r_0 来表示，

$$\sigma_{DC} = r_0^{d-2} \left[1 + (d-1)^2 \frac{\mu^2}{\alpha^2} \right] \tag{12.76}$$

推广到存在或不存在超标度破缺的 Lifshitz 情况的讨论可参考文献 [457]。

12.5　有质量引力理论作为平移对称性破缺的对偶

我们在前面的章节已经看到了一系列的从边界上"暴力"添加真实晶格到体时空，到更微妙的 Bianchi VII 螺旋，一直到更加抽象的 (从边界场论视角) 在方框 12.4 中讨论的 Q-晶格以及轴子模型的全息格点构造。事实上，从最基本的对称性角度来考虑破坏平移不变性，我们可以推导出主导对偶体时空一般性质的几何原理。

对称性原理在构造对偶理论时起着核心作用。在第 5 章中我们用它推导出边界上由能量动量张量生成的整体时空对称性在体时空中的对偶是时空度规扰动相应的规范坐标不变对称性。当边界空间满足整体的平移对称性从而边界上的动量守恒时，体时空应当是广义坐标不变的，而爱因斯坦引力则是和时空微分同胚相关的最小规范理论。其包含的规范不变性要求引力子是无质量的，而体时空中激发无质量的这一特征对偶到边界上即为动量守恒。然而，破坏边界上的整体对称性应该对应于体时空中规范对称性的"Higgs 化"，如全息超导所示例的那样。在内部对称性的情况中，这意味着规范场变得有质量，而这种思想也被推广到蕴含在引力动力学里的规范的时空对称性。因此，如果我们想要显式地破缺边界上的整体平移不变性，则意味着体时空中的引力必须以某种方式变得"有质量"。

尽管和微分同胚对称性之间存在着显著矛盾，引力子有质量的理论在相对论物理学界有着悠久而曲折的历史。除了单纯的理论兴趣之外，还有一些来自于宇宙学的动机。例如，处理暗物质和暗能量的一种方法是修改爱因斯坦引力，有质

量引力理论被认为可以作为一种解释——当引力子质量非常小时，其效应只会在宇宙学尺度上显现出来 [458,459]。然而，破坏广义协变性导致的冲突一直阻碍人们得到一个自洽的有质量引力理论。除了和因果结构相关的深层问题之外，还会存在额外的纵向极化导致对这个理论试图进行自洽的量子化的阻碍。在有质量引力理论中，这尤其麻烦：在线性阶这种纵向极化即使在质量趋于零的极限下也不会退耦合，而在非线性阶，人们甚至会遇到额外的非物理的 Boulware-Deser 鬼场，它们无法通过规范选取来消除掉 [458]。直到最近，de Rham、Gabadadze 和 Tolley [460]（被称为"dRGT"）构建了一个特殊的被认为没有鬼场存在的理论。我们将在后文使用这个理论。然而，它的自洽性不会是一个痛点，因为我们稍后会看到有质量引力理论是对那些不破坏微分同胚而是通过其他方式实现平移对称性破缺的理论的非常好的有效描述。

我们将"破坏微分同胚不变性"加了引号，是因为这和讨论一个 Yang-Mills 理论中的 Higgs 相所用的语言一样不谨慎。规范不变性当然可以不被破坏，但 Higgs 凝聚却能够使得场强的规范不变组合变得有质量。同样，有质量引力理论意味着几何曲率消耗具有引力子质量量级的能量。有趣的是，这种主题在相当现代的"弹性力学的场论"中有一定的历史。这在"冶金学"的数学领域中有很深的渊源，但它在一般理论物理的物理语言中是由 Kleinert 在 20 世纪 80 年代构建的 [461,462]。本质在于在一个具有晶体结构的固体中空间的平移和旋转对称性显然是被破坏的。尽管如此，人们仍然可以把弹性理论在一个几何的类似于 GR 的语言中进行重新表述。在一个晶体中人们显然有一个由原子位置定义的刚性坐标体系作为一个固定的框架，和这种框架下的坐标变换相关的微分同胚变换是光滑的弹性形变，这种形变相应地会消耗能量，因此不是规范的。这种"晶体空间"的曲率现在完全包含于旋转位移之中，它们是指与破坏现有空间各向同性相关的拓扑缺陷。它们对曲率的响应方式与第二类超导中类磁通对规范曲率 (磁场) 的响应相同。在二维空间，这种类比就只剩下形式的相似，而在软凝聚态物理领域存在和这个主题相关的大量文献 [463]。我们现在可以非常精确地表明旋转位移 (因此曲率) 是禁闭的。为了在一个平直的背景空间中的晶体中产生一个孤立的旋转位移，需要消耗无穷多能量。通过量子融化晶体，它可以变为量子向列相晶体：这是平坦屏幕技术中所熟悉的并且物理上由均匀 (平移不变) 空间各向同性被破缺来标志的向列相液晶的零温版本。现在我们可以论证，在一个洛伦兹不变的体系中这种态携带具有完全处于量子化旋转位移形式的曲率源的无质量引力子 [465]。继续融化它，使得曲率源扩增并整体形成一个各向同性的流体，人们最终得到"类似尘埃"的无压强流体物质：广义相对论简介教科书中的熟悉的爱因斯坦场方程右边的标准源。

尽管在撰写本书的时候有质量引力理论是非常新的进展，但它体现的关于对称性的理解表明这是研究全息中的平移对称性破缺的非常有效且深具洞见的方法。为了展示它是如何奏效的，我们关注于 Vegh [466] 在这个方向上的奠基性贡献。这是关于有质量引力理论想法的最小 dRGT 实现，其中所有关于平移对称性破缺起源的相关内容都先不考虑。随后我们会介绍更细节的模型如何精确地证实了这个方法。

声称没有鬼场的 dRGT 有质量引力理论对应着一个 3+1 维体时空的作用量，其对偶于 2+1 维的边界场论体系的作用量是 [460]

$$S = \int \mathrm{d}^4 x \sqrt{-g} \left[\frac{1}{16\pi G} \left(R + \frac{6}{L^2} \right) - \frac{L^2}{4} F^2 + m^2 \sum_{i=1}^{4} c_i U_i(g, f) \right] \qquad (12.77)$$

其中 U_i 是对称的多项式，由 4×4 矩阵 $K^\mu_\nu = \sqrt{g^{\mu\alpha} f_{\alpha\nu}}$ 的本征值构造而来：

$$U_1 = \mathrm{Tr} K$$

$$U_2 = (\mathrm{Tr} K)^2 - \mathrm{Tr} K^2$$

$$U_3 = (\mathrm{Tr} K)^3 - 3\mathrm{Tr} K \mathrm{Tr} K^2 + 2\mathrm{Tr} K^3 \qquad (12.78)$$

$$U_4 = (\mathrm{Tr} K)^4 - 6\mathrm{Tr} K^2 (\mathrm{Tr} K)^2 + 8\mathrm{Tr} K^3 \mathrm{Tr} K + 3(\mathrm{Tr} K^2)^2 - 6\mathrm{Tr} K^4$$

这正是简单的 Einstein-Maxwell 理论，除了最后一项把爱因斯坦度规 g 和一个固定的背景度规 $f_{\mu\nu}$ 耦合起来。$f_{\mu\nu}$ 是手加的，并且清晰地引入了一个"破坏了微分同胚不变性"的背景固定参照系。在这个"引力质量"项中，c_i 是常数，m 是引力子质量。显然，当取引力子质量 $m \to 0$ 时可以回到 Einstein-Maxwell 理论。

有质量引力理论的许多问题，尤其是类似鬼场的激发态都是和时间方向相关的。如果只破坏空间方向的广义协变性，则没有那么多问题。dRGT 构造的一个显著的好处是，我们可以自由选取想要"固定框架"的方向。空间方向平移对称性破缺正是体现在背景度规的特殊选取中，

$$f_{xx} = 1, \ f_{yy} = 1 \qquad (12.79)$$

而其他分量为零。微分同胚现在退化为保证 $f_{\mu\nu}$ 不变的等度规群。现在，t, r 平面的广义坐标不变性完全被保留，而只在 x, y 平面被"破坏"。美妙的地方在于我们保留了径向–时间平面的广义坐标不变性，而它对全息字典的自洽性起了极重要作用。

在这种 $f_{\mu\nu}$ 选取下，作用量中只剩下两个独立的质量项。于是我们有简单的表达式：

$$S = \int \mathrm{d}^4 x \sqrt{-g} \left\{ \frac{1}{16\pi G} \left(R + \frac{6}{L^2} \right) - \frac{1}{4e^2} F^2 + \alpha \mathrm{Tr} K + \beta \left[(\mathrm{Tr} K)^2 - \mathrm{Tr} K^2 \right] \right\} \qquad (12.80)$$

其中 α 和 β 具有质量的量纲。由于径向和时间方向没有被影响，该体系的通解非常类似于标准的爱因斯坦理论。重要的是，在该体系中存在一个带电黑膜解：

$$ds^2 = L^2 \left\{ \frac{dr^2}{r^2 f(r)} + r^2 \left[-f(r)dt^2 + dx^2 + dy^2 \right] \right\} \tag{12.81}$$

并且

$$A(r) = \mu \left(1 - \frac{r_0}{r} \right) dt \tag{12.82}$$

它和通常的 RN 解非常类似。质量项只影响黑膜黑化因子，

$$f(r) = 1 + \frac{\alpha L}{2r} + \frac{\beta}{r^2} - \frac{M}{r^3} + \frac{Q^2}{r^4}, \quad Q = \frac{2\sqrt{\pi G}\mu r_0}{eL} \tag{12.83}$$

其中 μ 是像之前一样对偶于化学势。当 $\alpha = 0$, $\beta = 0$ 时，该解会约化到标准的 AdS RN 解，而该解的零温近视界几何仍然是 $AdS_2 \times \mathbb{R}^2$，并未受到质量项影响。视界 r_0 的位置由方程 $f(r) = 0$ 最大的根来决定，而质量 M 可以由 r_0 表示为

$$M = r_0^3 \left(1 + \frac{\alpha L}{2r_0} + \frac{\beta}{r_0^2} + \frac{4\pi G\mu^2}{e^2 L^2 r_0^2} \right) \tag{12.84}$$

该黑膜解的温度为

$$T = \frac{r_0}{4\pi} \left(3 + \frac{\alpha L}{r_0} + \frac{\beta}{r_0^2} - \frac{4\pi G\mu^2}{e^2 L^2 r_0^2} \right) \tag{12.85}$$

特别地，我们看到这里也存在一个自然的零温解，由于 $T \sim f'(r_0)$，和往常一样，该零温解即为 $f(r)$ 有一个双重零点的解，后果就是近视界几何包含一个 AdS_2 因子。该体系的自由能为

$$\Omega = S_{\text{bulk}} + S_{\text{boundary}} = -\frac{VL^2}{2\kappa^2} \left(r_0^3 - \beta r_0 + \frac{\mu^2 4\pi G r_0}{e^2 L^2} \right) + \epsilon_0(\alpha, \beta) \tag{12.86}$$

其中 $\epsilon_0(\alpha, \beta)$ 是一个不依赖于 T 或 μ 的未定常数，因此对热力学量没有影响。除了质量项对视界的影响，在其他方面，这个有质量引力理论中的 RN 黑膜解和通常的 RN 解表现得完全一致。

然而，不同于热力学，输运性质由于引力子质量的存在发生了性质上的改变——显然也应该如此，因为我们现在考虑的根本动机就是破缺动量守恒。在第 7 章中通过考虑引力和规范场扰动的耦合体系计算了光电导，现在的新颖之处

在于度规扰动分量 g_{tx} 和 g_{rx} 获得了质量。在带电黑洞背景里质量依赖于径向坐标和质量参数 α, β，

$$m^2_{\text{graviton}}(r) = -2\beta - \alpha L r \tag{12.87}$$

为了确保体时空和边界的稳定性不被破坏，我们要求 $m^2_{\text{graviton}}(r)$ 在任意径向位置 r 都是正的。正比于 α 的质量项有着特别的对 r 的局域依赖。实际上，α 和平移对称性破缺之间的关系是不清楚的，而 β 在这方面有着自然的表现。出于完整性的考虑，我们将会保留 α。对于有限频率下的光电导，我们只能通过数值求解。再次展示不同全息体系之间的一致性，我们发现有质量引力体系中也呈现出我们在 12.2 节中简要讨论过的"中间能标标度区域"。在 $T < \omega < \mu$ 区域，数值解再次展现出类似标度形式 $|\sigma(\omega)| \sim \dfrac{A}{\omega^\alpha} + B$，区别在于现在的标度指数 α 不再是固定的，它变成了依赖于引力子质量的函数 [466]。这个发现增添了可信度，使得我们更加相信这种现象的背后一定存在着一个普适的原因，尽管指数的具体数值在这种理论设定下不固定会令其预言能力有所降低。和此前一样，人们对这种中间的标度行为的原因仍然是不清楚的。

另外，有质量引力体系中的 DC 电导有一个优雅的解析表达式 [467]。人们精确地得到

$$\sigma_{\text{DC}} = \frac{1}{e^2}\left[1 + \frac{16\pi G e^2 \rho^2}{L^2 m^2(r_0) r_0^2}\right] \tag{12.88}$$

其中 $\rho = \mu/(e^2 r_0)$ 是电荷密度，而 $m^2(r_0)$ 是视界处算出的引力子质量。对于小的质量，它具有 Drude 形式

$$\sigma_{\text{DC}} = \frac{\rho^2}{\epsilon + P} \tau_K + \cdots \tag{12.89}$$

其中 τ_K 为动量弛豫时间 [468]，

$$\tau_K^{-1} = \frac{r_0^2 L^2}{16\pi G e^2} \frac{m^2(r_0)}{\epsilon + P} \tag{12.90}$$

注意后者结合起来正比于 r_0^2，因此它正比于熵，于是更合适的表达弛豫速率的方式是

$$\tau_K^{-1} = \frac{s}{4\pi} \frac{m^2(r_0)}{\epsilon + P} \tag{12.91}$$

即为熵密度 (s) 和能量密度 (ϵ)，以及压强 (P) 和引力子质量的函数。

由有质量引力计算出的 DC 电阻 (12.91) 有着显著的物理含义。它揭示了量子临界金属中与输运性质相关的非常普适且简单的信息。在这种体系中控制电阻

的动量弛豫由完全不同的物理原理所主导，它和类粒子体系包括费米液体中的输运截然不同。我们实际上不借助于全息也可以理解这种 DC 电阻[468] 的行为。关键的假设是这种体系即使在存在 Umklapp 散射的时候也表现得像流体一样。在费米液体中绝不可能是这样的，如我们在第 2 章中所论证，因为动量弛豫早在微观尺度就已经发生了，其时间尺度远远早于达到局域平衡的时间。然而在非粒子体系中，由于弛豫速度非常快，并且缺乏携带大动量的准粒子和晶格进行相互作用，我们可以预期体系首先形成一个集体，而其流体行为只在很晚的时间才被动量弛豫所破坏。

带着这种观点，我们就可以运用基本的流体力学方法来理解式 (12.91) 所蕴含的深刻信息。首先，如 Stokes 自己解释的，对于一个由长度 l 标志的体系，l 是流体的平移对称性破缺变得明显的长度尺度，那么将会出现在电阻的 Drude 公式中的弛豫速率表示为 $1/\tau_K = D/l^2$，其中 D 是横向声波模式相关的扩散系数。在动量守恒未破缺的极限下，这可以直接和声波模式的行为联系起来，正如我们在8.3 节对 RN 金属的讨论。我们了解到它的色散关系由弛豫极点 $\omega_k = \mathrm{i}\Gamma_k = \mathrm{i}Dk^2$ 主导，其中 Γ_k 是衰减速率。当存在无特征的由特征长度 l 标志的平移对称性破缺时，该色散关系变为 $\omega_k = \mathrm{i}D\left[(1/l^2) + k^2\right]$，我们可以看出和 DC 输运有关的 $k = 0$ 时的弛豫速率为 $1/\tau_K = D/l^2$。

对于相对论性流体，该扩散系数可以利用输运系数表示为 $D = \eta/(\varepsilon + P)$，其中 η 是黏滞系数，ε 是能量密度，而 P 是压强密度。该表达式在非相对论极限下约化为 $D = \eta/(\rho m)$，其中 ρm 是质量密度。在这个地方我们要考虑到正在处理的是一个强耦合量子临界流体：我们知道对于这种特殊流体，它的黏滞系数是"最小的"，$\eta/s = A\hbar/k_B$，其中 $A \geqslant 1/(4\pi)$。把这一点代入 Drude 公式中，我们可以发现 DC 电阻为

$$\rho_{DC} \sim 1/\tau_K \sim D/l^2 \sim \eta/l^2 \sim s/l^2 \tag{12.92}$$

该公式无特征的特点表明我们应该把它理解为淬火无序导致的结果。

该结果显著的性质在于，只要 l 不依赖温度，电阻将正比于熵。这一点乍一看很荒谬，但它实际上是量子临界金属在有限温度呈现出的"理想流体"行为带来的简单后果。更奇怪的是，当熵遵循索末菲定律 $s \sim T$ 的时候，我们自然会发现一个线性电阻，这是铜氧化物超导中著名的未解之谜。

这种线性电阻的理解可以在一个具体的全息例子中得到验证，见方框 12.4。然而，应该强调的是，在现在的情况下全息仅仅起到的是用来展现一个普适的原理的作用。流体力学的基本原理结合量子临界体系在有限温度范围的"理想金属"原理意味着电阻必须正比于熵。

过渡到真实铜氧化物中的数据，我们发现电阻的可以用铜氧化物奇异金属中可被独立测量的物理量表示的定量表达式 [469]，

$$\rho_{\mathrm{DC}}(T) = \frac{A\hbar}{\omega_{\mathrm{p}}^2 m_{\mathrm{e}} l^2} \frac{S_{\mathrm{e}}(T)}{k_{\mathrm{B}}} \tag{12.93}$$

这里的 $A \geqslant 1/(4\pi)$ 是关于黏滞系数–熵密度比值的常数，ω_{p} 是等离子体频率，$\omega_{\mathrm{p}} \simeq 1\mathrm{eV}$，$m_{\mathrm{e}}$ 是电子质量，而 $S_{\mathrm{e}}(T)$ 是测得的铜氧化物金属中的电子的熵，它符合索末菲定律：$S_{\mathrm{e}}(T)/k_{\mathrm{B}} \simeq (k_{\mathrm{B}}T/E_{\mathrm{c}})$，其中"费米能" $E_{\mathrm{c}} \simeq 1\mathrm{eV}$。动量弛豫速率，根据实验，自身是"普朗克"的 $1/\tau_{\mathrm{K}} \simeq \hbar/k_{\mathrm{B}}T$[442] ——在这个解释框架下，它的"普朗克"幅度在一定程度上是巧合的 (参见文献 [470])。结合这些数字我们发现，l 是在几个纳米的量级，考虑到已知的铜氧化物平面上内在的非常强的化学势无序，这是一个非常合理的值。事实上，我们之所以非常认真地对待这个解释，或许最好的原因是它解决了一个非常久远的难题。尽管铜氧化物化学有无可置辩的"脏的"特性，人们在 20 世纪 80 年代后期注意到在许多最佳掺杂的超导体中，如果把线性电阻延伸到零温则电阻会在零温严格消失。这曾经是一个难题，因为准粒子之间总是会发生弹性散射，从而导致一个残余电阻。这个谜题在流体力学的描述中得到了解决，因为在零温时体系变为真正的理想流体，其黏滞系数随着熵消失而消失。

方框 12.4　线性电阻：共形 AdS$_2$ 金属和有质量引力

在全息的有质量引力理论中，电阻正比于熵密度这一观察自然地要求我们把具有索末菲比热 $s \sim T$ 的局域量子临界模型和铜氧化合物做一个比较。我们在这里将展示一些全息的计算细节，来指出有质量引力是如何作用在 8.4 节介绍过的"共形-AdS$_2$"金属上的 [469]。如果想了解在方框 12.3 介绍的"轴子"模型实现的空间无序对各种标度几何影响的相关工作，可参考文献 [457]。

我们可以把 (12.80) 中的质量项添加到 Einstein-Maxwell-dilaton 作用量 (8.46) 中去。此外，我们还可以选择伸缩子的势场，从而使得近视界几何是共形于 AdS$_2$ 的：

$$S = \frac{1}{2\kappa_4^2} \int \mathrm{d}^4 x \sqrt{-g} \Big\{ R - \frac{1}{4} e^\phi F_{\mu\nu} F^{\mu\nu} - \frac{3}{2} \partial_\mu \phi \partial^\mu \phi$$
$$+ \frac{6}{L^2} \cosh\phi - \frac{1}{2} m^2 \Big[\mathrm{Tr}\,(\mathcal{K})^2 - \mathrm{Tr}\,(\mathcal{K}^2) \Big] \Big\} \tag{12.94}$$

其中 $\mathcal{K}_\alpha^\mu \mathcal{K}_\nu^\alpha = g^{\mu\alpha} f_{\alpha\nu}$，并且固定的参考度规 $f_{\mu\nu}$ 中的非零分量仍然是 $f_{xx} = f_{yy} = 1$。

和带有引力子质量项的 Einstein-Maxwell 体系一样，"选定空间框架" 并不改变引力解的整体特征，并且相应地我们发现一个类似没有引力子质量时的带电黑洞解，

$$ds^2 = \frac{r^2 g(r)}{L^2} \left[-h(r)dt^2 + dx^2 + dy^2 \right] + \frac{L^2}{r^2 g(r) h(r)} dr^2$$

$$A_t(r) = \sqrt{\frac{3Q(Q+r_0)}{L^2} \left[1 - \frac{m^2 L^4}{2(Q+r_0)^2} \right]} \left(1 - \frac{Q+r_0}{Q+r} \right)$$

$$h(r) = 1 - \frac{m^2 L^4}{2(Q+r)^2} - \frac{(Q+r_0)^3}{(Q+r)^3} \left[1 - \frac{m^2 L^4}{2(Q+r_0)^2} \right]$$

$$\phi(r) = \frac{1}{3} \log(g(r)), \qquad g(r) = \left(1 + \frac{Q}{r} \right)^{\frac{3}{2}}$$

(12.95)

对偶场论中的温度 T 和化学势 μ 分别为

$$T = \frac{r_0 \left[6(1+Q/r_0)^2 - \frac{m^2 L^4}{r_0^2} \right]}{8\pi L^2 (1 + Q/r_0)^{3/2}} \sim \sqrt{r_0 Q} + \cdots$$

$$\mu = \frac{\sqrt{3Q(Q+r_0) \left[1 - \frac{m^2 L^4}{2(Q+r_0)^2} \right]}}{L^2} \sim Q + \cdots$$

(12.96)

在零温时的近视界极限 $r - r_0 \ll r_0$，几何共形于 AdS$_2$，其中 $ds^2 = 1/r^{3/2} ds^2_{\text{AdS}_2}$ 且 $\frac{-\theta}{z} = 1$。可以很直接地看出在低温下 $T/\mu \sim \sqrt{r_0/Q}$（考虑 Q 很大）。

对于一般的 EMD 理论，存在一个对 DC 电导普适表达式的修正[471]，但对于现在的情况，表达式恰好不发生改变，从而我们可以利用解析表达式 (12.88)。这只需要以熵和电荷密度作为输入。熵可以从视界面积得到，而电荷密度通过高斯定理得到。我们发现

$$s/\mu^2 = \frac{2\pi L^2}{3\kappa_4^2} \sqrt{r_0/Q} \sqrt{1 + r_0/Q} \left[1 + \frac{3\bar{m}^2}{2(1 + r_0/Q)} \right] \sim T/\mu$$

(12.97)

电荷密度 σ_q 在低温表现为

$$\sigma/\mu^2 = \frac{L^2}{2\sqrt{3}\kappa_4^2}\sqrt{1+r_0/Q}\sqrt{1+\frac{3\bar{m}^2}{2\left(1+r_0/Q\right)}} \sim (T/\mu)^0 \tag{12.98}$$

Blake 和 Tong [467] 给出的普适结果确保了低温时的线性电阻 ρ_{DC},

$$\rho_{\text{DC}} = \frac{s}{4\pi\sigma^2}m^2 = \frac{2\kappa_4^2}{L^2}\frac{1}{\sqrt{1+Q/r_0}}\frac{m^2}{\mu^2} \sim T/\mu, \quad \text{在低温} T \tag{12.99}$$

对应于我们期待的 "线性依赖温度的" 电阻.

式 (12.95) 的解对轴子/Q 晶格体系也存在, 只不过在这些体系 (12.94) 中的引力子质量项被替换为标量场的作用量, 故对于这些模型 ρ_{DC} 的线性电阻行为也是存在的.

有一个非常重要的微妙之处: 为了让电阻对温度的依赖完全是由熵导致的, 必须令 "平均自由程" l 不依赖于温度. 即使对于量子临界体系通常也不是这种情形. 无序势场自身的强度要遵循重整化——一个著名的例子是 Harris 准则, 它指出在低维度下临界态中的无序总是红外相关的 [25]. 然而, 如方框 12.4 包含的全息例子所展示的, 存在显然不满足该性质的特殊情况, 因为在这个例子中 l 是不依赖于温度的. 原因是这个特别的例子是从共形 AdS$_2$ 金属出发, 而这是一个局域的量子临界态. 无序强度的重整化是空间上的操作, 又因为在这种 $z \to \infty$ AdS$_2$ 的临界态中空间尺度不可重整化, 所以无序强度不随重整化跑动.

我们也可以通过记忆矩阵独立地验证这一点. 假设平移对称性破缺算符 $O(k)$ 是由随机掺杂导致的, 我们可以通过对动量取平均来应用记忆矩阵, 即公式 (12.6),

$$\rho_{\text{DC}} \sim \int \text{d}^2 k k^2 \lim_{\omega \to 0} \frac{\text{Im}G^R_{OO}(\omega, k)}{\omega} \tag{12.100}$$

现在我们可以再次利用局域量子临界金属不寻常的特殊性, 即谱函数的标度为 $T^{2\nu_k-1}$. 有质量引力的本质是引力的能量动量张量主导低能动力学. 的确, 从流体力学角度, 发生动量弛豫最重要的算符是能量动量张量自身: 对于算符 $O(k)$ 我们应该选取 $T_{\mu\nu}$. 由于能量动量张量低频的两点关联函数完全由流体力学决定 [472], 这导致一个关于记忆矩阵响应非常强有力的理解. 代入之后, 我们发现在小动量 k,

$$\rho_{\text{DC}} \sim \int \text{d}^2 k k(\eta k^2 + \cdots) \tag{12.101}$$

这重现了与取平均自由程 l 为常数自洽的黏滞贡献.

　　然而，在我们利用记忆矩阵的时候有一个微妙之处，在方程(12.100)右边的积分限，它们只有在严格的局域量子临界态 $z \to \infty$ 才是不依赖于温度的。考虑不同晶格的随机叠加的随机杂质，我们可以如方框 12.2 的后半部分那样把它们包含进一组弱耦合的算符 $\int \mathrm{d}k \mathcal{O}(k)$。为了重新得到对紫外理论的掌控，这些算符必须是红外相关的，或者最多是边缘的，像上面 $\mathcal{O} = T_{\mu\nu}$ 的情况。一般来说，当我们流动到红外，$\mathcal{O}(k)$ 的每个模式在尺度 $L \sim 1/k$ 上变得可观。对于有限温度 T 的 DC 电导，我们希望知道视界处的效应；在 Lifshitz 几何中这对应于一个长度尺度 $L \sim T^{-1/z}$。按照记忆矩阵的做法，我们得到一般表达式

$$\rho_{\mathrm{DC}} \sim \int^{T^{1/z}} \mathrm{d}^d k k^2 \lim_{\omega \to 0} \mathrm{Im} \frac{G^{\mathrm{R}}_{\mathcal{O}\mathcal{O}}}{\omega} \tag{12.102}$$

由于演生的量子临界标度唯一决定了格林函数对温度的依赖 [473,474]

$$\lim_{\omega \to 0} \mathrm{Im} \frac{G^{\mathrm{R}}_{\mathcal{O}\mathcal{O}}}{\omega} \sim T^{(2\Delta - 2z - d)/z} \tag{12.103}$$

我们发现

$$\rho_{\mathrm{DC}} \sim T^{2(1+\Delta-z)/z} \tag{12.104}$$

其中 Δ 是 $\mathcal{O}$ 在 Lifshitz 红外的标度维度。这个结论可以通过一个具体的 EMD Lifshitz 模型中的全息计算来验证 [471]。不过，全息计算给出了更加关键的见解。它清晰地表明了一般表达式(12.102)背后的微扰方法在什么地方开始不再适用，以及在那个时候 ρ_{DC} 具有普适的取值，

$$\rho \sim T^{2/z} s \tag{12.105}$$

在那个地方算符的 IR 维度总是边缘的，而这把它和结果式(12.101)联系起来，其中 $\mathcal{O} = T_{\mu\nu}$。

　　总而言之，有质量引力的做法是一个典型的全息被用来探索一个非常具有一般性且简单的原理的例子：对于一个真正的局域量子临界流体，当它处在有限温度并处于弱的随机势场的时候，其电阻正比于熵。该结论对于实验物理学家是非常具有启发性的，因为它给出了非常强的启示，告诉人们应该探寻哪种新的实验来帮助我们更进一步地理解这类物质。显著的区别当然体现在，我们声称类似夸克-胶子等离子体的"强相互作用"流体力学现在主导体系的动力学，而不是费米液体中描述动力学气体的物理。这种显著的区别实际上很难从可获得的实验数据中读取出来，对于实验物理学家来说，在实验中找到方法来获得这种隐藏信息的直接证据是非常具有挑战性的。实际上，在写作的时间点上我们面临一个尴尬，我

们在理论方面有丰富的选择，还有一个几乎同样可信的逻辑上与前面的讨论非常相似但物理上非常不同的可供选择的理论来解释线性电阻，这种解释和在第 2.5 节讨论过的 Hertz-Millis 理论中的"临界费米面态"不同。我们现在考虑这样一种情况，当存在无序的时候，量子临界的序参量主导动量弛豫，这会导致更高温度下的线性电阻 [475]，而这也可以通过一个具体的全息计算来得到验证 [471]。

12.6　全息结晶：平移对称性的自发破缺

到目前为止我们已经研究了显式的对称性破缺：静态背景晶格如何影响全息流体的性质。很自然地我们要问平移对称性是否会自发破缺，从而得到我们最熟悉的对称性破缺的物态：传统的固体。全息被发现存在一种非常自然的机制来产生这类物态，并再一次巩固了和凝聚态之间的联系。然而，在引力这边，对于这类问题去构造定量解所需要克服的技术困难相比于显式平移对称性破缺的情况更难，因此它仍是一个相对未探索的领域。我们以对这个方向目前的现状做一个简要概述来结束本章，仅概述一些初步的定性结果。

以全息超导作为自发对称性破缺的一个指导性例子，人们立即注意到在这种情况下除了零动量模式之外，小动量的标量模式也是不稳定的。初步估计，动量具有略微提高有效质量的简单效果。当然，在一个普通的超导中零动量的凝聚是能量上最被倾向的。因此，我们必须寻找一种机制使得体系在形成凝聚时所倾向选择的自由能基态对应于非零动量。这将会自发地破坏平移对称性。

或许令凝聚态方向的读者感到惊讶的是，第一类可以导致有限动量不稳定的体时空理论推广包含拓扑项：奇数时空维度下的 Chern-Simons 项 [476,477] 和偶数维下的 theta 项 (非动力学的轴子)[478,479]。因此，在有序态，这类体时空理论的边界对偶除了破坏平移对称性之外还会破缺手征性和时间反演。这些在物理上对应于自发电流的周期模式，或许伴随着密度调制。因此，这些和凝聚态物理中提出的自发电流有相似之处，如以 d-密度波和通量相的形式，以及 Varma 的流-圈相 [482] (对于一般分类，请参考文献 [483]). 第二类不稳定性是在 Einstein-Maxwell-dilaton 类型的理论范围中被发现的 [484]，此时平移对称性被破缺而手征性 (P) 以及时间反演 (T) 是保持不变的。这对应于传统的晶体，它只涉及密度的周期性调制。

我们首先关注由 Nakamura、Ooguri 和 Park [476,477] 发现的在一个 AdS$_5$ 全息模型中的 Chern-Simons (CS) 构造。我们在第 7 章讨论反常的时候就看到过，在一个对偶于 3+1 维边界场论的 4+1 维对偶体时空理论中 CS 项非常自然地出现。在有限密度背景中，CS 项恰好可以满足使得体系不稳定而更倾向于一个有限大动量凝聚的需求。在一个更简单的 4+1 维的平直闵氏时空中可以容易地看出这

个性质。取作用量为

$$S = \int \mathrm{d}^5 x \left(-\frac{1}{4e^2} F_{IJ} F^{IJ} + \frac{\alpha}{3!} \epsilon^{IJKLM} A_I F_{JK} F_{LM} \right) \tag{12.106}$$

其中 α 是 CS 项的耦合常数。和之前许多情况不同，维数大小现在很重要：在 4+1 维时空中 CS 项中导数的数量和 Maxwell 项相同，通过计算其维数可以初步判断这是一个边缘变形。

现在打开一个常数的沿着 x_4 方向的背景电场，即 $\bar{F}_{04} = -\bar{F}_{40} = E$，而 F_{IJ} 的其他分量均为零。这个背景上规范场的线性扰动可以通过把 $F_{IJ} = \bar{F}_{IJ} + f_{IJ}$ 代入到运动方程中来获得

$$\partial_J(\sqrt{-g} F^{JI}) + \frac{\alpha}{2} \epsilon^{IJKLM} F_{JK} F_{LM} = 0 \tag{12.107}$$

我们发现

$$(\partial^\mu \partial_\mu + \partial^k \partial_k) f_i - 4\alpha E \epsilon_{ijk} \partial_j f_k = 0 \tag{12.108}$$

其中 $\mu = t, x_4$，$\{i, j, k\} = x_1, x_2, x_3$ 以及 $f_i = \frac{1}{2} \epsilon_{ijk} f_{jk}$。在频率–动量空间 $f_i \propto \mathrm{e}^{-\mathrm{i}\omega t + \mathrm{i} p_4 x_4 + \mathrm{i} k_i x^i}$，这意味着扰动的一个修正的色散关系

$$\omega^2 - p_4^2 = (k \pm 2\alpha E)^2 - 4\alpha^2 E^2 \tag{12.109}$$

这表明在 $0 < k < 4|\alpha E|$ 的动量取值范围存在一个有限大动量的快子不稳定，其中最突出的不稳定性发生在 $k = \pm 2\alpha E$。这揭示了在这种全息框架中负责平移对称性破缺的机制的本质。

当我们把 CS 项加入到 AdS-Einstein-Maxwell 作用量中时，情形是相同的。我们考虑以零温的极端 AdS-RN 黑洞作为背景解，其近视界几何和电场为

$$\mathrm{d}s^2 = \frac{-\mathrm{d}t^2 + \mathrm{d}r^2}{12r^2} + \mathrm{d}\boldsymbol{x}^2, \quad F_{\mathrm{tr}} = \frac{E}{12r^2}, \quad E = \pm 2\sqrt{6} \tag{12.110}$$

其中 AdS_2 的曲率半径取值为 $1/\sqrt{12}$。当然，和平直时空不同的是在 AdS 时空中具有负的质量平方并不必然意味着 AdS-RN 时空中存在不稳定性。取而代之的是，如同我们在第 10 章中介绍全息超导时讨论到的，规范场扰动只有当开始违反近视界的 AdS_2 中的 BF 界限约束的时候才会变得超光速。还需要考虑的是此时规范场的扰动和度规扰动是耦合的，因此最小的有效质量平方为

$$m_{\min}^2 = \frac{E^2[-64\alpha^6 - 24\alpha^4 + 6\alpha^2 - (16\alpha^4 + 4\alpha^2 + 1)^{3/2} + 1]}{2(4\alpha^2 + 1)^2} \tag{12.111}$$

当 $\alpha > \alpha_{\text{crit}} = 0.2896\cdots$ 时，$m_{\min}^2$ 违反了 AdS$_2$ 中的 BF 界限。

当 $\alpha > \alpha_{\text{crit}}$ 时所形成的"毛"现在是横向规范场的凝聚，对应到边界场论中是一个以如下形式的自发的、周期形式的电流为特征的态

$$\langle \boldsymbol{J}(\boldsymbol{x}) \rangle = \text{Re}\left(\boldsymbol{u} e^{i\boldsymbol{k}_c \cdot \boldsymbol{x}} \right) \tag{12.112}$$

其中 $\boldsymbol{k}_c$ 是系统更倾向的非零序动量，而常矢量 $\boldsymbol{u}$ 根据

$$\boldsymbol{k}_c \times \boldsymbol{u} = \pm i |\boldsymbol{k}_c| \boldsymbol{u} \tag{12.113}$$

是圆偏振。

该模型中一个微妙的地方在于最主导的不稳定性是依赖于温度的。在有序相，系统倾向选取的 k 随着温度的降低而升高。为了找出有序相最终选择的动量，我们需要先确定系统在哪个温度变得不稳定而选择一个特殊 $|k|$ 的对称性破缺态。按照图 12.8 所演示的，有序相会发生在与最高的相变温度 T_c 关联的那个波矢。考虑了完全的引力反作用的有序相的解在文献 [484] 中得到，证实了这个破缺了 P 和 T 对称性的螺旋流相是热力学上更被倾向选择的，而这个相变是二阶的。此外，在零温极限，考虑了反作用的解会接近一个零熵基态 [484]。

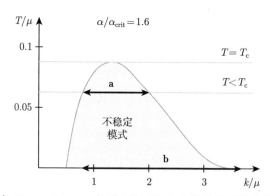

图 12.8　4+1 维全息 Chern-Simons 金属中的不稳定动量模式对温度的依赖，其中 Chern-Simons 系数取为 $\alpha = 1.6\alpha_{\text{crit}}$。当温度 $T < T_c$ 时存在一定范围的不稳定模式 (用 **a** 表示)。需要注意的是零温时的不稳定模式的真实范围要比通过近视界分析所揭示的更大。后者只能给出由 **b** 表示的那部分范围。图片取自于文献 [476] (Reprinted figure with permission from the American Physical Society, Copyright (2010))

CS 形式的作用量只有在时空维数是奇数的时候才可以定义。偶数维时空中所允许的拓扑项是形式为 $S_\theta = \int \theta(\phi)\varepsilon^{\mu\nu\rho\sigma}F_{\mu\nu}F_{\rho\sigma}$ 的 theta/轴子项，其中 ϕ 是一个赝标量 [478,479]。这种项可以通过自上而下的构造基于 10+1 维超引力而得

到 [486]。在 3+1 维的时空中该项含有两个导数, 这种轴子理论导致的物理和 4+1 维兄弟 CS 理论非常相似。特别是我们可以验证该体系在打开恒定电场背景时在有限大动量的地方存在不稳定性。和之前一样, 我们首先考虑平直时空作用量,

$$S = \int \mathrm{d}^4 x \left[-\frac{\tau(\phi)}{4} F_{\mu\nu} F^{\mu\nu} + \frac{1}{2} (\partial_\mu \phi)^2 - V(\phi) + \frac{\theta(\phi)}{2} \varepsilon^{\mu\nu\rho\sigma} F_{\mu\nu} F_{\rho\sigma} \right] \quad (12.114)$$

其中

$$\tau(\phi) = 1, \quad V(\phi) = \frac{1}{2} m^2 \phi^2, \quad \theta(\phi) = \alpha \phi \quad (12.115)$$

这种情况下的运动方程为

$$(\partial^2 + m^2)\phi - \frac{1}{2} \varepsilon^{\mu\nu\rho\sigma} F_{\mu\nu} F_{\rho\sigma} = 0$$

$$(12.116)$$

$$\partial_\mu F^{\mu\nu} - 2\alpha \varepsilon^{\mu\nu\rho\sigma} \partial_\mu(\phi F_{\rho\sigma}) = 0$$

在一个恒定的径向电场背景 $F_{tr} = -F_{rt} = E$ 且 $\phi = 0$ 中, 体系的线性扰动 $\varphi, f_{\mu\nu}$ 为

$$(\partial_a \partial^a + \partial_i \partial^i + m^2)\varphi - 4\alpha E f_{12} = 0$$

$$(12.117)$$

$$(\partial_a \partial^a + \partial_i \partial^i) f_{12} - 4\alpha E \partial_i \partial^i \varphi = 0$$

其中 $a = t, r$ 而 $i = x_1, x_2$。在动量空间中扰动的形式为 $\mathrm{e}^{-\mathrm{i}\omega t + \mathrm{i}p_r r + \mathrm{i}k_i x^i}$, 而色散关系变为

$$\omega^2 - p_r^2 = k^2 + \frac{1}{2} m^2 \pm \frac{1}{2} \sqrt{m^4 + 64\alpha^2 E^2 k^2} \quad (12.118)$$

这意味着在 $0 < k < \sqrt{16\alpha^2 E^2 - m^2}$ 的范围模式是超光速的。

以上关于不稳定性的讨论在渐近 AdS 时空中同样适用。假设一个沿着 x 方向波矢为 k_c 的单向 ("条纹状") 调制构型, 在边界对偶中存在一个如下形式的周期模式的电流 [478],

$$\langle J_t \rangle - J_0 \sim \cos(2k_c x), \quad \langle J_x \rangle = 0, \quad \langle J_y \rangle \sim \sin(k_c x) \quad (12.119)$$

其中 J_0 是背景电荷密度。这对应一种条纹构型, 伴随着周期电流沿着 y 的正负方向流动。每当电流密度越过零的时候电荷密度取极大值。如果在电流方向引入一个交错的 (反铁磁) 磁化强度, 这将和在铜氧化物中观测到的条纹非常相似 [87]。在该有序相中具有完全反作用的 P 和 T-破坏的解在文献 [487-490] 中求得, 结果显示相变同样是二阶的。此外, 条纹所倾向的周期是依赖于温度的, 并且随着温度降低是单调递增的 [489]。

最终，人们找到了一个描述自发平移对称性破缺的全息构造，其中有序的有限大动量的态具有真实晶体的特征。这种态维持 P 和 T 不被破坏而只有电荷密度是被调制的。这种构造基于一个 Einstein-Maxwell-dilaton 模型 [484]，其作用量为

$$S = \int \mathrm{d}^4x\sqrt{-g}\Big[R - \frac{1}{2}(\partial\phi)^2 - V(\phi) - \frac{1}{4}\tau(\phi)F^2\Big] \tag{12.120}$$

势能被特定选取为如下形式：

$$V = v_0\Big[1 - v_1(\phi - \phi_0) - \frac{v_2}{2}(\phi - \phi_0)^2 + \cdots\Big]$$
$$\tau = \tau_0\Big[1 - \tau_1(\phi - \phi_0) - \frac{\tau_2}{2}(\phi - \phi_0)^2 + \cdots\Big] \tag{12.121}$$

其中 $v_0 < 0, \tau_0 > 0$，从而使得通常的 $\mathrm{AdS}_2 \times \mathbb{R}^2$ 几何

$$\mathrm{d}s^2 = -r^2\mathrm{d}t^2 + \frac{\mathrm{d}r^2}{r^2} + (\mathrm{d}x^2 + \mathrm{d}y^2), \quad A_t = Er, \quad \phi = \phi_0 \tag{12.122}$$

是式 (12.120) 的一个解。于是这种几何被认为是 $T = 0$ 均匀黑洞相的红外极限。现在我们研究这种背景中 x 方向被空间调制的线性扰动的行为。总共需要考虑 7 个耦合在一起的扰动 $\{\delta g_{tt}(k), \delta g_{xx}(k), \delta g_{yy}(k), \delta g_{tx}(k), \delta A_t(k), \delta A_x(k), \delta\phi(k)\}$，它们中的每一个扰动根据 $x \to -x$ 时的手征性正比于 $\cos(kx)$ 或 $\sin(kx)$。这些扰动的运动方程可以用三个规范不变的自由度 $\mathbb{V}$ 写成如下形式：

$$\Big(r^2\partial_r^2 + 2r\partial_r\frac{\omega^2}{r^2} - \mathbb{M}^2\Big)\mathbb{V} = 0 \tag{12.123}$$

其中 3×3 的质量矩阵 $\mathbb{M}$ 的表达式为

$$\mathbb{M}^2 = \begin{pmatrix} 2 + 2\tau_1^2 + k^2 & -2k^2 & 2\tau_1(2 - k^2 - \tau_2 - v_2) \\ -1 & k^2 & -2\tau_1 \\ -\tau_1 & 0 & k^2 + v_2 + \tau_2 \end{pmatrix} \tag{12.124}$$

为了验证是否会发生不稳定性，我们需要检查质量矩阵 $\mathbb{M}^2$ 的本征值：只要三个本征值中的任意一个满足 $m_i^2 < -1/4$ 的条件，那么 AdS_2 中的 BF 界限就会被违反。这可以通过适当选取 $\tau_1, \tau_2 + v_2$ 的取值而容易达到。举例而言，我们可以选取 $V = v_0\mathrm{e}^{-\gamma\phi}, \tau = \mathrm{e}^{\gamma\phi}$，其中 γ 是常数，从而使得 $\mathbb{M}$ 的本征值分别是 $k^2, 1 + k^2 \pm \sqrt{1 + 2(1 + \gamma^2)k^2}$。当 $\gamma > 1$ 的时候，存在一个对应 $k \neq 0$ 的不稳定模式。通过计算有序相的 VEVs，我们发现

$$\langle J^t \rangle \propto \cos(k_\mathrm{c}x_1), \quad \langle O_\phi \rangle \propto \cos(k_\mathrm{c}x_1) \tag{12.125}$$

因此这对应于单纯的空间中的密度调制而 P 和 T 对称性是被满足的。这显然和我们日常生活里遇到的固态物质背后破缺的对称性恰好是一致的。

总而言之，我们似乎已经发现了通过全息来处理自发平移对称性破缺相关的物理所需要的所有基本要素，但仍然有很多东西值得我们去探索。例如，和晶体序有关的声子是 Goldstone 玻色子最常见的例子，但它们在全息框架中仍然有待于我们去明确地进行计算。我们期待构建一个关于体时空对偶的优雅描述，只要它建立在一般对称性的基础之上，那么这个理论必然和体时空中有质量引力理论的某种适当形式有关。在全息晶体中，还有许多其他丰富的凝聚态现象在原则上可以进行研究。例如，我们可以深入思考如何在全息的意义上去构造晶体和奇异金属子系统耦合到一起的组合体系来研究电子--声子耦合的物理。

第 13 章　自上而下的 AdS/CMT

在前面的章节，我们主要把目光聚焦在唯象的自下而上模型。本章中四维或者五维的体时空引力理论被唯象地以类似于 Ginzburg-Landau 理论的方式组合在一起。我们对边界理论的实际拉氏量依然处于一无所知的状态。此外，对休时空理论是否是有良好定义且自洽的量子引力理论也还不清楚。这些自下而上模型的优点在于引力理论是相对简单的，人们可以往里面自由添加内容，以在边界理论实现不同的行为。然而，为了确定我们发现的现象是自洽的和/或通过对偶场论的形式更加全面地理解动力学，我们需要在弦论中找到一个具体的系统，其中满足场论以及和它精确对偶的引力理论都是已知的。和自下而上的方法相反，这需要直接从弦论/M 理论出发的自上而下方法。一个典型的例子是 Maldacena 的开创性工作及其推广，随后它们被发现具有一个共同的性质：对偶场论的作用量能够直接确定，包括它的弱耦合极限。因为弦论被认为是一个完全自洽的量子理论，这保证了由自上而下理论描述的任何现象都是物理的。

自上而下方法的缺点是技术上要复杂得多。引力理论需要涉及多得多的场，通常包括代表弦理论额外维的全部无穷多的 Kaluza-Klein 质量谱。因此，实际上人们选择求助于整个自上而下理论的一个自洽截断。这样就减少了场的数目，但是通过保证截断之后得到的解依然是整个理论的解这样一种方式实现。还有更加重要的一点，需要特别强调：在自洽截断中得到的一个稳定解也许在所有被截断的场的涨落都恢复的整个理论中被证明是不稳定的。尽管这个问题此后将被忽略，但人们应该意识到这个可能导致麻烦的源头。

这些自洽的自上而下构造的截断和自下而上模型非常类似，但人们经常能发现前者存在额外的特征。相比自下而上模型，自上而下截断具有如下额外特征：

(1) 场的数目更多一些；

(2) 场的非最小耦合；

(3) 对允许的参数范围存在内在限制。

在之前章节中我们描述的所有物理现象都能通过这种方式得到可靠的验证，其中大部分都是一些微小且无关紧要的变化。然而，在某些情况下自上而下模型可以包含有趣的相互作用项，而在唯象的方法中这些项很容易被忽略。那么，由此产生的物理与人们从自下而上方法出发思考得到的物理有着非常大的不同。

在所有的自上而下构造中，人们能确定其中由于全息对偶的弦理论起源而特有的一类，它们就是精确规范理论/引力理论对偶的"探针膜构造"。这些探针膜构造也被称为相交 D 膜模型，能够解释"味"自由度：按照大 N 对称性的矢量表示变换的物理对象 [491]。这些模型的自洽截断描述了嵌在弯曲 AdS 几何中的动力学的高维缺陷的物理。

接下来，我们将会呈现一个介绍性的导览，同时突出普通的自上而下模型和探针膜模型，并且将会展示它们是如何证实在前面章节讨论过的对凝聚态现象的全息描述成立。本章 13.1 节将描述如何自洽截断精确的弦构造，以及如何通过截断一般性地产生一个非常具体的本质上不带自由参数的 AdS 作用量。详细的性质对于保证自洽性非常重要。我们将证明这些自洽性要求给全息超导、全息非费米液体和包含共形于 AdS_2 的金属的 Einstein-Maxwell-dilaton 理论三者的出现留下了充足的空间。这些结果充分验证了在前面的章节发现的全息凝聚态物理。13.2 节描述了特殊的起源于相交 Dp/Dq 膜的探针膜自上而下模型。这些模型构建起来相对简单，因此它们可以作为自下而上模型的理想验证平台。我们将关注一个这样的模型，并展示场论的具体知识是如何用于直接确定带对算符的超导序参量 (13.2.2 节)。此外，我们将解释味道流的输运系数的相当直接的计算。探针膜模型也能够作为缺陷或者杂质模型的自然构型。我们将在最后一小节 (也即 13.2.3 节) 阐明这一点，在本节我们将解释怎么通过一个探针膜构造在全息上描述经典 Kondo 问题的本质。

我们再次提醒读者，本章的大部分内容都可作为入门性的介绍。对需要用来构建精确的自上而下模型的技术层面的内容，要求读者对弦理论的背景知识非常熟悉，而这些技术上的内容就值得专门另写一本完整的书进行介绍 [492]。因此，我们将仅仅粗略描述一下这些模型的起源，重点介绍一些定性的特征。本章的主要目的是表明自下而上模型的唯象学能通过明确的自上而下构造得到充分验证，传递出来的重要信息是，从边界场论的角度来看自上而下构造总是包含了更多的场、更多的特征、更多的限制以及对物理更丰富的理解。

13.1 从超引力出发的自上而下的 AdS/CMT 模型

最直接的自上而下模型——那些不带探针膜的模型——无外乎都是通过两步法推导得到的。出发点总是由 N 个 Dp 膜组成的一个集合，并且 Dp 膜的 p 个空间维度嵌在 10 维时空，就像在第 4 章所描述的那样。这些"开弦能够在上面终止"的孤子"面"的集体动力学就是对偶的开弦/CFT 一侧。在闭弦方面，人们可以把一些在低能/长程极限下的相同组态描述成 10 维超引力理论的黑洞。最简单的这类超引力理论就是那些定义在由 10 维闵氏空间给出的背景上的理论。标准的 Maldacena 构造就是一个经典的例子。然而，人们也可以考虑更复杂背景下的超引力理论。惯例上人们沿着膜的 $p+1$ 维时空方向选择一个传统的平直闵氏空间和一个更加复杂的 $9-p$ 维流形 $\mathcal{M}_{9-p}$。为了实现技术上的可控，保留一些但非全部的基础 10 维理论的超对称是非常有用的。如果 $p=3$，这等价于在 6 维流形 $\mathcal{M}_6$ 上施加一个特定条件，此理论首先由卡拉比提出，并在后来由丘成桐先生稳固地建立 [170]。出于这个原因，卡拉比-丘流形在这类精确的自上而下构造中扮演着重要角色。对于 p 的其他选择也存在其他流形扮演着等价的角色，可参考文献 [493]，但如果 $\mathcal{M}$ 是偶数维的，实际上人们经常选取卡拉比-丘流形的变种。举个例子，对于 11 维的超引力理论，用一个 8 维的卡拉比-丘流形来获得和 D2-膜的强耦合极限对偶的闭弦理论。

第一步就是取这些黑洞的近视界极限，取极限的方式和在第 4 章给出的 Maldacena 的例子中阐述的方式完全一致。在平直的闵氏空间中，通过径向坐标取近视界极限是最方便的，以 Dp 膜 $r=0$ 的位置为中心，而位于无穷远的 $8-p$ 维球包含了时空在近视界区域以外的剩余信息。对于更复杂的卡拉比-丘模型，存在类似的径向坐标参数化。将卡拉比-丘 $\mathcal{M}_{9-p}$ 流形度规 ($p=2n+1$，见上文) 的径向坐标写成如下形式：

$$ds^2 = dr^2 + r^2 ds^2_{\text{SE}^{8-p}} \tag{13.1}$$

人们可以把这些径向坐标想象成是一个以 SE^{8-p} 空间为底的锥。举个例子，在平直空间，SE^{8-p} 就是 $8-p$ 维球，尽管对于平直空间锥体在 $r=0$ 位置的锥尖是非奇异的。对于卡拉比-丘 $\mathcal{M}_{9-p}$ 流形的度规，我们知道空间部分 $ds^2_{\text{SE}^{8-p}}$ 是一个 Sasaki-Einstein 空间。现在在这些径向-锥坐标下取近视界极限，就把沿着膜方向的平直时空和 $\mathcal{M}_{9-p}$ 空间的径向方向结合到了一个 AdS_{p+2} 中。度规的剩余部分是在视界上取值的描述锥底流形的度规 $r^2 ds^2_{\text{SE}}|_{r=r_h}$，而产生的总的时空就是 $\text{AdS}_{p+2} \times \text{SE}_{8-p}$。稍微更加复杂的设定，要么从 $10+1$ 维的超引力出发，要么起源于已经被部分紧致化到 $d < 9+1$ 维的情形，它们能够产生 $\text{AdS}_{p+2} \times \text{SE}_q$ 度规，其中 $q \neq 8-p$。

13.1.1　Kaluza-Klein 约化和自洽截断

在这套语言下，由 Maldacena 提出的原始假设由 N 个位于锥体尖点的 D3 膜组成，而锥底面是 S^5。我们没有在任何自下而上的引力模型中仔细思考过场对球面位置的依赖性。直觉上我们倾向于认为这个问题可以被忽略的一个简单的、出于能量上考虑的原因是：沿着球移动产生的任意动量都将消耗额外的能量。因为球或者任意锥体的底流形是一个紧致空间，沿着这些空间的动量是量子化的，这意味着在紧致方向上有限动量模式的激发包含了一个能隙。这种正当忽略沿着紧致方向的动力学的规则被称为 Kaluza-Klein(KK) 约化。KK 约化可以追溯到 1921

年首次由 Theodor Kaluza 提出的一个想法，他的最初目标是通过假定引力存在于一个 5 维时空中，即在可观测现实世界的基础上添加一个额外的空间维度，来统一四维引力和电磁力。几年以后，1926 年 Oskar Klein 补充了关于如果额外方向是一个带有很小半径 r_c 的紧致圆，则人们可以忽略额外方向的动力学这个至关重要的元素：量子力学使得这个方向上的动量被离散化，并且产生了一个能隙，能隙大小为 $E_{\mathrm{gap}} \sim \hbar c / r_c$。

让我们通过考虑一个任意的时空维度，对 KK 约化进行更仔细的检验。我们选择存在于 $(d+2)+n$ 维时空下的引力理论，目标就是把它紧致化到 $d+2$ 维。我们可以把 n 选成一个合适的任意大的数以满足特定的目的。最简单的额外维紧致拓扑结构，要么是由若干个环形成的黎曼面 (即环面 T^n)——通过对平直空间做周期性等价得到，并且在形式上和若干个圆 S^1 的直积等价——要么是球面 S^n。下一步就是把场在内空间上分解成函数的完备集：对于球面，这些函数就是推广的球谐函数，而对于环面，这些函数就对应于简单的傅里叶级数。举个例子，对于额外维被定义为 $y \simeq y + 2\pi R$ 的在 $T^1 \simeq S^1$ 上的紧致化，一个标量场按如下形式分解：

$$\phi(x,y) = \sum_{m=-\infty}^{\infty} \phi(x,m) \mathrm{e}^{\mathrm{i}m\frac{y}{R}} \tag{13.2}$$

出于周期性边界条件的要求，这里 m 是一个整数。如果是反周期性边界，则 m 为半整数。一个矢量场 A_μ, $\mu = 0, \cdots, d+1+1$ 被分解成两部分：更低维度的矢量 A_i, $i = 0, \cdots, d+1$ 满足

$$A_i(x,y) = \sum_{m=-\infty}^{\infty} A_i(x,m) \mathrm{e}^{\mathrm{i}m\frac{y}{R}} \tag{13.3}$$

和当矢量场的指标指向内部方向时产生的更低维度的标量

$$\tilde{\phi}(x,y) \equiv A_y(x,y) = \sum_{m=-\infty}^{\infty} A_y(x,m) \mathrm{e}^{\mathrm{i}m\frac{y}{R}} \tag{13.4}$$

并且这种分解对于带多重指标、具有任意高阶数的张量场也是类似的。举个例子，度规 $g_{\mu\nu}$ 可约化为一个低维度的度规 g_{ij} 和一个低维度的矢量 $B_i = g_{iy}$，以及一个低维度的标量 $\Phi = g_{yy}$。

当且仅当整个 $d+2+n$ 时空是内部的紧致空间和剩余时空的乘积时，控制着以最小耦合方式耦合的场的涨落的拉普拉斯算符可被分解成剩余时空的拉普拉斯算符和内部时空的拉普拉斯算符的和：

$$\Box \phi = \left(\Box_{\mathrm{space\text{-}time}} + \Box_{\mathrm{internal}}\right)\phi = 0 \tag{13.5}$$

对于标量场，这一点能够很容易被看出来。而对于一个乘积时空，度规可以选成如下形式：

$$ds^2(x,y) = g_{\mu\nu}^{st}(x)dx^\mu dx^\nu + g_{ab}^{int}(y)dy^a dy^b \tag{13.6}$$

因此

$$\Box\phi = \frac{1}{\sqrt{-g^{st}}}\partial_\mu\left(\sqrt{-g^{st}}\,g_{st}^{\mu\nu}\partial_\nu\phi\right) + \frac{1}{\sqrt{-g^{int}}}\partial_a\left(\sqrt{-g^{int}}\,g_{int}^{ab}\partial_b\phi\right) = 0 \tag{13.7}$$

结合 $\phi(x,y)$ 在内空间上以函数完备集形式得到的分解，这意味着人们能计算内部空间的拉普拉斯算符，从而得到

$$\Box_{\text{space-time}}\phi(x,m) - f(m)\phi(x,m) = 0 \tag{13.8}$$

这里 $f(m)$ 是用 m 标记的本征函数的一个半正定函数。从这个角度考虑，我们显然容易知道，内部的拉普拉斯算符的本征值将内部空间上的高阶函数拉开能量间隔而分隔出去，而且间隔的大小由紧致维度的标度决定。这意味着在低能时我们能将场 $\phi(x,m)$ 的整个无限集截断到只包含那些在内部空间方向 $\phi(x,0)$ 上为常数的有限集 (参考图 13.1)。

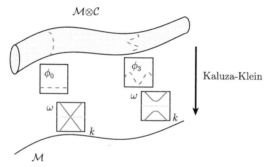

图 13.1　能被写成直积形式的时空 $\mathcal{M}\otimes\mathcal{C}$ 的 Kaluza-Klein 约化示意图。在紧致空间 $\mathcal{C}$ 的内部方向，携带具有梯度能量 (动量) 的模式在时空 $\mathcal{M}$ 上的低维有效理论以有质量的模式出现。因而，在能量低于该质量标度时，我们可将理论截断到在内部空间为常数的模式

然而，这是一个仅适用于涨落的陈述。Kaluza-Klein 紧致化的微妙之处在于这种因子分解性质是否能从无穷小涨落延伸到整个作用量。实际上，对于可以写成直积形式的时空，即使对整个非线性运动方程，这种截断到常数场的操作依然保持着完全自洽的性质。自洽截断的意思是，截断得到的一套 (非线性) 运动方程组的解，自动满足原始高维理论的整个运动方程组，或者说是原始方程组的一组解。在背景时空不能写成若干个时空的直积的一般情况，或者当背景中含有携带

VEVs 的其他场，这种截断到常数场的操作就不一定是自洽的。为了阐明其中的原因，考虑如下类型的作用量：

$$S = \int \mathrm{d}^{d+2+n}x \sqrt{-g} \left[-\frac{1}{2}\partial_\mu\phi_0\partial^\mu\phi_0 - \frac{1}{2}\partial_\mu\phi_1\partial^\mu\phi_1 \right.$$
$$\left. -V(\phi_0) - \phi_1 V'(\phi_0) - \frac{1}{2}\phi_1^2 V''(\phi_0) + \cdots \right] \tag{13.9}$$

对于这个作用量，当且仅当 $V'(\phi_0) = 0$，如下被截断的运动方程组

$$\Box\phi_0 - \frac{\partial}{\partial\phi_0}V(\phi_0) = 0, \tag{13.10}$$

的一个解也是整个运动方程组满足 $\phi_1 = 0$ 的一个解。然后直接审视完整的运动方程

$$\Box\phi_0 - \frac{\partial}{\partial\phi_0}V(\phi_0) - \phi_1\frac{\partial}{\partial\phi_0}V'(\phi_0) - \frac{1}{2}\phi_1^2\frac{\partial}{\partial\phi_0}V''(\phi_0) = 0$$
$$\Box\phi_1 - V'(\phi_0) - \phi_1 V''(\phi_0) = 0 \tag{13.11}$$

当 $\phi_1 = 0$ 时，第二个方程退化到 $V'(\phi_0) = 0$。因此，只有当它成立时，退化理论的解才是整个理论的一个解。然而我们注意到，自洽截断并不能保证这个解在整个理论中是稳定的。假如 $V'(\phi_0)|_{\phi_0=\phi_0^{\mathrm{sol}}}$ 但 $V''(\phi_0)|_{\phi_0=\phi_0^{\mathrm{sol}}} < 0$，那么截断是自洽的，但解在"隐藏的"方向 ϕ_1 是不稳定的。尽管人们普遍承认这个微妙的事实，但通常都默默假定这个问题的潜在源头可以忽略。

这种以自洽的方式截断到带有限数目场的一个低维有效理论的操作是全息对偶自上而下构造过程中关键的第二步。若遵循上述提醒的内容，就保证了它们能够被"提升"到弦论的完全自洽的解。从对偶场论的观点来看，这意味着得到的解是一个在所有 N 和 't Hooft 耦合常数 λ 的所有阶都完全量子自洽的理论的一部分。这个完全量子自洽的理论和 $\mathrm{AdS}_p \times \mathcal{M}_q$ 背景下的一个完备弦理论对偶。实际上人们马上就会考虑在大 't Hooft 耦合常数下取大 N 极限，来用一个 9+1 维或者 10+1 维的超引力理论近似弦理论。这个超引力理论在 $\mathcal{M}_q$ 上被紧致化到一个 4 维或 5 维 AdS 低能有效引力理论，以及各种物质场和规范场的无限谱，随后它们被自洽地截断。在最后一步存在相当多的自由度可供选择，实际上人们经常希望只保留最小数目的场。

显而易见的是必定存在接近于无穷多数目的被自洽截断得到的低能超引力理论，这是因为我们有多种方式来选择紧致流形 $\mathcal{M}_q$，每一个选择都对应着自己的一套解，并且这些解从构造来看本身就是原始 10 或 11 维理论的解空间的一部

分。这对应着弦论的"物理景观"。从应用到 CMT 的观点来看，这意味着自洽的有效全息理论的空间是很大的。实际上，这个空间大到足以描述在本书中提到的所有现象。但一个自上而下构造的自洽截断几乎总是为最简单的自下而上构造添加了一些新的内容。这就是本章讨论的焦点。来自量子自洽性要求的这种"剩余内容"在多大程度上是不可避免的，这是一个非常有趣的问题。

13.1.2　自上而下的全息超导体

一个说明性的例子是对源自 10+1 维超引力理论的全息超导体的自上而下构造。基于早期 [494] 的线性的研究结果，Gauntlett 和 Sonner 以及 Wiseman 构造了 Kaluza-Klein 约化的 3+1 维 AdS 引力乘以一个任意的 7 维 Sasaki-Einstein 流形的解，这个解能够被自洽地提升为 11 维超引力理论的解 [495]。由 Gauntlett 等[495,496] 得到的 3+1 维低能有效理论的作用量是

$$
S = \frac{1}{16\pi G} \int \mathrm{d}^3 x \mathrm{d}t \sqrt{-g} \left[R - \frac{(1-b^2)^{3/2}}{(1+3b^2)} F_{\mu\nu} F^{\mu\nu} - \frac{3}{2\left(1 - \frac{3}{4}|\Phi|^2\right)^2} |D\Phi|^2 \right.
$$

$$
\left. - \frac{3}{2(1-b^2)^2} (\nabla b)^2 - \frac{24(-1 + b^2 + |\Phi|^2)}{\left(1 - \frac{3}{4}|\Phi|^2\right)^2 (1-b^2)^{3/2}} + \frac{2b(3+b^2)}{4(1+3b^2)} \epsilon^{\mu\nu\rho\sigma} F_{\mu\nu} F_{\rho\sigma} \right]
$$

$$(13.12)$$

这里 $D_\mu \Phi = \partial_\mu \Phi - 4\mathrm{i} A_\mu \Phi$，而 b 是一个额外的实标量场。根据全息理论，这些 $AdS_4 \times SE_7$ 紧致化和处在三维时空的超导体对偶。这里有三个不同寻常的方面立即变得明显。首先，在这个自上而下构造中，低维理论中的有效质量和电荷不再是自由参数：牛顿常数和 $U(1)$ 荷的比值为 1，并且在这些单位下和序参量对偶的 Φ 场携带电荷 $q = 4$ 并具有质量 $m_\Phi^2 L^2 = -2$，其中 AdS 半径 L^2 来自势 $V(b = \Phi = 0) \equiv -\dfrac{6}{L^2}$ 的常数项，而且 $L = 1/2$。在第 10 章我们展示了是这些参量的相对强度决定了一个标量 VEV 是否出现。我们立马可得到的结论是，在一个自下而上的理论中出现的现象，不一定存在于"任意"自上而下的理论中。在这种情形下，结果当然是令人满意的：在这个意义上全息超导是一个物理的现象。第二个发现是，标量场不再是最小耦合的——动能项是非线性 σ 模型中的类型——而且标量场的势在自上而下的构造中也是固定的。此外，实际上这个势依赖于第三个非常规的方面：存在一个额外的实数场 b，能够让势变成动力学变化的。此外，

注意到标量场的范围被分别限制在满足 $|\Phi| < \dfrac{2}{\sqrt{3}}$ 和 $|b| < 1$ 的区域。这些范围

精确对应于 Kaluza-Klein 能隙的存在,而这些能隙的存在允许人们直接忽略场的高阶谐振子模式。当两个场中任一个趋近于达到范围的边界时,能隙都会被关闭,而带来的后果就是低能近似式 (13.12) 不再成立。

　　上述由 Gauntlett 得到的作用量的一个最简单的解描述了一个满足 $b = 0$ 的全息超导体。这个解连接了处在 UV 的 AdS$_4$ 和位于 IR 且带有标量毛的黑洞 (图 13.2),这个解本身已经证实了全息超导体是一种真实的物理现象。尽管上述作用量的形式更加复杂,但它的唯象行为近乎等同于在第 10 章介绍的全息超导的最小自下而上模型。在唯象行为上额外的实数场 b 并没有扮演一个关键的角色,但它确实发挥着作用并产生了一定的后果。正如我们在第 10 章看到的,由于带电黑洞的 AdS$_2$ 半径不同于无穷远处的 AdS$_4$ 半径这一事实,当存在化学势时,即使是一个中性的标量场也能发生凝聚,因此热力学上偏好的解是全息超导体的一个变体,而对于和新的场 b 对偶的算符它也有着非零的 VEV。这个 VEV 可以解释为边界上额外的 $\mathbb{Z}_2$ 对称性破缺,因而在被倾向选择的基态中,通常的 $U(1)$ 和额外的 $\mathbb{Z}_2$ 对称性都发生了破缺。

　　因为最小的超导体仅具有一个单独的 $U(1)$ 对称性,人们能通过对上述理论做一个精确的破坏 $\mathbb{Z}_2$ 对称性的变形来实现这一点。额外的 $\mathbb{Z}_2$ 对称性破缺的全息描述和通常一样。在 AdS 边界附近额外的实数场 b 的解将具有如下普适行为:

$$b(r) = \frac{J_b}{r} + \frac{\langle \mathcal{O} \rangle}{r^2} + \cdots \tag{13.13}$$

按照标准的对偶字典,人们可以通过为场 b 对偶的算符 $\mathcal{O}_b$ 引入一个源 J_b 而实现对理论进行变形,其中源的强度等于对场在边界附近做展开得到的领头阶那一项的系数。这在物理上意味着我们显式地破坏了 $\mathbb{Z}_2$ 对称性;在数学上意味着我们允许场 b 具有满足运动方程的任意构型。这种变形产生的效应就是抑制了超导出现的趋势。这无法通过审视作用量简单地推断出来:几何的效应在中性场 b 的动力学中扮演着重要的角色。一个令人感兴趣的方面是,b 场的变形能够抑制产生超导的热相变一直到 $T = 0$ 时的量子相变。然而,这恰好发生在 b 场在黑洞视界达到它的有效区域的边界时。因此,量子相变属于一个完全不同的领域,即在自洽截断产生由 Gauntlett 得到的作用量的有效成立范围之外。总之,这种自洽截断的自上而下理论具有如图 13.2 所示的相图,相图中存在一个超导穹顶,穹顶的最大值位于 $\mathbb{Z}_2$ 对称的点。当我们对理论进行变形以远离这个点时,临界温度会降至零,这也是自洽截断得到的作用量的有效性的边界。

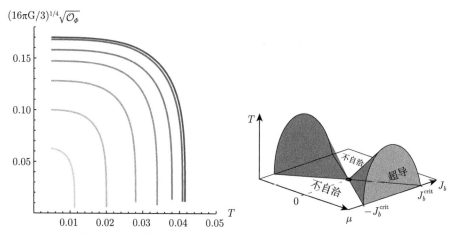

图 13.2 自上而下的全息超导体。(a) 序参量 $\mathcal{O}_\Phi$ 的 VEV 作为温度 T/μ 的函数。不同的曲线对应于对额外的中性算符 $\mathcal{O}_b$ 通过源 J_b/μ 产生的变形的不同值。这抑制了有序态的发生。(b) 自上而下的全息超导体作为温度 T/μ 和源 J_b/μ 的函数得到的相图。图改编自文献 [496] (经 Springer Science and Business Media 许可转载，Copyright 2010, SISSA, Trieste, Italy)

13.1.3 自上而下的全息费米液体

作为下一个例子，让我们考虑费米子在全息自上而下模型中的命运。最直接的 3+1 维自上而下模型已经证实了在第 9 章通过探针近似在 RN 金属发现的非费米液体的费米子谱函数 [362,363]。从只有当 RN 金属已经不稳定且倾向相变为第 11 章介绍的电子星解时这些谱函数才会出现的直觉来看，这也间接证实了电子星解的存在，尽管人们还尚未对在自上而下模型中出现的引力反作用效应进行详细研究。

最直接的 3+1 维模型是独特的在 7 维球上被紧致化的 10+1 维超引力理论。由于 7 维球 S^7 的高度对称性，产生的 Kaluza-Klein 紧致化理论是唯一的 $\mathcal{N}=8\,\mathrm{AdS}_4$ 超引力理论。这个理论有一个 $SO(8)$ 规范对称性，而这个对称性是 7 维球的等度规群在 3+1 中的体现。对我们而言真正重要的是该理论包含了 56 种 Majorana 费米子 χ_{ijk}，并且这些费米子按照 $SO(8)$ 的 56 种表示进行变换；这里的三指标 ijk 是全反对称的，并且它们取值 $i,j,k,=1,\cdots,8$。这个理论也拥有 8 个独立的 "矢量–旋量" $\psi_{\mu i}$，这些 "引力微子" 是作为局域超对称的规范场的引力子的自旋为 3/2 的超对称伴子。此外还存在 70 个标量 $\phi_{ijkl}=\dfrac{1}{4!}\epsilon_{ijklmnpq}\phi_{mnpq}$，但它们在后续讨论中不起作用。设定所有的标量和费米子都为零，作用量就变成了 Einstein-Yang-Mills 作用量，

$$\mathcal{L}=\frac{1}{16\pi G}\left(R+\frac{6}{L^2}-\frac{1}{2}\mathrm{Tr}F^2\right) \tag{13.14}$$

这里 $F_{\mu\nu}^{ij}$ 是 $SO(8)$ 规范场的场强。在 A_μ^{12} 生成的 $SO(2) \sim U(1)$ 中，该理论具有一个直接的 AdS Reissner-Nordström 解。为了研究在这个解的背景上的涨落，幸运的是，人们只需要研究整个作用量的二次项部分。整个作用量是非常复杂的，但如果只关心 Majorana 费米子的作用量中的二次项，其作用量可写成如下形式：

$$\mathcal{L}_{\text{spin } 1/2} = -\frac{1}{12}\bar{\chi}^{ijk}\left(\gamma^\mu \overrightarrow{D}_\mu - \overleftarrow{D}_\mu \gamma^\mu\right)\chi_{ijk} - \frac{1}{2}\left(F_{\mu\nu ij}^{+}S^{ij,kl}O^{+\mu\nu kl} + \text{h.c.}\right) \tag{13.15}$$

这里 $D_\mu \chi_{ijk} = \nabla_\mu \chi_{ijk} + \frac{3}{\sqrt{2}L}A_\mu^{\ m}{}_{[i}\chi_{jk]m}$，而 $S^{ij,kl} = \delta_j^i \delta_l^k - \delta_j^k \delta_l^i$，以及算符 $O^{+\mu\nu kl}$ 代表自旋为 $1/2$ 的费米子和引力微子之间的泡利耦合，

$$O^{+\mu\nu kl} = -\frac{\sqrt{2}}{144}\epsilon^{ijklmnpq}\bar{\chi}_{klm}\sigma^{\mu\nu}\chi_{npq} - \frac{1}{2}\bar{\psi}_{\rho k}\sigma^{\mu\nu}\gamma^\rho \chi^{ijk} + \text{``}\psi_{\rho k}^2\text{''-terms} \tag{13.16}$$

这里 $\sigma^{\mu\nu} = \frac{1}{4}[\gamma_\mu, \gamma_\nu]$。复杂性来自 RN 背景上的泡利耦合非零。出于这个原因，式 (13.16) 中的第二项能将费米子和引力微子耦合在一起。幸运的是，情况并非如此[362,363]。在这个特定的带电 RN 背景下，56 个费米子 χ_{ijk} 中的 $i, j, k = 3, \cdots, 8$ 的 20 个在由 A_μ^{12} 生成的转动下不带电；6 个费米子 χ_{12k} 也同样如此。仅包含 1 和 2 的其中一个指标的其余 30 个费米子在规范场产生的规范变换下是带电的。现在让我们重新审视一下泡利耦合，通过观察就能直接发现它只影响 6 个电中性费米子 χ_{12k}。然而，为了在全息上探测对偶理论中的费米面是否存在，我们感兴趣的是 30 个带电的费米子。因此，我们不需要担心引力微子和费米子的混合，并且只需要继续处理这 30 个费米子。若写成复数的形式，则这 30 个费米子形成了 15 个复旋量 $\chi_{1jk} + \chi_{2jk}$, $j, k = 3, \cdots, 8$。这些复旋量满足适用于携带电荷 $q = \frac{1}{\sqrt{2}L}$ 的无质量费米子的传统的 Dirac 场方程：

$$\Gamma^\mu(\nabla_\mu - \mathrm{i}q a_\mu)\chi = 0 \tag{13.17}$$

我们再一次看到，在自上而下构造中，之前的自由参数在这里被固定下来。现在我们参考第 9 章的结果对低温 T/μ 下费米面的存在性进行验证。对于这个电荷值和质量值，人们发现了狄拉克方程的一个可归一化模式，和对偶场论在 $k_\text{F} \sim 0.9185$ 位置存在一个费米面相对应。在检查色散关系和宽度时，人们发现这种费米液体包含非费米液体激发，并且 $\nu_{k_\text{F}} \simeq 0.2393$[362,363]。

方框 13.1   共形于 AdS$_2$ 的金属

在第 8 章我们展示了，和具有广延的基态熵的普通的极端 RN 金属相比，共形于 AdS$_2$ 的金属怎样成为一种几乎可以肯定更为可靠的描述局域量子指界性的模型。此外，这个具体的解也能通过自上而下构造进行验证[321]。正如之前一样，出发点就是在 7 维球 S^7 上被紧致化的 10+1 维超引力理论。这个理论的 Kaluza-Klein 约化是唯一的具有 $SO(8)$ 规范对称性的 $\mathcal{N}=8$ 超引力理论[54]。$SO(8)$ 的嘉当子群是 $U(1)^4$，那原则上对于每一个 $U(1)$ 对称性，这个理论都有一个带不同电荷的黑洞解与之对应[497,498]。技术层面的问题是 Yang-Mills 作用量包含了和 70 个标量场的非最小耦合，简单示意如下：

$$\mathcal{L} = \cdots - \frac{1}{4} F_{\mu\nu ij} \left(2 S^{ij,kl}(\phi) - \delta_j^{[i} \delta_l^{k]} \right) F^{\mu\nu}{}_{kl} \tag{13.18}$$

这里 $S^{ij,kl}(\phi) = \delta_j^{[i} \delta_l^{k]} +$ "ϕ_{ijkl}" $-$ terms。为了建立一个自洽截断，我们总是能把带电的场设为 0。然而，作用量中还存在三个中性标量场。将四个 $U(1)$ 对称性的生成元分别选为 $A_\mu^{12}, A_\mu^{34}, A_\mu^{56}$ 及 A_μ^{78}，这三个标量场就是[497]

$$\lambda_1 = \phi_{1234} + \phi_{5678}, \quad \lambda_2 = \phi_{1256} + \phi_{3478}, \quad \lambda_3 = \phi_{1278} + \phi_{3456} \tag{13.19}$$

回忆之前提到的内容，只有携带完全反对称的 $ijkl$ 指标的 $\phi_{ijkl} + \dfrac{1}{4!} \epsilon_{ijklmnpq} \phi_{mnpq}$ 组合代表物理的自由度。爱因斯坦引力加上四个 $U(1)$ 对称性和三个中性标量场就可以形成一个自洽截断，截断后产生的作用量形式如下：

$$\mathcal{L} = R - \frac{1}{2}(\partial \lambda_i)^2 - \frac{2}{L^2} \sum_i \cosh \lambda_i - 2 \sum_{A=1}^4 \exp^{\alpha_A^i \lambda_i} (F_{\mu\nu}^{(A)})^2 \tag{13.20}$$

其中

$$\alpha_A^i = \begin{pmatrix} 1 & 1 & -1 & -1 \\ 1 & -1 & 1 & -1 \\ 1 & -1 & -1 & 1 \end{pmatrix} \tag{13.21}$$

带单个电荷的简单 Reissner-Nordström 黑洞，即式 (13.14)，实际上是在所有四个 $U(1)$ 对称性下带相同电荷的黑洞。在这种情形下关于 λ_i 的运动方程

$$\Box \lambda_i - \frac{2}{L^2} \sinh \lambda_i - 2 \sum_A \alpha_A^i e^{\alpha_A^i \lambda_i} (F_{\mu\nu}^{(A)})^2 = 0 \tag{13.22}$$

退化到

$$\Box\lambda_i - \frac{2}{L^2}\sinh\lambda_i - 2\big(F_{\mu\nu}^{(\mathrm{diag})}\big)^2\sum_{A=1}^{4}\alpha_A^i\mathrm{e}^{\alpha_A^i\lambda_i} = 0$$

因为 $\sum_{A=1}^{4}\alpha_A^i = 0$，这就使得 $\lambda_i = 0$ 也是关于 λ_i 的运动方程的一个解。因而，在带有四个相等 $U(1)$ 荷的背景下，标量场可以被自洽地设为零。

共形于 $\mathrm{AdS_2}$ 的金属来源于一个类似的想法。现在考虑一个黑洞，它在第一个 $U(1)$ 对称性下不带电荷，即 $F_{\mu\nu}^{(1)} = 0$，但在其余三个 $U(1)$ 对称性下携带三个相等的电荷，即 $F_{\mu\nu}^{(2)} = F_{\mu\nu}^{(3)} = F_{\mu\nu}^{(4)} \equiv F_{\mu\nu}^{(\mathrm{three-ch})}$。关于 λ_i 的运动方程变成了

$$\Box\lambda_i - \frac{2}{L^2}\sinh\lambda_i - 2(F_{\mu\nu}^{(\mathrm{three-ch})})^2\sum_{A=2}^{4}\alpha_A^i\mathrm{e}^{\alpha_A^i\lambda_i} = 0 \qquad (13.23)$$

通过对 3×3 矩阵 α_A^i 做对角化，这里 $A = 2,\cdots,4$，很容易证明由条件 $\lambda_1 = \lambda_2 = \lambda_3$ 可求解出三个运动方程中的两个，而剩下的一个方程是

$$\Box\lambda - \frac{6}{L^2}\sinh\frac{\lambda}{3} + 12\Big(F_{\mu\nu}^{(\mathrm{three-ch})}\Big)^2\mathrm{e}^{-\lambda/3} = 0 \qquad (13.24)$$

把第一个 $U(1)$ 荷为零而其余三个荷相等以及三个中性标量场相等这些限制条件直接代入作用量，人们马上就能得到

$$\mathcal{L} = R - \frac{1}{6}(\partial\lambda)^2 + \frac{6}{L^2}\cosh\frac{\lambda}{3} - 2\mathrm{e}^{-\lambda/3}(F_{\mu\nu})^2 \qquad (13.25)$$

把变量改成 $\phi = \lambda/\sqrt{3}$，$\tilde{A}_\mu = 2\sqrt{2}A_\mu$ 之后，这个作用量与荷共形于 $\mathrm{AdS_2}$ 的金属的作用量 (8.58) 相同 [321]。

13.2 从相交 Dp/Dq 膜出发的探针膜全息

在 13.1 节讨论的直接的自上而下构造中，弦理论的起始组态总是挑选出单一类型的 D 膜。然后，这类 D 膜的集体模式的低能描述和相同设定下闭弦描述的近视界极限对偶。然而，在弦论中人们可以自由地构建更复杂的 D 膜设定，以此作为出发点。尤其是可以同时拥有不同类型的 D 膜，并且它们甚至可能会相交。从这样的膜构型出发并且遵循和上述相同的步骤，就产生了一类全新的特殊 AdS/CFT 对应对，称为"探针膜全息"。为了理解这些探针膜的自上而下构造，我们需要知道一些与 D 膜有关的额外信息。在第 4 章我们已经了解到应该把 D 膜看作孤子，

其中孤子的集体模式和终止在膜上的开弦对应。在平直空间中，这些集体模式的其中之一往往是由平移对称性破缺产生的 Goldston 零模。这个 Goldston 零模的作用量是同时由时空坐标变换和 Dp 膜表面的局域坐标变换的不变性所唯一确定的。我们通过在时空坐标 $X^\mu(\xi^i)$ 中嵌入一套局域坐标 ξ^i，对由位于 9+1 维时空的 Dp 膜张开形成的面进行参数化，其中 $i = 1, \cdots, p$ 而 $\mu = 0, \cdots, d+2$，这类似于粒子的世界线通过时空中的一条单参数曲线 $x^\mu(\tau)$ 来定义，也类似于一根弦被 $X^\mu(\tau, \sigma)$ 参数化，这里 τ, σ 代表世界面上的局域坐标 (参考式 (4.35))。然后，Goldstone 零模唯一的作用量就变成了

$$S_{\mathrm{D}p} = -T_p \int \mathrm{d}\xi^{p+1} \sqrt{-\det g_{\mu\nu}(X(\xi)) \frac{\partial X^\mu(\xi)}{\partial \xi^i} \frac{\partial X^\nu(\xi)}{\partial \xi^j}} \ + \cdots \quad (13.26)$$

这里 T_p 是 Dp 膜的张力 (能量密度)。参数化 Dp 膜的集体模式的开弦的一个关键性质是，它也包含了一个沿着膜的表面方向的规范场激发，意味着这个规范场的场强 F_{ij} 和诱导度规 $g_{ij} = g_{\mu\nu}(X)\partial_i X^\mu \partial_j X^\nu$ 在 Dp 膜局域坐标变换下以相同的方式变换，因而存在一种非常自然的方式将规范场的动力学添加到作用量上面，

$$S_{\mathrm{D}p} = -T_p \int \mathrm{d}\xi^{p+1} \sqrt{-\det \left(g_{\mu\nu}\partial_i X^\mu \partial_j X^\nu + 2\pi\alpha' F_{ij} \right)} \ + \cdots \quad (13.27)$$

我们已经包含了一项 $2\pi\alpha'$，这里 α' 具有长度平方的量纲，以保证场强 F_{ij} 具有标准的标度维数。实际上这个作用量不是由坐标变换不变性确定的，而是由我们在第 4 章提到的弦论中的 T 对偶对称性完全确定 [499]。本质上 T 对偶指的是人们能够像对 $\partial_i X^\mu$ 所做的那样以相同的方式思考规范场动力学 A_i，前者即 $\partial_i X^\mu$ 描述了开弦的端点是怎样试图去移动 Dp 膜的，而后者即 A_i 是沿着 Dp 膜运动的开弦的端点。

式 (13.27) 是受动能在狭义相对论中的推广启发得到的一个著名的电动力学的非线性推广作用量，被称为 Dirac-Born-Infeld(DBI) 作用量。此作用量最早是由 Born 和 Infeld 在 20 世纪 30 年代提出 [500,501]，目的是消除在经典电动力学中点电荷无穷大的自能。当选择一个平庸的嵌入 $\partial_i X^\mu = \delta_i^\mu$，并且按 $\alpha' F \ll 1$ 对 DBI 作用量做展开，就回到了标准的 Maxwell 作用量，

$$\begin{aligned} S_{\mathrm{DBI}} &= -T_p \int \mathrm{d}^{p+1}x \sqrt{-\det(\eta_{ij} + 2\pi\alpha' F_{ij})} \\ &= -T_p \int \mathrm{d}^{p+1}x \left[1 + \frac{(2\pi\alpha')^2}{4} F_{\mu\nu}F^{\mu\nu} + \cdots \right] \end{aligned} \quad (13.28)$$

并且耦合常数 $g^2 = 1/(2\pi\alpha')^2 T_p$。探针膜构造的两个关键性质之一就是有效作用量的非线性。让我们首先展示一下如何在全息上利用这种非线性的性质来计算对

偶场论里的非线性响应。随后我们将会讨论相交 D 膜模型的其他重要特征：从相交 Dp/Dq 膜推断出边界场论的具体形式是非常直接的。这使得在一个"味"全息超导体的序参量和由 UV 费米子形成的对算符之间建立明确而无歧义的联系成为可能。

方框 13.2　弦论中的 Dirac-Born-Infeld 作用量及其非阿贝尔推广

从根本上而言，D 膜的低能世界体作用量可以直接从弦散射振幅计算得到 [502,503]，见教科书 [171,172]。该作用量的一个强大之处就是它清晰展示了开弦场是怎样耦合上闭弦场的，而这能通过如下事实直接阐明，即开弦在时空中运动，而以引力子形式存在的时空本身的激发是闭弦激发。除引力子之外，一个微扰的 9+1 维近平直空间的弦论也具有对应着反对称张量 "Kalb-Ramond" 场 $B_{\mu\nu}$、被称为伸缩子的标量场 Φ 以及被称为 Ramond-Ramond 场的众多反对称 $(0,q)$ 型张量场 $C^{(q)}_{\mu_1\mu_2\cdots\mu_q}$ 的无质量玻色激发态。

在所有这些场的导数都很小而场本身不需要很小的极限下，Dp 膜无质量激发态的不包含所有与无质量玻色闭弦场耦合的整个非线性 DBI 作用量是

$$S_p = -T_p \int \mathrm{d}^{p+1}\xi \mathrm{Tr}\left[\mathrm{e}^{-\phi}\sqrt{-\det(g_{ij} + B_{ij} + 2\pi\alpha' F_{ij})}\right]$$
$$-\mathrm{i}\mu_p \int \mathrm{e}^{B+2\pi\alpha' F}\sum_{q=0}^{p} C^{(q)} \tag{13.29}$$

这里出于方便我们使用了简写记号 $g_{ij} = g_{\mu\nu}\partial_i X^\mu \partial_j X^\nu$ 以及 $B_{ij} = B_{\mu\nu}\partial_i X^\mu \partial_j X^\nu$，并且对于 Ramond-Ramond 场 $C^{(q)}$ 也同样。最后一项是应该按照下面的内容来进行理解的类 Chern-Simons 项。每一个场都是反对称张量场 $B = B_{ij}\mathrm{d}\xi^i \mathrm{d}\xi^j, C^{(q)} = C^{(q)}_{i_1 i_2 \cdots i_q}\mathrm{d}\xi^{i_1}\mathrm{d}\xi^{i_2}\cdots\mathrm{d}\xi^{i_q}$，而场的指数函数 $\mathrm{e}^{B+2\pi\alpha F}$ 应该被展开到刚好包含 $p-q$ 项 $\mathrm{d}\xi^i$，因为展开得到的这些项和 $C^{(q)}$ 共同形成了一个可以被积的不变测度。最后，$T_p = 2\pi/(4\pi^2\alpha')^{(p+1)/2}$ 定义了 D 膜的张力，而 $\mu_p = 2\pi/(4\pi^2\alpha')^{(p+1)/2}$ 代表了 Dp 膜在 $C^{(p)}$ Ramond-Ramond 场下对应的荷。注意到这两个表达式是相等的，这就是超对称的后果。Dp 膜是一个 Bogomol'nyi-Prasad-Sommerfield(BPS) 物理对象，它的能量使 BPS 下限 $E \geqslant Q$ 达到饱和，也即 $E = Q$。因此，两张 Dp 膜之间的引力吸引相互作用精确平衡了它们携带的 Ramond-Ramond 荷之间的排斥相互作用。

在第 4 章，我们讨论了弦理论中 D 膜有效作用量的一个最令人感兴趣的特征。当两个或多个相同类型的 D 膜被重叠堆置在一起时，在它们之间拉伸的弦变成了无质量弦，并且这些无质量自由度的一部分把规范对称性从 $U(1)$ 提升到了 $U(N)$, N 等于 D 膜的数目。一个令人感到奇怪的事实是这种矩

阵的提升也适用于集体平移模式。N 个独立的平移模式 $X_a^{\mu\perp\xi^i}$ 变成了一个 $N \times N$ 的矩阵场 $X^{\mu\perp\xi^i}$，这里的指标 $a = 1, \cdots, N$。考虑到它的起源，显然 $U(N)$ 变换是对原始 D 膜的一次重新标记，因而现在这个矩阵值场 $X^{\mu\perp\xi^i}$ 在 $U(N)$ 规范对称性下是带电的。然而，想要立即写下作用量却不再可能。因为矩阵乘积不对易，非阿贝尔 DBI 作用量就存在排序的模糊性 [504]。直到现在，精确排序的问题依然没有得到解决，但在大多数情形我们可以考虑使用完全对称的排序，然后就得到了在平直空间中的非阿贝尔 DBI 作用量

$$
S_p = - T_p \text{STr} \int \mathrm{d}^{p+1}\xi \, \text{Tr}\left[\mathrm{e}^{-\phi}\sqrt{-\det(\eta_{\mu\nu}D_iX^\mu D_jX^\nu + B_{ij} + 2\pi\alpha'F_{ij})} \right]
$$
$$
- \mathrm{i}\mu_p\text{STr} \int \mathrm{e}^{B+2\pi\alpha'F} \sum_{q=0}^{p} C^{(q)} \tag{13.30}
$$

其中 $D_iX^{\mu\perp\xi} = \partial_iX^\mu - \mathrm{i}[A_i, X^\mu]$，并且符号 "STr" 表示 "在对作用量中的平方根做展开后取对称的迹"。

当两种不同类型的 D 膜被堆叠放置时，如果 "非公有方向" 的数目是 4 的倍数，那么将存在额外的无质量态。"非公有方向" 指的是只有一个 D 膜延伸进入的维度。虽然这些无质量态不给出增强的规范对称性，但却给出了两套常规的电场。第一套电场按照一个 D 膜的规范群的矢量 (即基础) 表示以及另一个 D 膜的规范群的共轭矢量表示进行变换，另一套电场的变换方式则正好相反。特别地，对于 p 严格小于 q 的 Dp/Dq 膜体系，并且满足 Dq 膜平行于 Dp 膜并在 Dp 膜的背景上，但 Dq 膜相较于 Dp 膜多了 $q - p = 4n$ 个可延伸的维度，在公有的 $p+1$ 个维度，场的组成包括了一个 $U(N_p)$ 规范场、一个 $U(N_q)$ 规范场、在 $U(N_p)$ 的伴随表示下的 $q - p$ 个标量场、在 $U(N_q)$ 的伴随表示下的 $q - p$ 个标量场和一个在 $(N_p, \bar{N}_q)$ 表示下的复标量场以及它在 $(\bar{N}_p, N_q)$ 表示下的复共轭。

在最基本的全息设定中，线性化的 DBI 作用量的低能动力学变成了边界上的场论，例如 Maldacena 的标准例子。在全息里保留 DBI 作用量的非线性部分的一个技巧就是在原始的弦理论设定中把这个作用量设定为一个额外的 $N_f = 1$ 或 $N_f = 2$ 的 "味" Dq 膜的有效作用量，加上很大的 N_c 张 Dp 膜，其中开弦—闭弦对偶可以被应用到 Dp 膜的低能/近视界极限 [491]。在 $N_c \gg N_f$ 这一极限下，N_f 张探针膜对几何的反作用完全可以被忽略。因此，在 N_c 张 Dp 膜的闭弦低能近似下，我们依然有式 (4.39) 中那样的极端带电类黑膜度规。在这个背景下，我们现在可以将额外的 N_f 张 Dq 膜处理为探针。因为非线性的 DBI 作用量蕴含了梯度很小时与整个闭弦场的耦合，但并没有限制到小的扰动，极端的 N_c 黑膜背景

能被代入 DBI 作用量,进而得到 N_f 张 Dq 膜的低能自由度的整个非线性作用量。

然后,由此产生的动力学就会依赖于原始的 Dp 膜和 Dq 膜如何相对于彼此定向。一个直接的设定就是把它们选成在 $p+1 < q+1$ 个维度上平行,其中 Dq 膜相较于 Dp 膜多了 $q-p$ 个可延伸的方向。这种情况通常被总结在一张表格内,对于 D3/D7 膜具体情况如下所示:

	x^0	x^1	x^2	x^3	x^4	x^5	x^6	x^7	x^8	x^9
N_c D3	x	x	x	x						
N_f D7	x	x	x	x	x	x	x	x		

一旦对 D3 膜取近视界极限,四个方向 x^0, x^1, x^2, x^3 和 $x^4, x^5, x^6, x^7, x^8, x^9$ 维度的径向方向共同形成了一个 AdS$_5$ 空间。因为 $x^4, x^5, x^6, x^7, x^8, x^9$ 方向的极坐标也包含了 x^4, x^5, x^6, x^7 方向的极坐标,所以这个径向方向包含了沿着 D7 膜其余四个维度的径向方向。因而,除了共享边界的 3+1 个维度之外,D7 膜将以某种形式延伸进入 AdS 的径向方向。我们很快就将看到这个沿着径向方向的嵌入是如何被决定的。D7 膜的其他三个维度张开形成一个三维球,处于由 $x^4, x^5, x^6, x^7, x^8, x^9$ 产生的五维球内部。D7 膜有两种定性上不同的方式来实现这一点。一种方法就是在初始设定中把 D3 膜和 D7 膜都放置在 x^8, x^9 方向的原点。然后,很明显的是,当人们沿着 D7 膜的径向方向向外移动时,就没有什么特别的事情发生。因此,这种黑膜嵌入对应着 D7 膜不沿着 S^5 移动的构型 (图 13.3)。另一方面,如果在原始设定中让 D7 膜在 x^8-x^9 平面内的位置远离 D3 膜,然后当我们从 D3 膜开始向外走时,就会发现一块满足 S^5 内没有膜存在的区域。只有在稍微更远的距离才会遇到 D7 膜,并且 D7 膜在每一点上都卷曲着 S^5 的一个 S^3 部分。这并不意味着 D7 膜的表面突然出现或者它是不连续的。美妙之处在于,这能通过让 D7 膜开始卷曲 S^3 的起始点正好和 S^5 的北极点或者南极点重合来光滑实现,就像人们能在球体表面滑动一根橡皮筋一样,采用的是完全相同的方式 (图 13.3)。这被称为闵可夫斯基嵌入。这两种嵌入的细节放了在方框 13.3 中。

与这些 D3/D7 膜组态对偶的场论的具体形式可直接由膜上的开弦激发得到。所得结论是,一方面,人们拥有一个和 D3 膜相关的强耦合大 N_c 规范理论;另一方面,对偶场论中不存在内禀的 D7 膜动力学,这仍然仅仅在引力中的 DBI 作用量体现,但是这与 D7 膜被视作探针的事实是完全自洽的。然而,这些部分确实会通过 D3 膜和 D7 膜之间延展的开弦发生相互作用。因为这些开弦在 D3 膜上有一个端点,所以它们携带了一个取值范围是 $1, \cdots, N_c$ 的指标:这些指标按大 N_c 规范群的矢量表示进行变换。另一个端点落在了 N_f 张 D7 膜的其中之一,因此在矢量的 N_c 表示中存在 N_f 个不同的物质的味种类。通过在 AdS 场的边界值和对偶场论中的算符之间的标准 GKPW 关系,D7 膜自由度在 AdS 中的动力

学能够被解释为矢量带电物质组成的 N_f 个味的对偶描述。正如图 13.4 中的几何
示意图所阐释的，这些味的对偶描述包含了在 D3 膜和 D7 膜之间延展的弦的动
力学。尤其是，在体时空的 DBI 作用量中出现的规范场是边界上整体 $U(N_f)$ 味
对偶称性的对偶。

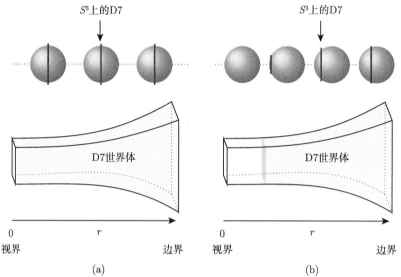

图 13.3　两种定性上不同的 D7 膜嵌入。从 (a) 中我们看到，当 N_f 张 D7 膜被放置在很大的
N_c 张 D3 膜的背景上时，AdS 构型出现。在这种黑膜嵌入构型，由 D7 膜在 D3 膜附近的 S^5
内延展产生的 S^3 的位置不沿径向方向发生改变。在这种情况下，D7 膜的世界体填满了整个
AdS。另外，如果 D7 膜和 D3 膜之间稍微有一段距离，那么只有当人们离 D3 膜的内部位置
足够远的时候才会出现在 S^5 上。这种闵可夫斯基嵌入如 (b) 所示。与黑膜嵌入不同的是，在
闵可夫斯基嵌入中 D7 膜的世界体仅填充了 AdS 的一部分。尽管如此，通过让由 D7 膜张开
产生的紧致 S^3 的半径从零开始能够光滑实现这一点：在 AdS 的边界，D7 膜位于 S^3 的北极
点或南极点

方框 13.3　探针膜的黑膜嵌入和闵可夫斯基嵌入

在此我们将具体地展示 D3/D7 膜系统的两种可能的嵌入是如何出现的。
现在暂时忽略 Maxwell 场的动力学，也即我们正在考虑的是在零密度以及有
限温度的膜嵌入。

构造探针 D7 膜作用量的一种方便的方法就是选择一个物理嵌入把 D7
膜世界体上的 7 个局域坐标设置为 $\mathrm{AdS}_5 \times S^5$ 的时空坐标。我们写出如下
度规：

$$ds^2 = \frac{r^2}{L^2}\Big(-dt^2 + dx_1^2 + dx_2^2 + dx_3^2 \Big) + \frac{L^2}{r^2}dr^2 + L^2 d\Omega_5^2 \tag{13.31}$$

这里 $d\Omega_5^2$ 是球 S^5 上的球面度规。对这个度规做如下参数化:

$$d\Omega_5^2 = d\theta^2 + \sin^2\theta d\Omega_3^2 + \cos^2\theta d\phi^2 \tag{13.32}$$

D7 膜将卷曲一个三维球 $d\Omega_3^2 = d\chi_1^2 + \sin^2\chi_1\Big(d\chi_2^2 + \sin^2\chi_2 d\chi_3^2 \Big)$。因此，它的位置在由其余两个方向 (θ,ϕ) 张开的坐标系中的一个点。我们选取的物理嵌入是

$$\Big(\xi^0, \xi^1, \xi^2, \xi^3 \Big) = \Big(x^0, x^1, x^2, x^3 \Big), \quad \xi^4 = r, \Big(\xi^5, \xi^6, \xi^7 \Big) = \Big(\chi_1, \chi_2, \chi_3 \Big) \tag{13.33}$$

然后，对称性严格限制了剩下的坐标仅依赖于 r。将这个拟设代入 DBI 作用量并且把规范场设为零，我们就得到了

$$S_{\text{DBI}} = -T_7 \text{Vol}_{S^3} \text{Vol}_{\mathbb{R}^{3,1}} \int dr\, r^3 \sin^3\theta \sqrt{1 + r^2(\partial_r\theta)^2 + r^2\cos^2\theta(\partial_r\phi)^2} \tag{13.34}$$

根据对称性我们也能设置 $\partial_r\phi = 0$，那么我们有

$$S_{\text{DBI}} = -T_7 \text{Vol}_{S^3} \text{Vol}_{\mathbb{R}^{3,1}} \int dr\, r^3 \sin^3\theta \sqrt{1 + r^2(\partial_r\theta)^2} \tag{13.35}$$

通过定义 $\chi = \cos\theta$ 作为新的动力学变量，DBI 作用量就变成了

$$S_{\text{DBI}} = -T_7 \text{Vol}_{S^3} \text{Vol}_{\mathbb{R}^{3,1}} \int dr\, r^3 (1-\chi^2)\theta\sqrt{(1-\chi^2) + r^2(\partial_r\chi)^2} \tag{13.36}$$

我们能直接看到在边界附近

$$\chi = \frac{m}{r} + \frac{c}{r^3} + \cdots \tag{13.37}$$

这里 m 和 c 分别代表源 (质量) 和味算符的 VEV。式 (13.36) 的数值解可以在文献 [505] 中找到，但其实我们可以从定性层面来理解系统的动力学。$\theta(r)$ 的解正好是 (θ, r) 平面内在一些固定的边界值 $\theta_c = \pm\arccos\chi$ 处起始和终止的曲线。这和我们在第 6 章以及方框 6.4 研究的 Wilson-线嵌入几乎是完全类似的。$\theta(r)$ 存在两类定性上不同的解。第一类解的两端从 θ_c 和 $-\theta_c$ 处向内垂落在视界上；而另一类解，两端连接成了一条闭合曲线，曲线内部沿径

向向内延伸直到某个最小值 r_{min}，即沿径向向内接触到的最深位置。人们也很容易理解哪一类解是热力学所偏好的。$\chi \equiv \cos\theta = \dfrac{m}{r} + \dfrac{c}{r^3} + \cdots$ 的边界值和最轻的开弦质量对偶。如果 $T \ll m$，那么解应该不依赖于温度。这将是和闭合曲线相关的情形。如果 r_{min} 被认为比视界的尺度更大，那这类解的动力学本质上是不受影响的。另外，当 $T \gg m$ 时，质量的变化应该是无关紧要的。所以在本质上此时的解回到了无质量解，而对于这种情形我们知道 $\theta = $ 常数的黑膜解是正确的构型。

就像在那个 Wilson 圈的例子，构型的这种变化和一个 (一阶) 退禁闭相变有关。当 $T \ll m$ 时，我们得到一个由在探针膜和大 N_c 个膜之间来回拉伸形成的禁闭的"介子"系统。当 $T \gg m$ 时这些介子可以退禁闭，它们融化了，并且每一个组分都由独立的弦来描述。

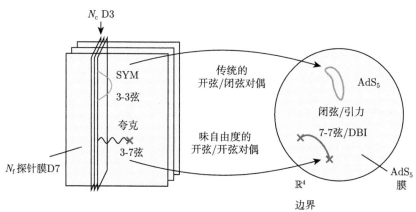

图 13.4 探针膜全息的示意图。出发点 (左边) 是一个相交的 $N_c\mathrm{D}p/N_f\mathrm{D}q$ 膜构型。在 $N_f \ll N_c$ 的探针极限下，由开弦/闭弦对偶产生的闭弦几何是由 N_c 张 $\mathrm{D}p$ 膜控制的。在这人们可以在相交膜上取和低能极限对偶的 Maldacena 近视界极限进而产生 AdS/CFT 对应。因为闭弦几何仅由 N_c 张 $\mathrm{D}p$ 膜控制，AdS 一侧 (右边) 就是传统的 AdS_{p+2} 时空。在不同膜之间拉伸的 p-q 弦和在 $\mathrm{D}q$ 膜之间拉伸的 q-q 弦，它们两者的味物理都由 AdS 时空背景中的 Dirac-Born-Infeld 作用量描述。图改编自文献 [507]

此外，还存在一类完全不同的边界物理，能够使用探针膜对其进行描述。我们也可以考虑边界理论中的一个"缺陷"，例如一个 $0 + 1$ 维的杂质，或者嵌在 $3 + 1$ 维时空中的一个 $2 + 1$ 维畴壁，这样一种缺陷理论可以通过 D 膜并非被平行放置而是相交的系统来描述。在从低能/近视界极限出发构造全息对偶对之后，D 膜的交点本身将对偶于边界上的缺陷。在 13.2.3 节中，这将在类 Kondo 耦合的杂质物理的全息实现中得到更加详细的阐释。现在让我们直接具体到一个点杂质的简单情形——高维缺陷可以通过相同的基本逻辑构建得到。对于点缺陷，考虑 N_f 张 D5 膜和 N_c 张 D3 膜相交在一点，即它们仅共有一个时间方向。展示相交情况的表格如下所示：

	x^0	x^1	x^2	x^3	x^4	x^5	x^6	x^7	x^8	x^9
N_c D3	x	x	x	x						
N_f D5	x					x	x	x	x	

我们尚未涉及是什么决定了我们对 N_f 张 Dq 膜的维数的选择。这依赖于人们希望建模的对偶场论中的低能动力学的精确形式，以及来自弦论的限制。最基本的限制就是任意弦论的设定，要么被奇数维的膜 (IIB 型弦论) 标志，要么是偶数维的膜 (IIA 型弦论)。各种弦论的另一个公共特征就是"非公有"维度的数目是 4 的倍数。注意到非公有方向的数目不一定就是 $|q-p|$：举个例子，在 D3/D7 膜设定中这些非公有方向就对应着四个方向 x^4, x^5, x^6, x^7，然而在"Kondo"D3/D5 膜设定中，非公有方向就对应着八个方向 $x^1, x^2, x^3, x^4, x^5, x^6, x^7, x^8$。非公有维度的数目应该是 $4n$ 的这个要求起源于如下事实，即只有当满足这个条件时，在两张不同的膜之间拉伸的弦才确实携带无质量自由度[171,172]。这种构型经常具有超对称，但和往常一样，在实际情况中这一点会被忽略，并且人们可以把注意力只集中在玻色自由度或者费米自由度。当这些条件得到满足时，人们就可以继续往前，利用剩下的自由度去"设计"一个特定的探针膜全息对偶，而目标就是能够研究他们感兴趣的边界场论。然而，这涉及对弦理论结构的一个更深刻的理解和认识，而那远远超出了本章的范畴，我们建议读者阅读相关方面的文献。

13.2.1　全息的味输运

在之前的章节，即第 12 章，我们已经知道具有平移不变性的有限密度体系在零频率下不能存在任何耗散的流响应。然而，原则上我们可以利用探针膜设定来规避这条规则。原因就是，在 N_f 个味对称性下带电的探针自由度的动量能够被转移到和 N_c 个矩阵值场相关的不带电自由度的"大浴场"。因为我们没有考虑或计入任何探针膜的反作用，它们的动量可以"丢失"，而这就是一种通过计算能非常有效地实现"热浴"耗散的方式[506]。在这个具体耗散机制下的底层物理显然和我们在前面章节讨论过的动量弛豫类型截然不同，并且这也反映在输运性质的行为上。

我们考虑以前面讲到的 D3/D7 系统作为一个具体的例子。为了计算边界上的物理性质，我们首先需要填充更多的一些细节。因为 N_f 张 D7 膜被看成探针，作为背景的 AdS 几何完全由大 N_c 张 D3 膜的场论的对偶完全决定。在有限温度

下这个背景几何就变成了 $AdS_5 \times S^5$ 中的标准 Schwarzschild 黑洞，

$$ds^2 = \frac{r^2}{L^2}\left[-f(r)dt^2 + dx_1^2 + dx_2^2 + dx_3^2\right] + \frac{L^2}{r^2 f(r)}dr^2 + L^2 d\Omega_5^2 \tag{13.38}$$

其中黑化因子为

$$f(r) = 1 - \frac{r_0^4}{r^4} \tag{13.39}$$

这里 $d\Omega_5^2$ 是球面 S^5 上的度规。我们能对这个度规做如下参数化：

$$d\Omega_5^2 = d\theta^2 + \sin^2\theta d\Omega_3^2 + \cos^2\theta d\phi^2 \tag{13.40}$$

就像在方框 13.3 所描述的，D7 膜将卷曲三维球 $d\Omega_3^2 = d\chi_1^2 + \sin^2\chi_1(d\chi_2^2 + \sin^2\chi_2 d\chi_3^2)$，并且这个球的位置将落在 S^5 相对 S^3 的其余两个方向张开的坐标点 (θ, ϕ)。点的精确位置取决于沿径向方向的位置，而这个位置需要通过对 DBI 作用量取极值决定。当选择把 D7 膜世界体上的七个局域坐标和时空坐标相同而得到的物理嵌入，那么有

$$(\xi^0, \xi^1, \xi^2, \xi^3) = (x^0, x^1, x^2, x^3), \quad \xi^4 = r, \quad (\xi^5, \xi^6, \xi^7) = (\chi_1, \chi_2, \chi_3) \tag{13.41}$$

对称性把其余坐标限制到只依赖于径向方向 r。不仅如此，我们总是能根据对称性设定 $\partial_r\phi = 0$，从而决定物理嵌入的唯一动力学场是 $\theta(r)$。从定性的描述出发，我们能够得到如下结论，即这个动力学场应该和在探针膜和 $\text{Tr}(\phi_A^\dagger \phi^B)$ 类型的 D3 膜之间 (来回) 拉伸的弦的最低规范不变算符对偶，其中取迹操作针对于 N_c 个规范指标而味指标的取值范围是 $A, B = 1, \cdots, N_f$，取决于弦的端点落在哪一张 D7 膜上。

现在这个坐标选择加上可以设定 $\partial_r\phi = 0$ 的自由度，可以被代入 DBI 作用量，进而得到在味部分中的动力学。在探针膜近似下这就是我们将要求解的所有动力学。AdS 几何始终保持不变：这是边界上的中性浴不受带电的"微观"部分的动力学影响这一事实从对偶角度看到的对应版本。因此，人们并不一定要求解爱因斯坦场方程，这是探针膜设定的一个极大技术简化。然而天下没有免费的午餐，人们必须要付出的代价就是现在必须要处理与非线性 DBI 作用量相关、异常复杂的动力学。一个好消息是，在许多人们感兴趣的实际情形中，问题能够得到简化。

我们主要感兴趣的是有限味密度的解。按照 GKPW 描述，这个解对应着 DBI 作用量的一个具有如下渐近行为的解：

$$A_0 = \mu - \frac{\rho}{r^3} + \cdots \tag{13.42}$$

通过对称性和规范不变性可知，我们只需考虑 A_0 的动力学。将其和上述坐标选择 (13.41) 都代入 DBI 作用量，我们得到 [508]

$$
\begin{aligned}
S_{\mathrm{DBI}} &= -N_{\mathrm{f}}T_7 \int \mathrm{d}^8\xi \,\sqrt{-\det\!\left(g_{\mu\nu}^{\mathrm{D7}} + 2\pi\alpha' F_{\mu\nu}\right)} \\
&= -\mathcal{N}V_{\mathbb{R}^{1,3}} \int \mathrm{d}r\; r^3 \sin^3\theta \sqrt{1 + r^2 f(r)(\partial_r\theta)^2 - (\partial_r\mathcal{A}_0)^2}
\end{aligned}
\tag{13.43}
$$

其中 $\mathcal{N} = N_{\mathrm{f}}T_7\mathrm{Vol}_{S^3}$，并且我们已经重新定义静电势 $\mathcal{A}_0 = (2\pi\alpha')A_0$。因为作用量只依赖于 $\partial_r\mathcal{A}_0$，就存在一个运动常量

$$
\Pi = \mathcal{N}\frac{r^3 \sin^3\theta\,\partial_r\mathcal{A}_0}{\sqrt{1 + r^2 f(r)(\partial_r\theta)^2 - (\partial_r\mathcal{A}_0)^2}}
\tag{13.44}
$$

在这个形式下我们就能对 $\partial_r\mathcal{A}_0$ 进行求解

$$
\partial_r\mathcal{A}_0 = \Pi\sqrt{\frac{1 + r^2 f(r)(\partial_r\theta)^2}{\mathcal{N}^2 r^6 \sin^6\theta + \Pi^2}}
\tag{13.45}
$$

在 D7 膜卷曲了 $\theta = \pi/2$ 位置的赤道面这一特殊情形下，根据对称性和嵌入因子 $\theta(r)$ 不依赖于径向方向，可知式 (13.45) 是整个运动方程的一个解。在这种情况下我们立刻可知

$$
\partial_r\mathcal{A}_0 = \frac{\Pi}{\sqrt{\mathcal{N}^2 r^6 + \Pi^2}}
\tag{13.46}
$$

并且因此有渐近行为

$$
\frac{\mathcal{A}_0}{(2\pi\alpha')} = \mu - \frac{\Pi}{2(2\pi\alpha')\mathcal{N}}\frac{1}{r^2} + \cdots
\tag{13.47}
$$

考虑到归一化，这允许我们把电荷密度定为 $\langle\rho\rangle = \Pi/(2\pi\alpha')\mathcal{N}$。在最低激发态无质量的 $\theta = \pi/2$ 的黑膜嵌入情况下，$\mathcal{A}_0$ 能够以椭圆函数的形式找到精确解。其他满足 $\partial_r\theta \neq 0$ 的黑膜解以及当 $\theta(r)$ 的源存在时的闵可夫斯基嵌入需要从数值上确定。我们在方框 13.3 中对它们进行了简要的讨论。

现在我们可以开始研究输运了。值得注意的是，我们并不需要理解精确解以分离出受到恒定驱动力的探针系统的响应。为了探究有限密度全息物质的输运性质，迄今为止，我们使用的方法是固定背景附近无穷小涨落的标准线性响应方法。然而,在探针膜构造中直接解决有限流耗散方式的问题是很容易的。为了计算 DC 电

导率, 在一个恒定背景电场下的整个解可以通过考虑变形扰动 $A_x = -Et + a_x(r)$ 而完全确定。当把 A_x 添加到动力学场的集合内, 整个 DBI 作用量就变成了

$$S_{\text{DBI}} = -\mathcal{N}V_{\mathbb{R}^{1,3}}\int \mathrm{d}r r^3 \sin^3\theta$$

$$\times \sqrt{1 + \left[r^2 f(r) - \frac{E^2}{r^2}\right](\partial_r\theta)^2 - \left[(\partial_r\mathcal{A}_0)^2 - f(r)(\partial_r\mathcal{A}_x)^2 + \frac{E^2}{r^4 f(r)}\right]}$$

$$(13.48)$$

这里我们设定 $L = 1$ 并且定义 $\mathcal{A}_x = 2\pi\alpha' a_x$。$\partial_r\mathcal{A}_0$ 的运动常量 Π 被合理地修正, 现在人们也有一个和 $\partial_r\mathcal{A}_x$ 相关的运动常量 Σ,

$$\Pi = \frac{r^3 \sin^3\theta \partial_r\mathcal{A}_0}{\sqrt{r^2\left\{1 + \left[r^2 f(r) - \frac{E^2}{r^2}\right](\partial_r\theta)^2\right\} - \left[r^2(\partial_r\mathcal{A}_0)^2 - r^2 f(r)(\partial_r\mathcal{A}_x)^2 + \frac{E^2}{r^2 f(r)}\right]}}$$

$$\Sigma = \frac{r^3 \sin^3\theta f(r)\partial_r\mathcal{A}_x}{\sqrt{r^2\left\{1 + \left[r^2 f(r) - \frac{E^2}{r^2}\right](\partial_r\theta)^2\right\} - \left[r^2(\partial_r\mathcal{A}_0)^2 - r^2 f(r)(\partial_r\mathcal{A}_x)^2 + \frac{E^2}{r^2 f(r)}\right]}}$$

$$(13.49)$$

由 $\partial_r\mathcal{A}_0$ 和 $\partial_r\mathcal{A}_x$ 组成的耦合系统可以解出, 并表达成 Π 和 Σ 的形式。于是有

$$r^2(\partial_r\mathcal{A}_0)^2 = \Pi^2 \frac{f(r)r^4\left\{1 + \left[r^2 f(r) - \frac{E^2}{r^2}\right](\partial_r\theta)^2\right\} - E^2}{f(r)r^6 \sin^6\theta + f(r)r^2\Pi^2 - r^2\Sigma^2}$$

$$(13.50)$$

$$f(r)r^2(\partial_r\mathcal{A}_x)^2 = \frac{\Sigma^2}{f(r)} \frac{f(r)r^4\left\{1 + \left[r^2 f(r) - \frac{E^2}{r^2}\right](\partial_r\theta)^2\right\} - E^2}{f(r)r^6 \sin^6\theta + f(r)r^2\Pi^2 - r^2\Sigma^2}$$

这立即说明在边界附近有 (对于构型 $\theta = \pi/2$)

$$\frac{\mathcal{A}_x}{(2\pi\alpha')} = -Et - \frac{\Sigma}{2r^2} + \cdots \tag{13.51}$$

因此, 只需简单地将第二个运动常量除以电场, 我们就能直接计算得到电导率: $\sigma_{\text{DC}} = -\Sigma/\mathcal{N}E$。剩下来的工作就是通过外加电场 E 和电荷密度 $\rho \sim \Pi$ 来确定 Σ。人们可以通过求解运动方程来得到结果, 但实际上还存在一条捷径。注意到方程 (13.50) 的左边为正或者 0, 而方程右边的分子显然不是, 在某个特定的半径 $r_* > r_0$, 方程右边的分子会改变正负号。因此, 只有当方程右边的分母也在恰好

相同的半径 r_* 发生变号，整个系统才有可能是自洽的 [506]。把从分子变号对应产生的解 r_* 代入分母，我们发现

$$\sigma_{\mathrm{DC}} = \sqrt{\frac{N_{\mathrm{f}}^2 N_{\mathrm{c}}^2 T^2}{16\pi^2} \sqrt{e^2 + 1}\, \cos^6 \theta(r_*) + \frac{d^2}{e^2 + 1}} \tag{13.52}$$

这里 $e = \dfrac{2E}{\pi \alpha' T^2}$，而 $d = \dfrac{\Pi}{\pi \alpha' T^2}$ 以及 $r_*^2 = (\sqrt{e^2 + 1} - e)^{-1} r_0^2$。我们可以将电导率重新写为更有启发性的形式

$$\sigma_{\mathrm{DC}}$$
$$= \sqrt{\left[\frac{N_{\mathrm{f}}^2 N_{\mathrm{c}}^2 T^2}{16\pi^2} \cos^6 \theta(r_*) + d^2\right] + \left[\frac{N_{\mathrm{f}}^2 N_{\mathrm{c}}^2 T^2}{16\pi^2}(\sqrt{e^2 + 1} - 1)\cos^6 \theta(r_*) - \frac{d^2 e^2}{e^2 + 1}\right]}$$
$$\tag{13.53}$$

我们现在看到总的电导率是一个内禀的、不依赖于电场的贡献的均方根，该贡献对应着线性响应和非线性增强 [509]。

不同于 DC 电导率，事实证明，光电导的完全非线性依赖不能简单地从探针膜系统中获得，因此人们不得不再次求助于线性响应极限。这完全遵循了在第 7 章以及第 8 章中所描述的步骤，相比而言的简化就是在探针极限下不再有和引力子混合的模式。这当然和如下事实相关：考虑到动量在外界浴中的弛豫，子系统的味流不再受动量守恒主导。这通过数值解得到了验证：数值解表明光电导展现出一个 Drude 行为和有限大小的动量弛豫时间 [509]。

当打开背景中的磁场，人们能够研究探针膜系统的霍尔电导率、磁输运和磁相变 [510,511]。此外，在文献 [509] 中上述方法被用于研究在 Lifshitz 背景中的探针膜的电导率，并获得了与奇异金属类似的行为。

13.2.2 携带味的全息超导

现在让我们阐释一下探针膜构造的第二个优势：我们能够很容易地构建对偶场论的具体形式，并因而能尝试去根据场论显式自由度的形式理解从全息上得到的物理。在 10.2.3 节中，我们简要地讨论了全息 p 波超导体的一个自下而上构造，其中一个在自身的 $U(1)$ 子群下带电的 $SU(2)$ 矢量场被发现存在凝聚现象。实现这类 p 波超导体的探针膜系统就是我们刚刚讨论过的满足 D7 膜和 D3 膜平行的 N_{c}-D3/N_{f}-D7 系统。现在我们选择 $N_{\mathrm{f}} = 2$[370,512]，使得味对称性就是我们希望的 $U(2)$ 对称性。现在从这个构造出发，我们确证能直接推断出结论：标准的配对机制在这类全息超导体中发挥着作用。

　　我们已经学习了怎样构建引力一侧的探针膜对偶。在场论一侧，我们知道有一个来自 D3 膜的 $U(N_c)$ 规范群，并且在 N_c 的矢量表示中有 N_f 个物理对象。实际上，我们从第 4 章知道，和 D3 膜对偶的场论是 $\mathcal{N} = 4$ 的超对称 Yang-Mills 理论：场论的内容包括了一个矢量场 A_μ、四个 Majorana 费米子场 ψ_A 和六个标量场 $\Phi_{AB} = -\Phi_{BA}$，所有这些场都在 $U(N_c)$ 的伴随表示中。现在我们必须增添来自在 D3 膜和 D7 膜之间拉伸的弦的那部分。根据弦论的起源，人们可以推断出：在这种构型下，D7 膜破缺了一半的超对称。因此，场论的组成内容按 3+1 维 $\mathcal{N} = 2$ 超对称的多重态来划分。这里存在两种可能的多重态，因为没有额外的规范自由度，我们需要不包含矢量的那一种。这种多重态被称为超多重态，它包括了单个狄拉克费米子场 χ_i 和两个复标量场 ζ_{1i}, ζ_{2i}。每一个超多重态包含的所有这些场在 $U(N_c)$ 规范群下都是带电的，而这就唯一决定了理论中的所有相互作用。此外，在整体的味对称性 $U(2) = U(1)_B \otimes SU(2)_I$ 的作用下，这两种超多重态彼此相互转化。在体时空中探针膜上的规范场描述了和这种整体味对称性相关的流，我们将只聚焦在 $SU(2)$ 部分。这部分流的微观表达式直接来自于场论：$J_\mu^a = \mathrm{i}\bar{\chi}\sigma^a\gamma_\mu\chi + \mathrm{i}\bar{\zeta}\sigma^a\overleftrightarrow{\partial}_\mu\zeta$，这里 σ^a 代表泡利矩阵。

　　现在让我们把精力集中在对偶的探针作用量，进而找出这个作用量是否描述了边界上的超导。这种超导应该发生在比 $SU(2)$ 的 $U(1)$ 子群中的化学势更低的温度。我们能很直接地看到，关于探针膜的 DBI 分析和我们在第 10 章对全息超导体的讨论几乎完全等同。对于小梯度，DBI 作用量退化到了自下而上的 p 波全息超导体作用量式 (10.23) 以及和嵌入函数 $\theta(\rho)$ 相关的动力学。这个场确实以非最小耦合的方式与规范场 A_μ 耦合。然而，常数解选择 $\theta(\rho)$ 依然是方程的一个解，在这种情况下最低阶的动力学等同于自下而上全息超导体的对应动力学 [370,512]。因此，我们看到在有限的化学势 μ，这个化学势诱导了一个电荷密度 J_0^3，探针模型在低温 $T/\mu \ll 1$ 下产生了一个到有非零 J_z^1 期望值的对称性自发破缺态的二阶全息平均场相变。

　　当确定了 $J_z^1 = \mathrm{i}\bar{\psi}\sigma^1\gamma_z\psi + \cdots$ 的微观性质之后，有一点变得显然的是超导相变的核心是标准的 BCS 对凝聚。序参量 J_z^1 是费米子对算符的超对称形式。全息系统的物理当然要比弱耦合的 BCS 超导体丰富得多，因为对应的微观场论具有更多的自由度并且是强耦合。这种丰富性直接反映在相图上 (图 13.5)。对于低质量的在膜之间拉伸的弦，系统有一个从"退禁闭"相出发的类 BCS 相变，规范荷被直接分数化到超导体中。在另一方面，当最低味激发态的质量很大时，费米子首先结合配对而不发生凝聚：系统首先经历一个禁闭相变到达一个规范单重态对的态，随后在更低的温度下配对的费米子才确实发生凝聚形成有序态。

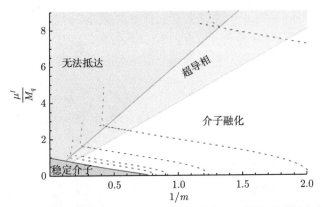

图 13.5　探针膜 p 波超导体的相图。这里 M_q 标记了由 D3 膜规范理论的耦合常数重新标定的温度 $M_q = \frac{1}{2}\sqrt{4\pi g_{YM}^2 N_c T}$。人们可以从一个"融化介子"的退禁闭相出发抵达超导相。这和传统的 BCS 理论很相似。或者人们也可以从一个"稳定介子"相出发抵达超导相,其中微观自由度首先结合配对,但只在更低的温度下发生凝聚。图中被标记"无法抵达"的区域是探针近似失效的区域。图来源于文献 [512] (© IOP Publishing. 经 IOP 出版社许可转载. 版权所有)

13.2.3　全息杂质模型

让我们以两个用相交膜模型来描述"缺陷"物理的例子作为本章的结尾。利用在 13.2 节介绍的相交膜模型,人们可以"设计"边界上的情况,其中在基础表示的物质被限制到生活在一个点、一条线、一个面等,被嵌入到包含伴随表示下的规范场的更高维空间。人们可以想象的最简单的情况就是把处在基础表示的物质限制到一个空间点,这个点和生活在 3+1 维时空的 CFT 相互作用。这和我们在第 3 章讨论过的强耦合杂质问题有一定的相似性:Anderson 和 Kondo 杂质问题。这些都是 20 世纪 70 年代凝聚态物理的标志性成果。从现代的观点来看,这仅仅是"Mottness"的非平庸效应发挥作用的最简单情形。出发点是无相互作用的费米子海,其中人们插入了单个位点,在这个位点上 Hubbard 势 U 施加着它的影响 (Anderson 杂质)。当 U 很大,同时耦合位点的占据比率接近于 1,强耦合的局域费米子就转换成了自旋,受到和费米气体中的费米子发生反铁磁("Kondo")交换的相互作用。20 世纪 70 年代工作的一大亮点是,人们发现这个简单的问题展示出一个和在 QCD 中非常相似的重整化群流,从紫外的"渐近自由"杂质自旋流向深红外的强耦合"禁闭" Kondo 单重态。

在费米气体中 $SU(2)\, s = 1/2$ 自旋的经典问题能够被玻色化,而且这个问题在很久之前就已经被完全解决了。然而,人们可以寻求将此杂质物理推广到一个"基底"不是简单费米气体反而是强耦合的场理论介质的系统。此外,人们可以改变控制杂质本身的对称性。凝聚态物理中的一个传统改变就是把控制自旋的对称

性从 $SU(2)$ 扩大到 $SU(N)$，同时保持总自旋 S 很小。这当然指的是一个在大 N 极限下变成自由理论的矢量理论。另一个自然的变化就是引入多通道或者"味"，在真正的凝聚态背景下这些"味"和原子的角动量简并相关。以这种方式人们实现了如下形式的模型 [513,514]：

$$H_K = \sum_{\boldsymbol{k},i,\alpha} \epsilon(\boldsymbol{k})\psi^\dagger_{\boldsymbol{k}i\alpha}\psi_{\boldsymbol{k}i\alpha} + \lambda_K \sum_{k,k',i,\alpha,\beta} S_{\alpha\beta}\psi^\dagger_{\boldsymbol{k}i\alpha}\psi_{\boldsymbol{k}'i\beta} \qquad (13.54)$$

这里 $\psi^\dagger_{\boldsymbol{k}i\alpha}, \psi_{\boldsymbol{k}i\alpha}$ 分别代表携带动量 $\boldsymbol{k}$ 的电子的产生和湮灭算符，而 i 标记不同的通道并且它的取值范围是 $i = 1, \cdots, K$；此外，α 代表了 $SU(N)$ 的自旋。和通常一样，$\epsilon(k) = \dfrac{k^2}{2m} - \epsilon_{\mathrm{F}}$ 是有限密度费米气体的色散关系。$S_{\alpha\beta}$ 是位于坐标原点的缺陷的杂质自旋，它按照 $SU(N)$ 的一个表示 R 进行变换 [515,516]。就像我们接下来将看到的，多通道对称性和 $SU(N_{\mathrm{f}})$ 对称性在全息设定中是整体味对称性的自然体现。然而，为了确定一个经典的体时空，还需要一个矩阵大 N 极限的条件，在这个方面全息杂质模型和凝聚态的版本截然不同。基于相交膜的两个全息杂质模型已经被构建出来，即一个直接的超对称的自上而下构造 [513,517] 和一个单一味版本的构造，后者聚焦于把理论有效约化到缺陷附近的径向动力学 [514]。

超对称构造 [513,517] 的出发点是将通常的 3+1 维 $\mathcal{N}=4$ 超对称 $SU(N_c)$ 规范理论耦合到 N_{f} 个 0+1 维的费米子场 χ^I_α，这里 $I = 1, \cdots, N_{\mathrm{f}}$，并且 $\alpha = 1, \cdots, N$，而总费米子数目 k（"缺陷"密度）满足 $\sum_{\alpha=1}^N \bar\chi^I_\alpha \chi^\alpha_I = k$。这就给出了如下作用量：

$$S = S_{\mathcal{N}=4} + \int \mathrm{d}t\, \mathrm{i}\left\{ \bar\chi^I_\alpha \partial_t \chi^\alpha_I + \bar\chi^I(T_A)\left[A_0^A(t,0) + n^a \phi_a^A(t,0) \right]\chi_I \right\}$$
$$+ \int \mathrm{d}t\, B_I^J \left(\bar\chi^I_\alpha \chi^\alpha_J - k\delta^I_J \right) \qquad (13.55)$$

这里，T_A 是 $SU(N)$ 伴随表示的生成元；n_a 是 R^6 的单位矢量；B_I^J 是设定费米子数的拉格朗日乘子。缺陷部分将破缺一半的 $\mathcal{N}=4$ 超对称。在这个全息设定下电子是 D3 膜的矩阵值费米子。杂质自旋 S_{ij} 来自于缺陷费米子双线型 $(\bar\chi^I_i \chi_{Ij} - k\delta_{ij})$ 的 VEV。这表明这个超对称构造所固有的对称性能通过取通道简并度 K 和 N 相等与 K-多通道 $SU(N)$ Kondo 模型的对称性联系起来，其中杂质自旋的表示 R 是 $SU(N)$ 的带 k 个指标的反对称表示。和原始的模型相比，现在这个杂质自旋有一个额外的微观 N_{f} 简并。

这个场论被证实确切地源于一个描述 N 张 D3 膜和 N_{f} 张 D5 膜交于一点的体时空对偶。第 k 个反对称表示下的缺陷可以通过引入 Wilson 圈对其进行描

述 [513,518]，在第 6 章中我们看到了后者的对偶描述是一根精确的基本弦。因此，膜构型如下所示：

	x^0	x^1	x^2	x^3	x^4	x^5	x^6	x^7	x^8	x^9
N_{c} D3	x	x	x	x						
N_{f} D5	x				x	x	x	x	x	
k F1	x									x

这里 F1 定义了基本弦。从开弦一侧来看，D3 膜和 D5 膜之间的 k 个基本弦激发产生了局域在 D3/D5 膜的交点上的额外 k 个费米子，而有效作用量和式 (13.55) 中杂质部分的作用量完全一致。

在引力的一侧，现在我们需要理解探针 D5 膜的嵌入以及思考该如何从定量上解释基本弦。让我们再次从闭弦角度思考 D3 膜，而这就给出了 $\mathrm{AdS}_5 \times S^5$。D5 膜将和 D3 膜拥有共同的时间方向，可能还包括 AdS 径向的方向。这些维度将在 S^5 内撑开一个 S^4，类似于在之前讨论过的 D3/D7 膜构造中的 D7 膜。为了使这一点变得更加明显，我们可以将 $\mathrm{AdS}_5 \times S^5$ 的度规写成如下形式：

$$\mathrm{d}s^2 = L^2\left(\mathrm{d}u^2 + \cosh^2 u\, \mathrm{d}s^2_{\mathrm{AdS}_2} + \sinh^2 u\, \mathrm{d}\Omega_2^2\right) + L^2\left(\mathrm{d}\theta^2 + \sin^2\theta\, \mathrm{d}\Omega_4^2\right) \quad (13.56)$$

D5 探针世界体铺满了 $\mathrm{AdS}_2 \times S^4$。通过认定膜上的规范场携带了 k 个单位的通量，就能够解释来自 k 个基本弦的贡献。尤其是，这意味着 Chern-Simons 项 (13.29) 现在产生了贡献，并且贡献不再能被忽略。它的效应就是常数嵌入条件被改变，而且 D5 膜的位置落在

$$u = 0, \quad \theta = \theta_k \quad (13.57)$$

这里 $k = \dfrac{N_{\mathrm{c}}}{\pi}\left(\theta_k - \dfrac{1}{2}\sin 2\theta_k\right)$。

下一步的分析就是按照通常的剧本。举个例子，当处理杂质问题时一个让人感兴趣的量是杂质熵或者"g 函数"，它的定义如下：

$$\log g = S_{\mathrm{imp}} = \lim_{T \to 0} \lim_{V \to \infty}\left[S(T) - S_{\mathrm{host}}(T)\right] \quad (13.58)$$

S_{host} 是和更高维的形成了杂质的"基底"的场相关的熵，并且因为这个熵的标度依赖于体积，所以它很容易被确定。我们能在引力一侧计算杂质熵，结果如下：

$$S_{\mathrm{imp}} = \sqrt{\lambda}\frac{\sin^3\theta_k}{3\pi}N_{\mathrm{f}}N_{\mathrm{c}} \quad (13.59)$$

和凝聚态杂质模型非常不同，现在得到的这个杂质熵标度依赖于 't Hooft 耦合常数 λ，突出了来自如下事实的根本上的差异，即"基底"不是一个自由费米子系统，相反它是一个强耦合的 CFT。

文献 [514] 采用了一种不同的全息方法处理 Kondo 模型。这种方法从一个特定针对由自由费米气体组成的基底系统的简化出发。假设耦合的杂质只通过 s 波通道和它的基底进行相互作用，结果就是更高维度的费米气体能被半直线上的 1+1 维系统替代。这首先被 Wilson 意识到，同时这也是他获得诺贝尔奖的工作，即 Kondo 问题的实空间重整化群数值解的核心。因为 1+1 维的系统可以被玻色化，这也是包括 CFT 处理在内的所有后续发展的关键元素 [516]。这种"维数约化"的方法为费米气体所独有，当处理的是强耦合的基底系统时，这种方法当然会失败。因此，现在的全息构造应该从字面上被解释为，描述在强耦合一维基底中的零空间维度的杂质。

现在的任务是构建一个相交膜的系统，要求这个系统既能把 1+1 维基底描述成缺陷，又能把杂质描述成 0+1 维的"缺陷上的缺陷"。这能通过如下设定来实现 [514]：

	x^0	x^1	x^2	x^3	x^4	x^5	x^6	x^7	x^8	x^9
N_c D3	x	x	x	x						
N_5 D7	x	x			x	x	x	x	x	x
N_7 D5	x				x	x	x	x		

来自 D3 膜的大 N 自由度对偶到了通常的 3+1 维强耦合的 CFT，其中 CFT 代表传导缺陷自由度之间相互作用的一个背景。在 D3 膜和 D7 膜部分之间拉伸的弦交于一个共同的 1+1 维子空间，这个子空间代表了边界上的基底系统：在交点上的无质量自由度形成了 1+1 维 CFT 的手征费米子。D3/D5 弦的最低自由度从而描述了杂质，就像在上面讨论的超对称模型一样。"Kondo"相互作用直接通过 D5/D7 弦传播。对于 $k = 1$ 的杂质，杂质费米子 χ 和 1+1 维 CFT 的手征费米子 ψ 之间的耦合能被写成 (矩阵) 大 N_c 极限的形式：

$$S_{\text{int}} = -\lambda_K \int dt \bar{\psi}^\alpha \chi_\alpha \bar{\chi}^\beta \psi_\beta = -\lambda_K \int dt\, \text{Tr}(\bar{\psi}\chi)\,\text{Tr}(\bar{\chi}\psi) \tag{13.60}$$

和算符 $\mathcal{O} = \text{Tr}(\bar{\psi}\chi)$ 对偶的引力时空中的场被证明是与 D5/D7 弦相关的复标量场。在现在的背景下，"Kondo 单重态"的化身就是 ψ 和 χ 之间的配对，并且我们观察发现这个化身现在对应于算符 $\mathcal{O}$ 的凝聚。Kondo 耦合项 (13.60) 就对应于在第 5 章讨论的双迹变形，同时我们从第 10 章的全息超导中也学到了这种双迹变换能驱动系统发生一个热相变使得算符 $\mathcal{O}$ 获得一个 VEV。

最重要的是，"Kondo 单重态"将在一个平均场相变中形成。这可以被视为曾在第 3 章简要讨论过的凝聚态物理中标准的"从属玻色子"平均场处理的矩阵大 N_c 推广。这些依赖于在杂质问题的矢量大 N 极限下出现的类似凝聚。就像在后一个例子中，人们已经预见到领头阶的 $1/N_c$ 修正将把相变改成一个平滑的过渡，符合在 0+1 维情形下不可能发生相变这样一个事实。

13.2.4 未来的自上而下模型

全息中还有更多自上而下模型的例子。不带偏见的，我们在这提到量子霍尔效应的模型 [519-521]，这里磁场被蕴含在穿过探针膜表面的通量中。带有缺陷晶格和二聚化的系统在文献 [517, 522] 得到研究，并且这种系统可以被视为 Hubbard 模型的全息化身。我们已经知道，费米液体的零声特性在全息模型和自上而下构造中有一个自然的延伸，尤其是文献 [523-525] 对这方面做了特定的研究。混合的探针膜/自下而上模型已经能展示磁场中的 Abrikosov 涡流晶格的形成 [526]。探针膜模型的一个尤其令人奇怪的性质是它们可以避开大 N 平均场相变。文献 [527] 的结果表明，一个特定的 D3/D5 的自上而下模型反而展现出了作为密度/单位磁通量的函数的量子 BKT 相变。最终，我们应该注意到相交 D 膜模型中的基态的分类和拓扑绝缘体的分类有一些数学层面的相同之处 [528, 529]。这已经被特别用于在全息上建立一类强耦合的分数拓扑绝缘体 [530]。

第 14 章 展望：全息和量子物质

本书的目的在于引领大家欣赏全息物质的美妙景观，而我们也即将抵达这场观赏旅行的终点。这是一个丰富多彩的地方，有很多奇特之处值得仔细观赏。2007年人们首次将全息直接应用于凝聚态物质领域 [24]，从那以后对这个领域探索的进展非常显著。我们在本书中所描述的丰富现象都是在过去七年中发现的。但这一切意味着什么呢？事实上，到目前为止这仍然是一个谜题。

有一点是非常清晰的。在关注规范引力对偶所能告诉我们的关于物质的物理的过程中，我们发现了爱因斯坦引力全新的一面。受到边界多体体系中凝聚态常识问题的启发，全息物理学家们必须寻找体时空中遵循爱因斯坦方程的不寻常的引力解。在这种探寻中，他们发现了一大簇全新类别的意料之外的引力宇宙。其中最突出的是描述全息超导体的"带毛黑洞"，它公然地违反了无毛定理。在后续的发展中类似的情形还有更多，包括最近才被人们所意识到的一点，即边界上的平移对称性破缺和体时空中有质量引力理论紧密相关。这些发现可能只是冰山一角。这些发现几乎都关注处于平衡态的体系，它们对偶于体时空中引力理论的稳态解。目前，特别是在 AdS 全息理论的框架中，人们在数值求含时演化的引力解方面取得了惊人的进展。这使得我们可以去探索边界上非平衡体系中的物理。在10.2.1 节中关于对偶于具有分形视界的黑洞解的经典及超流中的湍流的令人惊叹的结果表明，在这个方向上的探索可能会揭示出意料不到的丰富结果。AdS/CMT至少为我们带来了全新的对黑洞物理学的理解。很明显，在广义相对论的方程中仍然深埋着很多潜在的宝藏，有待全息理论来发掘。

14.1 不明的全息物理对象 ①

不管研究动机如何，真正的谜题都是在 AdS/CMT 的凝聚态物理方面。全息的那些了不起的发现和凝聚态实验室中的实验学家们观测到的现实有关系吗？到目前为止，诚实地讲，答案是"没有"，尽管它们和奇异金属以及夸克-胶子-等离子体之间的相似之处是引人注目的。不严格地讲，全息物质有时被称为某种"化身"即某个想法的化身。"avatar"这个词的表述来自于印度教，在那个语境下它指的是神在地球上的实体显现。那么全息是否也能传递类似的绝妙信息来告诉我们物质的本质是什么，以及它代表了凝聚态物理学中怎样的思想。

---

① 英文为：unidentified holographic objects, UHOs。

14.1.1 截断几何: 禁闭与回归正常态

我们有信心相信全息的确对物理现实有一定意义的是，AdS/CFT 具有强大的能力，能够通过一个自然的引力对偶来描述所有我们熟悉的物质形式。我们强调过热力学原理在全息中是如何体现在黑洞物理的普适性中的。这可以推广到稍微偏离平衡态的情形。一个惊人的结果是边界上 Navier-Stokes 流体和 AdS 引力之间的对偶关系。流体力学理论的结构根植于体时空中引力的动力学中；具体模型中关于 UV 理论的信息只作为 Navier Stokes 理论的自由参数出现。正如我们所强调的，即使是这些数字也只在一定程度上对 UV 理论是敏感的。由于零温量子理论中的共形不变性，在这种情形中普朗克耗散是体系固有的，因此流体力学必须是近乎"理想"的，即流体中只具有非常小的输运系数。对于超共形的大 N Yang-Mills 理论或其他具有 AdS 引力对偶的理论，人们发现黏度系数和熵密度之间的比值为 $1/4\pi$，而描述超流玻色 Mott 绝缘体临界态的简单的具有整体 $U(1)$ 对称性的理论给出的结果在数值上是不同的。尽管如此在数字上 $O(1)$ 量级的差异当然不会让我们认为全息的结果是失效的。

随着继续构造出"内聚"的零温物态，我们对全息的信心进一步增强。如果我们在全息中遇到过某种模糊的表述，那么最有可能的就是用一个硬墙或者软墙，又或者是一个 AdS 中的孤子来"截断"IR 几何的构造。在有限大的电荷密度下，人们找到一些无懈可击的解来描述第 2 章以及第 3 章中人们所熟知的凝聚态物态，例如带有"Higgs 标量毛"的引力解描述了传统超导体，或者"体时空中的费米气体"对应于边界场论中的费米液体。尽管这个方向的工作尚未完全完成，其他的对称性破缺诱导的真空 (晶体，磁铁) 也都很可能通过类似的方式来进行描述。所有这一切的结果构成了一套完整的检查方案，用来验证我们是否合理地运用全息对偶去理解物质。引力中的截断几何构型对应于边界 Yang-Mills 场论中的禁闭相。在大 N 极限下，禁闭的规范单态构成了有限密度的且相互作用较弱的聚合体系。在这种情况下，AdS/CFT 正确地将弱耦合引力中的物理映射到零温物质那些在传统物态中演生的弱耦合的集体动力学。

14.1.2 全息物质和量子临界相的出现

谜题在于之前章节里展示的那些全息在零温和有限密度体系给出的其他结果，在现有的凝聚态物理和/或量子场论的框架下并不能找到。当然这也恰恰是它强烈吸引我们的地方。可是我们能够保证没有被误导吗？我们为何以前从未见过这些物态呢？

所有这些令人惊讶的结果有一个共同的主旨，从而可以给我们提供一个合理的解释。这个主旨起于这样一个观察，即许多这些惊人的结果在 IR 都具有一个演生的标度对称性。标度不变性是一种极有威力的对称性，尤其是在量子物理学中。在传统的玻色场论里，能够实现这种标度不变的量子临界态本身就是一个奇迹。具体来说，它们是人们熟悉的用实的闵氏时间来取代周期性欧氏时间的热临界态。它们的存在最终依赖于 Onsager 关于二维 Ising 模型在二阶相变时存在一个临界态这一事实的深刻证明。

现在，虽然破坏一个整体对称性很简单，但通过演生来动力学地产生一个长波下的整体对称性却很困难。人们还明确指出，为了实现这种热临界态及相应玻色型量子临界态，必须进行无限精细的微调。只有当时空维度大于 2，且只在耦合系数空间的孤立点上，这种临界态才能实现。这些孤立的不稳定的不动点在凝聚态物理学家的直觉中根深蒂固，它们被称为“量子临界点”，位于 2.1.3 节详细讨论的耦合常数–温度示意图中量子临界楔状图的原点。这条“铁律”只有两个例外。我们已经提到过 1+1 维的系统，其中演生的标度不变性对于由连续内部对称性调控的所有理论普遍存在，这些体系就是 Luttinger 液体。另一个例外是定义在更高维度的那些超对称场论。归功于玻色圈和费米圈严格互相抵消这个性质所暗示的非重整化定理，我们可以直接构造超共形的超对称理论，使得不论对 UV耦合常数取怎样的具体数值，这些理论均呈现出“量子临界性”，相关讨论可参考文献 [531]。这些特殊的标度不变的超对称理论当然是 AdS/CFT 在零密度下描述的自上而下场论里共形性质的起源。然而，再怎么强调也不为过的是，在没有超对称的情况下标度不变性是一种非常不自然的现象。

尽管 AdS/CFT 的起源正是这样一个特殊的超共形理论，但我们在做 AdS/CMT 的时候并不需要注意这个严格的警告。在体系中打开有限大化学势显然会破坏原始的共形不变性，并且也严重地破坏了超对称，然而，如果我们只是以此作为理论起点从而在 IR 中得到新的演生理论，这些稀有性质不再重要。相比于描述真实物质中电子和原子的薛定谔方程，我们把这个特殊的演生理论作为出发点。但是由于重整化群是具有普适性的，起点的这种选取应该并不重要。然而令人惊讶的是，一般全息里出现的 IR 并不是我们在教科书中见过的基态。

从引力的角度可以很容易理解其中的原因。在引力对偶中我们很自然地期待某种形式的时空存在于内部深处，并没有明显的理由来解释为什么一个一般的变形会在内部深处诱导一个截断的几何。相反，许多情况下几何可以呈现出标度性质。边界场论中一大部分自由度不仅可以存留于 IR，而且还是以标度不变的零温物质的形式。全息关于有限密度体系最核心的发现在于，“强耦合”物质可以容易地形成量子临界态。这与我们的场论知识截然相反，在这里这种形式的量子临界的出现并不需要通过强的精细调节，但它就是这样出现了。

这种演生的标度性质是指引我们发现共性主旨的第一个线索。第 8 章系统性地描述了一些内部深处的标度几何，而它们向我们揭示了另一个惊讶的发现。演生的动力学临界指数 z，以及超标度违反指数 θ 可以“随意的”进行改变，依赖于 UV 和 IR 的细节，它们的取值可以是任意的。这些和非传统的物理学有着明显的不同。在 Wilsonian 重整化群的框架下，这些指数的可能取值是受到严格约束的。如我们在第 2 章关于 Herz-Millis 理论的讨论，动力学临界指数 $z = 1$ 是自然的，正如产生演生的洛伦兹不变性的"孤立"取值的序参量所预期的，而这种类型的序参量常常出现在 Bose-Hubbard 类型的相动力学和绝缘体中的反铁磁序等情形中。扩散指数 $z = 2$ 更加自然，因为它描述的是当存在一个"热浴"时不守恒序参量弛豫的动力学。类似地，当序参量守恒存在于一个铁磁体中时，$z = 3$ 可以发生，但是至少在连续场论中，z 取不同的数值需要非常不自然的情形。然而根据全息的结果，z 可以随意地变化，甚至可以取"准局域量子指界"所对应的值 $z \to \infty$。

从 Wilsonian 的角度看超标度违反指数 θ 不为 0 更加令人警惕。在一个经典的玻色理论中，超标度违反需要系统以某种方式获得经典阻挫，而经典阻挫是一种需要通过参数精细调节来实现的非常脆弱的情形。这种体系本身具有很高的熵，从而很容易发生不稳定而演化到一个更加规则的构型。

有一种情况的超标度不会造成困惑。正如我们在第 8 章讨论中所强调的那样，费米液体是唯一的"内聚的"且"量子有序"的态，能够自然地展现出 $\theta = d - 1$ 的超标度违反行为。我们特意在 2.3 节加入了关于费米液体非标准教科书式的讨论来强调费米液体中"非经典"的物理根植于其长程纠缠的特征，这是泡利的反对称要求导致的结果。基于这一点，结合为了解释经典物质中的超标度违反所必须引入的不自然的阻挫，揭示了一个共性主旨，从而可能解释这族全新的演生态。这些奇怪的标度性质可能表明，全息所描述的是长程纠缠的可压缩量子物质。

14.1.3 RN 金属：从全息中的分数化到纠缠

我们将通过最简单的引力对偶来对有限密度体系的物质进行分析，同时它也是不明的全息物理对象 (UHO) 的最极端例子：我们在第 8 章讨论的 Reissner-Nordström "AdS$_2$" 金属。由于这种极端黑洞解的近视界几何非常特殊，它在零温时依然具有有限大视界面积，因此我们发现演生的 IR 是一个具有"$z = \infty$"的动力学临界指数，而超标度违反指数 $\theta = d$ 即空间维数的态。超标度违反与令人惊讶的巨大的基态熵之间是直接关联的。类比于经典阻挫系统，人们普遍认为，由于这个原因，这种态作为真正的零温物态是不物理的。基态熵意味着它对任何物理过程都是"无限不稳定"的。在由 Anderson 以及 Liu、Iqbal 和 Mezei 提出的"中间不稳定不动点"观点中，这种基态熵被视为高温超导的秘密 (参考 3.6.2 节和第 10 章以及第 11 章)。正如我们在第 3 章所讨论的那样，为了理解为什么铜氧化物超导体中的相变温度如此之高这个问题，我们必须解释为什么正常金属态实际上如此不稳定。

但 RN 黑洞真的描述了一种"阻挫金属"吗？我们必须理解这种反常基态熵的一个特点是它正比于 N^2：在某种程度上人们期待的是计算退禁闭的或分数化的自由度的数量。在自上而下的模型中，我们知道这相当于计算了非阿贝尔 Yang-Mills 理论中胶子自由度的数目。然而，人们还没完全理解在凝聚态的意义上该如何思考这些自由度。我们使用术语"分数化"表示在有限密度全息体系中这样的计数，类似于我们在 2.4 节介绍的凝聚态物理中的分数化现象，然而这种类比只是为了使其更加直观而不是一个准确的描述。凝聚态物理中的"退禁闭""分数化"真空是从构造即意味着是其"部分子"为弱耦合的这样一种相。"洞穴子"典型地形成一个玻色型凝聚，而自旋子被认为形成一个自由费米气体，并且和退禁闭相中的规范玻色子存在弱耦合。全息对偶的一个不便之处在于我们只能研究规范单态算符的传播子，而原则上它们只能间接地给出关于部分子自由度的信息。然而，假设全息中退禁闭自由度和简单的"粒子"的物理之间存在某种关联显然是不对的。考虑到最小黏滞系数的特征，毫无疑问这里并不存在弱耦合相互作用的"部分子"，反之，在有限温度下存在遵循强耦合量子临界态原理的"非粒子"自由度。对于零温 Reissner-Nordström 金属，与许多其他 UHO 一样，这些自由度由对偶于 AdS$_2$ 几何或其他的标度几何的临界态所主导。

但是，问题还未解决，这种"分数化"形式与任何曾经讨论过的凝聚态物理有任何关系吗？有一种独特的担忧是，可能会存在一种不可避免的但我们不希望看到的"紫外依赖"。大 N Yang-Mills 理论中有着难以想象的大量自由度导致这个理论遭受着"令人尴尬的丰富"的问题。或许这和一种非常特殊的"分数化"现象密切相关，这种现象在任何电子系统中都是极不可能发生的，使得我们相信并非如此的最有力的理由是一个真实的实验观测。人们在相对论性重离子对撞产生夸克–胶子–等离子体的这些实验中观测到了许多类似退禁闭"非粒子"态的特征。QCD 是一个非阿贝尔的 Yang-Mills 理论，只不过 $N = 3$，但尽管 QCD 的确在很多方面表现得像一个大 N 理论，如在参考文献 [12] 中详细讨论的那样，从数据中可以清晰地认识到，强耦合以及 QCD 的 (经典的) 标度不变性这两个性质才是定性理解实验数据的最佳解读。

能够在这方面进行验证的主要实验信息来自于流体力学响应。全息清晰地展现出与 Schwarzschild 黑洞有关的最小黏滞系数如何是一个 UV 不敏感量的惊人示例——除去一个 $O(1)$ 量级的数值上的差别，所有的量子临界 UV 都是一样的。这应该消除了我们大部分的对有限温度情形的担忧。但另一方面，我们的目标是理解零温 RN 金属及其基态熵。这可以通过"零温流体力学"来揭示吗？尽管第 7 章将流体–引力对偶按照导数展开的做法直接应用到极端 Reissner-Nordström 黑洞的做法似乎是失效的，但线性响应理论最终是可行的。在零温下黏度的计算结果是出人意料的 [332]。人们发现了和有限温度相同的结果 $\eta = (1/4\pi)s_0$，其中 s_0

代表的是零温熵。这是一个非常具有启发性的结果。从物理上讲，这意味着空间上局域的扰动-声波模式实际上和整个简并的基态流形有相互作用。这与经典的阻挫系统有着显著的不同。后者总是在极大程度上不满足遍历性。简并的经典基态在如下意义上是局部"非连通"的：从一个态到另一个态需要经历极其非局域的变化，因此局域扰动只能"看到"所有基态中近于 0 的非常小的一部分。然而，Reissner-Nordström 金属中的局域扰动似乎探测到了所有的基态。有可能在大 N 极限下的平均场性质以某种方式恢复了遍历性，但更有趣的可能性是它根植于这种新型量子物质所固有的量子性质。原则上我们可以想象，类似于费米液体，简并态是长程纠缠的，于是在这样的真空中任何事物之间都可以通过 EPR "幽灵般的超距作用"对话。

14.1.4 全息对称性破缺不是短程纠缠直积态

从理论的角度来看，Reisner-Nordström 金属的地位很特殊，这纯粹是因为它是奇异全息物质形式中最极端的。还有很多种全息奇异金属，它们的特征是几何的内部深处并不具有有限大的视界面积，但是仍然呈现出不寻常的标度几何。特别"合理的"获得这种奇异金属的方式和凝聚态的形成有关：如我们在第 10 章和第 11 章所描述的，通过在体时空中形成"Higgs"类型或者"电子"星类型的解，体时空内部深处的几何会因为这些物质场的反作用而重新构成新的背景解。正如上文所强调的，令人惊讶的是这些几何构型通常不是禁闭的；它们还是那些具有非平庸动力学临界指数和超标度违反指数的标度对称性的几何。

但这是不应该发生的事。正如在第 2 章和第 3 章所解释的，"正常的"自发对称性破缺和具有短程纠缠直积态的真空密切相关，而这种真空只允许以 Goldstone 玻色子作为无质量激发态。有一种说法可以解释为什么全息并不遵循这些铁律，那是因为矩阵大 N 超 Yang-Mills 理论中有着数目巨大的自由度。我们可以设想这些大量的自由度中只有一部分在全息序参量下带荷，这些带荷的自由度变得有能隙而在红外探测不到，而不带荷的自由度依然存在并构成深红外极限下的量子临界态。然而，这种在序参量的尺度上"带荷自由度-不带荷自由度"的划分是不合理的。它们之间甚至不能通过 $1/N$ 大小的无穷小能隙区分开，因为在消除对称性破缺后演生的临界态会完全坍缩，临界性因序参量的存在得到保护。

在这方面，全息中对称性破缺的态和标准的 Hartree-Fock 类型的态有着显著的不同，后者构成了凝聚态物理学的基础。或许可以通过一个有用的比喻，来把它们看成费米气体中构成的类似 Hartree-Fock 类型的态，它们只是部分地使费米面产生能隙。非传统的超导很容易产生节点或节线，而密度波通常会将无能隙准粒子留在费米面口袋。至于费米气体本身，这是它存在"婴儿纠缠"的标志。当然，我们需要借助一种更加夸张形式的长程纠缠来理解由于全息序参量的存在而出现的无质量的深红外量子临界相。

14.2 全息物质是极端量子物质吗

尽管按照现有的凝聚态原理我们还无法理解全息所预言的究竟是什么，但毫无疑问，全息确实描述了某种真实的物质形式。零密度的全息物质并不十分神秘：我们熟知这类物质的规律。但是一旦打开有限大密度，我们就遇到了困难。为什么我们无法用熟知的场论语言来描述这些有限密度的物态呢？根据我们对量子多体体系的了解，不同之处在于"符号结构"：一旦电荷共轭被破坏了，我们就不再有理由认为由费米子构成的量子态仍然能够被玻尔兹曼统计物理所描述。正如我们在第 3 章所强调的那样，根本没有可行的一般方式能够处理这种带符号的物质。

带符号物质的物理是长程场论中的纠缠。这是在第 2 章介绍的量子物质的主旨。"费米"符号只是用一种非常有效的说法，来体现超出短程纠缠直积态的范畴。一个重要的例子是费米液体，和玻色态相比，它在根本上改变了规律。除了费米液体之外，我们不知道任何其他的带符号的态，但是可论证地存在其他形式的长程纠缠费米型物态，例如当通向费米气体的路被其他因素阻碍时，如第 3 章的 Mott 物理。

现在我们可以像律师那样辩称：既然我们理解所有短程纠缠直积态，可是我们不理解任何与 UHO 相关的性质，那么后者必然从属于长程纠缠的情况。尤其是它们坚持形成量子临界态，故更是如此。长程纠缠 (本身) 并不直接意味着存在量子临界性，但很快我们会提出一些非常一般性的论据，来说明量子临界态的确和长程纠缠密切相关。

这立刻带来一个问题：长程纠缠所具有的独特特征是什么。我们该如何对它的各种类型进行分类？对于这个"量子序"，是什么扮演着传统的 Ginzburg-Landau-Wilson 序参量的角色，而这与体系的物理性质又有怎样的联系？在第 2 章和第 3 章我们介绍了可以作为原理证明的例子。Chern-Simons 拓扑场论给出的分数量子霍尔液体中不可压缩拓扑态就是这样的一个例子。第二个例子是自旋液体 (例如在 BCS 超导中所实现的)，它由演生的规范场的退禁闭态的拓扑控制。巨大的挑战是将它们推广到可压缩物态。正如我们所讨论的，这里唯一被理解的例子是费米液体，它完全由"反对称纠缠"控制。对于任何其他情况，我们一无所知。相比任何其他内容，这尤为可能是基础凝聚态物理学的前沿。

14.2.1 冯·诺依曼熵和 Rényi 熵

首要的任务是在可压缩体系中找到直接测量"量子序"的"可观测量"。在理想情况下，下一步是为这个可观测量在全息字典中找到一个对应的条目，从而为我们提供明确的信息来揭示 U.H.O 是否以及以何种方式和量子物质有关。

近期许多寻找"纠缠的可观测量"的研究都是围绕冯·诺依曼熵和 Rényi 熵的探索。它们在场论的方面贡献是人们熟知的，而 Ryu 和 Takayanagi 的工作表明冯·诺依曼熵在对偶引力中体现在特定的最小曲面构建中。这是第一个能反映纠缠熵的属性的可以通过全息字典来实现的例子。最初这些结果是非常让人兴奋的，但随着时间推移，人们越来越清楚地认识到这些量子力学熵也有着严重的局限性。对于前面章节提出的关于"分类"的问题，它们实际上不能为我们揭示什么。问题在于我们实际上并不清楚用来刻画多体纠缠的合适的观测量是什么。冯·诺依曼熵和与之密切相关的 Rényi 熵只刻画了两体的纠缠，而真正的多体的纠缠要丰富得多。尽管如此，它们一直是主要的灵感来源，来帮助我们在场论和全息的意义上区分量子物质之间的显著特征。我们把 Ryu-Takayanagi 的构造作为本书所讨论的全息技术最后的保留内容，因为它明显的优雅性，从而应该得到这样的待遇。在深入到具体的细节之前，我们先来勾勒出一个大致的背景图像。

在某种程度上冯·诺依曼两体纠缠熵预示着量子信息的诞生。读者应该知道许多量子信息理论的发展都是由于人们对构造和使用量子计算机这个愿望所推动的。归根结底这是一项具有挑战性的工程任务，而构造的前提是工程师们用于搭建量子计算机的理论基石是被充分理解的。这些理论基石是量子力学的：单个比特的"薛定谔猫"态和实现纠缠的两个比特构成的 Bell 对态。然而，当我们从少体的量子力学过渡到具有无限多自由度的量子场论时会遇到一个巨大的鸿沟。一些众所周知的例子表明，量子力学纠缠的智慧并没有揭示任何关于量子物质中"场理论的"纠缠相关的物理。我们将看到纠缠熵的局限性正是来自于这个困难。

在两个比特的情况下冯·诺依曼熵的确以极高的精度反映了体系的纠缠。从两个比特体系整体的密度矩阵出发，

$$\rho = \sum_{ij} a_{ij} |i\rangle_A |j\rangle_B \langle i|_A \langle j|_B \tag{14.1}$$

其中 i,j 的取值是 $0,1$，我们对比特 B 部分取迹从而获得约化密度矩阵 $\rho_A = \mathrm{Tr}_B \rho$，随后计算与子系统相关的熵，

$$S_{\mathrm{vN}} = -\mathrm{Tr}_A \Big[\rho_A \ln \rho_A \Big] \tag{14.2}$$

对于一个直积态，例如 $|0\rangle_A |1\rangle_B$，我们发现它的冯·诺依曼熵为 0，即 $S_{\mathrm{vN}} = 0$。而对于最大纠缠的 Bell 对，例如 $(|0\rangle_A |1\rangle_B + |1\rangle_A |0\rangle_B)/\sqrt{2}$，它的熵是最大的，结果为 $S_{\mathrm{vN}} = \log 2$。冯·诺依曼熵唯一地测量了纠缠，从它的性质可以看出它与表示的选取无关。例如，$(|0\rangle_A |0\rangle_B + |0\rangle_A |1\rangle_B + |1\rangle_A |0\rangle_B + |1\rangle_A |1\rangle_B)/2$ 这样一个态看上去似乎是纠缠的态，但是，它也可以通过一个幺正变换 $|+\rangle =$

$(|0\rangle + |1\rangle)/\sqrt{2}$ 重新写成直积态 $|+\rangle_A |+\rangle_B$ 的形式。而对于这个态，它的冯·诺依曼熵的确是 0。

n 阶 Rényi 熵和冯·诺依曼熵紧密相关，其定义为

$$S_{\text{Rényi}}(n) = -\frac{1}{n-1} \ln \text{Tr}_A \, \rho_A^n \tag{14.3}$$

在形式上，对于归一化的整体密度矩阵 $\text{Tr}\rho = 1$，冯·诺依曼熵可以通过取极限得到：

$$S_{\text{vN}} = \lim_{n \to 1} S_{\text{Rényi}}(n) \tag{14.4}$$

对于 n 个比特，原则上存在 n 个独立的 Rényi 熵。因此，它们包含的信息远比单个冯·诺依曼熵要多。最大程度上的两体信息当然包含在约化密度矩阵自身之中。它可以最一般地写成

$$\rho_A = \text{e}^{-\mathcal{H}_A} \tag{14.5}$$

这就好像是它处在一个热态系综里，它的温度的倒数为 $\beta_A = 1$，并且可以通过一个有效的"纠缠哈密顿量" $\mathcal{H}_A$ 来描述，其中纠缠哈密顿量对应的本征值是"纠缠谱"[532]。这个谱是我们可以从约化密度矩阵中最大程度获得的数据。这是人们最终必须去验证的信息，因为我们要评估从对谱取迹获得的熵的重要性。可以证明，假如我们知道所有 n 的 Rényi 熵的信息，就可以以此为基础构建出纠缠谱。

然而众所周知的是，对于 $n > 2$ 个比特的情形，两体冯·诺依曼熵和 Rényi 熵无法计算出原始态本身的纠缠。最清晰的例子是 Greenberger-Horne-Zeilinger 态[533]

$$|\text{GHZ}\rangle = \frac{1}{\sqrt{2}}\left(|111\rangle + |000\rangle\right) \tag{14.6}$$

对三个单比特子系统中的任何一个取迹都会得到一个无纠缠的混合态，尽管该态在某种意义上是三比特的最大纠缠态[534]。在量子场论中比特数目 n 是无穷多的，毫无疑问两体熵本质上是不完备的。但是，由于目前缺乏更好的衡量标准，我们暂时处于这一困境中。量子力学熵在场论中的推广，最早源于 Srednicki[535] 和 Holzhey、Larsen 以及 Wilczek[536] 做出的开创性贡献。他们直觉性的构造基于两体划分。EPR 纠缠"佯谬"通常是在实空间讨论的，因此我们应该把空间区域分成两个互补的子区域 A 和 B 来定义两个子系统，从而去讨论量子力学熵。先通过对 B 中自由度取迹积掉，然后对定义在 A 上的约化密度矩阵计算熵，最后我们用获得的信息来描述 A 和 B 中的自由度是如何非局域地纠缠起来的。

Holzhey 等 [536] 聚焦于定义在 $\mathbb{R}^2$ 上的 1+1 维 CFT，在这种情况下由于 CFT 的可积性，两体冯·诺依曼熵可以被明确地计算出来。通过对空间区域 $(-l/2, l/2)$ 取迹积掉，他们得到了著名的结果 [536]

$$S_{\text{vN 1+1 CFT}} = \frac{c}{3} \log \frac{l}{\epsilon} \tag{14.7}$$

其中，c 是 CFT 的中心荷，ϵ 是紫外截断。对数形式的依赖暗示我们体系是长程纠缠的，纠缠的强度普适地由中心荷决定，这是定义 CFT 的一个重要属性。值得注意的是，实际的计算本质上与测量中心荷的经典方法类似，这种方法很早以前是由 Bloete 等提出的 [537]：把 CFT 解释成二维空间中的热态，然后中心荷决定了有限尺寸标度下对自由能的修正。

尽管场论下的空间-两体纠缠熵有着根本上的不足，但是人们发现它们在枚举不可压缩物态的拓扑序这个问题上发挥着巨大的作用。考虑一个有能隙的体系，纠缠熵的领头阶贡献总是和纠缠曲面的面积 $\Sigma = l^{d-1}$ 成正比，而纠缠曲面的定义是 $\mathcal{A}$ 区域和 $\mathcal{B}$ 区域相邻边界处的流形，这个流形有一个线性尺度 l。原因很简单，该表面附近的自由度将始终是短程纠缠的。如果我们计算到下一阶，具体到 $d = 2$ 维的分数量子霍尔态中，就会发现 [538,539]

$$S_{\text{vN 2+1 FQHS}} = \alpha \frac{l}{\epsilon} - \gamma + \cdots \tag{14.8}$$

这里，ϵ 是 UV 截断，α 是一个非普适的常数。第二项才是我们真正感兴趣的内容。这个普适的项是一个 UV 不敏感的常数 $\gamma = \log \mathcal{D}$，它直接和"量子维数"有关 $\mathcal{D}$。量子维数测量的是特定量子霍尔态中准粒子的数目，定下基态的简并度并写成封闭靶流形中把柄的数目的函数。Li 和 Haldane 通过展示纠缠谱的低能部分与物理边界处的谱之间存在惊人的吻合，解释了纠缠熵和基态拓扑性质之间的非凡联系 [532]。根据在 2.2 节讨论的拓扑物态具有的体-边缘对应关系，纠缠哈密顿量精确地给出了表征体的信息。优雅之处在于纠缠熵允许我们从体的动力学提取出该信息，而无须引入明确的边界。这两个例子显示了一种普遍的智慧。一般而言，纠缠熵遵循一个面积定律：熵的领头阶贡献是 UV 发散的并且正比于两体纠缠区域的面积 [535,540]。然而普适的非平庸的信息存在于次领头阶项中。可以断言 [541,542]，对于处于真空态的区域 $\mathcal{A}$，当空间维数为奇数 $d = 2n + 1$ 时熵的结果为

$$S_{\text{vN}} = \alpha \frac{l^{d-1}}{\epsilon^{d-1}} + \cdots + (-1)^{(d-1)/2} s_d \log(l/\epsilon) + \cdots \tag{14.9}$$

对数项的情况和 1+1 维 CFT 中的情形类似。我们可以把 UV 不敏感的系数 s_d

看成是共形荷的推广。当空间维数是偶数 $d = 2n$ 的时候，纠缠熵具有形式

$$S_{vN} = \alpha \frac{l^{d-1}}{\epsilon^{d-1}} + \cdots + (-1)^{(d-1)/2} f_d + \cdots \tag{14.10}$$

现在 f_d 是普适的 UV 不敏感的部分。人们认为这些一般形式对于 Rényi 熵和可压缩体系仍然适用。利用我们即将解释的 Ryu-Takayanagi 关于纠缠熵的处理策略，这确实可以在零密度全息的许多示例中得到验证。在这些情形中，人们还发现了非常有趣的结果，即在许多情况下体时空中的零能量定理意味着 s_d 和 f_d 在重整化群流下均为单调函数 (即我们有广义的 c-定理)[543]。因此，它们起到了在 1+1 维 CFT 里中心荷向更高维度推广的作用。这种单调的 c-定理为传统方法不适用的物理情形提供了非常有用且强有力的检查 [544]。然而，我们应当注意到，一个针对系数 f_d 和 s_d 的普适的严格 c-定理尚不存在，例如它们确实依赖于表面的形状而不是它的大小 [542]。

这些见解在直接应用于有限密度的可压缩体系时也是成立的。然而，这里存在一个例子，我们可以明确地计算它的纠缠熵，但它不遵循这些规则，这就是费米气体。它的领头阶贡献违反了一般的面积定律，因此费米气体揭示了一个相比任何玻色理论更加长程的"纠缠"[545]，

$$S_{vN\ d\text{-dim FL}} = c k_F^{d-1} A_\Sigma \ln(k_F^{d-1} A_\Sigma) + \cdots \tag{14.11}$$

其中，Σ 是纠缠区域 $\mathcal{A}$ 的边界，c 是一个常数而 k_F 是费米动量。我们故意在纠缠这个词上加上了引号。我们知道这种情况下的纠缠直接来自于泡利不相容原理——这与爱因斯坦关于两个比特声称的超距作用没有任何关系。事实上如我们将在下文直接展示的那样，类似的全息计算表明，领头阶贡献的标度完全取决于量子物质作为一个整体给出的不熟悉但非常有趣的标度性质，它只不过是测量了超标度违反指数 θ。对于费米液体，$\theta = d - 1$，并且我们会获得额外的对数项，但是更丰富的行为是先验可能的。

费米液体的例子非常清晰地表明在可压缩体系中空间两体冯·诺依曼熵并不一定和量子力学意义上的纠缠有什么关系。正如上文讨论的，它以一种直接 (如量子维度) 或更间接的方式 (如超标度违反) 收集真正与量子物质性质相关的零散信息，因此将其称为"纠缠"熵是有点用词不当的。实际上可能还有一个更加严厉的批评。尽管在量子临界体系中，纠缠熵仍然包含了一个尺度。无论是在全息背景还是直接通过场论方法，都可以证明纠缠熵作为纠缠区域尺度的函数有一个明显的"相变"[546]。这显然是两体纠缠方法的一个严重缺陷，人们应该牢记这一点。

14.2.2　全息纠缠熵

除了费米液体之外，我们所知道的有限密度可压缩物态就只有全息构造出的物态了。Ryu 和 Takayanagi 美妙的洞察力使得我们知道如何计算这些例子中的两体纠缠熵 [547]。他们的论据基于两个观察。① 当纠缠区域是整个空间区域这种特殊情况时，纠缠熵应该变成真实的熵。② 如果体系处于一个热态，真实的熵可以通过全息来计算，且结果就是以牛顿引力常数为单位的 1/4 黑洞面积

$$S_{\mathrm{BH}} = \frac{A_{\mathrm{hor}}}{4G_N}. \tag{14.12}$$

为了能从全息来体现纠缠熵，体时空需要知道纠缠区域 $\mathcal{A}$ 和 $\mathcal{B}$。自然的做法是考虑体时空中的一个曲面 $\mathscr{A}$，该曲面在边界处正好落在纠缠区域的边界 ∂A：两个边界 ∂A 和 $\partial \mathscr{A}$ 应当是重合的。这形象地反映了距离小于 $\mathcal{A}$ 的"宽度"的那部分自由度如何体现在体时空中。它们包含在表面 $\mathscr{A}$ 和边界所围成的区域之中 (图 14.1)。因此，$\mathscr{A}$ 是某个区域 $\Sigma_{\mathscr{A}}$ 的表面，并且该表面可以被看成是区分 $\Sigma_{\mathscr{A}}$ 内的体时空自由度的物理和 AdS 剩余部分的分界面。请注意这并不是一个体时空中的纠缠曲面——在体时空中任何量都是经典的。这个分界面 $A_{\mathscr{A}}$ 的面积和体现黑洞熵的视界有同样的标度性质。由于在有限温度情况下，当 $\mathcal{A}$ 取极限为整个空间的时候纠缠熵应该成为热力学熵，也就是说在黑洞背景里黑洞的视界应该是分界面，如图 14.2 所示，我们自然地得到 Ryu-Takayanagi 猜想，即在领头阶

$$S_{\mathcal{A}} = \frac{A_{\mathscr{A}}}{4G_N} + \cdots \tag{14.13}$$

还需要考虑的是如何定下曲面 $\mathscr{A}$ 的具体形状。由于完整的熵还可以通过作为作用量极值的自由能得到，于是 Ryu 和 Takayanagi 自然地提出，为了得到正确的平衡态纠缠熵，正确的曲面 $\mathscr{A}$ 是一个通过对如下嵌入作用量求极小值来获得的极小曲面：

$$S = \int \mathrm{d}^d \xi \sqrt{\left(\det g_{ij}\right) \partial_{\xi^a} X^i(\xi) \partial_{\xi^b} X^j(\xi)} \tag{14.14}$$

这里的 i, j 只取空间方向。在平衡态，空间方向是相对于物质静止参考系来清晰定义的，从而该面积的值是该极值解对应的作用量取值。

这种算法严格地重现出一个 1+1 维 CFT 的 Holzhey-Larsen-Wilczek 纠缠熵，包括中心荷前面的系数 1/3 (方框 14.1)。它也通过了许多其他非平庸的检验 [548,549]：纠缠熵的面积律直接来自于全息的性质；纠缠熵的强次可加性可以通过体时空中面积的不等式来验证等。在二阶导数的爱因斯坦引力范围内，Ryu-Takayanagi 算法实际上可以被证明能够正确地计算出两体纠缠熵 [550-552]。此外，

还可以计算出次高阶的修正 [552]。将 Ryu-Takayanagi 公式从爱因斯坦引力到高于二阶导数的引力理论的推广在文献 [553]~[556] 中被考虑。

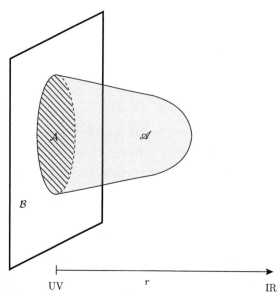

图 14.1　全息纠缠熵的 Ryu-Takayanagi 猜想的示意图。对于 AdS 边界上的纠缠区域 $\mathcal{A}$，我们考虑一个体时空中的曲面 $\mathscr{A}$，其边界 $\partial\mathscr{A}$ 和纠缠区域的边界 $\partial\mathcal{A}$ 是重合的。为了符合热态的 Bekenstein-Hawking 熵，自然的猜想是 $\mathscr{A}$ 的面积与边界的熵 $S_S = A_{\mathscr{A}}/4G_N$ 关联。为了确定准确的曲面 $\mathscr{A}$，Ryu 和 Takayanagi 提出该曲面应该是面积最小的曲面

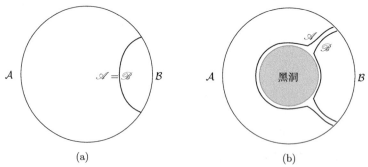

(a)　　　　　　　　　　　　　(b)

图 14.2　(a) 对于纯的 AdS 时空，整个系统 $\mathcal{A}\cup\mathcal{B}$ 是一个纯态。在体时空中围住 $\mathscr{A}$ 的极小曲面和围住 $\mathscr{B}$ 的极小曲面相同，这意味着对于对偶体系我们有 $S_{\mathcal{A}} = S_{\mathcal{B}}$。(b) 如果整个系统处于混合 (热) 态，围住 $\mathscr{A}$ 和 $\mathscr{B}$ 的曲面不需要是相同的，于是 $S_{\mathcal{A}} \neq S_{\mathcal{B}}$

方框 14.1 零温零密度的 CFT 的全息纠缠熵

我们在这里展示用 Ryu 和 Takayanagi 提出的全息纠缠熵算法如何正确地计算出已知的 1+1 维 CFT 中的纠缠熵 [536]：

$$S = \frac{c}{3} \log \frac{l}{\epsilon}, \tag{14.15}$$

其中，c 是 CFT 的中心荷，ϵ 是 UV 截断。这个 1+1 维 CFT 的引力对偶是一个 2+1 维的 AdS 时空。在 Poincaré 坐标下，它的度规写成

$$ds^2 = L^2 \left[\frac{dr^2}{r^2} + r^2 (-dt^2 + dx^2) \right] \tag{14.16}$$

由于 UV 截断明显地出现在结果里，我们应该非常仔细地对这个理论进行归一化。根据第 5 章具体的 GKPW 规则，这需要考虑把边界定义在 $r = \epsilon^{-1}$ 处，最后再小心地取极限 $\epsilon \to 0$。

遵循最初 Holzhey-Larsen-Wilczek 的做法，我们考虑定义在 $-l/2 < x < l/2$ 的 A 区域和其余空间之间的纠缠。Ryu 和 Takayanagi 的方案就是考虑一个体时空中维度为 d 的曲面——在现在的情形中 $d = 1$ 则是一条曲线——这个曲线的端点取在 $(r, x) = \left(\frac{1}{\epsilon}, -l/2 \right)$ 和 $(r, x) = \left(\frac{1}{\epsilon}, l/2 \right)$ 处。可以从中提取出纠缠熵的正确曲面是两点之间通过极小化空间面积而得到的极值曲面，

$$S = \int d\xi \sqrt{g_{ij} \partial_\xi X^i \partial_\xi X^j} \tag{14.17}$$

在现在 $d = 1$ 维的情况下，曲面只是一条曲线而极值曲线正是测地线。

由于我们感兴趣的是平衡态下的纠缠熵，这种情况下的测地线并不依赖于时间从而 $\partial_t X^\mu = 0$。此外，根据对称性，测地线从 $(r, x) = \left(\frac{1}{\epsilon}, -l/2 \right)$ 开始延伸进入体时空中，直到当 $x = 0$ 的极小值 $r_{\min}$，然后沿着对称的路线返回到 $(r, x) = \left(\frac{1}{\epsilon}, l/2 \right)$ 处。因此，我们可以取 ξ 来对 r 方向的距离进行参数化 $\partial_\xi X^r = 1$。此时，通过把该度规代入到作用量中我们可以得到

$$S = 2L \int_{r_c}^{\frac{1}{\epsilon}} d\xi \sqrt{\frac{1}{r^2} + r^2 (x')^2} \tag{14.18}$$

其中 $x' = \partial_r x$。

这种形式的作用量在第 6 章介绍的 Wilson 圈中非常常见。由于动力学

变量只按照一阶导数出现，这里有一个运动常量，

$$\Pi = \frac{2Lr^2 x'}{\sqrt{\dfrac{1}{r^2} + r^2 (x')^2}} \tag{14.19}$$

在转折点 $r_c, \mathrm{d}r/\mathrm{d}x = 0$ 处或 $x' \to \infty$，取极限后我们立刻可以看出 $\Pi = 2Lr_c$。于是，

$$r^2 x' = r_c \sqrt{\frac{1}{r^2} + r^2 (x')^2} \tag{14.20}$$

从而

$$x' = \pm \frac{r_c}{r^2 \sqrt{r^2 - r_c^2}} \tag{14.21}$$

为了用纠缠区域的尺度 l 来定下 r_c 的值，我们利用另一个事实，即在转折点处测地线在 x 方向已经从 $x = -l/2$ 到 $x = 0$ 走过了 $l/2$ 的距离。换句话说，

$$l/2 = \int_{-l/2}^{0} \mathrm{d}x = \int_{\frac{1}{\epsilon}}^{r_c} \mathrm{d}r x' \tag{14.22}$$

利用式 (14.20) 中的关系，我们得到

$$l/2 = -\int_{r_c}^{\infty} \mathrm{d}r \frac{r_c}{r^2 \sqrt{r^2 - r_c^2}} = \frac{1}{r_c} \tag{14.23}$$

于是，测地线的面积 (距离) 可以通过把解 (14.19) 代入作用量中得到。这给出结果

$$A = 2L \int_{r_c}^{\epsilon^{-1}} \frac{\mathrm{d}r}{\sqrt{r^2 - r_c^2}} = 2L \log \frac{l}{\epsilon} \tag{14.24}$$

全息纠缠熵的最终结果为

$$S_{\mathrm{EE}} = \frac{A}{4G_N} = \frac{L}{2G_N} \log \frac{l}{\epsilon} = \frac{c}{3} \log \frac{l}{\epsilon} \tag{14.25}$$

其中我们利用一个事实，即 AdS$_3$ 时空中的 Einstein-Hilbert 引力理论的中心荷为 $c = \dfrac{3L}{2G}$ [557,558]。于是，全息纠缠熵的结果和场论给出的结果 (14.15) 完全一致。我们可以在有限温度情形下重复上述过程进行计算。一个值得注意

的微妙之处是在 2+1 维引力中没有真正的黑洞。相反，我们有一个具有锥形缺陷的时空几何。这种 Banados-Teitelboim-Zanelli (BTZ) 时空的度规是

$$ds^2 = L^2 \left[(r - r_+)^2 dt^2 + \frac{dr^2}{r^2 - r_+^2} + r^2 dx^2 \right] \tag{14.26}$$

它的性质在很多方面与更高维度中的 Schwarzschild 黑洞类似。在这种有限温度体系下计算纠缠熵所得到的结果又一次和 1+1 维 CFT 的结果是一致的[548]

$$S = \frac{c}{3} \log \left(\frac{\beta}{\pi \epsilon} \sinh \frac{\pi l}{\beta} \right) \tag{14.27}$$

其中 $\beta = 1/T$ 是温度的倒数。

这些计算可以容易地推广到更高维度的 $\text{AdS}_{d+2}/\text{CFT}_{d+1}$ 对偶情形。我们发现一个半径为 l 的球体的纠缠熵为

$$S = \begin{cases} p_1 \dfrac{l^{d-1}}{\epsilon^{d-1}} + p_3 \dfrac{l^{d-3}}{\epsilon^{d-3}} + \cdots + p_{d-1} \dfrac{l}{\epsilon} + f_d + \mathcal{O}\left(\dfrac{\epsilon}{l}\right), & \text{偶数 } d \\ p_1 \dfrac{l^{d-1}}{\epsilon^{d-1}} + p_3 \dfrac{l^{d-3}}{\epsilon^{d-3}} + \cdots + p_{d-2} \dfrac{l^2}{\epsilon^2} + s_d \log \dfrac{l}{\epsilon} + \mathcal{O}(1), & \text{奇数 } d \end{cases}$$
$$\tag{14.28}$$

其中 ϵ 是理论中的 UV 截断。结果中的领头阶贡献遵循面积定律。而最有趣的是来自非领头阶的贡献 f_d 和 s_d。它们不仅是普适的，而且可以验证，只要理论是幺正的，它们就遵循一个全息的 c-定理。这意味着，对于任何通过在 UV CFT 引入变形得到的新的 IR 固定点，都会有 $f_d^{\text{UV}} > f_d^{\text{IR}}$ 且 $s_d^{\text{UV}} > s_d^{\text{IR}}$。系数 s_d 在 d 为奇数的时候还可以更进一步等同于 Weyl 反常中的 Euler 示性数[559]。这会导致在量子层次上理论的标度对称性不再存在。而在偶数维情况下，类似的标度对称破坏并不会发生。相反，人们认为 s_d 在场论中的对应是 $d+1$ 维球面上定义的 $d+1$ 维 CFT 的自由能[560,561]。请注意，这并不是有限温度 CFT 的自由能，即相应的 d 维球面直积一个欧几里得周期时间 S^1 的体系。

14.2.3 冯·诺依曼熵和奇异金属

利用 Ryu-Takayanagi 提出的全息纠缠熵算法，我们可以计算奇异金属的纠缠熵，这是我们关注的重点。尽管冯·诺依曼纠缠熵有一些不足的地方，它是否仍然可以为我们提供一些佐证来说明这些物质是真正的长程纠缠类型的量子物质？答案可能是可以预测的。我们没有得到期待的结果，但是我们的确学到了非常有用的东西，它可以探测到超标度违反这个性质，因而是全息奇异金属的一个有趣的特征诊断。

　　通过研究 Ryu-Takayanagi 极小曲面的行为，我们可以很快意识到，当纠缠区域很大的时候纠缠熵主要来自于 Ryu-Takayanagi 曲面靠近视界处的贡献。相比于仔细地进行完整的计算，我们只是专注于近视界区域的计算。对于 8.4 节介绍的一簇全息标度几何，最一般的这样的近视界区域形式为 [334,336,344,562]

$$ds^2 = r^{\frac{2\theta}{d}}\left(-\frac{dt^2}{r^{2z}} + \frac{dr^2 + dx_i^2}{r^2} \right) \tag{14.29}$$

如我们所讨论的，当我们做标度变换 $t \to \lambda^z t, x_i \to \lambda x_i, r \to \lambda r$ 时，度规并不是标度不变的，而是按照

$$ds \to \lambda^{\theta/d} ds \tag{14.30}$$

变换，其中 z 和 θ 分别是动力学临界指数和超标度违背指数。特别的是，我们知道热力学熵密度对温度的标度依赖为

$$S \sim T^{(d-\theta)/z} \tag{14.31}$$

类似于费米液体，所有这些超标度违反的几何都需要一个有限大电荷密度 Q 来支撑，重要的是我们可以把该密度理解为近视界区域的 UV 截断。于是，全息奇异金属 IR 部分的超标度违反几何可以看成是费米液体在全息中自然的推广。因此，在这个意义上，费米液体被动量空间中 $d-1$ 维面 (费米面) 处无能隙的自由费米子激发所标志，沿着垂直于费米面方向按照动力学临界指数 $z = 1$ 色散。这意味着一个索末菲熵

$$S \sim T, \tag{14.32}$$

因为 $\theta = d - 1$，所以它不依赖于空间维度 d。

　　现在我们可以探测这些可压缩的有限密度体系的纠缠熵。对于一般的 θ 和 z，在对偶于这类体时空几何的理论中，任何纠缠区域 $\mathcal{A}$ 的纠缠熵 $S_\mathcal{A}$ 的标度行为是 [336]

$$S_{\text{EE};\mathcal{A}} \sim \begin{cases} \eta Q^{(d-1)/d} A_\mathcal{A} + \cdots, & \theta < d-1 \\ Q^{(d-1)/d} A_\mathcal{A} \ln(Q^{(d-1)/d} A_{\partial\Sigma}) + \cdots, & \theta = d-1 \\ Q^{\theta/d} A_\mathcal{A}^{\theta/(d-1)} + \cdots, & \theta > d-1 \end{cases} \tag{14.33}$$

利用全息版本的 Luttinger 定理，电荷密度可以直接等同于费米动量 $Q \sim k_F^d$。于是，带有 $\theta = d - 1$ 的超标度违反几何可以准确地重现出费米液体的纠缠熵。利用冯·诺依曼熵研究奇异金属时所获得的最有趣的信息是，它可以直接反映出深 IR 区域中超标度违反的性质。超标度违反可以看成是动量空间中的"无质量激发的分布" [563]。当这种分布与纠缠区域的面积量级相当的时候，纠缠熵就会违反面

积定律 $S \sim A_A$。对于通常的玻色场理论，只存在一个无质量的点 (当平移对称没有被破坏时位于 $k = 0$)，故始终被满足面积定律。传统物态中唯一自然地违反超标度对称的是费米气体/费米液体，其特征是具有 $d-1$ 维的无质量激发态构成的费米面，而此时恰好和纠缠面积是量级相当的，意味着面积定律的一个最小违反 $S \sim A_A \log A_A$。但是在全息中超标度违反指数可以取到直到 $\theta = d$ 的任何值。当 $\theta < d-1$ 时无质量激发态的相空间足够小，从而纠缠熵的行为和简单的玻色型 CFT 相同。"类费米液体"的 $\theta = d-1$ 情况恰好是带有一个对数形式违反的"边缘"情况，而对于 $d-1 < \theta < d$，我们可以发现一个长程的、代数形式的违反行为。

我们需要非常清楚 $\theta = d-1$ 的全息物态只是有着与费米液体相同的纠缠熵标度性质，但绝不是与费米液体相同的物态。当 z 足够大的时候，态可以是内聚的，并且我们可以探测到定义良好的费米子准粒子，但热力学将由伴随演生的有限 z 的奇异金属主导，这种奇异金属因内聚的费米子是稳定的。一种试图理解此类奇异金属的方式是，它可能和由退禁闭部分子形成的费米液体是自洽一致的。一个关键的观察是，体系中传统的费米面对于任何通过全息里 (物理的) UV 规范单态的测量可能都是探测不出来的。其原因是退禁闭部分子的费米面并不是一个规范不变的量，因此它只能通过热力学测量探测到，或者通过冯·诺依曼来进行测量。然而，隐含的假设是，部分子形成了一个几乎自由的费米的"粒子"体系。尽管这是在极高密度 QCD 中的情形，但并没有一个先验的理由说明对于全息中强耦合共形物态也是如此，即使当一个更一般的退禁闭的概念在这里是适用的。当然，对偶于 Schwarzschild 黑洞的零密度体系下的退禁闭态并不是这种类型的。可以说，类费米液体的超标度违反因此可以具有一个非常不同的"非粒子物理学"起源。这从 $\theta = d-1$ 只是可能出现的连续的超标度指数中一个非常任意的点这一观察可以非常明显地看出来。式 (14.33) 强调的新颖之处在于有大量的态，它们具有比熟悉的费米气体更极端的"动量空间充满无质量态"的行为。

该类物质中最极端的例子是 $\theta = d$，此时冯·诺依曼熵是广延的且正比于被求迹积掉的部分的体积。正如我们在第 8 章所学到的，这种广延熵对 Reissner-Nordström 金属的基态而言是非常熟悉的。对于这种情况，冯·诺依曼熵实际上暗示了一个迷人的自洽性，将半局域量子指界性和基态熵联系了起来。首先，半局域量子指界性质意味着所有的传播子都具有形式 $\sim (\mathrm{i}\omega)^{2\nu_k - 1}$，而指数 ν_k 对于所有的 k 都是有限大的。尽管规范单态算符可能无法探测到真实的深红外低能激发态，但总动量守恒表明在整个动量空间中必须存在无质量的激发态。因此，这和"体积的"超标度违反 $\theta = d$ 是一致的，并与冯·诺依曼熵的体积标度一致。相应地，当我们把求迹掉的体积 $A_{\partial\Sigma}$ 取为体系本身那么大时，冯·诺依曼熵就变成了全部的基态熵。这实际上正是人们如何推断出 RN 金属是超标度违反几何的

$z \to \infty$ 且 $\theta = d$ 的特例。

这是一个既迷人又有些令人费解的结果。基态熵和局域量子指界性质似乎是互相暗含彼此的。由于半局域量子指界似乎需要某种极端形式的量子物质的物理来进行解释，这表明 RN 金属的基态简并有一个类似的极端的量子起源。

14.2.4　量子临界态及其纠缠

我们已经知道了冯·诺依曼"纠缠"熵在测量场论纠缠时的不足之处，现在我们重新回到这个总结性章节的主线来。正如我们在本章开头所强调的那样，全息反复告诉我们的信息是它所预言的是一类普适的且不属于任何我们熟知的短程纠缠直积态的物态。这些物态是量子临界相，虽然它们有着超出 Wilsonian 重整化群意义的标度性质。是否有可能可压缩的长程纠缠量子物质自动的就是量子临界的？

有一些非常简单但深刻的论据似乎不可置疑地说明上面问题的逆命题一定是对的：即使是简单的玻色量子临界态也应该是不可约化地宏观纠缠的。尽管部分推理基于对统计物理学的理解，但它的本质似乎同样适用于非玻色子有限密度量子临界相。论据如下所述。

正如我们在第 2 章中论断的，玻色子的稳定态总是形成短程纠缠直积态，但现在我们应该考虑恰好处于量子临界点的系统。启发性地，用于定义强耦合量子临界态的性质是该体系的量子动力学由有威力的标度不变性所主导。在非常小的接近 UV 截断的微观尺度上 (这个尺度和晶格常数不会相差太远)，人们期待恰好在量子相变点处物质之间应该是强纠缠的。由于标度不变性的绝对主导性，任何量都应该是标度不变的，这也包括纠缠。因此，由于标度不变性，微观尺度上的纠缠应该和宏观尺度上的纠缠具有自相似性，从而宏观态必须是长程纠缠的。

这几乎是一种赘述，并且有些略而不证。但是在仔细审视一个欧氏号差中实现的经典量子临界态后，我们可以以更具有说服力的方式去论证它。尽管对于经典强耦合临界态的配分求和没有已知函数形式的解，但计算机告诉我们它们具有怎样的形式：这种态包含大量的场构型且所有构型都具有自相似性。当把所有的场构型求和去获得精确的配分函数后，我们熟知的是，为了避免临界标度消失，必须求助于奇怪的非局域效应：张开临界流形的构型是整体不同的。在取时间切片和 Wick 转动后，这个经典的配分函数求和变成了实时中所有这些构型的相干叠加。由于其热等价问题的非局域性质，这种态怎么会不是长程纠缠的呢？

最后一个启发式论证涉及激发的性质。粒子物理在标准模型或 Goldstone 玻色子的意义上来说是通过谱函数所呈现出的尖的极点来定义的。这继而意味着真空具有短程纠缠的直积结构，因为粒子意味着谐振子构成的集合，而这构成了一个直积态。人们已经非常熟悉的是，在强耦合的量子临界体系里人们发现的却是

"非粒子"物理的"分支切割"。似乎不可能构造出一个短程纠缠直积态的真空来允许由分支切割要求的标度不变性所施加的量子数的非局域性。

这种纠缠动机对量子临界态的物理学意味着什么？普朗克耗散，这种以一种最高纪录的速度把功转化成热的独特能力，是否和长程纠缠密切相关呢？与不可压缩纠缠态的不同之处在于，现在有一个致密的低能态流形，其中的态都是长程纠缠的。众所周知，温度对纠缠会起到破坏的作用，但是否可以反向运作，即在零温态中注入一些能量，巨大的纠缠是否能够使得这些能量在最短可能时间内转化成热？

这种考虑无情地暴露了两体冯·诺依曼熵的缺点。以上的物理都暗指了强耦合量子临界体系的性质。另外，当超过最大临界维度时，固定点变成高斯的——处理有效的洛伦兹不变量子理论 (例如 $d \geqslant 3$ 的 $d+1$ 维中玻色超流 Mott 绝缘体) 时，序参量算符的标度维度达到幺正极限，从而粒子谱重新出现了。虽然这种无相互作用的临界态是短程纠缠的，但它的两体冯·诺依曼熵仍然会揭示一个面积定律和一个共形荷，从而不会把它和其他强耦合的纠缠情形以任何方式区分开来。

在某种程度上强耦合玻色量子临界态显然属于长程纠缠。尽管如此，这种论断仍然是推测性的。目前无法根据严格的数学过程得出更可靠的结论。它确实着重阐明了理解场论中量子信息时遇到的核心挑战：在这种极度量子的场论体系中，还没有可行而通用的手段来精确测量长程纠缠的含义。

14.2.5 费米量子临界性

还有我们反复强调过的全息奇异物质的另一个方面，全息之所以能够发现量子物质这类新的物态，或许是因为它处理的是有限密度下的强耦合费米子。由于费米子符号问题带来的困难，这在传统的方法中是处理不了的。第 2 章我们对此有过广泛的讨论。然而，当我们聚焦于量子物质的时候，这种麻烦事反倒成为一种有利的条件。很容易理解，"符号"是能够击退经典物质的有力武器。"符号问题"或许在很大程度上与目前缺乏对主导严重长程纠缠可压缩物质的物理原理的理解是一致存在的。

参考第 3 章和 14.2.4 节中的讨论，理解量子物质的现有尝试偏向于玻色物质。原因很简单，就是我们对费米物质的理解非常少。费米气体是个例外，但它已经是个恰当的例子了：即使在简单的无相互作用极限，由于反对称的要求，费米气体也处于不可约的长程纠缠。正如第 2 章中讨论 "Mottness" 现象时所暗示的，强耦合相互作用费米子体系相关的纠缠结构或许与无相互作用的情况非常不同，但同样在这些情况下，符号应该是形成经典物质过程中不可逾越的障碍。

还有另一种方式可以理解为什么符号有利于长程纠缠。现有的理解是玻色理论中的基态的纠缠非常稀疏，而激发态的纠缠要紧密得多。例如，在临界理论中人们通常发现激发态的冯·诺依曼熵正比于体系的体积 [564]。尽管基态具有振幅正定的特征，而所有激发态都具有符号从而可以与基态正交并相互正交，这增加了纠缠。而对于费米子，这种"符号驱动"的纠缠正好施加在真空态本身。

沿着这条线更深入的提问是，是否有可能全息奇异金属的"自组织"量子临界是由费米子符号所驱动的密集长程纠缠带来的后果。事实上，我们可以在一个明确的对非费米液体的费米型真空的构造中找到支持这种论断的证据。考虑费米液体，其特点是具有一个源于统计而特有的特征尺度：费米能。为了获得无标度的费米物态，必须以某种方式篡改费米统计本身。在规范的构造中如何实现这一点是模糊的。然而，有一个鲜为人知的费米子路径积分的替代方式，可以使这变得更可行 [565]。这种由 Ceperley 在 20 世纪 90 年代 [566] 发现的"受约束的路径积分"在方框 14.2 中有详细解释。结果是，只要只允许使得整体密度矩阵的符号不改变的积分历史存在，费米子路径积分的结果就可以重新写成一个概率的 (无符号，玻色的) 形式。这继而相当于将密度矩阵的零点看成是对应于无限强的空间排列势。这些零点又在构型空间中形成一个"表面"："节面"。通过这种方式，费米子统计的效应可以用几何的语言来描述。

就当前目标而言，人们可以通过更熟悉的波函数节点的概念避开麻烦。考虑实空间中一次量子化的波函数 $\Psi(\boldsymbol{R})$，其中 $\boldsymbol{R} = (\boldsymbol{r}_1, \cdots, \boldsymbol{r}_N)$ 是 dN 维构型空间中的坐标 (d 是空间维度而 N 是粒子数)。节面是通过 $\Psi(\boldsymbol{R}) = 0$ 来定义的，对应于构型空间中一个 $dN - 1$ 维的"表面"。这可以通过在构型空间做切分来想象，即随机选取一个粒子并固定其他粒子的位置，移动这个粒子并根据波函数的符号来做切分。在简单的费米气体情况下，这只需要从 Slater 行列式计算，从而获得一个如图 14.3(a) 所示的光滑曲面。人们立即意识到这是考虑费米气体纠缠的一种方便的方法：确定行列式的零点对应于极度非局域的问题。当改变一个粒子的位置时，节面的位置即使在无穷远之外也会发生改变。此外，费米能直接体现在该节面之中。费米气体的节面最后可以被一个几何尺度来表征 ("节点口袋维数"，读者可参考方框 14.2)，并且由于节面表现为一个空间排列势，这转变为一个真实的动力学尺度——费米能。只要节面是一个光滑的流形，该尺度 (以及由此得到的费米能) 就不可避免。重要的结论是，降低费米能从而实现费米型量子临界态的唯一方法是，将节面的几何形状从光滑流形改变为分形流形。通过一个富有洞察力的波函数的"逆流"拟设，这种分形节面的密度矩阵可以明确地被构造 (详见方框 14.2)：图 14.3 展示了光滑节面是如何逐渐地演化为一个分形节面。关于这种态的物理我们知之甚少，但它的确表明了准粒子的极点强度 Z_k 在分形态中变为零 [565]。费米尺度所具有的标志性的准粒子特征不再存在了。这实际上是具有如下特征的费米液体中唯一一个非全息的例子，即在费米面处展示出越来越强的量子涨落，(费米面) 最终在量子相变点处消失，从而体系变为一个真正的标度不变的系统。

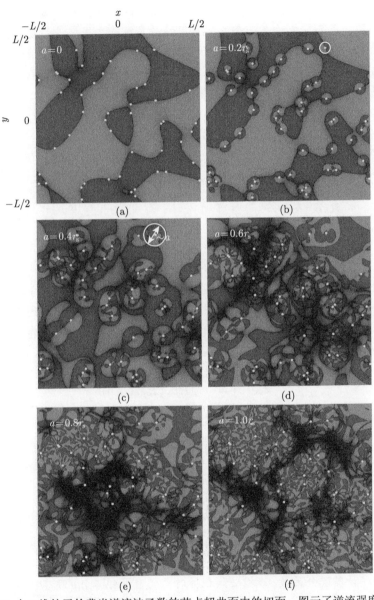

图 14.3 49 个二维粒子的费米逆流波函数的节点超曲面中的切面，图示了逆流强度的不同值 $\alpha = a/r_s$，体系取了一个小的距离截断 $r_0/r_s = 0.1$。当 $\alpha = 0$ 时我们回到自由费米子的光滑节面结构。随着逆流强度的增大，逐渐开始产生新的节点口袋云。这些云的线性尺度线性正比于 α。当有效的逆流范围 a 变化到和粒子间距 r_s 一个量级的时候，节面会定性地改变其几何且看上去变成分形结构。图片来源于文献 [565]

方框 14.2　费米量子临界性和分形节面

正文中的结论是，节面，即整体密度矩阵的零点，对于由有限密度费米子构成的物质而言或许是一个非常有用的对多粒子之间纠缠的度量。该结论基于由 Ceperley 所构造的受约束的路径积分，它清楚地描绘了节面是如何体现出玻色和费米物态之间的差异。目前而言，对非相对论性费米子，这种方法只通过一次量子化的世界线表示构建。

定义费米子体系的整个实空间的密度矩阵为 $\rho_{\mathrm{F}}(\boldsymbol{R}, \boldsymbol{R}'; \hbar\beta)$，其中 $\boldsymbol{R} = (\boldsymbol{r}_1, \cdots, \boldsymbol{r}_N)$ 表示 dN 维位形空间中的位置 (d 是空间维度而 N 是粒子数目)，而 $\beta = 1/(k_{\mathrm{B}}T)$ 是温度的倒数。这可以写为定义在虚时 τ ($0 \leqslant \tau \leqslant \hbar\beta$) 的对世界线 $\{\boldsymbol{R}_\tau\}$ 求和的路径积分，以作用量 $\mathcal{S}[\boldsymbol{R}_\tau]$ 为权重，

$$\rho_{\mathrm{F}}(\boldsymbol{R}, \boldsymbol{R}'; \hbar\beta) = \frac{1}{N!} \sum_{\mathcal{P}} (-1)^{\mathcal{P}} \int_{\boldsymbol{R} \to \mathcal{P}\boldsymbol{R}'} \mathcal{D}\boldsymbol{R}_\tau \mathrm{e}^{-\mathcal{S}[\boldsymbol{R}_\tau]/\hbar}$$

$$\mathcal{S}[\boldsymbol{R}_\tau] = \int_0^{\hbar\beta} \mathrm{d}\tau \left[\frac{m}{2} \dot{\boldsymbol{R}}_\tau^2 + V(\boldsymbol{R}_\tau) \right] \tag{14.34}$$

其中对所有可能 $N!$ 种粒子置换的 $\mathcal{P}$ 的求和说明了粒子的不可分辨性，而交替的符号体现了 Fermi-Dirac 统计。这里 $p = \mathrm{par}(\mathcal{P})$ 表示置换的奇偶性，偶数置换带有正号，奇数置换带有负号。$V(\boldsymbol{R})$ 这一项是一个简写符号，包含了外部势能和粒子间相互作用。配分函数通过对密度矩阵对角元素取迹来获得，

$$\mathcal{Z}_N(\beta) = \int \mathrm{d}\boldsymbol{R} \rho_{\mathrm{F}}(\boldsymbol{R}, \boldsymbol{R}; \hbar\beta) \tag{14.35}$$

Ceperley 证明了 [566] 费米密度矩阵可以通过类似于式 (14.34) 的路径积分来计算，但其中求和仅限于和密度矩阵自身节点不相交的世界线。反对称要求直接带来的结果是，对于每个给定的初始点 $\boldsymbol{R}_0$ 和温度倒数 β，整体密度矩阵的零点构成 dN 维构型空间中的一个 $dN - 1$ 维超曲面："节面"，

$$\Omega_{\boldsymbol{R}_0, \beta} := \{\boldsymbol{R} | \rho_{\mathrm{F}}(\boldsymbol{R}_0, \boldsymbol{R}; \hbar\beta) = 0\} \tag{14.36}$$

那些超曲面起到无穷大势垒的作用，只允许那些"避开节点"的世界历史 $\boldsymbol{R}_\tau$ 通过，其中 $\rho_{\mathrm{F}}(\boldsymbol{R}, \boldsymbol{R}_\tau; \tau) \neq 0$ 而 $0 \leqslant \tau \leqslant \hbar\beta$。

为了计算配分函数，我们必须积掉对角的密度矩阵 $\rho_{\mathrm{F}}(\boldsymbol{R}, \boldsymbol{R}; \hbar\beta)$，这些密度矩阵可以通过对在任意时间切片上不穿过节面并且在可达到的"值域"范围内的世界线构型 $\boldsymbol{R} \to \mathcal{P}\boldsymbol{R}$ 的路径积分来获得，

$$\Gamma_\beta(\boldsymbol{R}) = \{\gamma : \boldsymbol{R} \to \boldsymbol{R}' | \rho_{\mathrm{F}}(\boldsymbol{R}, \boldsymbol{R}(\tau); \tau) \neq 0\} \tag{14.37}$$

由于费米密度矩阵在粒子置换 $\mathcal{P}$ 下的反对称性,

$$\rho_F(\boldsymbol{R}, \mathcal{P}\boldsymbol{R}; \hbar\beta) = \rho_{\mathrm{F}}(\mathcal{P}\boldsymbol{R}, \boldsymbol{R}; \hbar\beta)$$
$$= (-1)^p \rho_{\mathrm{F}}(\boldsymbol{R}, \boldsymbol{R}; \hbar\beta) \tag{14.38}$$

所有对应于奇数置换的世界线构型必须以奇数次穿过一个节点, 因此它们被完全地从配分函数中移除。它们和所有穿越节点的偶数置换严格抵消, 从而剩下一个由所有避开节点的偶数置换的世界线构型所构成的集合,

$$\rho_{\mathrm{F}}(\boldsymbol{R}, \boldsymbol{R}; \hbar\beta) = \frac{1}{N!} \sum_{\mathcal{P},\mathrm{even}} \int_{\gamma:\boldsymbol{R}\to\mathcal{P}\boldsymbol{R}}^{\gamma\in\Gamma_\beta(\boldsymbol{R})} \mathcal{D}\boldsymbol{R}_\tau \mathrm{e}^{-\mathcal{S}[\boldsymbol{R}]/\hbar} \tag{14.39}$$

值得注意的是, 一个任意费米问题的这种表示不受标准构造中 "负概率" 的影响。但是, 这根本无法解决符号问题。完整的密度矩阵代表对体系最大程度的了解, 而根据 Ceperley 的构造, 只有当完全知道了密度矩阵的所有零点符号才能被消除, 这相比知道完整的解只是略微需要更少的信息。然而, 其优势是符号问题是 "几何化的": 节面是一个几何物理对象, 它作为一个简单的空间约束势场进入动力学。现在我们可以尝试根据节面一般的几何性质来描述费米物态的性质。

无相互作用的费米气体在这方面提供了丰富的信息。在单粒子动量空间中形成费米气体可以很容易证明 [64] Ceperley 路径积分只是描述了在 2.3 节开头重点介绍的 "谐波势阱中的 Mott 绝缘体" 式 (2.24)。在这种情况下节面正好变成了动量空间中的 "Mott 约束"。在实空间中事情变得更加有趣。在零温, 密度矩阵根据 $\lim_{\beta\to\infty} \rho(\boldsymbol{R}, \boldsymbol{R}'; \beta) = \Psi(\boldsymbol{R})\Psi(\boldsymbol{R}')$ 分解为一次量子化波函数 Ψ 的乘积。于是节面由波函数的零点决定, 对于费米气体而言由 Slater 行列式 $\Psi(\boldsymbol{r}_1, \cdots, \boldsymbol{r}_N) = \mathcal{N} \det\left(\mathrm{e}^{\mathrm{i}\boldsymbol{k}_i\cdot\boldsymbol{r}_j}\right)_{i,j=1,\cdots,N}$ 的零点决定。节面的可视化可以通过对构型空间取 d 维 "切割", 对于二维费米气体的情况请参考图 14.3(a)。

既然节面包含了所有费米子信息, 那么费米能如何体现在几何中? 泡利超曲面的定义是, 要求当费米子位置重合时波函数必须为零, 它显然是节面上的一个子流形。当节面是一个光滑的流形时, 可以直接得出节面由一个尺度来表征 [565]: 一个维度与粒子间距同量级的 "节点口袋"。由于节面的作用类似于一个空间势场, 因此节点口袋的作用类似于一个禁闭势场, 而费米能只不过是禁闭在节点口袋 "盒子" 中一个玻色模式的有限大的动能。

为了摆脱费米能, 我们必须摆脱节面几何中的固有尺度。这只能通过将

光滑几何变为一个分形流形来实现：一个标度不变的费米物态以其节面具有
分形几何为特征。

　　这种分形节面在原则上存在的证明可以通过一个特殊的波函数拟设来得
到[565]。这可以追溯到 Feynman 并对应于"费米子的流体力学逆流拟设"。我
们写下一个简单的考虑过反对称的费米气体行列式 $\Psi(\boldsymbol{R}) = \text{Det}\left[\text{e}^{\text{i}\boldsymbol{k}_i \cdot \hat{\boldsymbol{r}}_j}\right]$，但
是假设坐标现在是一个集体的坐标 $\hat{\boldsymbol{r}}_i = \boldsymbol{r}_i + \sum_{j \neq i} \eta(|\boldsymbol{r}_i - \boldsymbol{r}_j|)(\boldsymbol{r}_i - \boldsymbol{r}_j)$，也
就是说它实际上也是所有其他粒子坐标的函数。通过取 $\eta(r) = a^3/(r^3 + r_0^3)$
每个单粒子态原则上都描述了流体力学逆流的量子力学版本，如 Feynman 意
识到的：当粒子 i 向前传播时，体系的所有其他粒子像不可压缩的经典流体
力学液体那样在相反方向上展现出偶极流动。然而，这依赖于自由参数 a 和
r_0，r_0 是一个短程截断：在 $r < r_0$ 处逆流的效应消失了，而体系重新回到费
米气体。重要的"IR"参数是"逆流"参数 a：当 $a < r_\text{s}$（粒子间距）时逆流
不是集体的，而当 $a > r_\text{s}$ 时液体极度不同于费米液体。通过裸粒子坐标，人
们发现了具有大量单粒子 Slater 行列式的高度纠缠态。

　　在图 14.3 中我们展示了节面作为构型空间中直观的两维切面在通过调
节逆流长度 a 时，从自由费米气体时的 $a = 0$ 开始逐渐进入 $a > r_\text{s}$ 的范围
这一过程中是如何改变的。对于费米气体，人们发现了光滑的费米面，但随
着 a 的增加，它变得越来越崎岖不平。经仔细分析表明，在小于"关联长度"
ξ_f 的距离上节面是分形的——几何上尺度不变——而在更大的距离上它仍然
是光滑的，像一个费米气体。在临界的 a_c 处，该关联长度代数形式发散，而
节面获得一个具有 Hausdorff 维度 $d_\text{Haussdorf} \simeq Nd - 0.5$ 的分形几何（光滑的
费米气体节面具有维度 $Nd - 1$）。

　　节面是任何费米物态的一个严格属性——需要注意的是，我们需要 UV 的粒
子来构造目前一次量子化的版本。尽管仍有待提供一个数学证明，但似乎不可避
免的是，节面的分形几何特征是任何有限密度费米物质标度不变的态所要具有的
必备条件。节面的确计算了费米长程纠缠，并且似乎显然的是，一个分形的节面
比一个光滑节面更加非局域，这表明这种临界的费米态相比于费米液体纠缠得更
加密集。展望是我们或许可以对费米型物态的节点结构（进而它们的纠缠本质分
类）基于节面完全地进行分类。从数学上讲，该问题是求解基于许多变量反对称
化而构成的高次多项式的零点。作为一门数学学科，这似乎从未被探索过，而它
代表了一个相当大的挑战。全息奇异金属是我们拥有的唯一的其他可以描述这种
标度不变费米物态的可控理论的例子。我们向全息物理学家提出挑战，看看他们
能否构造出节面的字典条目，来验证奇异金属是否真的呈现出分形节点。

14.2.6　量子临界性，长程纠缠和 AdS 时空

我们在上文中已经重复强调过两体的冯·诺依曼熵无法完全描述多体之间的长程纠缠熵，而这正是量子物质谜团的核心所在。这在全息和场论模型中都产生了阻碍。然而，如果我们关注是一个关于纠缠的完全不同的问题，对偶向我们揭示了一个非凡的观点。到目前为止我们的关注点完全放在如何从体时空获取边界上的信息，但我们显然可以换一个角度反过来问：引力背景是否可以通过边界场论中的信息来进行重构。在一个最近的研究进展中给出了令人惊讶的证据表明，至少经典的体时空几何蕴含在边界上的量子信息之中。这是一个迅速发展的领域，但它进一步证实了量子纠缠和临界体系之间的联系，如果我们不对这个领域做一个初步介绍，那么我们的故事将会是不完整的。

相关的进展始于 van Raamsdonk 的开创性贡献 [567, 568]，考虑两份彼此没有相互作用的 CFT 拷贝，于是在这个结合的体系里，态是由每个独立 Hilbert 空间中的态构成的严格直积态，

$$|\Psi\rangle_{\mathrm{CFT}_1 \times \mathrm{CFT}_2} = |\Psi_1\rangle_{\mathrm{CFT}_1} \otimes |\Psi_2\rangle_{\mathrm{CFT}_2} \tag{14.40}$$

由于这两个理论不产生相互作用，该体系的引力对偶是非常直接的：对于每份 CFT 有一个独立的 AdS 对偶。接下来的步骤是通过一个非常特别的方式将态纠缠起来

$$|\Psi\rangle_\beta = \sum \mathrm{e}^{-\frac{\beta E_i}{2}} |\Psi_i\rangle_{\mathrm{CFT}_1} \otimes |\Psi_i\rangle_{\mathrm{CFT}_2} \tag{14.41}$$

我们已经打开了两个 CFT 之间的某种相互作用，并且通过一个聪明的操作，将态安排成这种形式。不过这个态实际上是广为人知的：这是一个热态，只不过是用 Schwinger-Keldysh 二重形式写成一个纯态。对第二组的 CFT$_2$ 的密度矩阵求迹会给出一个热态的密度矩阵，

$$\mathrm{Tr}_{\mathrm{CFT}_2}\Big(|\Psi\rangle_{\beta\beta}\langle\Psi|\Big) = \sum \mathrm{e}^{-\beta E_i} |\Psi_i\rangle_{\mathrm{CFT}_1} \otimes \langle\Psi_i|_{\mathrm{CFT}_1} \tag{14.42}$$

van Raamsdonk 发现该纯态 $|\Psi\rangle_\beta$ 的引力对偶此时是单个时空。如我们在第 6 章所看到的那样，Schwinger-Keldysh 形式的引力对偶描述是 AdS Schwarzschild 黑洞的 Kruskal 延拓 (图 14.4)。这个洞察所隐含的有关引力物理的结论是值得注意的。在打开纠缠之前，我们有两份独立的、完备的 AdS 时空拷贝。在标准的 Poincaré 坐标下，这对应着两份相同的度规，

$$\mathrm{d}s^2 = \frac{r^2}{L^2}\left(-\mathrm{d}t^2 + \mathrm{d}x^2\right) + L^2 \frac{\mathrm{d}r^2}{r^2} \tag{14.43}$$

其中 r 的取值从 Poincaré 视界 $r = 0$ 的地方一直到边界 $r = \infty$。当我们打开
纠缠之后，就只有一个时空，并且在这个时空里，原本在视界内部的那部分几何
必须被考虑到整个时空几何之中。这看上去就好像是时空本身是从纠缠中演生出
来的。

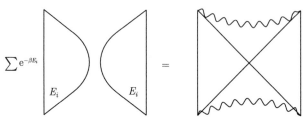

图 14.4　通过一个热态密度矩阵产生纠缠的两个 CFT 拷贝的几何描述是一个单独的通过对黑
洞做 Kruskal 延拓得到的时空。图片来源于文献 [568]

　　尽管这个例子只考虑了一个非常特殊的态，但它的确揭示了普适的原理。在
许多其他情形中人们发现了时空几何同样会从纠缠熵演生出来 (例如，参考方框
14.3)。在后续的原创性进展中，Faulkner、Guica、Hartman、Myers 和 van Raams-
donk 展示了这并不只是一个定性的结论，我们还可以定量地把演生的对偶时空和
边界上由两体冯·诺依曼熵测量的纠缠信息联系起来 [569,570]。这依赖于两点因素。
首先，假定有纠缠哈密顿量 H_{EE} 和纠缠熵 S_{EE}，根据 H_{EE} 的定义，当我们对态
取一个微小的变化 δ 时，体系遵循一个"第一定律"，

$$\delta S_{\mathrm{EE}} = \delta \langle H_{\mathrm{EE}} \rangle \tag{14.44}$$

第二点是给定 CFT 的基态，我们可以明确计算出球形区域的纠缠哈密顿量。在
一个 $d+1$ 维平直空间中的 CFT，对于一个以原点为圆心半径为 R 的球体 B，纠
缠哈密顿量为

$$H_{\mathrm{EE},B_R} = 2\pi \int_{|x|<R} \mathrm{d}^d x \frac{R^2 - x^2}{2R} T_{tt} \tag{14.45}$$

其中 T_{tt} 是能量动量张量的 tt 分量。现在我们用到 CFT 的一个特殊性质。通过
一个共形变换我们可以把一个球形区域的因果关系映射到一个非紧致的双曲空间
上去。于是，球形区域和剩余部分之间的纠缠变成了 CFT 中这个态在双曲空间中
的热力学熵 [561,571]。这和闵氏空间和 Rindler 楔之间的关系完全类似。闵氏空间
中的两个 Rindler 分支间的纠缠熵从 Rindler 观测者的角度来看是一个热力学熵。
　　这些步骤使得我们可以找到一个特别的 Rindler 时间 T。和闵氏时空中的
CFT 的时间平移对应对偶 AdS 里的一个等度规对称性相同，沿着 T 方向的时间

平移也对应于 AdS 中一个特殊的等度规对称性。在 AdS 的 Poincaré 坐标中，此时边界在 $r = \infty$，

$$ds^2 = \frac{r^2}{L^2}\left(\eta_{\mu\nu}dx^\mu dx^\nu\right) + \frac{L^2}{r^2}dr^2 \qquad (14.46)$$

这些对称性是通过以下矢量生成的：

$$\xi_{\mathrm{T}} = -\frac{2\pi}{L}t\left(-r\partial_r + x^i\partial_i\right) + \frac{2\pi}{2L}\left(L^2 - \frac{L^4}{r^2} - t^2 - x^2\right)\partial_t \qquad (14.47)$$

在 $t = 0$ 且 $r = \infty$ 的地方我们看到了纠缠哈密顿量。恰好在面积体现了纠缠熵的 Ryu-Takayanagi 极小曲面上，该矢量是类光的——它长度的平方为 0。于是，AdS 中体现 Rindler 球的区域 Σ 是边界和 Ryu-Takayanagi 曲面之间的地方 (图 14.5)。Σ 的体积反映在它的法矢量 $\epsilon^\mu_{(\Sigma)}$ 上。边界场论中的纠缠熵和体时空引力之间明显的关联可以通过一个反对称张量场 $\chi_{\mu\nu}$ 的存在来论证，该场的散度满足

$$\nabla^\mu\chi_{\mu\nu} = -2\xi^\rho\delta G_{\rho\nu} \qquad (14.48)$$

其中 $\delta G_{\mu\nu}$ 是 AdS 中不带物质场的源的线性化的爱因斯坦方程。上述反对称场 $\chi_{\mu\nu}$ 具有如下性质：在边界 CFT 中它穿过球 B 的"通量"为

$$\int_B dB^{\mu\nu}\chi_{\mu\nu} = \int_B \chi^{rt} = \delta\langle H_{\mathrm{EE}}\rangle \qquad (14.49)$$

这里的 $dB^{\mu\nu}$ 是曲面 B 在 AdS 中的双正交张量。另外，把该场在 Ryu-Takayanagi 面上积分后，能给出"通量"

$$\int_{\tilde{B}} d\tilde{B}^{\mu\nu}\chi_{\mu\nu} = \delta S_{\mathrm{EE}} \qquad (14.50)$$

利用纠缠第一定律，这两个表达式之间的差必须为 0：

$$0 = \delta S_{\mathrm{EE}} - \delta\langle H_{\mathrm{EE}}\rangle = \int dB \cdot \chi - \int d\tilde{B} \cdot \chi \qquad (14.51)$$

第二个表达式正是对这个场在 Σ 的边界上进行的积分。于是，我们可以利用反向的 Stokes 定理得出

$$0 = \int d\Sigma^\nu \nabla^\rho\chi_{\rho\nu} = -2\int d\Sigma^\nu \xi^\mu\delta G_{\mu\nu} \qquad (14.52)$$

因此，纠缠的第一定律等价于线性化的爱因斯坦方程必须被满足。为了使得证明更加完备，我们需要把证明推广到非线性的引力理论中去。

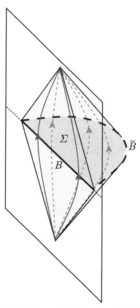

图 14.5　构型的示意图，用于证明球体 B 上纠缠熵的知识等价于知道 AdS 中线性化的引力动力学。这里的 $\tilde{B}$ 是通过 Ryu-Takayanagi 方法构造的最小曲面，其边界和 B 区域的边界相重合。于是 AdS 中的刻画球体 B 内部动力学的是封闭区域 Σ。通过 B 的 Rindler 时间来生成该区域中的时间演化在图中表示为虚线。图片源自于文献 [570]

　　这个结果是对我们一直主张的论点一个强有力的支撑。某些量子临界态有一个根据 AdS 几何构造的对偶描述。几何的演生可以从量子临界理论的纠缠结构来理解，尽管这种演生只需要短程纠缠的信息就可以"缝合出"体时空几何。如我们已经在本书中解释过的，对于这种 CFT，几何已经通过一个非常有效的方式抓住了重要的物理。通过外推，发现纠缠的精确本质或许是最强有力的刻画量子临界体系物理的方式。这应当是一个一般性的声明，因为不论是纠缠还是量子临界性都不需要全息的概念。

方框 14.3　Rindler 全息和纠缠

　　最能清晰展示时空是如何从纠缠中演生出来的情形是，考虑一个加速观测者的 Rindler-Unruh 纠缠 [572,573]。我们考虑一个定义在球面 S^d 上的 CFT。我们在第 6 章介绍 Hawking-Page 相变时就已知道它的引力对偶是一个全局 AdS。后者和一个轴向是时间的圆柱是拓扑等价的，其表面等价于边界场论所在的时空。Poincaré 坐标只能描述该圆柱表面的一半。这一半和闵氏时空是同构的。该闵氏时空中的一个匀加速观测者，也就是一个只探测整个 CFT

非常局域区域的加速观测者, 只能看到这个时空的一部分。对于这样一个观测者的自然坐标是

$$t = X \sinh(aT), \quad x = X \cosh(aT), \quad y_i = Y_i \tag{14.53}$$

其中闵氏时空是 $\mathrm{d}s^2 = -\mathrm{d}t^2 + \mathrm{d}x^2 + \sum_{i=2}^{d} \mathrm{d}y_i^2$。

在这种坐标下闵氏时空的形式是

$$\mathrm{d}s^2 = -a^2 X^2 \mathrm{d}T^2 + \mathrm{d}X^2 + \sum_{i=2}^{d} \mathrm{d}Y_i^2 \tag{14.54}$$

这就是 Rindler 时空。可以很容易验证 Rindler 时空中的静止观测者对应于原始的闵氏时空中的一个沿着 $x^2 - t^2 = X^2$ 以速度 $v = \dfrac{\mathrm{d}x}{\mathrm{d}t} = \dfrac{t}{x}$ 和恒定加速度 $\dfrac{\mathrm{d}}{\mathrm{d}t}\left(-\dfrac{v}{\sqrt{1-v^2}}\right) = \dfrac{1}{X}$ 运动的观测者。该时空有如下两个重要方面。

(1) 它只覆盖部分的闵氏时空。具体而言, Rindler 时空只覆盖楔状区域 $x > 0, |t| < x$ (右边楔状区域) 和 $x < 0, |t| < |x|$ (左边楔状区域)。

(2) 正如黑洞的 Hawking 温度, 存在一个 Rindler 温度 (这被称为 Unruh 效应), $T_{\mathrm{Rindler}} = \dfrac{1}{2\pi X}$。直接看出这一点的方式是, 按照方框 6.1 中的方案, 并且要求欧氏理论中没有奇点。我们发现 Schwarzschild 黑洞的近视界几何恰好是 Rindler 时空。

类似于 Hawking 对黑洞的计算, 一个 Rindler 观测者将看到从 "Rindler 视界" $X = 0$ 发出的温度为 T_{Rindler} 的热辐射。在闵氏时空中该视界是类光面 $t = \pm x$ (图 14.6(b))。从闵氏时空的角度而言, 这是纠缠带来的结果。自由场的纯的闵氏基态在 Rindler 观测者看来是一个和互补 Rindler 楔中的自由度纠缠的态 (图 14.6)

$$|0\rangle_{\mathrm{Mink}} = \frac{1}{Z} \sum_i \mathrm{e}^{-\frac{\beta_{\mathrm{Rindler}} E_i}{2}} |E_i^{\mathrm{Rindler}L}\rangle |E_i^{\mathrm{Rindler}R}\rangle \tag{14.55}$$

我们现在在全息背景中进行讨论。由于 Rindler 观测者只能看到部分闵氏时空, Rindler 空间上的 CFT 的对偶描述也只是部分的 AdS 时空。它是由类光的 Rindler 视界沿着径向延伸而围起的部分。我们可以通过把全局 AdS 画成一个填满的圆柱的图像来表示 (4.4 节)。在自身只覆盖了圆柱的一半的 Poincaré 分支的闵氏空间边界, 我们现在可以画出 Rindler 楔。在理论上对此敏感的态是左右 Rindler 楔状区域之间的热纠缠态。即使加上互补区域, 两个 Rindler 楔在内部的几何延伸也只填充部分的 AdS (图 14.6)。然而, 我们

也知道，纠缠的 Rindler 态在对偶于整个 AdS 的母闵氏 CFT 中只是普通的态。于是，对 Rindler 态进行 "解纠缠" 对应着 Rindler 分支不能覆盖的 AdS 楔状区域的 "演生"。

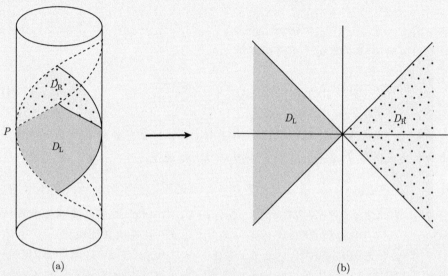

图 14.6　(a) 考虑 CFT 中一个 Rindler 观测者如何在全息中得到描述，我们可以考虑边界闵氏时空里的 Rindler 分支。其全息对偶将会是从 Rindler 分支向里延伸并以光线为边界构成的几何。即使加上互补的 Rindler 楔，也只覆盖完整 AdS 几何的一部分。对该态 "解纠缠" 等价于变换回波函数的闵氏基底。在全息上，这意味着此前 AdS 时空中丢失的部分重新被对偶几何所覆盖。"解纠缠" 使得它们 "演生出来"。(b) 在闵氏时空中，Rindler 坐标只覆盖以从原点发出光线为边界的两个楔状区域。Rindler 坐标是加速观测者的自然坐标。这种几何图像清晰地表示出 Rindler 视界是一个坐标奇点。和 Hawking 对黑洞的计算完全类似，唯一使得该视界在量子意义上也仍然是一个坐标奇点的做法是从 Rindler 观测者的角度看该态是热态的。可以直接通过 Rindler 空间中自由粒子的波函数来验证，该态正是原本的闵氏真空，其中来自互补 Rindler 楔的贡献被求迹积掉。图片来自于文献 [573]。

14.3　与凝聚态相关的最后信息

我们对那些从由弦理论家们经过很长的时间发展出来的奇妙的数学机器中生产出来的物质世界有了一定的了解。这些世界在某些方面表现得和凝聚态物理中的基本内容惊人地相似。在其他方面，它们就算不是完全的神秘，也是非常不同的。作为一种理论上的追求，全息可能是所有基础理论中最有趣的新进展了。将来自于量子信息方面的概念性进展与广义相对论的数学力量相结合，并把这种技术应用到理解凝聚态物理中的问题后，我们不得不接受这些广泛的新类别的量子物质自有其存在的权利这一事实，至少原则上是这样的。

这是从事全息的凝聚态物理学家所持有的正确观点。尽管缺乏确凿的证据，但假设全息描述了那些我们目前还不能通过其他方式进行描述的量子物态似乎是一个最佳选择。已经确定的事实是，至少在表面上那些不明的全息物理对象和实验物理中存在已久的神秘物质之间有着可怕的相似之处。"局域量子指界"、"普朗克耗散"、"量子近晶相"和"竞争序"等词的发明都是为了给实验中的惊奇现象命名。结果发现，全息机制给出的结果和那些实验上的名称符合得非常好。这是巧合吗？至少，在本书所介绍的一些例子中我们已经强调过，没有其他的理论方法可以得出和实验观测到的神秘现象如此相似的答案。

目前还不能确定：这可能都是巧合，是错觉。然而，按照凝聚态物理传统的运作方式，这并不是什么值得担心的事。理论家们反倒是应该指明如何以不同的方式进行思考来论证一些可能性，其唯一的目的是想出一个从未有人思考过的不寻常的实验。通常的过程是实验的结果与预期并不相同，这反过来迫使理论家们更加努力和更好地进行思考。这是经过时间考验的过程，而这正是凝聚态物理精妙之处的根源。

全息的强大之处恰恰在于它是促使我们在这个方面学习如何以不同方式思考的非常丰富的资源。它似乎揭示了由新形式唯象原理所主导的总体行为，而这些行为是可以通过实验验证的。铜氧化物奇异金属在多大程度上是局域量子指界的？直流输运是否由"近乎理想"的流体力学所控制 (12.5 节)？铜氧化物中电导率展示出的反常的各向异性是否和更高维的量子近晶相相关 (12.4 节)？在共形的费米金属中是否能够形成非传统的超导不稳定性 (第 10 章)？铜氧化物中参与竞争的赝隙序是否有可能是 Hartree-Fock 类型，使得演生的量子临界 IR 更加稳定 (第 14 章)？

在实验室中有效地解决这些问题并不容易，而且肯定会造成对目前日常研究的偏离。透过全息这副眼镜，注意力首先被吸引到奇异金属态，尤其是处于最佳掺杂下的铜氧化物。所有简单的测量都在很久之前就完成了，并且自 20 世纪 90 年代中期以来奇异金属在很大程度上被忽视了。带来的影响是，我们对全息所聚焦的物态的性质知之甚少。这种奇异金属真的是共形的吗？z 真的是无穷大的吗？如何对超标度违反指数直接进行测量？实验室中可用的标准实验装置已经可以带领我们走很远了。我们在铜氧化物的反节点处通过 ARPES 看到的非相干背景的真实行为是怎样的？它们是否满足由局域量子临界性主导的标度行为破坏？通过中子散射实验可以测量的 (微弱的) 磁场涨落在奇异金属相如何精确地表现？它们是否揭示了局域量子临界性？当最佳掺杂超导中的 T_c 被非常强的磁场降低后，体系的残余电阻、趋肤深度和 Wiedemann-Franz 定律在非常低温时究竟发生了什么？我们需要有针对性地设计其他实验，比如，对极化率 (10.3 节) 进行 Ferrell-Scalapino-Goldman 探测，这一明确的实例或许能够启发真正的专家——实验物理学家们——来想出更好的实验方式。

　　所有这些都是严肃的工作。但我们希望凝聚态物理学家们重视我们的呼吁。全息最响亮的信息是，对于基础物理研究而言，用于研究高温超导的小型实验装置和相关的现象很可能成为 20 世纪加速器和太空望远镜在 21 世纪中的继任者。相比通过 Hubble 望远镜或者是 LHC，带毛黑洞更有可能在隔壁的实验室里被发现，而宇航员在靠近黑洞视界处的虚拟旅行告诉我们比任何显微镜能看到的都更多的关于黑洞的奇异金属化身的信息。撰写本书的一个主要目的是，增强人们对这个机会的意识。我们希望我们已经用物理学中这样一个全新领域的魅力感染到了读者，以至于他或她愿意加入到反抗朗道铁腕的阵营中。

参 考 文 献

[1] J. M. Maldacena, "The large N limit of superconformal field theories and supergravity," Adv. Theor. Math. Phys. **2**, 231 (1998) [Int. J. Theor. Phys. **38**, 1113 (1999)] [arXiv:hep-th/9711200].

[2] S. S. Gubser, I. R. Klebanov and A. M. Polyakov, "Gauge theory correlators from noncritical string theory," Phys. Lett. B **428**, 105 (1998) [hep-th/9802109].

[3] E. Witten, "Anti-de Sitter space and holography," Adv. Theor. Math. Phys. **2**, 253 (1998) [hep-th/9802150].

[4] Y. Nakayama, "A lecture note on scale invariance vs conformal invariance," arXiv:1302.0884 [hep-th].

[5] J. McGreevy, "Holographic duality with a view toward many-body physics," Adv. High Energy Phys. **2010**, 723105 (2010) [arXiv:0909.0518 [hep-th]].

[6] P. Breitenlohner and D. Z. Freedman, "Positive Energy in anti-De Sitter Backgrounds and Gauged Extended Supergravity," Phys. Lett. B **115**, 197 (1982).

[7] O. Aharony, S. S. Gubser, J. M. Maldacena, H. Ooguri and Y. Oz, "Large N field theories, string theory and gravity," Phys. Rept. **323**, 183 (2000) [hep-th/9905111].

[8] J. Erdmenger and H. Osborn, "Conserved currents and the energy momentum tensor in conformally invariant theories for general dimensions," Nucl. Phys. B **483**, 431 (1997) [hep-th/9605009].

[9] M. Ammon and J Erdmenger, "Gauge/Gravity Duality: Foundations and Applications," Cambridge University Press, 2014.

[10] M. Natsuume, "AdS/CFT Duality User Guide," arXiv:1409.3575 [hep-th].

[11] J. Casalderrey-Solana, H. Liu, D. Mateos, K. Rajagopal and U. A. Wiedemann, "Gauge/String Duality, Hot QCD and Heavy Ion Collisions," arXiv:1101.0618 [hep-th].

[12] J. Casalderrey-Solana, H. Liu, D. Mateos, K. Rajagopal and U. A. Wiedemann, "Gauge/String Duality, Hot QCD and Heavy Ion Collisions," Cambridge University Press, 2014.

[13] J. M. Maldacena, "TASI 2003 lectures on AdS / CFT," TASI 2003 Proceedings, World Scientific, Hackensack, 2004 [arXiv:hep-th/0309246].

[14] G. T. Horowitz and J. Polchinski, "Gauge/gravity duality," In *Oriti, D. (ed.): Approaches to quantum gravity* 169-186 [gr-qc/0602037].

[15] J. Polchinski, "Introduction to Gauge/Gravity Duality," TASI 2010 Proceedings, World Scientific, Singapore, 2012 [arXiv:1010.6134 [hep-th]].

[16] J. Maldacena, "The Gauge/gravity duality," arXiv:1106.6073 [hep-th].

[17] S. A. Hartnoll, "Lectures on holographic methods for condensed matter physics," Class. Quant. Grav. **26**, 224002 (2009) [arXiv:0903.3246 [hep-th]].

[18] C. P. Herzog, "Lectures on Holographic Superfluidity and Superconductivity," J. Phys. A A **42**, 343001 (2009) [arXiv:0904.1975 [hep-th]].

[19] G. T. Horowitz, "Introduction to Holographic Superconductors," Lect. Notes Phys. **828**, 313 (2011) [arXiv:1002.1722 [hep-th]].

[20] S. A. Hartnoll, "Horizons, holography and condensed matter," in *Black Holes in Higher Dimensions*, Cambridge University Press, 2011 [arXiv:1106.4324 [hep-th]].

[21] S. Sachdev, "What can gauge-gravity duality teach us about condensed matter physics?," Ann. Rev. Condensed Matter Phys. **3**, 9 (2012) [arXiv:1108.1197 [cond-mat.str-el]].

[22] N. Iqbal, H. Liu and M. Mezei, "Lectures on holographic non-Fermi liquids and quantum phase transitions," TASI 2010 Proceedings, World Scientific, Singapore, 2012 [arXiv:1110.3814 [hep-th]].

[23] P. M. Chesler and L. G. Yaffe, "Numerical solution of gravitational dynamics in asymptotically anti-de Sitter spacetimes," JHEP **1407**, 086 (2014) [arXiv:1309.1439 [hep-th]].

[24] C. P. Herzog, P. Kovtun, S. Sachdev and D. T. Son, "Quantum critical transport, duality, and M-theory," Phys. Rev. D **75**, 085020 (2007) [hep-th/0701036].

[25] S. Sachdev, "Quantum Phase Transitions", (2nd ed.), Cambridge University Press, 2011.

[26] I. Herbut, "A modern approach to critical phenomena", Cambridge University Press, 2007.

[27] M. Endres, T. Fukuhara, D. Pekker, M. Cheneau, P. Schauss, C. Gross, E.Demler, S. Kuhr, I. Bloch, "The 'Higgs' amplitude mode at the two-dimensional superfluid-Mott insulator transition,"Nature **487**, 454 (2012) [arXiv:1204.5183 [cond-mat.quant-gas]] and references therein.

[28] I.F. Herbut, V. Juricic and O. Vafek, "Relativistic Mott criticality in graphene," Phys. Rev. B **80**, 075432 (2009) [arXiv:0904.1019 [cond-mat.str-el]].

[29] P. H. Ginsparg, "Applied Conformal Field Theory," hep-th/9108028.

[30] P. Di Francesco, P. Mathieu, D. Senechal, "Conformal Field Theory", Springer-Verlag New York 1997.

[31] M. R. Gaberdiel, "An Introduction to conformal field theory," Rept. Prog. Phys. **63**, 607 (2000) [hep-th/9910156].

[32] A. B. Zamolodchikov, " "Irreversibility" of the Flux of the Renormalization Group in a 2-D Field Theory, " JETP Lett **43**, 730 (1986).

[33] D. L. Jafferis, I. R. Klebanov, S. S. Pufu and B. R. Safdi, "Towards the F-Theorem: N=2 Field Theories on the Three-Sphere," JHEP **1106**, 102 (2011) [arXiv:1103.1181 [hep-th]].

[34] Z. Komargodski and A. Schwimmer, "On Renormalization Group Flows in Four Dimensions," JHEP **1112**, 099 (2011) [arXiv:1107.3987 [hep-th]].

[35] H. Elvang, D. Z. Freedman, L. -Y. Hung, M. Kiermaier, R. C. Myers and S. Theisen, "On renormalization group flows and the a-theorem in 6d," JHEP **1210**, 011 (2012) [arXiv:1205.3994 [hep-th]].

[36] A.J. Beekman, D. Sadri, J. Zaanen, "Condensing Nielsen-Olesen strings and the vortex-boson duality in 3+1 and higher dimensions," New J. Phys. **13**, 033004 (2011) [arXiv:1006.2267 [cond-mat.str-el]].

[37] A.J. Beekman, J. Zaanen, "Electrodynamics of Abrikosov vortices: the Field Theoretical Formulation," Frontiers of Physics **6**, 357 (2011) [arXiv:1106.3946 [cond-mat.supr-con]].

[38] M. Edalati, R. G. Leigh and P. W. Phillips, "Dynamically Generated Mott Gap from Holography," Phys. Rev. Lett. **106**, 091602 (2011) [arXiv:1010.3238 [hep-th]].

[39] S. Chakravarty, B.I. Halperin and D.R. Nelson, "Two-dimensional quantum Heisenberg antiferromagnet at low temperatures," Phys. Rev. B **39**, 2344 (1989).

[40] E. Fradkin, "Field theories of condensed matter physics," Cambrdige University Press, 2013.

[41] T.Senthil, A.Vishwanat, L. Balents, S. Sachdev and M.P.A. Fisher, "Deconfined quantum critical points," Science **303**, 1490 (2004) [arXiv:cond-mat/0311326 [cond-mat.str-el]].

[42] L. Zhu, M. Garst, A. Rosch and Q. Si, "Universally Diverging Gruneisen Parameter and the Magnetocaloric Effect Close to Quantum Critical Points," Phys. Rev. Lett. **91**, 066404 (2003) [arXiv:cond-mat/0212335 [cond-mat.str-el]].

[43] J. Zaanen and B. Hosseinkhani, "Thermodynamics and quantum criticality in cuprate superconductors," Phys. Rev. B **70**, 060509 (2004) [arXiv:cond-mat/0403345 [cond-mat.supr-con]].

[44] R. Küchler, N. Oeschler, P. Gegenwart, T. Cichorek, K. Neumaier, O. Tegus, C. Geibel, J. A. Mydosh, F. Steglich, L. Zhu, and Q. Si, "Divergence of the Gruneisen Ratio at Quantum Critical Points in Heavy Fermion Metals," Phys. Rev. Lett **91**, 066405 (2003).

[45] J. Zaanen, "Superconductivity: Why the temperature is high," Nature **430**, 512 (2004).

[46] G. Policastro, D. T. Son and A. O. Starinets, "The Shear viscosity of strongly coupled N=4 supersymmetric Yang-Mills plasma," Phys. Rev. Lett. **87**, 081601 (2001) [hep-th/0104066].

[47] M.A. Nielsen and I.L. Chuang, "Quantum computation and quantum information", Cambridge University Press, 2000.

[48] X. G. Wen, "Quantum field theory of many body systems: from the origin of sound to an origin of light and electrons", Oxford University Press, 2004.

[49] T. Chakraborty and P. Pietiläinen, "The fractional quantum hall effect: properties of an incompressible quantum fluid", Springer series in solid-state sciences, 2012.

[50] J. Nissinen and C.A. Lütken, "The quantum Hall curve", [arXiv:1207.4693 [cond-mat.str-el]].

[51] A. Achucarro and P. Townsend, "A Chern-Simons action for three-dimensional anti-de Sitter supergravity theories", Physics Letters B **180**, 89 (1986).

[52] E. Witten, "(2+1)-Dimensional Gravity as an Exactly Soluble System," Nucl. Phys. B **311**, 46 (1988).

[53] J. de Boer and J. I. Jottar, "Entanglement Entropy and Higher Spin Holography in AdS$_3$," JHEP **1404**, 089 (2014) [arXiv:1306.4347 [hep-th]].

[54] B. de Wit and H. Nicolai, "N=8 Supergravity," Nucl. Phys. B **208**, 323 (1982).

[55] M. Ammon, A. Castro and N. Iqbal, "Wilson Lines and Entanglement Entropy in Higher Spin Gravity," JHEP **1310**, 110 (2013) [arXiv:1306.4338 [hep-th]].

[56] C. Nayak, S.H. Simon, A. Stern, M. Freedman and S. Das Sarma, "Non-Abelian Anyons and Topological Quantum Computation," Rev. Mod. Phys. **80**, 1083 (2008), [arXiv:0707.1889 [cond-mat.str-el]].

[57] M.Z. Hasan and C.L. Kane, "Colloquium: Topological insulators," Rev. Mod. Phys. **82**, 3045 (2010).

[58] X. -L. Qi and S. C. Zhang, "Topological insulators and superconductors, " Rev. Mod. Phys. **83**, 1057 (2011) [arXiv:1008.2026 [cond-mat.mes-hall]].

[59] R.J. Slager, A. Mesaros, V. Juricic and J. Zaanen, "The space group classification of topological band insulators," Nature Physics **9**, 98 (2013), [arXiv:1209.2610 [cond-mat.mes-hall]].

[60] X.L. Qi, T.L. Hughes and S.C. Zhang "Topological Field Theory of Time-Reversal Invariant Insulators," Phys. Rev. B **78**, 195424 (2008), [arXiv:0802.3537 [cond-mat.mes-hall]].

[61] C.W.J. Beenakker, "Search for Majorana fermions in superconductors," Annu. Rev. Con. Mat. Phys. **4**, 113 (2013) [arXiv:1112.1950 [cond-mat.mes-hall]].

[62] C. Wang, A.C. Potter and T. Senthil, "Classification of interacting electronic topological insulators in three dimensions," Science **343**, 6171 (2014) [arXiv:1306.3238 [cond-mat.str-el]].

[63] H. Kleinert, "Path integrals in quantum mechanics, statistics, polymer physics and financial markets," World Scientific, Singapore 2009.

[64] J. Zaanen, F. Kruger, J.-H. She, D. Sadri, S. I. Mukhin, "Pacifying the Fermi-liquid: battling the devious fermion signs" Iranian J. Phys. **8**, 39 (2008) [arXiv:0802.2455 [cond-mat.other]].

[65] M. Troyer, U.-J. Wiese, "Computational complexity and fundamental limitations to fermionic quantum Monte Carlo simulations," Phys. Rev. Lett. **94**, 170201 (2005) [arXiv:cond-mat/0408370].

[66] R. Shankar, "Renormalization group approach to interacting fermions," Rev. Mod. Phys. **66**, 129 (1994).

[67] J. Polchinski, "Effective field theory and the Fermi surface," TASI 1992 Proceedings, [hep-th/9210046].

[68] G. Baym and C. Pethik, "Landau Fermi liquid theory, concepts and applications," Wiley, New York, 2004.

[69] W. R. Abel, A. C. Anderson, and J. C. Wheatley, "Propagation of zero sound in liquid He3 at low temperatures" Phys. Rev. Lett. **17**, 74 (1966).

[70] P. R. Roach, and J. B. Ketterson, "Observation of transverse zero sound in normal 3He," Phys. Rev. Lett. **36**, 736 (1976).

[71] J. -H. She and J. Zaanen, "BCS superconductivity in quantum critical metals," Phys. Rev. B **80**, 184518 (2009).

[72] J. -H. She, B. J. Overbosch, Y. -W. Sun, Y. Liu, K. Schalm, J. A. Mydosh and J. Zaanen, "Observing the origin of superconductivity in quantum critical metals," Phys. Rev. B **84**, 144527 (2011) [arXiv:1105.5377 [cond-mat.str-el]].

[73] A.A. Abrikosov, L.P. Gor'kov, and I. Ye. Dzyaloshinskii, "Quantum Field Theoretical Methods in Statistical Physics," (2nd ed.), Pergamon Press, 1965.

[74] J. A. Hertz, "Quantum critical phenomena," Phys. Rev. B **14**, 1165 (1976).

[75] T. Moriya and A. Kawabate, "Effect of Spin Fluctuations on Itinerant Electron Ferromagnetism," J. Phys. Soc. Jpn. **34**, 639 (1973).

[76] A.J. Millis, "Effect of a nonzero temperature on quantum critical points in itinerant fermion systems," Phys. Rev. B **48**, 7183 (1993).

[77] H. von Löhneisen, A. Rosch, M. Vojta and P. Wölfle, "Fermi-liquid instabilities at magnetic quantum phase transitions," Rev. Mod. Phys. **79**, 1015 (2007).

[78] E.-G. Moon and A. V. Chubukov, "Quantum-critical pairing with varying exponents," J. Low Temp. Phys. **161**, 263 (2010), [arXiv:1005.0356 [cond-mat.supr-con]].

[79] S. A. Hartnoll, D. M. Hofman, M. A. Metlitski and S. Sachdev, "Quantum critical response at the onset of spin density wave order in two-dimensional metals," Phys. Rev. B **84**, 125115 (2011) [arXiv:1106.0001 [cond-mat.str-el]].

[80] S. -S. Lee, "Low energy effective theory of Fermi surface coupled with U(1) gauge field in 2+1 dimensions," Phys. Rev. B **80**, 165102 (2009), [arXiv:0905.4532 [cond-mat.str-el]].

[81] M. A. Metlitski and S. Sachdev, "Quantum phase transitions of metals in two spatial dimensions: II. Spin density wave order," Phys. Rev. B **82**, 075128 (2010), [arXiv:1005.1288 [cond-mat.str-el]].

[82] D. Dalidovich and S.-S. Lee, "Perturbative non-Fermi liquids from dimensional regularization," Phys. Rev. B **88**, 245106 (2013) [arXiv:1307.3170 [cond-mat.str-el]].

[83] A. L. Fitzpatrick, S. Kachru, J. Kaplan, S. Raghu, "Non-Fermi liquid fixed point in a Wilsonian theory of quantum critical metals," Phys. Rev. B **88**, 125116 (2013) [arXiv:1307.0004 [cond-mat.str-el]].

[84] T. Senthil, Matthew P. A. Fisher, "Z_2 Gauge Theory of Electron Fractionalization in Strongly Correlated Systems," Phys. Rev. B. 62. 7850, (2000), [arXiv:cond-mat/9910224 [cond-mat.str-el]].

[85] E. Berg, M.A. Metlitski and S. Sachdev, "Sign-problem-free quantum Monte Carlo of the onset of antiferromagnetism in metals, " Science **338**, 1606 (2012) [arXiv:1206.0742 [cond-mat.str-el]].

[86] P.W. Anderson, "The Theory of High-Tc Superconductivity," Princeton University Press, 1997.

[87] J. Zaanen, "A modern, but way too short history of the theory of superconductivity at a high temperature," Chapter in the book "100 years of superconductivity" (eds. H. Rochalla and P.H. Kes, Chapman and Hall) [arXiv:1012.5461 [cond-mat.supr-con]].

[88] H. Liu, "From black holes to strange metals," Physics Today **65**, 68 (2012).

[89] S.V. Kravchenko and M.P. Sarachik, "Metal-insulator transition in two-dimensional electron systems," Rep. Prog. Phys. **67**, 1 (2004).

[90] O. Gunnarsson and K. Schönhammer, "Electron spectroscopies for Ce compounds in the impurity model," Phys. Rev. B **28**, 4315 (1983).

[91] J. W. Allen, S. J. Oh, O. Gunnarsson, K. Schönhammer, M. B. Maple, M. S. Torikachvili, and I. Lindau, "Electronic structure of cerium and light rare- earth intermetallics," Adv. Phys. **35**, 275 (1986).

[92] J. Zaanen, G. A. Sawatzky and J. W. Allen, "Band Gaps and Elec- tronic Structure of Transition-Metal Compounds," Phys. Rev. Lett. **55**, 418 (1985).

[93] V. I. Anisimov, J. Zaanen and O. K. Andersen, "Band Theory and Mott Insulators: Hubbard U instead of Stoner I," Phys. Rev. B **44**, 943 (1991).

[94] J. Zaanen and A. M. Oles, "Canonical Perturbation Theory and the Two Band Model for High-Tc Superconductors," Phys. Rev. B **37**, 9423 (1988).

[95] A.C. Hewson, "The Kondo problem to heavy fermions," Cambridge University Press, 1993.

[96] P. Phillips, "Mottness: Identifying the Propagating Charge Modes in doped Mott Insulators," Rev. Mod. Phys. **82**, 1719 (2010) [arXiv:1001.5270 [cond-mat.str-el]].

[97] Z.-Y. Weng, "Mott physics, sign structure, ground state wavefunction, and high-Tc superconductivity," Front. Phys. **6**, 370 (2011) [arXiv:1110.0546 [cond-mat.supr-con]].

[98] J. Zaanen, B. J. Overbosch, "Mottness collapse and statistical quantum criticality" Phil. Trans. R. Soc. A **369**, 1599 (2011) [arXiv:0911.4070 [cond-mat.str-el]].

[99] Z. Zhu, H.-C. Jiang, Y. Qi, C.-S. Tian, Z.-Y. Weng, "Strong correlation induced charge localization in antiferromagnets," Sci Rep **3**, 2586 (2013) [arXiv:1212.6634 [cond-mat.str-el]].

[100] Z. Zhu, H.-C. Jiang, D.-N. Sheng, Z.-Y. Weng, "Hole binding in Mott antiferromagnets: A DMRG study, " [arXiv:1312.6893 [cond-mat.str-el]].

[101] P. W. Anderson, "The Resonating Valence Bond State in La_2CuO_4 and Superconductivity, " Science **235**, 1196 (1987).

[102] T.H. Hansson, V. Oganesyan, and S.L. Sondhi, "Superconductors are topologically ordered," Annals of Phys. **313**, 497 (2004). [arXiv:cond-mat/0404327 [cond-mat.supr-con]].

[103] J.B. Kogut, "An introduction to lattice gauge theory and spin systems, " Rev. Mod. Phys. **51**, 659 (1979).

[104] M. Levin and X.-G. Wen, "String-net condensation: A physical mechanism for topological phases," Phys.Rev. B **71**, 045110 (2005) [arXiv:cond-mat/0404617 [cond-mat.str-el]].

[105] S. Sachdev, "The Quantum phases of matter," arXiv:1203.4565 [hep-th].

[106] S.A. Kivelson, D.S. Rohksar and J.P. Sethna, "Topology of the resonating valence-bond state: Solitons and high-Tc superconductivity," Phys. Rev. B **35**, 8865 (1987).

[107] R. Moessner and S. L. Sondhi, "Resonating Valence Bond Phase in the Triangular Lattice Quantum Dimer Model," Phys. Rev. Lett. **86**, 1881 (2001).

[108] X.G. Wen, "Mean-field theory of spin-liquid states with finite energy gap and topological orders," Phys. Rev. B **44**, 2664 (1991).

[109] N. Read and S. Sachdev, "Large-N expansion for frustrated quantum antiferromagnets," Phys. Rev. Lett. **66**, 1773 (1991).

[110] A. Kitaev, "Anyons in an exactly solved model and beyond," Annals of Physics, **321**, 2 (2006) [cond-mat/0506438].

[111] L. Balents, "Spin liquids in frustrated magnets," Nature **464**, 199, (2010).

[112] P.A. Lee, N. Nagoasa, X.-G. Wen, "Doping a Mott Insulator: Physics of High Temperature Superconductivity," Rev. Mod. Phys. **78**, 17 (2006) [arXiv:cond-mat/0410445 [cond-mat.str-el]].

[113] X.-G. Wen, "Quantum Orders and Symmetric Spin Liquids," Phys. Rev., B **65**, 165113 (2002) [arXiv:cond-mat/0107071 [cond-mat.str-el]].

[114] P. Coleman, "Heavy Fermions: electrons at the edge of magnetism," Handbook of Magnetism and Advanced Magnetic Materials. Edited by Helmut Kronmuller and Stuart Parkin. Vol 1: Fundamentals and Theory. John Wiley and Sons, 95-148 (2007), [arXiv:cond-mat/0612006 [cond-mat.str-el]].

[115] B. Keimer, S.A. Kivelson, M.R. Norman, S. Uchida, J. Zaanen, "From quantum matter to high temperature superconductivity in copper oxides," Nature xx, xxxx (2015). [**CHECK**]

[116] S. Raghu, S. A. Kivelson and D. J. Scalapino, "Superconductivity in the repulsive Hubbard model: an asymptotically exact weak-coupling solution," Phys. Rev. B **81**, 224505 (2010).

[117] D.J. Scalapino, "A Common Thread: the pairing interaction for the unconventional superconductors," Rev. Mod. Phys. **84**, 1383 (2012) [arXiv:1207.4093 [cond-mat.supr-con]].

[118] C.M. Varma, "Considerations on the Mechanisms and Transition Temperatures of Superconductors," Rep. Prog. Phys. **75**, 052501 (2012) [arXiv:1001.3618 [cond-mat.supr-con]].

[119] M.R. Norman, "The Challenge of Unconventional Superconductivity," Science **332**, 196 (2011).

[120] N.F. Berk and J.R. Schrieffer, "Effect of Ferromagnetic Spin Correlations on Superconductivity," Phys. Rev. Lett. **17**, 433 (1966).

[121] C.N.A. van Duin and J. Zaanen, "Interplay of superconductivity and magnetism in strong coupling," Phys. Rev. B **61**, 3676 (2000).

[122] S. R. White, "Density matrix formulation for quantum renormalization groups," Phys. Rev. Lett. **69**, 2863 (1992).

[123] U. Schollwoeck, "The density-matrix renormalization group," Rev. Mod. Phys. **77**, 259 (2005) [arXiv:cond-mat/0409292 [cond-mat.str-el]].

[124] F. Verstraete, J.I. Cirac and V. Murg, "Matrix product states, projected entangled pair states, and variational renormalization group methods for quantum spin systems," Adv. Phys. **57**, 143 (2008).

[125] P. Corboz, R. Orus, B. Bauer and G. Vidal, "Simulation of strongly correlated fermions in two spatial dimensions with fermionic Projected Entangled-Pair States, " Phys. Rev. B **81**, 165104 (2010) [arXiv:0912.0646 [cond-mat.str-el]].

[126] P. Corboz, T.M. Rice and M. Troyer, "Competing states in the t-J model: uniform d-wave state versus stripe state," [arXiv:1402.2859 [cond-mat.str-el]].

[127] S.R. White and D.J Scalapino, "Density Matrix Renormalization Group Study of the Striped Phase in the 2D t-J Model," Phys. Rev. Lett. **80**, 1272 (1998).

[128] J. Zaanen and O. Gunnarsson, "Charged Magnetic Domain Lines and the Magnetism of the High-Tc Superconducting Oxides," Phys. Rev. B **40**, 7391 (1989).

[129] K. Machida, "Magnetism in La_2CuO_4 based compounds," Physica C **158**, 192 (1989).

[130] A.J. Heeger, S.A. Kivelson, J.R. Schrieffer and W.-P. Su, "Solitons in conducting polymers," Rev. Mod. Phys. **60**, 781 (1988).

[131] J.M. Tranquada, B.J. Sternlieb, J.D. Axe, Y. Nakamura and S. Uchida, "Evidence for stripe correlations of spins and holes in copper oxide superconductors," Nature **375**, 561 (1995).

[132] M. Vojta, "Lattice symmetry breaking in cuprate superconductors: Stripes, nematics, and superconductivity," Adv. Phys. **58**, 699 (2009) [arXiv:0901.3145 [cond-mat.supr-con]].

[133] W. Metzner and D.Vollhardt, "Correlated Lattice Fermions in $d = \infty$ Dimensions," Phys. Rev. Lett. **62**, 324 (1989).

[134] A. Georges and G. Kotliar, "Hubbard model in infinite dimensions," Phys. Rev. B **45**, 6479 (1992).

[135] G. Kotliar and D. Vollhardt, "Strongly Correlated Materials: Insights From Dynamical Mean-Field Theory," Physics Today **57**, 53 (2004).

[136] A. Georges, G. Kotliar, W. Krauth, and M. J. Rozenberg, "Dynamical mean-field theory of strongly correlated fermion systems and the limit of infinite dimensions," Rev. Mod. Phys. **68** 13 (1996).

[137] G. Kotliar, S. Savrasov, K. Haule, V. Oudovenko, O. Parcollet, C. Matianetti, "Electronic structure calculations with dynamical mean-field theory," Rev. Mod. Phys. **78**, 865 (2006).

[138] T. Maier, M. Jarrell, T. Pruschke, M.H. Hettler, "Quantum cluster theories," Rev. Mod. Phys, **77**, 1027 (2005).

[139] S.-X. Yang, H. Fotso, S.-Q. Su, D. Galanakis, E. Khatami, J.-H. She, J. Moreno, J. Zaanen, and M. Jarrell, "Proximity of the Superconducting Dome and the Quantum Critical Point in the Two-Dimensional Hubbard Model," Phys. Rev. Lett. **106**, 047004 (2011).

[140] C. Pfleiderer, "Superconducting phases of f-electron compounds," Rev. Mod. Phys. **81**, 1551 (2009) [arXiv:0905.2625 [cond-mat.supr-con]].

[141] P. Gegenwart, Q. Si and F. Steglich, "Quantum criticality in heavy-fermion metals," Nature Physics **4**, 186 (2008).

[142] J. Zaanen, "Physics Fast Electrons Tie Quantum Knots," Science **323**, 5916 (2009).

[143] A. R. Schmidt, M. H. Hamidian, P. Wahl, F. Meier, A. V. Balatsky, J. D. Garrett, T. J. Williams, G. M. Luke and J. C. Davis, "Imaging the Fano lattice to 'hidden order' transition in URu_2Si_2," Nature **465**, 570 (2010).

[144] P. Aynajian, E. H. da Silva Neto, A. Gyenis, R. E. Baumbach, J. D. Thompson, Z. Fisk, E. D. Bauer and A. Yazdani, "Visualizing heavy fermions emerging in a quantum critical Kondo lattice," Nature **486**, 201 (2012).

[145] A. Schröder, G. Aeppli, E. Bucher, R. Ramazashvili, and P. Coleman, "Scaling of Magnetic Fluctuations near a Quantum Phase Transition," Phys. Rev. Lett. **80**, 5623 (1998).

[146] A. Schröder, G. Aeppli, R. Coldea, M. Adams, O. Stockert, H.v. Löhneysen1, E. Bucher, R. Ramazashvili and P. Coleman, "Onset of antiferromagnetism in heavy-fermion metals," Nature **407**, 351 (2000).

[147] P. Coleman, A. J. Schofield, A. M. Tsvelik, "How should we interpret the two transport relaxation times in the cuprates?" J. Phys:Cond. Matt. **8**, 9985 (1996) [arXiv:cond-mat/9609009].

[148] J. Zaanen, "Holographic duality: stealing dimensions from metals," Nature Physics **9**, 609 (2013).

[149] D. van der Marel, H. J. A. Molegraaf, J. Zaanen, Z. Nussinov, F. Carbone, A. Damascelli, H. Eisaki, M. Greven, P. H. Kes and M. Li, "power-law optical conductivity with a constant phase angle in high Tc superconductors," Nature **425** 271 (2003) [arXiv:cond-mat/0309172].

[150] K. Fujita, C. K. Kim, I. Lee, J. Lee, M. H. Hamidian, I. A. Firmo, S. Mukhopadhyay, H. Eisaki, S. Uchida, M. J. Lawler, E. -A. Kim, J. C. Davis, "Simultaneous transition in cuprate momentum-space topology and electronic symmetry breaking," Science **344**, 613 (2014) [arXiv:1403.7788 [cond-mat.supr-con]].

[151] U. Chatterjee, D. Ai, J. Zhao, S. Rosenkranzb, A. Kaminski, H. Raffy, Z. Li, K. Kadowaki, M. Randeria, M. R. Norman, and J. C. Campuzano, "Electronic phase diagram of high-temperature copper oxide superconductors," PNAS **108**, 9346 (2011).

[152] C. M. Varma, P. B. Littlewood, S. Schmitt-Rink, E. Abrahams, and A. E. Ruckenstein, "Phenomenology of the normal state of Cu-O high-temperature superconductors," Phys. Rev. Lett. **63** 1996 (1989).

[153] R. A. Cooper, Y. Wang, B. Vignolle, O. J. Lipscombe, S. M. Hayden, Y. Tanabe, T. Adachi, Y. Koike, M. Nohara, H. Takagi, C. Proust and N. E. Hussey, "Anomalous Criticality in the Electrical Resistivity of $La_{2-x}Sr_xCuO_4$," Science **323**, 603 (2009).

[154] K. Fujita, M. H. Hamidian, S. D. Edkins, C. K. Kim, Y. Kohsaka, M. Azuma, M. Takano, H. Takagi, H. Eisaki, S. Uchida, A. Allais, M. J. Lawler, E. -A. Kim, S. Sachdev and J. C. Seamus Davis, "Direct phase-sensitive identification of a d-form factor density wave in underdoped cuprates," PNAS **111**, E3026 (2014) [arXiv:1404.0362 [cond-mat.supr-con]].

[155] J. Zaanen, "High temperature superconductivity: the sound of the hidden order," Nature **498**, 41 (2013).

[156] I. M. Vishik, E. A. Nowadnick, W. S. Lee, Z. X. Shen, B. Moritz, T. P. Devereaux, K. Tanaka, T. Sasagawa and T. Fujii, "A momentum-dependent perspective on quasiparticle interference in $Bi_2Sr_2CaCu_2O_{8+\delta}$," Nature Physics **5**, 718 (2009) [arXiv:0909.0762 [cond-mat.supr-con]].

[157] Y. He, Y. Yin, M. Zech, A. Soumyanarayanan, M. M. Yee, T. Williams, M. C. Boyer, K. Chatterjee, W. D. Wise, I. Zeljkovic, T. Kondo, T. Takeuchi, H. Ikuta, P. Mistark, R. S. Markiewicz, A. Bansil, S. Sachdev, E. W. Hudson and J. E. Hoffman, "Fermi Surface and Pseudogap Evolution in a Cuprate Superconductor," Science **344**, 608 (2014).

[158] R. Comin, A. Frano, M. M. Yee, Y. Yoshida, H. Eisaki, E. Schierle, E. Weschke, R. Sutarto, F. He, A. Soumyanarayanan, Yang He, M. Le Tacon, I. S. Elfimov, J. E.

Hoffman, G. A. Sawatzky, B. Keimer and A. Damascelli, "Charge Order Driven by Fermi-Arc Instability in $Bi_2Sr_{2x}La_xCuO_{6+\delta}$", Science **343**, 390 (2014).

[159] N. Iqbal, H. Liu and M. Mezei, "Semi-local quantum liquids," JHEP **1204**, 086 (2012) [arXiv:1105.4621 [hep-th]].

[160] N. Iqbal, H. Liu and M. Mezei, "Quantum phase transitions in semi-local quantum liquids," arXiv:1108.0425 [hep-th].

[161] S. W. Hawking and G. F. R. Ellis, "The Large scale structure of space-time," Cambridge University Press, Cambridge, 1973.

[162] S. Hawking and R. Penrose, "The Nature of space and time," Princeton University Press, 1996.

[163] C. W. Misner, K. S. Thorne and J. A. Wheeler, "Gravitation," San Francisco 1973, 1279p.

[164] J. D. Bekenstein, "Black hole hair: 25 - years after," In *Moscow 1996, 2nd International A.D. Sakharov Conference on physics* 216-219 [gr-qc/9605059].

[165] J. M. Bardeen, B. Carter and S. W. Hawking, "The Four laws of black hole mechanics," Commun. Math. Phys. **31**, 161 (1973).

[166] J. D. Bekenstein, "Black holes and entropy," Phys. Rev. D **7**, 2333 (1973).

[167] G. 't Hooft, "Dimensional reduction in quantum gravity," Salamfest 1993:0284-296 [gr-qc/9310026].

[168] L. Susskind, "The World as a hologram," J. Math. Phys. **36**, 6377 (1995) [hep-th/9409089].

[169] A. Strominger and C. Vafa, "Microscopic origin of the Bekenstein-Hawking entropy," Phys. Lett. B **379**, 99 (1996) [hep-th/9601029].

[170] M. B. Green, J. H. Schwarz and E. Witten, "Superstring Theory. Vol. 1: Introduction," and "Superstring Theory. Vol. 2: Loop Amplitudes, Anomalies And Phenomenology,", Cambridge University Press, 1987.

[171] J. Polchinski, "String theory. Vol. 1: An introduction to the bosonic string," Cambridge University Press, 1998.

[172] J. Polchinski, "String theory. Vol. 2: Superstring theory and beyond," Cambridge University Press, 1998.

[173] A. N. Schellekens, "Life at the Interface of Particle Physics and String Theory," Rev. Mod. Phys. **85**, no. 4, 1491 (2013) [arXiv:1306.5083 [hep-ph]].

[174] N. Seiberg, "Emergent spacetime," hep-th/0601234.

[175] J. Polchinski, "Dirichlet Branes and Ramond-Ramond charges," Phys. Rev. Lett. **75**, 4724 (1995) [hep-th/9510017].

[176] N. Arkani-Hamed, S. Dimopoulos and G. R. Dvali, "The Hierarchy problem and new dimensions at a millimeter," Phys. Lett. B **429**, 263 (1998) [hep-ph/9803315].

[177] G. Shiu and S. H. H. Tye, "TeV scale superstring and extra dimensions," Phys. Rev. D **58**, 106007 (1998) [hep-th/9805157].

[178] R. Maartens and K. Koyama, "Brane-World Gravity," Living Rev. Rel. **13**, 5 (2010) [arXiv:1004.3962 [hep-th]].

[179] N. Beisert and M. Staudacher, "The N=4 SYM integrable super spin chain," Nucl. Phys. B **670**, 439 (2003) [hep-th/0307042].

[180] A. Cappelli and I. D. Rodriguez, "Matrix Effective Theories of the Fractional Quantum Hall effect," J. Phys. A **42**, 304006 (2009), [arXiv:0902.0765 [hep-th]].

[181] S. -S. Lee, "Low-energy effective theory of Fermi surface coupled with U(1) gauge field in 2+1 dimensions," Phys. Rev. B **80**, 165102 (2009) [arXiv:0905.4532].

[182] A. Liam Fitzpatrick, S. Kachru, J. Kaplan, S. Raghu, "Non-Fermi liquid behavior of large NB quantum critical metals," Phys. Rev. B **89**, 165114 (2014) [arXiv:1312.3321 [cond-mat.str-el]].

[183] S. Coleman, "Aspects of symmetry," Cambridge University Press, 1985.

[184] J. Zinn-Justin, "Quantum field theory and critical phenomena," Int. Ser. Monogr. Phys. **113**, 1 (2002).

[185] M. Moshe and J. Zinn-Justin, "Quantum field theory in the large N limit: A Review," Phys. Rept. **385**, 69 (2003) [hep-th/0306133].

[186] G. 't Hooft, "A Planar Diagram Theory for Strong Interactions," Nucl. Phys. B **72**, 461 (1974).

[187] A. V. Manohar, "Large N QCD," hep-ph/9802419.

[188] A. V. Ramallo, "Introduction to the AdS/CFT correspondence," in Lectures on Particle Physics, Astrophysics and Cosmology, Proceedings of the Third IDPASC School, Santiago de Compostela, 2013, ed: C. Merino, Springer Proceedings in Physics Volume **161** 411 (2015) [arXiv:1310.4319 [hep-th]].

[189] E. Witten, "The $1/N$ Expansion In Atomic And Particle Physics", In" 't Hooft, G. (ed.) Recent developments in Gauge Theories 1979 Cargèse Lectures, Plenum, New York (1980). HUTP-79/A078.

[190] E. Brezin and S. R. Wadia, "The Large N expansion in quantum field theory and statistical physics: From spin systems to two-dimensional gravity", World Scientific, Singapore, 1993.

[191] D. J. Gross and W. Taylor, "Two-dimensional QCD is a string theory," Nucl. Phys. B **400**, 181 (1993) [hep-th/9301068].

[192] J. Polchinski, "Scale And Conformal Invariance In Quantum Field Theory," Nucl. Phys. B **303**, 226 (1988).

[193] D. Dorigoni and V. S. Rychkov, "Scale Invariance + Unitarity => Conformal Invariance?," arXiv:0910.1087 [hep-th].

[194] M. A. Luty, J. Polchinski and R. Rattazzi, "The a-theorem and the Asymptotics of 4D Quantum Field Theory," JHEP **1301**, 152 (2013) [arXiv:1204.5221 [hep-th]].

[195] S. Weinberg, "Gravitation and Cosmology: Principles and Applications of The General Theory of Relativity," John Wiley & Sons, New York, 1972.

[196] R. M. Wald, "General Relativity," Chicago University Press, 1984.

[197] S. M. Carroll, "Spacetime and geometry: An introduction to general relativity," Addison-Wesley, San Francisco, 2004.

[198] V. Balasubramanian, P. Kraus and A. E. Lawrence, "Bulk versus boundary dynamics in anti-de Sitter space-time," Phys. Rev. D **59**, 046003 (1999) [hep-th/9805171].

[199] J. L. Petersen, "Introduction to the Maldacena conjecture on AdS / CFT," Int. J. Mod. Phys. A **14**, 3597 (1999) [hep-th/9902131].

[200] S. de Haro, S. N. Solodukhin and K. Skenderis, "Holographic reconstruction of space-time and renormalization in the AdS / CFT correspondence," Commun. Math. Phys. **217**, 595 (2001) [hep-th/0002230].

[201] D. T. Son and A. O. Starinets, "Minkowski space correlators in AdS / CFT correspondence: Recipe and applications," JHEP **0209**, 042 (2002) [hep-th/0205051].

[202] C. P. Herzog and D. T. Son, "Schwinger-Keldysh propagators from AdS/CFT correspondence," JHEP **0303**, 046 (2003) [hep-th/0212072].

[203] D. Z. Freedman, S. D. Mathur, A. Matusis and L. Rastelli, "Correlation functions in the CFT(d) / AdS(d+1) correspondence," Nucl. Phys. B **546**, 96 (1999) [hep-th/9804058].

[204] K. Skenderis, "Lecture notes on holographic renormalization," Class. Quant. Grav. **19**, 5849 (2002) [hep-th/0209067].

[205] E. D'Hoker and D. Z. Freedman, "Supersymmetric gauge theories and the AdS / CFT correspondence," hep-th/0201253.

[206] M. J. G. Veltman, "Unitarity and causality in a renormalizable field theory with unstable particles," Physica **29**, 186 (1963).

[207] S. Minwalla, "Restrictions imposed by superconformal invariance on quantum field theories," Adv. Theor. Math. Phys. **2**, 781 (1998) [hep-th/9712074].

[208] J. de Boer, E. P. Verlinde and H. L. Verlinde, "On the holographic renormalization group," JHEP **0008**, 003 (2000) [hep-th/9912012].

[209] E. Witten "Multitrace operators, boundary conditions, and AdS/CFT correspondence," [hep-th/0112258].

[210] W. Mueck, "An Improved correspondence formula for AdS / CFT with multitrace operators," Phys. Lett. B **531**, 301 (2002) [hep-th/0201100].

[211] E. Witten, "Anti-de Sitter space, thermal phase transition, and confinement in gauge theories," Adv. Theor. Math. Phys. **2**, 505 (1998) [arXiv:hep-th/9803131].

[212] G. W. Gibbons and S. W. Hawking (eds.), "Euclidean quantum gravity," World Scientific, Singapore, 1993.

[213] E. Berti, V. Cardoso and A. O. Starinets, "Quasinormal modes of black holes and black branes," Class. Quant. Grav. **26**, 163001 (2009) [arXiv:0905.2975 [gr-qc]].

[214] D. Birmingham, "Topological black holes in Anti-de Sitter space," Class. Quant. Grav. **16**, 1197 (1999) [hep-th/9808032].

[215] S. S. Gubser, I. R. Klebanov and A. A. Tseytlin, "Coupling constant dependence in the thermodynamics of N=4 supersymmetric Yang-Mills theory," Nucl. Phys. B **534**, 202 (1998) [hep-th/9805156].

[216] S. S. Gubser, I. R. Klebanov and A. W. Peet, "Entropy and temperature of black 3-branes," Phys. Rev. D **54**, 3915 (1996) [hep-th/9602135].

[217] G. W. Gibbons and S. W. Hawking, "Action integrals and partition functions in quantum gravity," Phys. Rev. D **15**, 2752 (1977).

[218] J. W. York, "Role of conformal three-geometry in the dynamics of gravitation," Phys. Rev. Lett. **28**, 1082 (1972).

[219] V. Balasubramanian and P. Kraus, "A Stress tensor for Anti-de Sitter gravity," Commun. Math. Phys. **208**, 413 (1999) [hep-th/9902121].

[220] I. Papadimitriou and K. Skenderis, "Thermodynamics of asymptotically locally AdS spacetimes," JHEP **0508**, 004 (2005) [hep-th/0505190].

[221] S. W. Hawking and D. N. Page, "Thermodynamics Of Black Holes In Anti-De Sitter Space," Commun. Math. Phys. **87**, 577 (1983).

[222] J. M. Maldacena, "Wilson loops in large N field theories," Phys. Rev. Lett. **80**, 4859 (1998) [arXiv:hep-th/9803002].

[223] S. J. Rey and J. T. Yee, "Macroscopic strings as heavy quarks in large N gauge theory and anti-de Sitter supergravity," Eur. Phys. J. C **22**, 379 (2001) [arXiv:hep-th/9803001].

[224] A. Brandhuber, N. Itzhaki, J. Sonnenschein, S. Yankielowicz, "Wilson Loops, Confinement, and Phase Transitions in Large N Gauge Theories from Supergravity," JHEP **9806** 001 (1998) [arXiv:hep-th/9803263].

[225] O. Jahn and O. Philipsen, "The Polyakov loop and its relation to static quark potentials and free energies," Phys. Rev. D **70**, 074504 (2004) [hep-lat/0407042].

[226] S. -J. Rey, S. Theisen and J. -T. Yee, "Wilson-Polyakov loop at finite temperature in large N gauge theory and anti-de Sitter supergravity," Nucl. Phys. B **527**, 171 (1998) [hep-th/9803135].

[227] A. Brandhuber, N. Itzhaki, J. Sonnenschein and S. Yankielowicz, "Wilson loops in the large N limit at finite temperature," Phys. Lett. B **434**, 36 (1998) [hep-th/9803137].

[228] J. Erlich, "Recent Results in AdS/QCD," PoS Confinement **8**, 032 (2008) [arXiv:0812.4976 [hep-ph]].

[229] J. Polchinski and M. J. Strassler, "The String dual of a confining four-dimensional gauge theory," hep-th/0003136.

[230] I. R. Klebanov and M. J. Strassler, "Supergravity and a confining gauge theory: Duality cascades and chi SB resolution of naked singularities," JHEP **0008**, 052 (2000) [hep-th/0007191].

[231] M. Kruczenski, D. Mateos, R. C. Myers and D. J. Winters, "Towards a holographic dual of large N(c) QCD," JHEP **0405**, 041 (2004) [hep-th/0311270].

[232] T. Sakai and S. Sugimoto, "Low energy hadron physics in holographic QCD," Prog. Theor. Phys. **113**, 843 (2005) [hep-th/0412141].

[233] T. Sakai and S. Sugimoto, "More on a holographic dual of QCD," Prog. Theor. Phys. **114**, 1083 (2005) [hep-th/0507073].

[234] J. Erlich, E. Katz, D. T. Son and M. A. Stephanov, "QCD and a holographic model of hadrons," Phys. Rev. Lett. **95**, 261602 (2005) [hep-ph/0501128].

[235] C. P. Herzog, "A holographic prediction of the deconfinement temperature," Phys. Rev. Lett. **98**, 091601 (2007) [arXiv:hep-th/0608151].

[236] L. Da Rold and A. Pomarol, "Chiral symmetry breaking from five dimensional spaces," Nucl. Phys. B **721**, 79 (2005) [hep-ph/0501218].

[237] S. Caron-Huot, P. Kovtun, G. D. Moore, A. Starinets and L. G. Yaffe, "Photon and dilepton production in supersymmetric Yang-Mills plasma," JHEP **0612**, 015 (2006) [hep-th/0607237].

[238] A. Karch, E. Katz, D. T. Son and M. A. Stephanov, "Linear confinement and AdS/QCD," Phys. Rev. D **74**, 015005 (2006) [hep-ph/0602229].

[239] G. T. Horowitz and R. C. Myers, "The AdS/CFT correspondence and a new positive energy conjecture for general relativity," Phys. Rev. D **59**, 026005 (1999) [arXiv:hep-th/9808079].

[240] H. Boschi-Filho and N. R. F. Braga, "QCD / string holographic mapping and glueball mass spectrum," Eur. Phys. J. C **32**, 529 (2004) [hep-th/0209080].

[241] D. K. Hong, T. Inami and H. -U. Yee, "Baryons in AdS/QCD," Phys. Lett. B **646**, 165 (2007) [hep-ph/0609270].

[242] S. S. Gubser, S. S. Pufu and F. D. Rocha, "Bulk viscosity of strongly coupled plasmas with holographic duals," JHEP **0808**, 085 (2008) [arXiv:0806.0407 [hep-th]].

[243] N. Iqbal and H. Liu, "Real-time response in AdS/CFT with application to spinors," Fortsch. Phys. **57**, 367 (2009) [arXiv:0903.2596 [hep-th]].

[244] W. Witczak-Krempa, E. Sorensen, S. Sachdev, "The dynamics of quantum criticality via Quantum Monte Carlo and holography," Nature Physics **10**, 361 (2014) [arXiv:1309.2941 [cond-mat.str-el]].

[245] K. Skenderis and B. C. van Rees, "Real-time gauge/gravity duality: Prescription, Renormalization and Examples," JHEP **0905**, 085 (2009) [arXiv:0812.2909 [hep-th]].

[246] G. C. Giecold, "Fermionic Schwinger-Keldysh Propagators from AdS/CFT," JHEP **0910**, 057 (2009) [arXiv:0904.4869 [hep-th]].

[247] K. Damle and S. Sachdev, "Non-zero temperature transport near quantum critical points," Phys. Rev. B **56**, 8714 (1997) [cond-mat/9705206].

[248] G. Policastro, D. T. Son and A. O. Starinets, "From AdS / CFT correspondence to hydrodynamics," JHEP **0209**, 043 (2002) [hep-th/0205052].

[249] E. Shuryak, "Why does the quark gluon plasma at RHIC behave as a nearly ideal fluid?," Prog. Part. Nucl. Phys. **53**, 273 (2004) [hep-ph/0312227].

[250] D. Teaney, "The Effects of viscosity on spectra, elliptic flow, and HBT radii," Phys. Rev. C **68**, 034913 (2003) [nucl-th/0301099].

[251] E. V. Shuryak, "What RHIC experiments and theory tell us about properties of quark-gluon plasma?," Nucl. Phys. A **750**, 64 (2005) [hep-ph/0405066].

[252] P. Kovtun, D. T. Son and A. O. Starinets, "Viscosity in strongly interacting quantum field theories from black hole physics," Phys. Rev. Lett. **94**, 111601 (2005) [hep-th/0405231].

[253] S. A. Hartnoll, P. K. Kovtun, M. Muller and S. Sachdev, "Theory of the Nernst effect near quantum phase transitions in condensed matter, and in dyonic black holes," Phys. Rev. B **76**, 144502 (2007) [arXiv:0706.3215 [cond-mat.str-el]].

[254] S. Bhattacharyya, V. Hubeny, S. Minwalla and M. Rangamani, "Nonlinear Fluid Dynamics from Gravity," JHEP **0802**, 045 (2008) [arXiv:0712.2456 [hep-th]].

[255] D. Forster, "Hydrodynamic Fluctuations, Broken Symmetry, and Correlation Functions," Benjamin, Reading, 1975.

[256] L. D. Landau and E. M. Lifshitz, "Fluid Mechanics," (2nd ed.) Pergamon Press, New York, 1987.

[257] R. Baier, P. Romatschke, D. T. Son, A. O. Starinets and M. A. Stephanov, "Relativistic viscous hydrodynamics, conformal invariance, and holography," JHEP **0804**, 100 (2008) [arXiv:0712.2451 [hep-th]].

[258] L. P. Kadanoff and P. C. Martin, "Hydrodynamic Equations and Correlation Functions," Ann. Phys. **24**, 419 (1963).

[259] N. Iqbal and H. Liu, "Universality of the hydrodynamic limit in AdS/CFT and the membrane paradigm," Phys. Rev. D **79**, 025023 (2009) [arXiv:0809.3808 [hep-th]].

[260] P. Kovtun, D. T. Son and A. O. Starinets, "Holography and hydrodynamics: Diffusion on stretched horizons," JHEP **0310**, 064 (2003) [hep-th/0309213].

[261] A. Buchel and J. T. Liu, "Universality of the shear viscosity in supergravity," Phys. Rev. Lett. **93**, 090602 (2004) [hep-th/0311175].

[262] J. Mas, "Shear viscosity from R-charged AdS black holes," JHEP **0603**, 016 (2006) [hep-th/0601144].

[263] D. T. Son and A. O. Starinets, "Hydrodynamics of r-charged black holes," JHEP **0603**, 052 (2006) [hep-th/0601157].

[264] A. Buchel, J. T. Liu and A. O. Starinets, "Coupling constant dependence of the shear viscosity in N=4 supersymmetric Yang-Mills theory," Nucl. Phys. B **707**, 56 (2005) [hep-th/0406264].

[265] M. Brigante, H. Liu, R. C. Myers, S. Shenker and S. Yaida, "Viscosity Bound Violation in Higher Derivative Gravity," Phys. Rev. D **77**, 126006 (2008) [arXiv:0712.0805 [hep-th]].

[266] J. Erdmenger, P. Kerner and H. Zeller, "Non-universal shear viscosity from Einstein gravity," Phys. Lett. B **699**, 301 (2011) [arXiv:1011.5912 [hep-th]].

[267] A. Rebhan and D. Steineder, "Violation of the Holographic Viscosity Bound in a Strongly Coupled Anisotropic Plasma," Phys. Rev. Lett. **108**, 021601 (2012) [arXiv:1110.6825 [hep-th]].

[268] J. Polchinski and E. Silverstein, "Large-density field theory, viscosity, and '$2k_F$' singularities from string duals," Class. Quant. Grav. **29**, 194008 (2012) [arXiv:1203.1015 [hep-th]].

[269] M. Brigante, H. Liu, R. C. Myers, S. Shenker and S. Yaida, "The Viscosity Bound and Causality Violation," Phys. Rev. Lett. **100**, 191601 (2008) [arXiv:0802.3318 [hep-th]].

[270] R. C. Myers, M. F. Paulos and A. Sinha, "Holographic studies of quasi-topological gravity," JHEP **1008**, 035 (2010) [arXiv:1004.2055 [hep-th]].

[271] S. Jeon and L. G. Yaffe, "From quantum field theory to hydrodynamics: Transport coefficients and effective kinetic theory," Phys. Rev. D **53**, 5799 (1996) [hep-ph/9512263].

[272] S. C. Huot, S. Jeon and G. D. Moore, "Shear viscosity in weakly coupled N = 4 super Yang-Mills theory compared to QCD," Phys. Rev. Lett. **98**, 172303 (2007) [hep-ph/0608062].

[273] J. Erlich, "How Well Does AdS/QCD Describe QCD?," Int. J. Mod. Phys. A **25**, 411 (2010) [arXiv:0908.0312 [hep-ph]].

[274] C. Cao, E. Elliott, J. Joseph, H. Wu, J. Petricka, T. Schafer and J. E. Thomas, "Universal Quantum Viscosity in a Unitary Fermi Gas," Science **331**, 58 (2010).

[275] T. Schaefer and D. Teaney "Nearly perfect fluidity: from cold atomic gases to hot quark gluon plasmas, " Rep. Prog. Phys. **72**, 126001 (2009).

[276] P. K. Kovtun and A. O. Starinets, "Quasinormal modes and holography," Phys. Rev. D **72**, 086009 (2005) [hep-th/0506184].

[277] D. T. Son and A. O. Starinets, "Viscosity, Black Holes, and Quantum Field Theory," Ann. Rev. Nucl. Part. Sci. **57**, 95 (2007) [arXiv:0704.0240 [hep-th]].

[278] A. Nata Atmaja and K. Schalm, "Photon and Dilepton Production in Soft Wall AdS/QCD," JHEP **1008**, 124 (2010) [arXiv:0802.1460 [hep-th]].

[279] I. Bredberg, C. Keeler, V. Lysov and A. Strominger, "From Navier-Stokes To Einstein," arXiv:1101.2451 [hep-th].

[280] K. S. Thorne, R. H. Price and D. A. Macdonald, "Black holes: the membrane paradigm," Yale University Press, New Haven 1986.

[281] P. Kovtun, "Lectures on hydrodynamic fluctuations in relativistic theories," J. Phys. A **45**, 473001 (2012) [arXiv:1205.5040 [hep-th]].

[282] J. Bhattacharya, S. Bhattacharyya and S. Minwalla, "Dissipative Superfluid dynamics from gravity," JHEP **1104**, 125 (2011) [arXiv:1101.3332 [hep-th]].

[283] C. P. Herzog, N. Lisker, P. Surowka and A. Yarom, "Transport in holographic superfluids," JHEP **1108**, 052 (2011) [arXiv:1101.3330 [hep-th]].

[284] J. Bhattacharya, S. Bhattacharyya, S. Minwalla and A. Yarom, "A Theory of first order dissipative superfluid dynamics," JHEP **1405**, 147 (2014) [arXiv:1105.3733 [hep-th]].

[285] K. Jensen, M. Kaminski, P. Kovtun, R. Meyer, A. Ritz and A. Yarom, "Parity-Violating Hydrodynamics in 2+1 Dimensions," JHEP **1205**, 102 (2012) [arXiv:1112.4498 [hep-th]].

[286] D. T. Son and P. Surowka, "Hydrodynamics with Triangle Anomalies," Phys. Rev. Lett. **103**, 191601 (2009) [arXiv:0906.5044 [hep-th]].

[287] P. M. Chesler and L. G. Yaffe, "Horizon formation and far-from-equilibrium isotropization in supersymmetric Yang-Mills plasma," Phys. Rev. Lett. **102**, 211601 (2009) [arXiv:0812.2053 [hep-th]].

[288] A. Adams, P. M. Chesler and H. Liu, "Holographic turbulence," Phys. Rev. Lett. **112**, 151602 (2014) [arXiv:1307.7267 [hep-th]].

[289] S. Bhattacharyya, S. Minwalla and S. R. Wadia, "The Incompressible Non-Relativistic Navier-Stokes Equation from Gravity," JHEP **0908**, 059 (2009) [arXiv:0810.1545 [hep-th]].

[290] M. Rangamani, "Gravity and Hydrodynamics: Lectures on the fluid-gravity correspondence," Class. Quant. Grav. **26**, 224003 (2009) [arXiv:0905.4352 [hep-th]].

[291] V. E. Hubeny, S. Minwalla and M. Rangamani, "The fluid/gravity correspondence," arXiv:1107.5780 [hep-th].

[292] J. D. Brown and J. W. York, "Quasilocal energy and conserved charges derived from the gravitational action," Phys. Rev. D **47**, 1407 (1993).

[293] M. Henningson and K. Skenderis, "The Holographic Weyl anomaly," JHEP **9807**, 023 (1998) [hep-th/9806087].

[294] V. Juricic, O. Vafek and I. F. Herbut, "Conductivity of interacting massless Dirac particles in graphene: Collisionless regime, " Phys. Rev. B **82** 235402 (2010) [arXiv:1009.3269 [cond-mat.mes-hall]].

[295] R. C. Myers, S. Sachdev and A. Singh, "Holographic Quantum Critical Transport without Self-Duality," Phys. Rev. D **83**, 066017 (2011) [arXiv:1010.0443 [hep-th]].

[296] K. Chen, L. Liu, Y. Deng, L. Pollet and N. Prokof'ev, "Universal Conductivity in a Two-Dimensional Superfluid-to-Insulator Quantum Critical System," Phys. Rev. Lett. **112**, 030402 (2013) [arXiv:1309.5635 [cond-mat.str-el]].

[297] D. Chowdhury, S. Raju, S. Sachdev, A. Singh and P. Strack, "Multipoint correlators of conformal field theories: implications for quantum critical transport," Phys. Rev. B **87**, 085138 (2013), [arXiv:1210.5247 [cond-mat.str-el]].

[298] S. Weinberg, "The quantum theory of fields. Volume II: modern applications," Cambridge University Press, 2001.

[299] D. E. Kharzeev, L. D. McLerran and H. J. Warringa, "The Effects of topological charge change in heavy ion collisions: 'Event by event P and CP violation'," Nucl. Phys. A **803**, 227 (2008) [arXiv:0711.0950 [hep-ph]].

[300] K. Fukushima, D. E. Kharzeev and H. J. Warringa, "The Chiral Magnetic Effect," Phys. Rev. D **78**, 074033 (2008) [arXiv:0808.3382 [hep-ph]].

[301] D. E. Kharzeev, "The Chiral Magnetic Effect and Anomaly-Induced Transport," Prog. Part. Nucl. Phys. **75**, 133 (2014) [arXiv:1312.3348 [hep-ph]].

[302] C. -X. Liu, P. Ye and X. -L. Qi, "Chiral gauge field and axial anomaly in a Weyl semi-metal, " Phys. Rev. B **87**, 235306 (2013), [arXiv:1204.6551 [cond-mat.str-el]].

[303] D. T. Son, B. Z. Spivak, "Chiral Anomaly and Classical Negative Magnetoresistance of Weyl Metals," Phys. Rev. B. **88**,104412 (2013), [arXiv:1206.1627 [cond-mat.mes-hall]].

[304] A.A. Zyuzin and A.A. Burkov "Topological response in Weyl semimetals and the chiral anomaly," Phys. Rev. B **86**, 115133 (2012) [arXiv:1206.1868 [cond-mat.mes-hall]].

[305] K. Landsteiner, "Anomalous transport of Weyl fermions in Weyl semimetals," Phys. Rev. B **89**, no. 7, 075124 (2014) [arXiv:1306.4932 [hep-th]].

[306] A. V. Sadofyev and M. V. Isachenkov, "The Chiral magnetic effect in hydrodynamical approach," Phys. Lett. B **697**, 404 (2011) [arXiv:1010.1550 [hep-th]].

[307] Y. Neiman and Y. Oz, "Relativistic Hydrodynamics with General Anomalous Charges," JHEP **1103**, 023 (2011) [arXiv:1011.5107 [hep-th]].

[308] V. I. Zakharov, "Chiral Magnetic Effect in Hydrodynamic Approximation," Lect. Notes Phys. **871**, 295 (2013) [arXiv:1210.2186 [hep-ph]].

[309] J. Erdmenger, M. Haack, M. Kaminski and A. Yarom, "Fluid dynamics of R-charged black holes," JHEP **0901**, 055 (2009) [arXiv:0809.2488 [hep-th]].

[310] N. Banerjee, J. Bhattacharya, S. Bhattacharyya, S. Dutta, R. Loganayagam and P. Surowka, "Hydrodynamics from charged black branes," JHEP **1101**, 094 (2011) [arXiv:0809.2596 [hep-th]].

[311] D. E. Kharzeev, K. Landsteiner, A. Schmitt and H. -U. Yee, "Strongly interacting matter in magnetic fields: an overview," Lect. Notes Phys. **871**, 1 (2013) [arXiv:1211.6245 [hep-ph]].

[312] O. Saremi and D. T. Son, "Hall viscosity from gauge/gravity duality," JHEP **1204**, 091 (2012) [arXiv:1103.4851 [hep-th]].

[313] D. T. Son and C. Wu, "Holographic Spontaneous Parity Breaking and Emergent Hall Viscosity and Angular Momentum," JHEP **1407**, 076 (2014) [arXiv:1311.4882 [hep-th]].

[314] H. Liu, H. Ooguri, B. Stoica and N. Yunes, "Spontaneous Generation of Angular Momentum in Holographic Theories," Phys. Rev. Lett. **110**, no. 21, 211601 (2013) [arXiv:1212.3666 [hep-th]].

[315] H. Liu, H. Ooguri and B. Stoica, "Angular Momentum Generation by Parity Violation," Phys. Rev. D **89**, no. 10, 106007 (2014) [arXiv:1311.5879 [hep-th]].

[316] A. Gynther, K. Landsteiner, F. Pena-Benitez and A. Rebhan, "Holographic Anomalous Conductivities and the Chiral Magnetic Effect," JHEP **1102**, 110 (2011) [arXiv:1005.2587 [hep-th]].

[317] K. Landsteiner, E. Megias and F. Pena-Benitez, "Anomalous Transport from Kubo Formulae," Lect. Notes Phys. **871**, 433 (2013) [arXiv:1207.5808 [hep-th]].

[318] K. Landsteiner, E. Megias and F. Pena-Benitez, "Gravitational Anomaly and Transport," Phys. Rev. Lett. **107**, 021601 (2011) [arXiv:1103.5006 [hep-ph]].

[319] M. Greiner, O. Mandel1, T. Esslinger, T. W. Haensch, I. Bloch, "Quantum phase transition from a superfluid to a Mott insulator in a gas of ultracold atoms," Nature **415** 39 (2002).

[320] T. Faulkner, H. Liu, J. McGreevy and D. Vegh, "Emergent quantum criticality, Fermi surfaces, and AdS2," Phys. Rev. D **83**, 125002 (2011) [arXiv:0907.2694 [hep-th]].

[321] S. S. Gubser and F. D. Rocha, "Peculiar properties of a charged dilatonic black hole in AdS$_5$," Phys. Rev. D **81**, 046001 (2010) [arXiv:0911.2898 [hep-th]].

[322] K. Goldstein, S. Kachru, S. Prakash and S. P. Trivedi, "Holography of Charged Dilaton Black Holes," JHEP **1008**, 078 (2010) [arXiv:0911.3586 [hep-th]].

[323] C. Charmousis, B. Gouteraux, B. S. Kim, E. Kiritsis and R. Meyer, "Effective Holographic Theories for low-temperature condensed matter systems," JHEP **1011**, 151 (2010) [arXiv:1005.4690 [hep-th]].

[324] B. Gouteraux and E. Kiritsis, "Generalized Holographic Quantum Criticality at Finite Density," JHEP **1112**, 036 (2011) [arXiv:1107.2116 [hep-th]].

[325] M. Edalati, J. I. Jottar and R. G. Leigh, "Holography and the sound of criticality," JHEP **1010**, 058 (2010) [arXiv:1005.4075 [hep-th]].

[326] M. Edalati, J. I. Jottar and R. G. Leigh, "Shear Modes, Criticality and Extremal Black Holes," JHEP **1004**, 075 (2010) [arXiv:1001.0779 [hep-th]].

[327] R. A. Davison and N. K. Kaplis, "Bosonic excitations of the AdS_4 Reissner-Nordstrom black hole," JHEP **1112**, 037 (2011) [arXiv:1111.0660 [hep-th]].

[328] R. A. Davison and A. Parnachev, "Hydrodynamics of cold holographic matter," JHEP **1306**, 100 (2013) [arXiv:1303.6334 [hep-th]].

[329] C. P. Herzog, "The Hydrodynamics of M theory," JHEP **0212**, 026 (2002) [hep-th/0210126].

[330] C. P. Herzog, "The Sound of M theory," Phys. Rev. D **68**, 024013 (2003) [hep-th/0302086].

[331] L. D. Landau, "Oscillations in a Fermi liquid," Zh. Eksp. Teor. Fiz. **32**, 59 (1957) [Soviet Phys. - JETP **5**, 101 (1959)].

[332] M. Edalati, J. I. Jottar and R. G. Leigh, "Transport Coefficients at Zero Temperature from Extremal Black Holes," JHEP **1001**, 018 (2010) [arXiv:0910.0645 [hep-th]].

[333] M. Kaminski, K. Landsteiner, J. Mas, J. P. Shock and J. Tarrio, "Holographic Operator Mixing and Quasinormal Modes on the Brane," JHEP **1002**, 021 (2010) [arXiv:0911.3610 [hep-th]].

[334] X. Dong, S. Harrison, S. Kachru, G. Torroba and H. Wang, "Aspects of holography for theories with hyperscaling violation," JHEP **1206**, 041 (2012) [arXiv:1201.1905 [hep-th]].

[335] S. Kachru, X. Liu and M. Mulligan, "Gravity Duals of Lifshitz-like Fixed Points," Phys. Rev. D **78**, 106005 (2008) [arXiv:0808.1725 [hep-th]].

[336] L. Huijse, S. Sachdev and B. Swingle, "Hidden Fermi surfaces in compressible states of gauge-gravity duality," Phys. Rev. B **85**, 035121 (2012) [arXiv:1112.0573 [cond-mat.str-el]].

[337] S. S. Gubser and J. Ren, "Analytic fermionic Green's functions from holography," Phys. Rev. D **86**, 046004 (2012) [arXiv:1204.6315 [hep-th]].

[338] M. Spradlin and A. Strominger, "Vacuum states for AdS(2) black holes," JHEP **9911**, 021 (1999) [hep-th/9904143].

[339] A. Almheiri and J. Polchinski, "Models of AdS$_2$ Backreaction and Holography," arXiv:1402.6334 [hep-th].

[340] K. Copsey and R. Mann, "Pathologies in Asymptotically Lifshitz Spacetimes," JHEP **1103**, 039 (2011) [arXiv:1011.3502 [hep-th]].

[341] G. T. Horowitz and B. Way, "Lifshitz Singularities," Phys. Rev. D **85**, 046008 (2012) [arXiv:1111.1243 [hep-th]].

[342] S. Harrison, S. Kachru and H. Wang, "Resolving Lifshitz Horizons," JHEP **1402**, 085 (2014) [arXiv:1202.6635 [hep-th]].

[343] N. Bao, X. Dong, S. Harrison and E. Silverstein, "The Benefits of Stress: Resolution of the Lifshitz Singularity," Phys. Rev. D **86**, 106008 (2012) [arXiv:1207.0171 [hep-th]].

[344] E. Shaghoulian, "Holographic Entanglement Entropy and Fermi Surfaces," JHEP **1205**, 065 (2012) [arXiv:1112.2702 [hep-th]].

[345] J. Bhattacharya, S. Cremonini and A. Sinkovics, "On the IR completion of geometries with hyperscaling violation," JHEP **1302**, 147 (2013) [arXiv:1208.1752 [hep-th]].

[346] S. A. Hartnoll and E. Shaghoulian, "Spectral weight in holographic scaling geometries," JHEP **1207**, 078 (2012) [arXiv:1203.4236 [hep-th]].

[347] S. S. Gubser, "Breaking an Abelian gauge symmetry near a black hole horizon," Phys. Rev. D **78**, 065034 (2008) [arXiv:0801.2977 [hep-th]].

[348] S. A. Hartnoll, C. P. Herzog and G. T. Horowitz, "Building a Holographic Superconductor," Phys. Rev. Lett. **101**, 031601 (2008) [arXiv:0803.3295 [hep-th]].

[349] H. Liu, J. McGreevy and D. Vegh, "Non-Fermi liquids from holography," Phys. Rev. D **83**, 065029 (2011) [arXiv:0903.2477 [hep-th]].

[350] M. Cubrovic, J. Zaanen and K. Schalm, "String Theory, Quantum Phase Transitions and the Emergent Fermi-Liquid," Science **325**, 439 (2009) [arXiv:0904.1993 [hep-th]].

[351] S. -S. Lee, "A Non-Fermi Liquid from a Charged Black Hole: A Critical Fermi Ball," Phys. Rev. D **79**, 086006 (2009) [arXiv:0809.3402 [hep-th]].

[352] S. -J. Rey, "String theory on thin semiconductors: Holographic realization of Fermi points and surfaces," Prog. Theor. Phys. Suppl. **177**, 128 (2009) [arXiv:0911.5295 [hep-th]].

[353] V. Juricic, I. F. Herbut, G. W. Semenoff "Coulomb interaction at the metal-insulator critical point in graphene" Phys. Rev. B **80** 081405 (2009) [arXiv:0906.3513 [cond-mat.str-el]].

[354] R. Contino and A. Pomarol, "Holography for fermions," JHEP **0411**, 058 (2004) [hep-th/0406257].

[355] J. P. Gauntlett, J. Sonner and D. Waldram, "Universal fermionic spectral functions from string theory," Phys. Rev. Lett. **107**, 241601 (2011) [arXiv:1106.4694 [hep-th]].

[356] T. Faulkner, N. Iqbal, H. Liu, J. McGreevy and D. Vegh, "Holographic non-Fermi liquid fixed points," Phil. Trans. Roy. Soc. A **369**, 1640 (2011) [arXiv:1101.0597 [hep-th]].

[357] M. Cubrovic, Y. Liu, K. Schalm, Y. -W. Sun and J. Zaanen, "Spectral probes of the holographic Fermi groundstate: dialing between the electron star and AdS Dirac hair," Phys. Rev. D **84**, 086002 (2011) [arXiv:1106.1798 [hep-th]].

[358] B. Pioline and J. Troost, "Schwinger pair production in AdS(2)," JHEP **0503**, 043 (2005) [hep-th/0501169].

[359] Y. Liu, K. Schalm, Y. W. Sun and J. Zaanen, "Lattice Potentials and Fermions in Holographic non Fermi-Liquids: Hybridizing Local Quantum Criticality," JHEP **1210**, 036 (2012) [arXiv:1205.5227 [hep-th]].

[360] T. Hartman and S. A. Hartnoll, "Cooper pairing near charged black holes," JHEP **1006**, 005 (2010) [arXiv:1003.1918 [hep-th]].

[361] T. Faulkner, N. Iqbal, H. Liu, J. McGreevy and D. Vegh, "Strange metal transport realized by gauge/gravity duality," Science **329**, 1043 (2010).

[362] O. DeWolfe, S. S. Gubser and C. Rosen, "Fermi Surfaces in Maximal Gauged Supergravity," Phys. Rev. Lett. **108**, 251601 (2012) [arXiv:1112.3036 [hep-th]].

[363] O. DeWolfe, S. S. Gubser and C. Rosen, "Fermi surfaces in N=4 Super-Yang-Mills theory," Phys. Rev. D **86**, 106002 (2012) [arXiv:1207.3352 [hep-th]].

[364] T. Faulkner, N. Iqbal, H. Liu, J. McGreevy and D. Vegh, "From Black Holes to Strange Metals," arXiv:1003.1728 [hep-th].

[365] J. Polchinski, "Low Energy Dynamics of the Spinon-Gauge System," Nucl. Phys. B **422**, 617 (1994). [cond-mat/9303037].

[366] T. Faulkner and J. Polchinski, "Semi-Holographic Fermi Liquids," JHEP **1106**, 012 (2011) [arXiv:1001.5049 [hep-th]].

[367] S. A. Hartnoll, C. P. Herzog and G. T. Horowitz, "Holographic Superconductors," JHEP **0812**, 015 (2008) [arXiv:0810.1563 [hep-th]].

[368] R. Ruffini and J. A. Wheeler "Introducing the Black Hole." Physics Today **24**, 30 (1971).

[369] D. Anninos, S. A. Hartnoll and N. Iqbal, "Holography and the Coleman-Mermin-Wagner theorem," Phys. Rev. D **82**, 066008 (2010) [arXiv:1005.1973 [hep-th]].

[370] M. Ammon, J. Erdmenger, M. Kaminski and P. Kerner, "Superconductivity from gauge/gravity duality with flavor," Phys. Lett. B **680**, 516 (2009) [arXiv:0810.2316 [hep-th]].

[371] T. Albash and C. V. Johnson, "Vortex and Droplet Engineering in Holographic Superconductors," Phys. Rev. D **80**, 126009 (2009) [arXiv:0906.1795 [hep-th]].

[372] M. Montull, A. Pomarol and P. J. Silva, "The Holographic Superconductor Vortex," Phys. Rev. Lett. **103**, 091601 (2009) [arXiv:0906.2396 [hep-th]].

[373] K. Maeda, M. Natsuume and T. Okamura, "Vortex lattice for a holographic superconductor," Phys. Rev. D **81**, 026002 (2010) [arXiv:0910.4475 [hep-th]].

[374] V. Keranen, E. Keski-Vakkuri, S. Nowling and K. P. Yogendran, "Inhomogeneous Structures in Holographic Superfluids: I. Dark Solitons," Phys. Rev. D **81**, 126011 (2010) [arXiv:0911.1866 [hep-th]].

[375] A. Adams, P. M. Chesler and H. Liu, "Holographic Vortex Liquids and Superfluid Turbulence," Science **341**, 368 (2013) [arXiv:1212.0281 [hep-th]].

[376] Lev D. Landau, "Theory of the Superfluidity of Helium II," Phys. Rev. **60**, 356 (1941).

[377] L. Tisza, "The Theory of Liquid Helium," Phys. Rev. **72**, 838 (1947).

[378] W. Israel, "Covariant Superfluid Mechanics," Phys. Lett. **86A** 79 (1981).

[379] I. M. Khalatnikov and V. V. Lebedev, "Second sound in liquid helium II," Phys. Lett. **91A** 70 (1982).

[380] W. Israel, "Equivalence of Two Theories of Relativistic Superfluid Mechanics," Phys. Lett. **92A** 77 (1982).

[381] D. T. Son, "Hydrodynamics of relativistic systems with broken continuous symmetries," Int. J. Mod. Phys. A **16S1C**, 1284 (2001) [hep-ph/0011246].

[382] J. Sonner and B. Withers, "A gravity derivation of the Tisza-Landau Model in AdS/CFT," Phys. Rev. D **82**, 026001 (2010) [arXiv:1004.2707 [hep-th]].

[383] G. T. Horowitz, J. E. Santos and B. Way, "A Holographic Josephson Junction," Phys. Rev. Lett. **106**, 221601 (2011) [arXiv:1101.3326 [hep-th]].

[384] E. Kiritsis and V. Niarchos, "Josephson Junctions and AdS/CFT Networks," JHEP **1107**, 112 (2011) [Erratum-ibid. **1110**, 095 (2011)] [arXiv:1105.6100 [hep-th]].

[385] T. Faulkner, G. T. Horowitz, J. McGreevy, M. M. Roberts and D. Vegh, "Photoemission 'experiments' on holographic superconductors," JHEP **1003**, 121 (2010) [arXiv:0911.3402 [hep-th]].

[386] J. -W. Chen, Y. -J. Kao and W. -Y. Wen, "Peak-Dip-Hump from Holographic Superconductivity," Phys. Rev. D **82**, 026007 (2010) [arXiv:0911.2821 [hep-th]].

[387] S. S. Gubser and S. S. Pufu, "The Gravity dual of a p-wave superconductor," JHEP **0811**, 033 (2008) [arXiv:0805.2960 [hep-th]].

[388] M. M. Roberts and S. A. Hartnoll, "Pseudogap and time reversal breaking in a holographic superconductor," JHEP **0808**, 035 (2008) [arXiv:0805.3898 [hep-th]].

[389] F. Benini, C. P. Herzog and A. Yarom, "Holographic Fermi arcs and a d-wave gap," Phys. Lett. B **701**, 626 (2011) [arXiv:1006.0731 [hep-th]].

[390] F. Benini, C. P. Herzog, R. Rahman and A. Yarom, "Gauge gravity duality for d-wave superconductors: prospects and challenges," JHEP **1011**, 137 (2010) [arXiv:1007.1981 [hep-th]].

[391] K. Y. Kim and M. Taylor, "Holographic d-wave superconductors," JHEP **1308**, 112 (2013) [arXiv:1304.6729 [hep-th]].

[392] M. Ammon, J. Erdmenger, V. Grass, P. Kerner and A. O'Bannon, "On Holographic p-wave Superfluids with Back-reaction," Phys. Lett. B **686**, 192 (2010) [arXiv:0912.3515 [hep-th]].

[393] S. S. Gubser, F. D. Rocha and A. Yarom, "Fermion correlators in non-abelian holographic superconductors," JHEP **1011**, 085 (2010) [arXiv:1002.4416 [hep-th]].

[394] J. Erdmenger, D. Fernandez and H. Zeller, "New Transport Properties of Anisotropic Holographic Superfluids," JHEP **1304**, 049 (2013) [arXiv:1212.4838 [hep-th]].

[395] R. A. Ferrell, "Fluctuations and the superconducting phase transition: II. Onset of Josephson tunneling and paraconductivity of a junction," J. Low Temp. Phys. **1**, 423 (1969).

[396] D. J. Scalapino, "Pair tunneling as a probe of fluctuations in superconductors," Phys. Rev. Lett. **24**, 1052 (1970).

[397] J. T. Anderson and A. M. Goldman, "Experimental determination of the pair susceptibility of a superconductor," Phys. Rev. Lett. **25**, 743 (1970).

[398] A. M. Goldman, "The order parameter susceptibility and collective modes of superconductors," J. Supercond. Nov. Magn. **19**, 317 (2006).

[399] A. V. Chubukov, D. Pines and J. Schmalian, in *The physics of superconductors*, Vol. 1 (eds Bennemann, K. H. & Ketterson, J. B.) Springer, 2004.

[400] K. Jensen, "Semi-Holographic Quantum Criticality," Phys. Rev. Lett. **107**, 231601 (2011) [arXiv:1108.0421 [hep-th]].

[401] D. B. Kaplan, J. -W. Lee, D. T. Son and M. A. Stephanov, "Conformality Lost," Phys. Rev. D **80**, 125005 (2009) [arXiv:0905.4752 [hep-th]].

[402] T. Nishioka, S. Ryu and T. Takayanagi, "Holographic Superconductor/Insulator Transition at Zero Temperature," JHEP **1003**, 131 (2010) [arXiv:0911.0962 [hep-th]].

[403] G. T. Horowitz and B. Way, "Complete Phase Diagrams for a Holographic Superconductor/Insulator System," JHEP **1011**, 011 (2010) [arXiv:1007.3714 [hep-th]].

[404] S. S. Gubser and A. Nellore, "Ground states of holographic superconductors," Phys. Rev. D **80**, 105007 (2009) [arXiv:0908.1972 [hep-th]].

[405] G. T. Horowitz and M. M. Roberts, "Zero Temperature Limit of Holographic Superconductors," JHEP **0911**, 015 (2009) [arXiv:0908.3677 [hep-th]].

[406] N. Iqbal, H. Liu, M. Mezei and Q. Si, "Quantum phase transitions in holographic models of magetism and superconductors," Phys. Rev. D **82**, 045002 (2010) [arXiv:1003.0010 [hep-th]].

[407] P. W. Anderson, "In Praise of Unstable Fixed Points: The Way Things Actually Work," Physica B: Condensed Matter **318**, 28 (2002) [arXiv:cond-mat/0201431].

[408] P. C. W. Davies, "Thermodynamics of black holes", Rep. Prog. Phys. **41** 1313 (1978).

[409] M. V. Medvedyeva, E. Gubankova, M. Cubrovic, K. Schalm and J. Zaanen, "Quantum corrected phase diagram of holographic fermions," JHEP **1312**, 025 (2013) [arXiv:1302.5149 [hep-th]].

[410] S. A. Hartnoll and P. Petrov, "Electron star birth: A continuous phase transition at nonzero density," Phys. Rev. Lett. **106**, 121601 (2011) [arXiv:1011.6469 [hep-th]].

[411] V. G. M. Puletti, S. Nowling, L. Thorlacius and T. Zingg, "Holographic metals at finite temperature," JHEP **1101**, 117 (2011) [arXiv:1011.6261 [hep-th]].

[412] A. Allais, J. McGreevy and S. J. Suh, "A quantum electron star," Phys. Rev. Lett. **108**, 231602 (2012) [arXiv:1202.5308 [hep-th]].

[413] A. Allais and J. McGreevy, "How to construct a gravitating quantum electron star," Phys. Rev. D **88**, no. 6, 066006 (2013) [arXiv:1306.6075 [hep-th]].

[414] S. Sachdev, "A model of a Fermi liquid using gauge-gravity duality," Phys. Rev. D **84**, 066009 (2011) [arXiv:1107.5321 [hep-th]].

[415] E. Witten, "Baryons in the 1/N Expansion," Nucl. Phys. B **160**, 57 (1979).

[416] E. Witten, "Baryons and branes in anti-de Sitter space," JHEP **9807**, 006 (1998) [hep-th/9805112].

[417] C. P. Herzog and J. Ren, "The Spin of Holographic Electrons at Nonzero Density and Temperature," JHEP **1206**, 078 (2012) [arXiv:1204.0518 [hep-th]].

[418] S. A. Hartnoll and A. Tavanfar, "Electron stars for holographic metallic criticality," Phys. Rev. D **83**, 046003 (2011) [arXiv:1008.2828 [hep-th]].

[419] N. Iizuka, N. Kundu, P. Narayan and S. P. Trivedi, "Holographic Fermi and Non-Fermi Liquids with Transitions in Dilaton Gravity," JHEP **1201**, 094 (2012) [arXiv:1105.1162 [hep-th]].

[420] S. A. Hartnoll, D. M. Hofman and D. Vegh, "Stellar spectroscopy: Fermions and holographic Lifshitz criticality," JHEP **1108**, 096 (2011) [arXiv:1105.3197 [hep-th]].

[421] N. Iqbal and H. Liu, "Luttinger's Theorem, Superfluid Vortices, and Holography," Class. Quant. Grav. **29**, 194004 (2012) [arXiv:1112.3671 [hep-th]].

[422] S. A. Hartnoll and L. Huijse, "Fractionalization of holographic Fermi surfaces," Class. Quant. Grav. **29**, 194001 (2012) [arXiv:1111.2606 [hep-th]].

[423] M. Cubrovic, K. Schalm, J. Zaanen, unpublished.

[424] D. J. Gross and E. Witten, "Possible Third Order Phase Transition in the Large N Lattice Gauge Theory," Phys. Rev. D **21**, 446 (1980).

[425] A. Bagrov, B. Meszena and K. Schalm, "Pairing induced superconductivity in holography," JHEP **1409**, 106 (2014) [arXiv:1403.3699 [hep-th]].

[426] Y. Liu, K. Schalm, Y. W. Sun and J. Zaanen, "BCS instabilities of electron stars to holographic superconductors," JHEP **1405**, 122 (2014) [arXiv:1404.0571 [hep-th]].

[427] J. de Boer, K. Papadodimas and E. Verlinde, "Holographic Neutron Stars," JHEP **1010**, 020 (2010) [arXiv:0907.2695 [hep-th]].

[428] X. Arsiwalla, J. de Boer, K. Papadodimas and E. Verlinde, "Degenerate Stars and Gravitational Collapse in AdS/CFT," JHEP **1101**, 144 (2011) [arXiv:1010.5784 [hep-th]].

[429] J.M. Ziman, "Electrons and Phonons: The theory of transport phenomena in solids," Oxford University Press, 1960.

[430] W.E. Lawrence and J.W. Wilkins, "Electron-Electron Scattering in the Transport Coefficients of Simple Metals," Phys. Rev. B **7**, 2317 (1973).

[431] W. Götze and P. Wölfle, "Homogeneous Dynamical Conductivity of Simple Metals," Phys. Rev. B **6**, 1226 (1972).

[432] A. Rosch and N. Andrei, "Conductivity of a Clean One-Dimensional Wire," Phys. Rev. Lett. **85**, 1092 (2000).

[433] S. A. Hartnoll and D. M. Hofman, "Locally Critical Resistivities from Umklapp Scattering," Phys. Rev. Lett. **108**, 241601 (2012) [arXiv:1201.3917 [hep-th]].

[434] R. Mahajan, M. Barkeshli and S. A. Hartnoll, "Non-Fermi liquids and the Wiedemann-Franz law," Phys. Rev. B **88**, 125107 (2013) [arXiv:1304.4249 [cond-mat.str-el]].

[435] A.V. Andreev, S.A. Kivelson and B. Spivak, "Hydrodynamic description of transport in strongly correlated electron systems," Phys. Rev. Lett. **106**, 256804 (2011).

[436] R. Mahajan, M. Barkeshli and S. A. Hartnoll, "Non-Fermi liquids and the Wiedemann-Franz law," Phys. Rev. B **88**, 125107 (2013) [arXiv:1304.4249 [cond-mat.str-el]].

[437] M. Blake, D. Tong and D. Vegh, "Holographic Lattices Give the Graviton a Mass," Phys. Rev. Lett. **112**, 071602 (2014) [arXiv:1310.3832 [hep-th]].

[438] R. Flauger, E. Pajer and S. Papanikolaou, "A Striped Holographic Superconductor," Phys. Rev. D **83**, 064009 (2011) [arXiv:1010.1775 [hep-th]].

[439] G. T. Horowitz, J. E. Santos and D. Tong, "Optical Conductivity with Holographic Lattices," JHEP **1207**, 168 (2012) [arXiv:1204.0519 [hep-th]].

[440] G. T. Horowitz, J. E. Santos and D. Tong, "Further Evidence for Lattice-Induced Scaling," JHEP **1211**, 102 (2012) [arXiv:1209.1098 [hep-th]].

[441] G. T. Horowitz and J. E. Santos, "General Relativity and the Cuprates," JHEP **1306**, 087 (2013) [arXiv:1302.6586 [hep-th]].

[442] D. v. d. Marel, H. J. A. Molegraaf, J. Zaanen, Z. Nussinov, F. Carbone, A. Damascelli, H. Eisaki, M. Greven, P. H. Kes, and M. Li, "Quantum critical behaviour in a high-Tc superconductor," Nature **425** 271 (2003) [arXiv:cond-mat/0309172].

[443] D. Dalidovich, P. Phillips, "Nonlinear Transport Near a Quantum Phase Transition in Two Dimensions," Phys. Rev. Lett. **93**, 27004 (2004) [arXiv: cond-mat/0310129].

[444] D. A. Bonn, R. Liang, T. M. Riseman, D. J. Baar, D. C. Morgan, K. Zhang, P. Dosanjh, T. L. Duty, A. MacFarlane, G. D. Morris, J. H. Brewer, W. N. Hardy, C. Kallin, and A. J. Berlinsky, "Microwave determination of the quasiparticle scattering time in $YBa_2Cu_3O_{6.95}$," Phys. Rev. B **47** 11314 (1993).

[445] J. Orenstein, "Optical Conductivity and spatial inhomogeneity in cuprate superconductors", in Handbook of high-temperature superconductivity. Theory and experiment; Springer, 2007.

[446] M. P. Ryan and L. C. Shepley, "Homogeneous Relativistic Cosmologies," Princeton University Press, 1975.

[447] N. Iizuka, S. Kachru, N. Kundu, P. Narayan, N. Sircar and S. P. Trivedi, "Bianchi Attractors: A Classification of Extremal Black Brane Geometries," JHEP **1207**, 193 (2012) [arXiv:1201.4861 [hep-th]].

[448] A. Donos and S. A. Hartnoll, "Interaction-driven localization in holography," Nature Phys. **9**, 649 (2013) [arXiv:1212.2998].

[449] E. D'Hoker and P. Kraus, "Charge Expulsion from Black Brane Horizons, and Holographic Quantum Criticality in the Plane," JHEP **1209**, 105 (2012) [arXiv:1202.2085 [hep-th]].

[450] J.Zaanen, "High-temperature superconductivity: The secret of the hourglass," Nature **471**, 314 (2011).

[451] V.J. Emery, E. Fradkin, S.A. Kivelson and T.C. Lubensky, "Quantum Theory of the Smectic Metal State in Stripe Phases," Phys. Rev. Lett. **85**, 2160 (2000) [arXiv:cond-mat/0001077 [cond-mat.str-el]].

[452] G. T. Horowitz and M. M. Roberts, "Holographic Superconductors with Various Condensates," Phys. Rev. D **78**, 126008 (2008) [arXiv:0810.1077 [hep-th]].

[453] M. Taylor, "More on counterterms in the gravitational action and anomalies," hep-th/0002125.

[454] A. Donos and J. P. Gauntlett, "Holographic Q-lattices," JHEP **1404**, 040 (2014) [arXiv:1311.3292 [hep-th]].

[455] A. Donos and J. P. Gauntlett, "Novel metals and insulators from holography," JHEP **1406**, 007 (2014) [arXiv:1401.5077 [hep-th]].

[456] T. Andrade and B. Withers, "A simple holographic model of momentum relaxation," JHEP **1405**, 101 (2014) [arXiv:1311.5157 [hep-th]].

[457] B. Gouteraux, "Charge transport in holography with momentum dissipation," JHEP **1404**, 181 (2014) [arXiv:1401.5436 [hep-th]].

[458] K. Hinterbichler, "Theoretical Aspects of Massive Gravity," Rev. Mod. Phys. **84**, 671 (2012) [arXiv:1105.3735 [hep-th]].

[459] C. de Rham, "Massive Gravity," Living Rev. Rel. **17**, 7 (2014) [arXiv:1401.4173 [hep-th]].

[460] C. de Rham, G. Gabadadze and A. J. Tolley, "Resummation of Massive Gravity," Phys. Rev. Lett. **106**, 231101 (2011) [arXiv:1011.1232 [hep-th]].

[461] H. Kleinert, "Gauge fields in condensed matter. Vol. 2: Stresses and defects. Differential geometry, crystal melting," World Scientific, Singapore 1989.

[462] H. Kleinert, "Multivalued fields in condensed matter, electromagnetism, and gravitation," World Scientific, Singapore, 2008.

[463] L. Giomi and M. Bowick, "Two-Dimensional Matter: Order, Curvature and Defects", Adv. Phys. **58**, 449 (2009) [arXiv:0812.3064 [cond-mat.soft]].

[464] A. J. Beekman, K. Wu, V. Cvetkovic, J. Zaanen "Deconfining the rotational Goldstone mode: the superconducting nematic liquid crystal in 2+1D," Phys. Rev. B **88**, 024121 (2013) [arXiv:1301.7329 [cond-mat.str-el]].

[465] J. Zaanen, A.J. Beekman "The emergence of gauge invariance: the stay-at-home gauge versus local-global duality" Annals of Physics **327** 1146 (2012) [arXiv:1108.2791 [cond-mat.str-el]].

[466] D. Vegh, "Holography without translational symmetry," arXiv:1301.0537 [hep-th].

[467] M. Blake and D. Tong, "Universal Resistivity from Holographic Massive Gravity," Phys. Rev. D **88**, 106004 (2013) [arXiv:1308.4970 [hep-th]].

[468] R. A. Davison, "Momentum relaxation in holographic massive gravity," Phys. Rev. D **88**, 086003 (2013) [arXiv:1306.5792 [hep-th]].

[469] R. A. Davison, K. Schalm and J. Zaanen, "Holographic duality and the resistivity of strange metals," Phys. Rev. B **89**, no. 24, 245116 (2014) [arXiv:1311.2451 [hep-th]].

[470] J.A.N. Bruin, H. Sakai, R.S. Perry and A.P. Mackenzie "Similarity of Scattering Rates in Metals Showing T-Linear Resistivity," Science **339**, 804 (2013).

[471] A. Lucas, S. Sachdev and K. Schalm, "Scale-invariant hyperscaling-violating holographic theories and the resistivity of strange metals with random-field disorder," Phys. Rev. D **89**, 066018 (2014) [arXiv:1401.7993 [hep-th]].

[472] B. Bradlyn, M. Goldstein and N. Read, "Kubo formulas for viscosity: Hall viscosity, Ward identities, and the relation with conductivity", Phys. Rev. B **86**, 245309 (2012) [arXiv:1207.7021 [cond-mat.stat-mech]].

[473] S. Sachdev and J. W. Ye, "Universal quantum critical dynamics of two-dimensional antiferromagnets," Phys. Rev. Lett. **69**, 2411 (1992) [cond-mat/9204001].

[474] S. Sachdev, "Universal relaxational dynamics near two-dimensional quantum critical points," Phys. Rev. B **59**, 14054 (1999) [cond-mat/9810399].

[475] S. A. Hartnoll, R. Mahajan, M. Punk, S. Sachdev "Transport near the Ising-nematic quantum critical point of metals in two dimensions", Phys. Rev. B **89**, 155130 (2014) [arXiv:1401.7012 [cond-mat.str-el]].

[476] S. Nakamura, H. Ooguri and C. -S. Park, "Gravity Dual of Spatially Modulated Phase," Phys. Rev. D **81**, 044018 (2010) [arXiv:0911.0679 [hep-th]].

[477] H. Ooguri and C. -S. Park, "Holographic End-Point of Spatially Modulated Phase Transition," Phys. Rev. D **82**, 126001 (2010) [arXiv:1007.3737 [hep-th]].

[478] A. Donos and J. P. Gauntlett, "Holographic striped phases," JHEP **1108**, 140 (2011) [arXiv:1106.2004 [hep-th]].

[479] O. Bergman, N. Jokela, G. Lifschytz and M. Lippert, "Striped instability of a holographic Fermi-like liquid," JHEP **1110**, 034 (2011) [arXiv:1106.3883 [hep-th]].

[480] S. Chakravarty, R. B. Laughlin, D. K. Morr, and C. Nayak, "Hidden order in the cuprates," Phys. Rev. B **63**, 094503 (2001).

[481] P.A. Lee, N. Nagaosa and X.-G. Wen "Doping a Mott insulator: Physics of high-temperature superconductivity" Rev. Mod. Phys. **78**, 17 (2006).

[482] A. Shekhter, C.M. Varma "Considerations on the symmetry of loop order in cuprates" arXiv:0905.1987 [cond-mat.supr-con], Phys. Rev. B **80**, 214501 (2009).

[483] A. Allais, J. Bauer, and S. Sachdev "Bond order instabilities in a correlated two-dimensional metal", Phys. Rev. B **90**, 155114 (2014) [arXiv:1402.4807 [cond-mat.str-el]].

[484] A. Donos and J. P. Gauntlett, "Holographic charge density waves," Phys. Rev. D **87**, no. 12, 126008 (2013) [arXiv:1303.4398 [hep-th]].

[485] A. Donos and J. P. Gauntlett, "Black holes dual to helical current phases," Phys. Rev. D **86**, 064010 (2012) [arXiv:1204.1734 [hep-th]].

[486] J. P. Gauntlett, S. Kim, O. Varela and D. Waldram, "Consistent supersymmetric Kaluza-Klein truncations with massive modes," JHEP **0904**, 102 (2009) [arXiv:0901.0676 [hep-th]].

[487] M. Rozali, D. Smyth, E. Sorkin and J. B. Stang, "Holographic Stripes," Phys. Rev. Lett. **110**, no. 20, 201603 (2013) [arXiv:1211.5600 [hep-th]].

[488] A. Donos, "Striped phases from holography," JHEP **1305**, 059 (2013) [arXiv:1303.7211 [hep-th]].

[489] B. Withers, "Black branes dual to striped phases," Class. Quant. Grav. **30**, 155025 (2013) [arXiv:1304.0129 [hep-th]].

[490] M. Rozali, D. Smyth, E. Sorkin and J. B. Stang, "Striped order in AdS/CFT correspondence," Phys. Rev. D **87**, no. 12, 126007 (2013) [arXiv:1304.3130 [hep-th]].

[491] A. Karch and E. Katz, "Adding flavor to AdS / CFT," JHEP **0206**, 043 (2002) [hep-th/0205236].

[492] L. E. Ibanez and A. M. Uranga, "String theory and particle physics: An introduction to string phenomenology," Cambridge University Press, 2012.

[493] P. S. Aspinwall, "Compactification, Geometry and Duality: $N = 2$", TASI 1999 Lectures, [arXiv:hep-th/0001001].

[494] F. Denef and S. A. Hartnoll, "Landscape of superconducting membranes," Phys. Rev. D **79**, 126008 (2009) [arXiv:0901.1160 [hep-th]].

[495] J. P. Gauntlett, J. Sonner and T. Wiseman, "Holographic superconductivity in M-Theory," Phys. Rev. Lett. **103**, 151601 (2009) [arXiv:0907.3796 [hep-th]].

[496] J. P. Gauntlett, J. Sonner and T. Wiseman, "Quantum Criticality and Holographic Superconductors in M-theory," JHEP **1002**, 060 (2010) [arXiv:0912.0512 [hep-th]].

[497] M. J. Duff and J. T. Liu, "Anti-de Sitter black holes in gauged N = 8 supergravity," Nucl. Phys. B **554**, 237 (1999) [hep-th/9901149].

[498] S. S. Gubser and I. Mitra, "The Evolution of unstable black holes in anti-de Sitter space," JHEP **0108**, 018 (2001) [hep-th/0011127].

[499] R. C. Myers, "Dielectric branes," JHEP **9912**, 022 (1999) [hep-th/9910053].

[500] M. Born and L. Infeld, "Foundations of the new field theory," Proc. Roy. Soc. Lond. A **144** 425 (1934).

[501] P. A. M. Dirac "A Reformulation of the Born-Infeld Electrodynamics" Proc. of the Royal Society. A **257**, 32 (1960).

[502] R. G. Leigh, "Dirac-Born-Infeld Action from Dirichlet Sigma Model," Mod. Phys. Lett. A **4**, 2767 (1989).

[503] A. A. Tseytlin, "On nonAbelian generalization of Born-Infeld action in string theory," Nucl. Phys. B **501**, 41 (1997) [hep-th/9701125].

[504] A. A. Tseytlin, "Born-Infeld action, supersymmetry and string theory," In *Shifman, M.A. (ed.): The many faces of the superworld* 417-452 [hep-th/9908105].

[505] S. Kobayashi, D. Mateos, S. Matsuura, R. C. Myers and R. M. Thomson, "Holographic phase transitions at finite baryon density," JHEP **0702**, 016 (2007) [hep-th/0611099].

[506] A. Karch and A. O'Bannon, "Metallic AdS/CFT," JHEP **0709**, 024 (2007) [arXiv:0705.3870 [hep-th]].

[507] J. Erdmenger, N. Evans, I. Kirsch and E. Threlfall, "Mesons in Gauge/Gravity Duals-A Review," Eur. Phys. J. A **35**, 81 (2008) [arXiv:0711.4467 [hep-th]].

[508] A. O'Bannon, "Holographic Thermodynamics and Transport of Flavor Fields," arXiv:0808.1115 [hep-th].

[509] S. A. Hartnoll, J. Polchinski, E. Silverstein and D. Tong, "Towards strange metallic holography," JHEP **1004**, 120 (2010) [arXiv:0912.1061 [hep-th]].

[510] A. O'Bannon, "Hall Conductivity of Flavor Fields from AdS/CFT," Phys. Rev. D **76**, 086007 (2007) [arXiv:0708.1994 [hep-th]].

[511] O. Bergman, J. Erdmenger and G. Lifschytz, "A Review of Magnetic Phenomena in Probe-Brane Holographic Matter," Lect. Notes Phys. **871**, 591 (2013) [arXiv:1207.5953 [hep-th]].

[512] M. Ammon, J. Erdmenger, M. Kaminski and P. Kerner, "Flavor Superconductivity from Gauge/Gravity Duality," JHEP **0910**, 067 (2009) [arXiv:0903.1864 [hep-th]].

[513] S. Harrison, S. Kachru and G. Torroba, "A maximally supersymmetric Kondo model," Class. Quant. Grav. **29**, 194005 (2012) [arXiv:1110.5325 [hep-th]].

[514] J. Erdmenger, C. Hoyos, A. Obannon and J. Wu, "A Holographic Model of the Kondo Effect," JHEP **1312**, 086 (2013) [arXiv:1310.3271 [hep-th]].

[515] A. W. W. Ludwig, "Field theory approach to critical quantum impurity problems and applications to the multichannel Kondo effect," Int. J. Mod. Phys. B **8**, 347 (1994).

[516] I. Affleck, "Conformal Field Theory Approach to the Kondo Effect," Acta Phys.Polon.B **26**, 1869 (1995) [cond-mat/9512099].

[517] S. Kachru, A. Karch and S. Yaida, "Adventures in Holographic Dimer Models," New J. Phys. **13**, 035004 (2011) [arXiv:1009.3268 [hep-th]].

[518] A. Kolezhuk, S. Sachdev, R.R. Biswas and P. Chen, "Theory of quantum impurities in spin liquids," Phys. Rev. B **74**, 165114 (2006) [cond-mat/0606385].

[519] J. L. Davis, P. Kraus and A. Shah, "Gravity Dual of a Quantum Hall Plateau Transition," JHEP **0811**, 020 (2008) [arXiv:0809.1876 [hep-th]].

[520] M. Fujita, W. Li, S. Ryu and T. Takayanagi, "Fractional Quantum Hall Effect via Holography: Chern-Simons, Edge States, and Hierarchy," JHEP **0906**, 066 (2009) [arXiv:0901.0924 [hep-th]].

[521] O. Bergman, N. Jokela, G. Lifschytz and M. Lippert, "Quantum Hall Effect in a Holographic Model," JHEP **1010**, 063 (2010) [arXiv:1003.4965 [hep-th]].

[522] S. Kachru, A. Karch and S. Yaida, "Holographic Lattices, Dimers, and Glasses," Phys. Rev. D **81**, 026007 (2010) [arXiv:0909.2639 [hep-th]].

[523] A. Karch, D. T. Son and A. O. Starinets, "Zero Sound from Holography," arXiv:0806.3796 [hep-th].

[524] M. Kulaxizi and A. Parnachev, "Comments on Fermi Liquid from Holography," Phys. Rev. D **78**, 086004 (2008) [arXiv:0808.3953 [hep-th]].

[525] R. A. Davison and A. O. Starinets, "Holographic zero sound at finite temperature," Phys. Rev. D **85**, 026004 (2012) [arXiv:1109.6343 [hep-th]].

[526] Y. Y. Bu, J. Erdmenger, J. P. Shock and M. Strydom, "Magnetic field induced lattice ground states from holography," JHEP **1303**, 165 (2013) [arXiv:1210.6669 [hep-th]].

[527] K. Jensen, A. Karch, D. T. Son and E. G. Thompson, "Holographic Berezinskii-Kosterlitz-Thouless Transitions," Phys. Rev. Lett. **105**, 041601 (2010) [arXiv:1002.3159 [hep-th]].

[528] S. Ryu and T. Takayanagi, "Topological Insulators and Superconductors from D-branes," Phys. Lett. B **693**, 175 (2010) [arXiv:1001.0763 [hep-th]].

[529] S. Ryu and T. Takayanagi, "Topological Insulators and Superconductors from String Theory," Phys. Rev. D **82**, 086014 (2010) [arXiv:1007.4234 [hep-th]].

[530] A. Karch, J. Maciejko and T. Takayanagi, "Holographic fractional topological insulators in 2+1 and 1+1 dimensions," Phys. Rev. D **82**, 126003 (2010) [arXiv:1009.2991 [hep-th]].

[531] S. Franco, A. Hanany, D. Martelli, J. Sparks, D. Vegh and B. Wecht, "Gauge theories from toric geometry and brane tilings," JHEP **0601**, 128 (2006) [hep-th/0505211].

[532] H. Li, and F. D. M. Haldane, "Entanglement Spectrum as a Generalization of Entanglement Entropy: Identification of Topological Order in Non-Abelian Fractional Quantum Hall Effect States," Phys. Rev. Lett. **101**, 010504 (2008) [arXiv:0805.0332 [cond-mat.mes-hall]].

[533] D. M. Greenberger, M. A. Horne, A. Zeilinger, "Going Beyond Bell's Theorem", in *Bell's Theorem, Quantum Theory, and Conceptions of the Universe*, Kluwer, Dordrecht, 1989.

[534] D. Bouwmeester, J. W. Pan, M. Daniell, H. Weinfurter and A. Zeilinger, "Observation of three photon Greenberger-Horne-Zeilinger entanglement," Phys. Rev. Lett. **82**, 1345 (1999) [quant-ph/9810035].

[535] M. Srednicki, "Entropy and area," Phys. Rev. Lett. **71**, 666 (1993) [hep-th/9303048].

[536] C. Holzhey, F. Larsen and F. Wilczek, "Geometric and renormalized entropy in conformal field theory," Nucl. Phys. B **424**, 443 (1994) [hep-th/9403108].

[537] H. W. J. Bloete, J. L. Cardy and M. P. Nightingale, "Conformal Invariance, the Central Charge, and Universal Finite Size Amplitudes at Criticality," Phys. Rev. Lett. **56**, 742 (1986).

[538] A. Kitaev and J. Preskill, "Topological entanglement entropy," Phys. Rev. Lett. **96**, 110404 (2006) [hep-th/0510092].

[539] M. Levin, X.-G. Wen, "Detecting topological order in a ground state wave function," Phys. Rev. Lett. **96**, 110405 (2006) [arXiv:cond-mat/0510613 [cond-mat.str-el]].

[540] L. Bombelli, R. K. Koul, J. Lee and R. D. Sorkin, "A Quantum Source of Entropy for Black Holes," Phys. Rev. D **34**, 373 (1986).

[541] S. Ryu and T. Takayanagi, "Aspects of Holographic Entanglement Entropy," JHEP **0608**, 045 (2006) [hep-th/0605073].

[542] H. Liu and M. Mezei, "A Refinement of entanglement entropy and the number of degrees of freedom," JHEP **1304**, 162 (2013) [arXiv:1202.2070 [hep-th]].

[543] R. C. Myers and A. Singh, "Comments on Holographic Entanglement Entropy and RG Flows," JHEP **1204**, 122 (2012), [arXiv:1202.2068 [hep-th]].

[544] T. Grover, "Entanglement Monotonicity and the Stability of Gauge Theories in Three Spacetime Dimensions," Phys. Rev. Lett. **112**, no. 15, 151601 (2014) [arXiv:1211.1392 [hep-th]].

[545] M. M. Wolf, "Violation of the entropic area law for Fermions," Phys. Rev. Lett. **96**, 010404 (2006) [quant-ph/0503219].

[546] A. Chandran, V. Khemani, S. L. Sondhi "How universal is the entanglement spectrum?", Phys. Rev. Lett. **113**, 060501 (2014) [arXiv:1311.2946 [cond-mat.str-el]].

[547] S. Ryu and T. Takayanagi, "Holographic derivation of entanglement entropy from AdS/CFT," Phys. Rev. Lett. **96**, 181602 (2006) [hep-th/0603001].

[548] T. Nishioka, S. Ryu and T. Takayanagi, "Holographic Entanglement Entropy: An Overview," J. Phys. A **42**, 504008 (2009) [arXiv:0905.0932 [hep-th]].

[549] T. Takayanagi, "Entanglement Entropy from a Holographic Viewpoint," Class. Quant. Grav. **29**, 153001 (2012) [arXiv:1204.2450 [gr-qc]].

[550] T. Hartman, "Entanglement Entropy at Large Central Charge," arXiv:1303.6955 [hep-th].

[551] T. Faulkner, "The Entanglement Renyi Entropies of Disjoint Intervals in AdS/CFT," arXiv:1303.7221 [hep-th].

[552] A. Lewkowycz and J. Maldacena, "Generalized gravitational entropy," JHEP **1308**, 090 (2013) [arXiv:1304.4926 [hep-th]].

[553] J. de Boer, M. Kulaxizi and A. Parnachev, "Holographic Entanglement Entropy in Lovelock Gravities," JHEP **1107**, 109 (2011) [arXiv:1101.5781 [hep-th]].

[554] L. Y. Hung, R. C. Myers and M. Smolkin, "On Holographic Entanglement Entropy and Higher Curvature Gravity," JHEP **1104**, 025 (2011) [arXiv:1101.5813 [hep-th]].

[555] X. Dong, "Holographic Entanglement Entropy for General Higher Derivative Gravity," JHEP **1401**, 044 (2014) [arXiv:1310.5713 [hep-th], arXiv:1310.5713].

[556] J. Camps, "Generalized entropy and higher derivative Gravity," JHEP **1403**, 070 (2014) [arXiv:1310.6659 [hep-th]].

[557] J. D. Brown and M. Henneaux, "Central Charges in the Canonical Realization of Asymptotic Symmetries: An Example from Three Dimensional Gravity," Comm. Math. Phys. **104** 207 (1986).

[558] A. Strominger, "Black hole entropy from near horizon microstates," JHEP **9802**, 009 (1998) [hep-th/9712251].

[559] R. C. Myers and A. Sinha, "Holographic c-theorems in arbitrary dimensions," JHEP **1101**, 125 (2011) [arXiv:1011.5819 [hep-th]].

[560] D. L. Jafferis, I. R. Klebanov, S. S. Pufu and B. R. Safdi, "Towards the F-Theorem: N=2 Field Theories on the Three-Sphere," JHEP **1106**, 102 (2011) [arXiv:1103.1181 [hep-th]].

[561] H. Casini, M. Huerta and R. C. Myers, "Towards a derivation of holographic entanglement entropy," JHEP **1105**, 036 (2011) [arXiv:1102.0440 [hep-th]].

[562] N. Ogawa, T. Takayanagi and T. Ugajin, "Holographic Fermi Surfaces and Entanglement Entropy," JHEP **1201**, 125 (2012) [arXiv:1111.1023 [hep-th]].

[563] B. Swingle, "Entanglement Entropy and the Fermi Surface," Phys. Rev. Lett. **105**, 050502 (2010) [arXiv:0908.1724 [cond-mat.str-el]].

[564] J. Bhattacharya, M. Nozaki, T. Takayanagi and T. Ugajin, "Thermodynamical Property of Entanglement Entropy for Excited States," Phys. Rev. Lett. **110**, no. 9, 091602 (2013) [arXiv:1212.1164].

[565] F. Kruger, J. Zaanen, "Fermionic quantum criticality and the fractal nodal surface" Phys. Rev. B **78**, 035104 (2008) [arXiv:0804.2161 [cond-mat.str-el]].

[566] D. M. Ceperley, "Fermion Nodes," J. Stat. Phys. **63**, 1237 (1991).

[567] M. Van Raamsdonk, "Comments on quantum gravity and entanglement," arXiv:0907.2939 [hep-th].

[568] M. Van Raamsdonk, "Building up spacetime with quantum entanglement," Gen. Rel. Grav. **42**, 2323 (2010) [Int. J. Mod. Phys. D **19**, 2429 (2010)] [arXiv:1005.3035 [hep-th]].

[569] N. Lashkari, M. B. McDermott and M. Van Raamsdonk, "Gravitational dynamics from entanglement 'thermodynamics'," JHEP **1404**, 195 (2014) [arXiv:1308.3716 [hep-th]].

[570] T. Faulkner, M. Guica, T. Hartman, R. C. Myers and M. Van Raamsdonk, "Gravitation from Entanglement in Holographic CFTs," JHEP **1403**, 051 (2014) [arXiv:1312.7856 [hep-th]].

[571] D. D. Blanco, H. Casini, L. Y. Hung and R. C. Myers, "Relative Entropy and Holography," JHEP **1308**, 060 (2013) [arXiv:1305.3182 [hep-th]].

[572] B. Czech, J. L. Karczmarek, F. Nogueira and M. Van Raamsdonk, "The Gravity Dual of a Density Matrix," Class. Quant. Grav. **29**, 155009 (2012) [arXiv:1204.1330 [hep-th]].

[573] B. Czech, J. L. Karczmarek, F. Nogueira and M. Van Raamsdonk, "Rindler Quantum Gravity," Class. Quant. Grav. **29**, 235025 (2012) [arXiv:1206.1323 [hep-th]].